基于BIM的Tekla钢结构设计基础教程

卫涛 柳志龙 陈渊◎编著

清华大学出版社
北 京

内容简介

本书是一本全面介绍Tekla基础知识与实际应用的技术图书，针对零基础的读者而编写，可以帮助他们快速入门并系统掌握Tekla的常用技能。作者为本书专门录制了大量的高品质教学视频，以帮助读者更加高效地学习。读者可以按照本书前言中的说明获取这些教学视频和其他配套教学资源，也可以直接使用手机扫描二维码在线观看教学视频。

本书共10章：首先从Tekla的发展讲起，逐步介绍在使用Tekla时捕捉、辅助定位、视图、建模、编辑、螺栓连接、焊接等相关知识；然后介绍在建模完成后使用自定义组件管理模型的方法；接着介绍使用六步半多视口建模的方法，并给出一个小实例展示如何使用该方法建立一个模型；最后以武汉军运会期间的一个双层景观廊架为案例，应用前面章节介绍的大部分基础知识，带领读者动手实践。

本书内容翔实，讲解通俗易懂，特别适合结构设计、建筑设计、钢结构设计等相关从业人员阅读，也可供房地产开发、建筑施工、工程造价和BIM咨询等相关从业人员阅读。另外，本书还可以作为相关院校及培训学校的教材。

图书在版编目（CIP）数据

基于BIM的Tekla钢结构设计基础教程/卫涛，柳志龙，陈渊编著. —北京：清华大学出版社，2021.6（2024.12重印）
ISBN 978-7-302-58356-1

Ⅰ. ①基… Ⅱ. ①卫… ②柳… ③陈… Ⅲ. ①钢结构－结构设计－计算机辅助设计－应用软件－教材 Ⅳ.①TU391.04-39

中国版本图书馆CIP数据核字（2021）第113872号

责任编辑：秦 健
封面设计：欧振旭
责任校对：胡伟民
责任印制：杨 艳

出版发行：清华大学出版社
网 址：https://www.tup.com.cn，https://www.wqxuetang.com
地 址：北京清华大学学研大厦A座 **邮 编：**100084
社 总 机：010-83470000 **邮 购：**010-62786544
投稿与读者服务：010-62776969，c-service@tup.tsinghua.edu.cn
质量反馈：010-62772015，zhiliang@tup.tsinghua.edu.cn
印 装 者：三河市人民印务有限公司
经 销：全国新华书店
开 本：185mm×260mm **印 张：**21.25 **字 数：**535千字
版 次：2021年7月第1版 **印 次：**2024年12月第2次印刷
定 价：79.80元

产品编号：091858-01

前　言

建造房子一般需要三大专业：建筑、结构、机电。建筑与结构两个专业由于结合比较紧、有些区域施工时是一起完成的，因此建筑和结构加在一起又叫作土建。这几年随着各种因素的影响，土建业是越来越困难了。中央因势利导，及时为土建的发展指引出了两个方向：BIM 与装配式建筑。

BIM（Building Information Modeling，建筑信息模型）是由三个英文字母组成的。好多朋友在学习 BIM 时，只注意了 B 与 M 两个字母（建筑模型），而忽视了 I 这个字母（信息）。BIM 中最重要的是 I，也就是信息。构件带有信息量是建立建筑模型的关键，是 BIM 的精髓。

装配式建筑分为三大类：钢结构、预制砼（PC）结构和木结构。考虑我国的国情，现在木结构用得比较少，主要是钢结构与预制砼结构两种装配式建筑。

当前很多设计师都采用钢结构的结构类型是因为钢结构建筑具有自重轻、易于现场装配、跨度大等优点。而笔者推崇钢结构的原因是环保。现在建房子，很多时候只考虑建，而没有考虑拆，或者说没有考虑房子不用了该怎么办？砼结构（预制砼与现浇砼）建筑的设计年限一般为 50 年，年限到了以后，拆除的砼怎么办？我国目前的大部分建筑是在改革开放之后才建的，对于再生砼的利用也是近些年才开始的，一直没有好的解决办法。而钢结构就大不一样了，钢构件拆除后可以回炉循环再利用，从而形成新的钢材。

Tekla 就是这么一个软件。首先，其各个构件皆带有信息量，模型建好之后可以统计工程量，并输出各种类型的图纸。统计的工程量可以直接下料，输出的图纸可以下放到工厂制作零件，并且可以在现场指导装配。其次，这个软件的前身 XSteel 就是专门进行钢结构设计的软件，一脉相承到现在，全球大部分的钢结构建筑皆是由 Tekla 设计的，比较有名的有我国的鸟巢体育场、央视大楼、德国慕尼黑的安联足球场和美国的大都会体育场等。

2011 年 7 月，天宝（Trimble）公司通过旗下天宝芬兰公司完成了对 Tekla 的收购工作。Tekla 是一家领先的建筑信息模型（BIM）软件提供商，服务于全球建筑行业 5000 多家客户。通过收购 Tekla，天宝强化了自身项目管理，加强了未来对 BIM 概念的发展与需求。

本书以 Tekla Structures 2020 简体中文版为讲解软件，着重介绍 Tekla 建模的相关内容。建模后的处理如碰撞检查、统计工程量及输出图纸等知识，可阅读本书姊妹篇《基于 BIM 的 Tekla 钢结构设计案例教程》。

本书特色

1. 配大量高品质教学视频，提高学习效率

为了便于读者更加高效地学习本书内容，笔者专门为本书录制了大量的高品质教学视

频（MP4 格式）。这些视频和本书涉及的模型文件等资源一起收录于本书的配套资源中，读者可以用微信扫描下面的二维码进入百度网盘或腾讯微云，然后在“本书 MP4 教学视频”文件夹下直接用手机端观看教学视频。读者也可以将视频下载到手机、平板电脑、计算机或智能电视中进行观看与学习。

手机端在线观看视频有两个优点：一是不用下载视频文件，在线就可以观看；二是可以边用手机看视频，边用计算机操作软件，不用来回切换视窗，可大大提高学习效率。手机端在线看视频也有缺点：一是视频不太清晰；二是声音比较小。

百度网盘

腾讯微云

2. 双屏幕操作，提高作图效率

本书配套教学视频是使用一主一副两个屏幕进行录制的。主屏幕显示平面视图与立面视图，副屏幕显示自定义视图与三维视图。这样在操作时不用来回频繁地切换视图，可极大地提高作图效率。设置与操作双屏幕的方法详见本书附录 D。

3. 详解两个经典教学案例

本书将第 1～9 章教学时涉及的模型整合为一个模型——贝士摩。这个模型是笔者将一个过山车排队区雨棚（已经完工且交付使用）进行改动而来的，读者可以在配套资源中找到。贝士摩相对应的图纸可以参考附录 B。读者在打开贝士摩模型并对照图书进行学习时，如果书中要求保存就一定要保存，如果书中不要求保存则不用保存。

本书第 10 章选用的是 2019 年武汉军运会场馆的一个配套项目——双层廊架。这也是一个已经完工且交付使用的项目。这个案例虽然小，但可以小衬大，将前面介绍的 Tekla 基础知识基本上都能贯穿起来，在教学上起到画龙点睛的作用。

4. 提供完善的技术支持和售后服务

本书提供专门的技术支持 QQ 群（796463995 或 48469816），读者在阅读本书的过程中若有疑问，可以通过加群获得帮助。

5. 使用快捷键提高工作效率

本书完全按照实战要求介绍相关操作步骤，不仅准确，而且高效，能用快捷键操作的步骤尽量用快捷键操作。本书的附录 A 中介绍了 Tekla 的常见快捷键用法。

6. 用“双引入”的方法进行 Tekla 软件的操作

笔者操作 Tekla 软件时有双引入的特点，即在三维建模时引入 3ds Max 和 SketchUp 建模的方法，在设置构件信息量时引入设置 Revit 参数化的方法。

本书内容

第 1 章介绍 Tekla 的发展、常用术语、操作界面、相关设置及外设等内容。

第 2 章介绍点的捕捉、线的捕捉、临时参考点的捕捉及捕捉优先的使用，以及笔者推荐使用的捕捉方式。

第 3 章介绍辅助点、辅助线、辅助面及参考模型等辅助对象的创建，以及一般选择、选择过滤和分类选择等与选择相关的知识。

第 4 章介绍坐标系统、坐标数值及锁定坐标等与坐标相关的知识，以及创建视图、切换视图、视图属性和视图调整等与视图类相关的知识。

第 5 章介绍建模类命令的共同特点，着重介绍梁、板、柱、项等具体建模命令的相关知识。

第 6 章介绍移动和复制两大类编辑命令，以及查询目标、上下文工具栏和测量等查询工具的相关知识，还会介绍控柄与调整构件形状的相关知识。

第 7 章介绍如何设置螺栓参数，以及使用平面和立面法绘制螺栓等相关知识，还会介绍焊接的相关知识。

第 8 章介绍自定义组件的 4 种类型（节点、细部、结合、零件），以及编辑自定义组件的方法。

第 9 章介绍“六步半”多视口建模的方法，并通过一个位于斜面上的柱脚板实例展示其具体应用。

第 10 章以一个已完工的双层廊架为例，介绍钢结构设计的一般过程。本章将第 1～9 章的相关知识点贯穿起来，让读者学以致用，并对 Tekla 的相关知识点做阶段性的总结。

附录 A 介绍 Tekla 常用快捷键的用法。

附录 B 提供与本书第 1～9 章相配套的贝士摩图纸。

附录 C 提供与本书第 10 章相配套的双层廊架图纸。

附录 D 介绍在 Tekla 中如何使用多屏显示器，以及带鱼屏显示器的设置与操作。

附录 E 介绍 AutoCAD 中 UCS 的设置与操作。

附录 F 介绍在 Tekla 中无法输入汉字的解决方法。

本书配套资料

为了方便读者高效学习，本书特意提供以下学习资料：

- ❑ 同步教学视频；
- ❑ 本书教学课件（教学 PPT）；
- ❑ 本书中分步骤的文件夹（Tekla 是以文件夹的形式保存档案）；
- ❑ 本书涉及的快捷键和快速访问栏配置文件；
- ❑ 本书涉及的各类模板文件；
- ❑ 本书涉及的需要导入的 DWG 文件；
- ❑ 本书涉及的需要导入的 SKP 文件。

这些学习资料需要读者自行下载，请登录清华大学出版社网站 www.tup.com.cn，搜索到本书，然后在本书页面上的“资源下载”模块中即可下载。读者也可以扫描前文给出的二维码进行获取。

本书读者对象

- ❑ 从事建筑设计的人员；
- ❑ 从事结构设计的人员；
- ❑ 从事钢结构设计的人员；
- ❑ 钢结构加工、制造、备料与施工人员；
- ❑ 从事BIM咨询工作的人员；
- ❑ Tekla二次开发人员；
- ❑ 房地产开发人员；
- ❑ 建筑施工人员；
- ❑ 工程造价从业人员；
- ❑ 建筑软件和三维软件爱好者；
- ❑ 土木工程、建筑学、工程管理、工程造价和城乡规划等专业的学生；
- ❑ 需要一本案头必备查询手册的人员。

阅读建议

阅读本书，读者不仅要动眼，更要动手。武汉人常说“黄陂到孝感——县（现）过县（现）”，意思是做事情要现做，而不能等，更不能拖。这个说法也可以用在本书的学习上。当你每阅读完一节或者一章，而且也观看了对应的教学视频后，就应该马上动动手，把相关步骤亲自做一做。当你跟随本书完成了书中的操作后，将会加深对Tekla和钢结构设计的理解。

本书作者

本书由卫老师环艺教学实验室的卫涛、柳志龙及武汉市政工程设计研究院有限责任公司的陈渊编写。

本书的编写承蒙卫老师环艺教学实验室其他同仁的支持与关怀，在此表示感谢！另外还要感谢清华大学出版社的编辑在本书的策划、编写与统稿中所给予的帮助。

虽然我们对书中所讲内容都尽量核实，并多次进行文字校对，但因时间所限，书中可能还存在疏漏和不足之处，恳请读者批评、指正。

卫涛
于武汉光谷

目　　录

第 1 章　概述 ······ 1
1.1　Tekla 简介 ······ 1
1.1.1　软件的界面变化 ······ 1
1.1.2　Tekla 版本的发展历程 ······ 3
1.1.3　Tekla 的常用术语 ······ 6
1.2　Tekla 的操作界面 ······ 12
1.2.1　创建视图样板 ······ 12
1.2.2　处理视图平面 ······ 15
1.2.3　熟悉工作界面 ······ 17
1.2.4　自定义快速访问工具栏 ······ 19
1.2.5　状态栏 ······ 23
1.3　Tekla 的设置 ······ 25
1.3.1　工程属性设置 ······ 25
1.3.2　文件夹设置 ······ 26
1.3.3　自动保存文件设置 ······ 28
1.3.4　高级选项设置 ······ 30
1.4　操作 Tekla 的计算机外部设备 ······ 32
1.4.1　显示器 ······ 32
1.4.2　键盘 ······ 33
1.4.3　鼠标 ······ 36
第 2 章　捕捉 ······ 39
2.1　一般捕捉 ······ 39
2.1.1　点的捕捉 ······ 39
2.1.2　线的捕捉 ······ 42
2.1.3　临时参考点的捕捉 ······ 44
2.2　捕捉覆盖 ······ 47
2.2.1　捕捉优先 ······ 47
2.2.2　捕捉的推荐方式 ······ 48
第 3 章　辅助定位 ······ 50
3.1　辅助对象 ······ 50
3.1.1　辅助点 ······ 50

3.1.2 辅助线 …… 55
3.1.3 辅助面 …… 56
3.1.4 插入参考模型 …… 58
3.2 选择方式 …… 60
3.2.1 基本选择方式 …… 60
3.2.2 选择过滤 …… 66
3.2.3 分类选择 …… 70

第 4 章 视图 …… 72
4.1 坐标 …… 72
4.1.1 坐标系统 …… 72
4.1.2 坐标数值 …… 73
4.1.3 锁定坐标 …… 75
4.2 创建视图 …… 77
4.2.1 沿着轴线创建视图 …… 77
4.2.2 创建基本视图 …… 81
4.2.3 通过两点创建视图 …… 82
4.2.4 通过三点创建视图 …… 85
4.2.5 在平面上创建视图 …… 86
4.2.6 零件的默认视图 …… 89
4.3 切换视图 …… 91
4.3.1 平铺视图 …… 91
4.3.2 切换三维/平面视图 …… 93
4.3.3 临时视图与永久视图 …… 95
4.4 视图属性 …… 96
4.4.1 透视图与轴测图 …… 96
4.4.2 颜色与透明度 …… 99
4.4.3 可见性 …… 100
4.4.4 对象组 …… 104
4.5 视图的调整 …… 107
4.5.1 缩放与平移 …… 107
4.5.2 旋转视图 …… 108
4.5.3 只显示所选项 …… 111
4.5.4 渲染选项 …… 112

第 5 章 建模基础 …… 116
5.1 命令的共同点 …… 116
5.1.1 带属性的命令 …… 116
5.1.2 修改对象的参数 …… 118
5.2 “梁”命令 …… 119
5.2.1 “梁”命令的设置 …… 120

5.2.2　绘制梁 126
5.2.3　绘制柱 132
5.2.4　绘制板 133
5.3 “板”命令 135
5.3.1 “板”命令的设置 135
5.3.2　修改板 137
5.4 其他构件命令 143
5.4.1 “柱”命令 143
5.4.2 “项”命令 148

第 6 章　编辑 151
6.1 移动对象 151
6.1.1 “移动”命令 151
6.1.2 “线性的移动”命令 154
6.1.3 “旋转”命令 156
6.2 复制对象 157
6.2.1　环形阵列 157
6.2.2 “复制”命令 160
6.2.3 “线性的复制”命令 161
6.2.4 “复制到另一个平面”命令 163
6.2.5 “镜像”命令 165
6.3 查询 167
6.3.1　查询目标 167
6.3.2　上下文工具栏 170
6.3.3　测量 171
6.3.4　查看标高 174
6.4 控柄 176
6.4.1　控柄的分类 176
6.4.2　操作对象的控柄 178
6.5 调整构件形状 183
6.5.1　拆分和合并杆件 183
6.5.2　切割对象 186

第 7 章　连接 195
7.1 螺栓 195
7.1.1　设置螺栓参数 195
7.1.2　使用平面法绘制螺栓 200
7.1.3　使用立面法绘制螺栓 203
7.2 焊接 206
7.2.1　焊接参数 206
7.2.2　焊接对象 208

第 8 章 自定义组件 213
8.1 创建自定义组件 213
8.1.1 节点 213
8.1.2 细部 216
8.1.3 结合 218
8.1.4 零件 221
8.2 编辑自定义组件命令 224
8.2.1 选择自定义组件 224
8.2.2 编辑自定义组件 226

第 9 章 “六步半”多视口建模法及其应用 229
9.1 “六步半”多视口建模法 229
9.1.1 “六步半”的操作方法 229
9.1.2 建模注意事项 232
9.2 小实例——创建位于斜面上的柱脚板 234
9.2.1 建立 UCS 234
9.2.2 绘制柱脚板 237
9.2.3 绘制钢柱 240
9.2.4 绘制加劲板 242
9.2.5 绘制垫板 246
9.2.6 螺栓连接 249

第 10 章 实例——绘制双层廊架 252
10.1 绘制钢柱 252
10.1.1 绘制 GZ1 钢柱 252
10.1.2 绘制 GZ2 钢柱 254
10.2 绘制钢梁 258
10.2.1 绘制 GL2 弧形梁 258
10.2.2 绘制 GL1 直梁 261
10.2.3 自定义用户组件 263
10.2.4 旋转阵列 264
10.3 修饰模型 268
10.3.1 编辑自定义组件 268
10.3.2 绘制加劲板 272
10.4 连接 274
10.4.1 绘制加劲肋 275
10.4.2 绘制螺栓连接 279
10.4.3 绘制环形 GL2 281
10.4.4 焊接 291

附录 A Tekla 中的常用快捷键 294

附录 B　贝士摩图纸……301
附录 C　双层廊架结构设计图纸……304
附录 D　使用多屏显示器与带鱼屏显示器操作 Tekla……318
附录 E　学习 AutoCAD 的 UCS 设置……321
附录 F　Tekla 无法输入汉字的解决方法……324
后记……326

第1章 概　述

本章将介绍 Tekla 的发展、Tekla 软件的特点、学习 Tekla 时容易出错的地方，以及如何高效地操作软件，阅读图书时应注意的事项等。有些读者为了能够快速上手 Tekla，往往绕开第 1 章，从第 2 章甚至更后面的章节开始学习。笔者相当反对这种学习方法，本章不仅是本书的开篇章节，更是本书的总纲。由于知识内容与讲授方法的原因，本章没有配置教学视频。请读者一定要耐心、仔细地阅读本章的内容。

1.1 Tekla 简介

本节主要介绍 Tekla 的发展与变化，以及传统界面与 Ribbon 界面的区别。同时还会介绍 Tekla 的常用术语。这些术语容易混淆，请读者注意区分。

1.1.1 软件的界面变化

从 DOS 操作系统进入 Windows 操作系统后，软件普遍采用由菜单和工具栏组成的用户界面（User Interface）形式，这种界面称为传统界面。传统界面的优势是可以用鼠标单击工具栏上的按钮，从而迅速发出命令。相较于在 DOS 系统中通过级联菜单发出命令的方法，这种方式确实是一个很大的进步，提高了工作效率。

在 Office 2007 版中，微软公司推出了一种全新的用户界面——Ribbon 界面。Ribbon 的原意是“丝带”，在软件中表现为一条存在于操作窗口顶端的“丝带”，软件的各种操作命令就分层布局在这条“丝带”上。

Ribbon 是一种以面板及标签页为架构的用户界面，其中包含各种命令按钮和图标。各种相关的命令被组织在一个标签（选项卡）里，由若干个标签组成的界面就是 Ribbon 界面。Ribbon 界面就是通过这些标签来展示软件所提供的功能。设计 Ribbon 的目的是为了使软件的功能更易于使用，减少单击鼠标的次数。

有些标签被称为“上下文相关标签”，只有当特定的对象被选定时才会显示，当对象没有被选定的时候是隐藏的。

Windows 7 操作系统的界面是传统的界面，如图 1.1 所示。从 Windows 8 操作系统开始，微软推出了 Ribbon 界面，目前使用人数较多的 Windows 10 操作系统也是 Ribbon 界面，如图 1.2 所示。

Office 2003 的界面是传统界面，如图 1.3 所示，从 Office 2007 开始，微软推出了 Ribbon 界面，如图 1.4 所示。

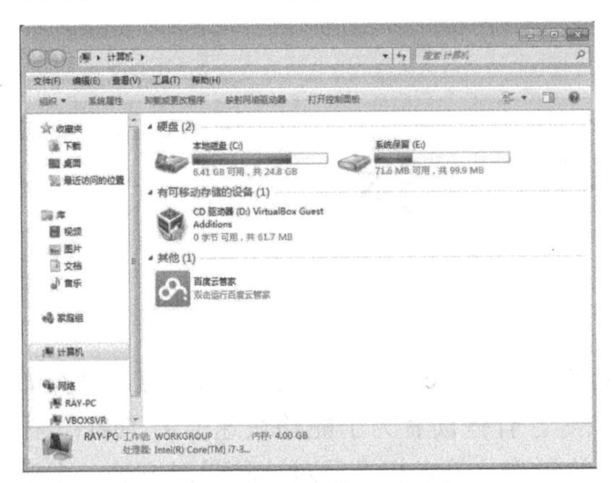

图 1.1　Windows 7 的传统界面

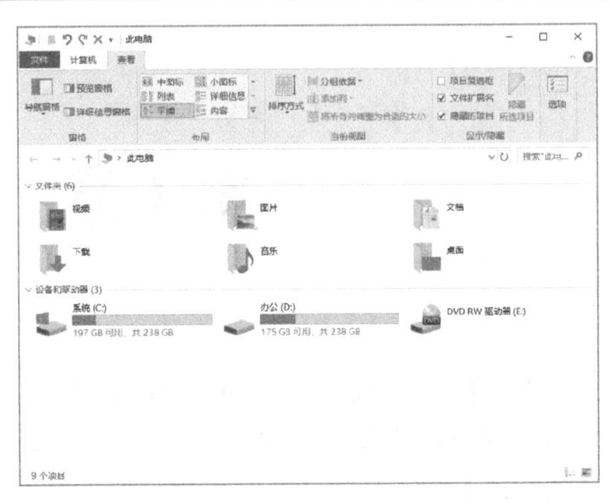

图 1.2　Windows 10 的 Ribbon 界面

图 1.3　Office 2003 的传统界面

图 1.4　Office 2007 的 Ribbon 界面

Autodesk 公司的 AutoCAD 从 r12 版开始推出了运行于 Windows 平台的应用程序。32 位 Windows 操作系统中最常用的 AutoCAD 是 2004 版，它的操作界面是传统的界面，如图 1.5 所示。从 AutoCAD 2009 开始，Autodesk 公司推出了 Ribbon 界面。64 位 Windows 操作系统中最常用的 AutoCAD 是 2014 版，它的操作界面就是 Ribbon 界面，如图 1.6 所示。

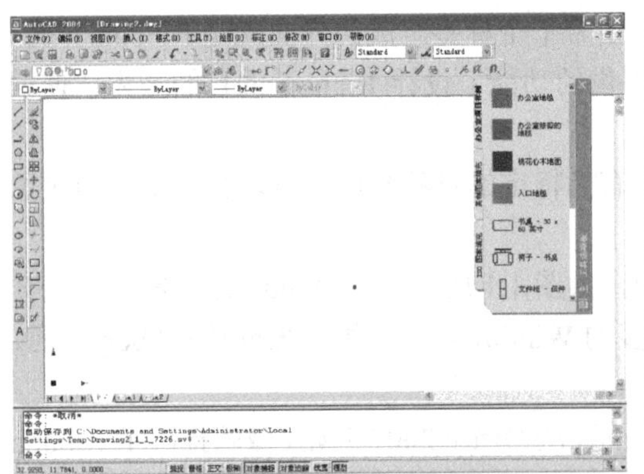

图 1.5　AutoCAD 2004 的传统界面

图 1.6　AutoCAD 2014 的 Ribbon 界面

与传统界面相比，Ribbon 界面的优势主要体现如下几个方面：

- 所有功能控件都是有组织地集中存放，不需要再查找级联菜单和工具栏等；
- 在每个应用程序中更好地组织、优化菜单命令；
- 提供显示更多命令的足够空间；
- 丰富的命令布局让用户更容易找到重要的和常用的功能控件；
- 可以显示图示，对命令的执行效果进行预览，如改变文本的格式等；
- 更加适合触摸屏操作。

天宝公司在开发 Tekla 软件时，也将软件界面从传统界面升级到了 Ribbon 界面。具体情况详见下一节内容。

1.1.2　Tekla 版本的发展历程

Tekla 版本的发展有两条线。一条是以数字序号命名的版本号，如 17.0、18.0、19.0、20.0、21.0 和 21.1，这些版本的软件界面都是传统界面。传统界面的最高版本是 21.1，如图 1.7 所示。

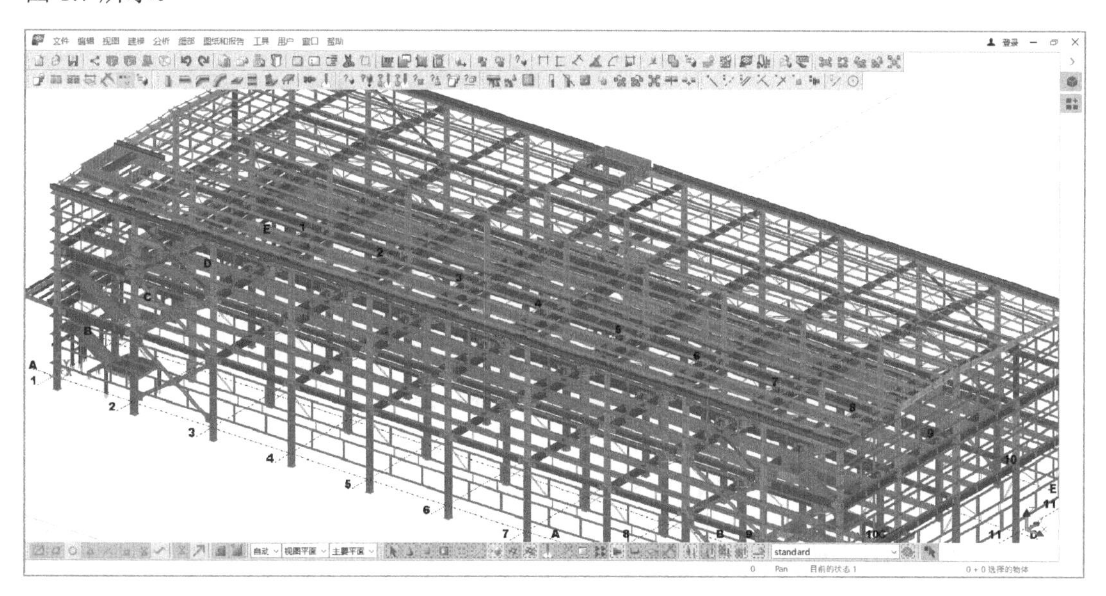

图 1.7　Tekla 21.1 的传统界面

另一条发展线是从 2016 年起，Tekla 采用年份来命名版本号，如 2017、2018、2019、2020，这些版本的软件界面都是 Ribbon 界面。本书主要是介绍最新版本的 Tekla 2020 的使用方法，其 Ribbon 界面如图 1.8 所示。

或许读者认为使用 Tekla 年份版本的设计师更多，因为这些版本是 Ribbon 界面。但事实并非如此，根据调研得知，还有大量用户在使用传统界面的 Tekla。

为什么会这样呢？这是因为采用传统界面的 Tekla 软件中有一类操作是统一的，即双击。双击任意位置，皆可调出属性功能。

（1）双击工具栏中的按钮，如双击“钢”工具栏中的“创建柱”按钮，将弹出“柱的属性”对话框，如图 1.9 所示。

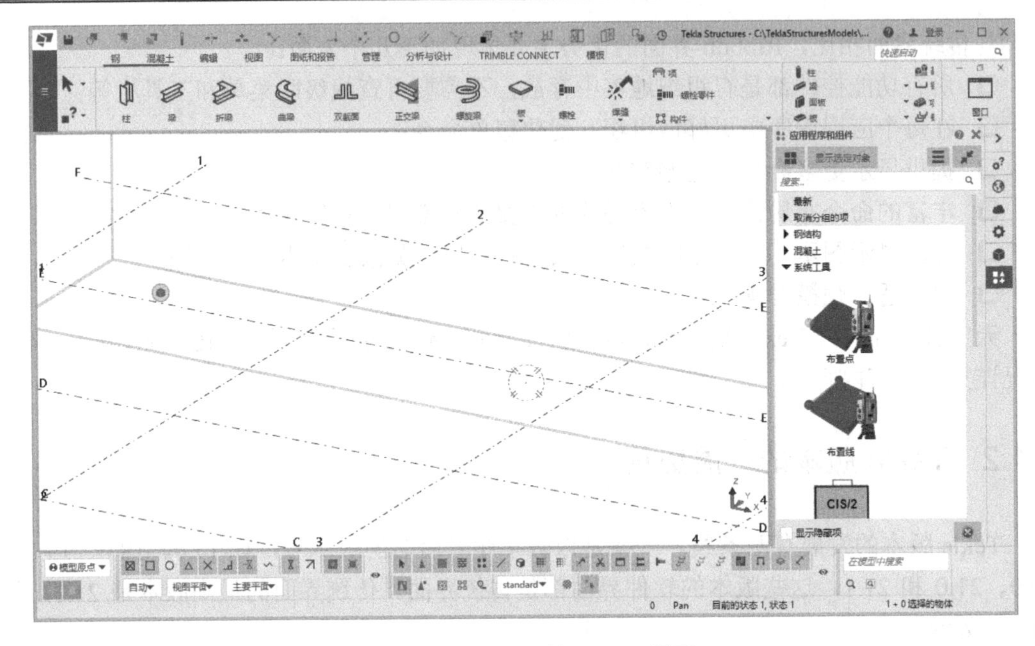

图 1.8　Tekla 2020 的 Ribbon 界面

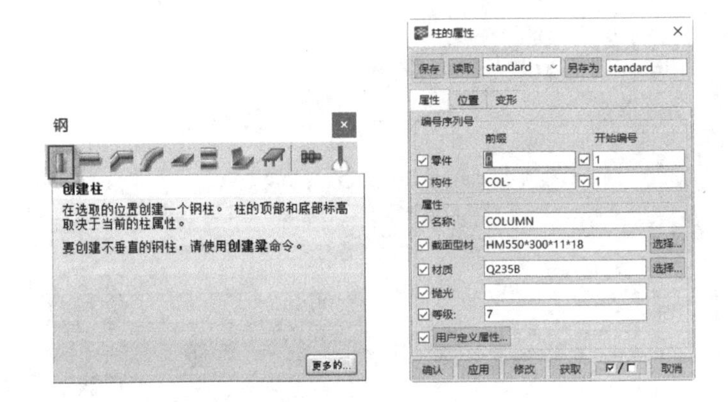

图 1.9　双击“创建柱”按钮弹出的“柱的属性”对话框

（2）双击构件，如双击场景中的梁构件，弹出“梁的属性”对话框，如图 1.10 所示。

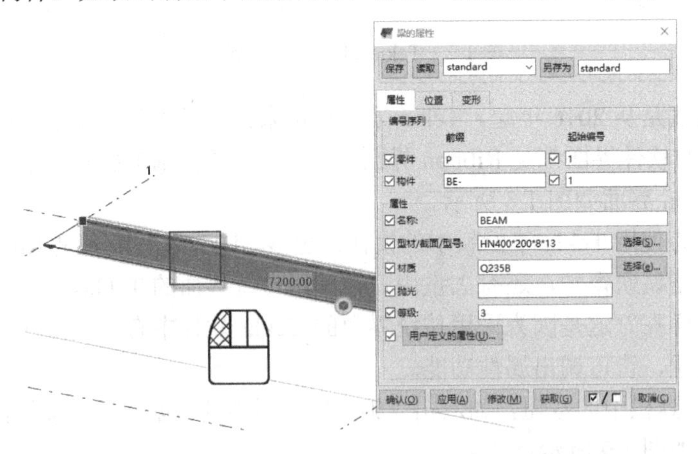

图 1.10　双击梁构件弹出的“梁的属性”对话框

（3）双击轴线，会弹出相应的“轴线”对话框，如图 1.11 所示。这个“轴线”对话框实际是轴线属性对话框。

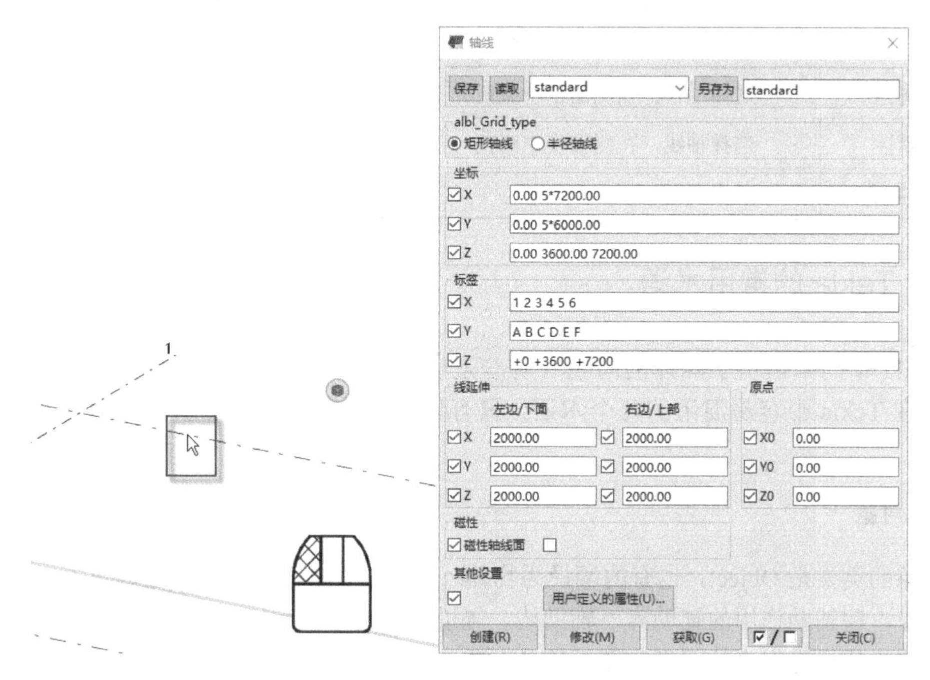

图 1.11　双击轴线弹出的“轴线”对话框

（4）双击视图，弹出“视图属性”对话框，如图 1.12 所示。

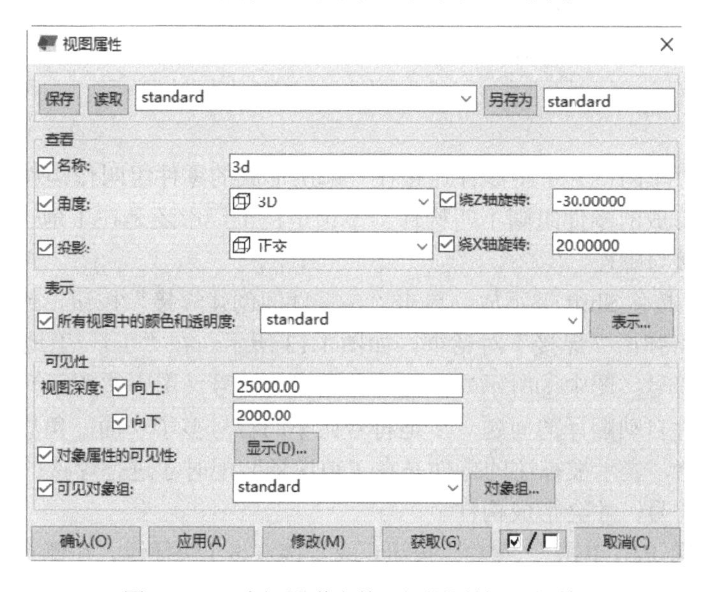

图 1.12　双击视图弹出的“视图属性”对话框

采用 Ribbon 界面的 Tekla 软件就显得“五花八门”了。Ribbon 界面与传统界面的操作方式对比如表 1.1 所示。虽然 Ribbon 界面的操作方式略显“凌乱”，但是其代替传统界面是大势所趋，读者需要掌握这种操作方式。

表 1.1　Ribbon界面与传统界面的操作方式对比

分　　类	Ribbon界面	传统界面
命令中的属性	按Shift键不放，单击命令按钮	双击工具栏中的命令按钮
构件的属性	选择构件，在侧窗格中查找	双击构件
轴线的属性	选择轴线，在侧窗格中查找	双击轴线
视图属性	双击视图	双击视图

1.1.3　Tekla 的常用术语

Tekla 中的术语由于翻译的问题（有些是软件自动翻译的），有些并不恰当。本节将介绍在 Tekla 中容易混淆的几个术语，只有理解了它们的正确含义，才能减少学习中的弯路。

1．对象

对象的英文是 Object，也有的翻译为物体。此处是一个泛指，不仅结构的主体梁、板、柱是对象，起辅助作用的辅助点、辅助线、辅助面是对象，起连接作用的螺栓、焊缝也是对象，连最后运算得来的报表与图纸皆是对象。

2．零件

零件是 Tekla 中进入工厂最小的单元，其特性就是进入工厂后不进行焊接处理，但会进行其他处理，如切割和打孔等。

3．构件

在工厂（或“车间”）中将零件连接在一起所形成的零件组叫作构件。而在工地现场将零件连接起来形成的零件组则不叫构件。不论是在工厂中还是在工地上，Tekla 连接的方法有两种：焊接与螺栓。

在 Tekla 中，按住 Shift 键不放，单击“在零件间创建焊接”按钮，或直接双按 J 快捷键，在侧窗格区将弹出“焊接”对话框，如图 1.13 所示。在“工厂/工地”栏中有两种符号。一种是车间符号（图中①所示）；另一种是工地符号（图中②所示）。“车间”就是“工厂”，是软件自动翻译的问题。工地符号比车间符号多了一面三角旗⚑，在图纸中见到这样的三角旗⚑，表示被标注的零件是在工地现场装配时才进行焊接的。读者应注意选择，只有选车间符号，才会形成构件。

按住 Shift 键不放，单击 “螺栓”按钮，或直接双按 I 快捷键，在侧窗格区将弹出“螺栓”对话框，如图 1.14 所示。在“螺栓类型”栏中有两个选项：一是工地（图中①所示），另一个是车间（图中②所示）。读者应注意选择，只有选“车间”选项才会形成构件。同样需要说明的是，“车间”就是“工厂”。

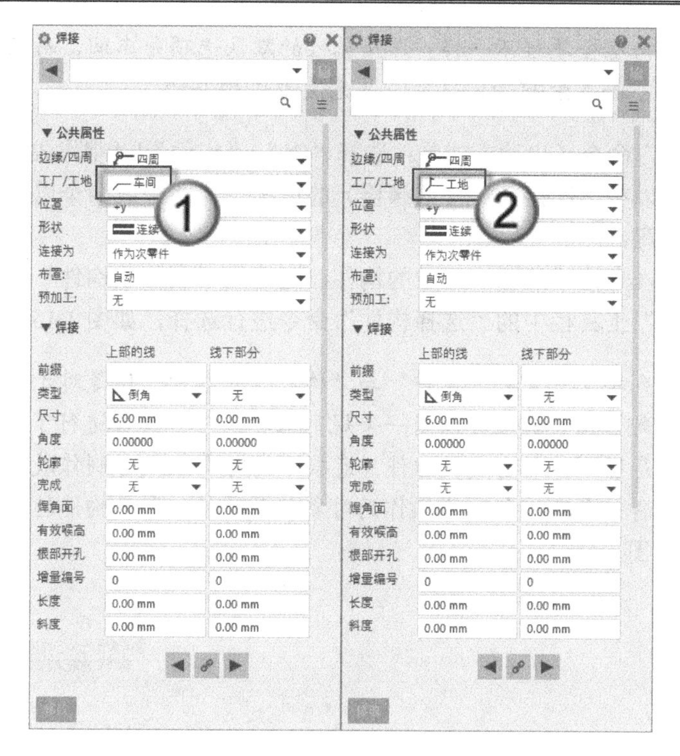

图 1.13　焊接属性中的“工厂/工地”栏

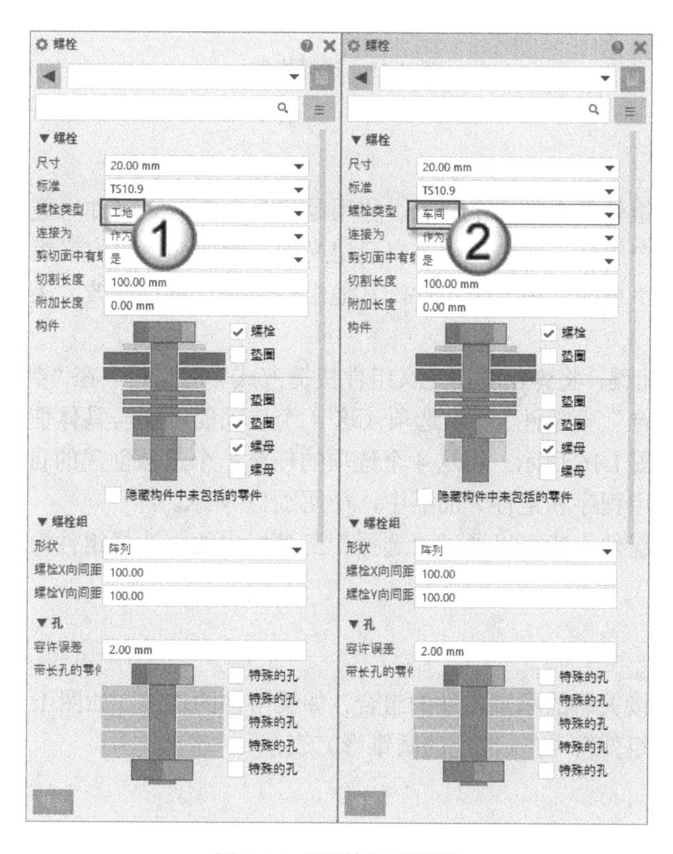

图 1.14　“螺栓”对话框

🔔注意：焊接属性与螺栓属性不一样。焊接属性的默认选项是车间，而螺栓属性的默认选项是工地。如果没有切换选项，是无法形成构件的。

“制作成构件”命令（启动方式是：选择“钢”|“构件”|“制作成构件”命令）有些特殊，这个命令可以在不连接（焊接或螺栓）的情况下将两个或两个以上的零件做成一个构件，读者需要注意。

不论是用连接（焊接或螺栓）形成的构件，还是用“制作成构件”命令形成的构件，皆可以通过“选择”工具栏中的“选择构件”命令进行选择，如图 1.15 所示。

🔔注意：以上虽然列举了一系列“零件”与“构件”的区别，但是对于初学者而言，还是会感觉模糊不清。其实可以用一条规则来界定——是否进行了连接（螺栓连接或焊接），是否制作了自定义组件。连接了的对象组或者制作成自定义组件的对象组就是构件。没有进行这样操作的对象就是零件。形成构件的优势在于出图时可以出构件图。

图 1.15　选择构件

4. 自定义组件

自定义组件与组件基本是一个意思。作用是将几个有联系（如有连接关系）的零件结合在一起，形成一个组件。这个组件是自己定义的，因此叫“自定义组件”。对自定义组件进行复制操作后，更改其中一个组件，其他组件会联动进行修改，类似于 AutoCAD 中“块”的功能。

按 Shift+Q 快捷键，将弹出“自定义组件快捷方式”对话框。在“类型”栏中，有“节点”“细部”“接合”“零件”4 个选项（这 4 个选项的区别与具体使用方法，将会在后面详细介绍），如图 1.16 所示。用这 4 个选项的任意一个选项创建的自定义组件，皆会出现在侧窗格的“应用程序和组件”面板中，如图 1.17 所示。

所有的自定义组件，皆可以通过“选择”工具栏中的“选择组件”命令进行选择，如图 1.18 所示。

5. 节点

节点强调有连接关系的承重零件的组合，如梁与柱的连接，如图 1.19 所示。节点制作成功后，软件会用组件符号（绿色的圆锥形）表示。

6. 细部

细部强调非承重构件对承重构件的依附关系，如檩条衬板依附到主梁上，如图 1.20 所示。细部制作成功后，软件也会用组件符号（绿色的圆锥形）表示。

图 1.16　用户单元的 4 个类型

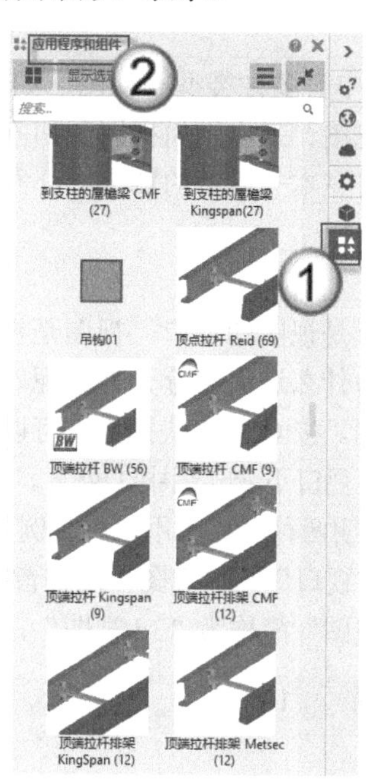

图 1.17　应用程序和组件

图 1.18　选择组件

图 1.19　梁与柱连接的节点

图 1.20　檩条衬板的细部

7．视图

Tekla 中有多种类型的视图，如标高平面图、轴立面图、3d 视图、零件视图、模型视图、组件视图、工作平面视图和切割面视图等。这些视图的具体功能，以及如何选择相应的视图，将在本书后面的章节中介绍。

8．视口

视口就是视图的窗口，视图是视口中的内容。其实，视口与视图在很大程度上是一致的，但是为什么这里要分开介绍呢？如图 1.21 所示，①处是视口，名称为 3d（即三维），②处是视图。按 Ctrl+P 快捷键，可以看到视图变成了二维平面图，如图 1.22 所示（图中③处），可是视口不变（图中①处）。从严格意义上说，应当有视口与视图两种名称，此处用表 1.2 来说明两种名称的用法，图例见图 1.21 至图 1.24 所示。在 Tekla 的新版本中（简体中文版），“视口”与“视图”两词皆翻译为“视图”。设计师们为了简化名称，常常将“3d 视口三维视图”简称为“3d 视图”，将“GRID H 视口 H 轴立面图”简称为 GRID H 视图。

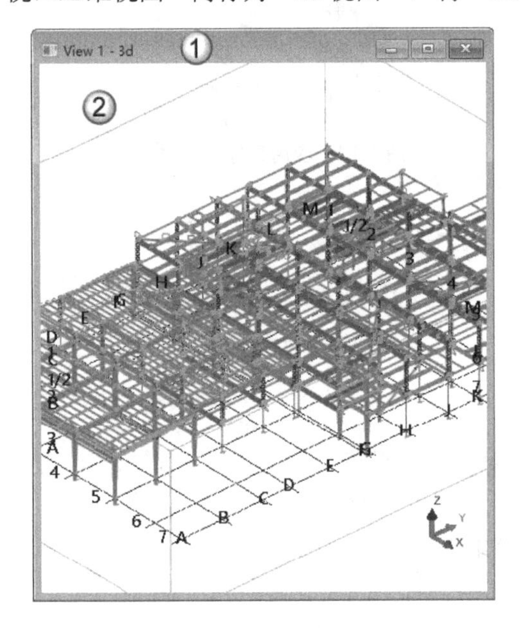

图 1.21　3d 视口与三维视图

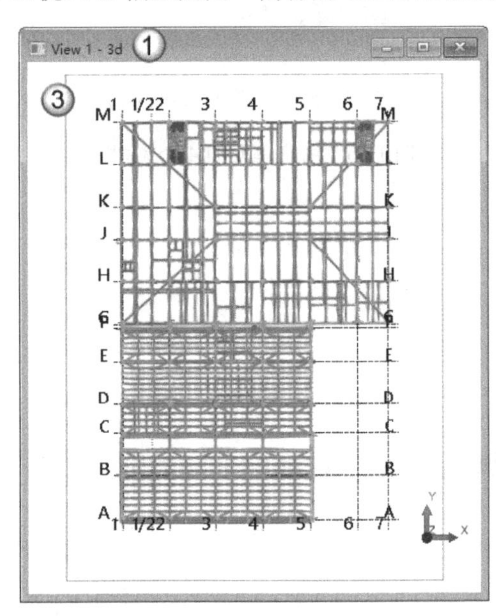

图 1.22　3d 视口平面视图

表 1.2　视口名称与视图名称

图　例	视 口 名 称	视 图 名 称
图1.21	3d	三维
图1.22		平面图
图1.23	GRID H	H轴立面图
图1.24		三维

在 Tekla 中，最多可以同时打开 9 个视口。多视口的建模方法在很多三维设计软件中早已运用，如 Autodesk 公司的 3ds Max 软件在默认情况下就是采用 4 个视口进行建模操作的。因为钢结构场景比较复杂，所以笔者喜欢使用多个视口进行操作。如图 1.25 所示，设

计师采用三个视口进行建模，分别是平面图（图中①所在的视口）、立面图（图中②所在的视口）和 3D 视图（图中③所在的视口）。后面会介绍多视口建模的方法。

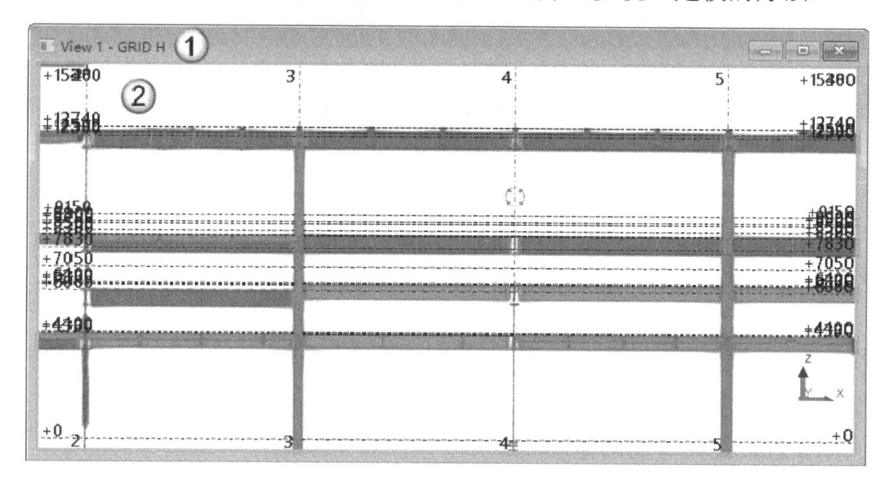

图 1.23　GRID H 视口立面视图

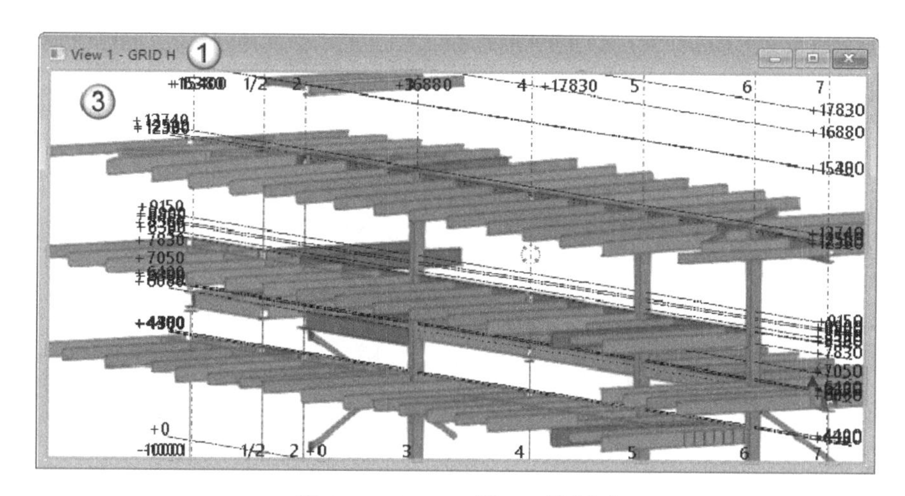

图 1.24　GRID H 视口三维视图

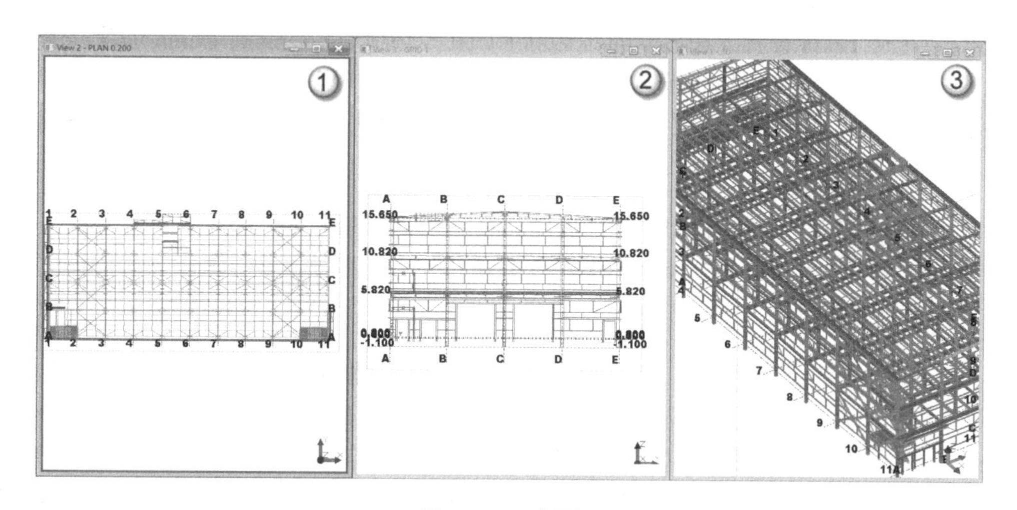

图 1.25　3 个视口

1.2 Tekla 的操作界面

新版本的Tekla采用Ribbon界面。Ribbon界面同样需要调整，以达到设计师绘图的要求。本节将介绍 Tekla 操作界面的组成部分，并推荐一些调整操作界面的方法，供读者参考。

1.2.1 创建视图样板

在设计钢结构模型时，会使用一系列的平面图、立面图和3D视图。如果每个视图都要进行设置，则会浪费大量的时间。在Tekla中只要设置了视图样板，新生成的新图可以继承样板中的属性，提高绘图的速度。

（1）选择语言。首次启动Tekla之后，会出现一个Tekla Structures对话框，要求选择使用的语言。在Select language栏中选择“中文简体”选项，单击OK按钮，如图1.26所示。

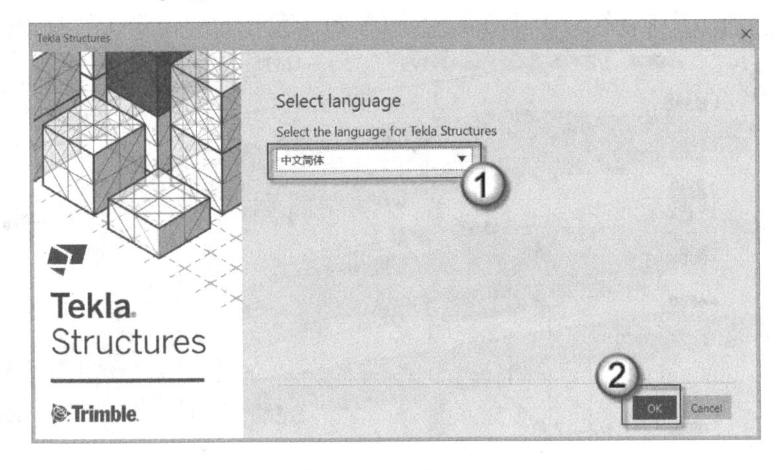

图1.26 选择语言

（2）选择Tekla设置。在显示的对话框中，在“环境”栏中选择China选项（图中①处），在“任务”栏中选择All选项（图中②处），在“配置”栏中选择“完全”选项（图中③处）或“钢结构深化”选项（图中④处），单击“确认”按钮（图中⑤处）完成操作，如图1.27所示。

注意： 在“配置”栏中选择“完全”选项比选择“钢结构深化”选项多一些命令。这些命令不常用到，而且加载了这些命令后软件会变得慢一些。具体如何选择，还应分析具体情况。

（3）新建模型。在弹出的Tekla Structures 2020对话框中，选择“新建”选项卡，在“名称”栏中输入“贝士摩”字样，在“放置在”栏中检查是否保存在“C:\TeklaStructures-Models\”文件夹（这是默认保存的文件夹）下，选择“单用户”单选按钮，去掉“开始Trimble Connect协作”复选框的勾选，在“模板”栏中选择“空”模板，单击“创建”按钮完成操作，如图 1.28 所示。

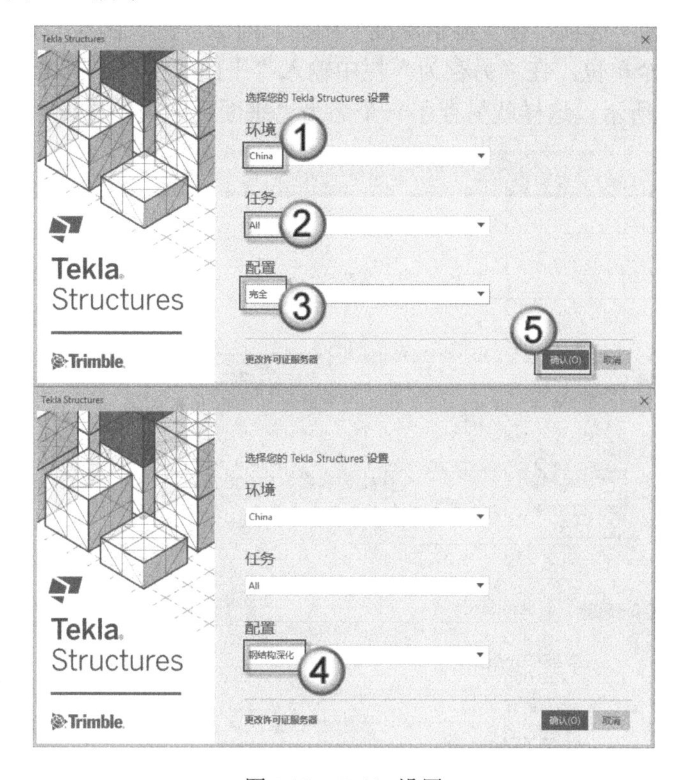

图 1.27　Tekla 设置

🔔注意：本书基础部分使用的模型文件就是这个“贝士摩”模型，图纸收录在本书附录中，请读者朋友自行查阅。

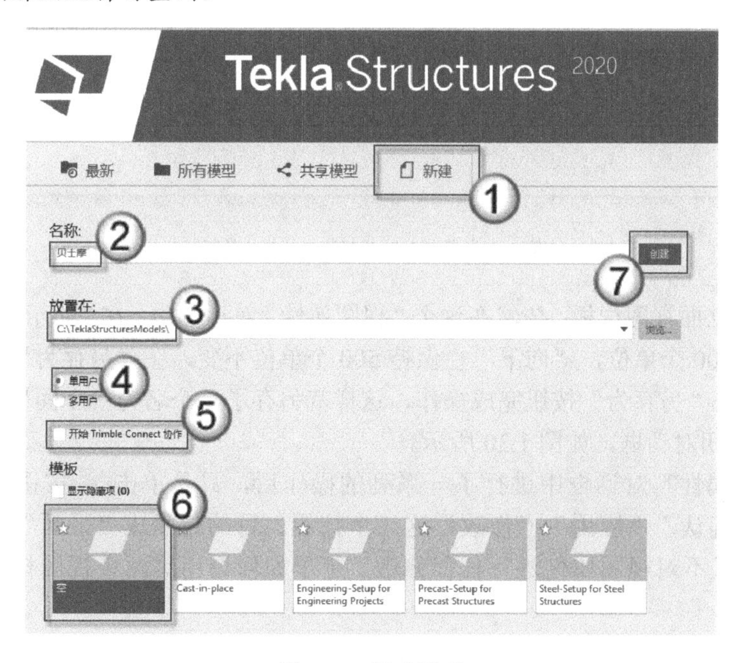

图 1.28　新建模型

（4）创建平面视图样板。双击视图空白处，在弹出的“视图属性”对话框中，将“角度”栏切换为“平面”选项，在“显示深度”中的“向上”栏中输入 1200 个单位，在“向下”栏中输入 500 个单位，在“另存为”栏中输入“平面”字样，单击“另存为”按钮完成操作，如图 1.29 所示。这样就另存了一个名为“平面”的视图样板。

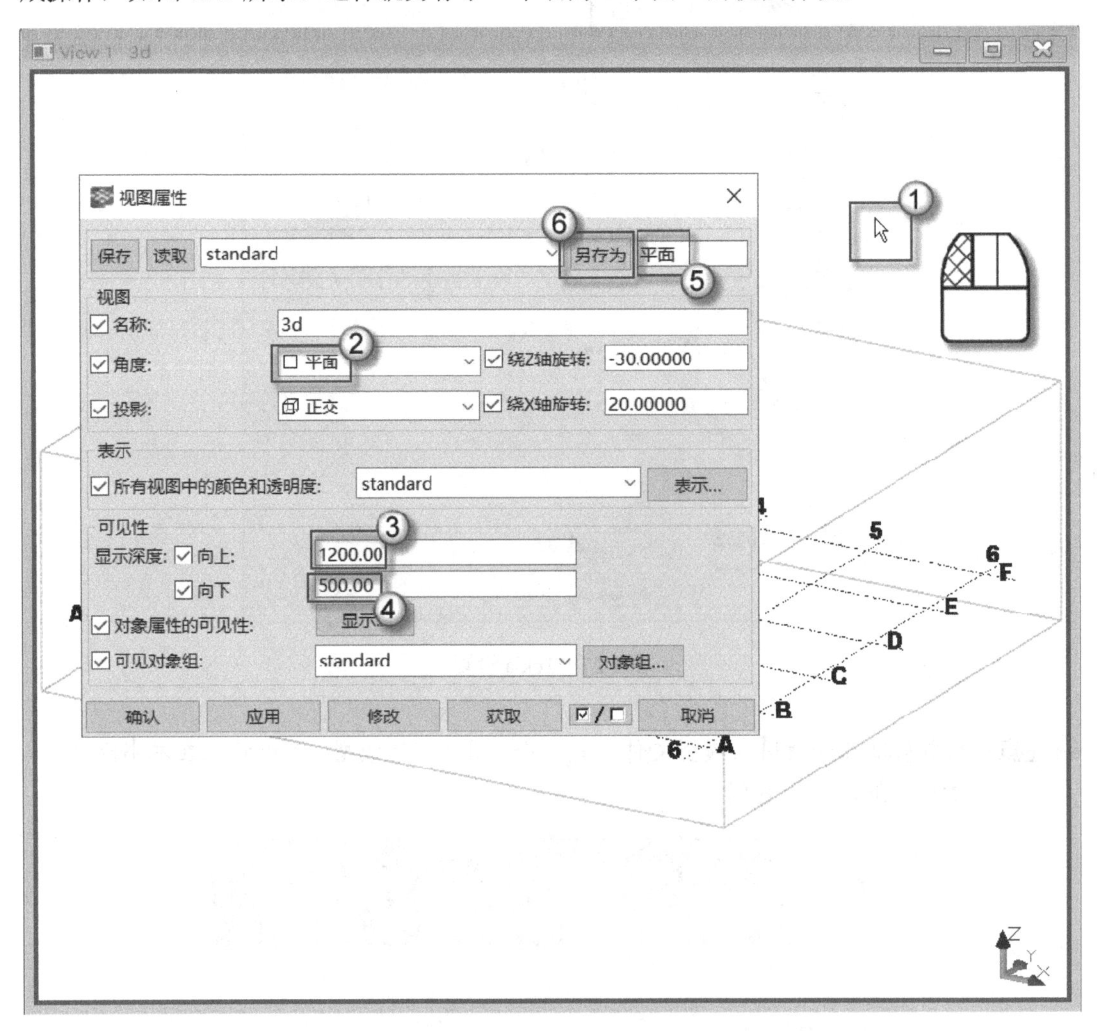

图 1.29　另存为“平面”视图样板

（5）创建立面视图样板。依然在这个“视图属性”对话框中，在“显示深度”中的“向上”栏中输入 500 个单位，“向下”栏保持 500 个单位不变，在“另存为”栏中输入“立面”字样，单击“另存为”按钮完成操作，这样就另存了一个名为“立面”的视图样板。单击 按钮关闭对话框，如图 1.30 所示。

在“视图属性”对话框中进行了一系列的操作后，只是单击 按钮关闭对话框，而没有单击“确认”“应用”“修改”这 3 个按钮，目的是生成“平面”“立面”两个视图样板，并且不对视图属性进行任何修改。至于如何调用这两个视图样板，下一节会介绍。

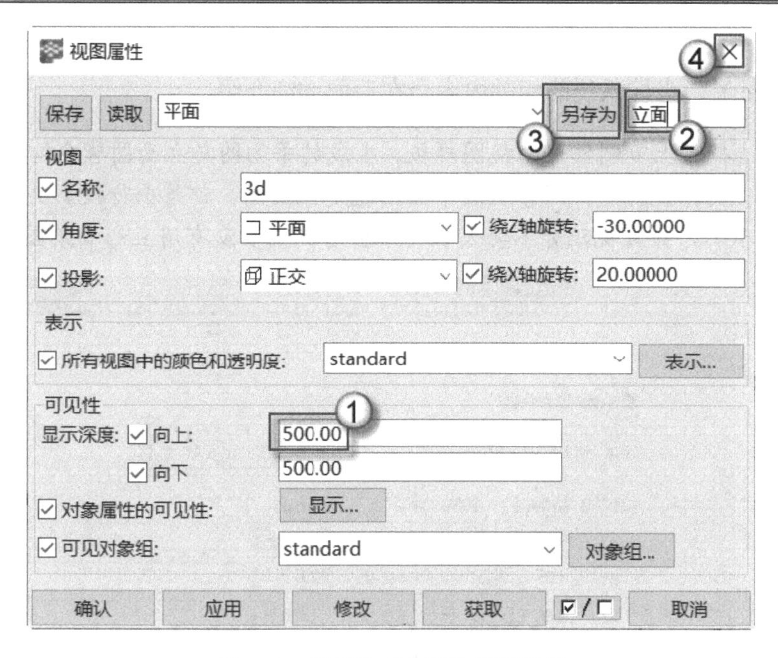

图 1.30　另存为“立面”视图样板

在“视图属性”中调整的几个参数与选项的说明如表 1.3 所示。

表 1.3　视图属性中的参数与选项

栏	选　　项	意　　义
角度	3D	视图以三维显示
	平面	视图以平行投影显示（平面图与立面图皆是平行投影关系）
最大深度	向上	从视平面起，沿着视点方向观看的视距（mm为单位）
	向下	从视平面起，沿着背离视点方向观看的视距（mm为单位）

注意：“角度”栏中的“平面”选项指的是平行投影关系，而“另存为”栏中输入的“平面”指的是平面视图，请读者不要混淆了。另外，在“显示深度”栏中输入的数值需要符合施工图的要求，不宜过大。如果过大的话，在观察时会出现问题（如二层平面图不允许看到一层的内容）。

1.2.2　处理视图平面

上一节中生成的“平面”“立面”两个视图样板，将在本节中使用。

（1）沿轴线生成视图。选择“视图”|“创建模型视图”|“沿着轴线”命令，弹出“沿着轴线生成视图”对话框，如图 1.31 所示。在 XY 行的“视图名称前缀”列中输入“平面图-标高为：”字样，在“视图属性”列中选择“平面”样板（这个样板就是上节制作好的）；在 ZY 行的“视图名称前缀”列中输入“数字轴立面详图-轴：”字样，在“视图属性”列中选择“立面”样板（这个样板也是上节制作好的）；在 XZ 行的“视图名称前缀”列中输入“字母轴立面详图-轴：”字样，在“视图属性”列中也选择“立面”样板。在“另存为”栏中输入“视图样板”字样，单击“另存为”按钮，然后再单击“创建”按钮创建视

图，如图 1.31 所示。XY、ZY、XZ 轴线所在的平行投影关系，可以参看 GCS 或 UCS 坐标系统（图中⑩处），坐标系统的相关内容会在后面详细介绍。

注意： 由于选择了上节制作好的视图样板，生成的平面图与立面图皆会继承视图样板的属性。具体说就是，不管生成平面图还是立面图，都是平行投影关系（而不是三维显示），并且视距皆不会太长（不会看到很多没有用且影响绘图的对象）。

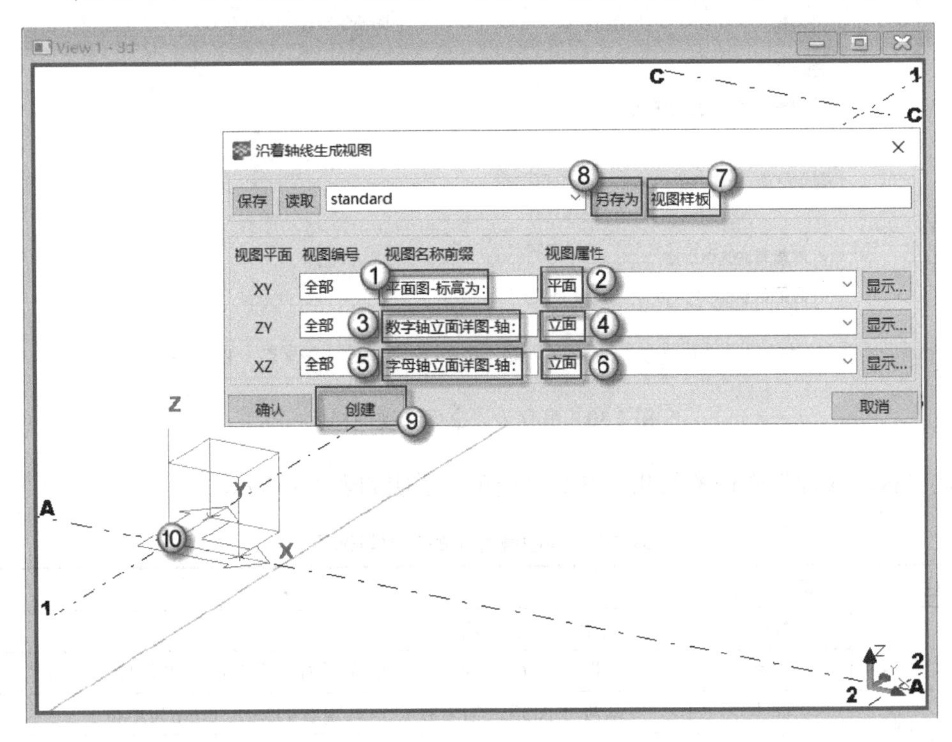

图 1.31　沿着轴线生成视图

（2）检查视图列表。在弹出的“视图”对话框中，可以看到刚刚生成的视图列表，如图 1.32 所示（图中①处）。设计者可以通过检查视图列表查看是否有缺图的情况，然后在“沿着轴线生成视图”对话框中单击“确认”按钮（图中②处）关闭这个对话框。

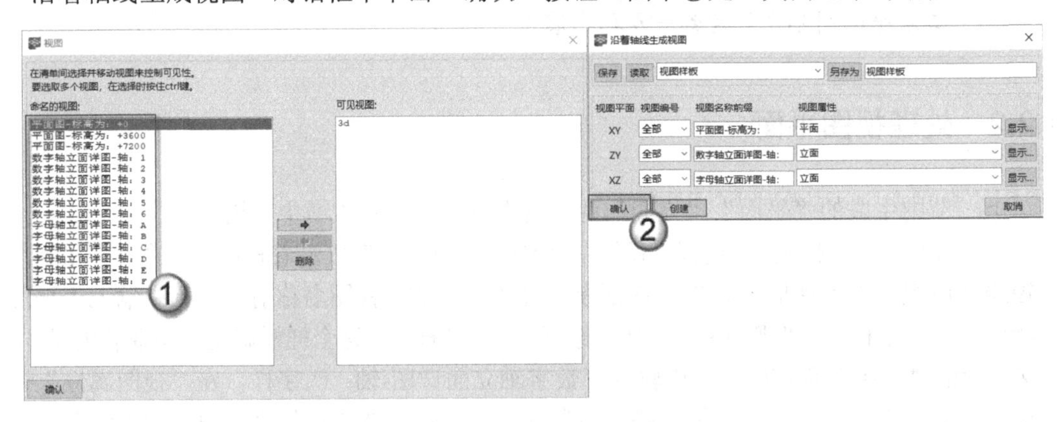

图 1.32　生成视图列表

（3）检查视图。当检查完视图列表之后，还需要检查视图。一般在“平面图”“数字轴立面详图”“字母轴立面详图”中各选一个作为代表进行检查。这里将“平面图-标高为：+0”“数字轴立面详图-轴：1”“字母轴立面详图-轴：A”这 3 个视图移入“可见视图”栏，将 3d 视图移入“命名的视图”栏，如图 1.33 所示，准备进行视图检查。

🔔**注意：**“可见视图”栏为显示的视图列表，“命名的视图”栏为不显示的视图列表。

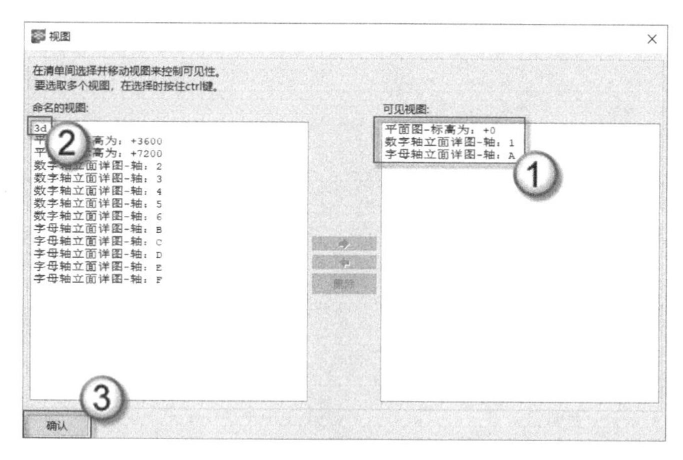

图 1.33　可见视图

（4）排列视口。由于共计显示了 3 个视图，与其对应就有三个视口。单按 T 快捷键，或选择“窗口”|“垂直平铺”命令，这三个视口会以同等大小的方式并排显示，如图 1.34 所示。图中①为“平面图-标高为：+0”，图中②为“字母轴立面详图-轴：A”，图中③为“数字轴立面详图-轴：1”。此时应重点检查视图中的轴线、标高是否齐全，图名与视图是否相符。

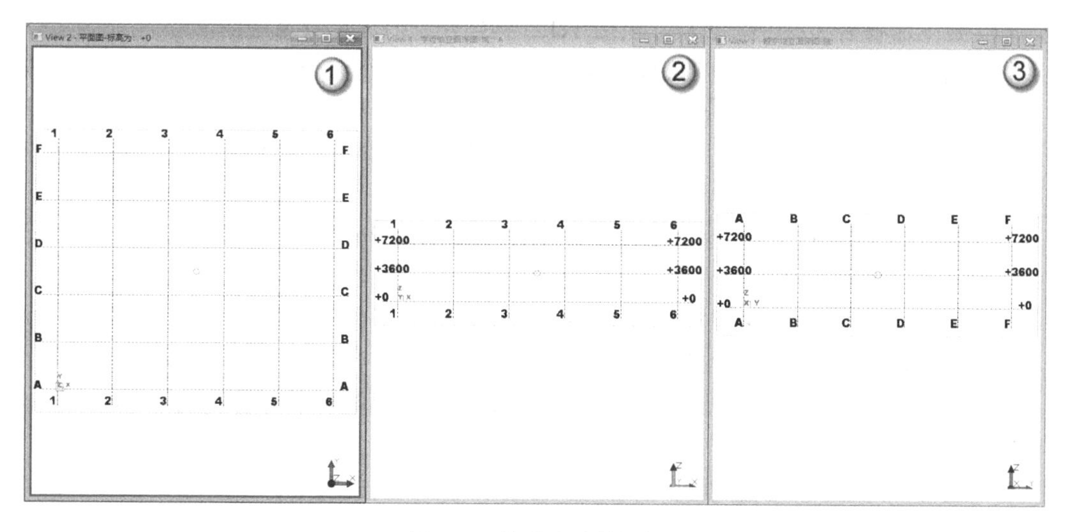

图 1.34　检查生成的视图

1.2.3　熟悉工作界面

当打开 Tekla 的模型时，会出现一个新的窗口。在默认情况下，其工作界面如图 1.35

所示。下面具体介绍其中①～⑩的功能。

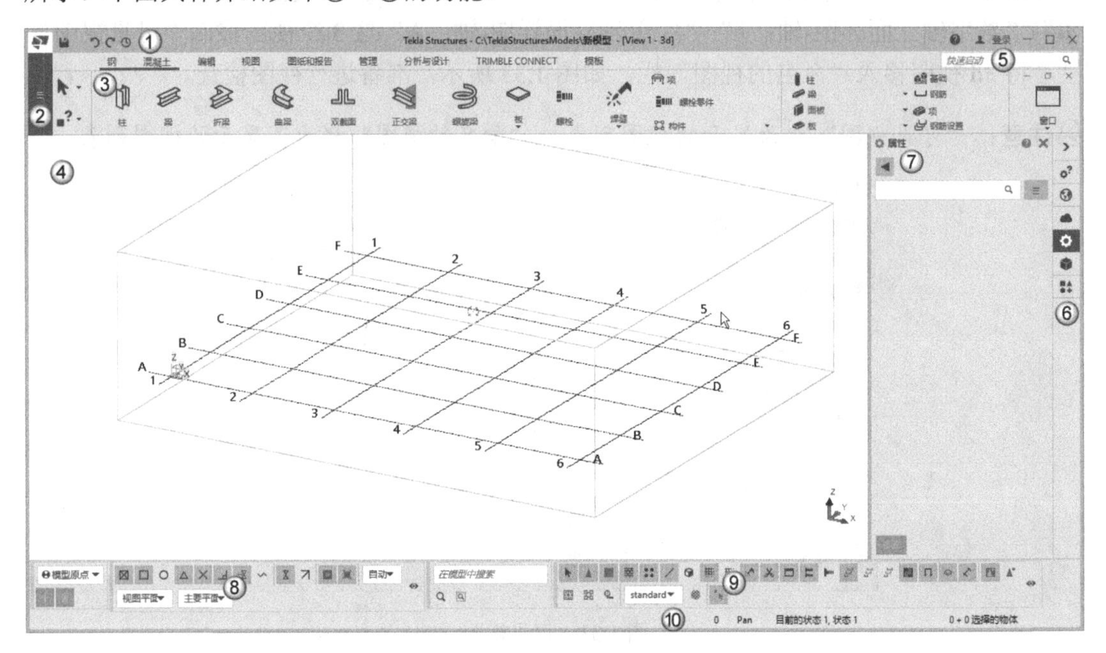

图 1.35　Tekla 2020 的默认界面

- ❑ 快速访问工具栏（图中①处）：在默认情况下，快速访问工具栏包含保存、撤销、重做和撤销历史记录 4 个按钮。快速访问栏将在下一节中详细介绍。
- ❑ 文件菜单（图中②处）：包含新建、打开、另存为、打开模型文件夹、输出、输入等一系列操作命令。
- ❑ 命令选项卡（图中③处）：包括 Tekla 构建模型时大部分常用的命令。
- ❑ 视口（图中④处）：是 Tekla 的具体绘图区域。当前是一个视口，也可以有多个视口。
- ❑ 快速启动（图中⑤处）：包含 Tekla 的所有命令，需要使用命令时，直接在这里输入命令的名称即可。
- ❑ 侧窗格（图中⑥处）：包含自定义查询、Tekla Online、点云、属性、参考模型、应用程序和组件 6 项。
- ❑ 面板（图中⑦处）：与侧窗格对应的 6 个面板，即自定义查询、Tekla Online、点云、属性、参考模型、应用程序和组件。
- ❑ 捕捉工具栏（图中⑧处）：用于控制设计师绘图时需要具体捕捉的对象，后面会详细讲解。
- ❑ 选择工具栏（图中⑨处）：用于控制设计师绘图时需要选择的对象，后面会详细讲解。
- ❑ 状态栏（图中⑩处）：在创建对象时，状态栏会告之如何继续下一步的操作，后面会详细讲解。

1.2.4　自定义快速访问工具栏

Tekla 的命令按使用频率分为 4 个级别。使用频率最高的命令为第一级别，使用频率最低的命令为第四级别，其余为第二、第三级别。这 4 个级别的命令，发出方式也不同，详见表 1.4 所示。

表 1.4　命令的级别

命令的级别	使用命令的频率	发出命令的方式
第一级别	最高	键盘快捷键
第二级别	偏高	快速访问工具栏
第三级别	偏低	选项卡
第四级别	最低	快速启动

键盘快捷键是发出命令最重要的方式。Tekla 的默认快捷键、自定义快捷键、快捷键对照表参见附录 A，此处不再赘述。

选项卡发出命令是 Ribbon 界面的特点，此处也不再赘述。

在快速访问工具栏中输入相应关键字，如“属性”（图 1.36 中①处），会出现以“属性”为关键字的所有命令（图 1.36 中②处），选择需要的命令即可。由于其使用方法比较简单，此处不展开介绍。

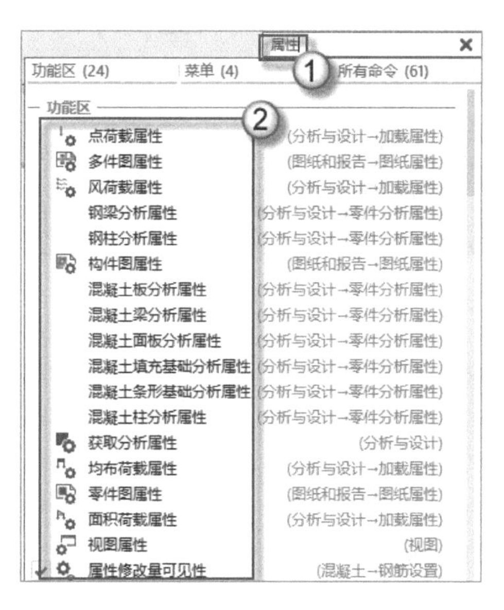

图 1.36　快速访问工具栏

快速访问工具栏是 4 种发出命令方式中要重点介绍的部分。因为快速访问工具栏不仅是发出命令的第二级别，而且在快速访问工具栏区域可以自定义很多命令。打开 Tekla 后，快速访问工具栏在默认情况下只有 4 个命令按钮，分别是保存、撤销、重做和撤销历史记录，如图 1.37 所示。

图 1.37　默认的快速访问工具栏

1．删除快速访问工具栏中的命令按钮

选择“菜单”|“设置”|“功能区”命令，如图 1.38 所示。在弹出的“功能区编辑器”对话框中，在“快速访问工具栏”中右击不需要的命令按钮，在弹出的快捷菜单中选择“删除”命令，如图 1.39 所示。

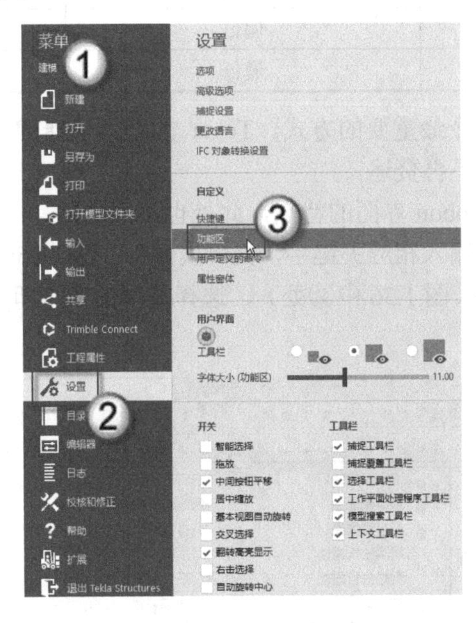

图 1.38　“功能区”命令

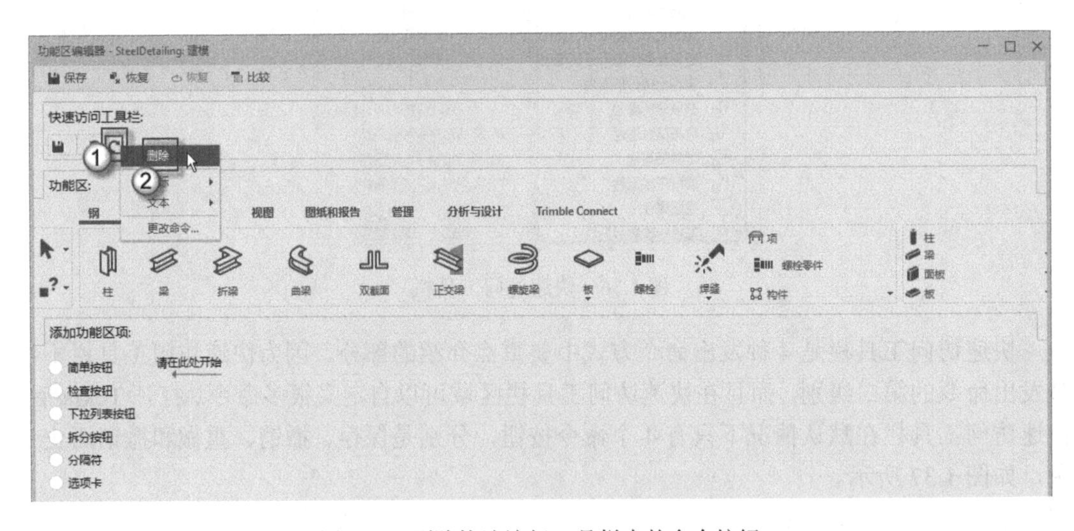

图 1.39　删除快速访问工具栏中的命令按钮

2. 增加快速访问工具栏中的命令按钮

在“功能区编辑器”对话框中（见图 1.40），选择“简单按钮”单选按钮（图中①处），在“命令”栏中输入“使用多边形切割对象”字样（图中②处），此时会自动显示出与输入字样一致的命令。选择这个命令（图中③处），在“外观”栏中选择“命令：小图标”单选按钮（图中④处），在“文本”栏中选择“无”单选按钮（图中⑤处），在“预览”栏中将这个图标（图中⑥处）拖至“快速访问工具栏”区域。此时可以看到，在快速访问工具栏区域出现了这个命令（即使用多边形切割对象命令）按钮，如图 1.41 所示。

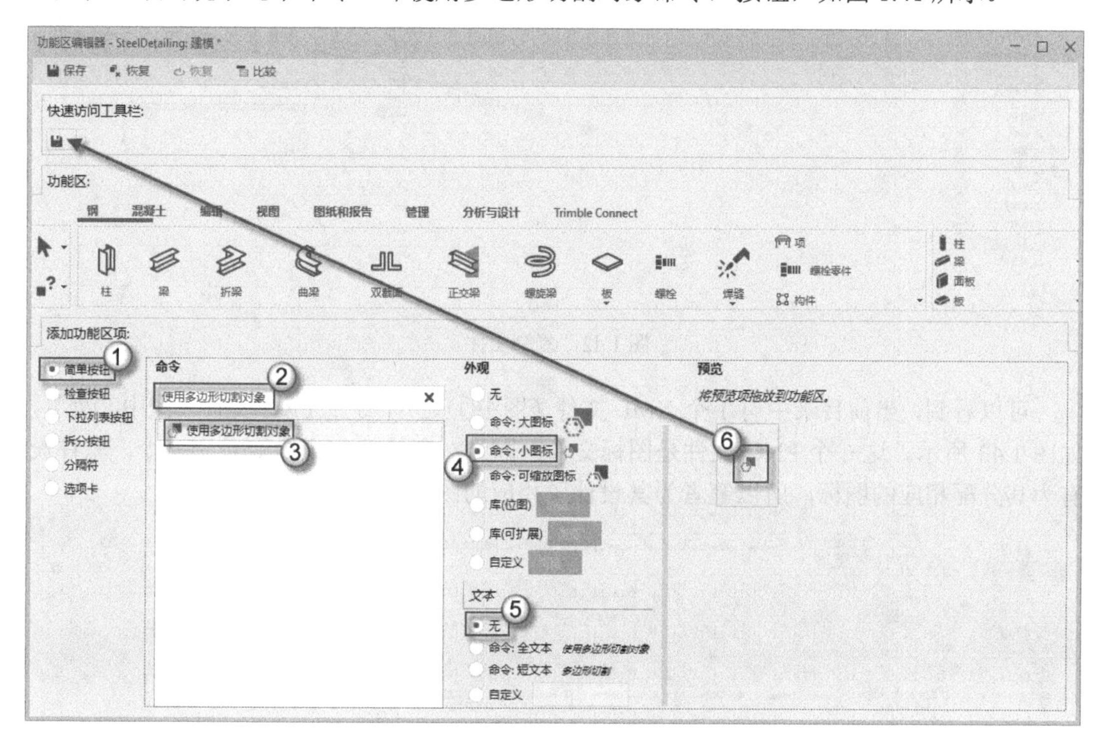

图 1.40　增加快速访问工具栏中的命令按钮

图 1.41　增加了“使用多边形切割对象”按钮

3. 使用配套下载资源中的快速访问工具栏按钮

使用上面介绍的方法一个一个地增加快速访问工具栏中的按钮太烦琐了。在配套下载资源中提供了批量设置快速访问工具栏按钮的方法，可以一次性生成所有的命令按钮。

（1）打开配套下载资源，如图 1.42 所示。在“快速访问栏”文件夹（图中①处）里有 7 个文件（图中②处），将这些文件复制到“C:\用户\Administrator\AppData\Local\Trimble\

Tekla Structures\2020.0\UI\Ribbons”目录下（图中③处）。

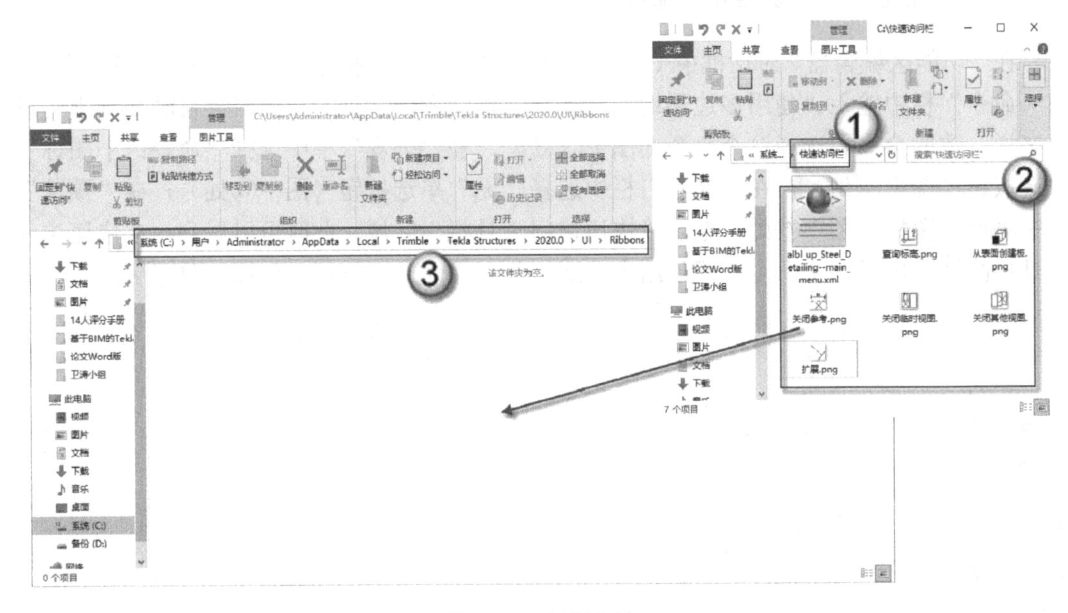

图 1.42　复制文件

可以看到，当前目录中有 1 个 XML 文件（图中①处），6 个 PNG 文件（图中②处），如图 1.43 所示。这 6 个 PNG 文件是图标文件。因为对应的这 6 个命令是宏命令，软件没有为其分配相应的图标，所以笔者为其设计了相应的图标文件。

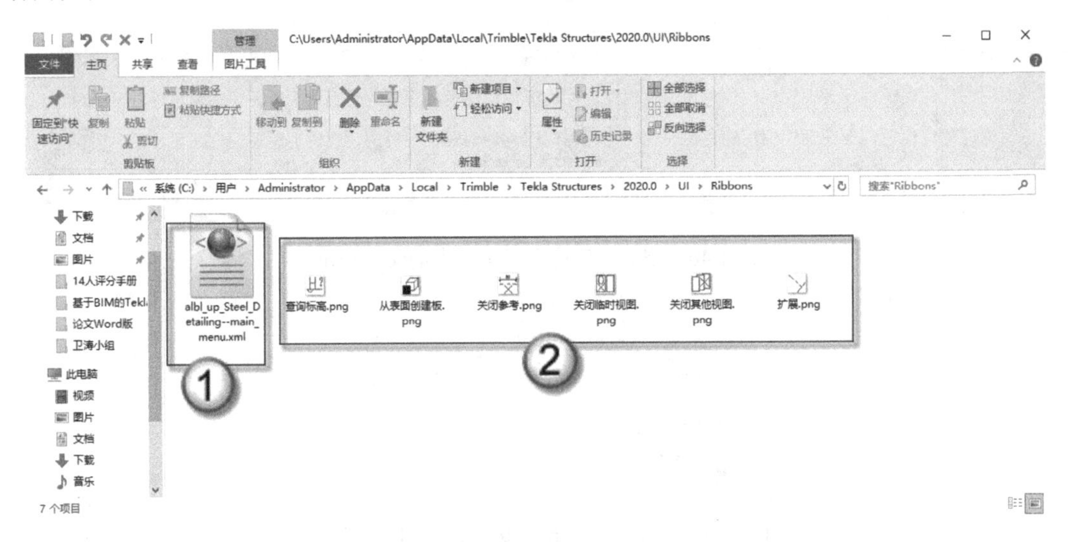

图 1.43　检查目录中的文件

（2）重新打开 Tekla 程序之后会弹出一个“功能区”对话框，单击“是”按钮，如图 1.44 所示。此时在快速访问工具栏中就可以看到一系列命令按钮了，如图 1.45 所示。单击这些按钮，可以直接发出相应的命令，操作十分便捷。

图 1.44　“功能区”对话框

注意：在快速访问工具栏中，笔者删除了撤销和重做两个按钮，因为这两个命令有快捷键。笔者保留了保存按钮。虽然保存命令也有快捷键，但是如果不小心按错了快捷键而没有存盘，则会影响工作。另外，在配套下载资源中提供了“快速访问栏”JPG 图片文件，读者可以将这个图片存入手机中，在空闲时可以记一下这些快速访问工具栏按钮对应的命令。

图 1.45　自定义的快速访问工具栏命令按钮

4．撤销历史记录

撤销历史记录是快速访问工具栏中默认的命令按钮，而且这个按钮是不能删除的。该按钮在快速访问工具栏最右侧，如图 1.46 所示（图中①处）。单击这个按钮之后，将弹出“撤销历史记录”对话框（图中②处）。该对话框的列表中记录了设计师的每步操作。如果想返回某一步操作，直接在列表中选择相应步骤的选项即可。例如，图中③处所指就是要返回“拆分”那一步操作。

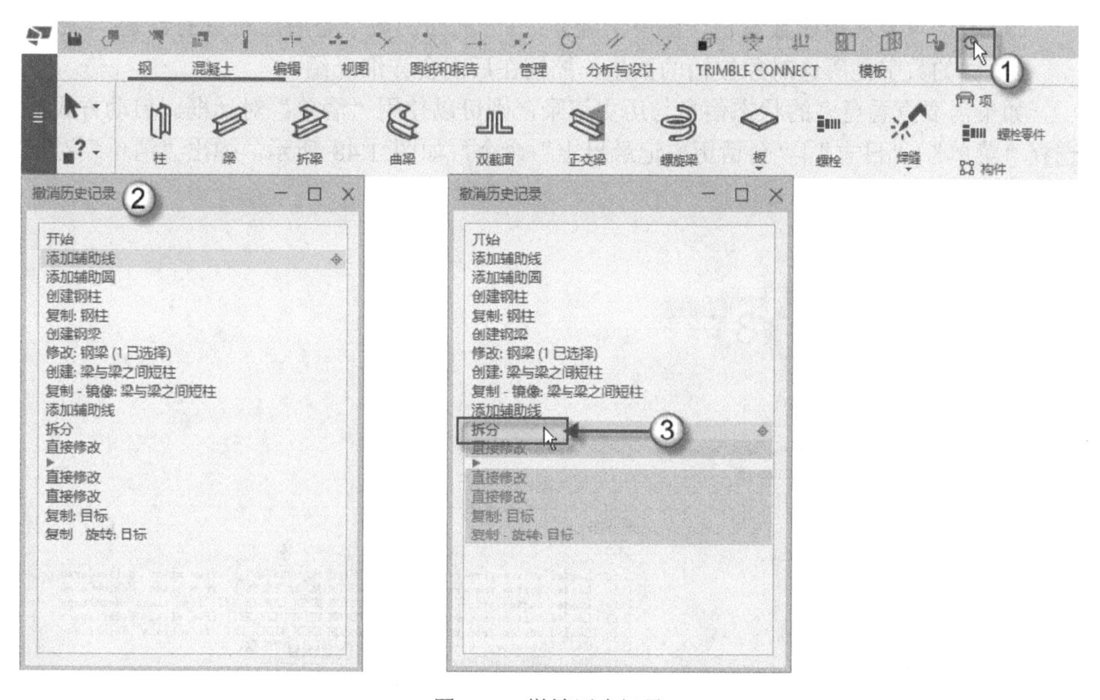

图 1.46　撤销历史记录

1.2.5　状态栏

Tekla 的状态栏与常用软件一样，都在最底部，紧贴着 Windows 任务栏。Tekla 的状态栏由 7 部分组成，如图 1.47 所示。

图 1.47　Tekla 的状态栏

- 信息栏（图中①处）：当创建零件时，信息栏将告之如何继续及何时选取点。
- OSD 栏（图中②处）：包括快捷选取（快捷键 S）、拖曳（快捷键 Ctrl+D）和正交（快捷键 O）3 个选项的状态。
- XYZ 栏（图中③处）：当 X 坐标锁定（快捷键 X）激活时对象只能沿着 Y 轴方向移动；当 Y 坐标锁定（快捷键 Y）激活时对象只能沿着 X 轴方向移动；当 Z 坐标锁定（快捷键 Z）激活时对象只能在由 X、Y 轴组成的平面内移动。
- 构件组件级别栏（图中④处）：显示构件或组件层次结构中的级别（级别为 0～9）。切换级别的方法是，选择构件或组件后，按住 Shift 键不放，滚动鼠标滚轮，直至切换到设计师需要的级别。
- 鼠标中键模式（图中⑤处）：Pan 表示平移，Scroll 表示滚动。两者的切换可以使用 Shift+M 快捷键，或者选择“工具”|“选项”|“中间按钮平移”命令。
- 目前的状态栏（图中⑥处）：此处的状态与“状态管理器”中的状态一致，启动“状态管理器”的方法是使用快捷键 Ctrl+H。“状态管理器”在后面会详细介绍。
- 所选对象和控柄数量栏（图中⑦处）：+号前面的数字是所选对象的数量；+号后面的数字是所选对象控柄的数量。控柄在后面会详细介绍。

如果需要查看更多的状态信息与历史记录，则可以使用“清单”对话框。启动方式是选择“菜单”|“日志”|“会话历史记录日志”命令，如图 1.48 所示，弹出“清单”对话框，如图 1.49 所示。

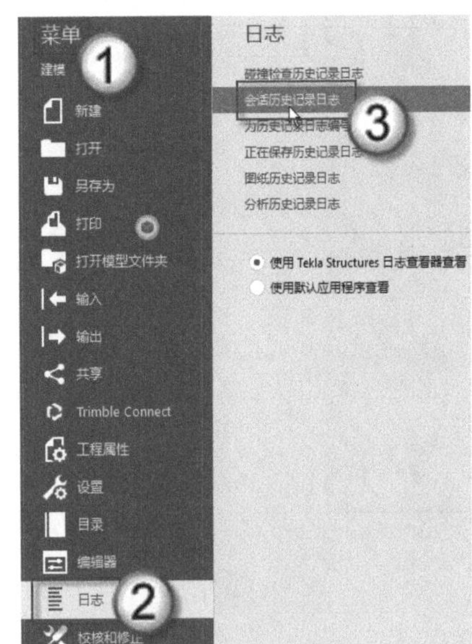

图 1.48　选择“会话历史记录日志”命令

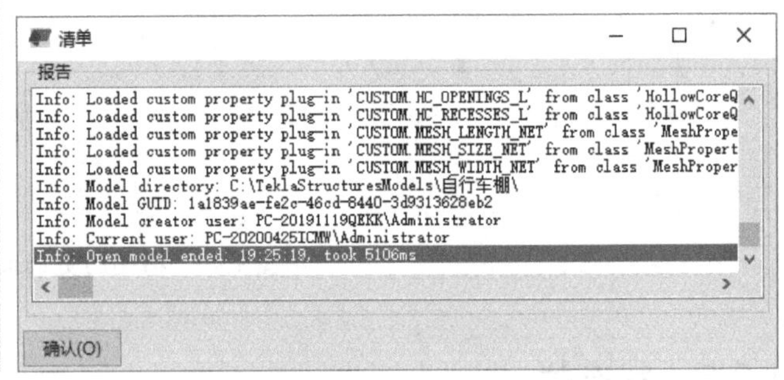

图 1.49　清单

🔔注意：“清单”对话框中的内容要详细一些（特别是有历史记录），但查看“状态栏”要方便一些。使用“清单”还是“状态栏”，读者可根据自身的需要去选择。

1.3　Tekla 的设置

当新建一个模型后，需要对 Tekla 进行一些设置，达到工程项目中的具体要求。Tekla 的有些设置与其他工程软件不一样，下面具体介绍。

1.3.1　工程属性设置

新建模型时，需要设置工程属性，操作方法是选择“菜单”|“工程属性”命令，弹出“工程属性”对话框，如图 1.50 所示。其中有工程编号、姓名、建立者、对象、设计者、位置、地址、邮政信箱、城市、区域、邮政编码、国家/地区、开始日期、结束日期、信息（包括信息 1、信息 2）和描述共 16 栏。

此处的 16 栏中的信息与图纸属性是一一对应的，如图 1.51 所示。工程属性与图纸属性中各选项的对应情况见表 1.5 所示。填写好的工程属性会直接在图纸的会签栏与标题栏中生成，并且在图纸中是不能修改这些内容的。如果要修改，只能在“工程属性”对话框中进行修改，因此应引起读者的重视。

图 1.50 “工程属性”对话框中的各选项

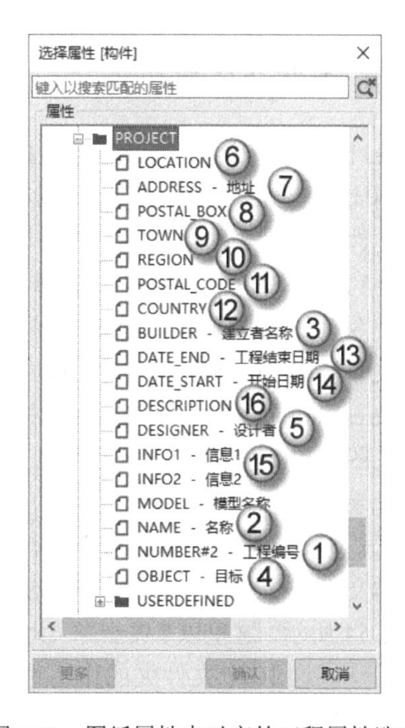

图 1.51　图纸属性中对应的工程属性选项

在这 16 栏中，除了“开始日期”与“结束日期”之外，其他栏中输入中文、英文、数字或符号皆可。在 Tekla 中，日期的默认格式是“日.月.年”，如 2020 年 3 月 27 日，应输入 27.3.2020。“开始日期”与“结束日期”两栏应严格按照这个格式进行输入，修改日期格式的方法将会在后面介绍。

表 1.5　工程属性与图纸属性中各选项的对应情况

编　号	工程属性中的选项	图纸属性中的选项
1	工程编号	NUMBER#2
2	姓名/名称	NAME
3	建立者/建立者名称	BUILDER
4	对象/目标	OBJECT
5	设计者	DESIGNER
6	位置	ADDRESS
7	地址	LOCATION
8	邮政信箱	POSTAL_BOX
9	城市	TOWN
10	区域	REGION
11	邮政编码	POSTAL_CODE
12	国家/地区	COUNTRY
13	开始日期	DATE_START
14	结束日期	DATE_END
15	信息1/信息2	INFO1/ INFO2
16	描述	DESCRIPTION

1.3.2　文件夹设置

Tekla 与另一款结构设计软件 PKPM 一样，皆是将档案以文件夹形式进行保存。这种方式相比将档案以文件形式进行保存要麻烦一些，不仅要管理这些文件夹，还要知道这些文件夹的具体作用。

（1）打开模型文件夹。选择“菜单”|“打开模型文件夹”命令，如图 1.52 所示。这样操作可以打开当前模型所存放的文件夹。默认情况下，存放 Tekla 模型的总目录为 C:\Tekla StructuresModels，如图 1.53①处。本书涉及的两个模型“贝士摩”（图 1.53②处）与“双层廊架”（图 1.53③处）皆保存在这个目录下。

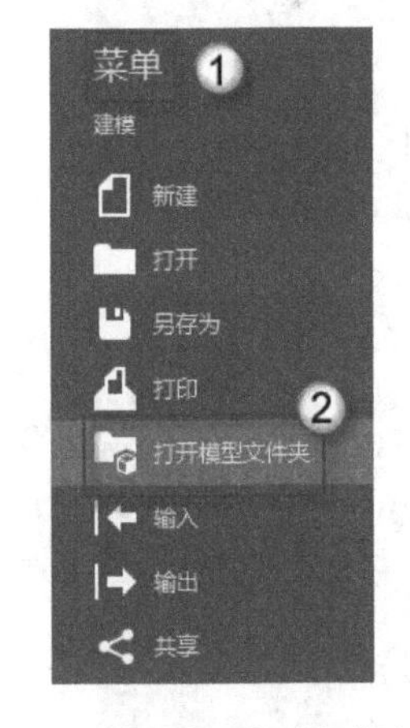

图 1.52　打开模型文件夹

（2）双击“贝士摩”文件夹，进入存放“贝士摩”模型的具体文件夹中（路径为“C:\TeklaStructuresModels\贝士摩”），如图 1.54 所示。这里以“贝士摩”为例介绍文件夹的具体作用。图中①～⑩这 10 个文件夹的作用见表 1.6 所示。

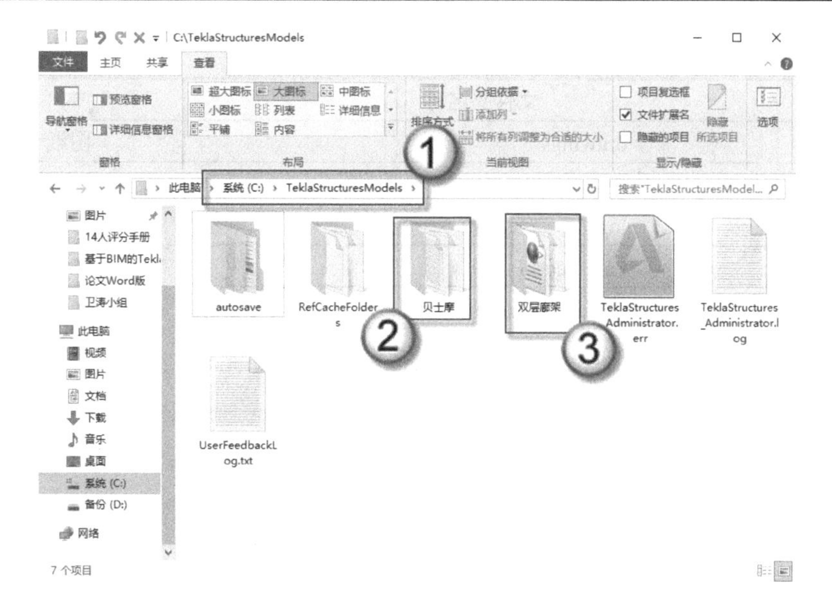

图 1.53　TeklaStructuresModels 文件夹

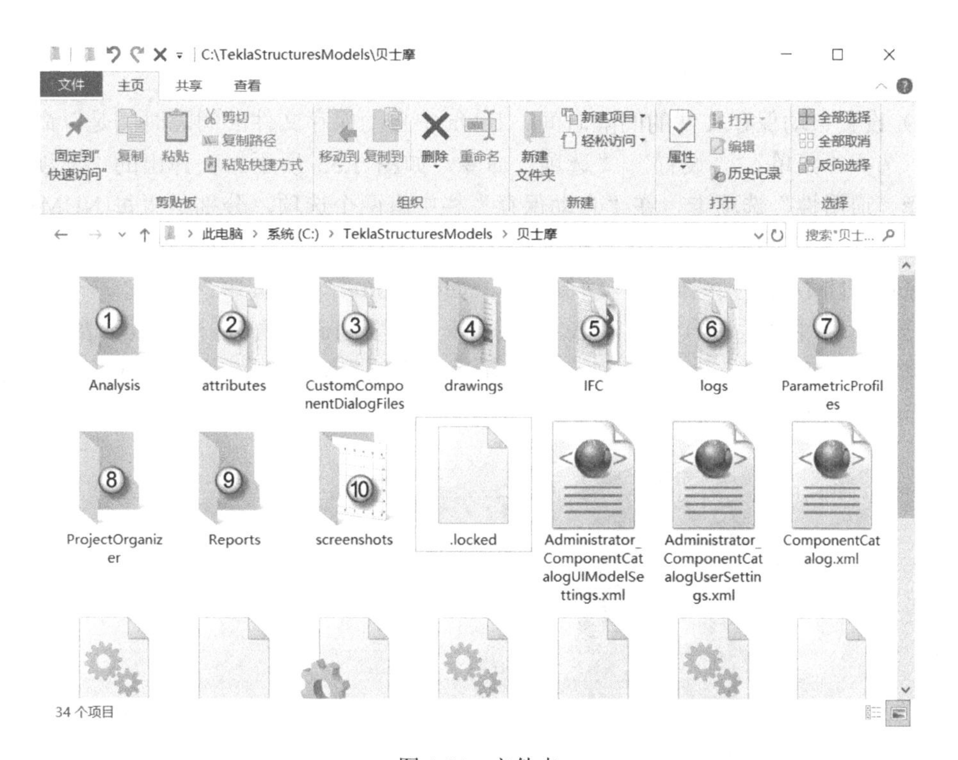

图 1.54　文件夹

表 1.6　Tekla常见文件夹的作用

编　　号	文件夹名称	内　　容
①	Analysis	分析
②	attributes	属性
③	CustomComponentDialogFiles	自定义组件

续表

编　号	文件夹名称	内　容
④	drawings	图纸
⑤	IFC	IFC输出
⑥	logs	日志
⑦	ParametricProfiles	参数化截面
⑧	ProjectOrganizer	管理器
⑨	Reports	报告
⑩	screenshots	截屏

注意：根据模型设计的具体深度，文件夹的数量也会有所不同，可能比这里列出的文件夹多，也可能比这里列出的文件夹少。

1.3.3 自动保存文件设置

使用 Windows 操作系统的软件，死机、蓝屏、卡顿的情况时有发生。为了避免损失，可以设置 Tekla 自动保存文件的间隔时间。

（1）设置自动保存文件的间隔时间。Tekla 中自动保存文件的间隔时间是以命令次数体现的。选择“菜单”|“设置”|“选项”命令，如图 1.55 所示。在弹出的“选项”对话框中选择“通用性”选项卡，在“自动保存”栏中有两个选项，分别是“每[NUMBER]次建模或编辑命令后自动保存□]次建模或编辑命令后自动保存”“每创建[NUMBER]张图纸后自动保存□UMBER]张图纸后自动保存”，如图 1.56 所示。其中：

第一个选项（图中③处）定义了 Tekla 保存模型需要的命令次数。框中数字表示在 Tekla 自动保存当前模型之前，设计师需要运行的不同命令的次数。例如，如果不间断地使用“创建梁”命令创建很多梁，则其仅算为一次命令。

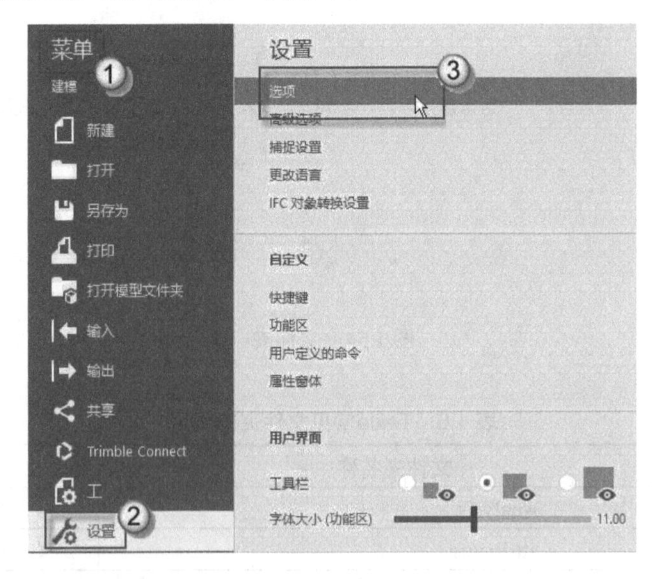

图 1.55　选项

第二个选项（图中④处）定义了 Tekla 保存图纸需要的命令次数。框中数字表示在 Tekla 自动保存当前图纸之前，设计师需要运行的不同命令的次数。

注意：如果将以上两个选项设置为小于 2 的数值，则表示禁用自动保存。

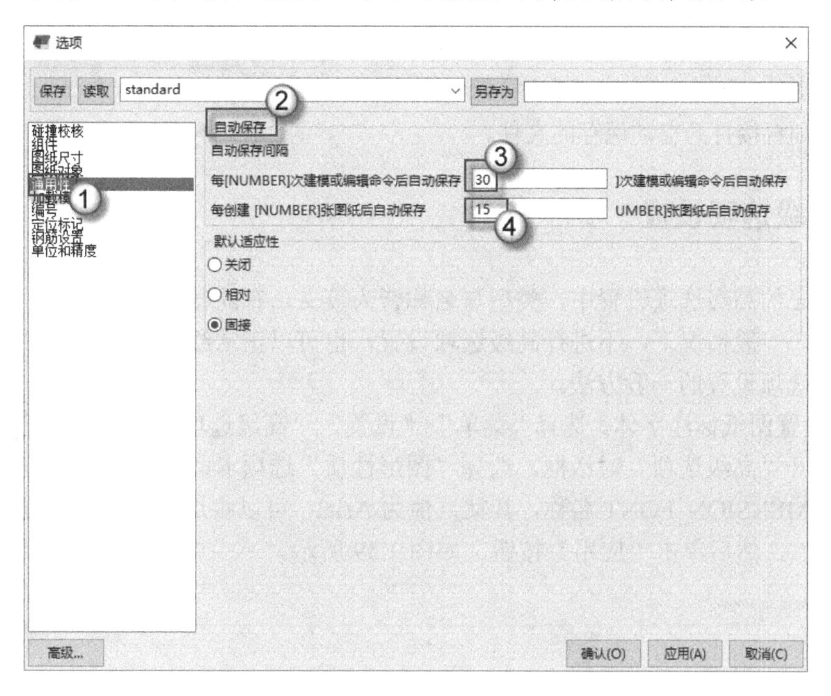

图 1.56　设置自动保存间隔

（2）查看自动保存的文件位置。Tekla 自动保存的文件默认在 C:\TeklaStructuresModels\autosave 目录下，如图 1.57 所示。

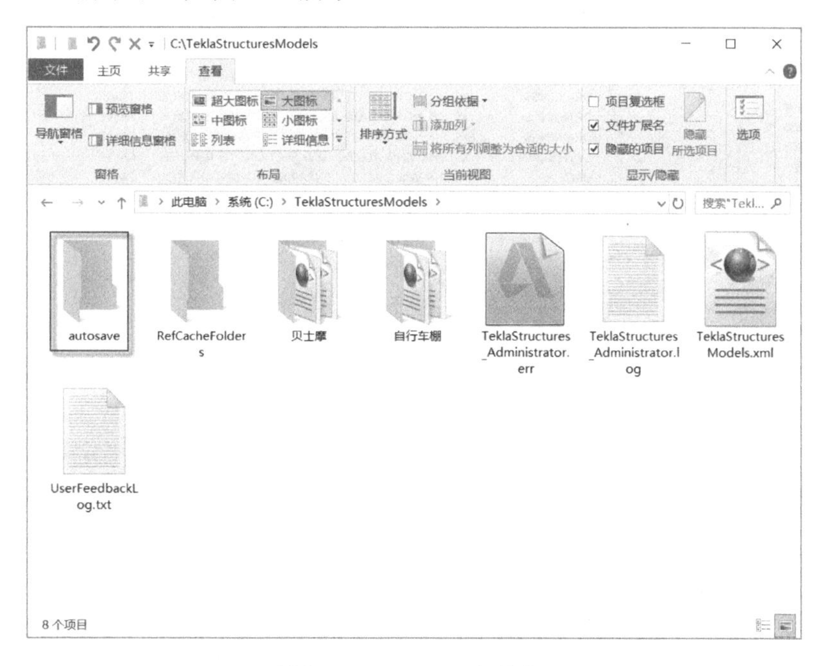

图 1.57　autosave 文件夹

（3）选择打开自动保存的文件。如果 Tekla 自动保存文件成功，设计师再次打开模型时会出现一个“打开”对话框，要设计师判断是否打开自动保存的文件，如图 1.58 所示。单击“已保存”按钮（图中①处），则不打开自动保存的文件；单击“已自动保存”按钮（图中②处），则直接打开自动保存的文件。

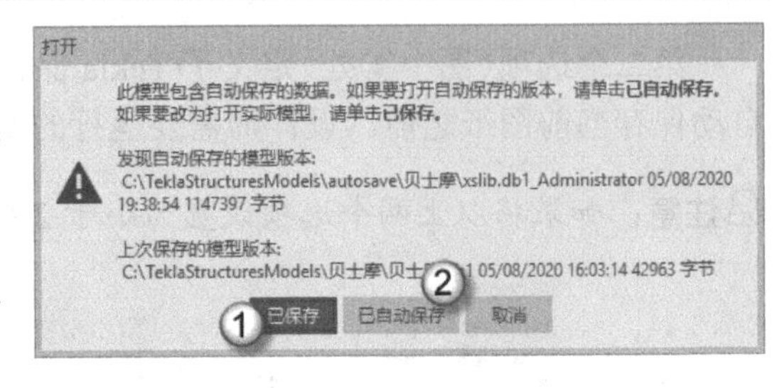

图 1.58 “打开”对话框

1.3.4 高级选项设置

在 Tekla 的高级选项设置中，类型与名称皆为英文，有的甚至没有提示，因此操作起来不太方便。一般情况下，不进行高级选项设置，也可以正常绘图。本节以三处设置为例来介绍高级选项设置的一般方法。

（1）设置图纸标注字体。选择“菜单”|“设置”|“高级选项”命令，或直接按 Ctrl+E 快捷键，打开“高级选项”对话框。选择“图形性质”选项卡，然后选择 DRAWINGS 类型和 XS_DIMENSION_FONT 名称，其默认值为 Arial，可以将这个值改为“仿宋”或“仿宋_GB2312”，然后单击“应用”按钮，如图 1.59 所示。

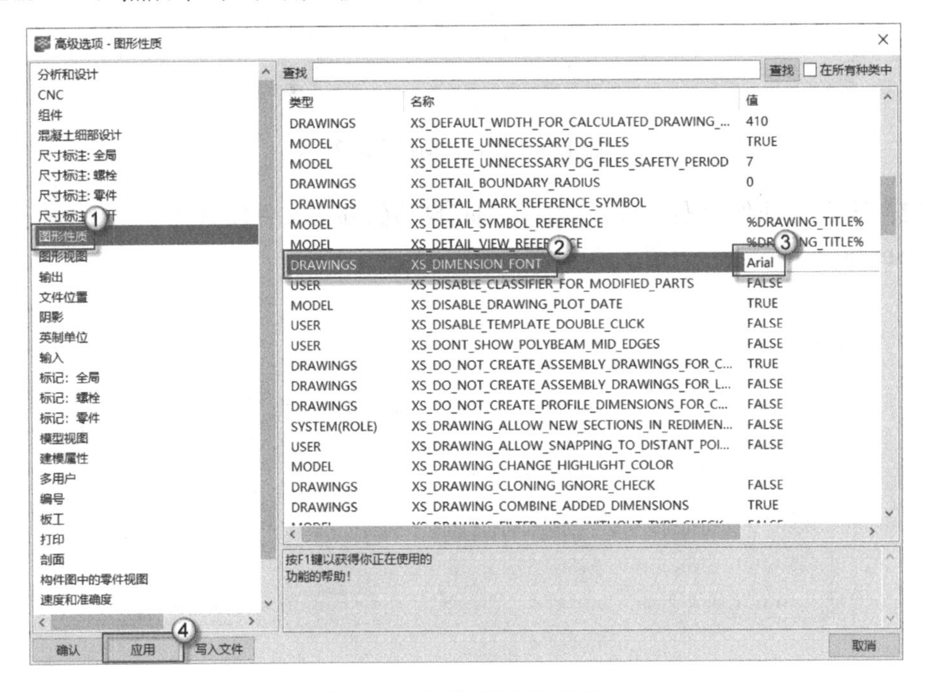

图 1.59 设置图纸标注字体

这一步是调整图纸中标注的字体，默认字体是 Arial 体。但是我国制图标注中推荐的是“仿宋”字体，设计师可以选择是否切换字体。

（2）设置模型视图的背景色。在“高级选项”对话框中，选择“模型视图”选项卡，类型选择 USER，名称分别选择 XS_BACKGROUND_COLOR1（左上角）、XS_BACKGROUND_COLOR2（右上角）、XS_BACKGROUND_COLOR3（左下角）和 XS_BACKGROUND_

COLOR4（右下角），值皆修改为“1.0 1.0 1.0”（3 个 1.0 表示纯白色，3 个 0.0 表示纯黑色），然后单击“应用”按钮，如图 1.60 所示。每一行的 3 个数值分别表示 R（红色）、G（绿色）、B（蓝色），具体设置为何种颜色，读者可以自行选择。

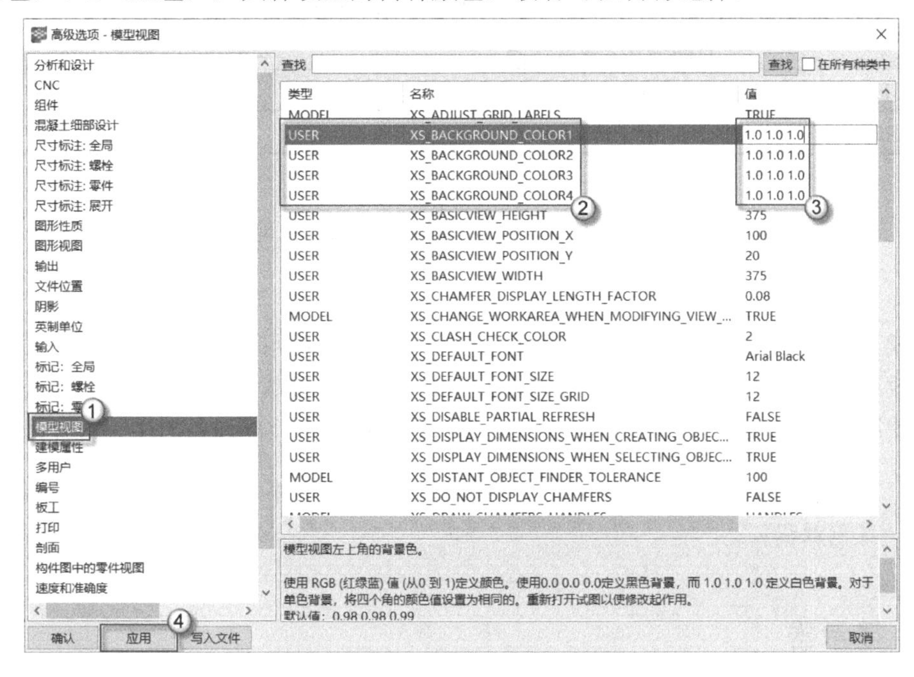

图 1.60　设置模型视图的背景色

（3）设置日期格式。在“高级选项”对话框中，选择“英制单位”选项卡，然后选择 USER 类型和 XS_IMPERIAL_DATE 名称，默认值为 FALSE，可以将这个值改为 TRUE，然后单击“应用”按钮，如图 1.61 所示。

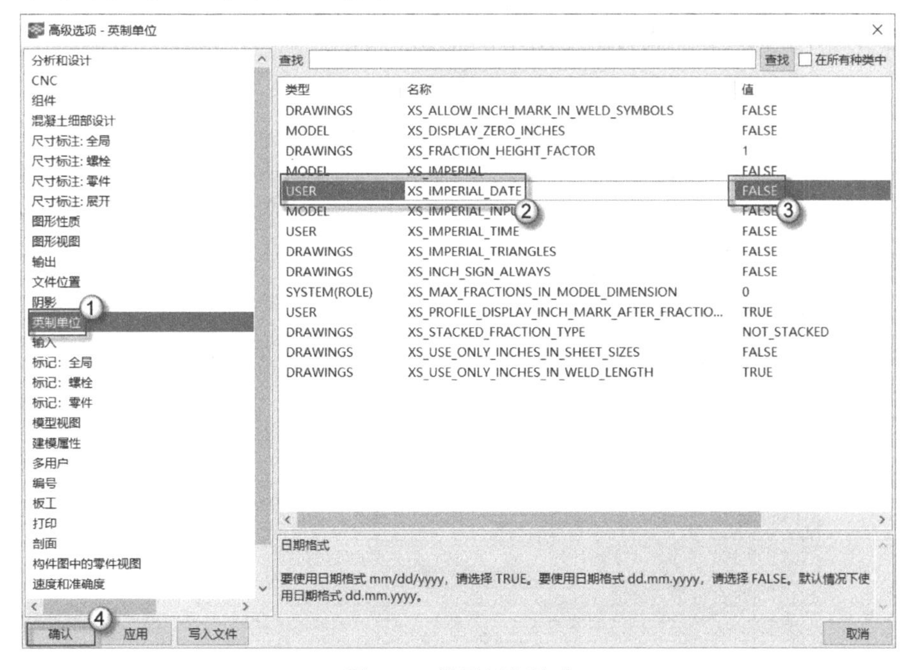

图 1.61　设置日期格式

这一步是切换 Tekla 的系统日期格式。日期格式选项有两个，即 FALSE 与 TRUE，对应关系见表 1.7 所示。

表 1.7　Tekla的日期格式选项

值	日期格式（英文代码）	日期格式（中文代码）
TRUE	mm/dd/yyyy	月份/日期/年份
FALSE	dd.mm.yyyy	日期.月份.年份

1.4　操作 Tekla 的计算机外部设备

工欲善其事，必先利其器。计算机外部设备在选择与使用中也有一些要求，否则会影响工作效率，甚至会出现有些操作无法完成的情况。本节将从 Tekla 软件的特点出发，结合笔者使用 Tekla 的经验，介绍显示器、键盘和鼠标这三个外部设备的相关内容。

说明： 本节中介绍的操作，同样适用于笔者出版的另一本书《基于 BIM 的 Tekla 钢结构案例教程》。

1.4.1　显示器

就操作 Tekla 而言，显示器最重要的参数是分辨率。查看本机显示器的分辨率有两种方法，一种是看说明书；另一种是进行如下操作。

右击计算机桌面，在弹出的右键菜单中选择“显示设置”命令，在弹出的“设置”对话框中选择“显示”选项，此时可以在“分辨率”栏中看到本机显示器的分辨率，如图 1.62 所示。笔者的计算机的显示器分辨率是比较常见的 1920×1080，俗称 1080p。

图 1.62　查看显示器的分辨率

目前常见的显示器是16:9的宽屏液晶面板显示器，其分辨率主要有6种，如表1.8所示。这些分辨率的数值因液晶面板的具体类型会略有不同。如果读者使用的是带鱼屏显示器，请参看附录中关于带鱼屏的使用方法。

表1.8　常见的计算机分辨率

序　　号	分　辨　率	俗　　称	用　　途
1	1280×720	720p	电视机
2	1366×768	/	笔记本电脑显示器
3	1440×900	/	台式机显示器
4	1920×1080	1080p	显示器与电视机
5	2880×1620	3K	笔记本电脑显示器
6	3840×2160	4K	显示器与电视机

显示器的分辨率是指可以使显示器显示的像素个数。分辨率大，显示的内容就多；分辨率小，显示的内容就少。在使用Tekla的时候，显示器的最小分辨率要求是1920×1080。如果使用低于这个数值的分辨率，则会出现有些对话框显示不全而无法操作的情况。另外，不要使用电视机作为显示器，因为电视机的点距比较大，在使用Tekla时图像会变得模糊，没有显示器的显示效果清晰。

1.4.2　键盘

本节主要介绍如何选用键盘，以及Tekla中快捷键的使用方法。

1．按键数分类的键盘

自从机械键盘出现之后，键盘键数的分类就很严格了。这主要是由机械键盘的核心零件——键帽和轴体的成本决定的。常见的键盘键数分类见表1.9所示。当然，也有一些键盘生产厂家会根据自身的情况调整键数，此处就不展开讲解了。

表1.9　常见的键盘键数分类

键　　数	俗　　称	排　　数	用　　途	示　例　图
104	全尺寸键盘	6	用于Tekla操作，使用最方便但占位置	见图1.63
87	截尺寸键盘	6	用于Tekla操作，不能使用数字键，但不占位置	见图1.64
84	紧凑型键盘	6	/	见图1.65
61	迷你型键盘	5	只能用于非windows操作系统的平板设备	见图1.66

从表1.9中可以看出，Tekla软件适合104键的全尺寸键盘或87键的截尺寸键盘。这两种键盘的区别就在于有没有数字区。有数字区的键盘在输入数字时非常方便，但是占据了100mm左右的桌面空间。没有数字区的键盘，虽然输入数字不方便，但是桌面空间增大了100mm左右。别小看这100mm的尺寸，鼠标运行的基本宽度也就150mm～180mm。在设计师的桌面上，除了计算机之外，还会放置图纸、规范和设计纪要等一系列资料，因此没有数字区的87键截尺寸键盘的优势就体现出来了。

那么84键的紧凑型键盘不是更节省桌面空间吗？这种键盘有两个问题：一是没有

Insert 键；二是 Home 键的位置不好，容易按错。Insert、Home、Delete、End、PageUp、PageDown、→、←、↑、↓这几个控制键在其他软件里或许不重要，但是在 Tekla 中每一个按键都设置了快捷键。特别是 Home 键，使用频率非常高。因此 Tekla 不宜使用该类键盘。

61 键的迷你型键盘就更不用说了。其在 84 键的基础上去掉了 F1～F12 等一些功能键。这些功能键是 Tekla 中比较重要的快捷键，没有这些键，操作会大打折扣。该类型键盘只能用于非 Windows 操作系统的平板设备（如安卓平板电脑和 iPad 等）上。

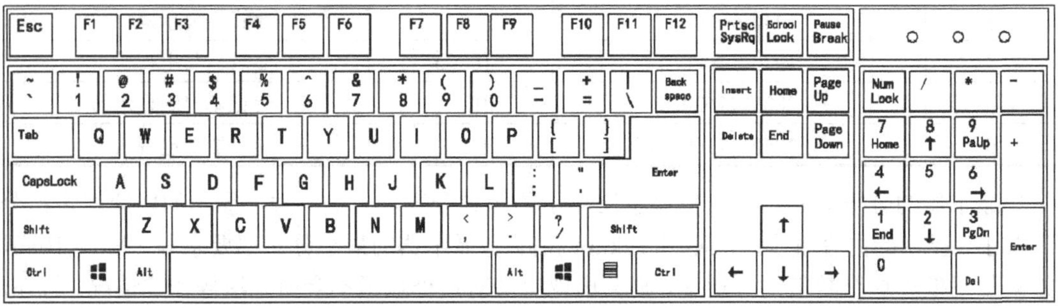

图 1.63　104 键键盘

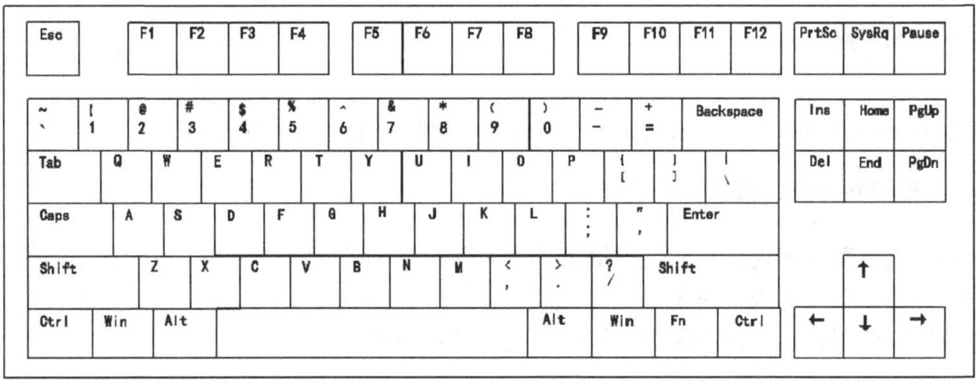

图 1.64　87 键键盘

图 1.65　84 键键盘

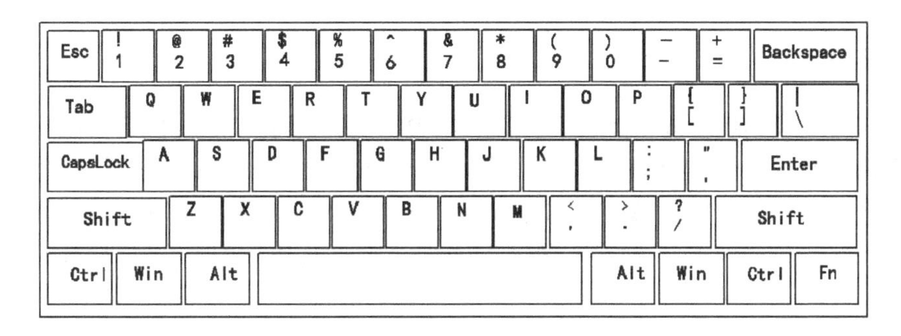

图 1.66　61 键键盘

2. 单按与双按键盘快捷键

与其他软件的快捷键不一样，Tekla 有单按与双按之分。比如快捷键 L，在 AutoCAD、SketchUp 中皆是直线的功能，皆只用按一次就行了。但在 Tekla 中不一样，单按（按一下）L 键是发出“创建钢梁”命令；双按（快速按两下）L 键将弹出“钢梁”面板，如图 1.67 所示（图中①处为属性类面板），在其中可以进行梁属性的设置。在 Tekla 中，有些快捷键都需要单按与双按操作。如果不想双按快捷键，也可以单击侧窗格的⚙按钮（图中②处），同样会弹出这个面板。

△注意：本书全部采用了“单按”与“双按”快捷键的写法。如果按快捷键没有反应，可能有两种原因：一是当前输入法是中文输入法，二是快捷键的设置有问题。关于快捷键的设置问题，可以参看附录 A。

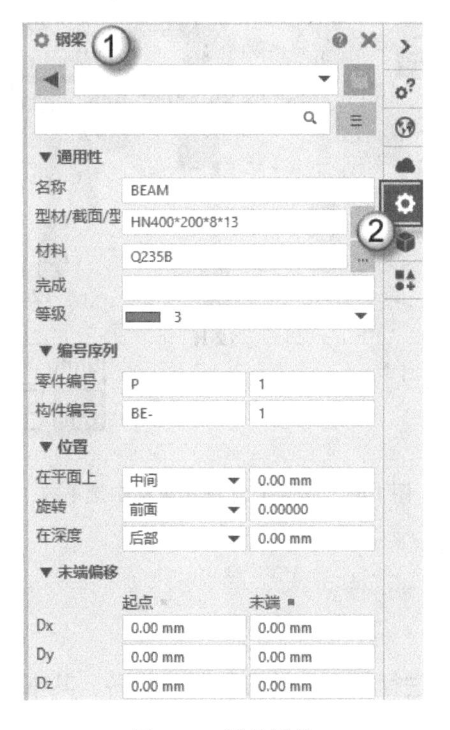

图 1.67　梁的属性

3．修辞键

键盘中的 Ctrl、Shift 和 Alt 这 3 个键称为修辞键。从这 3 个键在键盘的左、右两侧皆有布置就说明了它们的重要性。在 Tekla 中这 3 个修辞键也经常用到。有按住 Ctrl 键不放的情况，有按住 Shift 键不放的情况，有按住 Alt 键不放的情况，有同时按住 Ctrl 键和 Shift 键不放的情况。为了方便读者阅读，笔者在相应的截图中加入了图示，如表 1.10 所示。

表 1.10　键盘修辞键图示

序　号	修　辞　键	图　示
1	按住Ctrl键不放	Shift Ctrl Alt
2	按住Shift键不放	Shift Ctrl Alt
3	按住Alt键不放	Shift Ctrl Alt
4	同时按住Ctrl键和Shift键不放	Shift Ctrl Alt

如图 1.68 所示，表示按住键盘 Ctrl 键不放并按住鼠标中键不放转动视图的操作。

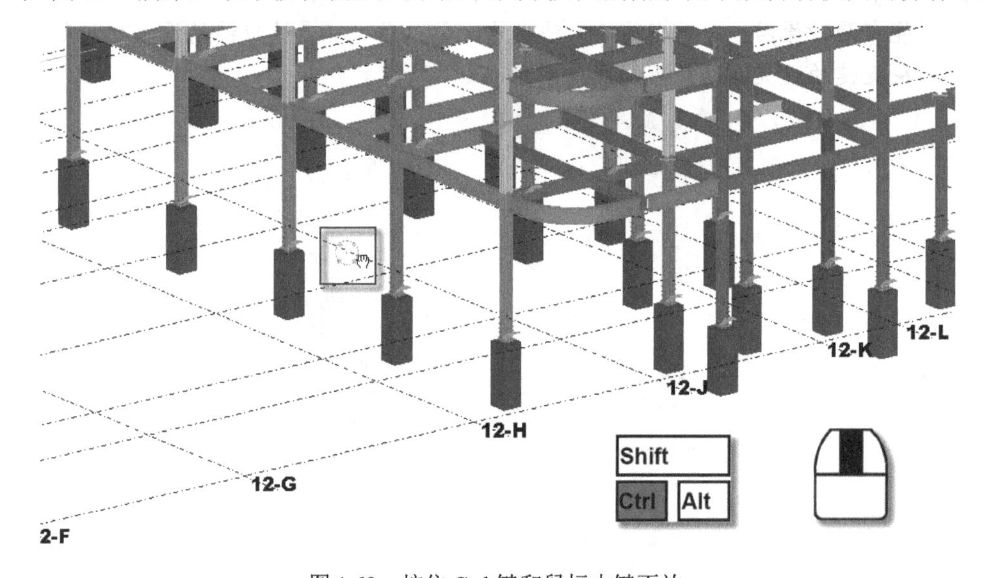

图 1.68　按住 Ctrl 键和鼠标中键不放

1.4.3　鼠标

鼠标是设计师用手握住进行操作的计算机外部设备。其中，在屏幕中移动的光点叫光标，光标是鼠标在显示器上的映射。

1. 鼠标的键位

常见的鼠标一般是双键加滚轮的键位，如图 1.69 所示。图中①处为左键，②处为滚轮，③处为右键。无线、有线鼠标一般都是这样的键位分布。当然，也有一些游戏鼠标在鼠标的左侧面增加了两到三个侧键，这里就不展开讨论了。

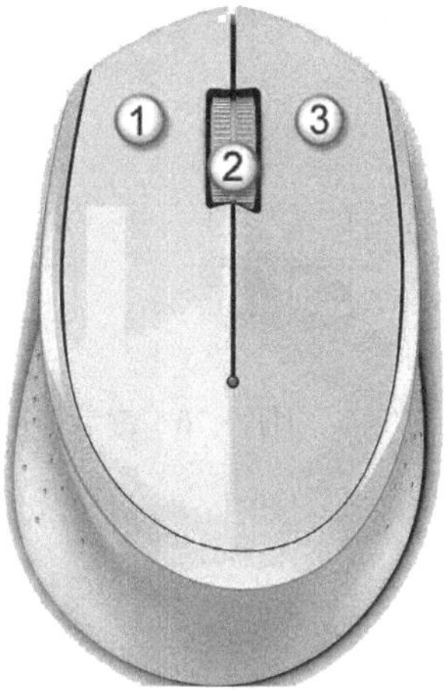

2. 光标的样式

光标显示为一个箭头形状时，表示软件系统为选择对象状态。此时，设计师可以做两件事：选择对象或者发出命令。

光标显示为一个小十字形状时，表示软件系统为绘图状态。此时设计师只能绘图，输入命令是无效的。如果此时要输入命令，需要按 Esc 键退出绘图状态，然后再输入需要的命令。

3. 鼠标的操作

鼠标操作的方式见表 1.11 所示。图示的操作将在相应的内容中进行介绍。

图 1.69　双键加滚轮鼠标

表 1.11　鼠标操作的图示

键　位	鼠标动作	操作方法	功　能	图　示
左键	单击	按一下左键	选择对象、定位点、发出命令	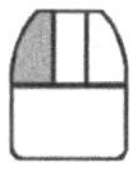
	双击	快速按两下左键	弹出属性对话框	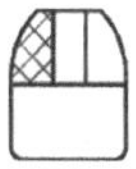
	按住鼠标左键不放	按住左键不放	/	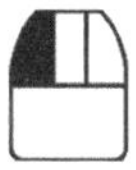
滚轮	单击鼠标中键	按一下滚轮	结束多边形、画线操作	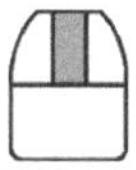
	按住鼠标中键不放	按住滚轮不放	平移视图	
	/	向下滚动滚轮	缩小视图	/
	/	向上滚动滚轮	放大视图	/
右键	右击	按一下右键	弹出右键菜单	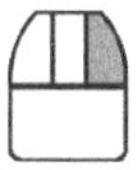

结合键盘和鼠标的图示，可以表示相应的操作，如图 1.70 所示。图示中的操作表示按住 Alt 键不放单击那个点。图 1.71 中的操作表示同时按住 Shift 和 Ctrl 键，并按住鼠标滚轮不放旋转视图的操作。

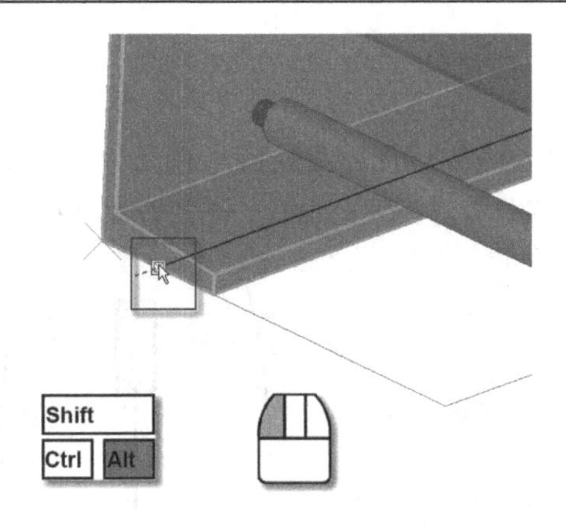

图 1.70　键盘和鼠标图示 1

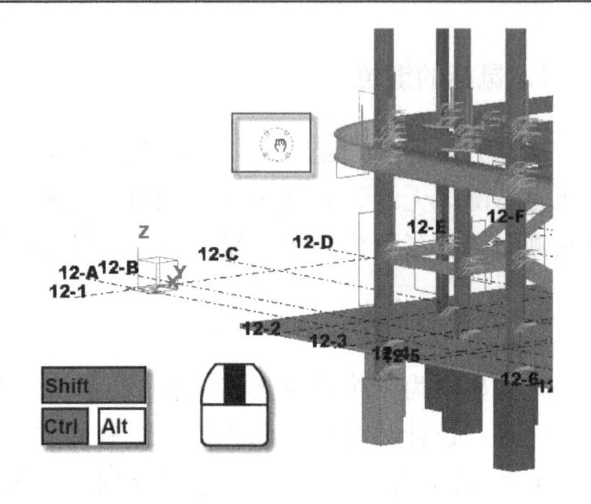

图 1.71　键盘和鼠标图示 2

第 2 章　捕　　捉

在 Tekla 中，大多数命令都要求设计师精确选取点，以便在模型或图纸中放置对象，这种选择点的操作称为捕捉。当设计师在创建新对象时，Tekla 会显示可用捕捉点的捕捉符号或捕捉工具提示。

捕捉操作几乎是所有工程设计软件中都有的，如 AutoCAD、Revit、SketchUp 和 ArchiCAD 等。其功能与具体的操作方式大同小异，因此本章的学习难度并不高。

2.1　一般捕捉

本节介绍捕捉的基本操作，包括点的捕捉、线的捕捉和临时参考点的捕捉。其中，点的捕捉与 AutoCAD 类似，线的捕捉相当于 AutoCAD 中的追踪。

2.1.1　点的捕捉

由于翻译的原因，在 Tekla 中，捕捉有时候又叫作“贴靠”。

选择“菜单”|“设置”命令，弹出“设置”面板，如图 2.1 所示。勾选“捕捉工具栏”复选框（图中③处），出现“捕捉”工具栏，选择“捕捉设置”命令（图中④处），如图 2.1 所示。此时将弹出“模型捕捉设置”对话框，如图 2.2 所示。

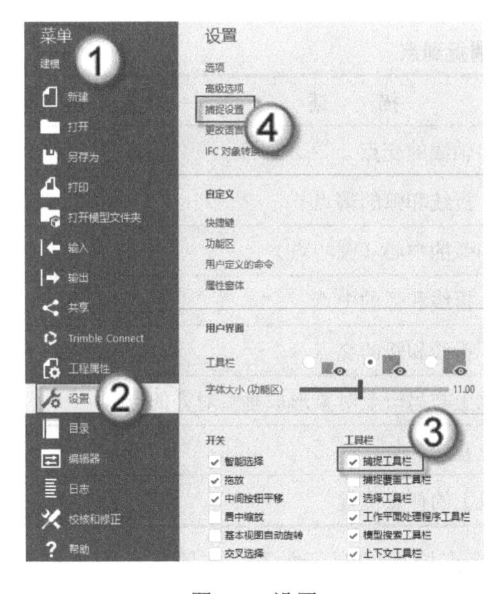

图 2.1　设置

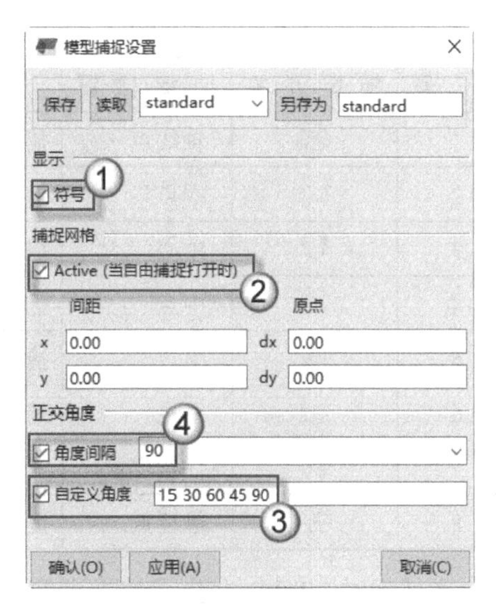

图 2.2　模型捕捉设置

1．模型捕捉设置

“模型捕捉设置”对话框的主要选项及说明如表 2.1 所示。

表 2.1　模型捕捉设置选项及说明

序　　号	选　　项	功 能 描 述
1	符号	显示或隐藏捕捉符号。选中该复选框可显示贴靠符号，清除该复选框可隐藏符号
2	Active	选中该复选框可以激活对网格的捕捉
3	自定义角度	为“角度间隔”选项设置一个或多个角度的数值
4	角度间隔	使用正交工具（快捷键O）时，此处供选择的数值为角度调整一档的数值。注意，此处的数值只能选择，数值的设定是在“自定义角度”栏中进行的

注意：在“模型捕捉设置”对话框中，应先设置“自定义角度”选项，再设置“角度间隔”选项。

2．点的捕捉

捕捉工具栏一般位于软件界面下方，由两部分组成：点的捕捉（图 2.3 中①～⑧所指的按钮）和线的捕捉（下一节中会介绍），如图 2.3 所示。图中 8 个捕捉点的具体描述见表 2.2 所示。

图 2.3　捕捉工具栏

表 2.2　捕捉到点

序　　号	捕 捉 开 关	捕 捉 位 置	描　　述	快　捷　键
1		轴线点	捕捉到点和轴线的交点	/
2		端点	捕捉到线、折线和弧的端点	/
3		中心	捕捉到圆和弧的中心（圆心点）	/
4		中点	捕捉到线、折线和弧的中点	/
5		交点	捕捉到线、折线和弧的交点	/
6		垂足	捕捉到对象上与另一个对象形成垂直对齐的点	/
7		任意位置	捕捉任何位置	F7
8		最近点	捕捉到对象上的任意位置	F6

在捕捉时，Tekla 会显示捕捉点的名称。终点捕捉的提示如图 2.4 所示，中点捕捉的提示如图 2.5 所示，最近的点的捕捉提示如图 2.6 所示。

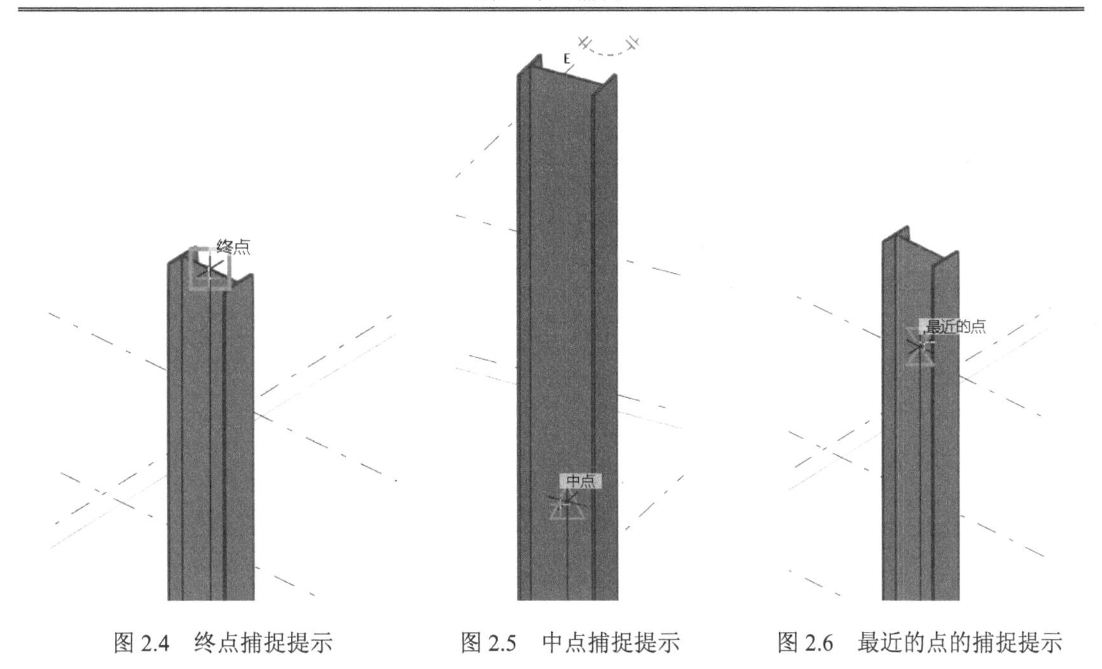

图 2.4　终点捕捉提示　　　图 2.5　中点捕捉提示　　　图 2.6　最近的点的捕捉提示

3．循环捕捉

在使用 Tekla 进行捕捉时，如果可以捕捉到的点不止一个，可按 Tab 键向前循环捕捉点，按 Shift+Tab 键向后循环捕捉点。比如在绘制辅助线时，从①点画到②点，②点为“点/交点”，如图 2.7 所示。按 Tab 键向前循环捕捉点，软件会提示是否捕捉“中点”，如图 2.8 所示。接着再按 Tab 键，向前循环捕捉点，软件会提示是否捕捉另一侧的“中点”，如图 2.9 所示。再按 Tab 键，向前循环捕捉点，软件会提示是否捕捉“终点”，如图 2.10 所示。

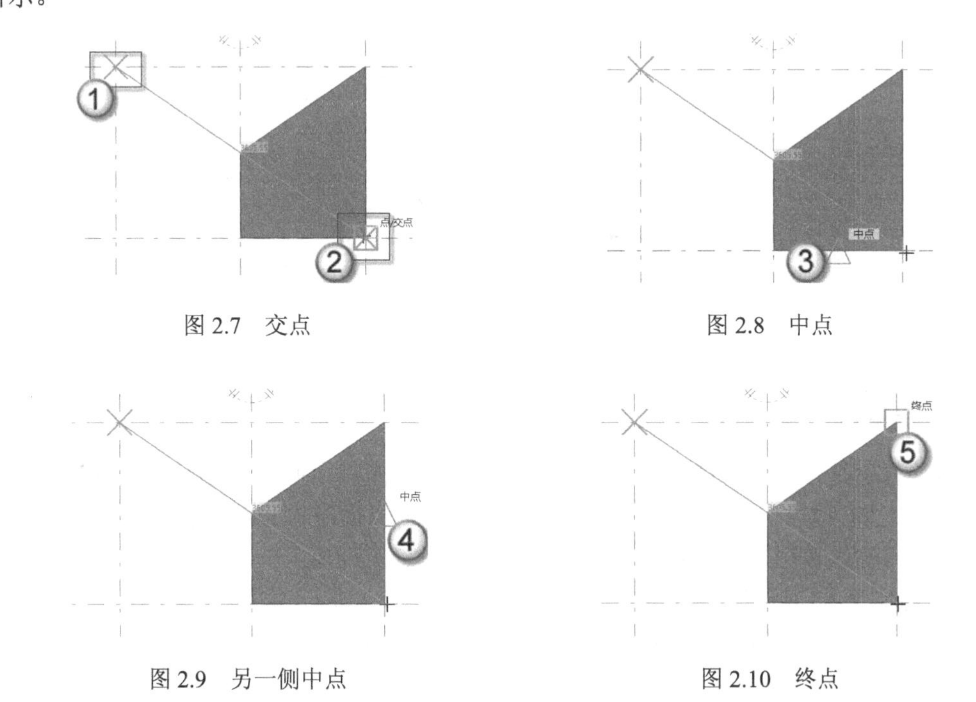

图 2.7　交点　　　图 2.8　中点

图 2.9　另一侧中点　　　图 2.10　终点

2.1.2 线的捕捉

上一节介绍了“捕捉工具栏”中点的捕捉方法。本节将介绍两种线的捕捉方法，其中的一种方法是利用捕捉工具栏中的捕捉命令。

1. 捕捉工具栏中线的捕捉

捕捉工具栏中线的捕捉主要是指图 2.11 中①～④处的命令按钮。这 4 种线的捕捉的具体描述见表 2.3 所示。

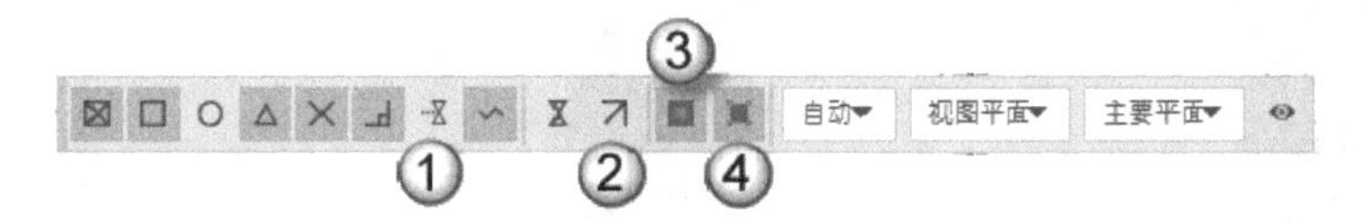

图 2.11　线的捕捉

表 2.3　捕捉到线

序　号	捕捉开关	捕捉位置	描　述	快　捷　键	拾　取　框
1		线延伸	捕捉附近对象的延长线	F9	/
2		线	捕捉轴线、参考线和现有对象的边缘	F12	/
3		参考点/线	捕捉对象参考点，即具有控柄的点	F4	大，如图2.12所示
4		几何点/线	捕捉对象的角点或边缘	F5	小，如图2.13所示

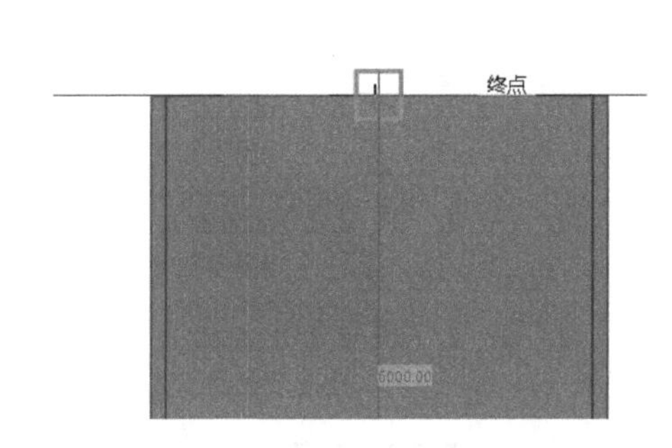

图 2.12　捕捉到参考点的大符号

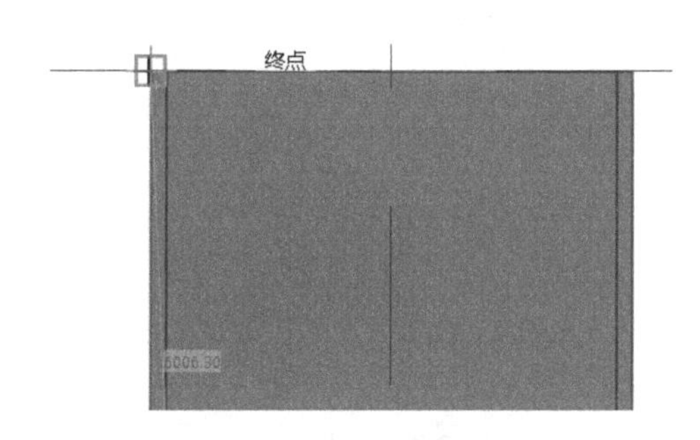

图 2.13　捕捉到几何点的小符号

2. 捕捉追踪

追踪的意思是跟随某条线，并沿该线选取特定距离的点。通常将追踪功能与数字坐标和其他捕捉工具（如捕捉开关和正交捕捉）一起使用。下面举例说明如何沿线按指定距离选取点。使用输入数字位置对话框指定与上次选取的点的距离。

（1）绘制正方向折梁。选择“钢”|“折梁”命令，以 3 轴与 A 轴的交点为起点（图 2.14 中①处），水平向右画到 4 轴与 A 轴交点（图 2.14 中②处）。然后将光标移动至 3 轴与 B 轴的交点（图 2.14 中③处），直至出现“终点”字样，光标放置在这个位置不做另外的操

作，在键盘上输入 1800，弹出“输入数字位置”对话框，单击“确认”按钮，如图 2.14 所示。此时会生成一段长为 1800 的折梁，如图 2.15 所示。

注意：这里②→③步的操作不是画梁，而是确定折梁的方向。折梁的长度是在“输入数字位置”对话框中输入的数值，即 1800。

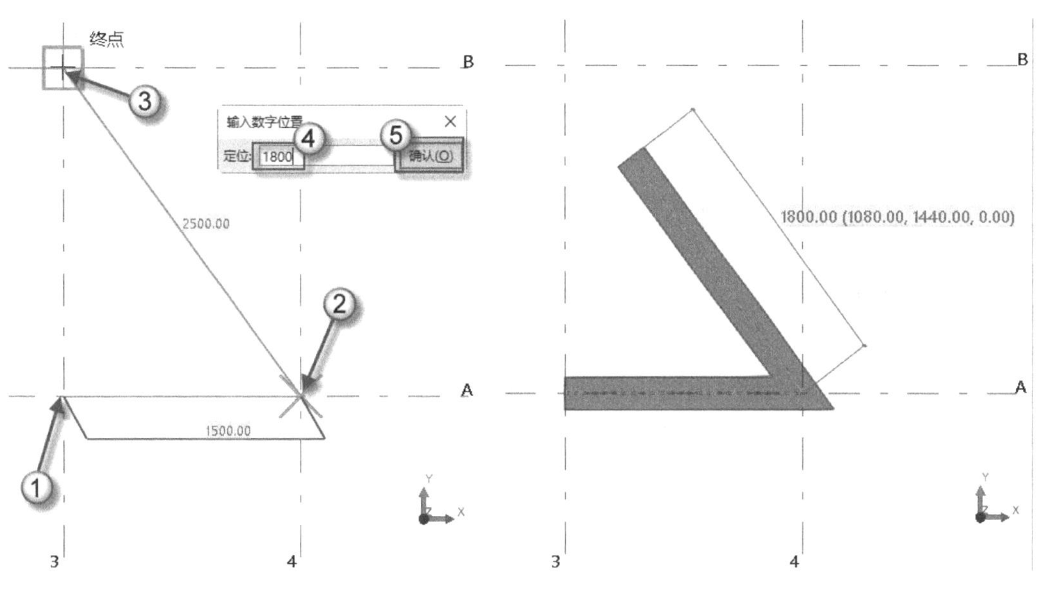

图 2.14　确定折梁的方向　　　　图 2.15　生成折梁

（2）绘制负方向折梁。按 Enter 键，重复上一步的“折梁”命令，使用同样的方法绘制折梁。在“输入数字位置”对话框中输入-1500，再单击“确认”按钮，如图 2.16 所示。可以看到生成的折梁是向负方向生成的，如图 2.17 所示。

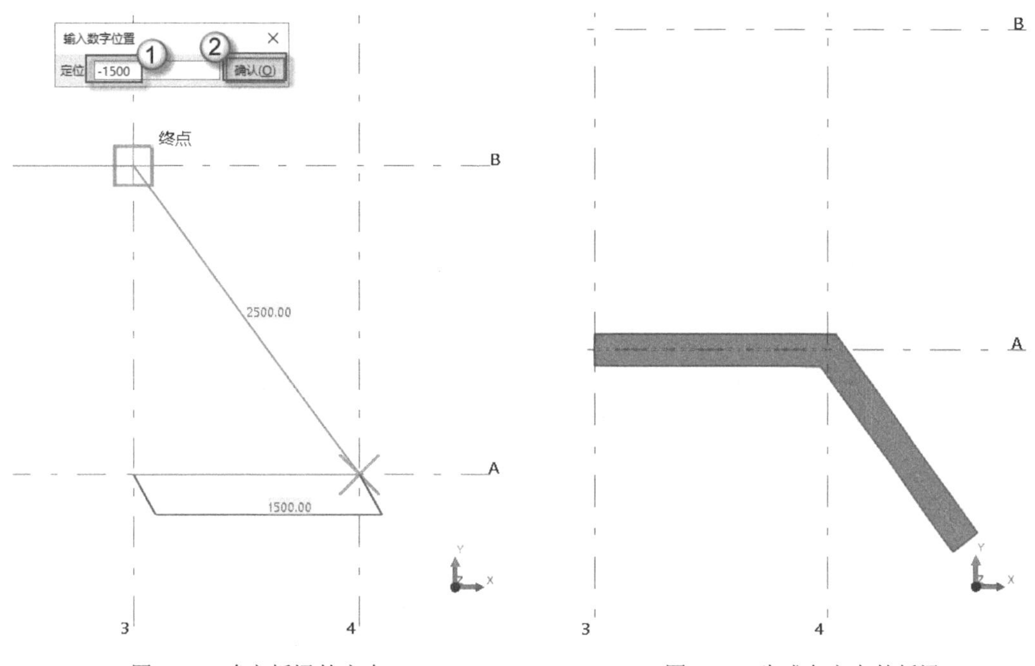

图 2.16　确定折梁的方向　　　　图 2.17　生成负方向的折梁

🔔**注意**：在键盘上输入 1500 时会自动弹出“输入数字位置”对话框。但是输入-1500 时不会弹出。如果要输入-1500 这样的负值，要先输入 1500，（输入 1500 时会弹出“输入数字位置”对话框），然后在其前面输入负号即可。

2.1.3 临时参考点的捕捉

可以设置一个临时参考点，作为绘图捕捉时的局部原点。这样可以少画一根或几根辅助线，提高绘图效率。临时参考点与正式点的区别如表 2.4 所示。

表 2.4　临时参考点与正式点的区别

点　类　别	绘图的方法
临时参考点	按Ctrl键不放，用鼠标左键单击
正式点	直接用鼠标左键单击

下面以绘制一块板为例，说明临时参考点的捕捉方法。重点是如何不画或少画辅助线，以提高绘图效率。绘制这块板的参照图如图 2.18 至图 2.20 所示。图 2.18 为板的尺寸详图，图 2.19 为定位点的位置示意图，图 2.20 为临时点与正式点的区分图。

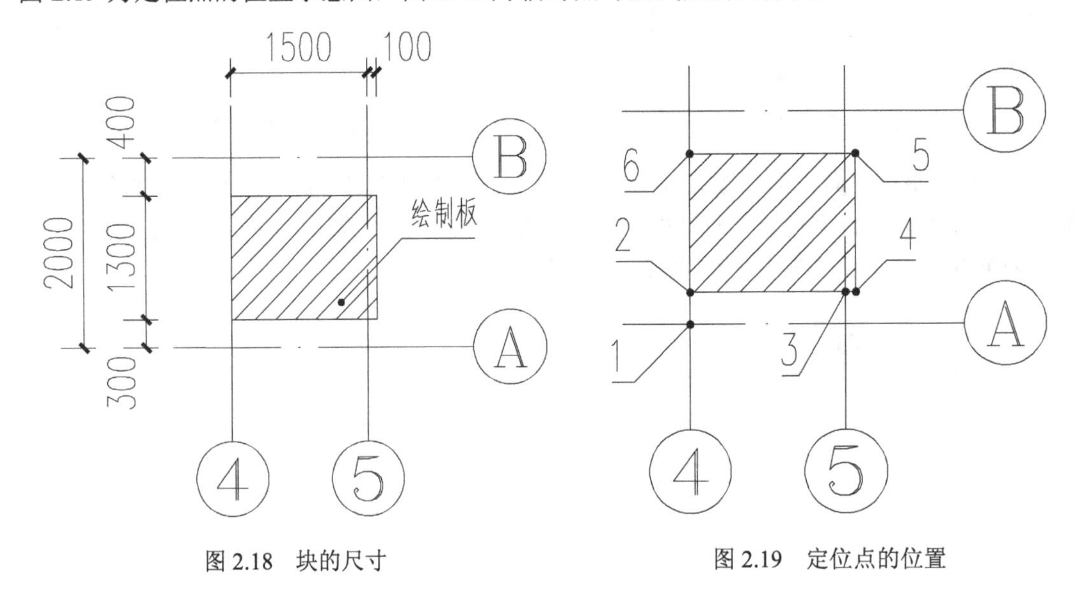

图 2.18　块的尺寸　　图 2.19　定位点的位置

（1）生成点 1（临时点）。按住 Ctrl 键不放，单击 4 轴与 A 轴的交点，图 2.21 中①处所示。这个点就是临时捕捉点。

点编号：1 → 2 → 3 → 4 → 5 → 6 → 2

点间距：300　⊾　100　1300　⊾　1300

点类型：临时　正式　临时　正式　正式　正式　正式

图 2.20　临时点与正式点

（2）生成点2（正式点）。如图2.22所示，Y轴方向参看图中⑦处，沿着Y轴正向移动光标（图中⑧处），在键盘上输入300，弹出“输入数字位置”对话框，单击“确认”按钮，这样会生成点2。

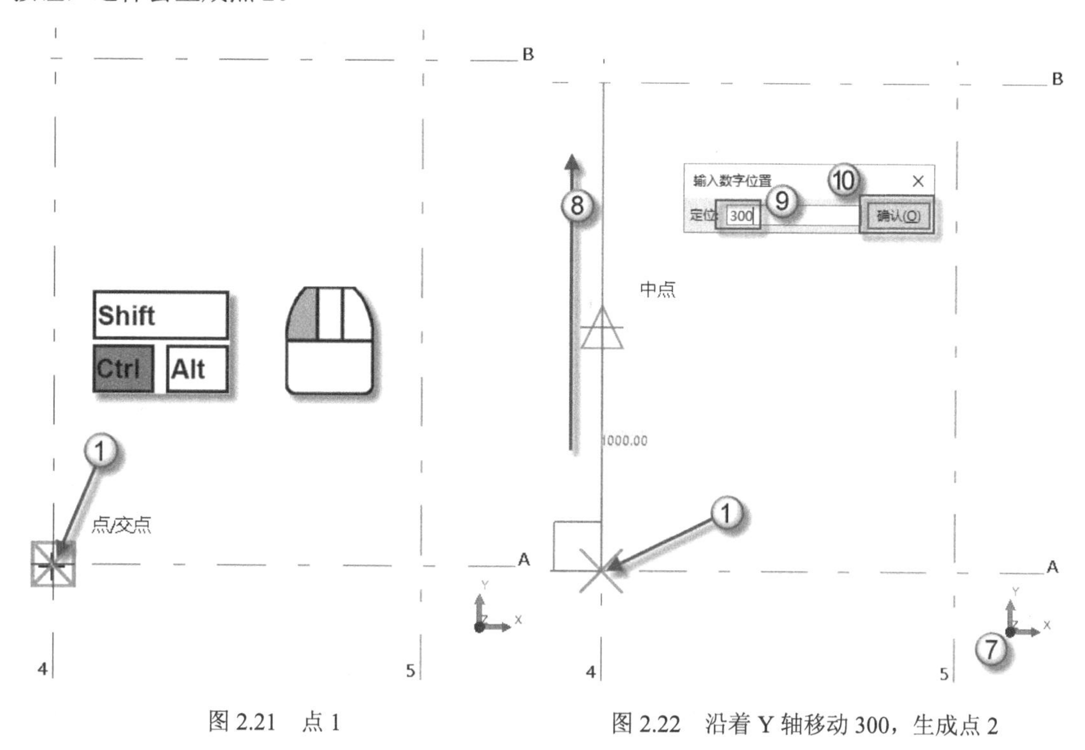

图2.21　点1

图2.22　沿着Y轴移动300，生成点2

（3）找到点3（临时点）的位置，见图2.23。在生成了点2后（图中②处），从点2出发，沿着X轴正向移动光标（图中⑧处），直至出现对5轴的垂直点的捕捉提示，这个垂直点就是点3（图中③处）所处的位置。由于这个点是临时点，不要直接单击，操作这个点的方法在下一步中将详细介绍。

注意：在图2.20中，⊾表示不需要指定距离，只需要捕捉垂足点即可。

（4）生成点4（正式点）。如图2.24所示，按住Ctrl键不放，单击点3的位置（图中③处），这个点是临时参考点，将光标向X轴正向移动（图中⑧处），在键盘上输入100，弹出“输入数字位置”对话框，单击“确认”按钮，这样就生成了点4（正式点）。

（5）生成点5（正式点）。如图2.25所示，在生成了点4后（图中④处），从点4出发，沿着Y轴正向移动光标（图中⑧处），在键盘上输入1300，弹出“输入数字位置”对话框，单击“确认”按钮，这样就生成了点5（正式点）。

（6）生成点6（正式点）。如图2.26所示，在生成了点5后（图中⑤处），从点5出发，沿着X轴负向移动光标（图中⑧处），直至捕捉到4轴的垂直点，这个垂直点就是点6（图中⑥处），单击这个点即生成了点6。

（7）闭合生成板。由于这块板的4个边界点（图2.27中②、③、⑤、⑥）皆已经绘制完成，单击鼠标中键（或按键盘上的Space键）可以自动生成板，如图2.27所示。

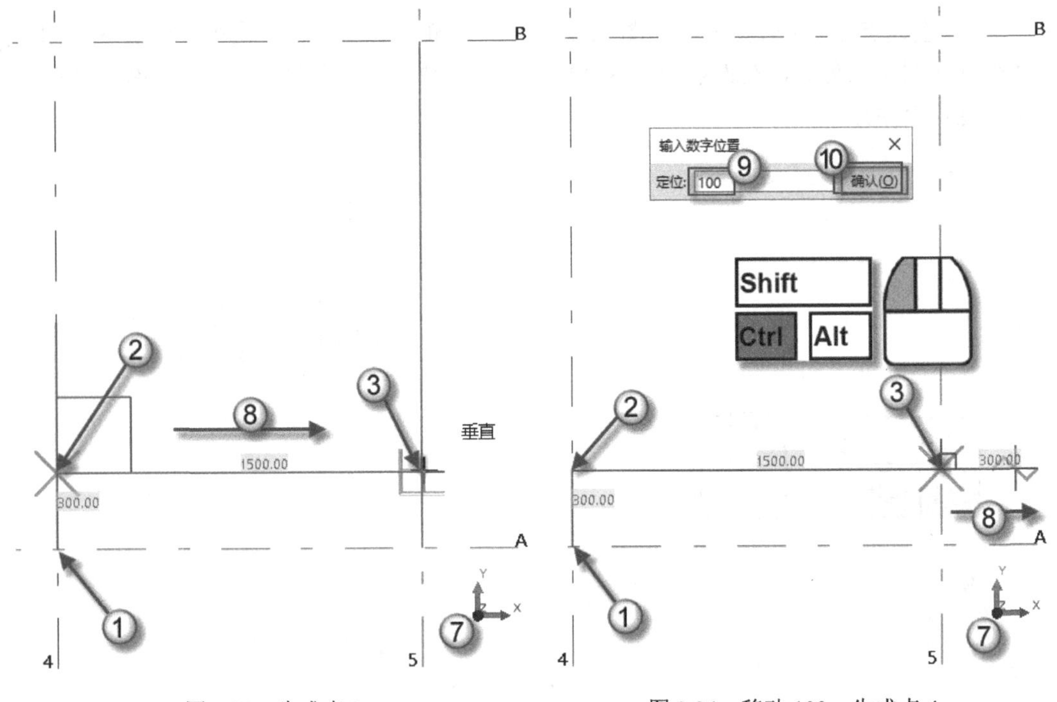

图 2.23　生成点 3　　　　图 2.24　移动 100，生成点 4

🔔注意：在图 2.21 至图 2.27 中，①～⑥指点 1 至点 6，⑦指坐标轴（沿着 X、Y 轴移动时需要参照），⑧为光标移动的方向，⑨为输入的移动的具体数值，⑩为“输入数字位置”对话框中的“确认”按钮。请读者对照阅读，不要混淆了。

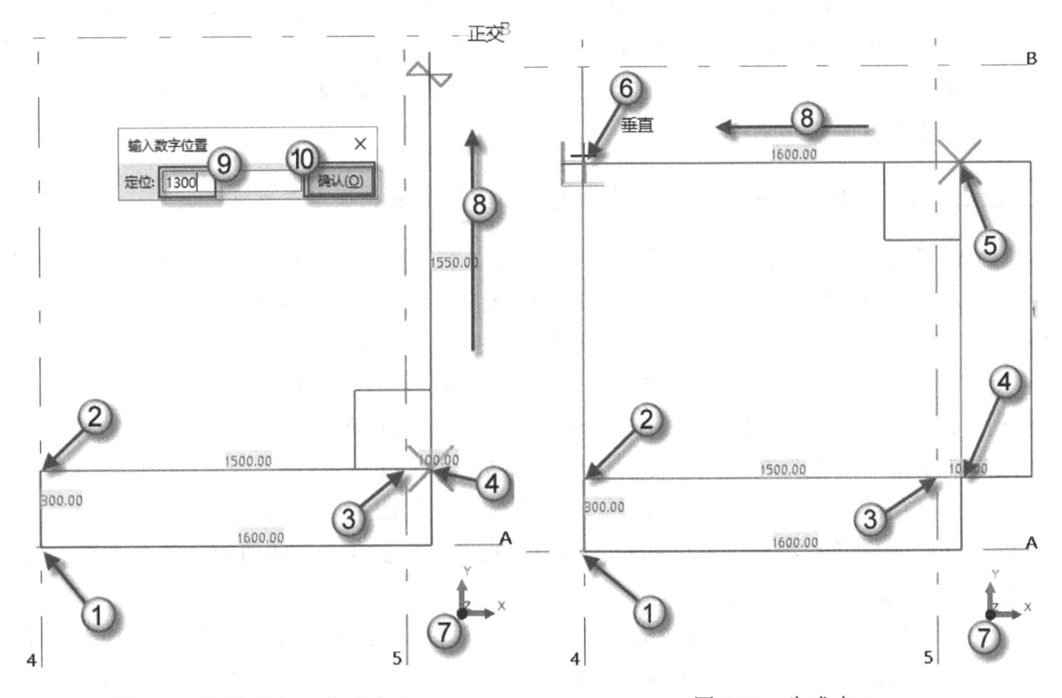

图 2.25　移动 1300，生成点 5　　　　图 2.26　生成点 6

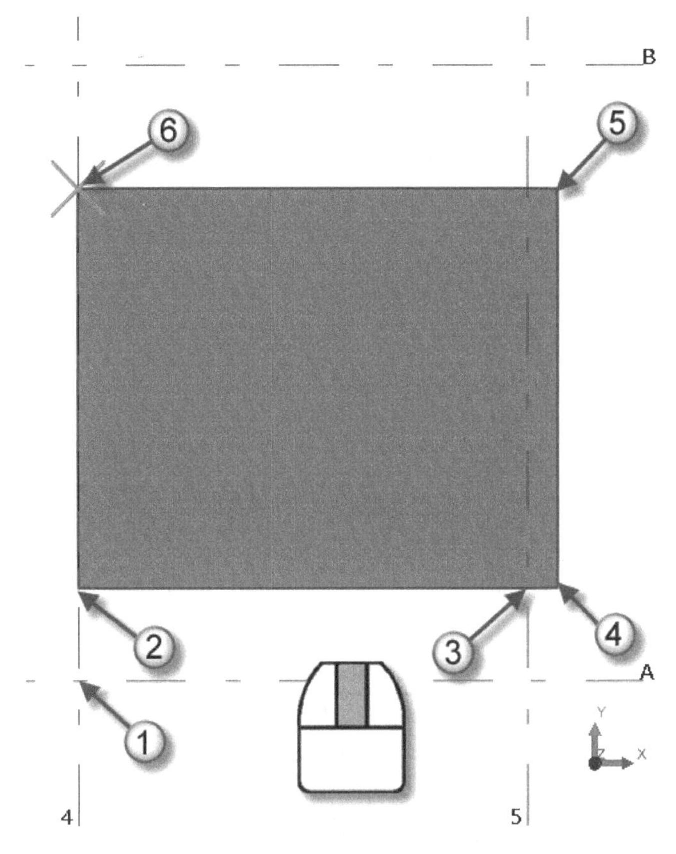

图 2.27　闭合生成块

2.2 捕 捉 覆 盖

上一节已经介绍了 Tekla 的捕捉功能。本节将介绍优先级高于捕捉的捕捉优先功能（也称临时贴靠功能）。

2.2.1 捕捉优先

使用捕捉功能时，往往会激活多种捕捉方式，这样在绘图时方便操作。但有时需要在当前捕捉一个特定的点，而且只捕捉一次，这时可以使用捕捉优先（或临时贴靠）功能。比如，捕捉设置为“端点”“交点”“中点”“垂直”这四项，突然在当前操作时要捕捉一次（仅这一次）“最近点”。这时就使用捕捉优先中的“最近点”命令，捕捉所需的最近点，完成最近点的捕捉之后，捕捉优先设置将自动失效。

选择“菜单”|“设置”命令，在弹出的“设置”对话框中勾选“捕捉覆盖工具栏”复选框，如图 2.28 所示。此时会弹出捕捉覆盖工具栏，如图 2.29 所示。捕捉覆盖工具栏又称为临时贴靠工具栏，其①～⑩按钮的功能详见表 2.5 所示。

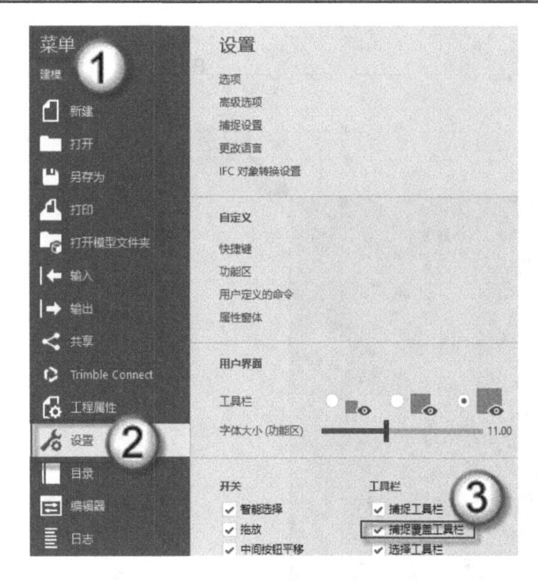

图 2.28　启动捕捉覆盖工具栏

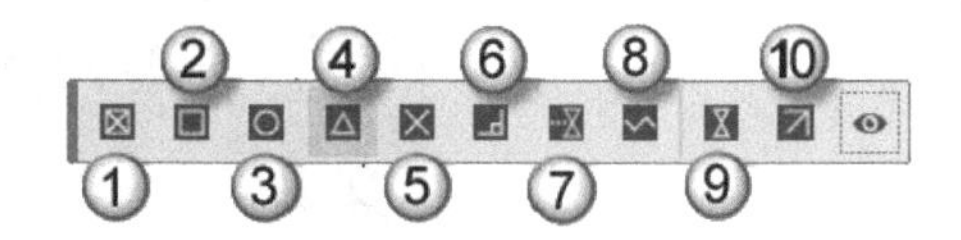

图 2.29　捕捉覆盖工具栏

表 2.5　捕捉覆盖工具栏的按钮功能

序　　号	描　　述	快　捷　键
1	临时贴靠到点和轴线的交点	/
2	临时贴靠到端点	Ctrl+F9
3	临时贴靠到中心点（圆心）	Ctrl+F11
4	临时贴靠到中点	Ctrl+F8
5	临时贴靠到交点	Ctrl+F7
6	临时贴靠到垂足	Ctrl+F10
7	临时贴靠到延长线	/
8	临时贴靠到任何位置	/
9	临时贴靠到最近点（线上的点）	/
10	临时贴靠到线和边缘	/

2.2.2　捕捉的推荐方式

上一节中介绍了捕捉优先功能，那么捕捉优先与捕捉功能应该如何设置，或如何配合设置呢？

对比捕捉工具栏与捕捉优先工具栏不难发现，①～⑩的工具图标很相似，如图 2.30 所示。其实，这些工具的名称也很相似。捕捉优先与捕捉功能的配合方式，详见表 2.6 和表 2.7 所示。

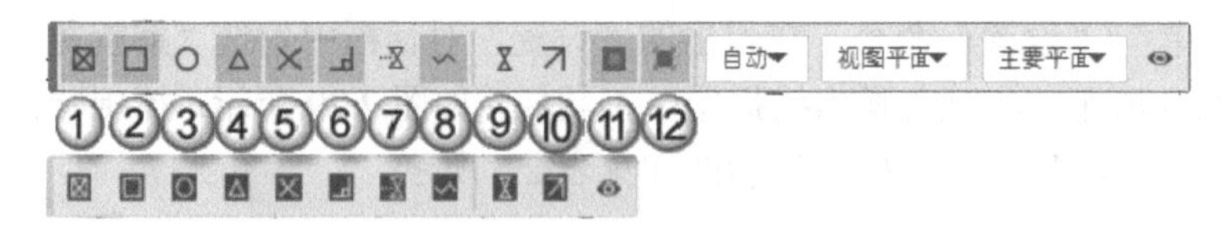

图 2.30　捕捉工具栏与捕捉优先工具栏的对比

表 2.6　捕捉的设置

序号	捕捉图标	捕捉位置	捕捉设置		快捷键	备注
			激活捕捉工具栏的按钮	激活捕捉覆盖工具栏的按钮		
1		轴线点	/	/	/	
2		端点	√	/	Ctrl+F9	△
3		中心（圆心）	/	/	Ctrl+F11	△
4		中点	√	/	Ctrl+F8	△
5		交点	√	/	Ctrl+F7	△
6		垂足	√	/	Ctrl+F10	△
7		线延伸	/	/	F9	◇
8		任意位置	/	/	F7	◇
9		最近点	/	/	F6	◇
10		线	/	/	F12	◇
11		参考点/线	√	/	F4	◇
12		几何点/线	/	/	F5	◇

表 2.6 中，备注栏带△的快捷键为捕捉优先（临时贴靠）快捷键，带◇的快捷键为捕捉快捷键。

注意：捕捉覆盖工具栏上的按钮一般不激活，因为常用的 5 个捕捉覆盖命令皆设置了快捷键，使用快捷键进行捕捉覆盖即可。

表 2.7　捕捉的推荐方式

序号	捕捉图标	捕捉位置	推荐方式
1		轴线点	需要使用“轴线点”捕捉时，单击捕捉工具栏上的按钮激活该命令即可
2		端点	如果已激活捕捉工具栏上的这个按钮，软件会自动捕捉对应的对象
3		中心（圆心）	按Ctrl+F11快捷键，使用捕捉覆盖方式进行捕捉
4		中点	如果已激活捕捉工具栏上的这个按钮，软件会自动捕捉对应的对象
5		交点	如果已激活捕捉工具栏上的这个按钮，软件会自动捕捉对应的对象
6		垂足	如果已激活捕捉工具栏上的这个按钮，软件会自动捕捉对应的对象
7		线延伸	按F9快捷键，使用捕捉方式进行捕捉
8		任意位置	按F7快捷键，使用捕捉方式进行捕捉
9		最近点	按F6快捷键，使用捕捉方式进行捕捉
10		线	按F12快捷键，使用捕捉方式进行捕捉
11		参考点/线	如果已激活捕捉工具栏上的这个按钮，软件会自动捕捉对应的对象
12		几何点/线	按F5快捷键，使用捕捉方式进行捕捉

注意：这样的捕捉设置也不是万能的。在绘图时，如果遇到某个区域有多个捕捉点相互影响的情况，可以使用捕捉覆盖功能精确捕捉一个点（用快捷键的方法，常用的 5 个捕捉覆盖命令皆设置了快捷键）。

第3章　辅助定位

从本章开始到第 9 章的学习皆要用到“贝士摩”这个模型，有些位置可能需要参看图纸（见附录）。另外需要注意的是，文中要求保存文件的时候，一定要保存，没有说要保存文件的时候，一定不要保存，否则后面会出现无法在“贝士摩”模型上正确操作的情况。

3.1　辅助对象

本节介绍在 Tekla 中如何创建辅助点、辅助线、辅助面及辅助对象的方法。注意选择或创建合适的视图，以方便操作。

3.1.1　辅助点

启动 Tekla，打开“贝士摩”模型。按 Ctrl+I 快捷键发出“视图列表”命令，在弹出的“视图”对话框中的“命名的视图”栏中选择“平面图-标高为：11.000”选项，单击➡按钮将其加入“可见视图”栏中，单击“确认”按钮，如图 3.1 所示。

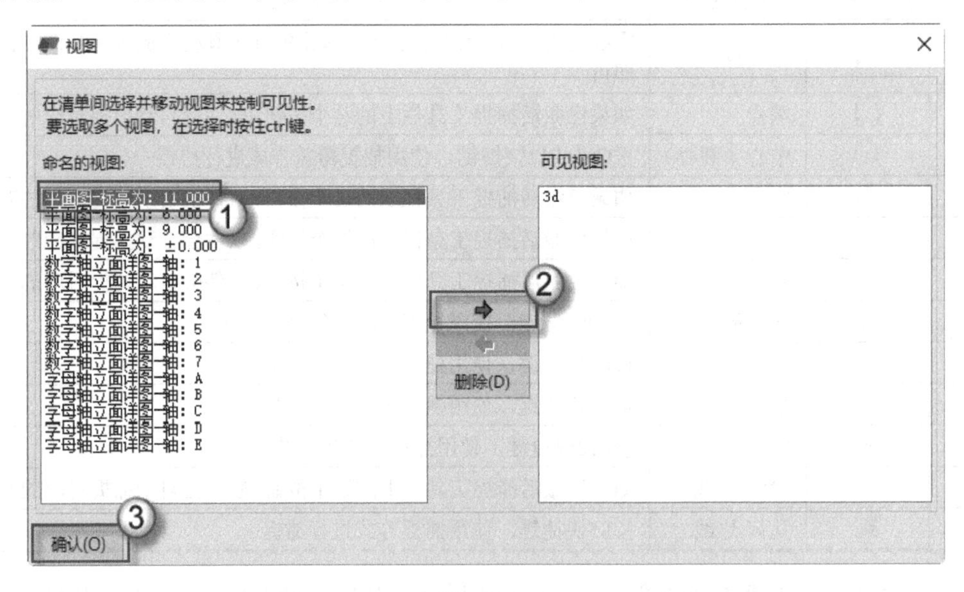

图 3.1　打开平面图-标高为：11.000 视图

可以看到，这个平面视图（见图 3.2）中有一根辅助线（图中①处），两个辅助点（图中②、③处），一根X方向梁（图中④处），一根Y方向梁（图中⑤处），一块板（图中⑥处），参照的坐标系在图中⑦处。本节与下一节的操作皆在这里完成。

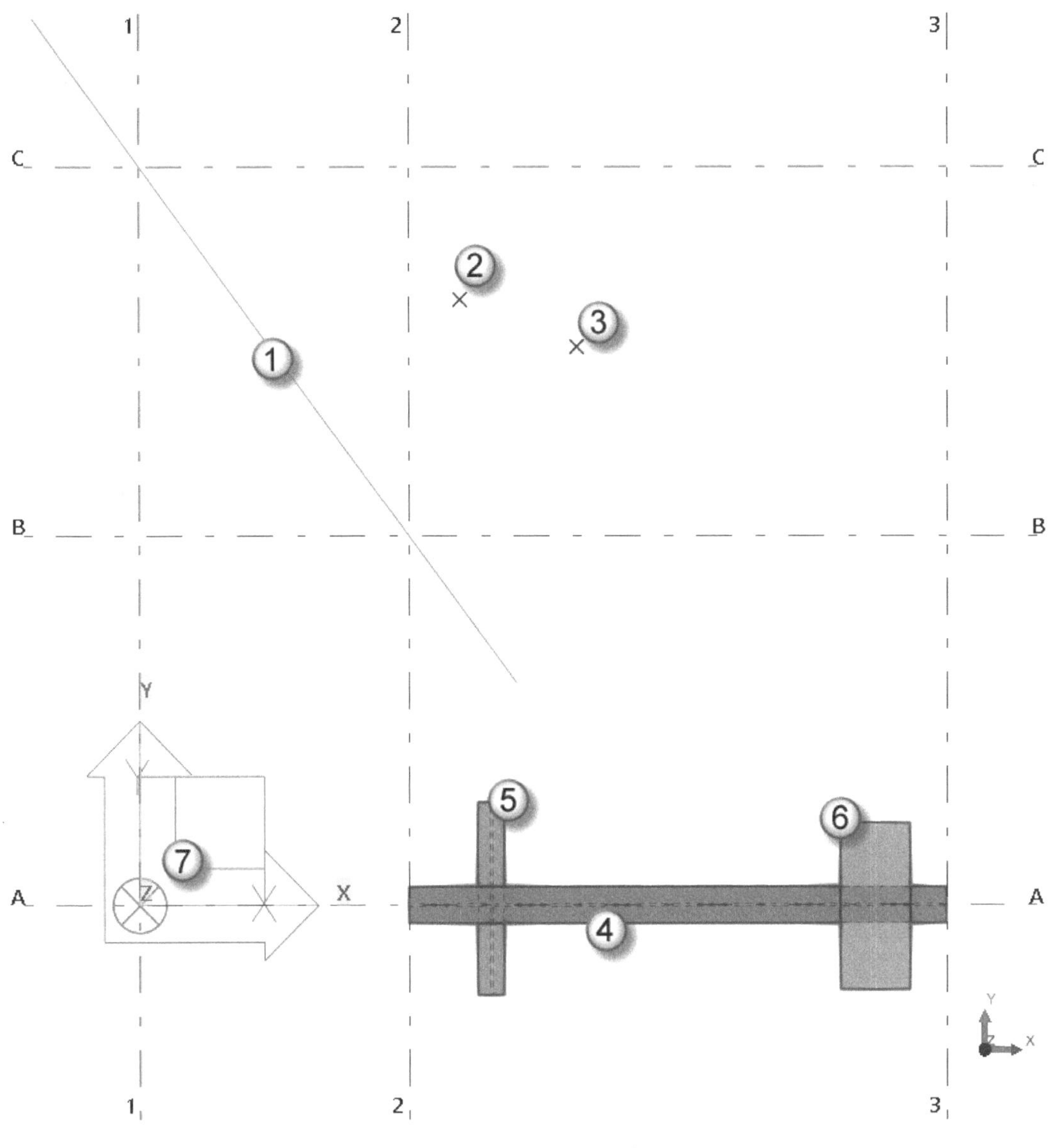

图 3.2 平面图中的对象

1. 在直线上增加投影点

在快速访问工具栏上单击“在直线上增加投影点”按钮，如图 3.3 所示，依次单击 C 轴与 1 轴的交点（图中⑧处）、B 轴与 2 轴的交点（图中⑨处），通过单击这两个点来确定直线（图中①处），再单击图中②处的点。此时可以看到，直线①上出现了一个投影点，见图 3.4 中⑩处。如果用直线连接②与⑩两点，这条连接两点的直线就会与直线①呈垂直关系，如图 3.5 所示。这就是“在直线上增加投影点”的操作，即投影点与源点的连线与直线垂直。

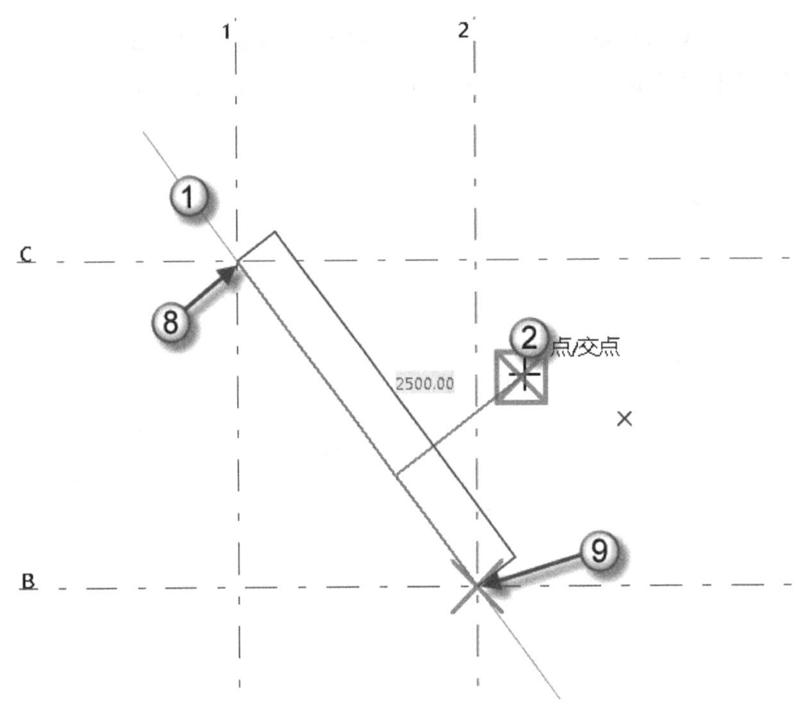

图 3.3　确定直线与点

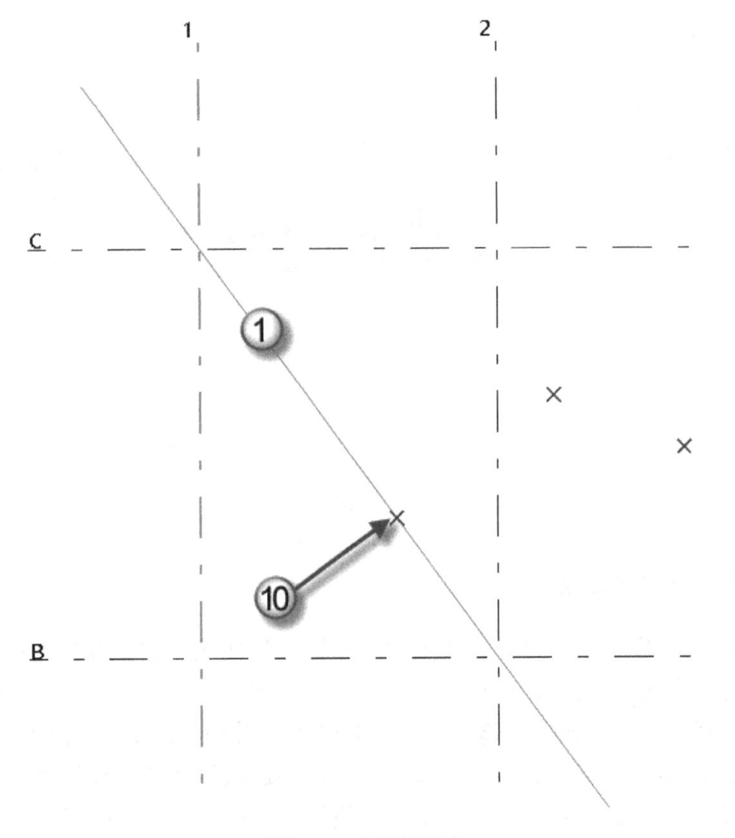

图 3.4　出现投影点

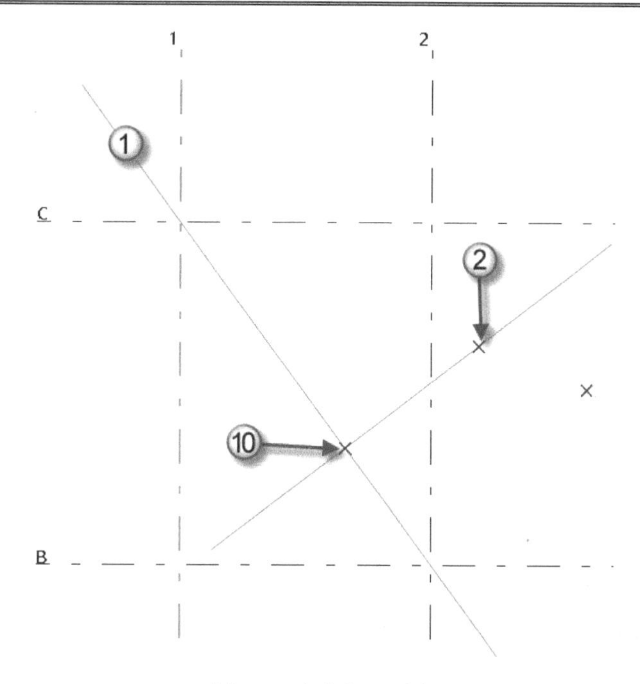

图 3.5 直线相互垂直

2. 沿着选取的两个点的延长线增加点

在快速访问工具栏上单击“沿着选取的两个点的延长线增加点”按钮，在如图 3.6 所示的“点的输入”对话框中，输入 500 的距离（图中⑧处），然后单击“应用”按钮（图中⑨处），再依次单击②、③两个辅助点。可以看到，在②→③连线延长 500mm 的距离上出现了一个新的辅助点（图中⑩处），如图 3.7 所示。

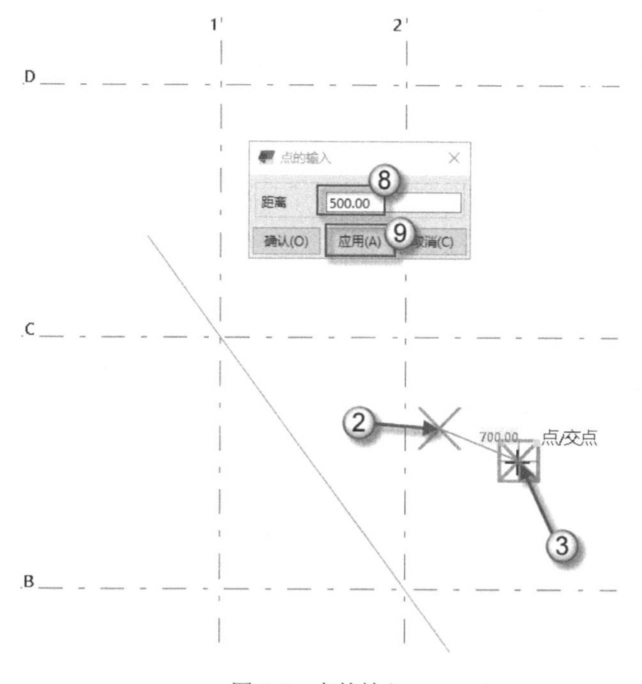

图 3.6 点的输入

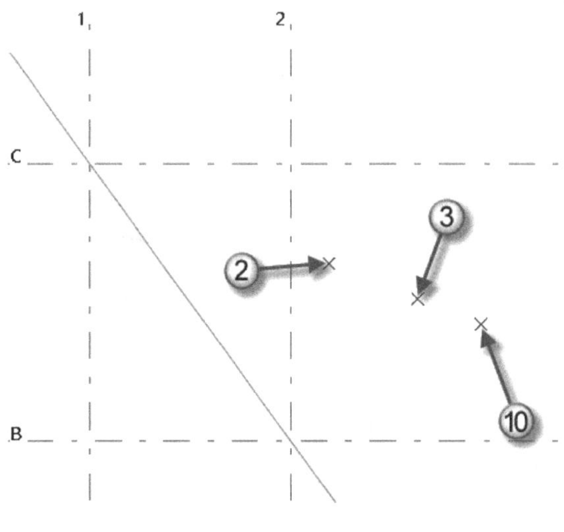

图 3.7 增加点

3. 在两个零件中心线交点处添加点

在快速访问工具栏上单击“在两个零件中心线交点处添加点”按钮，然后在图 3.8 中，依次选择 X 方向的梁（图中④处）和 Y 方向的梁（图中⑤处），此时会在二者中心线交点处出现一个辅助点（图中⑧处）。按 Enter 键，重复“在两个零件中心线交点处添加点”命令，在图 3.9 中，依次选择 X 方向的梁（图中④处）和板（图中⑥处），此时会在二者中心线交点处出现一个辅助点（图中⑨处）。由于画板的方式不一样，板的中心线有可能在中心，也有可能在边界上。

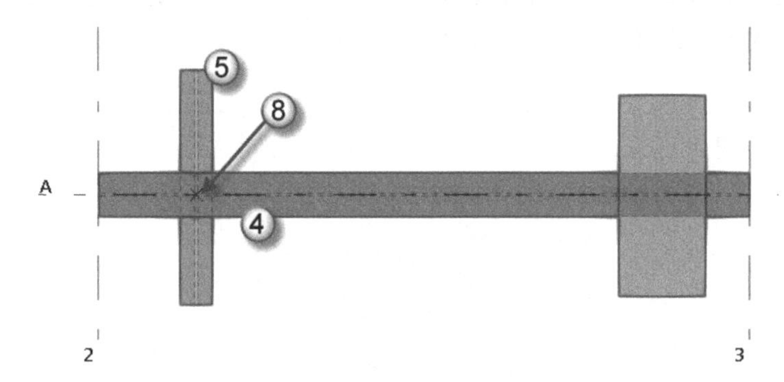

图 3.8 梁与梁的交点

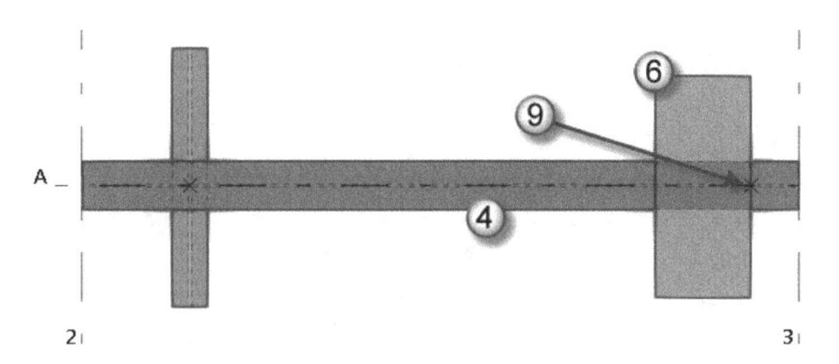

图 3.9 梁与板的交点

4. 增加与两个选取点平行的点

在快速访问工具栏上单击“增加与两个选取点平行的点”按钮，在图 3.10 中的对话框中输入 800（图中⑧处），然后单击“应用”按钮（图中⑨处），沿箭头方向（图中⑩处）用两个点的方式选择辅助线①。可以看到，在图 3.11 中，辅助线①的一侧出现了两个新的辅助点（图中箭头所指处）。这两个辅助点的连线将与辅助线①平行，因此称为平行点。

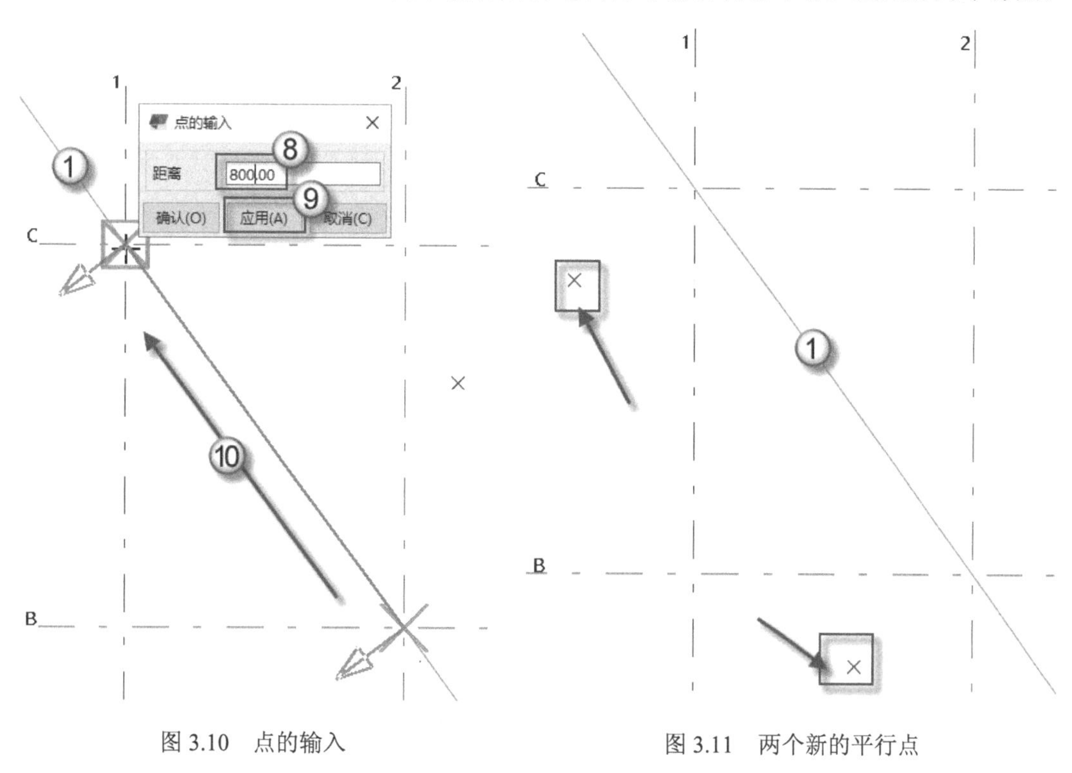

图 3.10 点的输入　　图 3.11 两个新的平行点

3.1.2 辅助线

本节介绍两个命令：添加辅助圆与按一定偏移复制辅助对象。

1. 添加辅助圆

在快速访问工具栏上单击“添加辅助圆”按钮，如图 3.12 所示，单击“使用圆心点和半径绘制圆”按钮（图中⑦处），以 E 轴与 2 轴的交点（图中⑧处）为圆心绘制圆。在键盘上输入 600，弹出“输入数字位置”对话框中，然后单击“确认”按钮（图中⑩处）。绘制好的辅助圆如图 3.13 所示。

2. 按一定偏移复制辅助对象

在快速访问工具栏上单击“按一定偏移复制辅助对象”按钮，如图 3.14 所示，在数值输入框中输入 800（图中⑧处），选择辅助线①，沿箭头方向（图中⑨处）移动光标，偏移生成另一条辅助线⑩。

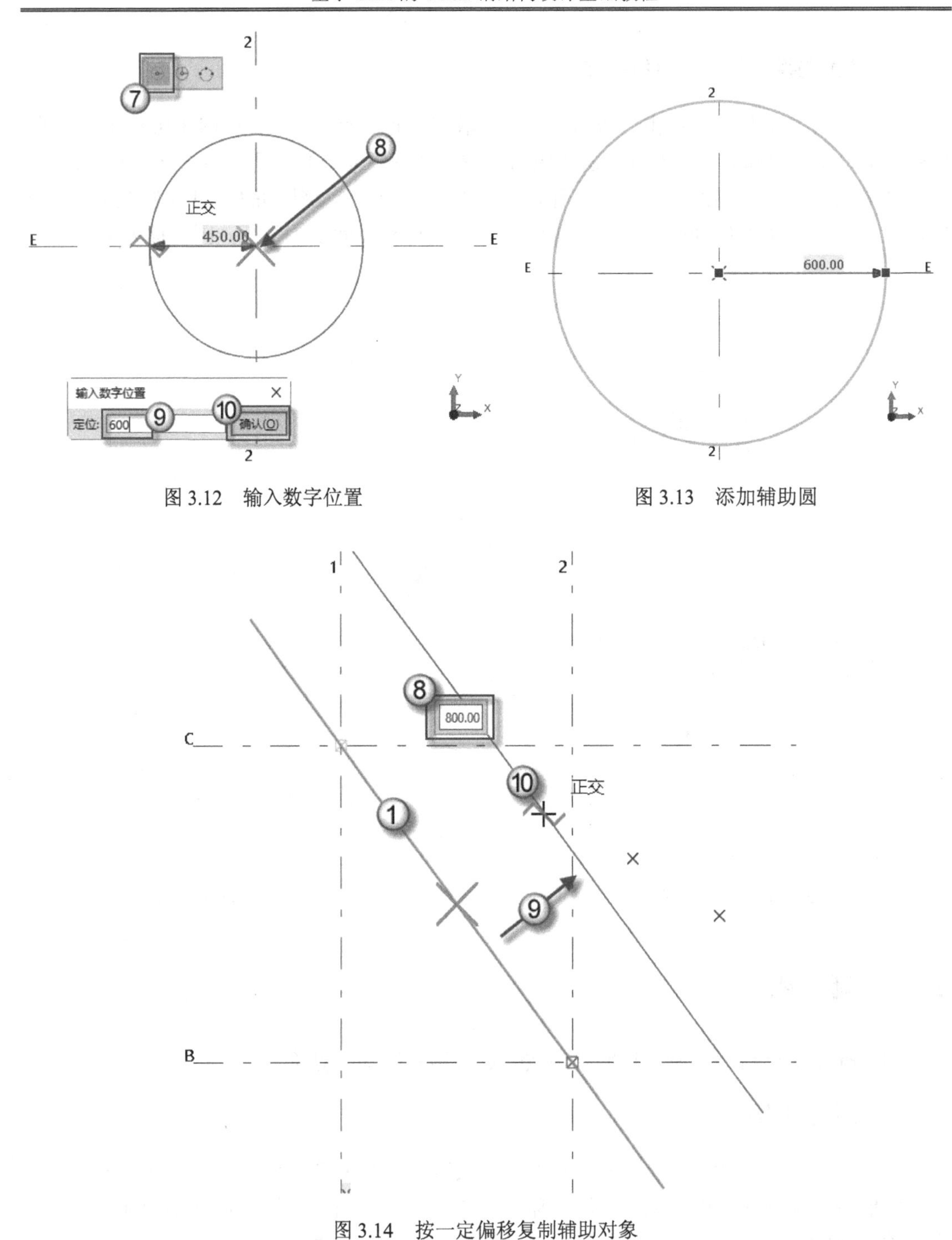

图 3.12　输入数字位置

图 3.13　添加辅助圆

图 3.14　按一定偏移复制辅助对象

3.1.3　辅助面

本节以“贝士摩”模型的 6 号节点为例，介绍创建辅助面的方法。6 号节点的具体位置可以参看附录中的图纸。进入 3d 视图中，箭头所指的斜面将创建一个辅助面，如图 3.15 所示。

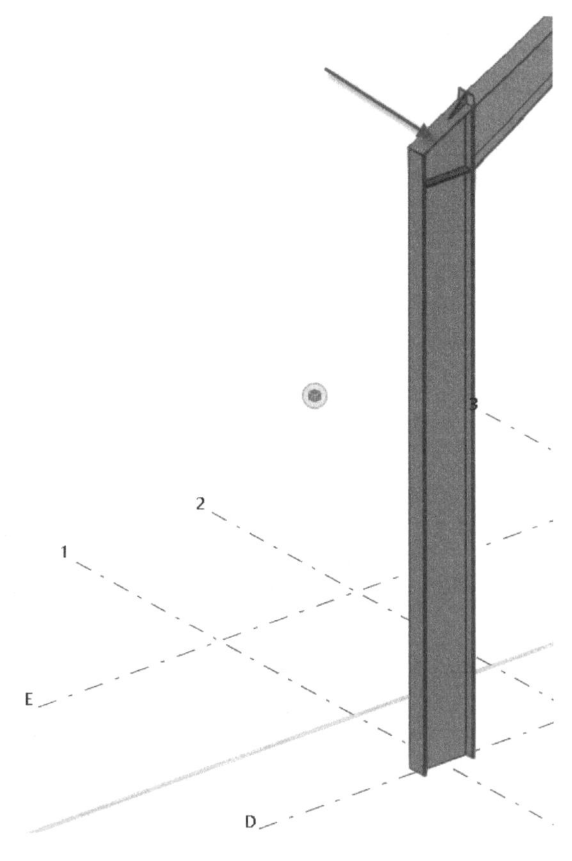

图 3.15 创建辅助面的位置

（1）创建辅助面。按 Ctrl+X 快捷键发出“增加辅助平面”命令，在图 3.16 中，依次单击柱端板上的三个端点（图中⑧、⑨、⑩处）。可以看到，在柱端板上生成了一个辅助面，如图 3.17 所示。

注意：由于三点就可以确定一个平面，在创建辅助面时选择三个点即可，不必再多选一个点，以避免选择时捕捉出错。

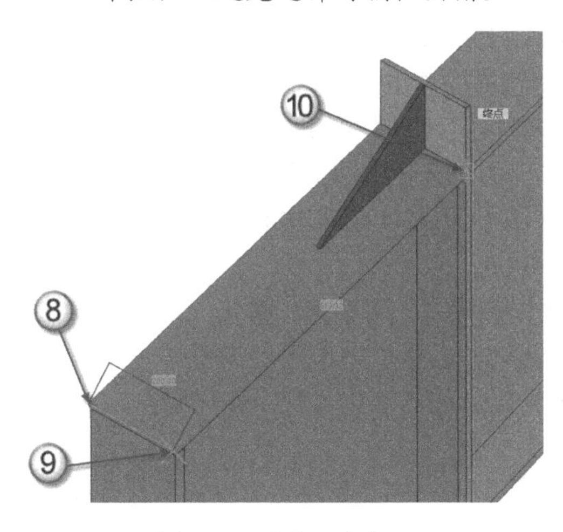

图 3.16 确定 3 个点

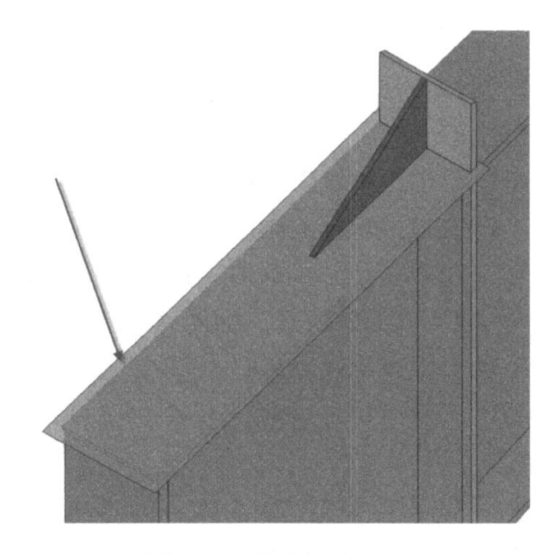

图 3.17 生成辅助面

（2）调整辅助面。选择刚生成的辅助面，选择其线控柄，可以向外侧拉伸，如图 3.18 所示。这样能调整面的形态，方便在平面图和立面图中参照辅助面进行建模。

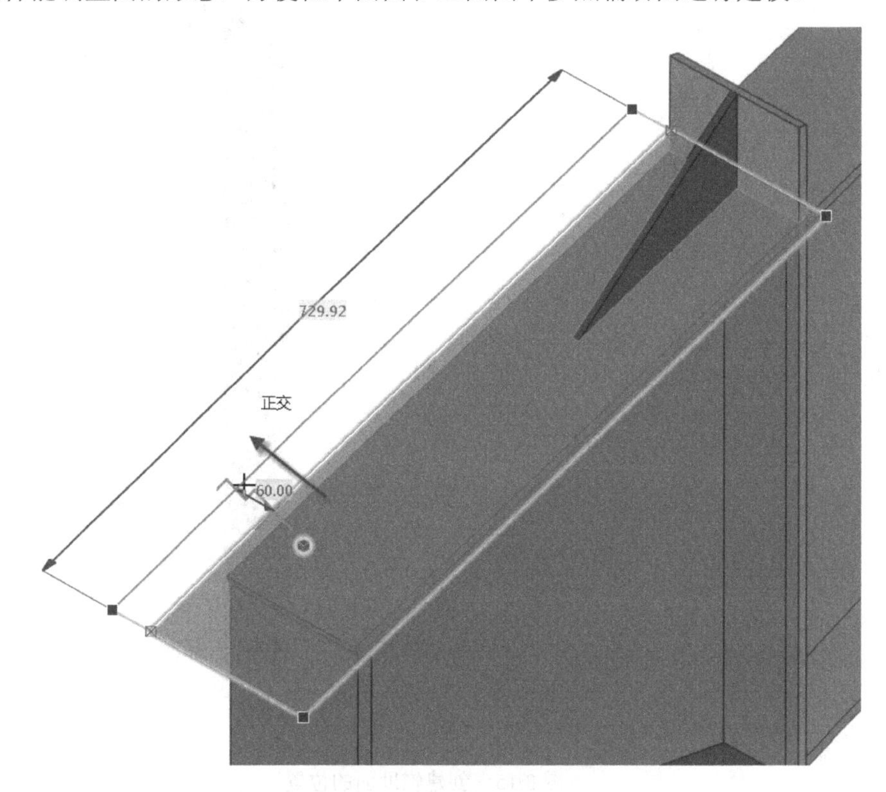

图 3.18　调整辅助面

（3）保存模型。因为本节创建的这个辅助面的模型在后面会用到，所以需要保存模型。按 Ctrl+S 快捷键，或在快速访问工具栏上单击“保存”按钮保存模型。

3.1.4　插入参考模型

本节以常见的导入由AutoCAD绘制的DWG文件为例，说明插入参考模型的一般方法。

（1）打开参考模型。如图 3.19 所示，在侧窗格处单击“参考模型”按钮（图中①处），在弹出的“参考模型”面板中单击“添加模型”按钮（图中②处），弹出“添加模型”对话框。单击“浏览”按钮（图中③处），在弹出的“选择模型文件”对话框中，选择目录为“C:\TeklaStructuresModels\贝士摩\DWG”（图中④处），在其中找到“参考模型”DWG 文件（图中⑤处），单击“打开”按钮（图中⑥处）。

（2）选择定位点。如图 3.20 所示，在“添加模型”对话框中单击“选取”按钮（图中①处），再单击 A 轴与 6 轴的交点（图中②处），然后单击“添加模型”按钮（图中③处）。此时可以看到，在 6、7 轴与 A、B 轴围合的区域中出现了参考模型，如图 3.21 所示。

（3）保存模型。因为本节创建的这个参考模型在后面会使用，所以需要保存模型。按 Ctrl+S 快捷键，或在快速访问工具栏上单击“保存”按钮保存模型。

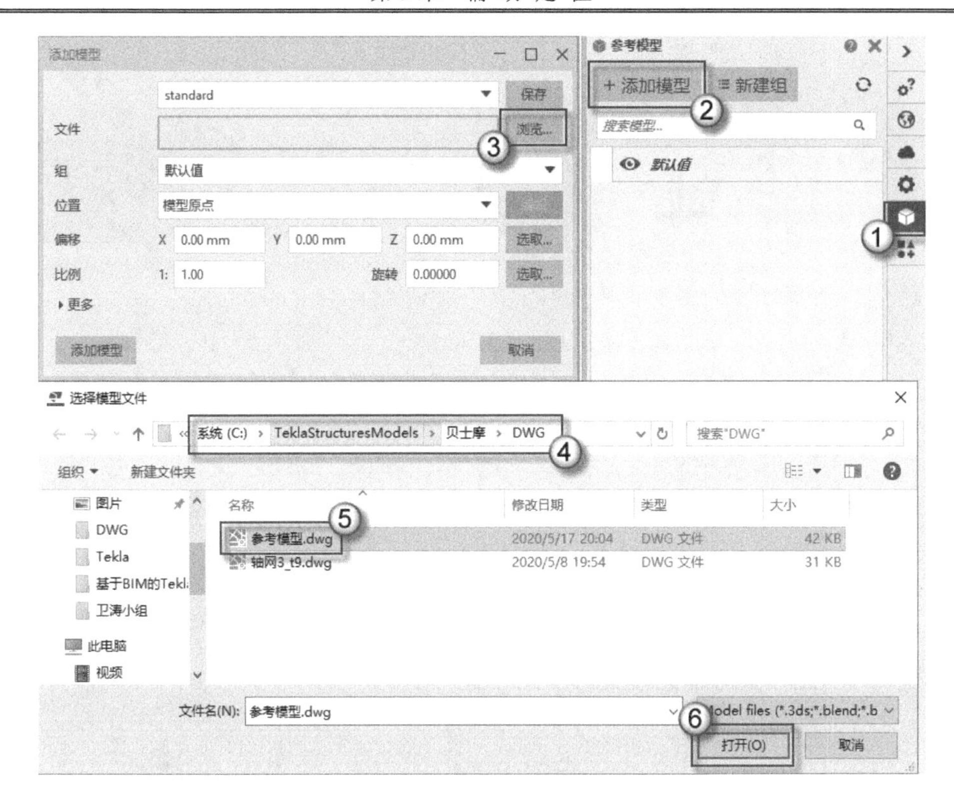

图 3.19　打开参考模型

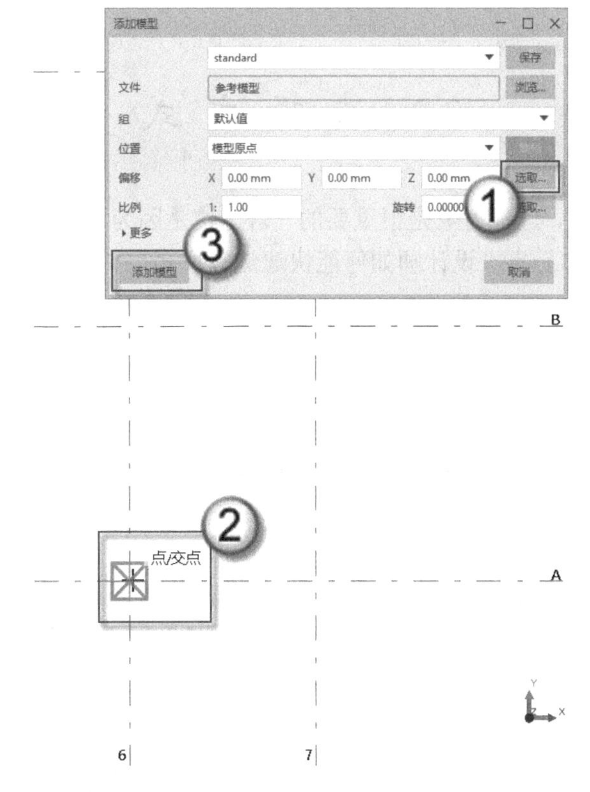

图 3.20　选择定位点

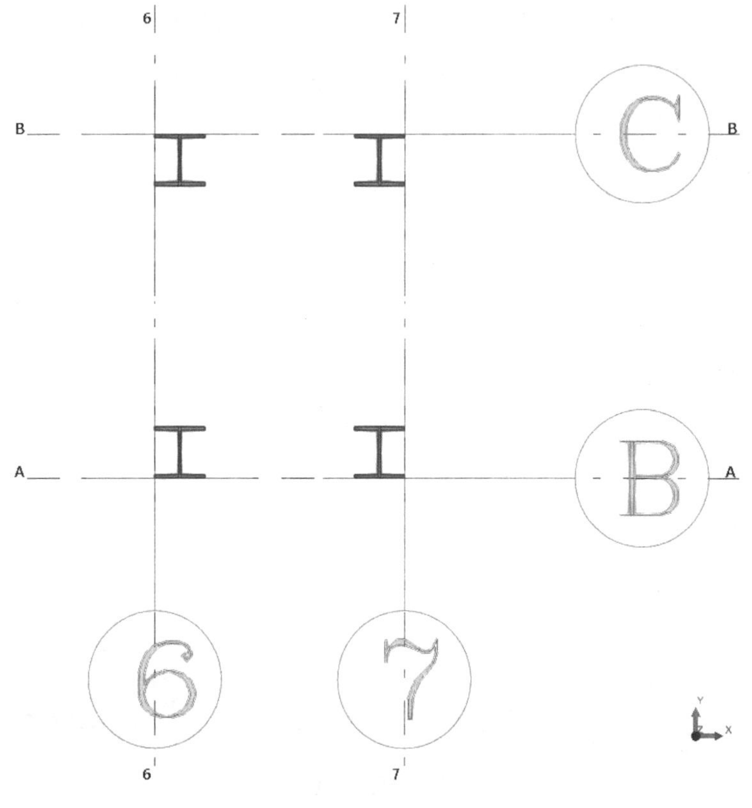

图 3.21　参考模型

3.2　选 择 方 式

在 Tekla 的操作中，选择对象是很重要的一环。这是因为在钢结构设计中有很多零件，要准确快速地选择并非易事。设计师如何能快速选择所需要的零件，就是本节需要解决的问题。

3.2.1　基本选择方式

本节将介绍最基本的几种选择方式，包括框选与叉选、全选与前选、修改选择等。

1．框选与叉选

框选与叉选这一对选择方式在一些设计软件中皆有，如 AutoCAD、SketchUp 和 3ds Max 等。在选择对象时，用拉框的形式进行选择时分为框选和叉选。从左向右拉框，如图 3.22 所示，只有完全框进去的对象才会被选上，这种方式叫作框选，如图 3.23 所示。从右向左拉框，如图 3.24 所示，凡是挨着的对象就会被选上，这种方式叫作叉选，如图 3.25 所示。

如果选择“菜单”|“设置”命令，在弹出的“设置”对话框中，勾选“交叉选择”复选框，如图 3.26③所示，则不论选择时拉框的方向如何，皆是叉选模式。

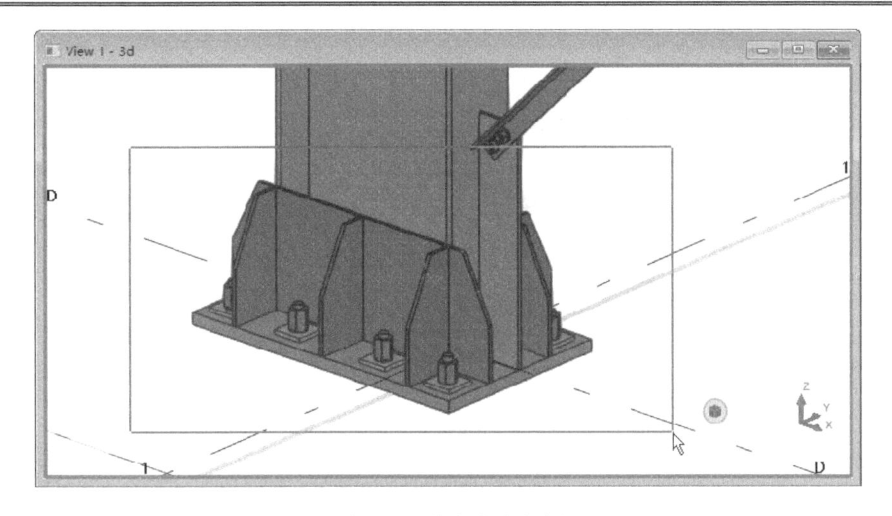

图 3.22 从左向右拉框

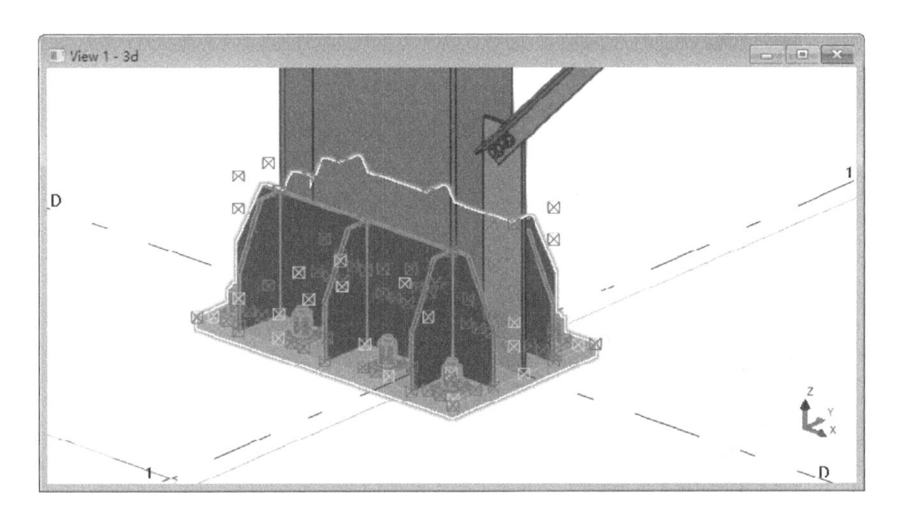

图 3.23 框选对象

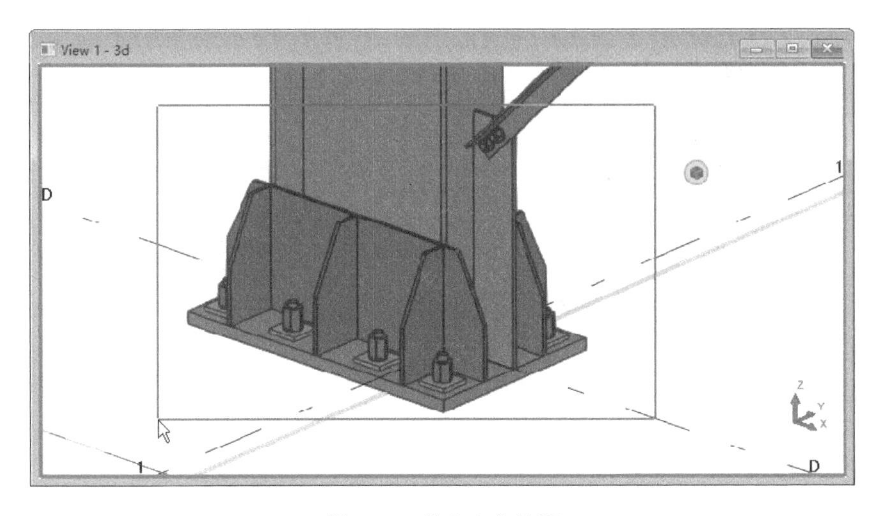

图 3.24 从右向左拉框

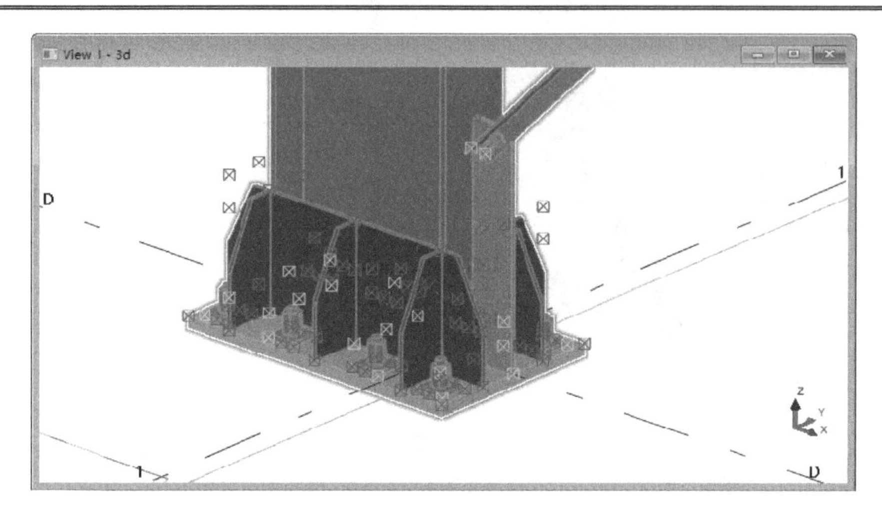

图 3.25　叉选

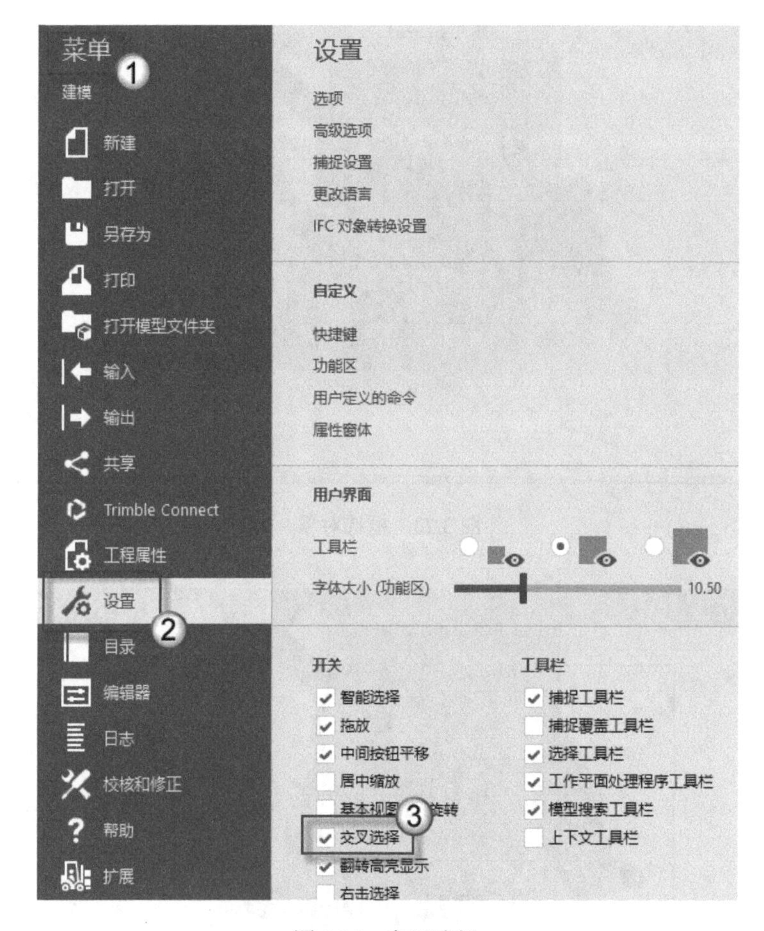

图 3.26　交叉选择

2．全选与前选

按 Ctrl+A 快捷键是全选（全部选择）模式，如图 3.27 所示。此时会选择场景中的所

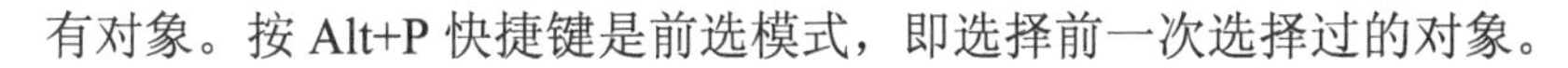
有对象。按 Alt+P 快捷键是前选模式，即选择前一次选择过的对象。

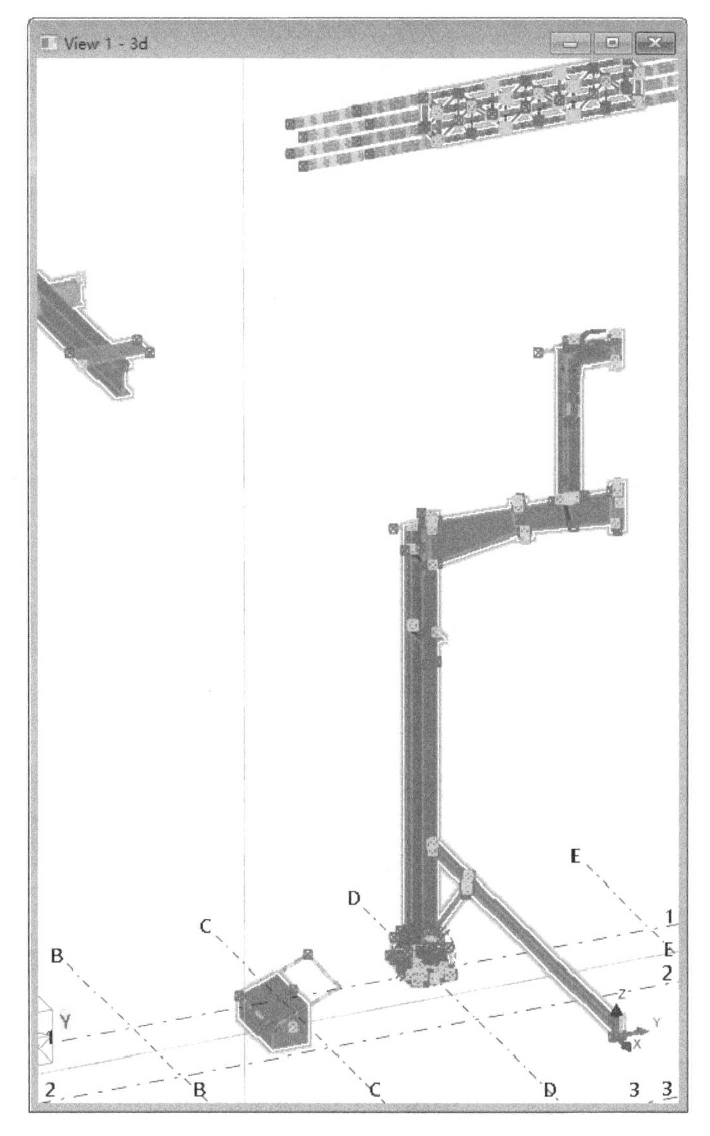

图 3.27 全选

3. 修改选择

在选择时可以配合键盘的 Shift 或 Ctrl 键。按住 Shift 键不放再选择对象是增加选择模式。按住 Ctrl 键不放进行的选择操作有两种情况：如果选择的对象没有在选择集中，则是增加选择模式；如果选择的对象已经在选择集中，则是减少选择模式。

如图 3.28 所示，在“贝士摩”模型的“2 号节点”处（具体位置可以参看附录中的图纸），可以看到有一根梁（图中①处），一块连接板（图中②处）和两块加劲板（图中③、④处），如图 3.28 所示。下面将以这个节点为例说明修改选择的具体方法。

（1）选择梁。直接单击梁，以选择这道梁，如图 3.29 所示。这样操作之后，在选择集中就有一根梁了。

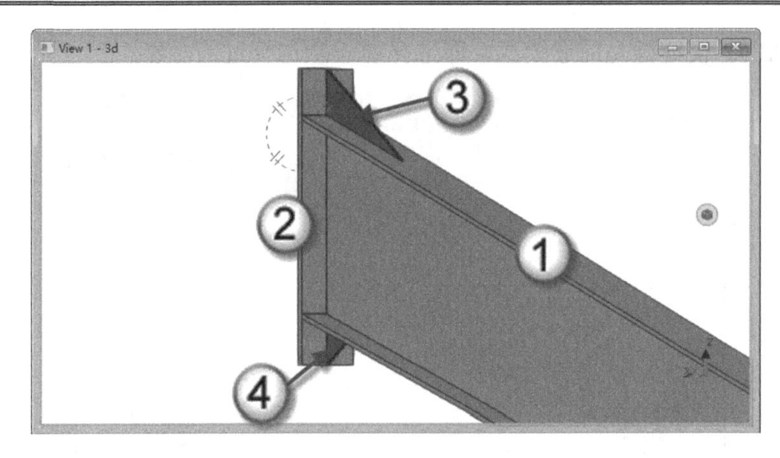

图 3.28　2 号节点

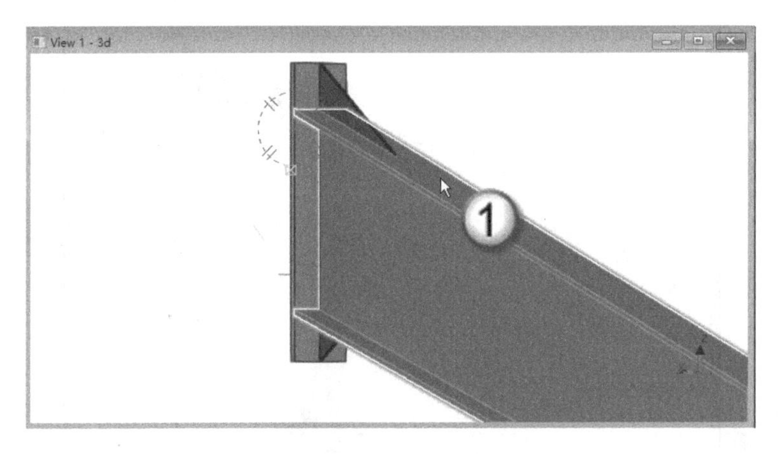

图 3.29　选择梁

（2）选择连接板。如图 3.30 所示，按住 Shift 键不放，选择连接板（图中②处）。由于配合了 Shift 键，是增选模式，选择集中有两个被选择的零件（①与②）。

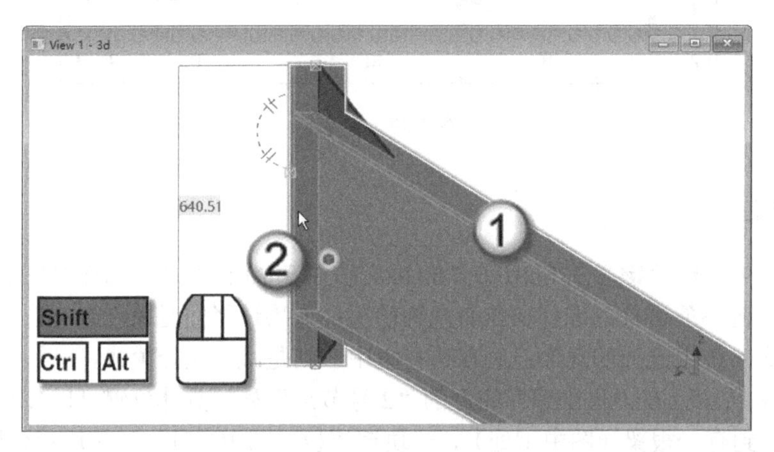

图 3.30　选择连接板

（3）选择加劲板 1。如图 3.31 所示，按住 Shift 键不放，选择加劲板 1（图中③处）。由于配合使用了 Shift 键，是增选模式，选择集中有 3 个被选择的零件（①、②和③）。

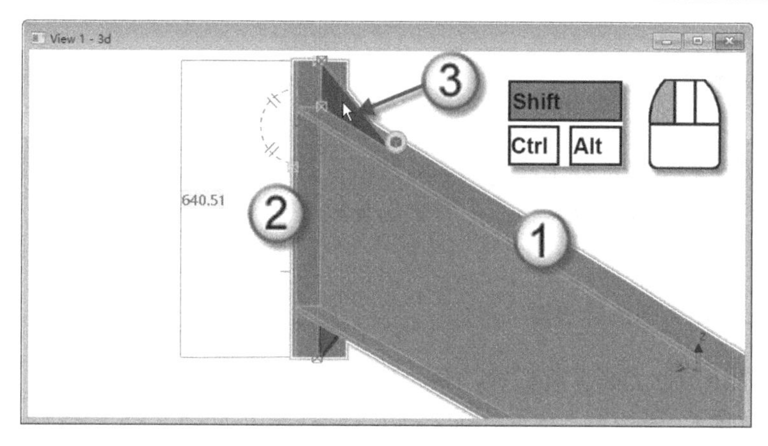

图 3.31 选择加劲板 1

（4）选择加劲板 2。如图 3.32 所示，按住 Shift 键不放，选择加劲板 2（图中④处）。由于配合了 Shift 键，是增选模式，选择集中有 4 个被选择的零件（①、②、③和④）。

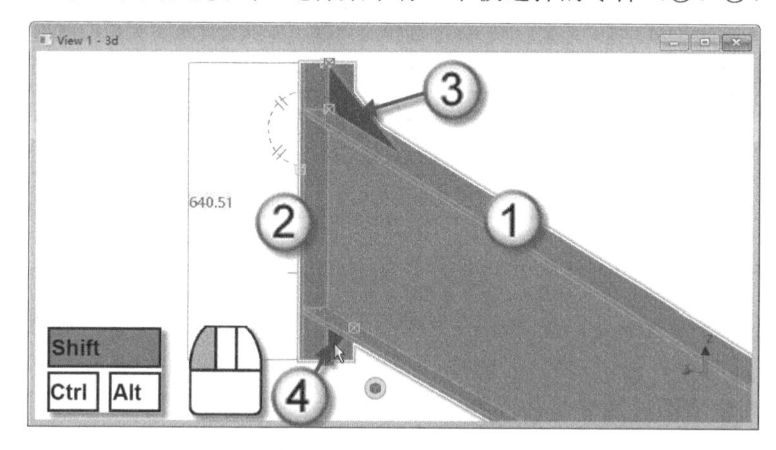

图 3.32 选择加劲板 2

（5）去掉梁的选择。如图 3.33 所示，按住 Ctrl 键不放，选择梁（图中①处）。由于配合了 Ctrl 键，选择了一个已经在选择集中的对象，此时是减选模式，将梁（图中①处）剔除出选择集，此时选择集中只有 3 个被选择的零件（②、③和④）。

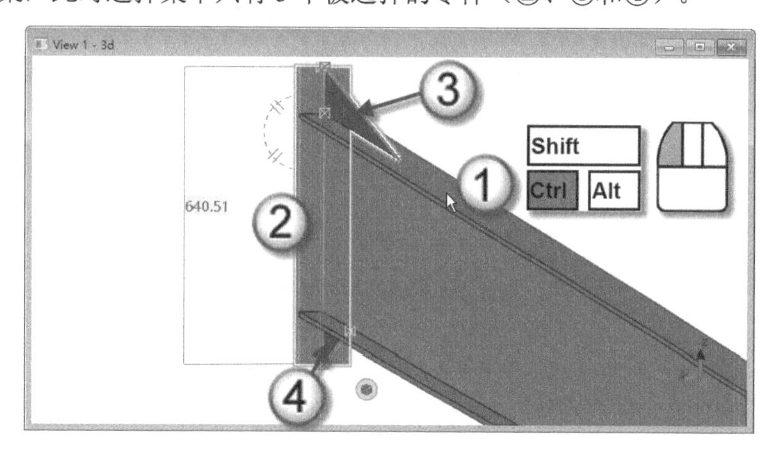

图 3.33 去掉梁的选择

3.2.2 选择过滤

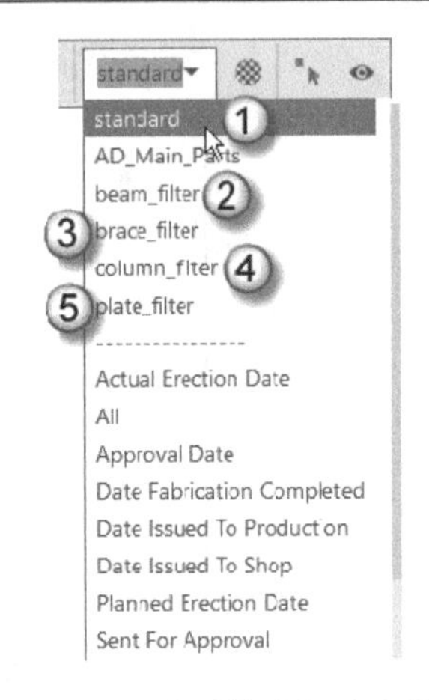

图 3.34 常用的选择过滤器

选择过滤是一种分类选择工具。比如，激活板的选择过滤器，在场景中无论采用什么选择模式，只会选择板类型零件，而不会选择其他类型零件。

1. 选择工具栏上的选择过滤

在操作界面下方的选择工具栏中，有一个选择过滤下拉列表框，如图 3.34 所示。其中有 5 个常用的选择过滤器（图中①～⑤处），它们的功能说明如表 3.1 所示。

表 3.1 常用的选择过滤器

序　　号	选择过滤器	功　　能
1	standard	标准选择过滤器。可以选择所有类型的对象
2	beam_filter	梁选择过滤器。只能选择梁类型的对象
3	brace_filter	连接选择过滤器。只能选择螺栓和焊缝两类型的对象
4	column_filter	柱选择过滤器。只能选择柱类型的对象
5	plater_filter	板选择过滤器。只能选择板类型的对象

2. 对象组的选择过滤

（1）双击视图的空白处，在弹出的“视图属性”对话框中，单击“对象组”按钮，如图 3.35 所示。此时会弹出“对象组-选择过滤”对话框，如图 3.36 所示。可以看到，在选择过滤下拉列表框中的过滤器与前面介绍的一致。

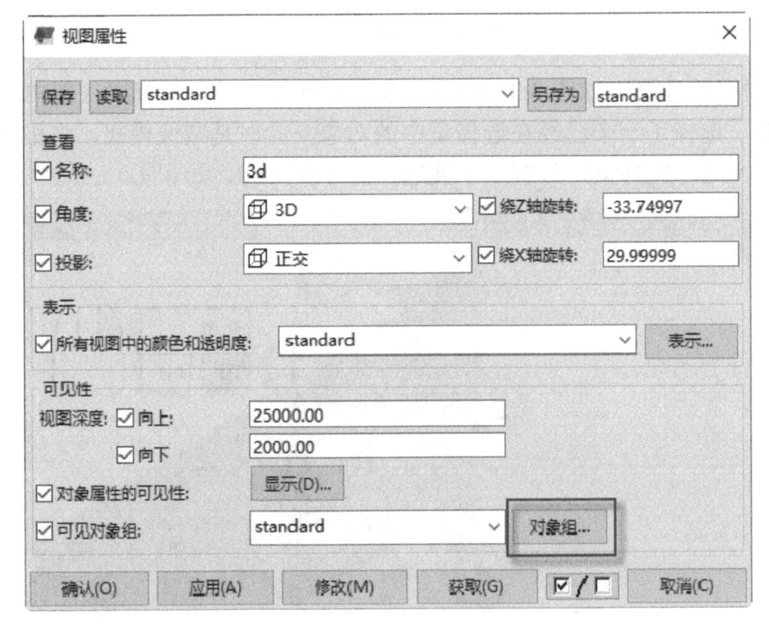

图 3.35 启动对象组

（2）单击“新过滤”按钮，再单击“添加行”按钮，生成新的一行。在“值”这一列中输入“连接板”字样，单击“另存为”按钮，另存为“连接板”过滤器。再依次单击“应用”和“确认”两个按钮结束操作，如图3.37所示。

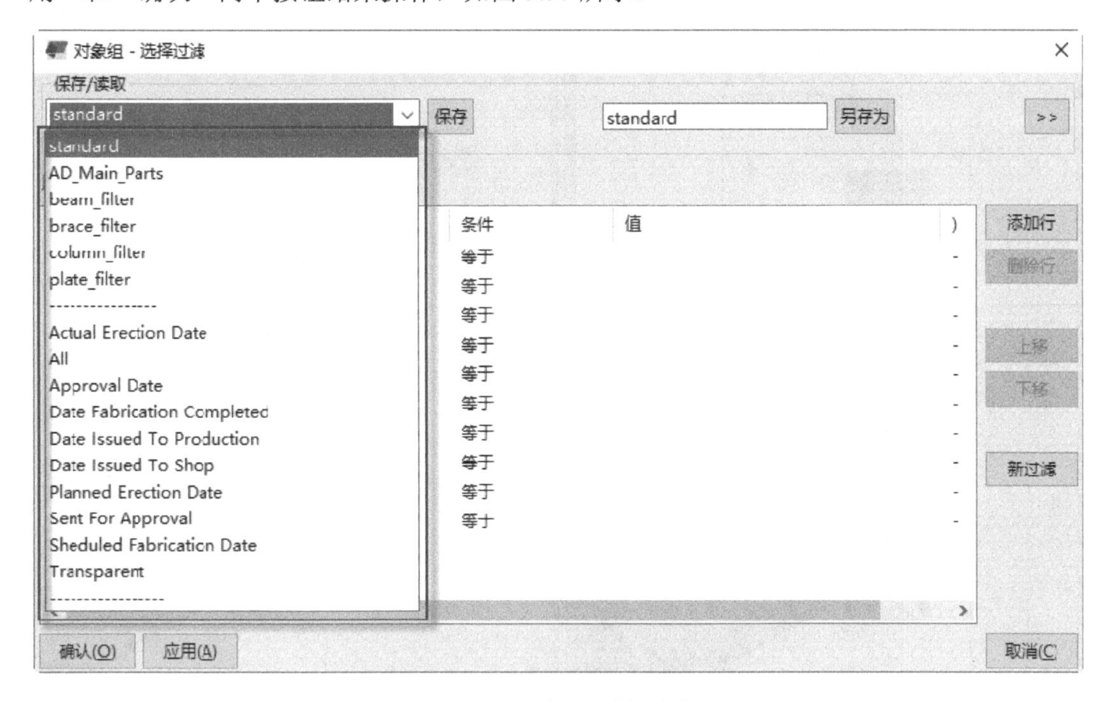

图3.36 对象组-选择过滤

图3.37 新建“连接板”过滤器

（3）从右向左拉框选择对象，如图 3.38 所示。这种方式是叉选模式，只要挨上的对象就会被选上。由于这里使用了“连接板”过滤器，只会选上连接板，如图 3.39 所示。

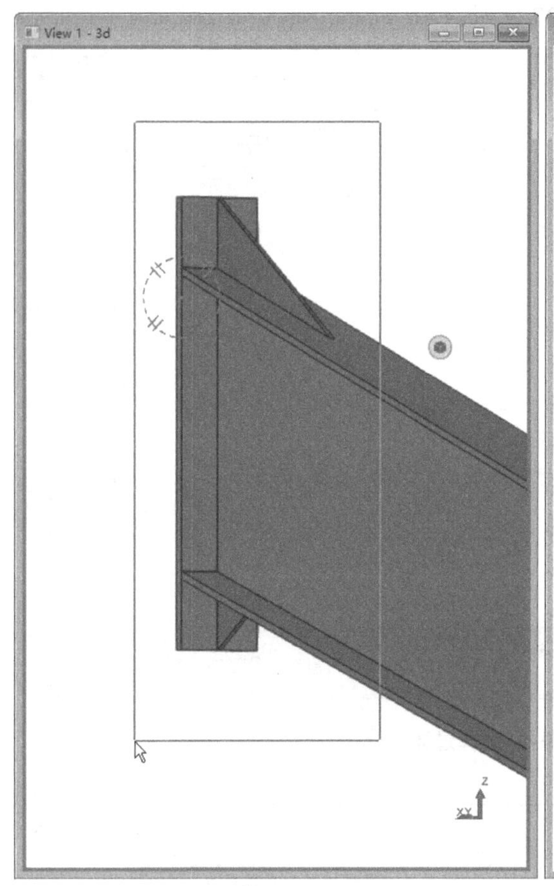

图 3.38　叉选对象

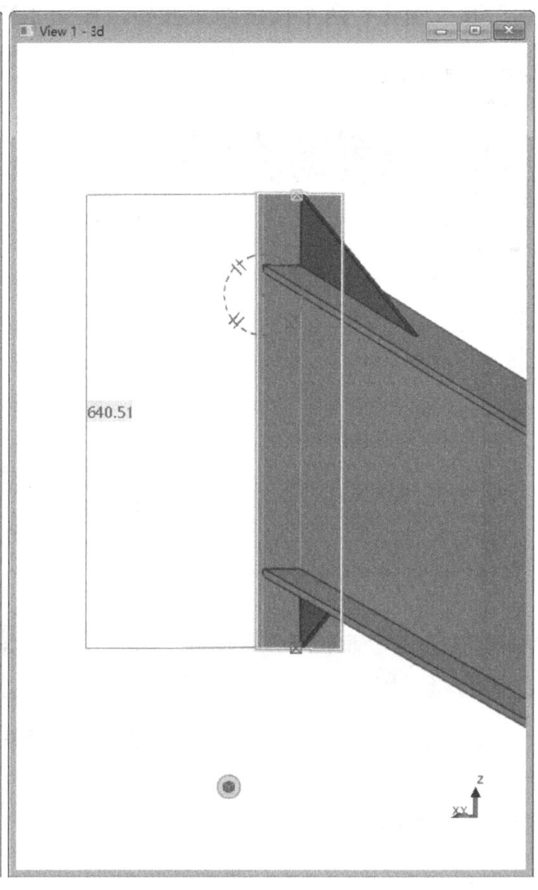

图 3.39　选中连接板

（4）调整 3d 视图的可视范围，不仅可以看到 2 号节点，而且可以看到 1 号节点。节点具体的位置可以参看附录中的图纸。再次从右向左拉框选择对象，如图 3.40 所示。这是叉选模式，只要挨上的对象就会被选上。这里虽然使用了“连接板”过滤器，但是除了连接板之外还选择了节点 1，如图 3.41 所示。这说明“连接板”过滤器并未设置完整，还需要进行修改才能正确使用。

（5）再次进入“对象组-选择过滤”对话框，如图 3.42 所示，单击“添加行”按钮 4 次，新增 4 行内容（图中②处）。这 4 行内容中，“种类”皆是“对象”，“名称”皆是“对象类型”，“条件”皆是“不等于”，“值”依次是“节点”“焊缝”“螺栓组”“构件”。再依次单击“保存”“应用”“确认”3 个按钮结束操作。

（6）再次使用“连接板”过滤器选择对象，此时就可以正确选择了，如图 3.43 所示。

（7）打开“C:\TeklaStructuresModels\贝士摩\attributes”目录，其中有一个“连接板.SObjGrp”文件，如图 3.44 所示。这个文件就是刚刚建的“连接板”过滤器。如果另一个项目需要使用这个过滤器，可以将连接板.SObjGrp 文件复制到相应的目录下。

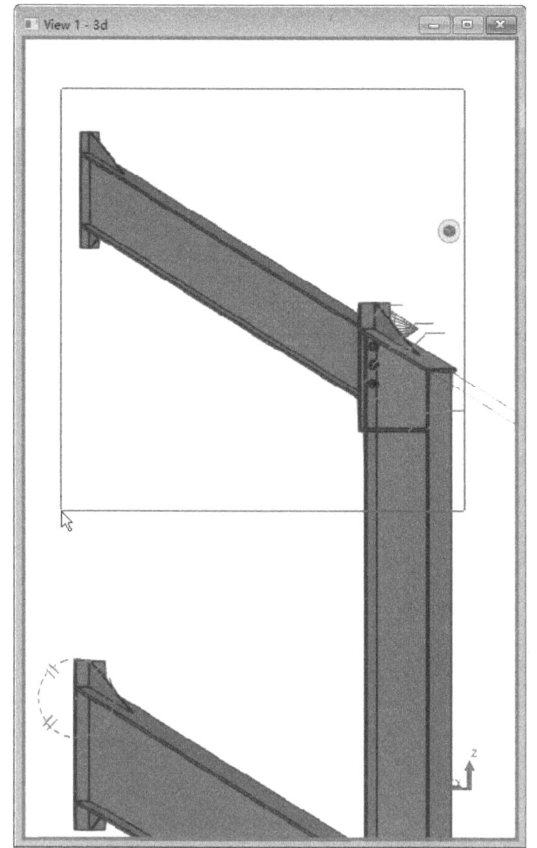

图 3.40　叉选对象

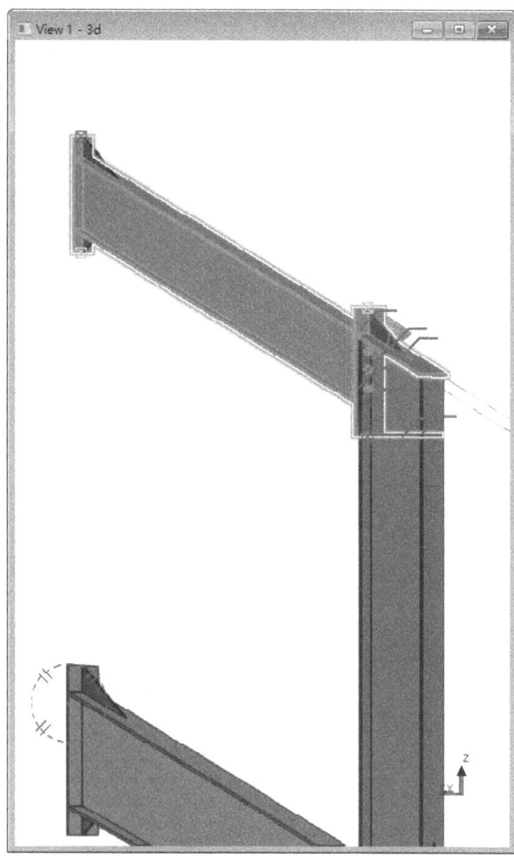

图 3.41　选择连接板与节点 1

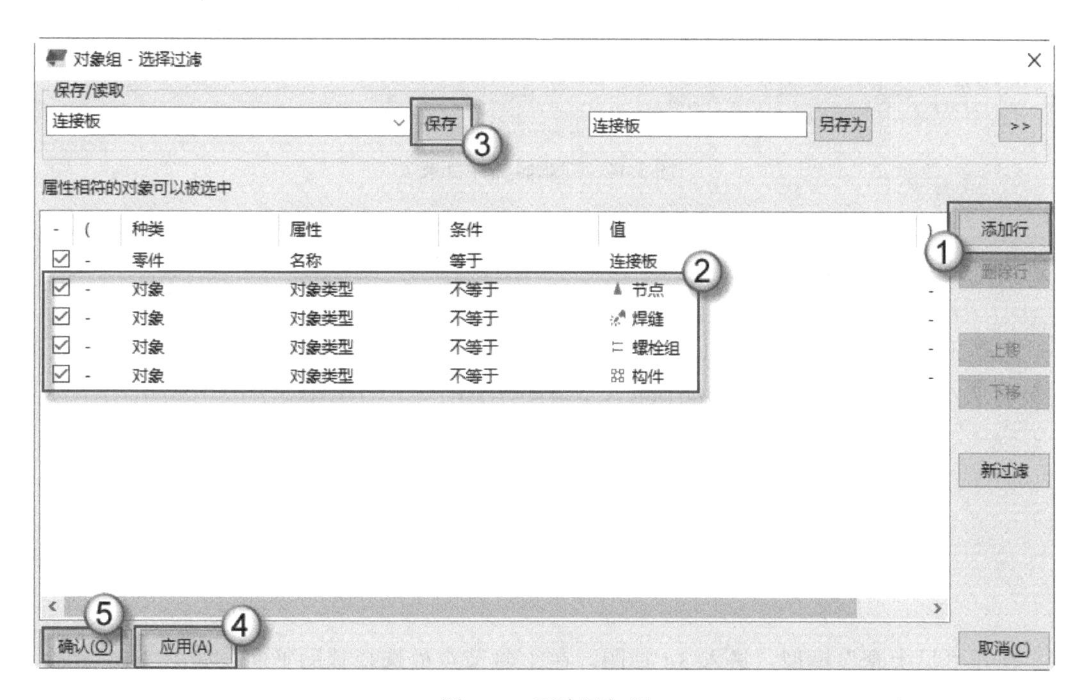

图 3.42　再次添加行

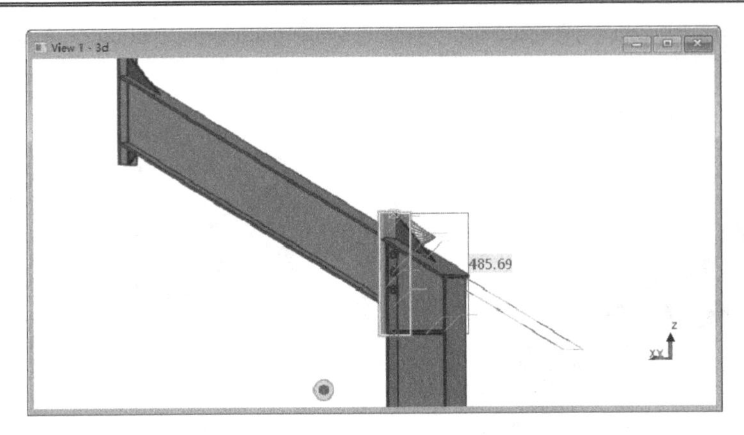

图 3.43　正确选择

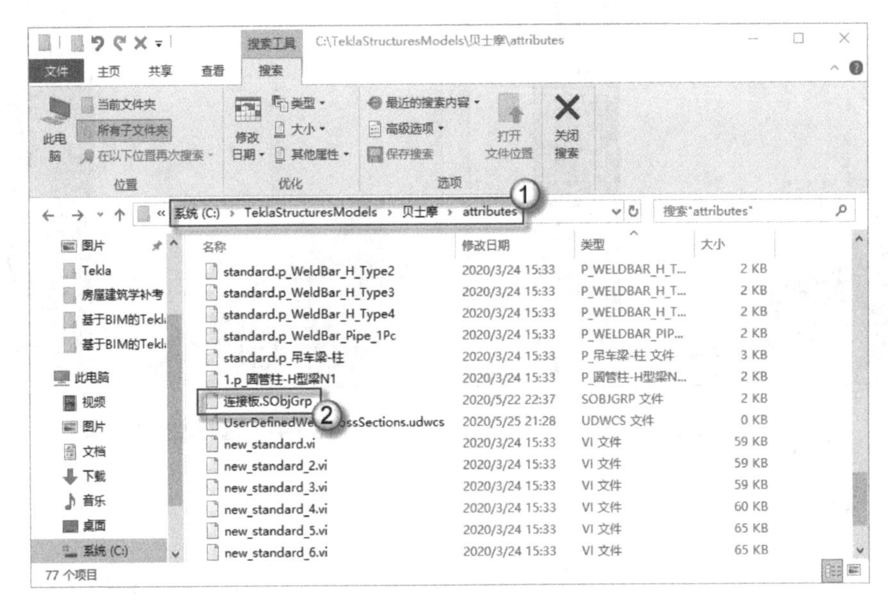

图 3.44　过滤器文件目录

3.2.3　分类选择

选择工具栏中的按钮实际上就是进行分类选择的分类工具，常见的是 14 个按钮，如图 3.45 所示。这 14 个按钮的功能描述见表 3.2 所示。

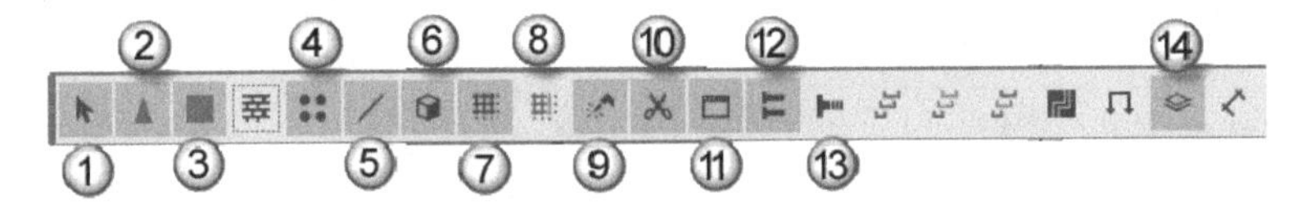

图 3.45　选择工具栏

打开“贝士摩”模型，进入 3d 视图，在 1 号节点处选择辅助平面，如图 3.46 所示。打开“平面图-标高为：±0.000”平面，可以选择参考模型，如图 3.47 所示。如果这两个对象无法选择，请查看分类选择的相应工具按钮。

表 3.2　分类选择

序号	选择开关	分类选择	描　　述	快捷键
1		全选	可以选择除了单个螺栓之外的所有类型	F2
2		组件符号	可以选择组件符号	/
3		零件	可以选择零件，如梁、板和柱等	F3
4		多个点	可以选择辅助点	/
5		辅助线	可以选择辅助线、圆、弧和折线等辅助线对象	/
6		参考模型	可以选择整个参考模型	/
7		全部轴线	可以通过选择轴线中的一根轴线来选择整个轴网	/
8		单个轴线	选择单根轴线	/
9		焊缝	选择焊缝	/
10		切割	可以选择线、零件及多边形的切割和接合，以及因为切割线结合操作而添加的材质	/
11		视图	选择模型视图	/
12		螺栓组	可以通过选择螺栓组中的一个螺栓来选择整个螺栓组	/
13		螺栓	选择单个螺栓	/
14		平面	选择辅助平面	/

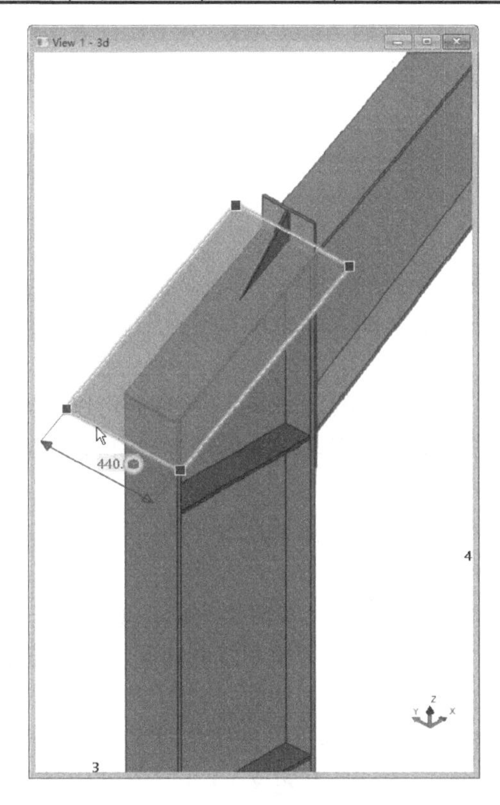

图 3.46　选择平面

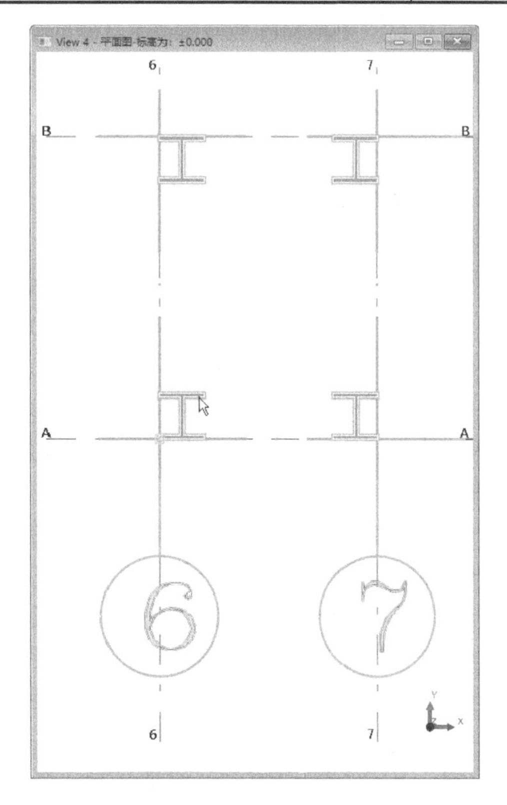

图 3.47　选择参考模型

注意：如果“贝士摩”模型中没有这两个对象，则应该检查前面的操作中是否没有及时保存文件。

第4章　视　　图

通过 Tekla 建模其实并不难，因为构建的对象皆是几何体，有长、宽、高尺寸限制。在建模时，输入相应的参数值即可。难点在视图的设置上。设计师如何正确选择自己需要的视图，如何创建自己所需要的视图，这需要有一定的经验。本章将会用大量篇幅介绍解决这些问题的方法，学完本章的内容之后，读者就会对视图这个复杂的概念有所了解了，然后再加以练习，即可上手。

4.1　坐　　标

在三维软件中一般都有坐标功能。使用坐标功能可以在三维软件中快速地完成定位、移动、复制、旋转和阵列等操作。Tekla 的坐标功能更接近 AutoCAD，为了让读者更好地完成理解坐标的相关内容，附录中提供了 AutoCAD 坐标系的相关内容，读者可根据自身的情况选读。

4.1.1　坐标系统

Tekla 有两大坐标系统：全局坐标系与用户坐标系。

全局坐标系（Global Coordinate System，简称 GCS）的坐标原点和坐标轴向是不变的。全局坐标系的图标如图 4.1 所示。

用户坐标系（User Coordinate System，简称 UCS）的坐标原点和坐标轴向可以根据设计师的要求自行定义。用户坐标系的图标如图 4.2 所示。注意，UCS 的图标只有 X 与 Y 两个轴向（三维与二维皆如此）。

在默认情况下，或者启动 Tekla 时，全局坐标系与用户坐标系是重合的，可以从 3d 视图中的坐标系图标看出来，重合的情况如图 4.3 所示。

定义 UCS 在 Tekla 的操作中既重要又频繁。频繁，是因为建模时要来回切换操作平面，就是定义 UCS；重要，是因为要准确地定义 UCS，否则创建的模型就有问题。UCS 的图标是没有 Z 轴向的，在定义 UCS 时需要使用右手定则来确定 Z 轴向。

右手定则是：伸出右手，拇指、食指、中指相互呈 90° 状况，拇指指向 X 轴，食指指向 Y 轴，则中指指向的方向就是 Z 轴，如图 4.4 所示。Tekla 在定义 UCS 时就是使用右手定则来判断 Z 轴向的位置。只有知道 Z 轴向的位置，才能判断定义的 UCS 平面是俯视还是仰视。因为 UCS 图标不论是在二维还是在三维中是没有 Z 轴的，只有用这个方法去判断 Z 轴方向。

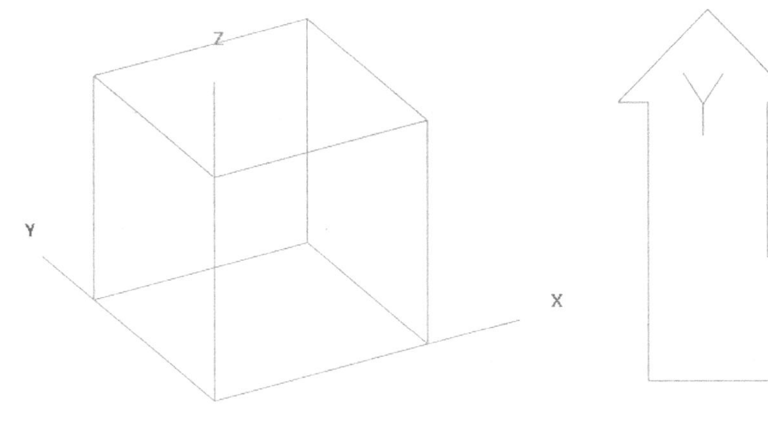

图 4.1　全局坐标系图标

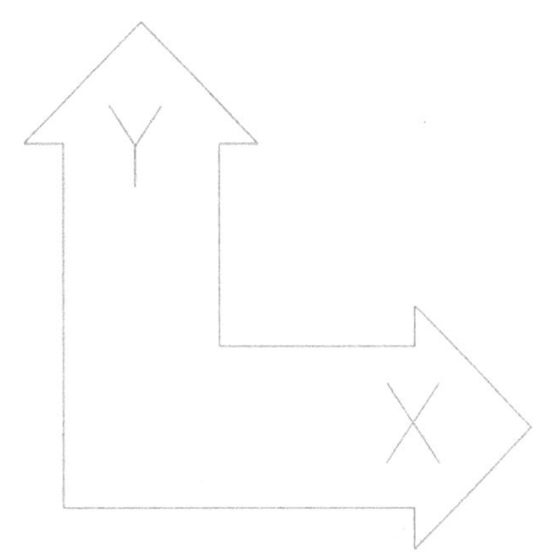

图 4.2　用户坐标系图标

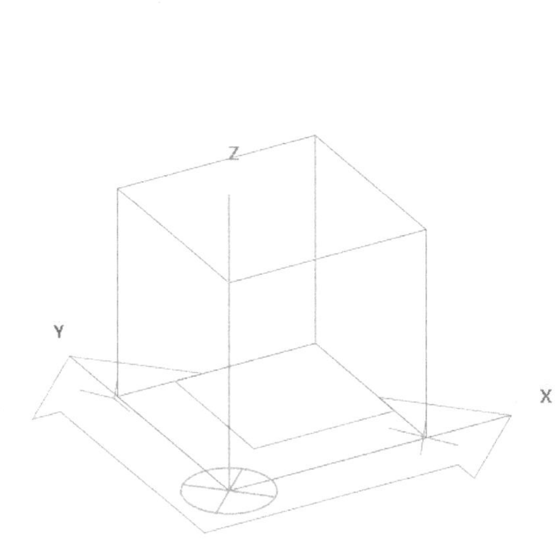

图 4.3　全局坐标系与用户坐标系重合

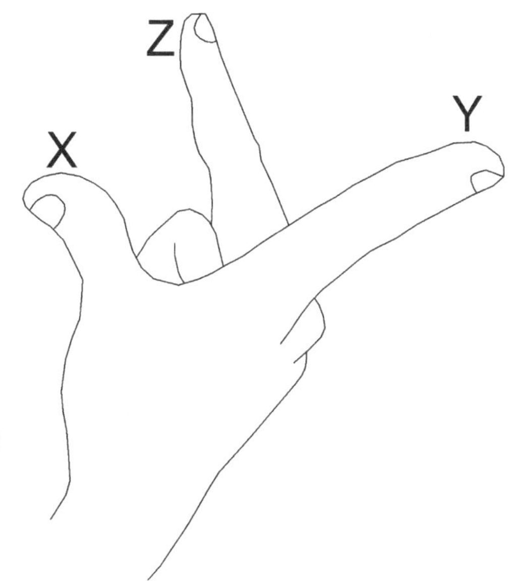

图 4.4　右手定则示意图

右手定则的实例，将在后面详细介绍。

4.1.2　坐标数值

本节介绍坐标数值的相关知识。坐标按照数值进行分类，可以分为极坐标、相对坐标、绝对坐标和全局坐标四类。具体分类情况见表 4.1 所示。

表 4.1　按数值分类的坐标一览表

名　　称	说　　明	符号	快捷键	举例	举 例 释 义
极坐标	距离、XY平面上的角度、与XY平面所呈现的角度	<	/	800<90<45	800表示距离，90表明在XY平面中对象与X轴夹角为90°，45表示对象在三维中与XY平面的夹角为45°

续表

名　称	说　明	符号	快捷键	举例	举 例 释 义
相对坐标	相对于上一选取位置的坐标	@	R	@1000，0	沿X轴正方向移动1000个单位
				@0，-500	沿Y轴负方向移动500个单位
绝对坐标	基于UCS原点的坐标	$	A	$0，0，9000	从UCS原点出发，向UCS的Z轴正方向移动9000个单位
全局坐标	使用全局原点和X、Y、Z方向的坐标	!	G	!600，900，1200	/

还有一种情况是混合坐标，就是同时使用上面两类或两类以上坐标的情况。下面以绘制一条在 XY 平面中与 X 轴呈 45° 夹角且长度为 1000 的辅助线为例，来说明混合坐标的使用方法。

如图 4.5 所示，单按 E 快捷键发出“辅助线”命令，单击 A 轴与 7 轴的交点（图中①处），在键盘上输入 R1000<45，然后在弹出的“输入数字位置”对话框中单击“确认”按钮。此时可以看到，在图 4.6 所示的视图中生成了一条 45° 夹角的辅助线（图中⑤处）。由于辅助线会自动向两侧延伸，其长度比 1000 要长一些。

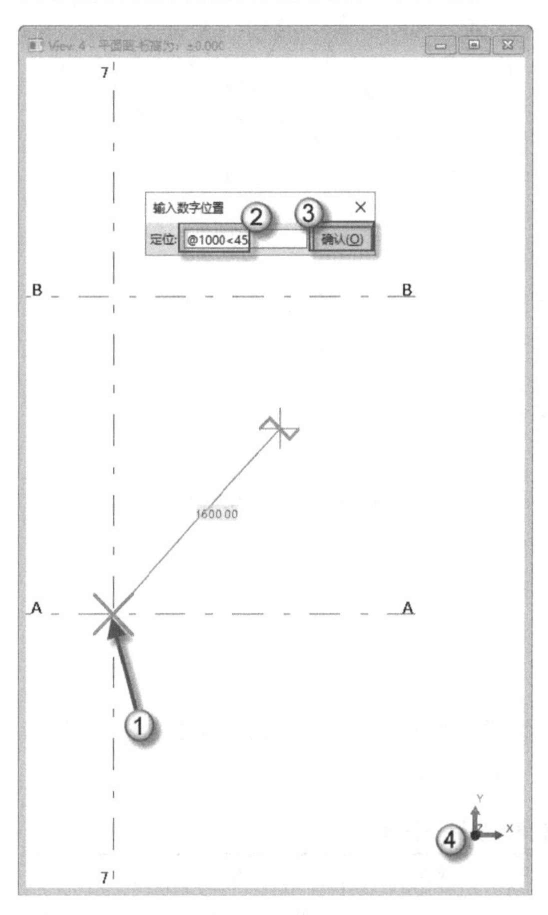

图 4.5　输入数字位置

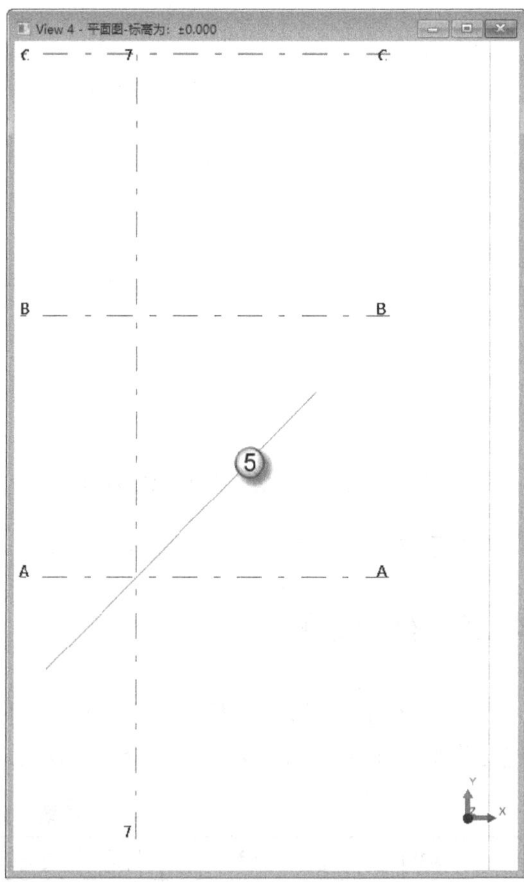

图 4.6　生成了 45° 夹角的辅助线

注意：输入 R1000<45 之后，在“输入数字位置”对话框中会自动转化为@1000<45。如果直接输入@1000<45，是不会达到预期效果的。

4.1.3　锁定坐标

在 Tekla 中提供了锁定 X、Y、Z 轴坐标的功能。锁定轴向之后，可以进行精确地移动、复制和阵列等操作。

锁定 X 轴之后，光标只能在 Y 轴上移动。锁定 Y 轴之后，光标只能在 X 轴上移动。锁定 Z 轴之后，光标只能在由 X、Y 轴组成的平面内移动。

1．锁定X轴

进入“平面图-标高为：±0.000”视图，按 Shift+Z 键将 UCS 设置到当前视图上。然后选择 C 轴与 1 轴交汇处的对象，按 Ctrl+M 快捷键发出“移动”命令，单按 X 快捷键发出“锁定 X 轴”命令。可以看到，此时光标只能沿着 Y 轴方向移动，如图 4.7 和图 4.8（图中①→②）所示。

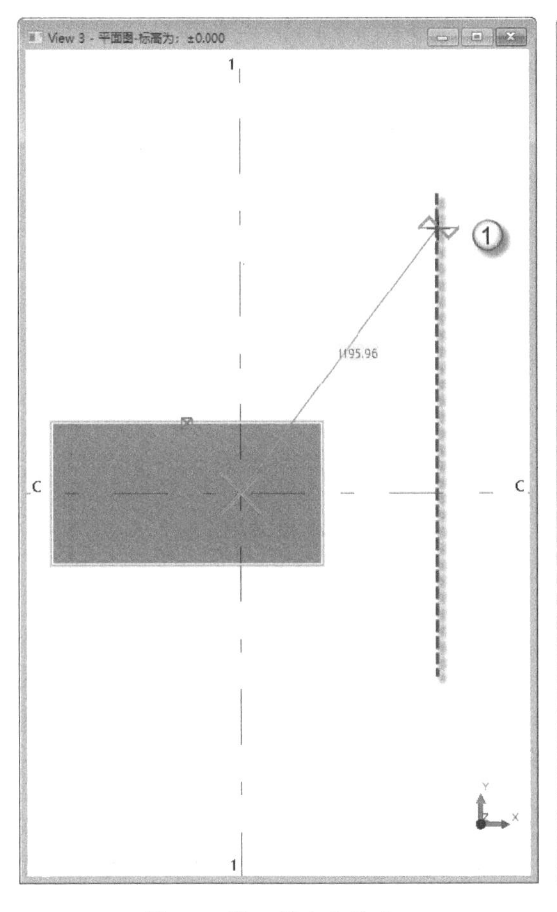

图 4.7　沿 Y 轴方向移动 1

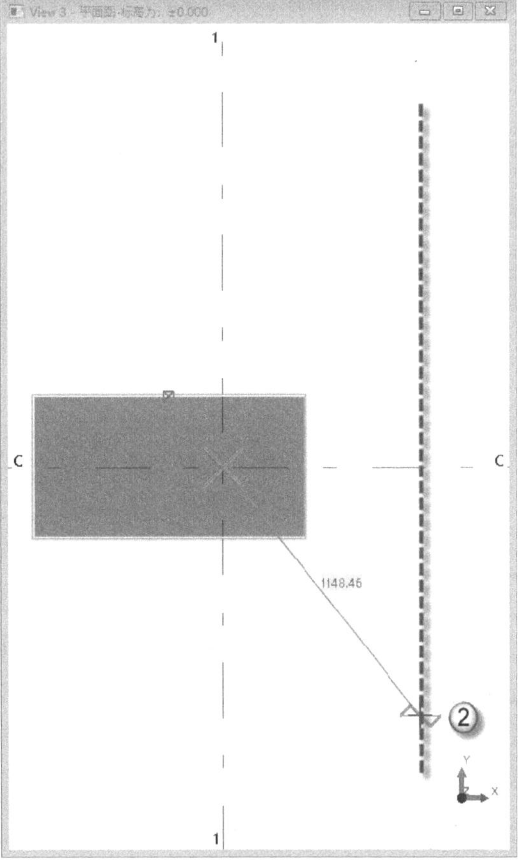

图 4.8　沿 Y 轴方向移动 2

2．锁定Y轴

在“平面图-标高为：±0.000”视图中，检查 UCS 是否设置为当前视图，然后再次选择 C 轴与 1 轴交汇处的对象，按 Ctrl+M 快捷键发出“移动”命令。单按 Y 快捷键发出“锁定 Y 轴”命令，可以看到，此时光标只能沿 X 轴方向移动，如图 4.9 和图 4.10（图中①→②）所示。

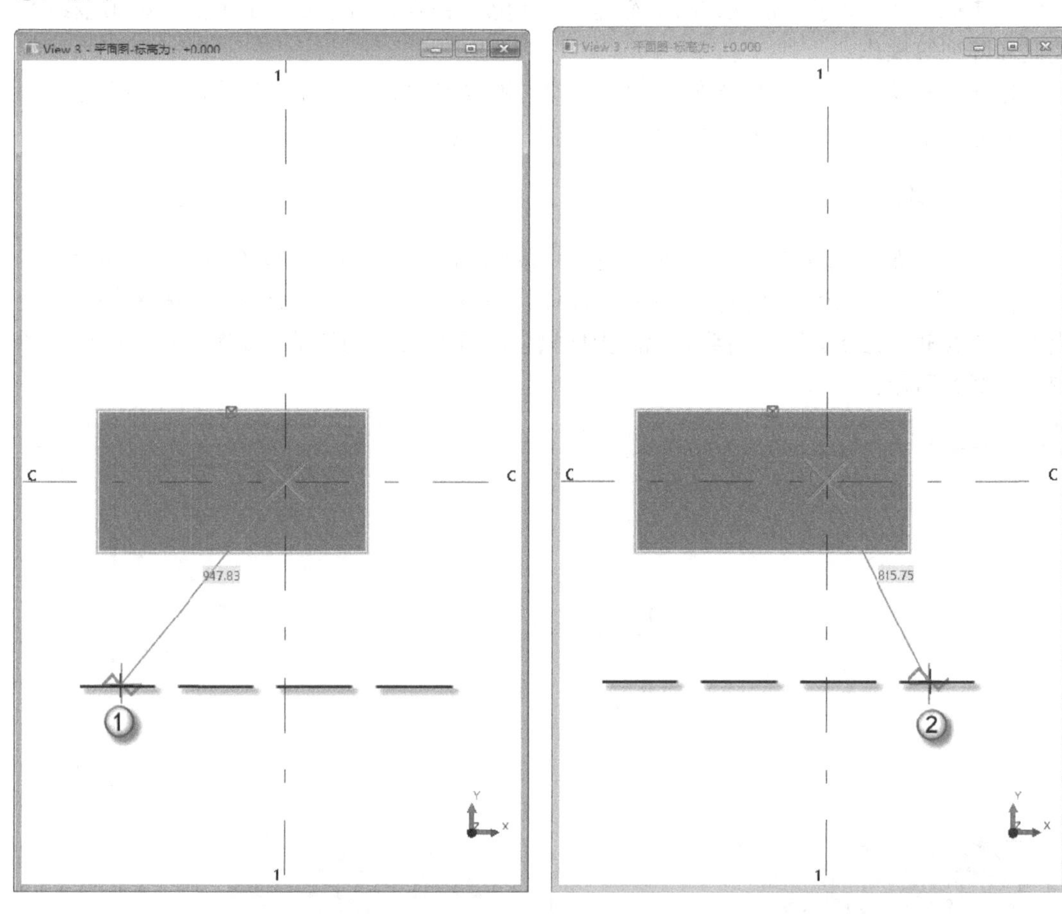

图 4.9　沿 X 轴移动 1　　　　图 4.10　沿 X 轴移动 2

3．锁定Z轴

进入“数字轴立面详图-轴：1”视图，按 Shift+Z 键将 UCS 设置到当前视图上。然后选择 C 轴与±0.000 平面交汇处的对象，按 Ctrl+M 快捷键发出“移动”命令，单按 Z 快捷键发出“锁定 Z 轴”命令。可以看到，此时光标只能沿着在由 X、Y 轴组成的平面内移动，如图 4.11 和图 4.12（图中①→②）所示。

注意： 在立面图中看由 X、Y 轴组成的平面是一根线，这是由平行投影关系决定的。因此，“锁定 Z 轴”这个功能一般在立面图中使用。

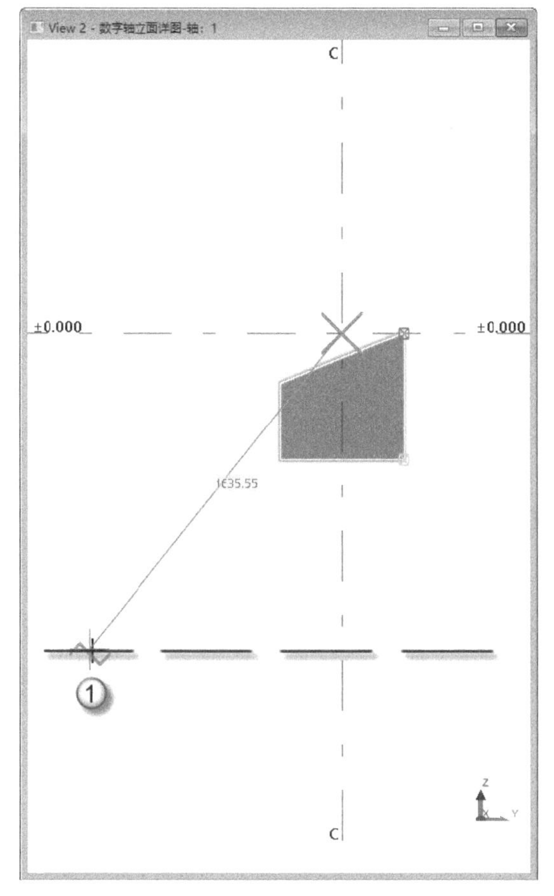

图 4.11　在 X、Y 轴组成的平面内移动 1

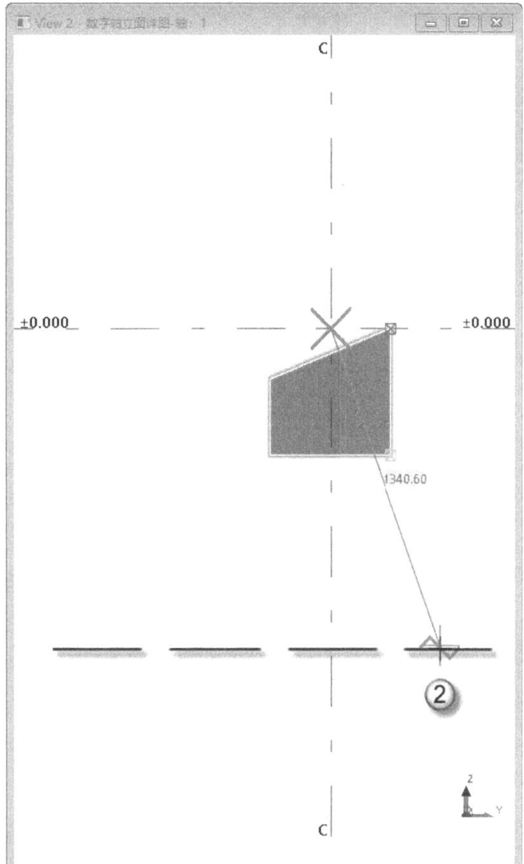

图 4.12　在 X、Y 轴组成的平面内移动 2

4.2　创 建 视 图

本节将介绍通过 Tekla 创建视图的常见方法，但不是全部方法。对于一些很少使用方法，由于篇幅限制且使用方法类似，本节暂不介绍。在创建视图的过程中，可以使用快捷键创建的，应尽量使用快捷键。

4.2.1　沿着轴线创建视图

“沿着轴线创建视图”命令中的“轴网”并不单指平面轴线，还指标高平面线。因此使用这个命令，不仅可以生成平面视图，而且可以生成立面视图。

（1）查看视图列表。按 Ctrl+I 快捷键发出“视图列表”命令，在弹出的“视图”对话框中可以看到，在“命名的视图”栏中已经有一些视图了，如图 4.13 所示。这些视图就是使用“沿着轴线创建视图”命令创建的。此处暂时不删除这些视图，用这个错误的做法引起读者的注意，因为初学者经常会这样做。

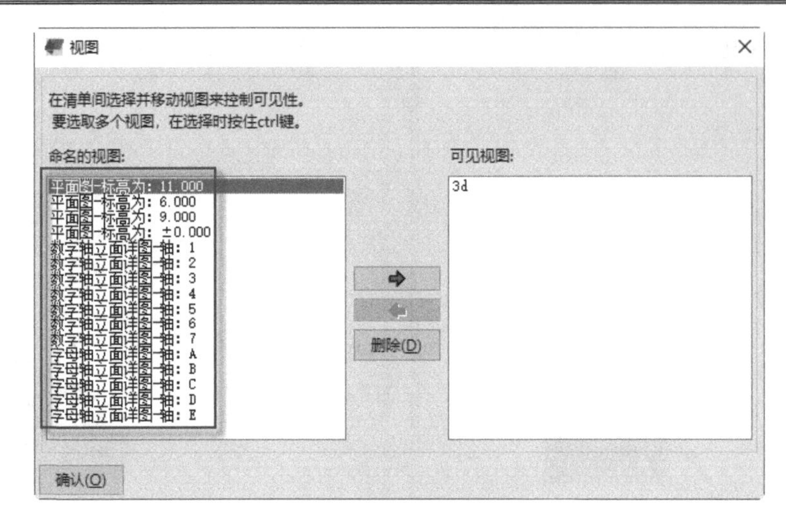

图 4.13　视图列表

（2）创建视图。选择“视图”|“新视图”|“沿轴线”命令，在弹出的图 4.14 所示的“沿着轴线生成视图”对话框中，选择“视图样板”选项（图中①处），单击“读取”按钮（图中②处），在“视图名称前缀”栏中会出现相应选项（图中③处），单击“创建”按钮（图中④处）。

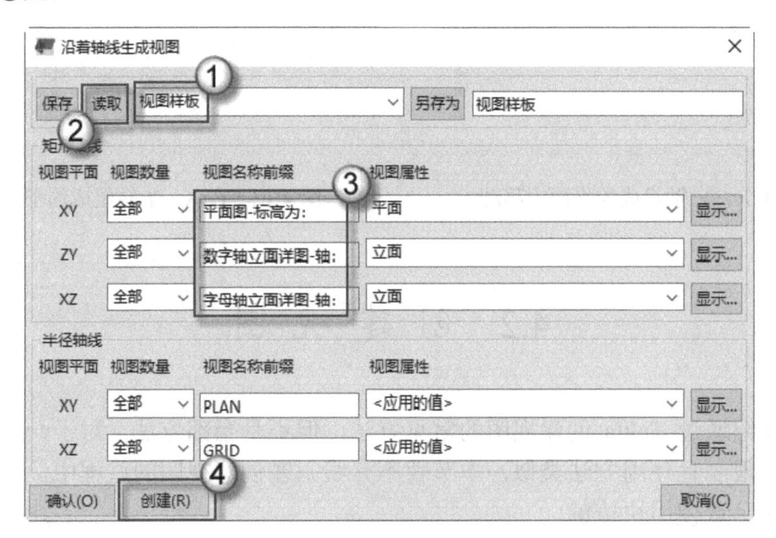

图 4.14　沿着轴线创建视图

（3）出现重复的视图。在弹出的“视图”对话框中，在“命名的视图”栏中有一些以“-1”结尾的视图名称，如“平面图-标高为：11.000-1”“平面图-标高为：6.000-1”“平面图-标高为：9.000-1”等，如图 4.15 所示。这些以“-1”结尾的视图是重复的视图。

注意：如果视图列表中已经有了视图，则运行一次“沿着轴线创建视图”命令，就会生成以“-1”结尾的视图。再运行一次“沿着轴线创建视图”命令，就会生成以“-2”结尾的视图，以此类推。

（4）删除视图。在“视图”对话框的“命名的视图”栏中，选择所有的视图，单击“删除”按钮，在弹出的“确认视图删除”对话框中单击“是”按钮，再单击“确认”按钮完成操作，如图 4.16 所示。

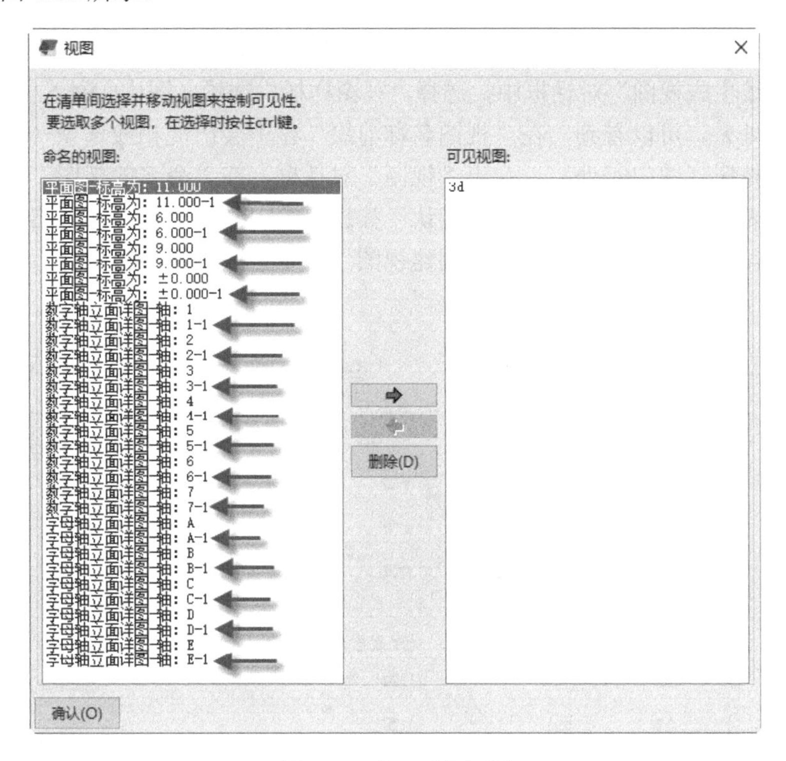

图 4.15　出现重复视图

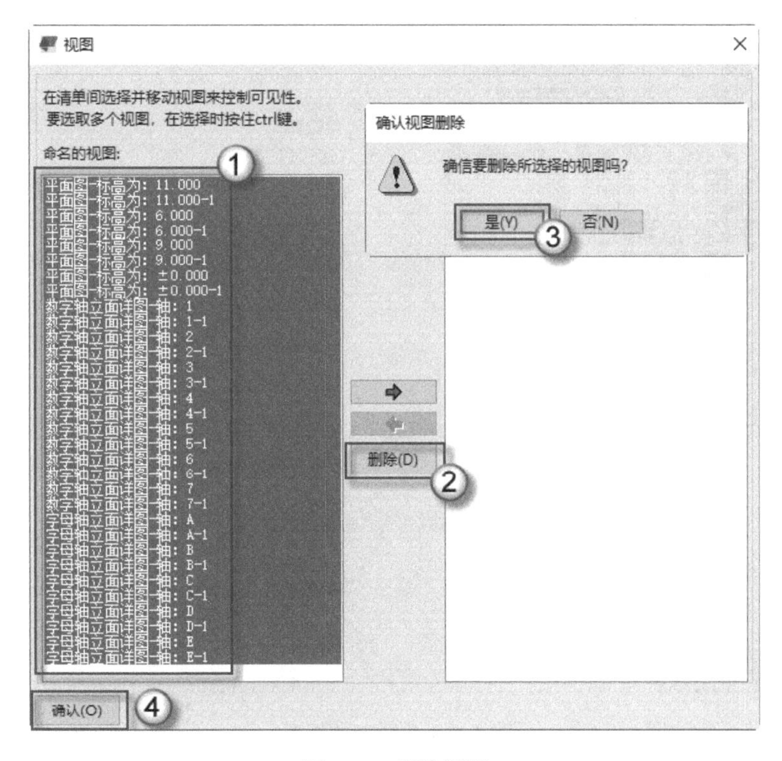

图 4.16　删除视图

注意： 出现重复的视图时，最简单的处理方法是将所有视图都删除，然后再使用一次“沿着轴线创建视图”命令，这样再生成的视图就正常了。

（5）生成新的视图。选择“视图”|“新视图”|“沿轴线”命令，在弹出的图 4.17 所示的“沿着轴线生成视图”对话框中，选择“视图样板”选项（图中①处），单击“读取”按钮（图中②处）。可以看到，在“视图名称前缀”栏中会出现相应选项（图中③处）。单击“创建”按钮（图中④处），弹出“视图”对话框，在“命名的视图”栏中出现了新生成的视图列表（图中⑤处），单击“确认”按钮（图中⑥处），再次单击“确认”按钮（图中⑦处）。这样就使用“沿着轴线创建视图”命令生成了新的视图。

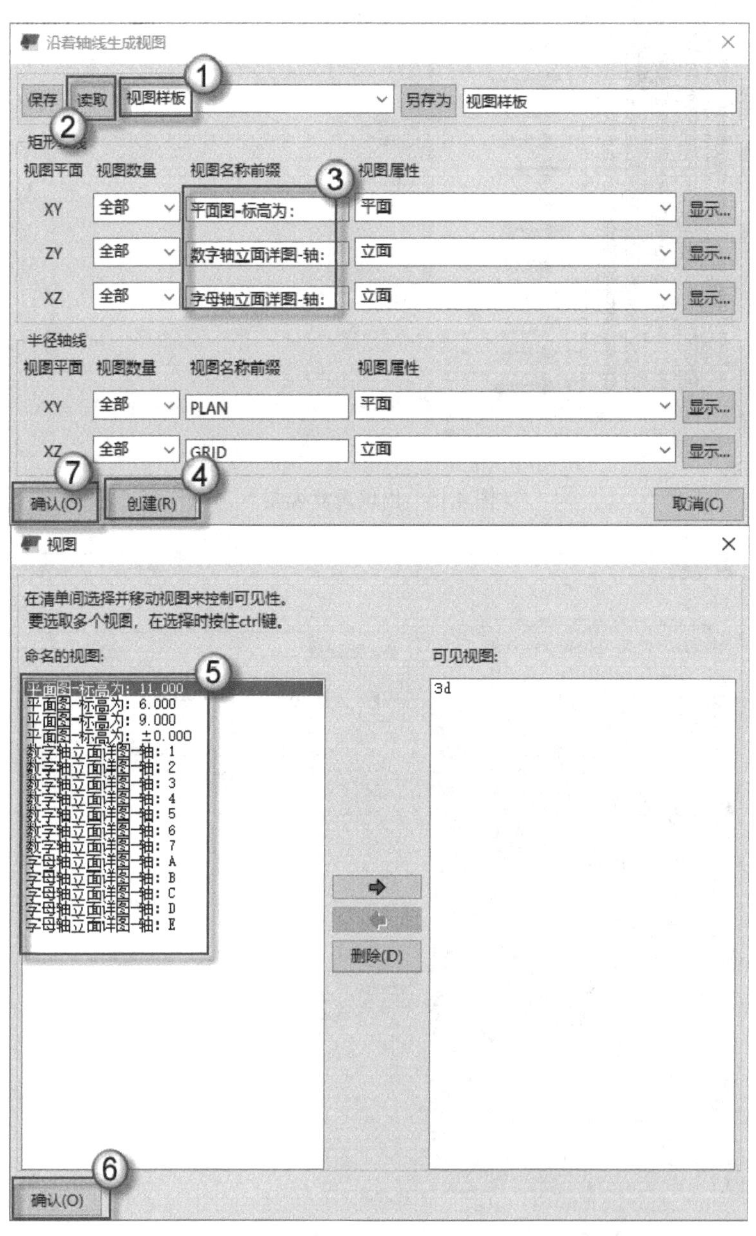

图 4.17 生成新的视图

4.2.2　创建基本视图

Tekla 在默认情况下（或者刚打开 Tekla 时），只有一个视图——3d 视图。本节将介绍删除 3d 视图之后，重新建立这个视图的方法。

（1）删除 3d 视图。按 Ctrl+I 快捷键，弹出“视图”对话框，在“可见视图”栏中选择 3d 视图，单击“删除”按钮，在弹出的“确认视图删除”对话框中单击“是”按钮，如图 4.18 所示。这样就将 3d 视图删除了。

注意： 一般情况下不删除 3d 视图。因为这个视图使用得最频繁，要在其中从三维角度去检查模型。如果读者在使用 Tekla 时发现 3d 视图不见了，可能是被误删除了，此时可以使用下面介绍的方法重建 3d 视图。

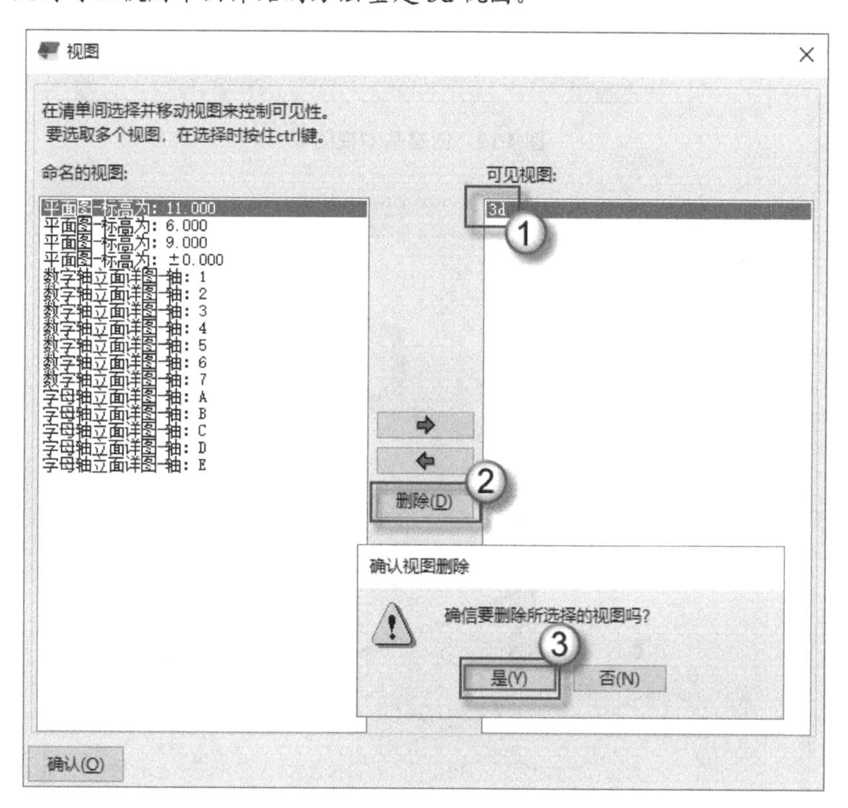

图 4.18　删除 3d 视图

（2）创建基本视图。选择“视图”|“新视图”|“基本视图”命令，在弹出的“创建基本视图”对话框中，单击“创建”按钮。按 Ctrl+I 快捷键发出“视图列表”命令，在弹出的“视图”对话框中可以看到，在“可见视图”栏中出现了 3d 视图（图中②处），单击“确认”按钮完成操作，如图 4.19 所示。此时生成的 3d 视图如图 4.20 所示。

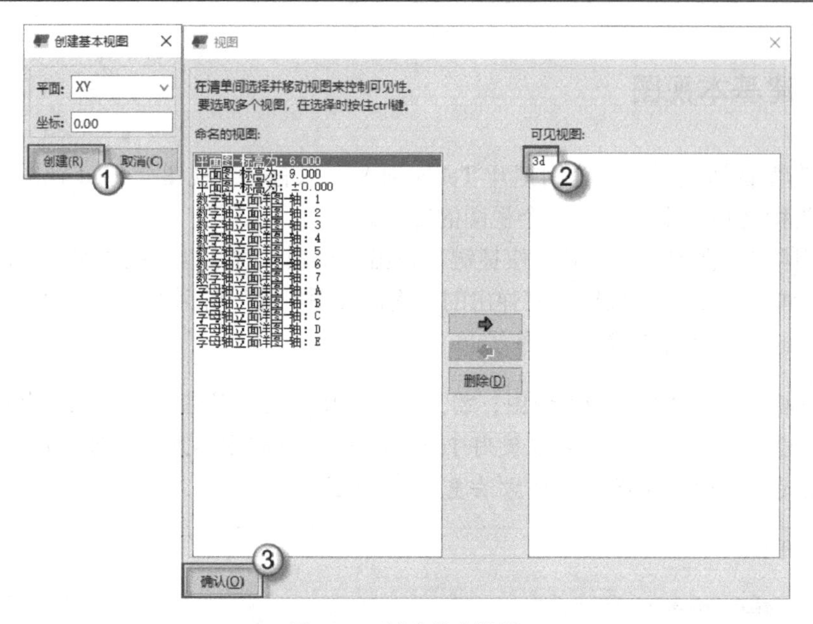

图 4.19　创建基本视图

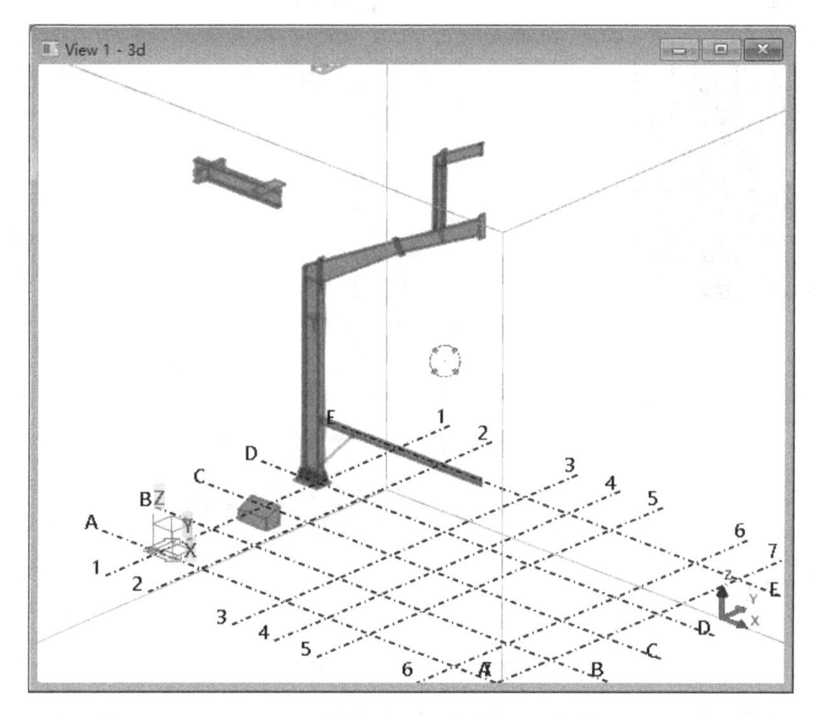

图 4.20　3d 视图

4.2.3　通过两点创建视图

由几何知识可以得知：确定一个平面需要三个点。但是在 Tekla 中，“用两点创建视图”这个命令只需要设计师确定两个点就可以创建一个新视图。这个命令有两个特点：一是需要在立面图中操作；二是要确定平面的方向。

“用两点创建视图”这个命令发出之后会出现一个视图符号，如图 4.21 所示。其中，①处表示创建新视图的位置，②处表示创建新视图的方向。

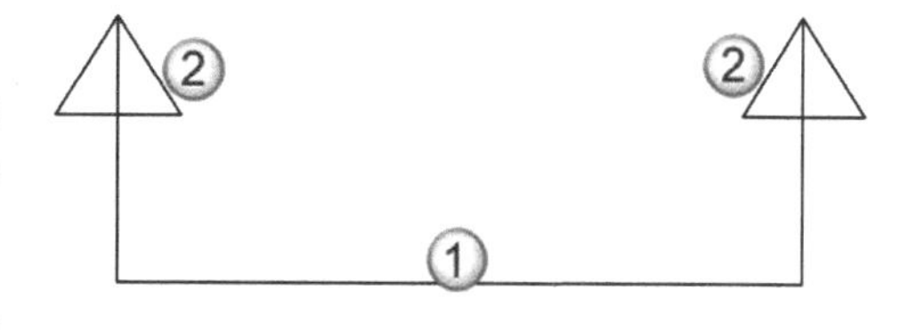

图 4.21　视图符号

（1）打开“贝士摩”模型，进入“数字轴立面详图-轴：1”视图，如图 4.22 所示。在“6号节点”向下约 1500mm 的垫板顶面处进行操作（具体位置可参看附录中的图纸）。按 Ctrl+F2 快捷键发出“用两点创建视图”命令，依次单击图中①、②两个点，可以看到其平面箭头方向是向上（图中③处）的。

（2）按 Enter 键重复上一次命令，再次发出“用两点创建视图”命令，依次单击图中②、①两个点，可以看到其平面箭头方向是向下的，如图 4.23（图中④处）所示。

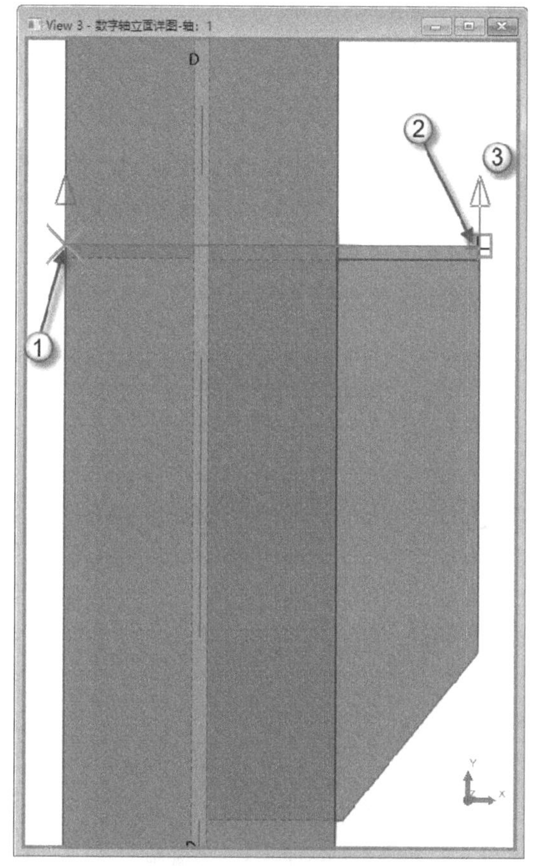

图 4.22　用两点创建视图 1

图 4.23　用两点创建视图 2

注意：在立面图中，平面由于正投影的关系，是一条直线，可以用两个点去确定（或者选择）这条直线。如果是从左向右的两个点，则确定的新平面方向向上；如果是从右向左的两个点，则确定的新平面方向向下。

（3）这样生成的视图是临时视图，其视图名称是带括号的。双击新生成视图的空白处，在弹出的图 4.24 所示的“视图属性”对话框中，选择“平面”模板文件（图中①处），单击“读取”按钮（图中②处），在“名称”栏中输入“垫板面”字样，再依次单击“修改”“确认”两个按钮完成操作。

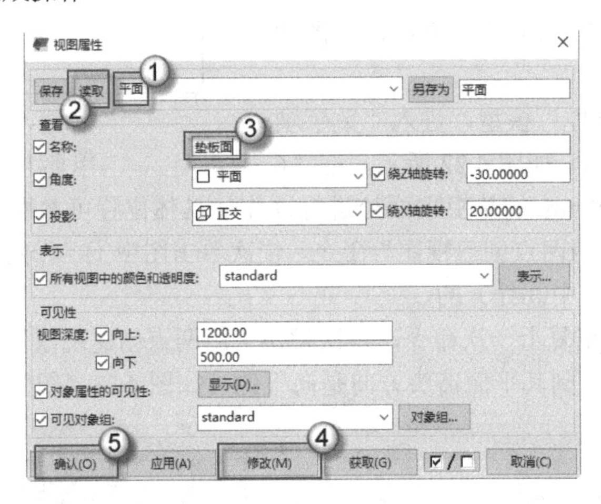

图 4.24　修改视图名称

（4）生成的新视图是平面视图。由于是在垫板顶面生成的视图，因此要通过“数字轴立面详图-轴：1”与“垫板面”两个视图来观察垫板，如图 4.25 所示。以判断新生成的“垫板面”视图是否正确。

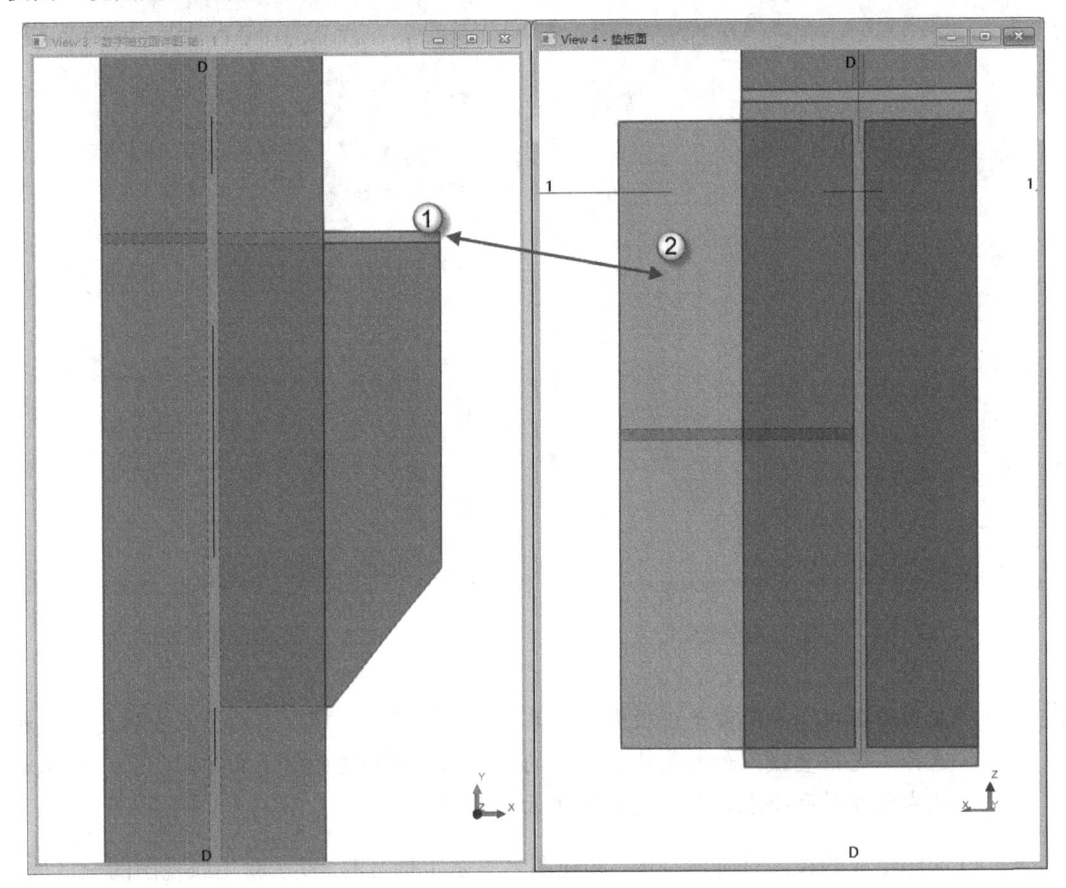

图 4.25　检查视图

4.2.4　通过三点创建视图

三点确定一个平面。一般在三维视图中，通过“用三点创建平面”命令来确定平面。同时还要使用前面介绍的右手定则来确定平面的方向（即 UCS 的 Z 轴向）。

（1）打开“贝士摩”模型，进入 3d 视图，找到“6 号节点”处（具体位置可参看附录中的图纸）。此处定义的 UCS 的原点、X 轴、Y 轴，如图 4.26 所示。下面用右手定则来判断 Z 轴的方向。请读者伸出右手，并且拇指、食指和中指相互呈 90° 角，拇指指向 X 轴，食指指向 Y 轴，则中指指向的方向就是 Z 轴。可以看到，Z 轴是向上的方向。

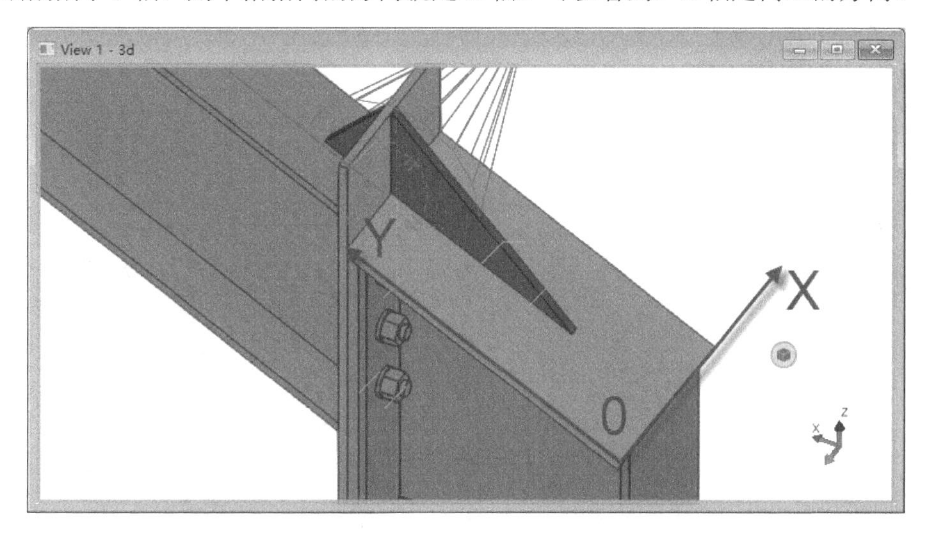

图 4.26　原点、X 轴、Y 轴

（2）按 Ctrl+F3 快捷键发出“用三点创建视图”命令，在图 4.27 所示的视图中，依次单击图中的①、②、③三个点。其中，①点是原点，①→②是 X 轴方向，②→③是 Y 轴方向。

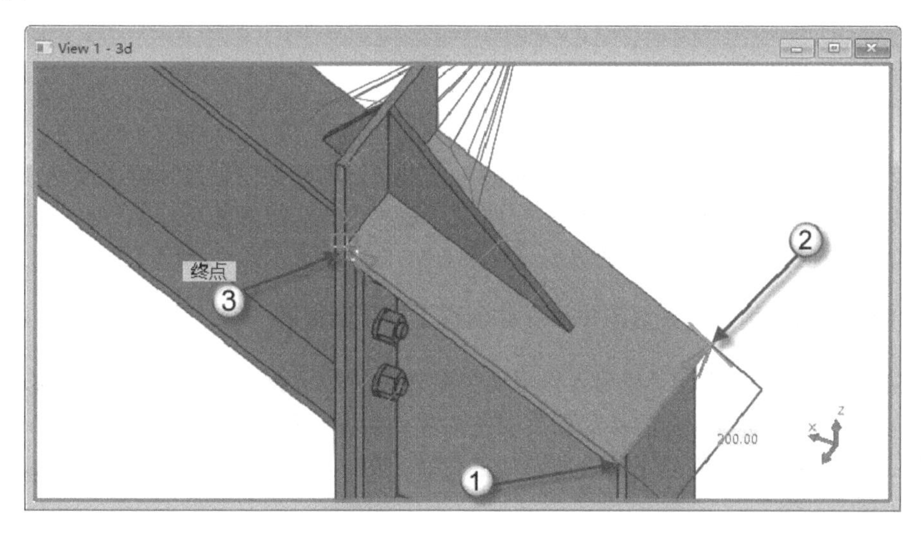

图 4.27　通过三点创建视图

（3）此时会自动生成一个临时视图，更改视图的名称为“斜顶”。由于其是在斜板顶面生成的，因此要通过 3d 与“斜顶”两个视图来观察斜板，以判断新生成的“斜板”视图是否正确，如图 4.28 所示。

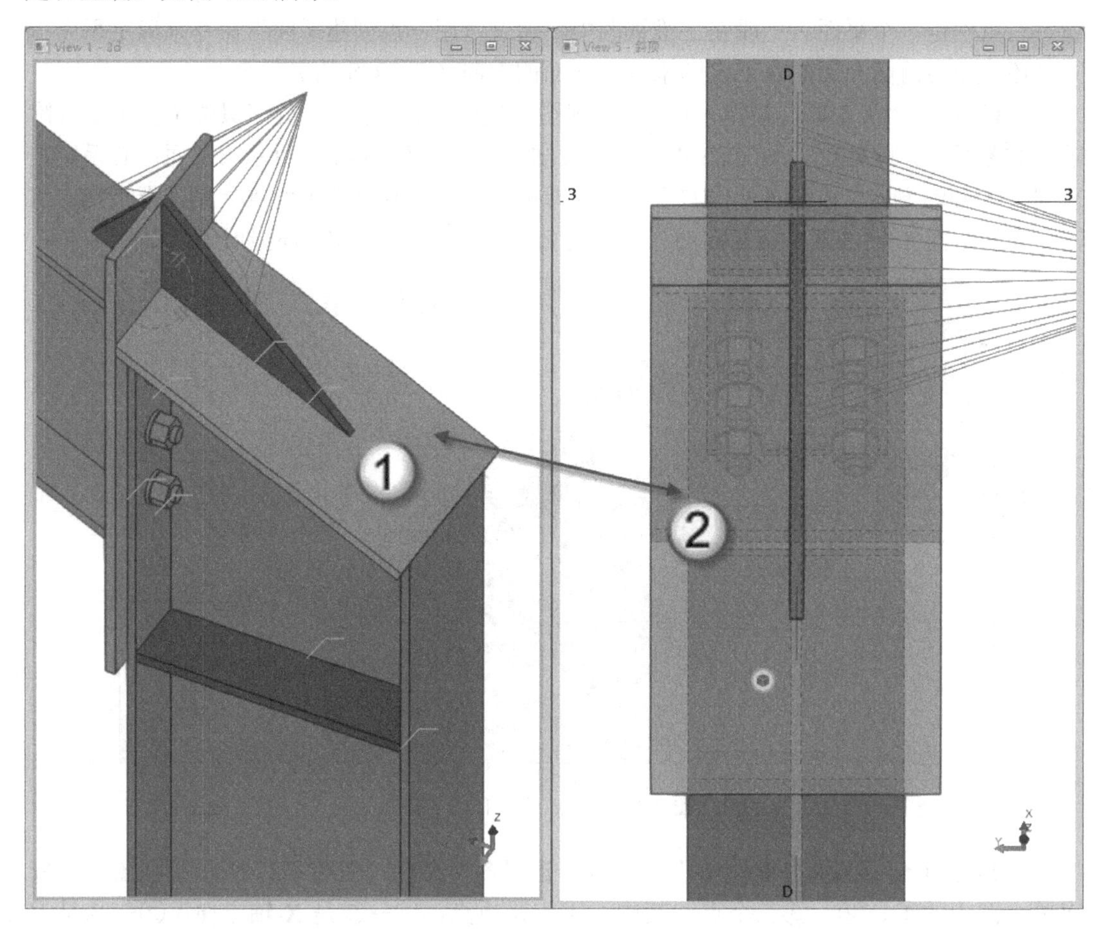

图 4.28　检查视图

4.2.5　在平面上创建视图

本节介绍的两种创建视图的方法更简单，可以在三维视图中直接指定平面从而创建这个平面相应的视图（可以不通过点确定平面）。这两种方法虽然简单，但容易出错，读者可根据自身情况选择相应的操作方法。

1．使用工作平面工具设置工作平面并创建工作平面视图

按 Shift+F2 快捷键发出“使用工作平面工具设置工作平面”命令，在场景中移动光标，可以看到 UCS 图标随着光标的移动而附着在对象的表面，如图 4.29 和图 4.30 所示。

当 UCS 图标准确附着到设计师所希望的位置上时，单击这个表面以确定 UCS 位置，如图 4.31 所示。

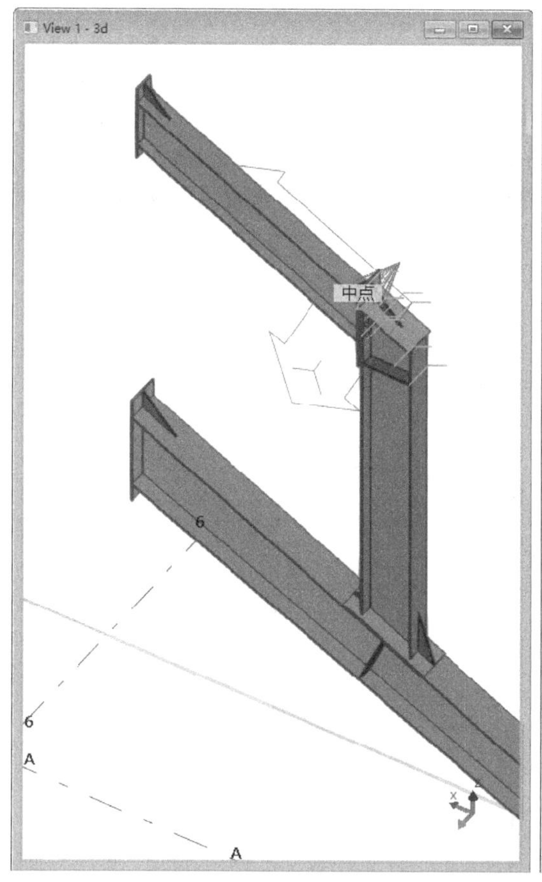

图 4.29　UCS 图标附着在表面上 1

图 4.30　UCS 图标附着在表面上 2

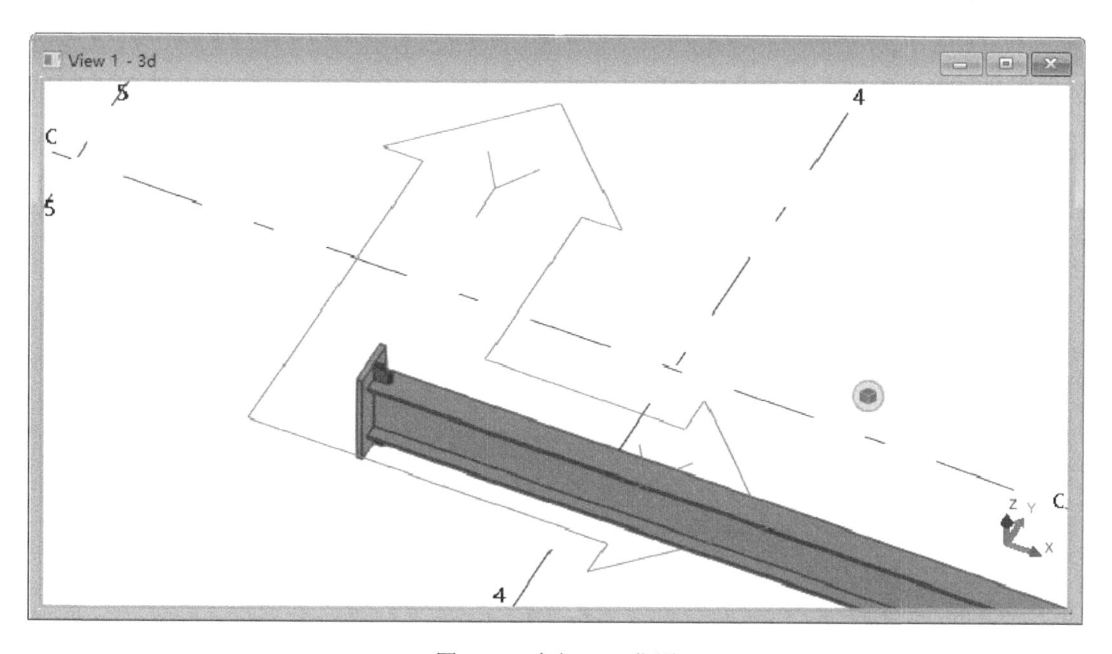

图 4.31　确定 UCS 位置

此时虽然确定了工作平面，但是没有生成视图。按 Shift+F3 键发出“创建工作平面视图”命令，会自动生成视图。这样生成的视图是临时视图，其视图名称是带括号的。双击新生成的视图的空白处，在弹出的图 4.32 所示的“视图属性”对话框中，选择“平面”模板文件（图中①处），单击“读取”按钮（图中②处），在“名称”栏中输入“连梁顶”字样，再依次单击“修改”“确认”两个按钮完成操作。完成后的“连梁顶”视图如图 4.33 所示。

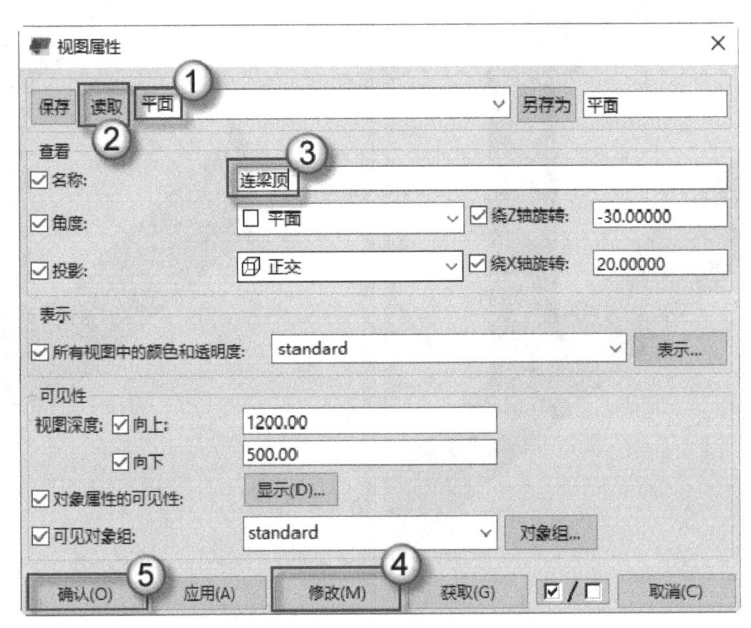

图 4.32 “视图属性”对话框

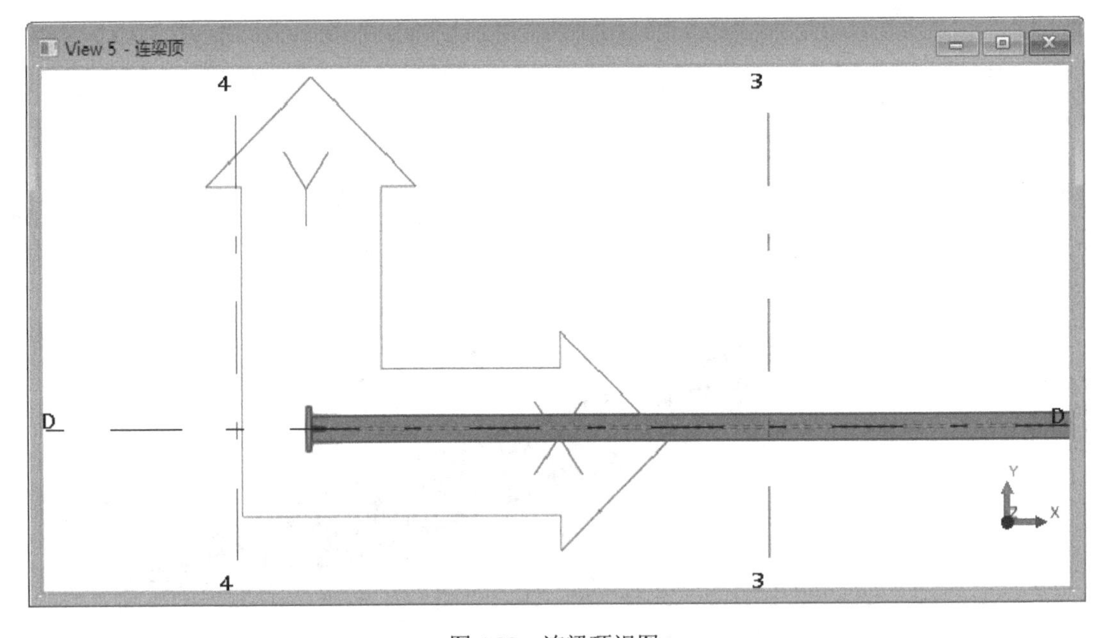

图 4.33 连梁顶视图

2. 在平面上创建视图

选择“视图”|“新视图”|“在平面上”命令，发出“在平面上创建视图”命令。在场景中移动光标，当光标附着到表面上时，这个表面会加亮显示，如图 4.34 和图 4.35 所示。

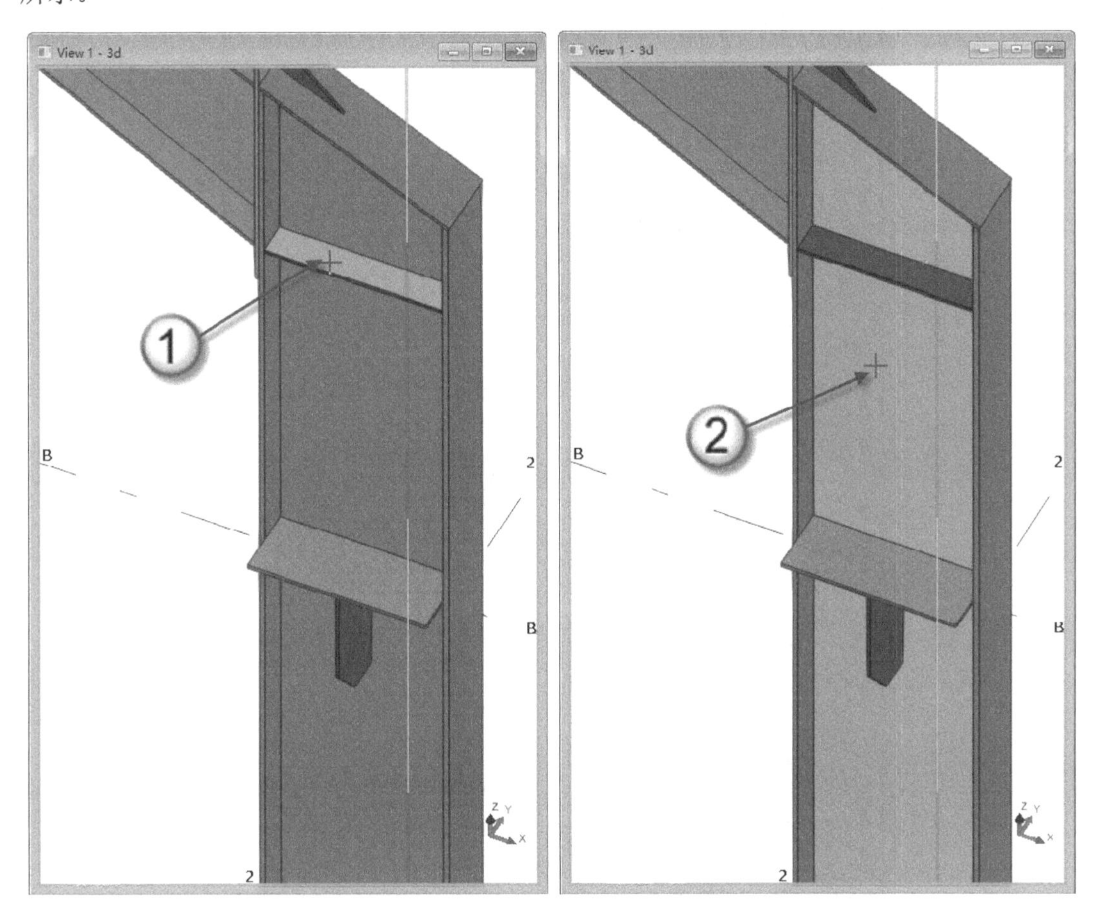

图 4.34　加亮显示平面 1　　　　图 4.35　加亮显示平面 2

如果需要在加亮的平面上创建视图，单击这个平面确认即可。注意，生成的视图平面仍然是临时视图，需要更改名字。

4.2.6　零件的默认视图

使用“零件的默认视图”命令，可以针对选择对象生成 4 个视图。通过这 4 个视图，可以对选择的对象进行进一步的准确操作。

如图 4.36 所示，右击加劲板（图中①处），在弹出的右键菜单中选择“创建视图”|“零件默认视图”命令。

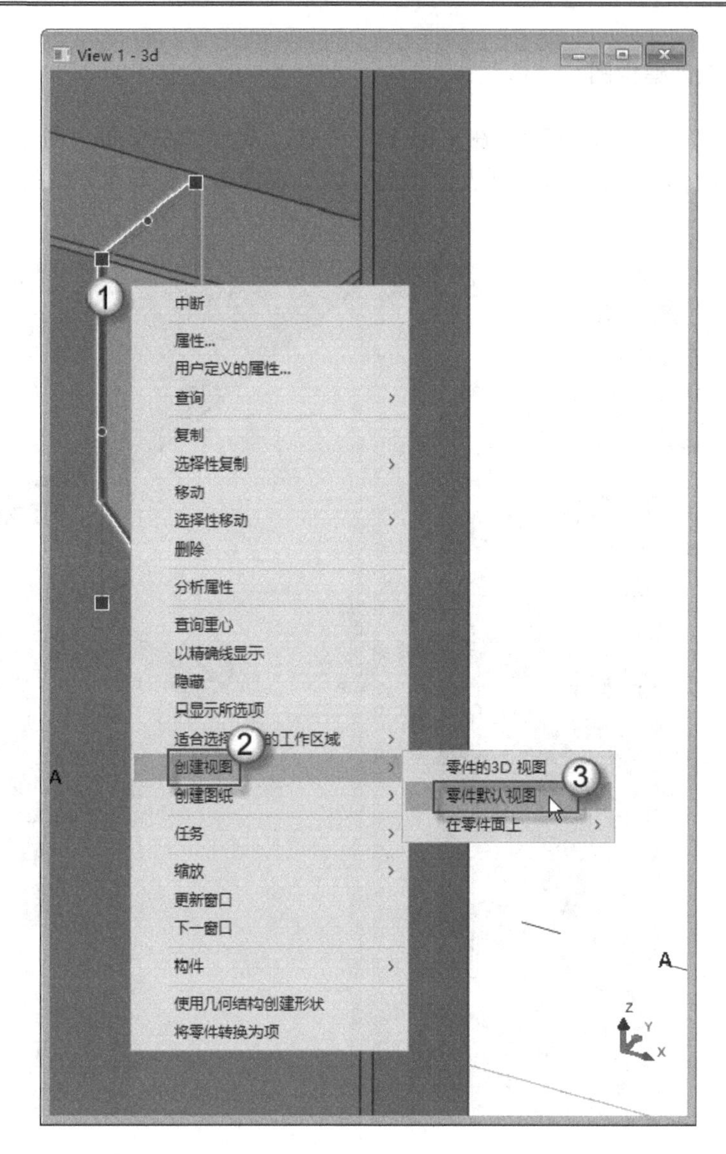

图 4.36　零件的默认视图

此时会弹出 4 个视图，如图 4.37 所示。图名见表 4.2 所示。注意，默认的图名皆是带括号的，是临时视图。如果需要转换成永久视图，则要更改图名。

表 4.2　零件的默认视图名称

序　　号	图　　名	中 文 翻 译
1	（part front view）	零件前视图
2	（part end view）	零件底视图
3	（part top view）	零件顶视图
4	（part perspective view）	零件透视图

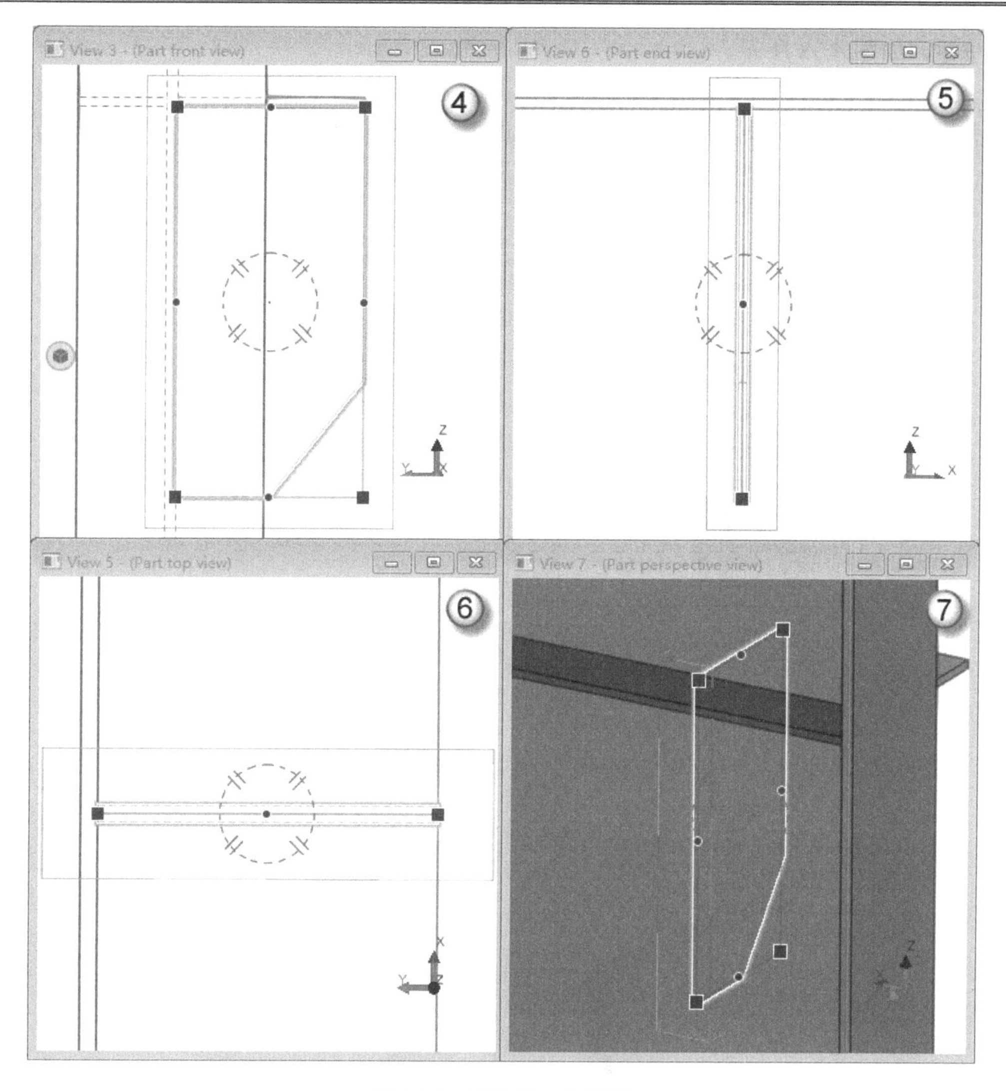

图 4.37　零件的 4 个视图

4.3　切 换 视 图

由于钢结构的复杂性，在使用 Tekla 建模时需要频繁地切换视图。找到正确的视图，是准确建模的基本要求。

4.3.1　平铺视图

平铺视图的好处就是在一个显示屏中可以显示多个视图，不用来回切换视图，可以提高绘图的效率。

（1）打开“贝士摩”的模型，按 Ctrl+I 快捷键发出“视图列表”命令，打开“视图”对话框。在“可见视图”栏中只保留“3d”“字母轴立面详图-轴：D”两个视图，单击“确认”按钮，如图 4.38 所示。

（2）选择“窗口”|“垂直平铺”命令，或者单按 T 快捷键，可以看到这两个视图以相等大小的形式垂直平铺在软件操作区域，如图 4.39 所示。其中①为 3d 视图，②为“字母轴立面详图-轴：D”视图。

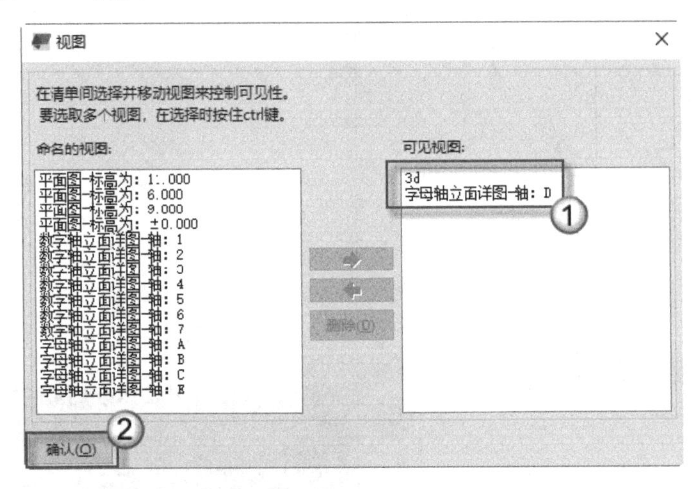

图 4.38　保留两个视图

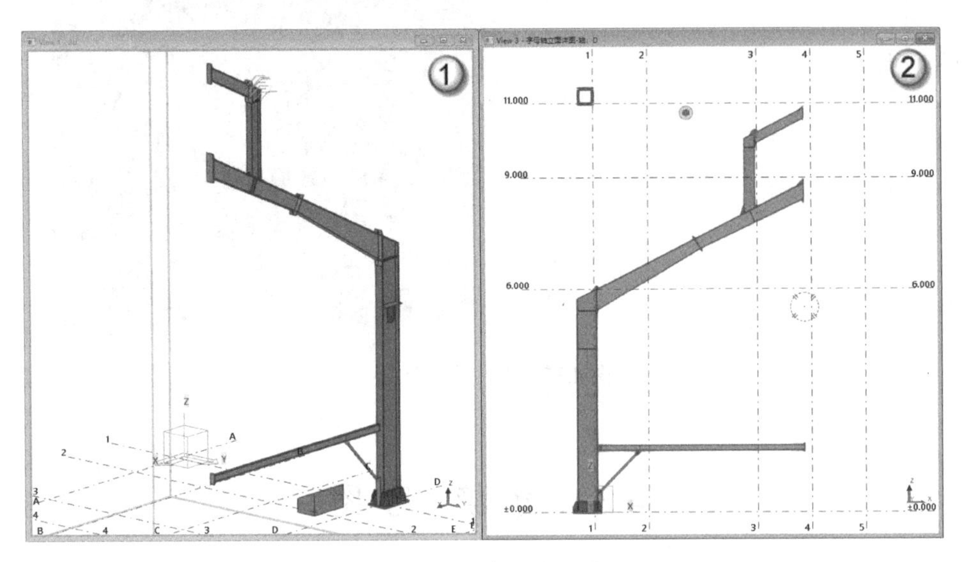

图 4.39　垂直平铺视图

（3）再按 Ctrl+I 快捷键发出“视图列表”命令，打开“视图”对话框，在“可见视图”栏中保留“3d”“字母轴立面详图-轴：D”“数字轴立面详图-轴：1”3 个视图，单击“确认”按钮，如图 4.40 所示。

（4）单击“窗口”|“垂直平铺”命令，或者单按 T 快捷键，可以看到这 3 个视图以相等大小的形式垂直平铺在软件操作区域，如图 4.41 所示。其中，①为“字母轴立面详图-轴：D”视图，②为“数字轴立面详图-轴：1”视图，③为 3d 视图。

注意：一般而言，16:9 的宽屏显示器用 3 个视图垂直平铺的形式比较合适。如果使用带鱼屏显示器，则可以将更多的视图进行平铺。

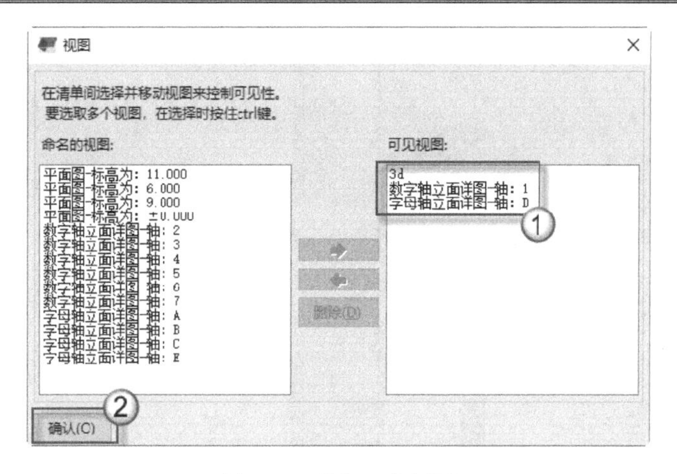

图 4.40　保留 3 个视图

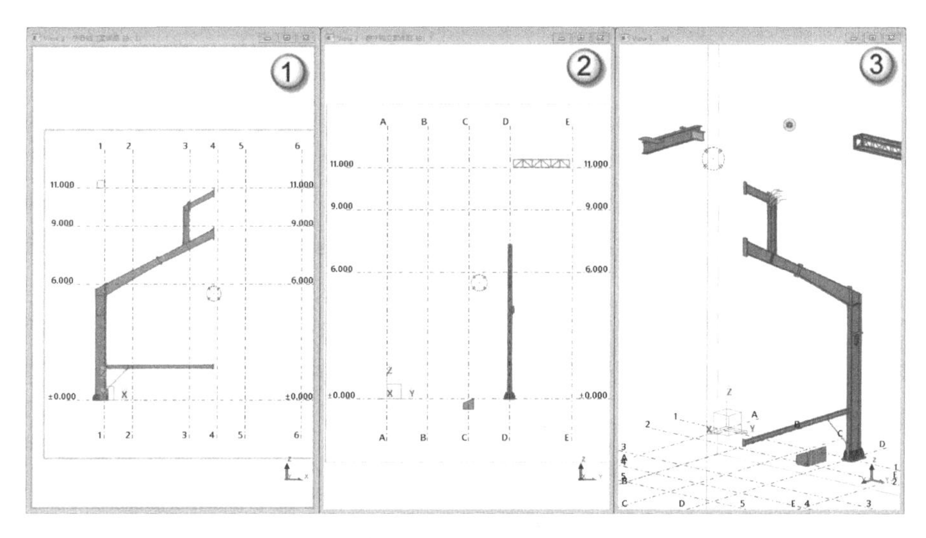

图 4.41　垂直平铺视图

4.3.2　切换三维/平面视图

“切换三维/平面视图”命令中的“三维视图”字样，不是特指图名为 3d 的视图，而是泛指一切三维立体视图。“切换三维/平面视图”命令中的“平面视图”字样，泛指平行投影关系的视图（包括平面视图与立面视图）。

三维视图的优点是可以从立体角度去观察模型，并且模型的显示效果更直观，因此三维视图常用于检查模型。平面视图的优点是可以精确绘图。

（1）打开 3d 视口的三维视图，如图 4.42 所示。按 Ctrl+P 快捷键切换到 3d 视口的平面视图，如图 4.43 所示。

（2）打开“字母轴立面详图-轴：D”视口的立面视图，这是平行投影关系的立面图，如图 4.44 所示。按住 Ctrl 键，再按住鼠标中键不放，转动视图，可以进入相应的三维视图中，即“字母轴立面详图-轴：D”视口三维视图，如图 4.45 所示。如果要返回到平面视图（即这个视口的平行投影关系的立面视图）中，可以按 Ctrl+P 快捷键。

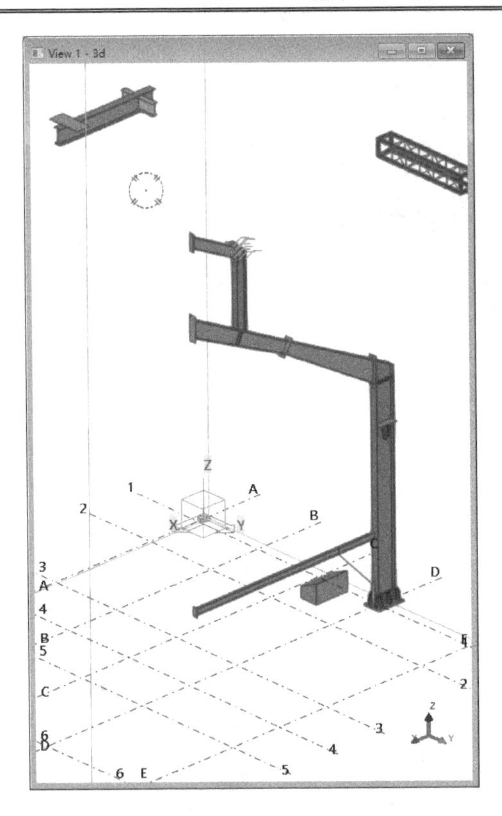

图 4.42　3d 视口的三维视图

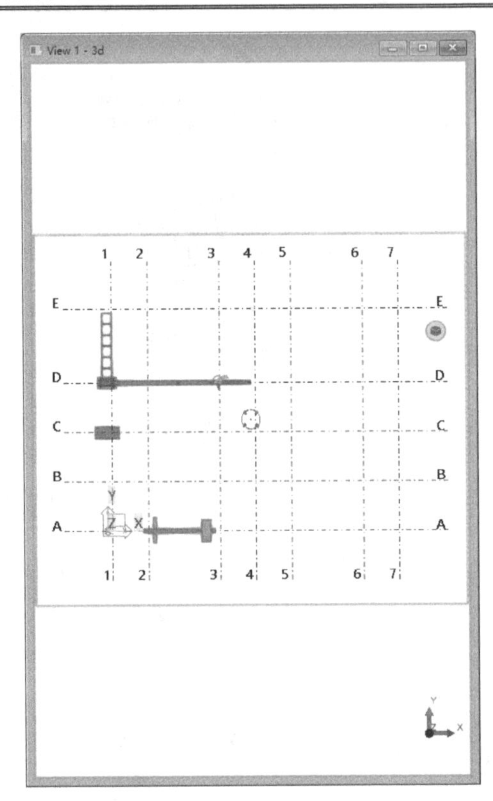

图 4.43　3d 视口的平面视图

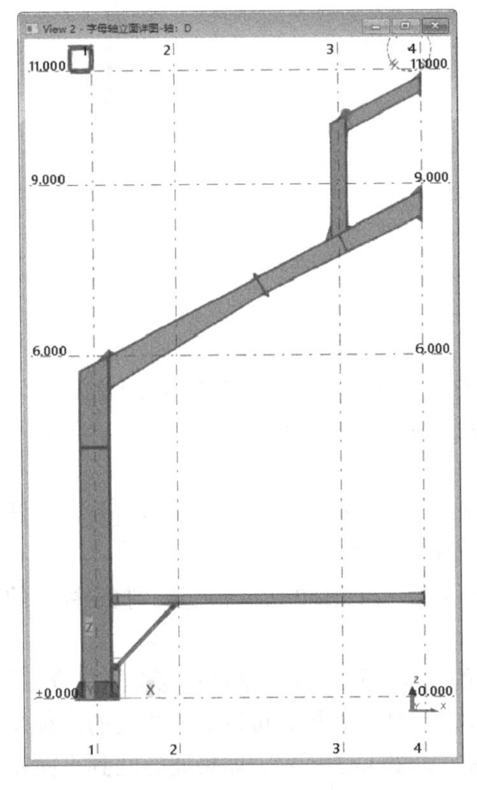

图 4.44　立面视口的立面视图

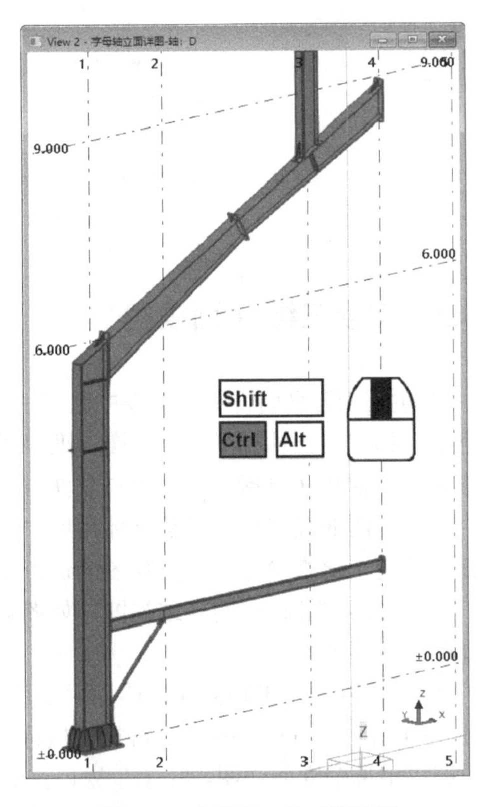

图 4.45　立面视口的三维视图

🔔**注意：**视口与视图的关系极容易混淆。两者的区别，可详见 1.1.3 节的相关内容。

4.3.3　临时视图与永久视图

如图 4.46 所示，在“视图属性”对话框的“名称”栏里，临时视图的图名是带括号的（图中①处），按 Ctrl+I 键，在弹出的“视图”对话框中，“命名的视图”栏（图中②处）中是没有临时视图的。临时视图关闭之后，是不能在“视图”对话框中恢复的。

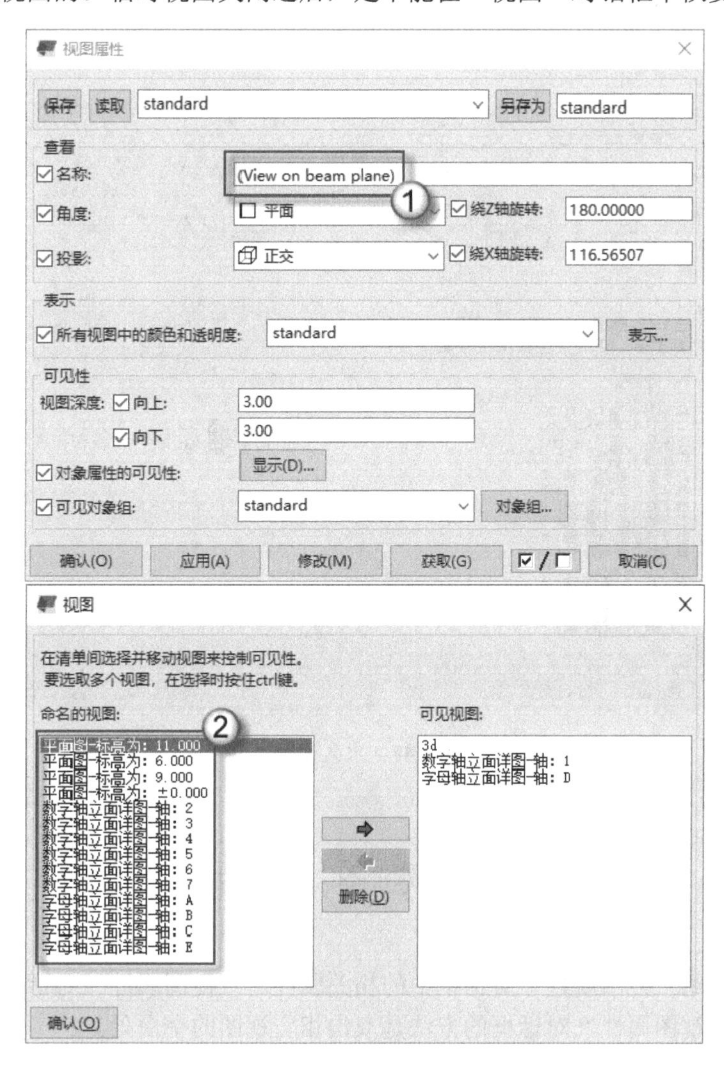

图 4.46　临时视图

要将临时视图改为永久视图，修改图名就可以了，关键是要将图名的括号去掉。如图 4.47 所示，在“视图属性”对话框的“名称”栏里，将图名改为“斜梁顶”（一定不能带括号），单击“修改”按钮。按 Ctrl+I 键，弹出“视图”对话框，在“命名的视图”栏中可以发现“斜梁顶”视图（图中③处）。

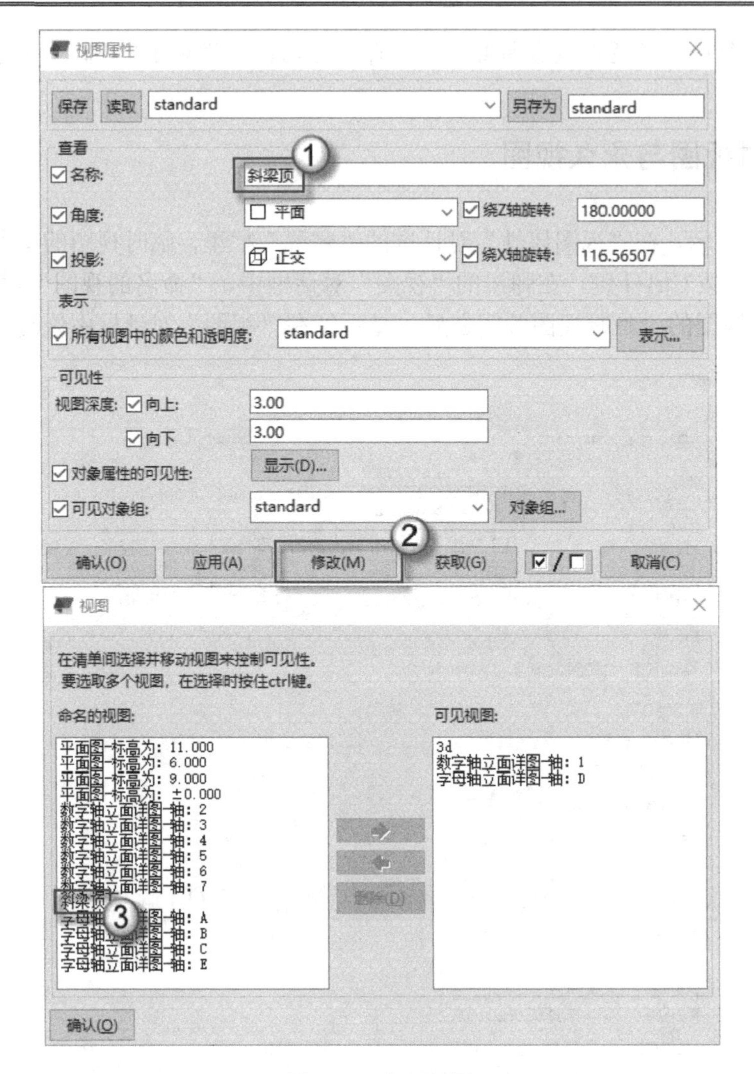

图 4.47　永久视图

4.4　视图属性

本节主要介绍“视图属性”对话框中的相关属性。“视图属性”对话框是对应每一个视图的，启动“视图属性”对话框的方法是双击相应视图的空白处。

4.4.1　透视图与轴测图

三维视图主要分为透视图与轴测图两类。二者的区别如表 4.3 所示。生成效果图时，一般选择透视图，因为其更符合人眼观看的习惯。默认情况下，Tekla 中的三维视图是轴测图。

表 4.3　透视图与轴测图的区别

类　　别	区　　别	图　　示
透视图	透视图有近大远小的消失关系	
轴测图	轴测图没有近大远小的消失关系，远近看着一样大	

打开 3d 视图，可以看到场景中的三维对象没有近大远小的消失关系，是轴测图。双击视图空白处，在弹出的“视图属性”对话框中，可以看到“投影”栏中的默认选项是“正交”，如图 4.48 所示。

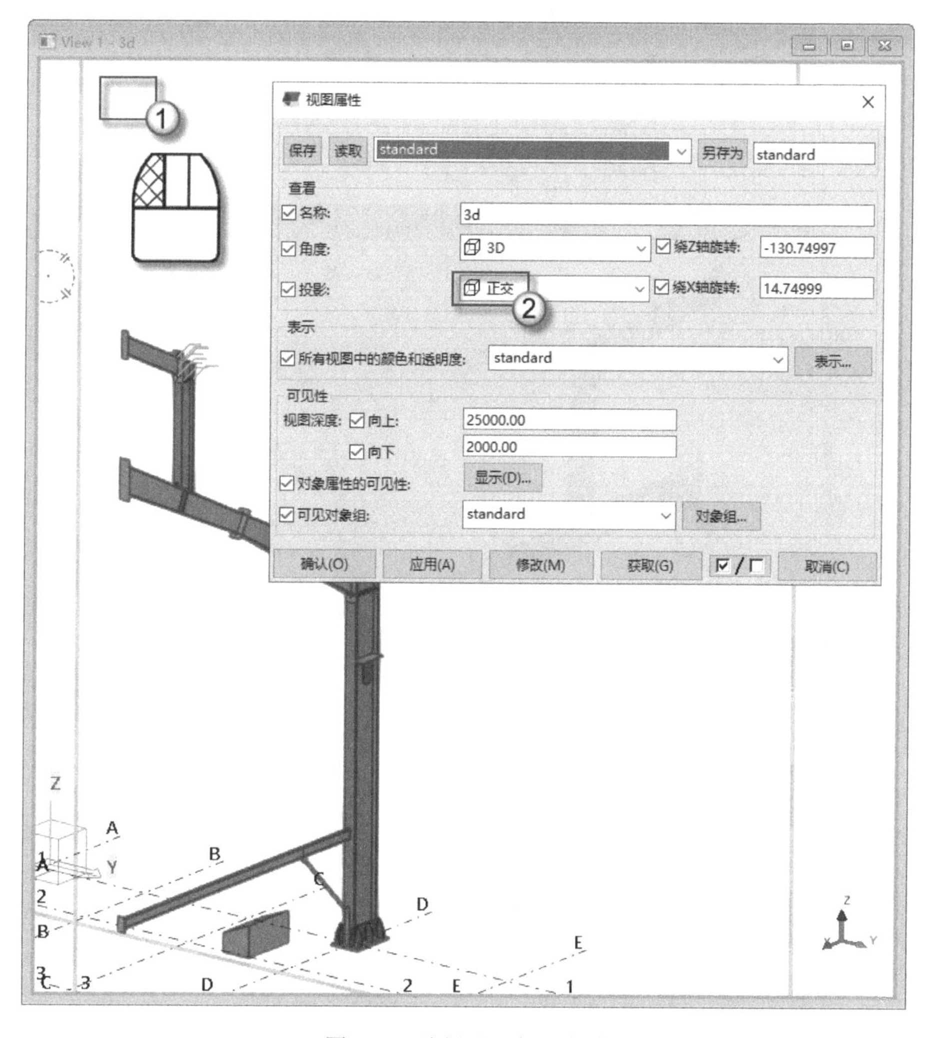

图 4.48　选择“正交”选项

将“投影”选项切换为“透视”，依次单击“修改”“确认”按钮完成操作，如图 4.49 所示。此时可以看到，场景中的三维对象有了近大远小的消失关系，视图变成了透视图，如图 4.50 所示。

注意：在设计过程中应选用没有近大远小的消失关系的轴测图。因为这种方式的视图计算更准确一些，可以避免出错。

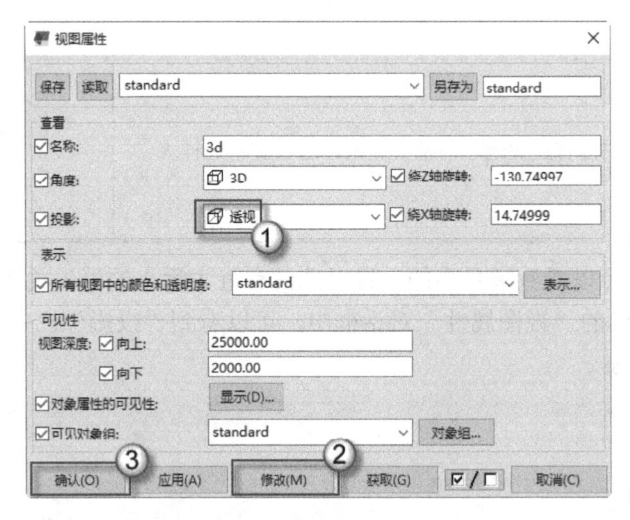

图 4.49　选择“透视”选项

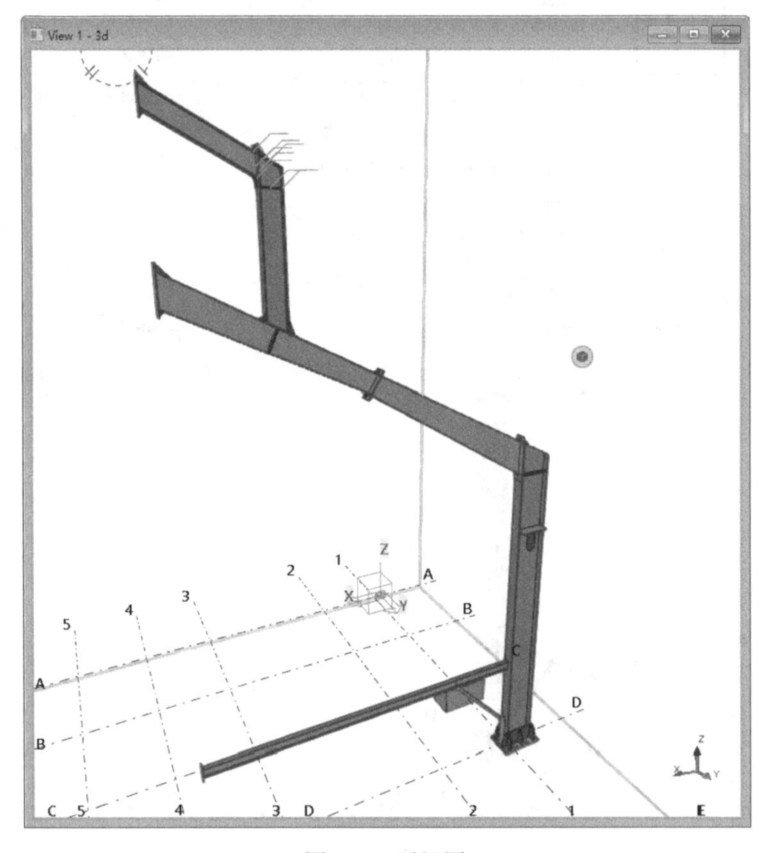

图 4.50　透视图

4.4.2　颜色与透明度

本节将介绍调整某个视图中所有对象的颜色与透明度的方法。

如图 4.51 所示，在“视图属性”对话框中单击“表示”按钮（图中①处），在弹出的“目标表示”对话框中，切换“颜色”为黑色（图中②处），将“透明度”设置为“70%透明”（图中③处），输入名称为“全黑且透明”（图中④处），单击“另存为”按钮（图中⑤处），单击“修改”按钮（图中⑥处），单击“确认”按钮（图中⑦处），再单击“确认”按钮（图中⑧处）完成操作，如图 4.51 所示。此时可以看到视图中所有对象的颜色皆是黑色，而且都呈透明状态，如图 4.52 所示。

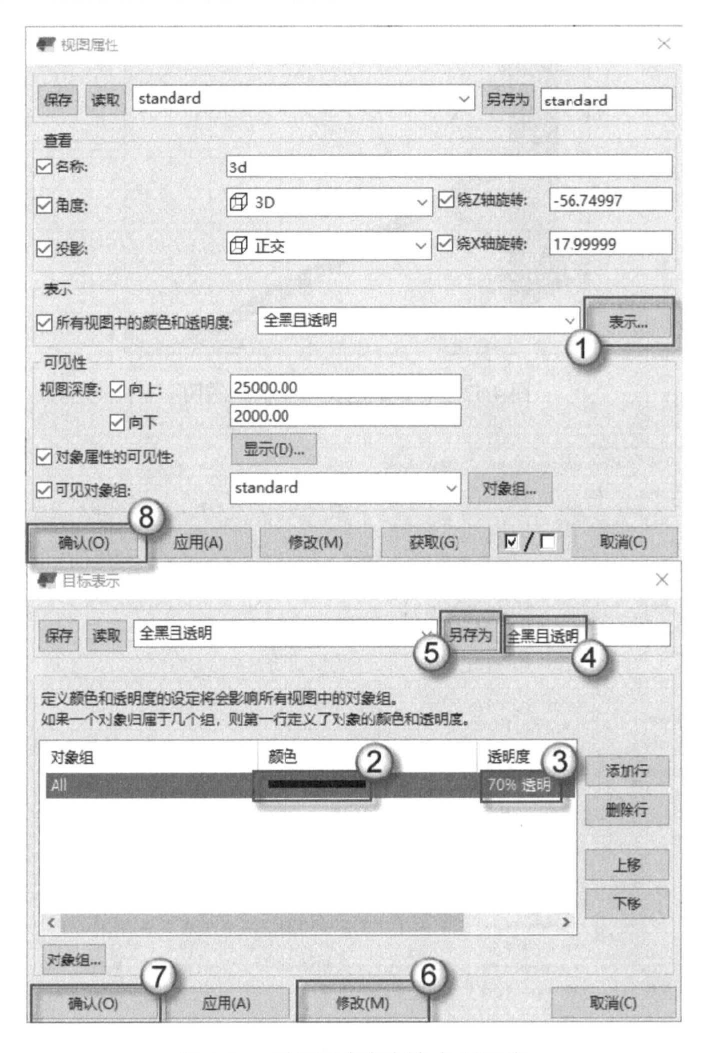

图 4.51　设置对象的颜色与透明度

在图 4.53 所示的窗口中，打开“C：\TeklaStructuresModels\贝士摩\attributes”目录（图中①处），可以看到有一个“全黑且透明.rep”文件（图中②处）。如果以后其他项目需要这样的设置，可以将这个文件复制到相对应的文件夹中即可。

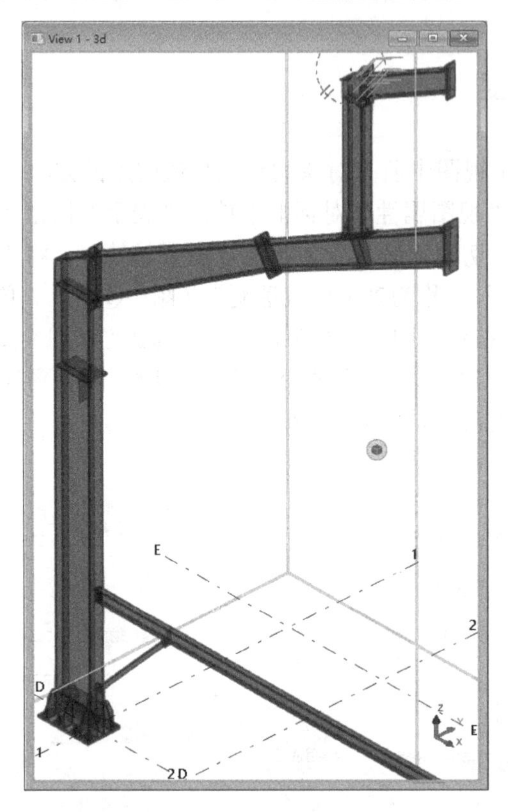

图 4.52　对象颜色变为全黑且透明

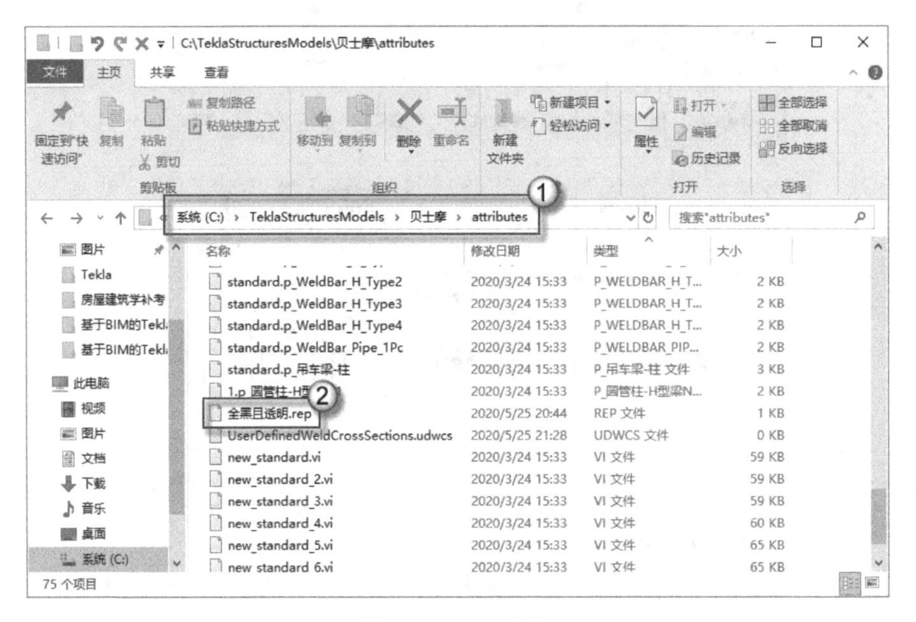

图 4.53　REP 文件

4.4.3　可见性

打开“视图属性”对话框，如图 4.54 所示。在“所有视图中的颜色和透明度”栏中选择 standard 选项，单击“修改”按钮，再单击“显示”按钮，此时会弹出“显示”对话框（图中④处）。本节的可见性操作全部在这个“显示”对话框中完成。

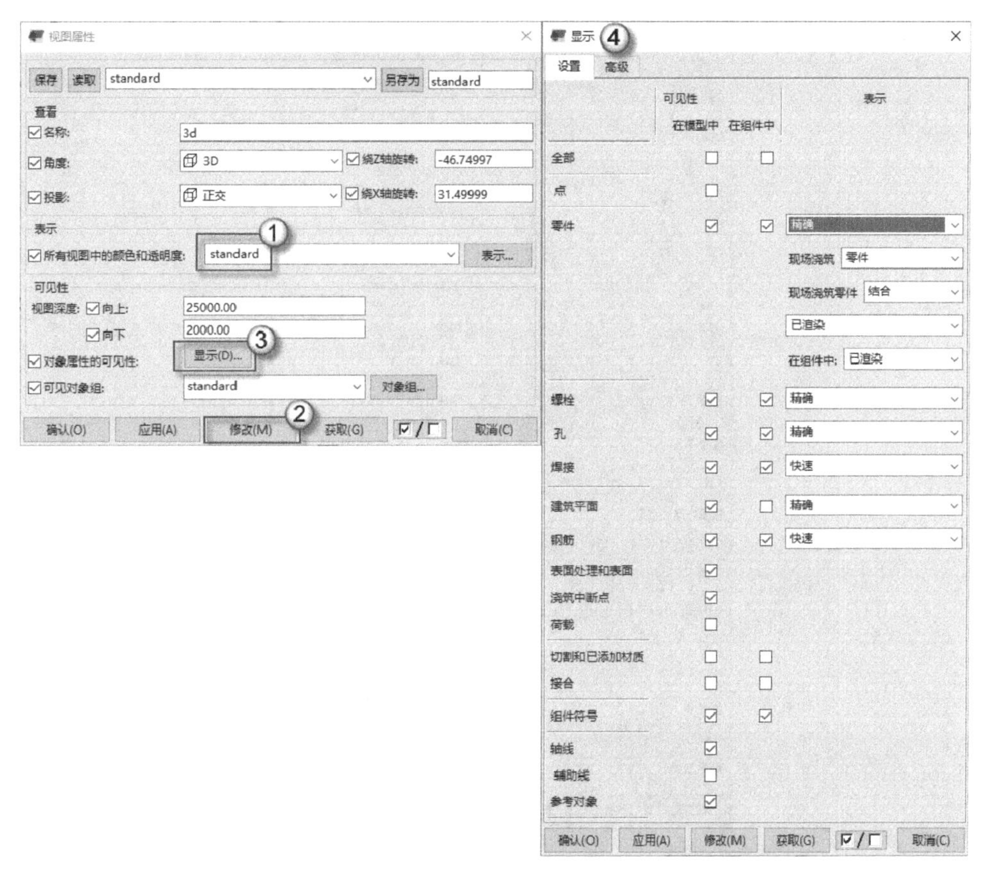

图 4.54　设置视图属性

（1）去掉焊缝。打开 3d 视图，可以看到 1 号节点处有一些焊缝（1 号节点的具体位置参见附录中的图纸），如图 4.55 所示。在图 4.56 所示的“显示”对话框中，去掉“在模型中”列“焊接”复选框的勾选（图中①处），依次单击“修改”“确认”按钮。再次查看 3d 视图，发现 1 号节点处的焊缝消失了，如图 4.57 所示。

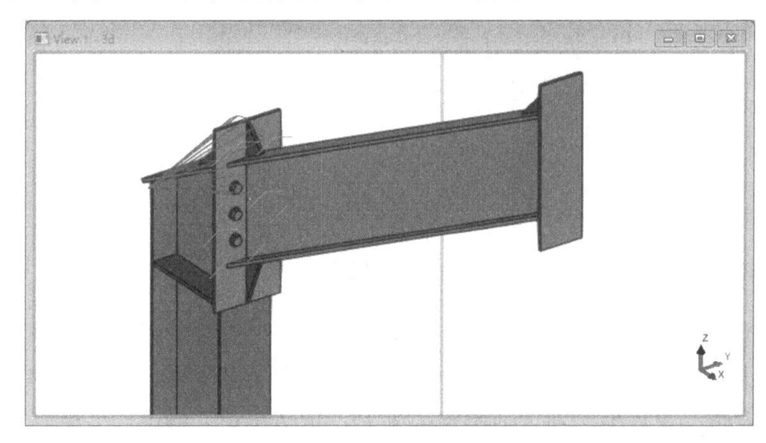

图 4.55　有焊缝的节点

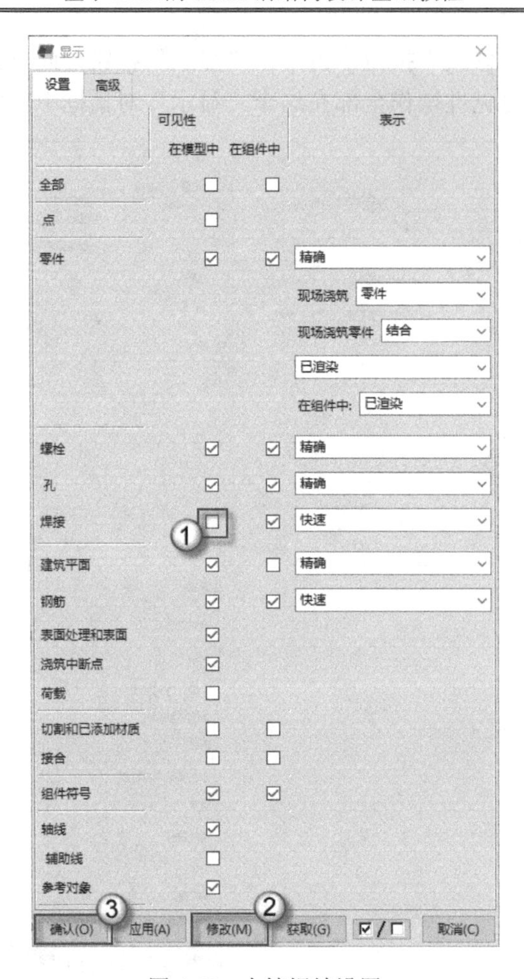

图 4.56　去掉焊缝设置

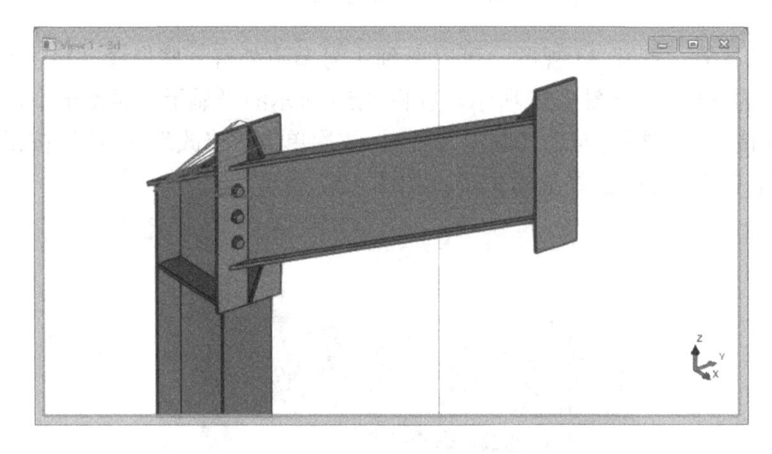

图 4.57　焊缝消失

（2）去掉辅助线。打开“平面图-标高为：11.000”视图，可以看到平面视图中有一根辅助线（箭头所指处），如图 4.58 所示。在图 4.59 所示的“显示”对话框中，去掉“在模型中”列“焊接”复选框的勾选（图中①处），依次单击“修改”“确认”按钮。再次查看视图，发现辅助线全部消失了，如图 4.60 所示。

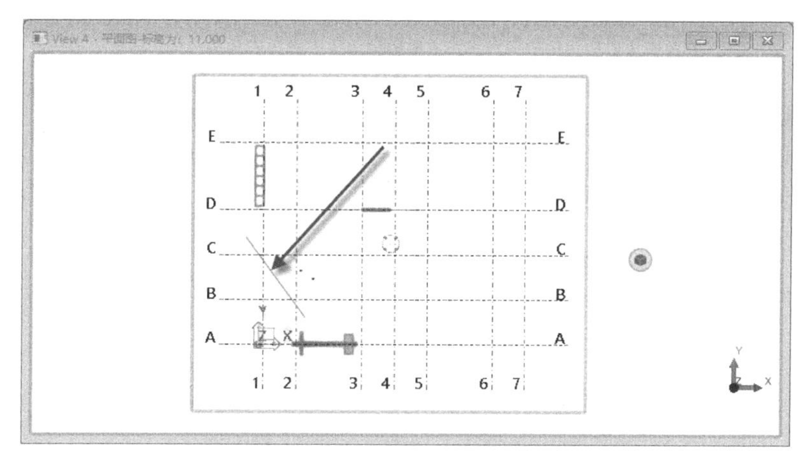

图 4.58　打开平面图

显示

设置　高级

	可见性 在模型中	在组件中	表示
全部	☐	☐	
点	☑		
零件	☑	☑	精确 现场浇筑 零件 现场浇筑零件 结合 阴影线框 在组件中: 阴影线框
螺栓	☑	☑	精确
孔	☑	☑	精确
焊接	☐	☐	快速
建筑平面	☑	☐	精确
钢筋	☑	☑	快速
表面处理和表面	☑		
浇筑中断点	☑		
荷载	☐		
切割和已添加材质	☐	☐	
接合	☐	☐	
组件符号	☑	☑	
轴线	☑		
辅助线	☐ ①		
参考对象	☑		

确认(O) ③　应用(A)　修改(M) ②　获取(G)　☑/☐　取消(C)

图 4.59　取消辅助线设置

注意：本节中去掉焊缝和辅助线的操作，都只针对当前视图。换句话说，从哪个视图启动“视图属性”对话框，就只修改那个视图。

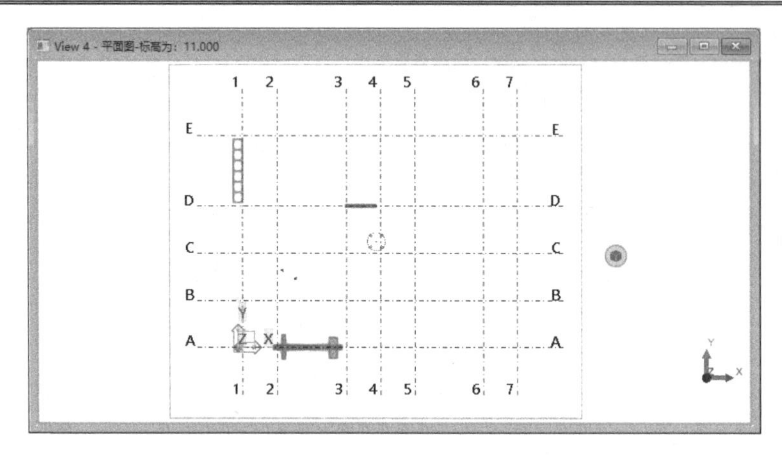

图 4.60　辅助线消失

4.4.4　对象组

在图 4.61 所示的“视图属性”对话框中，单击“对象组”按钮（图中①处），弹出“对象组-显示过滤”对话框（图中②处）。本节的主要操作皆在这个“对象组-显示过滤”对话框中进行。

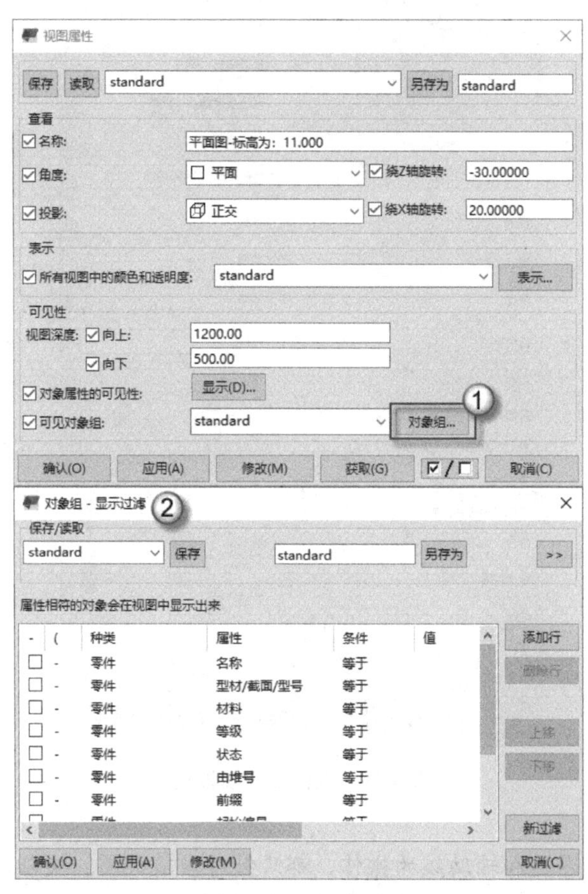

图 4.61　“对象组-显示过滤”对话框

（1）只显示 H 型钢。在图 4.62 所示的“对象组-显示过滤”对话框中，设置“种类”为“零件”，“属性”为“型材\截面\型号”，“条件”为“包括”，“值”为 H（图中①处），勾选这一行前面的复选框（图中②处），输入名称为“H 型钢”（图中③处），单击“另存为”按钮（图中④处），再单击“修改”按钮（图中⑤处）。在“视图属性”对话框中，将“可见对象组”栏切换为“H 型钢”选项（图中⑥处），单击“修改”按钮（图中⑦处）完成操作。可以看到在当前视图中只剩下截面为 H 型的钢构件了，如图 4.63 所示。

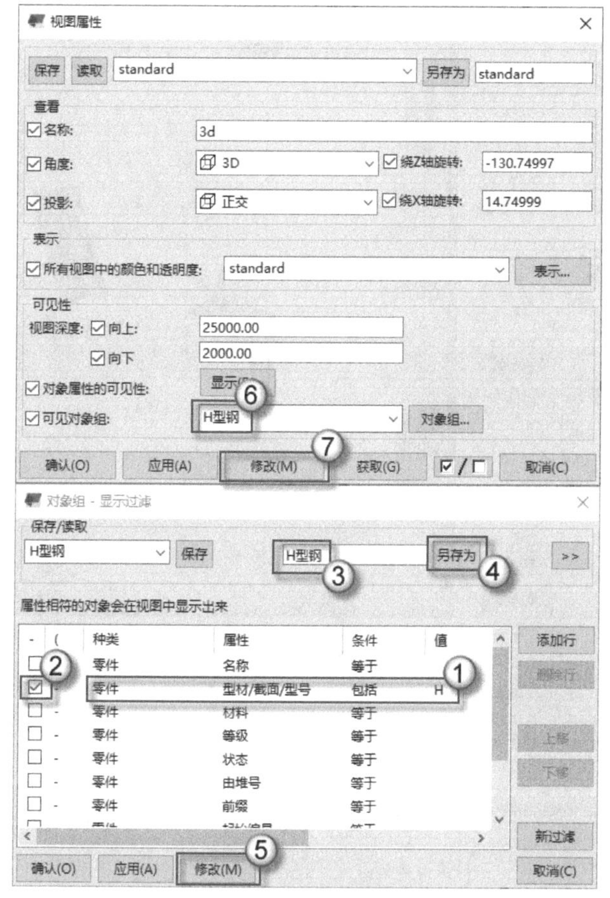

图 4.62　设置参数

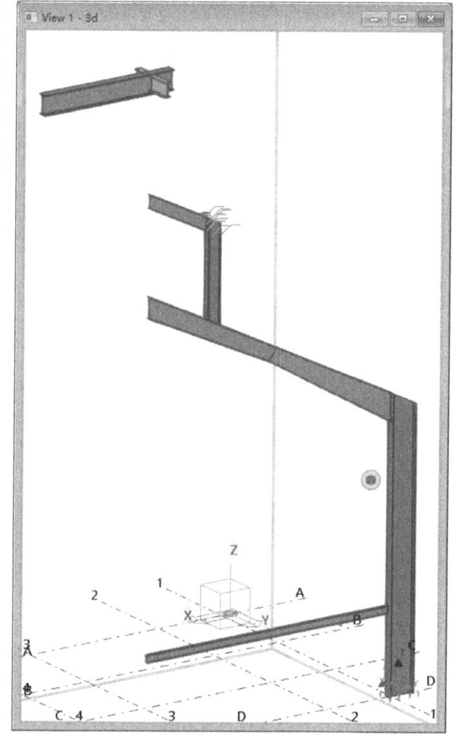

图 4.63　只剩下 H 型钢构件

（2）只显示各类板。如图 4.64 所示，在“对象组-显示过滤”对话框中，设置“种类”为“零件”，“属性”为“名称”，“条件”为“包括”，“值”为“板”（图中①处），勾选这一行前面的复选框（图中②处），输入名称为“各类板”（图中③处），单击“另存为”按钮（图中④处），再单击“修改”按钮（图中⑤处）。在“视图属性”对话框中，将“可见对象组”栏切换为“各类板”选项（图中⑥处），单击“修改”按钮（图中⑦处）完成操作。可以看到在当前视图中只剩下板构件了，如图 4.65 所示。

（3）VObjGrp 文件。在图 4.66 所示的窗口中，打开“C：\TeklaStructuresModels\贝士摩\attributes”目录（图中①处），可以看到有“H 型钢”和“各类板”两个 VObjGrp 文件（图中②处）。如果以后其他项目需要这样的设置，可以将这个文件复制到对应的文件夹中即可。

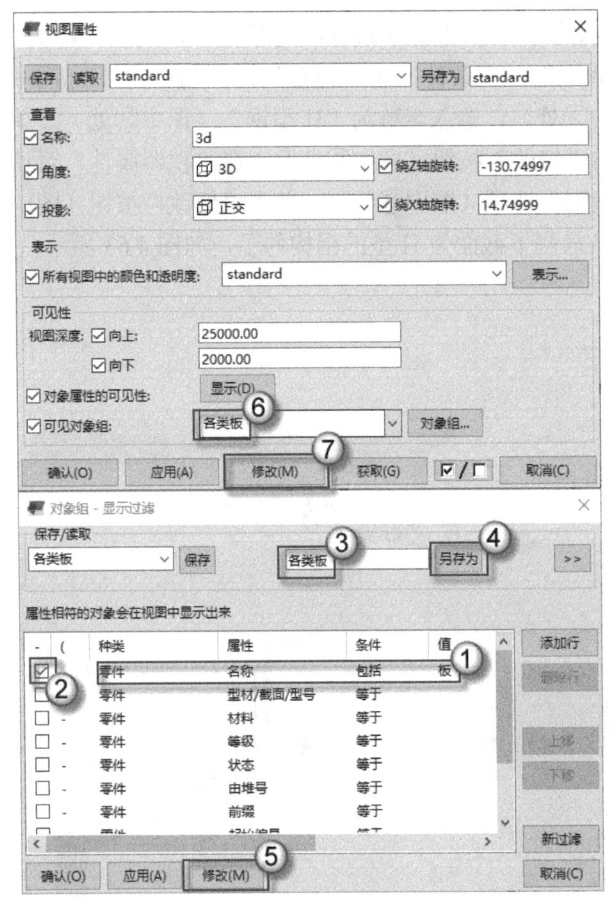

图 4.64　设置参数

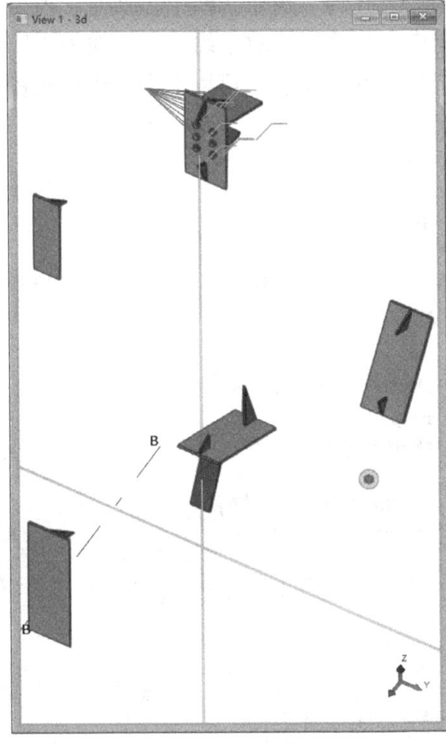

图 4.65　只剩下板构件

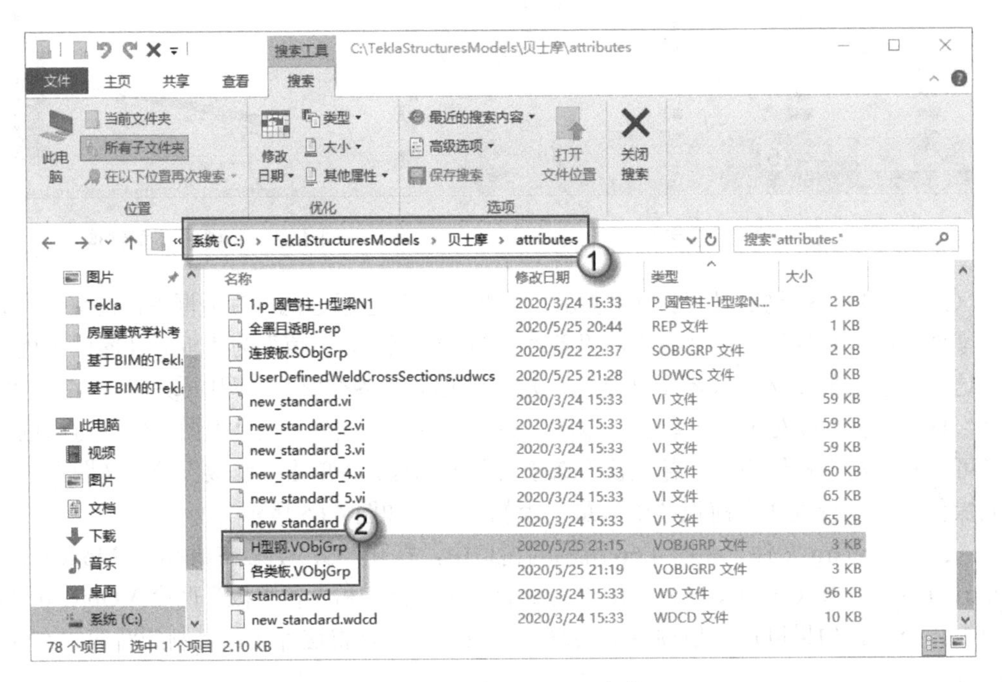

图 4.66　两个 VObjGrp 文件

4.5　视图的调整

本节将介绍针对视图的一些调整操作，如缩放、平移、旋转和渲染等。虽然是一些小命令，但是可以加快绘图速度。另外，能用快捷键的命令，建议使用快捷键。

4.5.1　缩放与平移

设计师可以使用各种工具在模型中对视图进行放大和缩小。默认情况下，屏幕光标的位置决定缩放的中心点。具体情况如表 4.4 所示。

表 4.4　缩放工具一览表

序　号	目　的	操 作 方 法	快 捷 键
1	缩小	向下滚动鼠标	Page Down
2	放大	向上滚动鼠标	Page Up
3	缩放所选对象	选择对象，选择“视图”|“缩放”|“缩放选定项”命令	Shift+F4
4	恢复原始尺寸	选择“视图”|“缩放”|“缩放原图”命令	Home
5	缩放前一个对象	选择“视图”|“缩放”|“缩放前一个”命令	End
6	用鼠标确定中心	/	Insert

如果想定义缩放比例，按 Ctrl+E 快捷键，在弹出的“高级选项”对话框中，选择“模型视图”选项卡，如图 4.67 所示，调整 XS_ZOOM_STEP_RATIO、XS_ZOOM_STEP_RATIO_IN_MOUSEWHEEL_MODE 和 XS_ZOOM_STEP_RATIO_IN_SCROLL_MODE 这 3 处的数值。由于鼠标的类型不一样，这三处的数值读者需要自行调整。

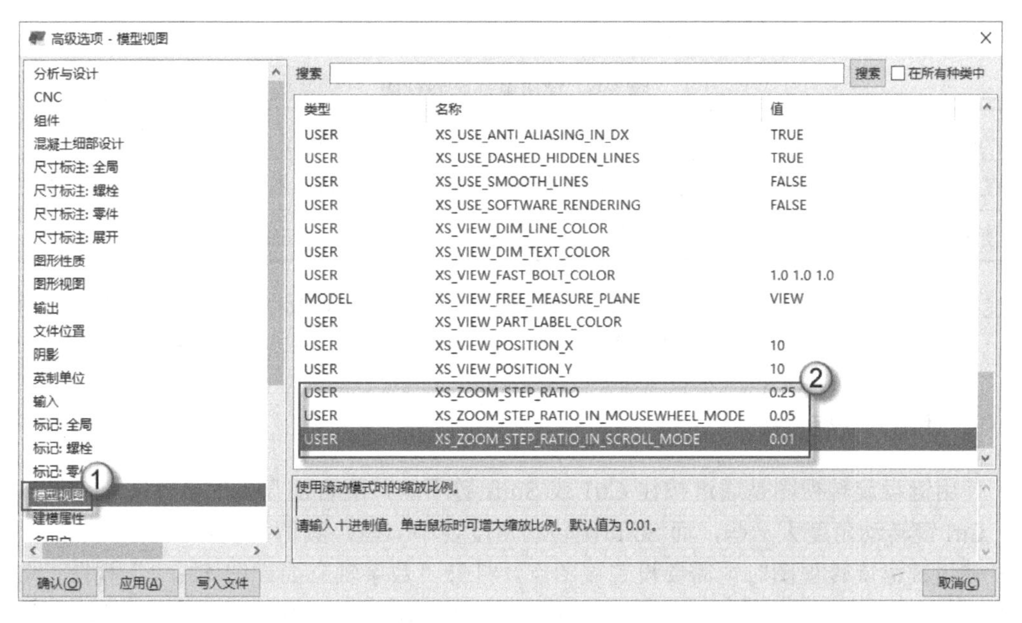

图 4.67　缩放比例

使用鼠标平移视图有使用鼠标中键或使用鼠标左键两种方法，具体见表 4.5 所示。平移视图是 Tekla 中最频繁的操作之一，因此建议读者尽量使用鼠标来完成，不要使用键盘。因为使用键盘会影响平移视图的速度，降低绘图效率。

表 4.5　鼠标平移视图

目　　的	操 作 方 法	备　　注
使用鼠标中键平移视图	按住鼠标中键不放，拖动视图	Shift+M是“切换中键平移”的快捷键
使用鼠标左键平移视图	单按P快捷键，光标变为手形状后，拖动视图	

4.5.2　旋转视图

本节介绍旋转视图的方法，主要有使用鼠标与使用键盘两种。

1．设置视图点

单按 V 键，单击需要设置视图点（就是旋转的中心基点）的位置，屏幕中会出现如图 4.68 所示的图标，这个图标就是旋转时的基点。

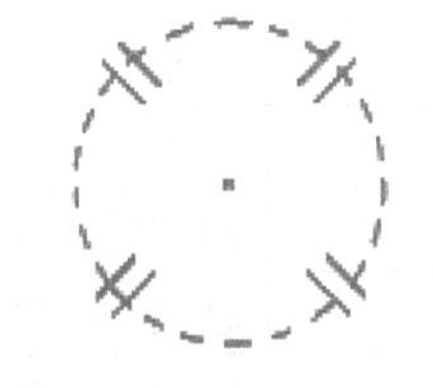

图 4.68　设置视图点

注意：如果不设置视图点或者忘记设置视图点了，那么在旋转视图时可能一旋转模型就不见了。这是因为视图点不在模型处，导致旋转时转到其他空白位置了。此时如果要显示视图，按键盘的 Home 键即可。

2．使用鼠标旋转视图

使用鼠标旋转视图有使用鼠标中键或使用鼠标左键两种方法，见表 4.6 所示。

表 4.6　使用鼠标旋转视图

目　　的	操 作 步 骤
使用鼠标中键旋转	单按V快捷键，设置视图点，按住Ctrl键不放，然后使用鼠标中键拖动视图
使用鼠标左键旋转	按Ctrl+R快捷键，选择视图点，然后使用鼠标左键拖动视图

注意：同时按住 Ctrl 与 Shift 键不放，然后使用鼠标中键拖动视图或旋转视图，这种操作方法可以不用设置视图点，软件会自动以光标中心为视图点进行旋转。

3．使用键盘旋转视图

使用键盘旋转视图是通过按住 Ctrl 或 Shift 键不放，配合键盘上的 4 个方向键来实现的。Ctrl 键转动角度大一些，而 Shift 键转动角度要小一些，具体见表 4.7 所示。

使用键盘旋转视图时也需要设置视图点。打开“数字轴立面详图-轴：1”视图，如图 4.69 所示。按 Shift+Z 键，将 UCS 设置到当前视图上，单按 V 快捷键发出“设置视图点”命令，单击 C 轴与 6.000 平面交点（图中①处），可以看到视图点符号已经在上面了，如

图 4.69 所示。

表 4.7　使用键盘旋转视图

快捷键操作	步 骤 目 的	
	3d视图	立面视图与平面视图
Ctrl+→或←	绕着穿过视图点的Z轴旋转±15°	绕着穿过视图点的垂直轴旋转±15°
Shift+→或←	绕着穿过视图点的Z轴旋转±5°	绕着穿过视图点的垂直轴旋转±5°
Ctrl+↑或↓	绕着穿过视图点的X轴旋转±15°	绕着穿过视图点的水平轴旋转±15°
Shift+↑或↓	绕着穿过视图点的X轴旋转±5°	绕着穿过视图点的水平轴旋转±5°

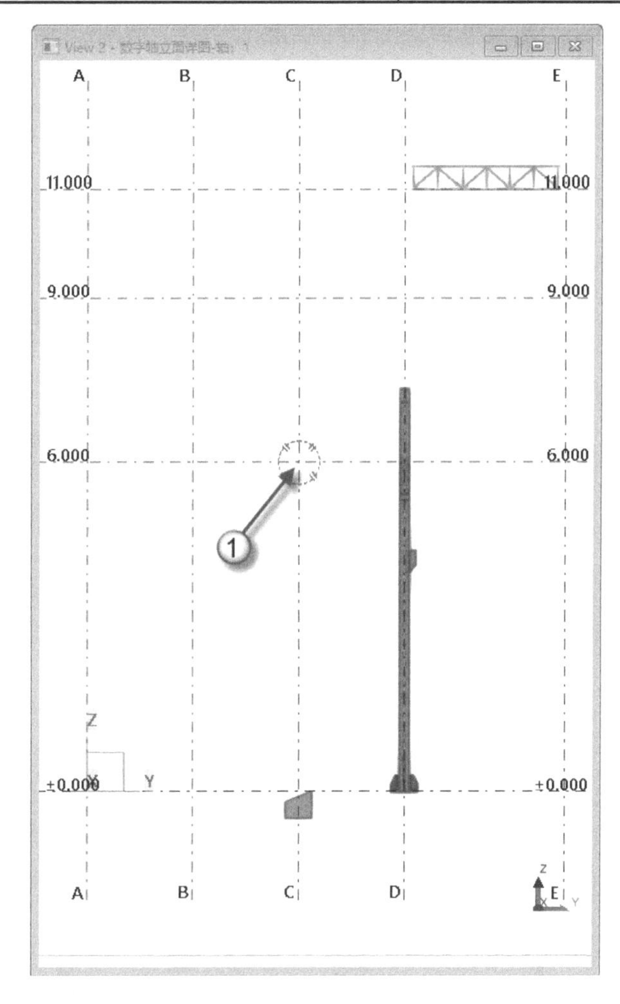

图 4.69　设置视图点

按 Ctrl+→快捷键，视图将会以穿过视图点的垂直轴（图 4.70 中②处）为旋转轴旋转 15°。再按 Ctrl+→快捷键，视图将再旋转 15°，如图 4.71 所示。Shift+→快捷键与这个操作类似，但是旋转的角度小一些，是 5°，此处不再赘述。

按 Ctrl+↑快捷键，视图将会以穿过视图点的水平轴（图 4.72 中③处）为旋转轴旋转 15°。再按 Ctrl+↑快捷键，视图将再旋转 15°，如图 4.73 所示。Shift+↑快捷键与这个操作类似，但是旋转的角度小一些，是 5°，此处不再赘述。

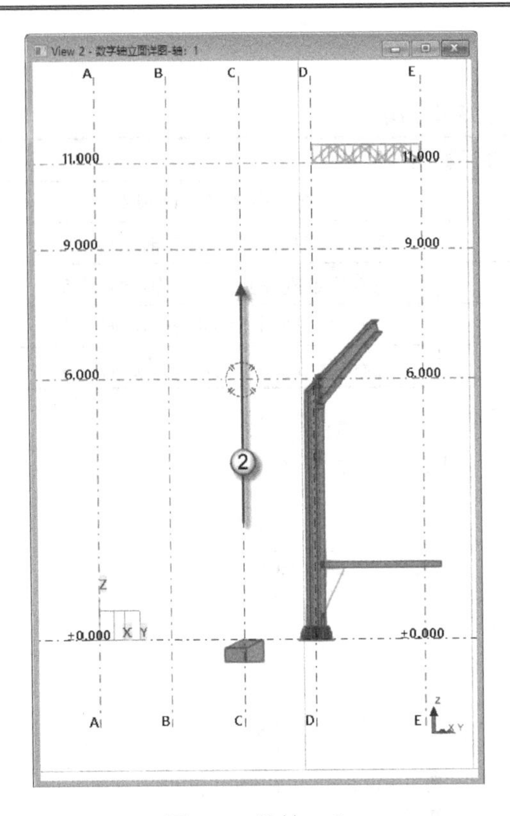

图 4.70　旋转 15°

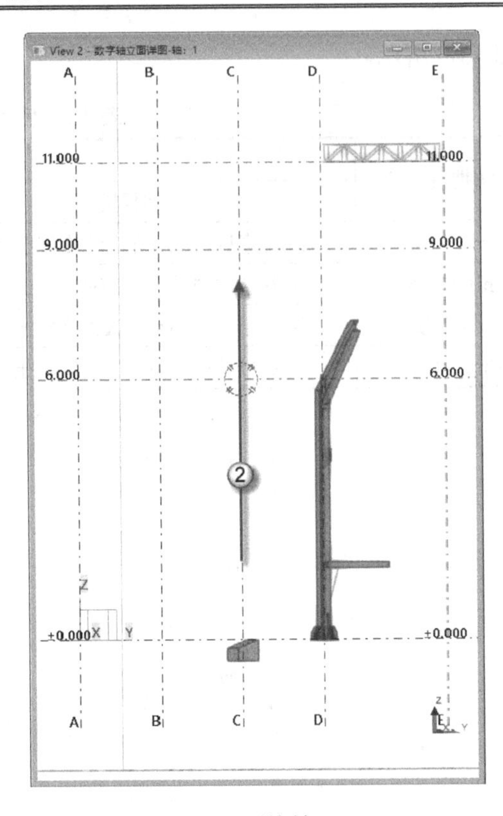

图 4.71　再旋转 15°

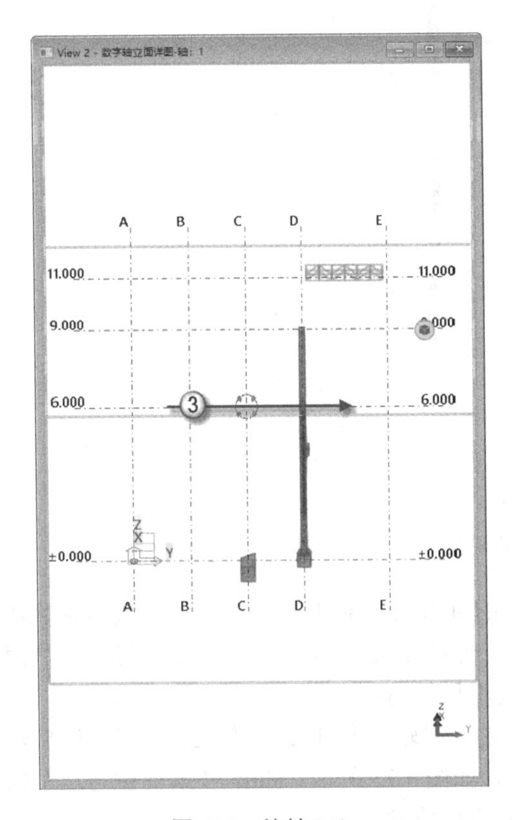

图 4.72　旋转 15°

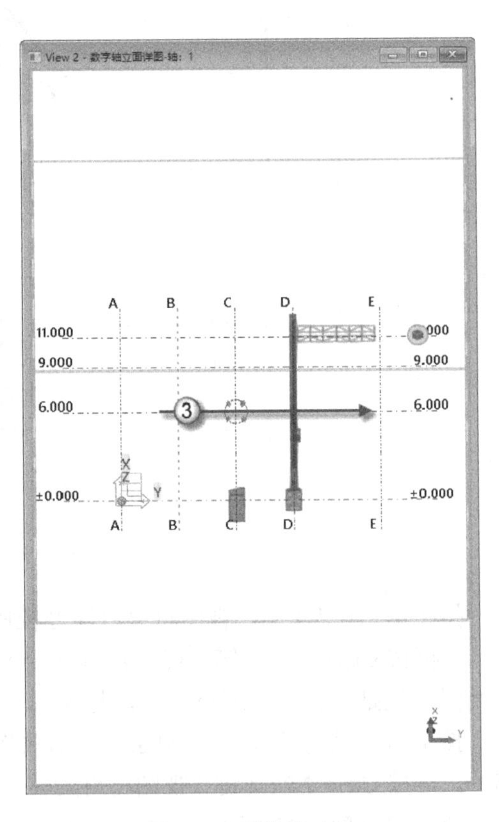

图 4.73　再旋转 15°

4. 自动旋转

自动旋转有两个命令：旋转一周与旋转不停。这两个命令，在发出命令之前皆要设置视图点。其详细功能见表 4.8 所示。

表 4.8　自动旋转的两个命令

快　捷　键	功 能 描 述	旋　转　轴		备　　注
		3d视图	平 面 视 图 / 立 面 视 图	
Shift+R	旋转一周	过视图点的Z轴	过视图点的垂直轴	/
Shift+T	旋转不停	过视图点的Z轴	过视图点的垂直轴	按Esc键停止旋转

注意：自动旋转命令对显卡的要求比较高。如果计算机配置的图形显示卡比较低，旋转时可能会出现卡顿的情况。

4.5.3　只显示所选项

美国哲学家埃默里斯・韦斯特科特说过“少就是多”。在复杂的场景中，只显示设计师当前需要操作的零件或构件，可以极大方便绘图操作，这是本节要介绍的主旨。

右击选择的对象（未选择的对象将隐藏起来），在右键菜单中有一个“只显示所选项”命令，如图 4.74 所示。利用这个命令，可以有 3 种方法来隐藏其他对象。

第 1 种方法：直接选择“只显示所选项”命令。直接选择“只显示所选项”命令，其余对象会以透明样式显示，如图 4.75 所示。

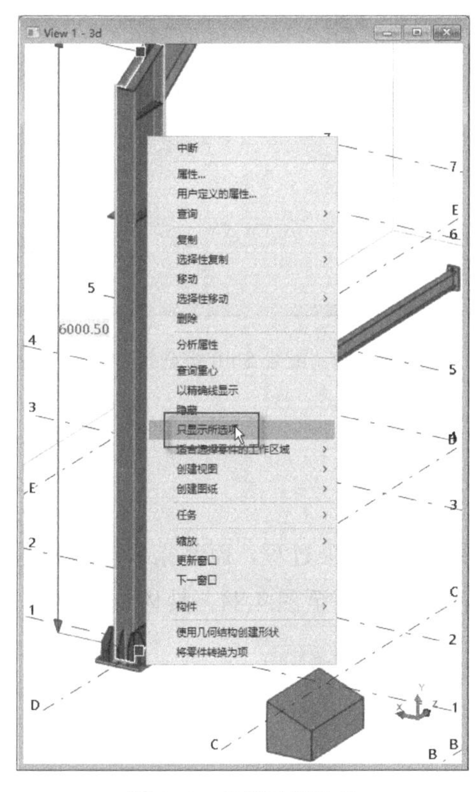

图 4.74　只显示所选项

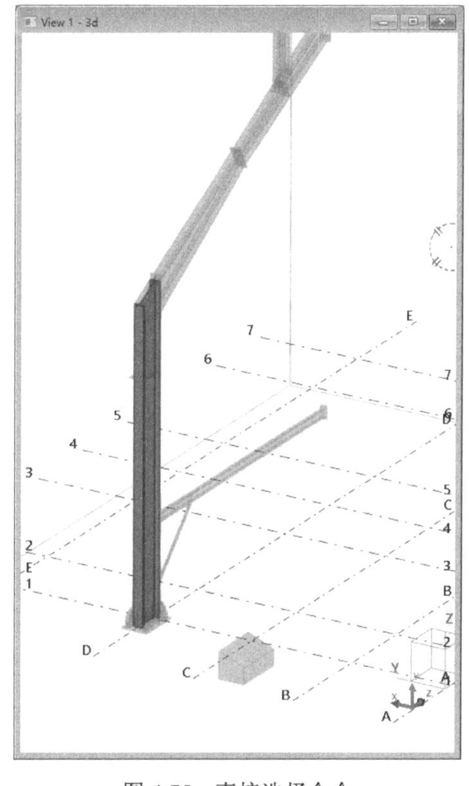

图 4.75　直接选择命令

第 2 种方法：配合 Ctrl 键。按住 Ctrl 键不放，选择“只显示所选项”命令，其余对象会变成一根直线，如图 4.76 所示。

第 3 种方法：配合 Shift 键。按住 Shift 键不放，选择“只显示所选项”命令，其余对象会完全隐藏，如图 4.77 所示。

要恢复其余对象的显示，可以单按 M 或 N 快捷键来重画视图。快捷键 M 是针对当前视图，快捷键 N 是针对所有视图。

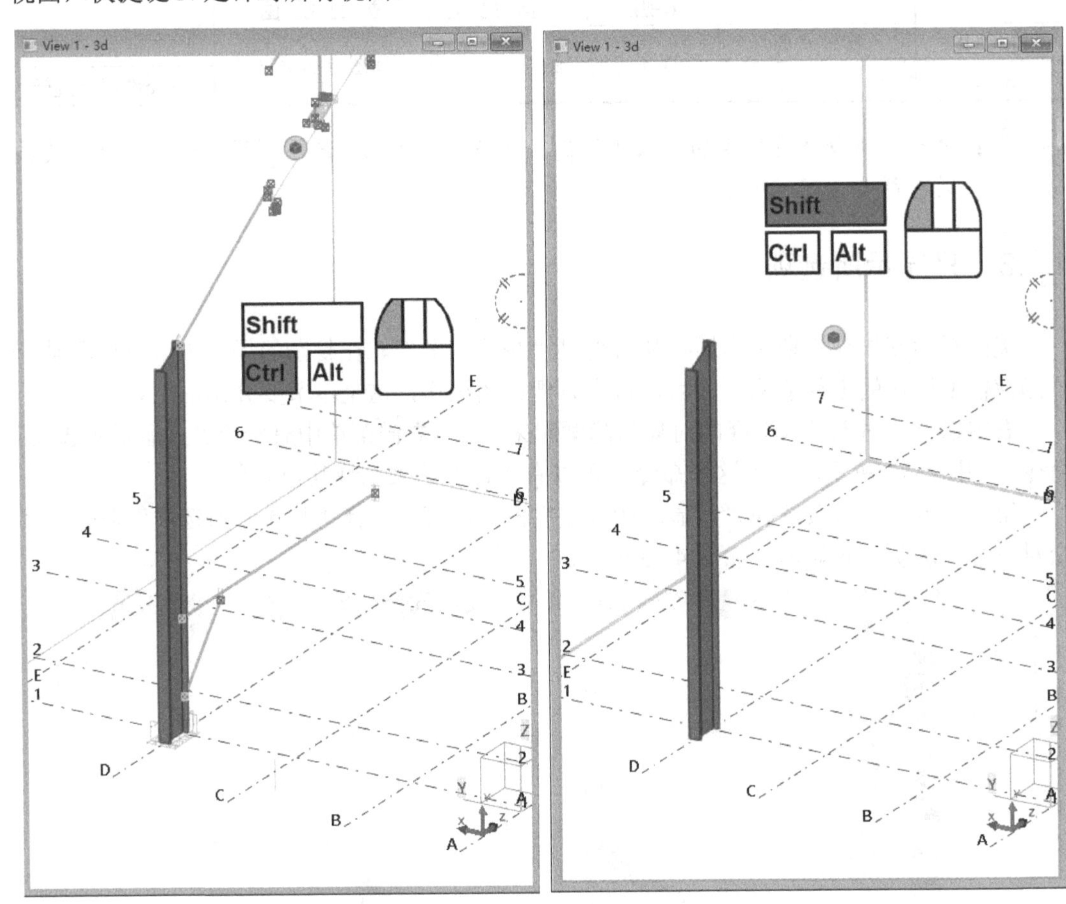

图 4.76　配合 Ctrl 键选择命令　　　　图 4.77　配合 Shift 键选择命令

4.5.4　渲染选项

本节所讲的“渲染”选项，不是指渲染效果图时的渲染过程，而是指零件或构件的显示方式，如线框显示和透明显示等。具体图示见图 4.78 至图 4.84，具体说明见表 4.9 所示。

表 4.9　渲染命令一览表

数　　字	快 捷 键	命令的内容	释　　义	示 例 图
1	Ctrl+1	零件线框	以线框形式显示	见图4.78
	Shift+1	组件线框		见图4.79
2	Ctrl+2	零件阴影线框	带颜色的透明显示	见图4.80
	Shift+2	组件阴影线框		见图4.81
3	Ctrl+3	零件灰度	不带颜色，以灰色透明形式显示	见图4.82
	Shift+3	组件灰度		见图4.83
4	Ctrl+4	已渲染零件	带颜色的不透明显示	见图4.84
	Shift+4	已渲染组件		
5	Ctrl+5	仅显示所选零件	仅显示选定对象，其余对象完全透明	/
	Shift+5	仅显示所选组件		/

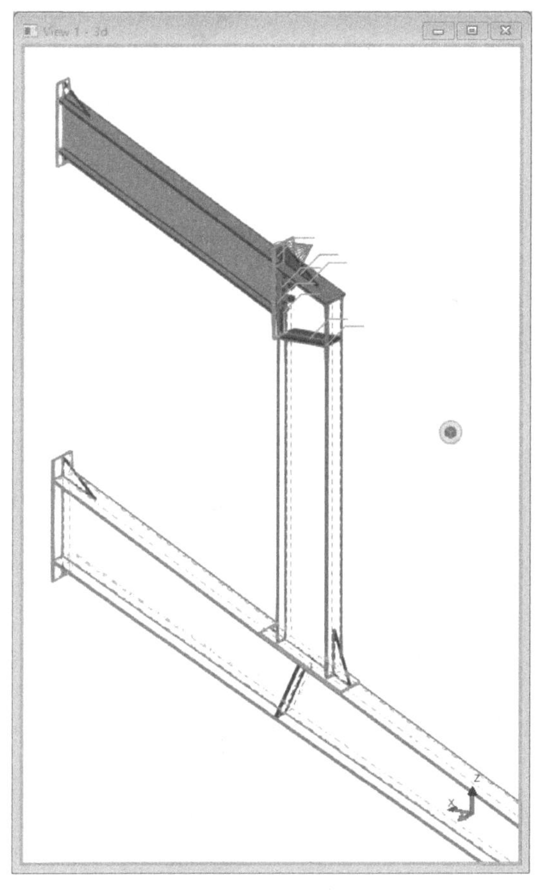

图 4.78　零件线框

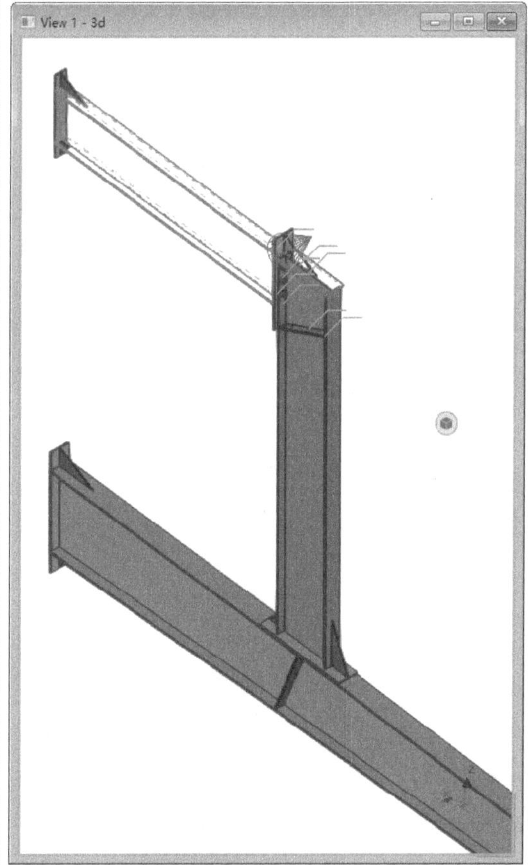

图 4.79　组件线框

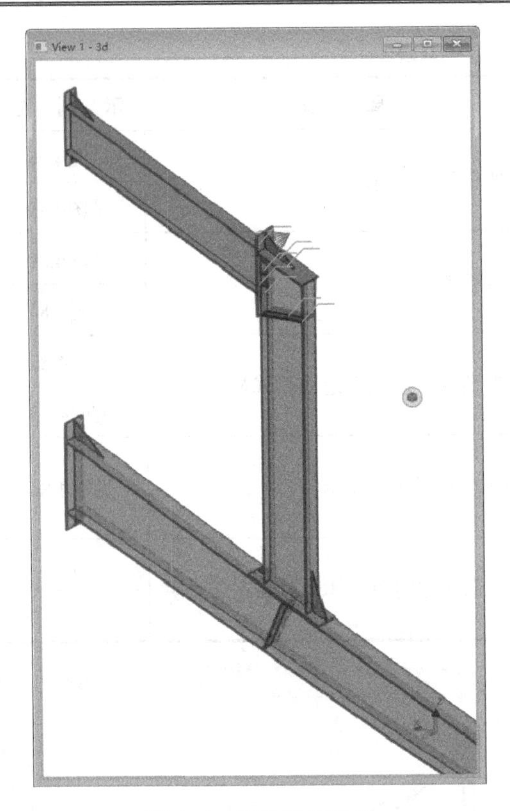

图 4.80　零件阴影线框

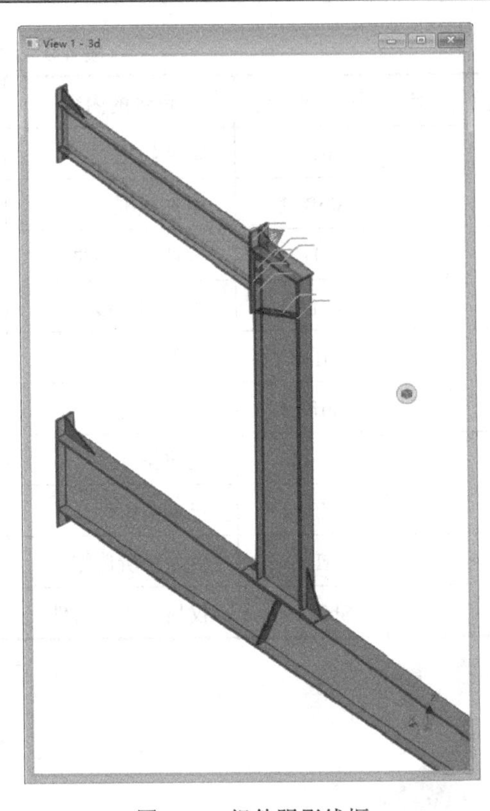

图 4.81　组件阴影线框

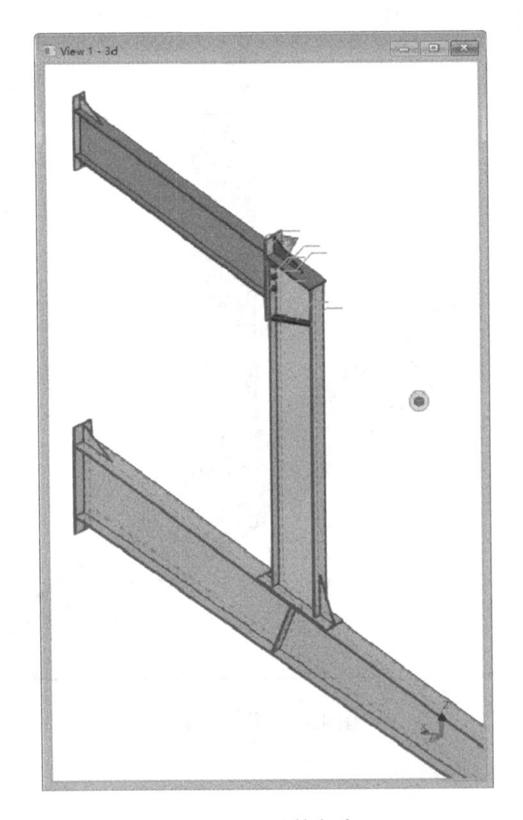

图 4.82　零件灰度

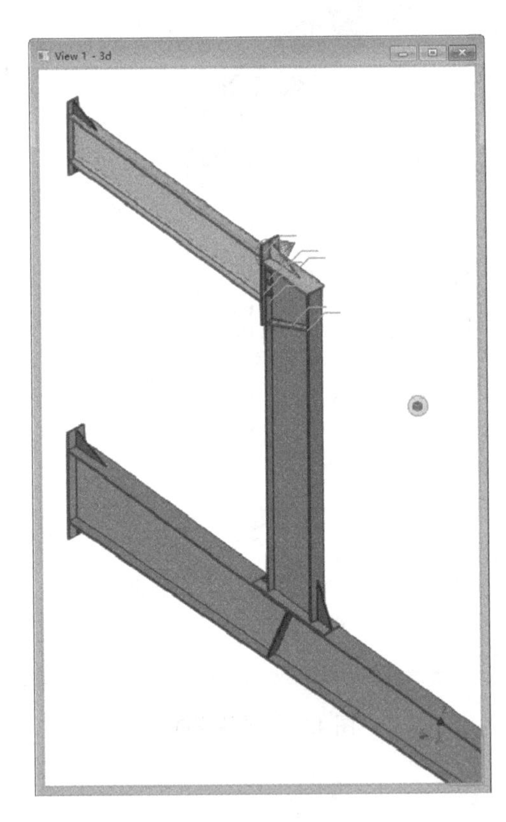

图 4.83　组件灰度

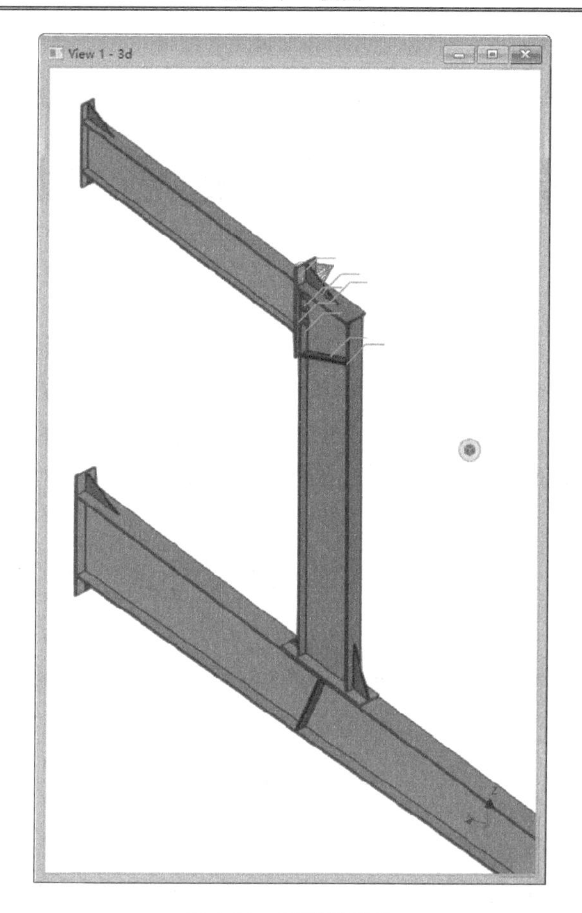

图 4.84　已渲染零件

第5章 建 模 基 础

使用 Tekla 建模并不难，其零件基本是几何体，而且是参数化的。参数化模型就是通过设置一些参数，如截面尺寸、对齐位置和材料等，即可自动生成模型。

因为 Tekla 也是运用了 BIM 技术开发的，其零件都具有信息量，所以在设置零件的参数时一定要注意信息量的准确性，为后面的统计、计算和出图打下基础。

5.1 命令的共同点

本节主要介绍常见的建模命令（如“梁”“板”“柱”等）之间有哪些共性因素。掌握这些内容之后，学习具体命令时就比较容易了。

5.1.1 带属性的命令

Tekla 中有一些命令是带属性的命令，比如“钢”选项卡下的“柱”“梁”“板”“螺栓”“焊缝”“项”这 6 个命令，如图 5.1 所示。与这 6 个命令对应的属性面板和属性对话框的启动命令，见表 5.1 所示。还有一些带属性的命令，由于不常用，此处不再赘述。

图 5.1 带属性的命令

表 5.1 钢构件命令的属性

序 号	命 令	命令快捷键	属性面板的启动	属性对话框的启动命令
1	柱	/	有3种方法： （1）双按快捷键； （2）单击侧窗格处的“属性”按钮⚙； （3）按住Shift键不放，单击命令按钮	Alt+Z
2	梁	L		Alt+L
3	板	B		Alt+B
4	螺栓	I		Alt+I
5	焊缝	J		Alt+J
6	项	K		Alt+K

带属性的命令是体现 BIM 技术的关键。所谓“属性”就是信息化的参数，设置好这些参数，后面就可以进行统计计算或直接出图了。

如图 5.2 所示，单按 L 快捷键发出“梁”命令，在侧窗格处单击“属性”按钮（图中①处），弹出“钢梁”属性面板（图中②处）。按 Alt+L 快捷键，弹出“梁的属性”对话框，如图 5.3 所示。

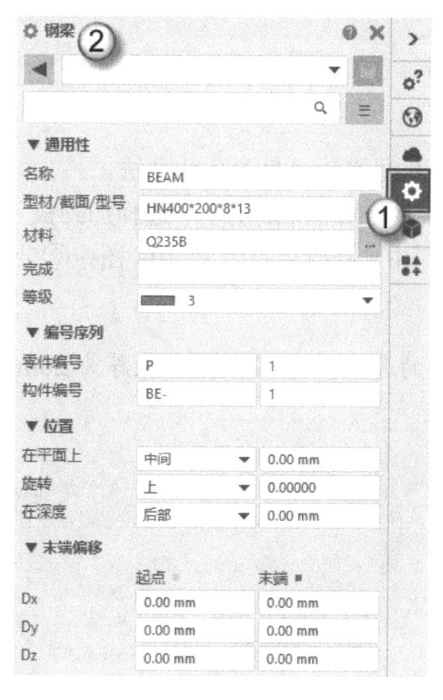

图 5.2　“钢梁”属性面板

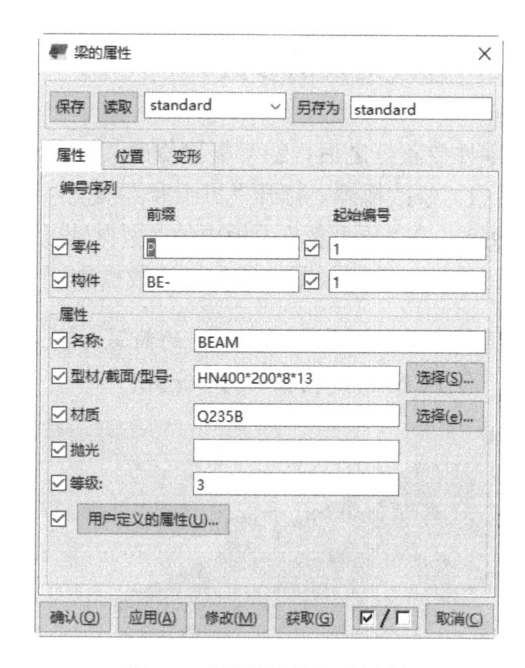

图 5.3　“梁的属性”对话框

如图 5.4 所示，单按 B 快捷键发出“板”命令，在侧窗格处单击“属性”按钮（图中①处），会弹出“压型板”属性面板（图中②处）。按 Alt+B 快捷键，弹出“压型板属性”对话框，如图 5.5 所示。

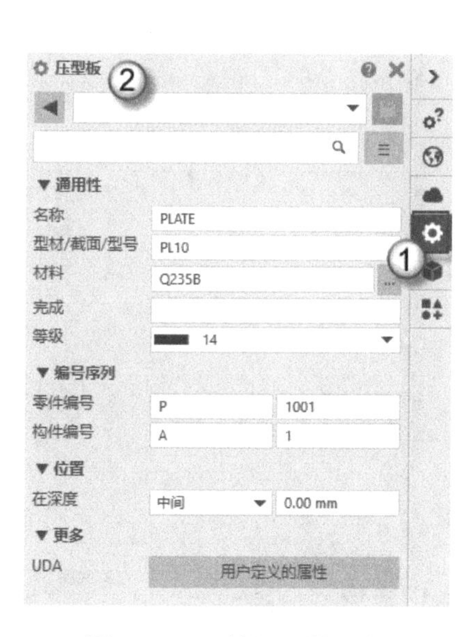

图 5.4　“压型板”属性面板

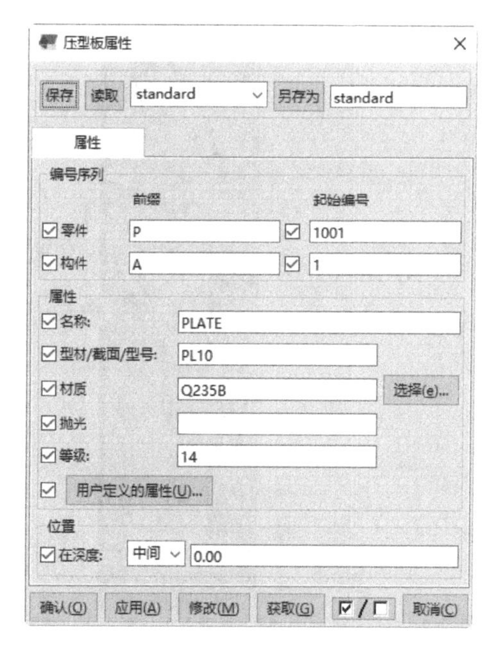

图 5.5　“压型板属性”对话框

🔔注意：属性面板与属性对话框皆可以设置对象的属性。属性面板是新版本中的，界面更友好一些；而属性对话框是老版本中的，操作烦琐一些。本书采用的是新版本，即在属性面板中完成相关操作。

5.1.2 修改对象的参数

零件放置好之后，经常需要修改其参数。本节将介绍修改对象参数的方法。

（1）修改板厚。打开“贝士摩”模型，进入 3d 视图，如图 5.6 所示。选择加劲板（图中①处），在“压型板”面板中的“型材/截面/型号”栏中，修改板厚为 PL20（图中②处），单击“修改”按钮（图中③处）完成操作。

🔔注意：PL20 中的 PL 是 Plate 的简写，20 指 20mm 的厚度。PL20 就是指板厚为 20mm，PL10 就是指板厚为 10mm。

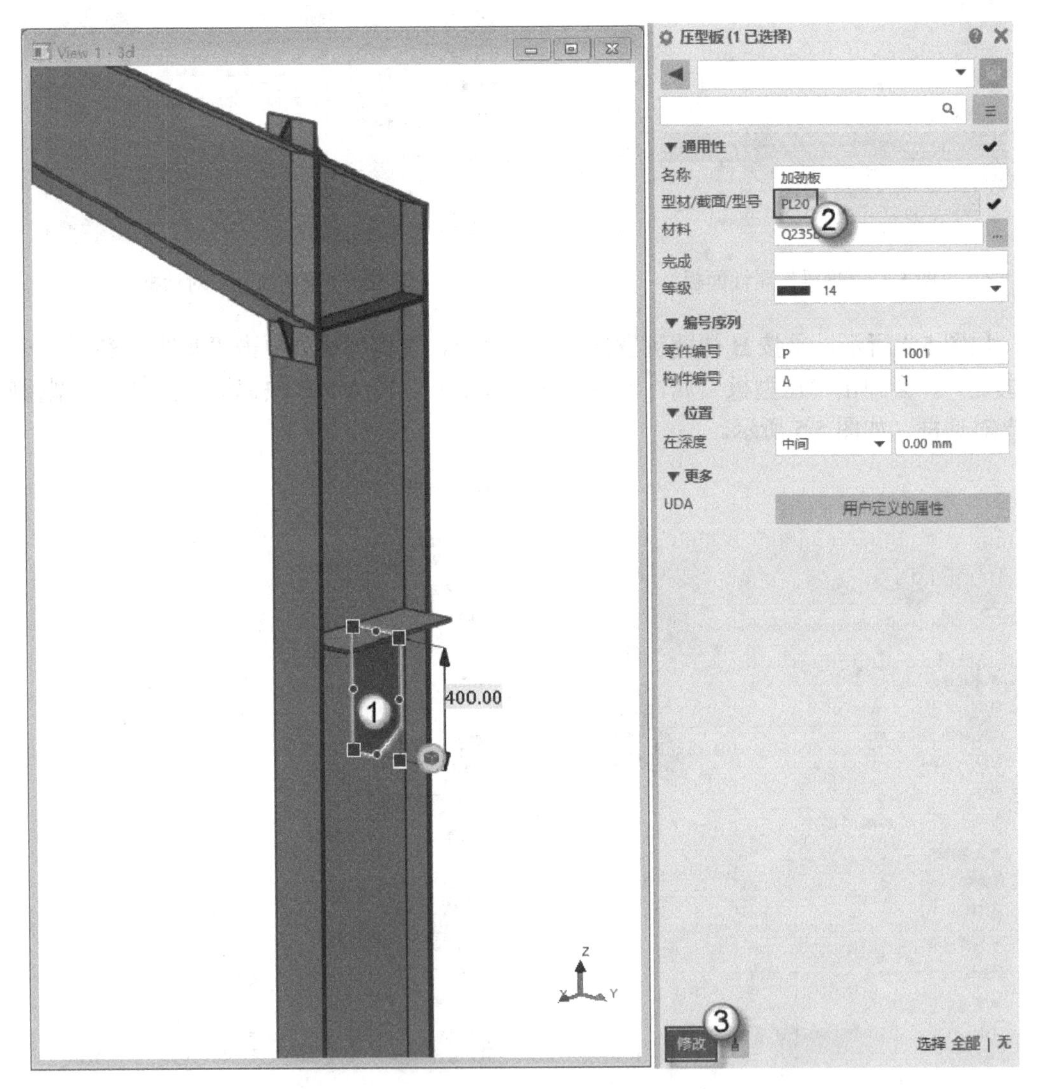

图 5.6 修改板的厚度

（2）修改截面。打开“贝士摩”模型，进入 3d 视图，如图 5.7 所示。选择连梁（图中①处），在“钢梁”面板的“型材/截面/型号”栏中，单击按钮（图中②处），在弹出的“选择截面”对话框中选择所需要的截面尺寸（图中③处），单击“确认”按钮（图中④处），再单击“修改”按钮（图中⑤处）完成操作，如图 5.7 所示。

本节只介绍了两种在属性面板中修改对象参数的方法。其他参数的修改方法大同小异，这里不再赘述。

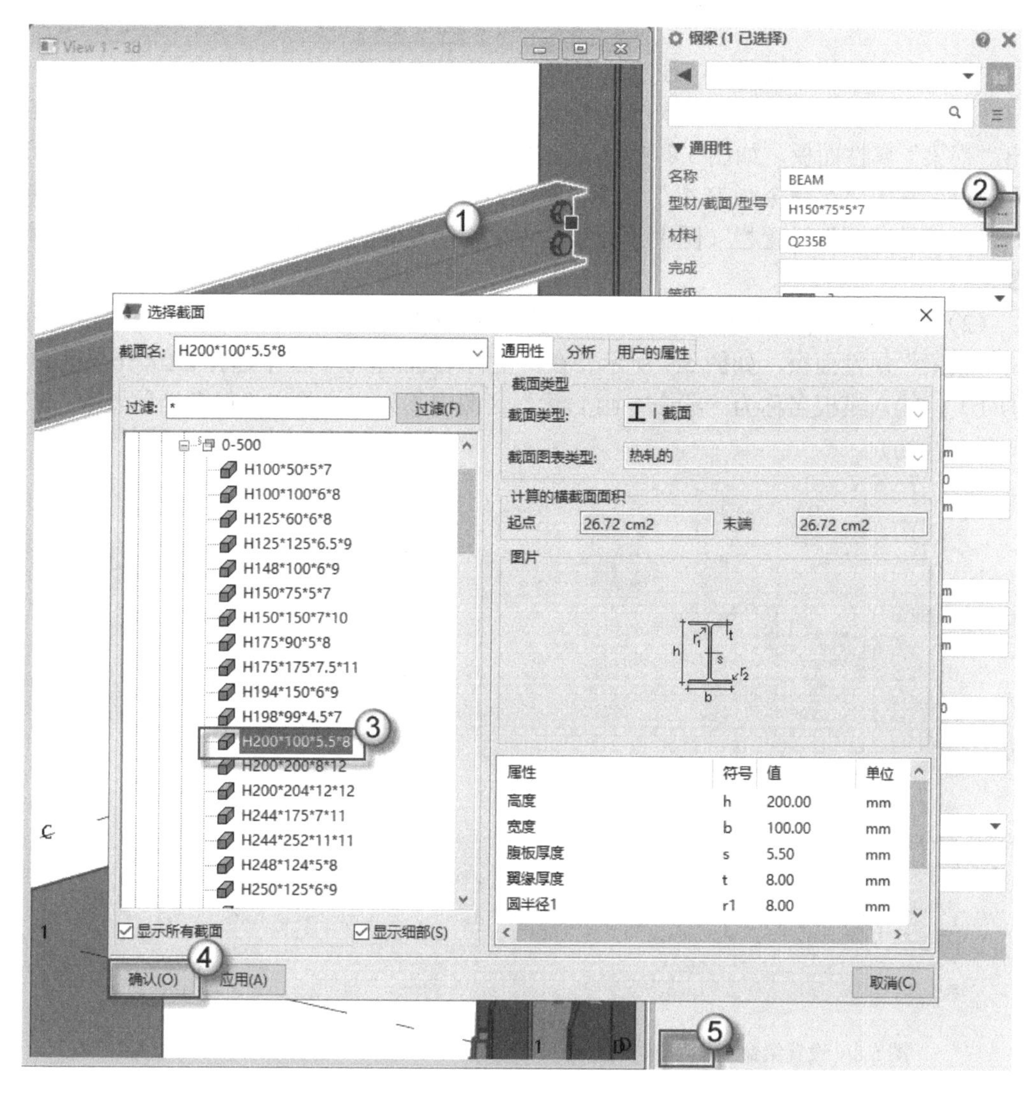

图 5.7　修改截面

5.2 “梁”命令

Tekla 中的“梁”命令，功能非常强大。它不仅用于绘制梁，而且可以用于绘制柱和板等零件。该命令是先设置好截面形状及尺寸，然后绘制线性对象。

5.2.1 “梁”命令的设置

使用梁命令绘制梁、板和柱等构件时，第一步需要设置相应的参数。后面具体绘图时，直接调用这里设置的参数即可。

1. 设置“梁”命令的参数

“梁”命令的快捷键是 L，注意要双按 L 快捷键才能弹出相应的属性面板。

（1）设置梁命令画 H 梁。双按 L 快捷键，在发出“梁”命令的同时，会在侧窗格区弹出“钢梁”属性面板，如图 5.8 所示。在“名称”栏中输入“钢梁”字样（图中①处），输入模板名称为“梁命令画 H 梁”（图中②处），单击“保存当前属性”按钮（图中③处），“编号序列”设置栏（图中④处）与“位置”设置栏（图中⑤处）在具体绘图时再设置。

（2）设置梁命令画 L 梁。双按 L 快捷键，在发出“梁”命令的同时，会在侧窗格区弹出“钢梁”属性面板，如图 5.9 所示。在“型材/截面/型号”栏中选择 L100*6 截面（图中①处），输入模板名称为“梁命令画 L 梁”（图中②处），单击“保存当前属性”按钮（图中③处）。

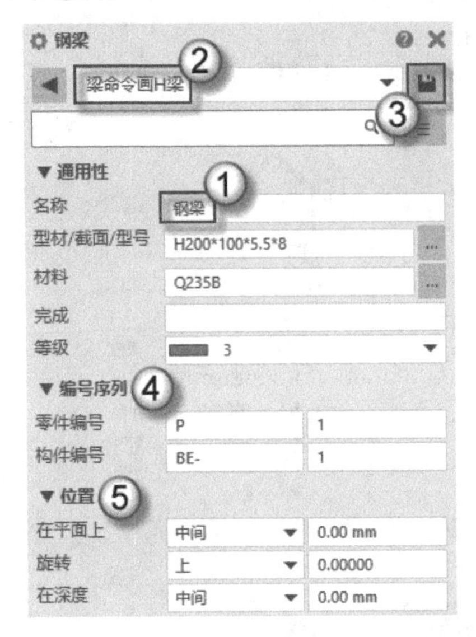

图 5.8　设置梁命令画 H 梁

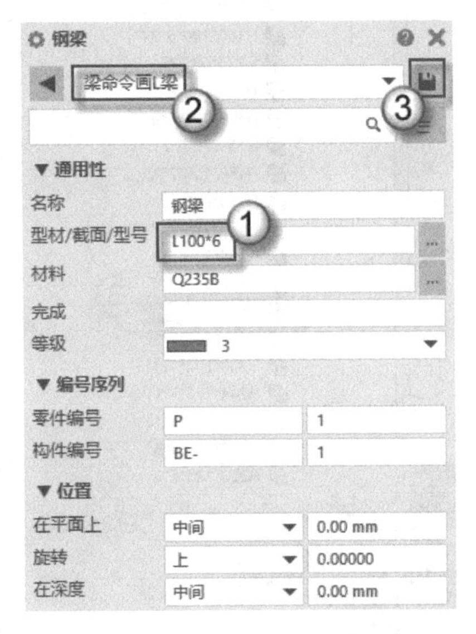

图 5.9　设置梁命令画 L 梁

（3）设置梁命令画 O 梁。双按 L 快捷键，在发出“梁”命令的同时，会在侧窗格区弹出“钢梁”属性面板，如图 5.10 所示。在“型材/截面/型号”栏中选择 O200*10 截面（图中①处），输入模板名称为“梁命令画 O 梁”（图中②处），单击“保存当前属性”按钮（图中③处）。

（4）设置梁命令画□梁。双按 L 快捷键，在发出“梁”命令的同时，会在侧窗格区弹出“钢梁”属性面板，如图 5.11 所示。在“型材/截面/型号”栏中选择□200*100*5 截面（图中①处），输入模板名称为“梁命令画□梁”（图中②处），单击“保存当前属性”按钮（图中③处）。

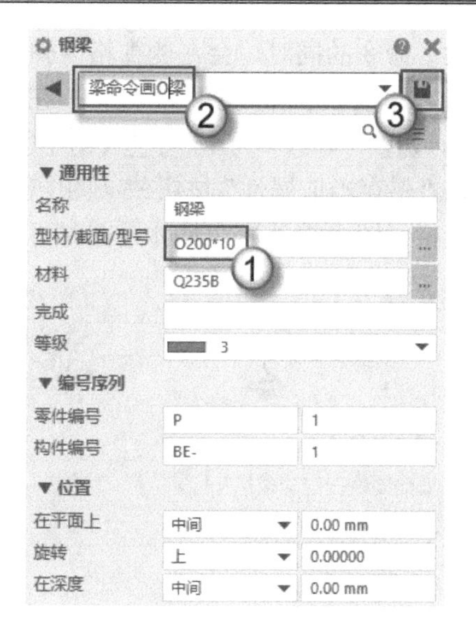

图 5.10　设置梁命令画 O 梁

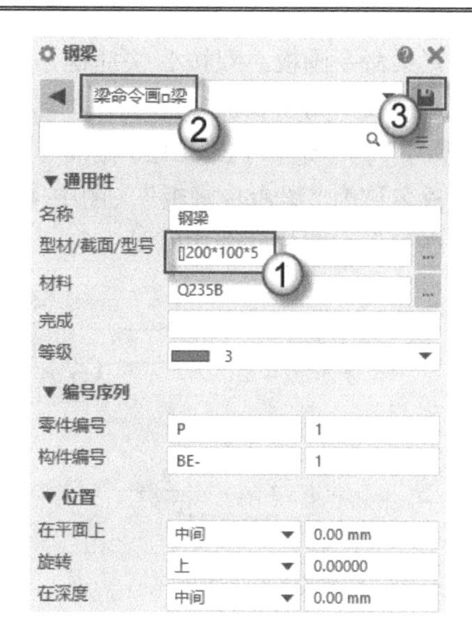

图 5.11　设置梁命令画□梁

注意：这里的操作只是设置梁参数，形成模板，而不是具体绘制零件。后面会介绍如何调用此处设置的模板绘制相应的零件。

2. 设置柱参数

通过“梁”命令设置柱参数与前面介绍的设置梁参数的方法类似，具体操作方法如下：

（1）设置梁命令画 H 柱。双按 L 快捷键，在发出“梁”命令的同时，会在侧窗格区弹出“钢梁”属性面板，如图 5.12 所示。在“名称”栏中输入“钢柱”字样（图中①处），在“型材/截面/型号”栏中选择 H200*100*5.5*8 截面（图中②处），切换“等级”为 7 号色（图中③处），输入模板名称为“梁命令画 H 柱”（图中④处），单击“保存当前属性”按钮（图中⑤处），“编号序列”设置栏（图中⑥处）与“位置”设置栏（图中⑦处）在具体绘图时再设置。

（2）设置梁命令画 O 柱。双按 L 快捷键，在发出“梁”命令的同时，会在侧窗格区弹出“钢梁”属性面板，如图 5.13 所示。在“型材/截面/型号”栏中选择 O200*10 截面（图中①处），输入模板名称为“梁命令画 O 柱”（图中②处），单击“保存当前属性”按钮（图中③处）。

（3）设置梁命令画□柱。双按 L 快捷键，在发出“梁”命令的同时，会在侧窗格区弹出“钢梁”属性面板，如图 5.14 所示。在“型材/截面/型号”栏中选择□150*5 截面（图中①处），输入模板名称为“梁命令画□柱”（图中②处），单击“保存当前属性”按钮（图中③处）。

3. 设置板参数

通过“梁”命令设置板参数与前面介绍的设置梁和柱参数的方法类似。具体操作方法如下：

设置梁命令画板。双按 L 快捷键，在发出“梁”命令的同时，会在侧窗格区弹出“钢梁”属性面板，如图 5.15 所示。在“名称”栏中输入“板”字样（图中①处），在“型材/截面/型号”栏中选择 PL200*20 截面（图中②处），切换“等级”为 14 号色（图中③处），输入模板名称为“梁命令画板”（图中④处），单击“保存当前属性”按钮（图中⑤处），“编号序列”设置栏（图中⑥处）与“位置”设置栏（图中⑦处）在具体绘图时再设置。

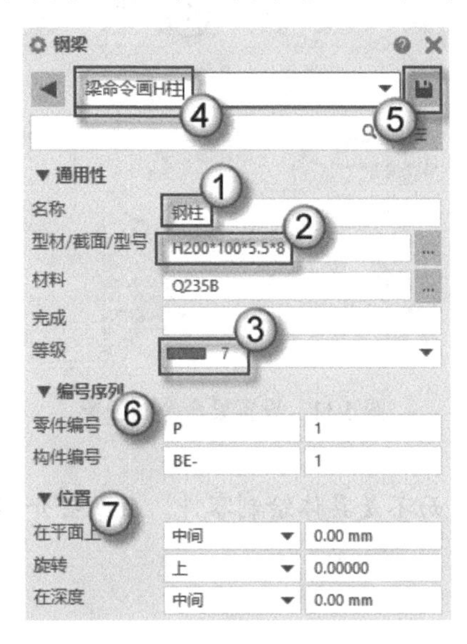

图 5.12　设置梁命令画 H 柱

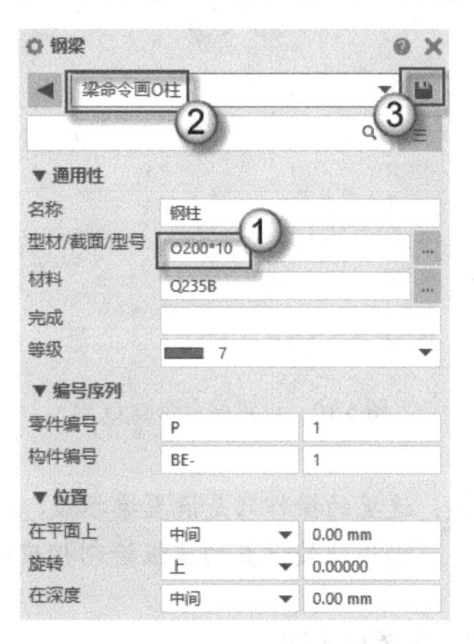

图 5.13　设置梁命令画 O 柱

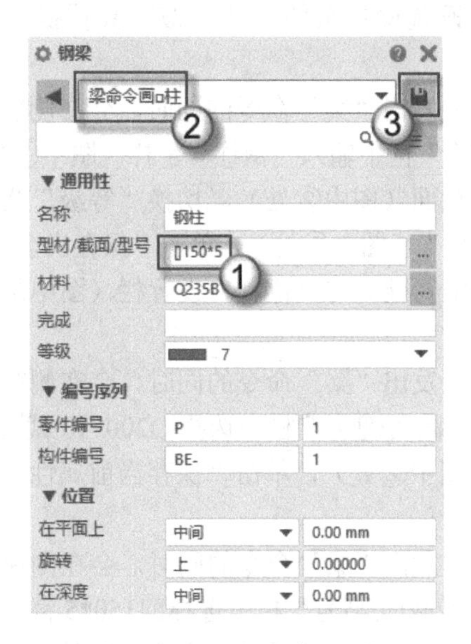

图 5.14　设置梁命令画□柱

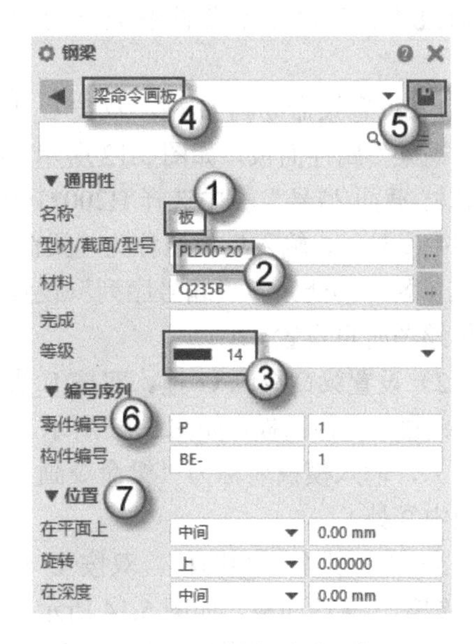

图 5.15　设置梁命令画板

4．检查参数模板

单击模板的“名称”下拉列表框，可以看到前面设置的一系列梁命令模板，如图 5.16 所示，说明参数模板设置成功，后面建模时直接调用即可。

图 5.16　检查参数模板

打开“C：\TeklaStructuresModels\贝士摩\attributes”目录，见图 5.17①处，可以看到有一系列 prt 文件，图 5.17②处。这些 prt 文件就是刚设置好的梁命令参数模板。如果以后其他项目需要这样设置，直接将这些文件复制到对应的文件夹中即可。

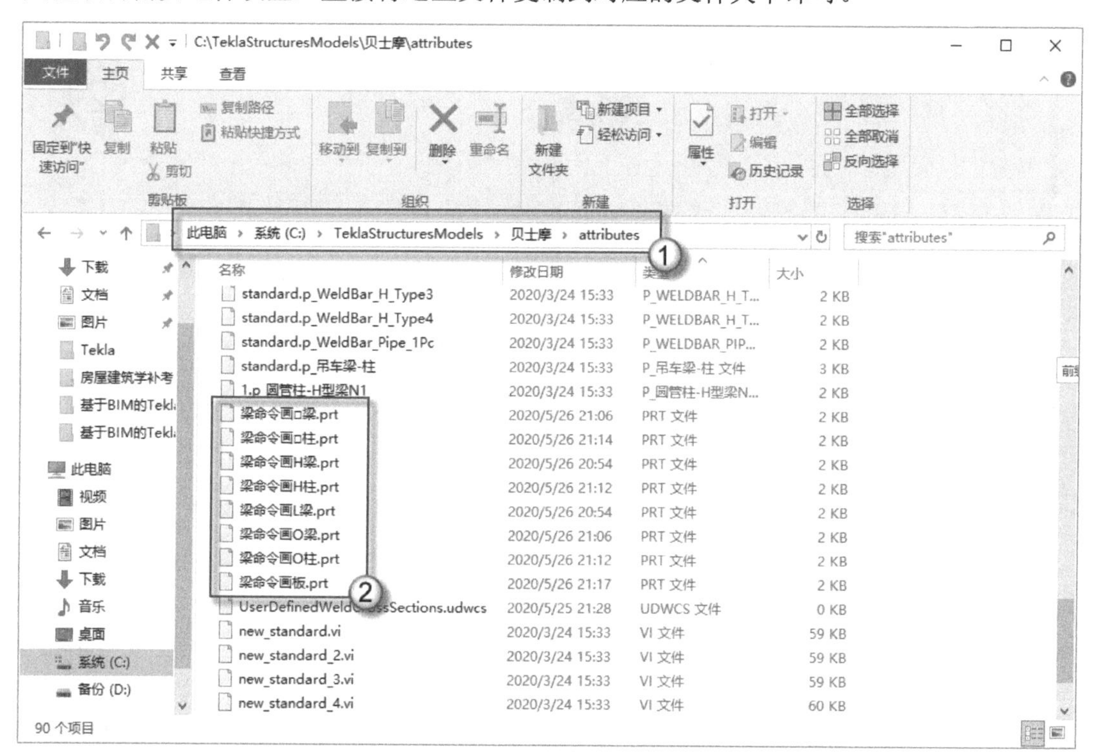

图 5.17　梁命令参数模板

5．准备视口

打开“贝士摩”模型。按 Ctrl+I 快捷键发出“视图列表”命令，在弹出的“视图”对话框中加入“平面图-标高为：11.000”“字母轴立面详图-轴：E”两个视图，单击“确认”按钮，如图 5.18 所示。

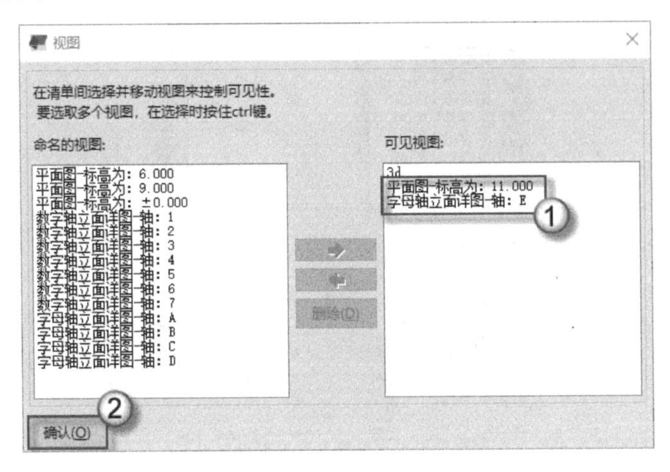

图 5.18　打开两个视图

按 T 快捷键发出“垂直平铺”命令，可以看到这两个视图以相同的大小平铺在一排上，其中，①为“平面图-标高为：11.000”视图，②为“字母轴立面详图-轴：E”视图，如图 5.19 所示。注意，后面介绍的绘制梁、板和柱的操作，皆在这两个视图中进行。

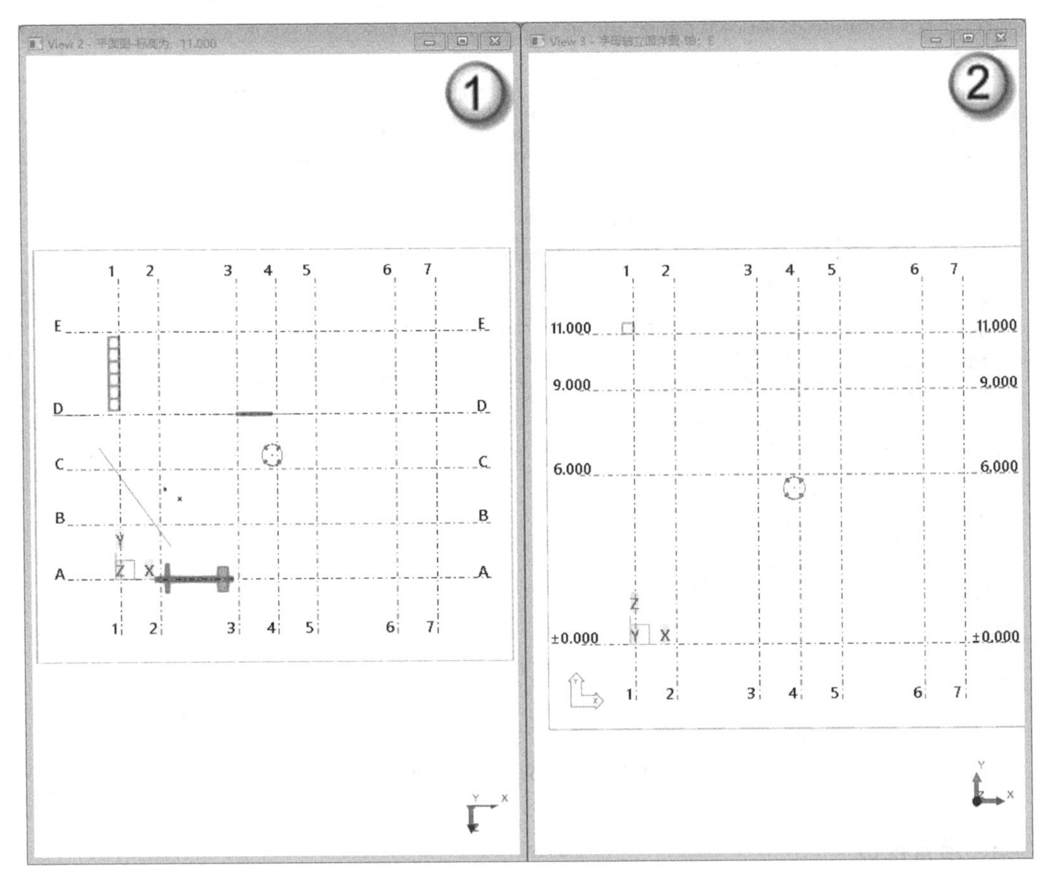

图 5.19　平铺视图

6. H型钢介绍

H 型钢的三维效果如图 5.20 所示，其由翼缘板（图中①处）和腹板（图中②处）组成；参数尺寸由高度（图中③处）、宽度（图中④处）、腹板厚（图中⑤处）和翼缘厚（图中⑥处）组成。H 型钢的截面效果如图 5.21 所示。

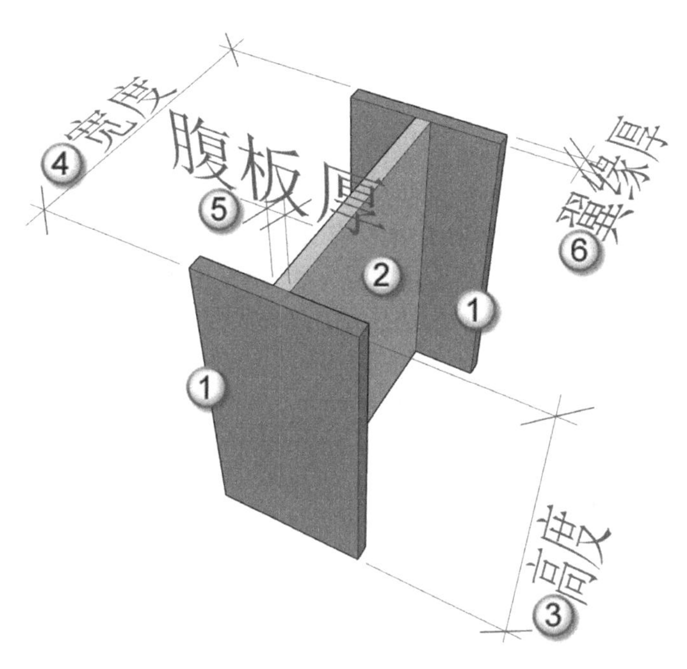

图 5.20　H 型钢的三维效果

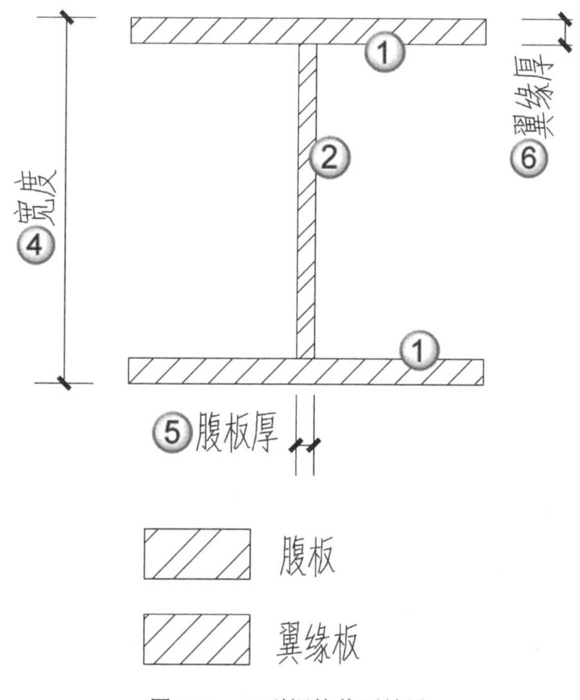

图 5.21　H 型钢的截面效果

H 型钢是一种截面面积分配更加优化、强重比更加合理的经济型材料，因其断面与英文字母 H 相同而得名。由于 H 型钢的各个部位均以直角排布，使其具有在各个方向上抗弯能力强、施工简单和结构重量轻等优点，并且可以节约成本，已被广泛应用。

5.2.2 绘制梁

前面介绍了设置参数模板的方法，本节介绍一些绘制梁的具体方法。

1. 选择截面

双按 L 快捷键，启动“梁”命令，同时在侧窗格处会弹出“钢梁”属性面板，如图 5.22 所示。选择前面制作好的“梁命令画 H 梁”模板（图中①处），在“型材/截面/型号”栏中单击 按钮（图中②处），弹出“选择截面”对话框。在其中选择“H800*300*14*26”类型的尺寸截面（图中③处），也可以选择 HI 这种类型的通用尺寸截面（图中④处），单击“确认”按钮（图中⑤处）。

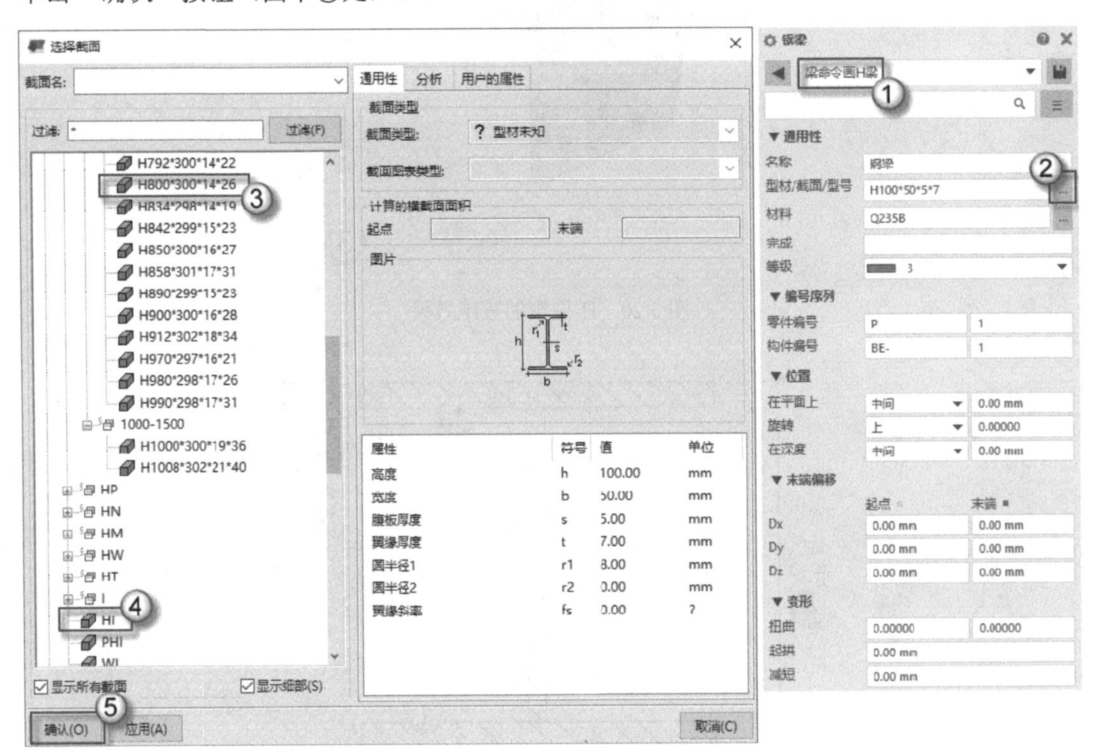

图 5.22　选择截面

2. 设置“在平面上”位置参数

（1）基本原则。如图 5.23 所示，在“位置”设置栏的“在平面上”栏中有 3 个选项，分别是“中间”（图中①处）、“右边”（图中②处）、“左边”（图中③处）。“中间”这个选项好理解，就是绘制的梁正好在轴线、中心线、平面投影线或对称线中间。“左边”与“右边”这两项就有些难了。绘制梁是通过两个点来绘制的，即一个起始点和一个终止点。由起始点向终止点画箭头，假设这个箭头是人行走的方向，那么这个人的左手边就是“左边”选项，右手边就是“右边”选项，如图 5.24 所示。

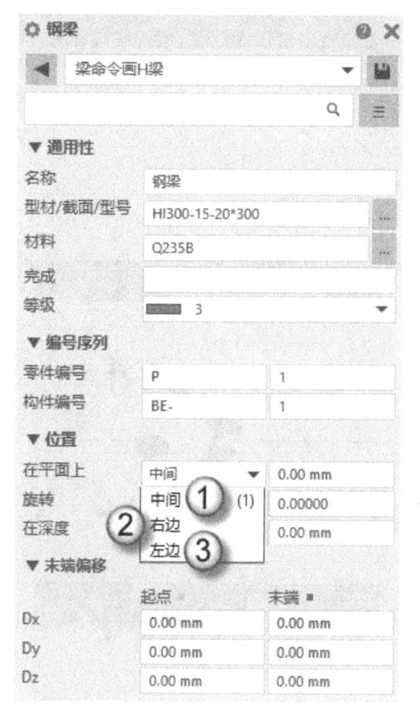

图 5.23　在平面上的 3 个选项

图 5.24　左右关系示意图

（2）在平面图上绘制梁。在“平面图-标高为：11.000”视图中，按 Shift+Z 快捷键，将 UCS 设置到当前视图上。然后在这个视图上绘制三道梁，见图 5.25 的①、②、③处。这三道梁的具体说明见表 5.2 所示。

（3）立面图上绘制梁。在“字母轴立面详图-轴：E”视图中，按 Shift+Z 快捷键，将 UCS 设置到当前视图上。然后在这个视图上绘制三道梁，见图 5.26 的①、②、③处。这三道梁的具体说明见表 5.3 所示。

表 5.2　平面图中的三道梁

序　　号	垂直起始轴线	垂直终止轴线	水 平 轴 线	在平面上的位置
①	5	6	E	中间
②	5	6	D	右边
③	5	6	C	左边

表 5.3　立面图中的三道梁

序　　号	起 始 轴 线	终 止 轴 线	标　　高	在平面上的位置
①	2	3	11.000	中间
②	2	3	9.000	右边
③	2	3	6.000	左边

注意： 在平面图或立面图中绘制梁时，一定要用 Shift+Z 快捷键将 UCS 设置到当前视图上，否则绘制出的梁的位置不正确。

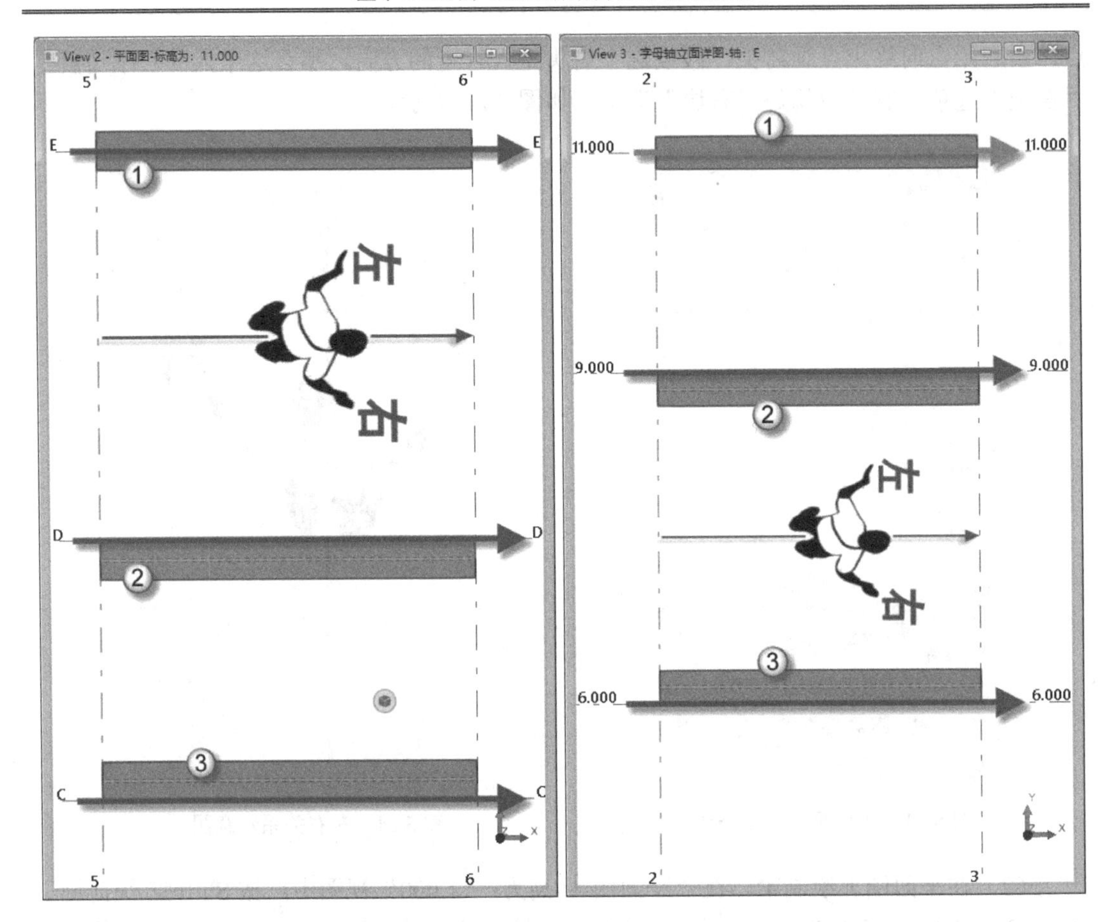

图 5.25　在平面上绘制梁　　　　图 5.26　在立面上绘制梁

3. 设置“旋转”位置参数

（1）基本原则。在“位置”设置栏的“旋转”栏中有 4 个选项，如图 5.27 所示，分别是“前面”（图中①处）、“上”（图中②处）、“后退”（图中③处）、“下方”（图中④处）。“前面”与“后退”两个选项是一组，“上”和“下方”两个选项是一组。在初学阶段，同组基本上没有区别。有一个帮助记忆的口诀是“上→翼→观”。意思是“上”选项对翼缘板，对着观测者。由此可以推理出“前面”选项对腹板，对着观测者。旋转选项的具体说明，详见表 5.4。

表 5.4　旋转选项

序　号	选　项	H型钢位置	面　对
①	前面	腹板	观测者
②	上	翼缘板	
③	后退	腹板	
④	下方	翼缘板	

（2）选择“上”选项绘制梁。在“字母轴立面详图-轴：E”视图中，按 Shift+Z 快捷键将 UCS 设置到当前视图上。双按 L 快捷键，在发出“梁”命令的同时启动“钢梁”属性面板，如图 5.28 所示。在“位置”设置栏的“旋转”栏中，切换为“上”选项（图中①处），在“字母轴立面详图-轴：E”视图（图中②处）中绘制一道梁（图中③处），在 3d 视图中（图中④处），可以看到这道梁的翼缘板对着观测者（图中⑤处）。这就是前面要求读者记忆的口诀“上→翼→观”的具体用法。

（3）选择“前面”选项绘制梁。在“字母轴立面详图-轴：E”视图中，按 Shift+Z 快捷键将 UCS 设置到当前视图上。双按 L 快捷键，在发出“梁”命令的同时启动“钢梁”属性面板，如图 5.29 所示。在“位置”设置栏的“旋转”栏中，切换为“前面”选项（图中①处），在“字母轴立面详图-轴：E”视图（图中②处）中绘制一道梁（图中③处），在 3d 视图中（图中④处），可以看到这道梁的腹板对着观测者（图中⑤处）。

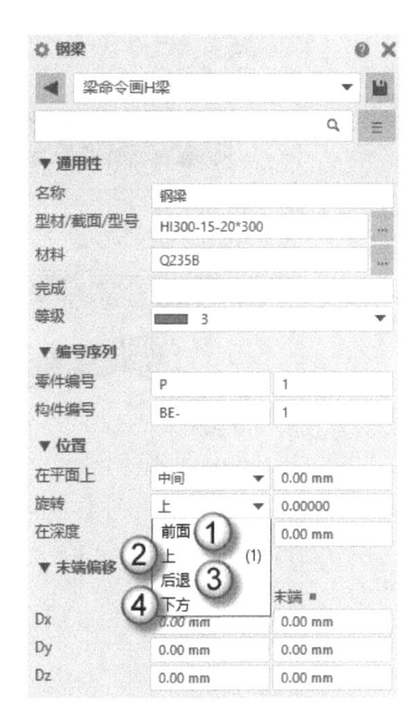

图 5.27 “旋转”栏的 4 个选项

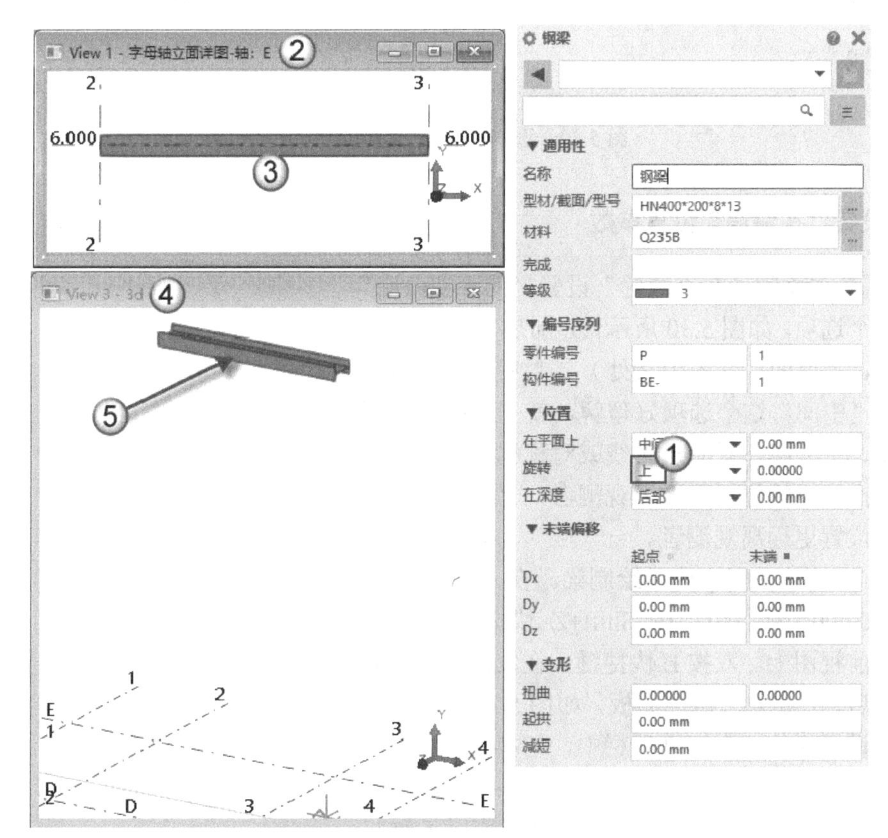

图 5.28　选择“上”选项绘制梁

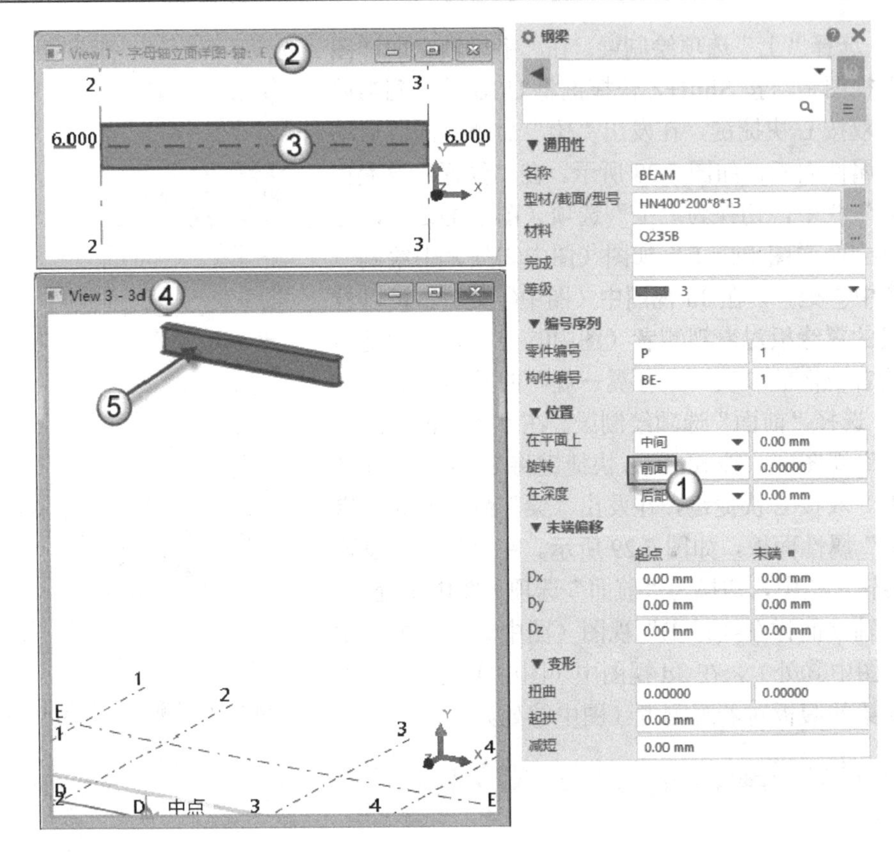

图 5.29　选择“前面”选项绘制梁

4. 设置“在深度”位置参数

（1）基本原则。在“位置”设置栏的“在深度”栏中有 3 个选项，如图 5.30 所示，分别是“中间”（图中①处）、“前面”（图中②处）、“后部”（图中③处）。“中间”这个选项好理解，就是绘制的梁正好在轴线、中心线、平面投影线或对称线中间。“前面”选项指让梁的位置更靠近观测者，“后部”选项指让梁的位置更远离观测者。

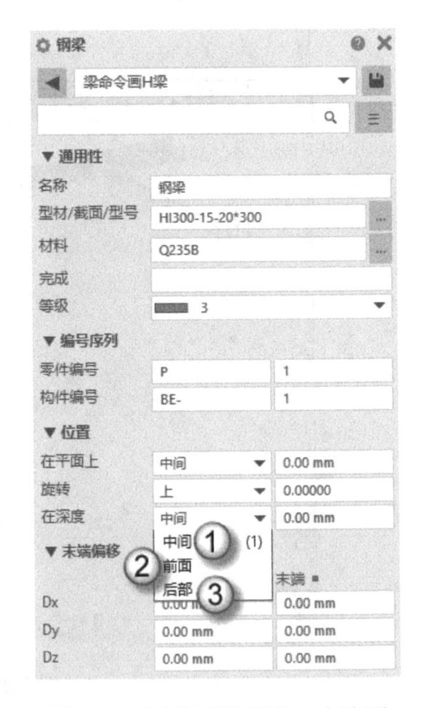

图 5.30　“在深度”栏的 3 个选项

（2）选择“中间”选项绘制梁。在“平面图-标高为：±0.000”视图中，按 Shift+Z 快捷键将 UCS 设置到当前视图上。双按 L 快捷键，在发出“梁”命令的同时启动“钢梁”属性面板，如图 5.31 所示。在“位置”设置栏的“在深度”栏中，切换为“中间”选项（图中①处），在“平面图-标高为：±0.000”视图（图中②处）中绘制一道梁，梁的起点是 6 轴与 A 轴交点，梁的终点是 7 轴与 A 轴交点。切换到“字母轴立面详图-轴：A”视图（图中③处），可以看到这道梁位于±0.000 标高线的正中间（图中④处）。

（3）选择“前面”选项绘制梁。在“平面图-标高为：±0.000”视图中，按 Shift+Z 快捷键将 UCS 设置到当前视图上。双按 L 快捷键，在发出“梁”命令的同时启动“钢梁”属性面板，如图 5.32 所示。在“位置”设置栏的“在深度”栏中，切换为“前面”选项（图中①处），在“平面图-标高为：±0.000”视图（图中②处）中绘制一道梁，梁的起点是 6 轴与 A 轴交点，梁的终点是 7 轴与 A 轴交点。切换到“字母轴立面详图-轴：A”视图（图中③处），可以看到这道梁全部位于±0.000 标高线的上面（图中④处）。由于“平面图-标高为：±0.000”视图是自上向下观看的，梁全部位于±0.000 标高线的上面就是位置更靠近观测者。

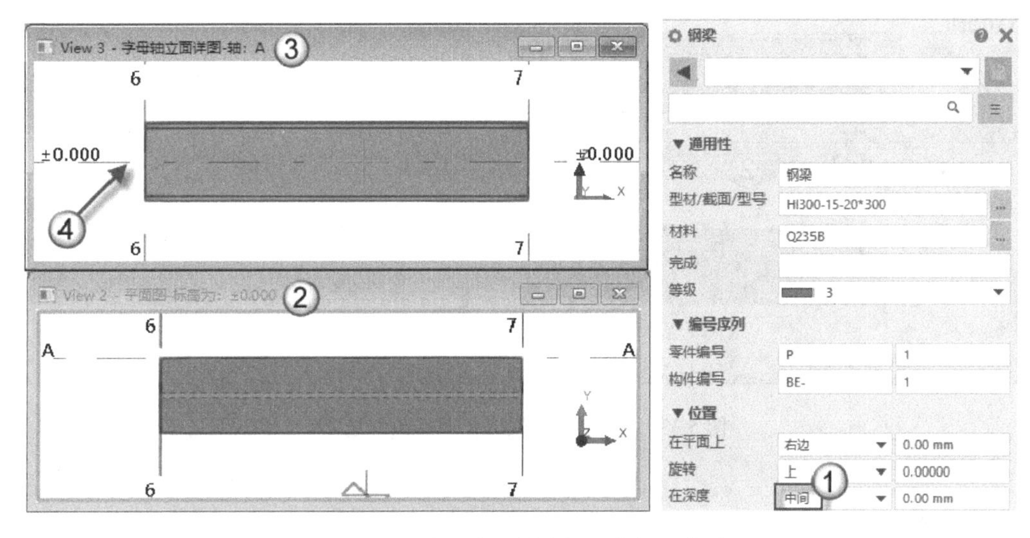

图 5.31　“在深度”栏选择“中间”选项

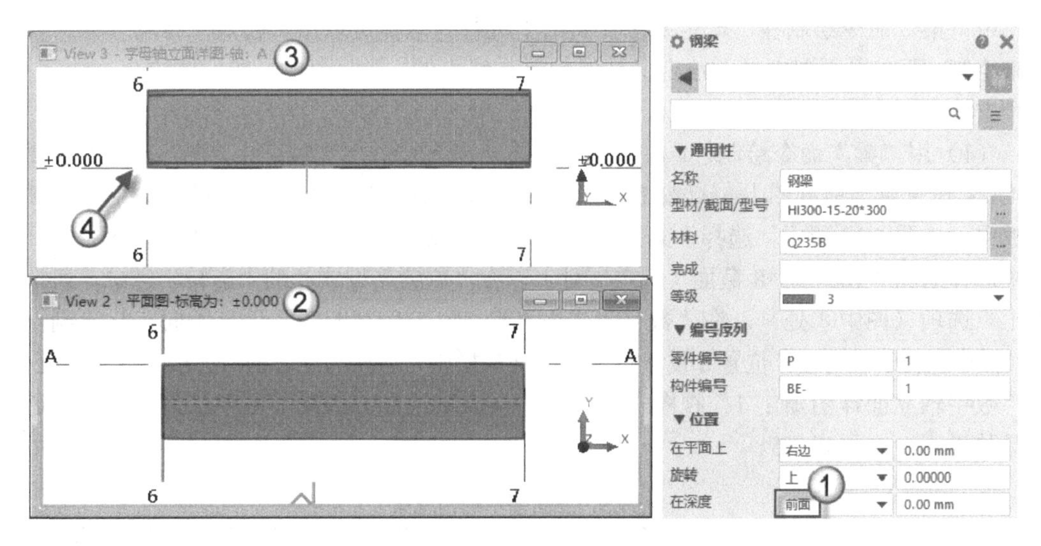

图 5.32　“在深度”栏选择“前面”选项

（4）选择“后部”选项绘制梁。在“平面图-标高为：±0.000”视图中，按 Shift+Z 快捷键将 UCS 设置到当前视图上。双按 L 快捷键，在发出“梁”命令的同时启动“钢梁”

属性面板，如图 5.33 所示。在“位置”设置栏的“在深度”栏中，切换为“后部”选项（图中①处），在“平面图-标高为：±0.000”视图（图中②处）中绘制一道梁，梁的起点是 6 轴与 A 轴交点，梁的终点是 7 轴与 A 轴交点。切换到“字母轴立面详图-轴：A”视图（图中③处），可以看到这道梁全部位于±0.000 标高线的下面（图中④处）。由于“平面图-标高为：±0.000”视图是自上向下观看的，梁全部位于±0.000 标高线的下面就是位置更远离观测者。

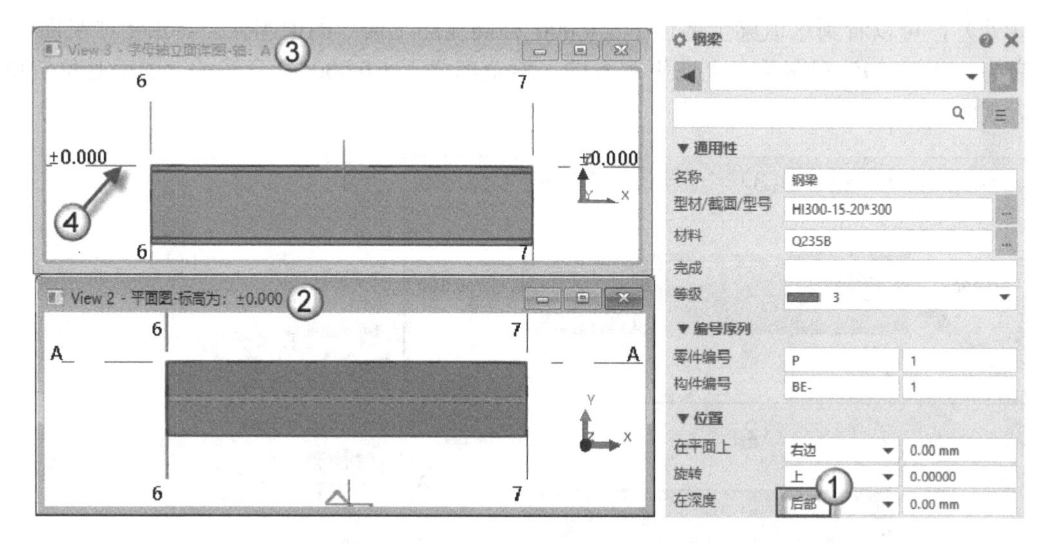

图 5.33 “在深度”栏选择“后部”选项

5.2.3 绘制柱

用“梁”命令绘制柱，一定要在立面图中进行。这样可以用“起点→终点”的两点方式来绘制。而在平面图中是无法定义柱的起点与终点的。平面图中只能用柱的命令绘制柱，这个方法在后面介绍。

（1）用“梁”命令绘制柱。在“数字轴立面详图-轴：1”视图中，按 Shift+Z 快捷键将 UCS 设置到当前视图上。双按 L 快捷键用“梁”命令绘制柱。在启动的“钢梁”属性面板中，如图 5.34 所示，选择“梁命令画 H 柱”模板（图中①处），在“型材/截面/型号”栏中选择 H200*100*5.5*8 截面（图中②处），在“位置”设置栏的“旋转”栏中，切换为“上”选项（图中③处），在“数字轴立面详图-轴：1”视图中，由点④向点⑤绘制一道梁（图中⑥处）；再在“位置”设置栏的“旋转”栏中，切换为“前面”选项（图中⑦处），在“数字轴立面详图-轴：1”视图中，由点⑧向点⑨绘制一道梁（图中⑩处）。这两道梁的具体说明，详见表 5.5。

表 5.5 立面图中的两道梁

梁 编 号	起 始 标 高	终 止 标 高	所 在 轴 线	旋转的位置
⑥	6.000	11.000	B	上
⑩	6.000	11.000	A	前面

（2）原则。画柱与画梁在“旋转”栏上的口诀是一致的，皆是“上→翼→观”。

🔔注意：用“梁”命令绘制柱，一般只在立面图中操作。在平面图中绘制柱，使用的是“柱”命令，因此“位置”设置栏中的“在平面上”“在深度”两栏此处不需要设置。

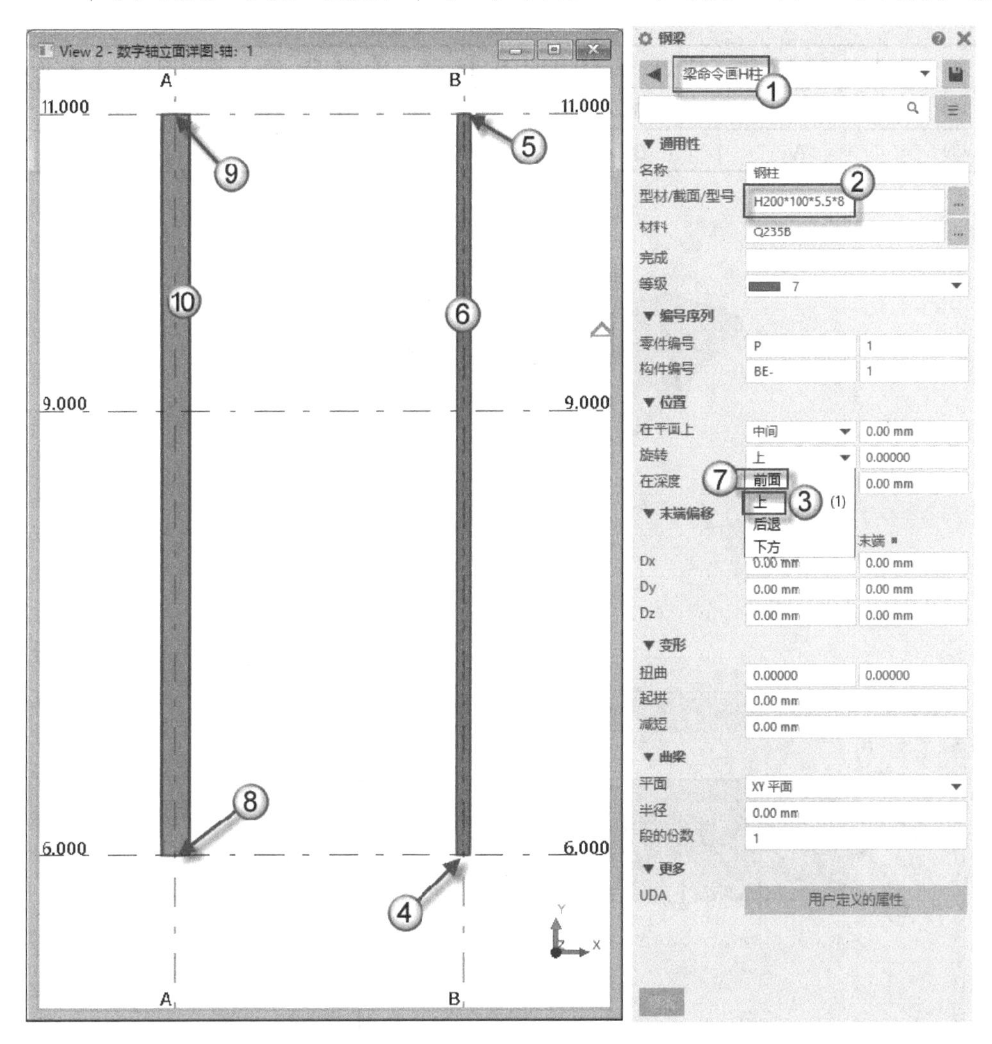

图 5.34　用“梁”命令绘制柱

5.2.4　绘制板

用“梁”命令绘制板是比较简单的操作，此处以图 5.35 所示的一块板为例，介绍绘制板的一般方法。其中，板长为 900mm（图中①处），宽为 600mm（图中②处），厚为 20mm（图中③处）。

如图 5.36 所示，在“数字轴立面详图-轴：1”视图中，按 Shift+Z 快捷键将 UCS 设置到当前视图上。双按 L 快捷键用“梁”命令绘制板，在启动的“钢梁”属性面板中，选择“梁命令画板”模板（图中①处），在“型材/截面/型号”栏中选择 PL600*20 截面（图中②处），在“位置”设置栏的“旋转”栏中，切换为“上”选项（图中③处），在“数字轴立面详图-轴：1”视图中，由点④向点⑤绘制一块板（图中⑥处）；再在“位置”设置栏的“旋转”栏中，切换为“前面”选项（图中⑦处），在“数字轴立面详图-轴：1”视图中，由点⑧向点⑨绘制一块板（图中⑩处）。这两块板的具体说明，详见表 5.6。

表 5.6　立面图中的两块板

梁 编 号	起 始 轴 线	终 止 轴 线	所 在 标 高	旋 转 选 项	面对观测者的板的尺寸
⑥	A	B	9.000	上	小
⑩	A	B	11.000	前面	大

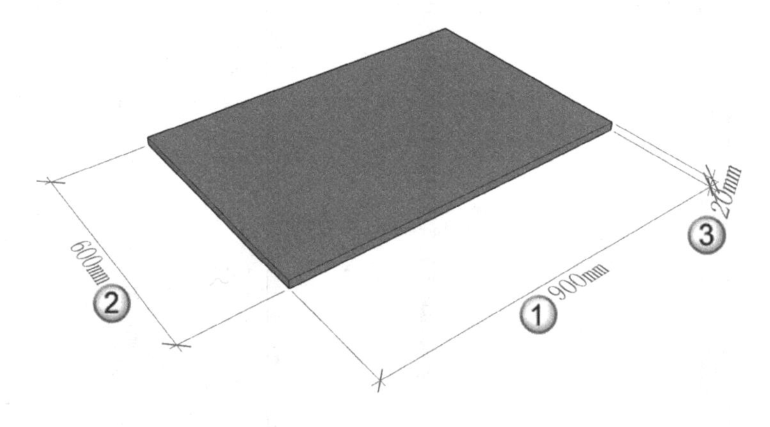

图 5.35　板的形状

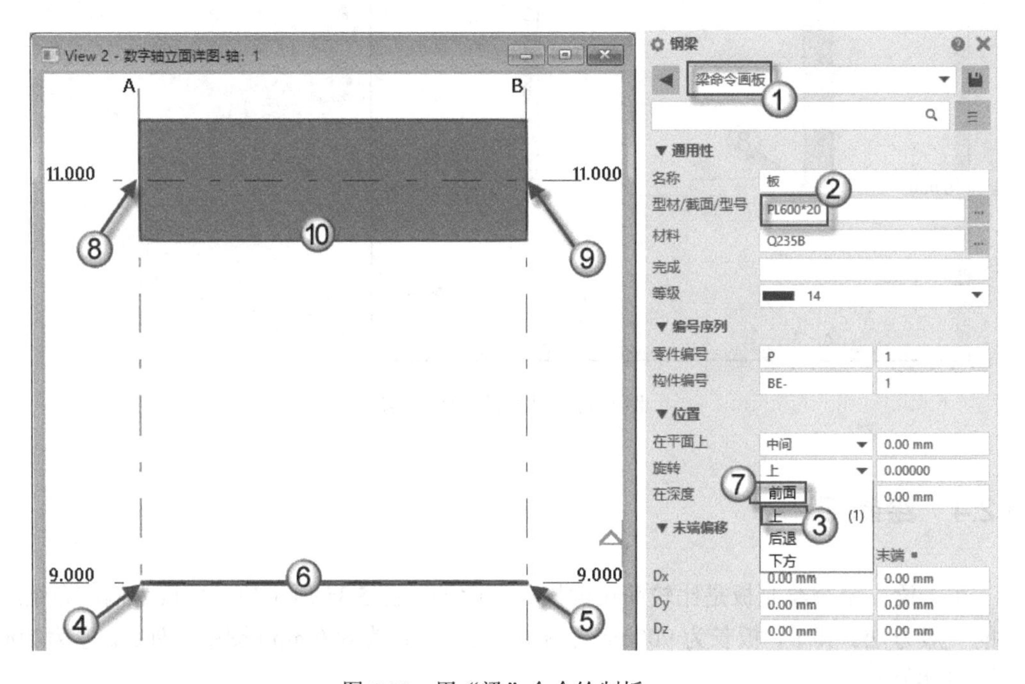

图 5.36　用“梁”命令绘制板

用“梁”命令绘制板时，“旋转”选项分为两组：一组是“上”和“下方”，另一组是“前面”和“后退”。每组选项的功能基本一致。从本例中的板截面 PL600*20 为例，“上”和“下方”选项对应的是大尺寸，也就是 600mm；“前面”和“后退”选项对应的是小尺寸，也就是 20mm。这也是表 5.6“面对观测者的板的尺寸”这一列中“大”与“小”两项的区别。

注意： 板的尺寸是指长、宽和厚。板厚是特指的尺寸类型，如 5m、10mm、20mm 和 30mm 等，不能太厚，太厚的板不方便施工。而“长”与“宽”相对就比较灵活了，不能固定地认为哪个方向是长度尺寸，哪个方向是宽度尺寸。用“梁”命令绘制板时，是用两点去绘制（就是确定）“长”与“宽”两个方向中的一个方向的尺寸。对于本节中 900mm × 600mm × 20mm 这块板而言，如果绘制 900mm 这个尺寸，就选择 PL600*20 的板截面，如果绘制 600mm 这个尺寸，就选择 PL900*20 的板截面。具体选择哪一种，取决于图纸，还要考虑在哪个视图中绘制更方便。

5.3 “板”命令

绘制板的时候可以使用两个命令，即“梁”命令与“板”命令。用“梁”命令绘制板，一般在立面图中进行，用“板”命令绘制板，一般在平面图中进行。

5.3.1 “板”命令的设置

打开“贝士摩”模型。按 Ctrl+I 快捷键发出“视图列表”命令，在弹出的“视图”对话框中加入“平面图-标高为：±0.000”与“字母轴立面详图-轴：B”两个视图，单击“确认”按钮，如图 5.37 所示。本节中绘制的板，就在这两个视图中操作。

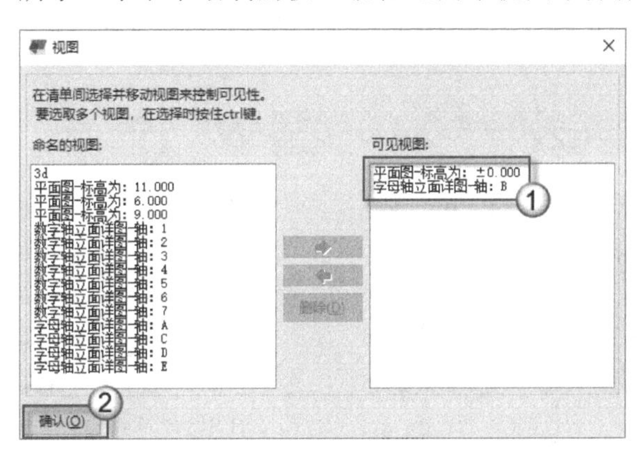

图 5.37　打开两个视图

（1）选择“中间”选项。在“平面图-标高为：±0.000”视图中，按 Shift+Z 快捷键，将 UCS 设置到当前视图上。双按 B 快捷键，在发出“板”命令的同时，将在侧窗格处弹出“压型板”属性面板，如图 5.38 所示。在“型材/截面/型号”栏中选择“PL80”截面（图中①处），在“位置”设置栏的“在深度”栏中，切换为“中间”选项（图中②处），在“平面图-标高为：±0.000”视图中（图中③处），单击④→⑤→⑥→⑦四个点，到⑦点后不用重复捕捉起始点④点，直接单击鼠标中键（或按键盘的 Space 键）即可闭合生成板。在“字母轴立面详图-轴：B”视图中（图中⑧处），可以看到板位于标高线的中间（图中

⑨处）。

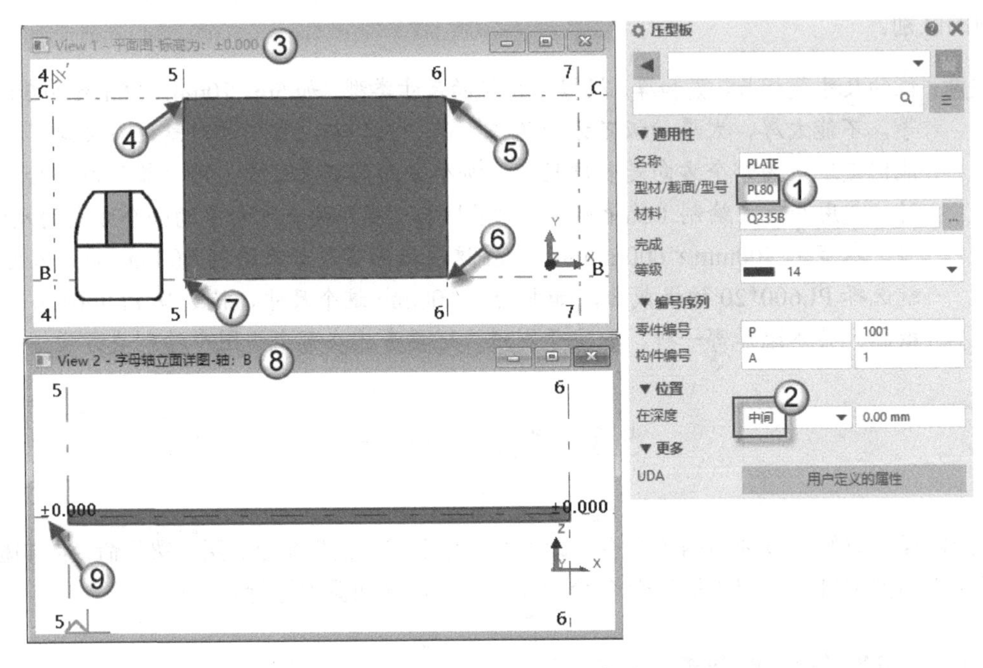

图 5.38 选择“中间”选项

（2）选择“前面”选项。双按 B 快捷键，在发出“板”命令的同时将在侧窗格处弹出“压型板”属性面板，如图 5.39 所示。在“位置”设置栏的“在深度”栏中，切换为“前面”选项（图中①处），在“平面图-标高为：±0.000”视图中（图中②处）再绘制一块板，在“字母轴立面详图-轴：B”视图中（图中③处），可以看到板位于标高线的上面（图中④处）。

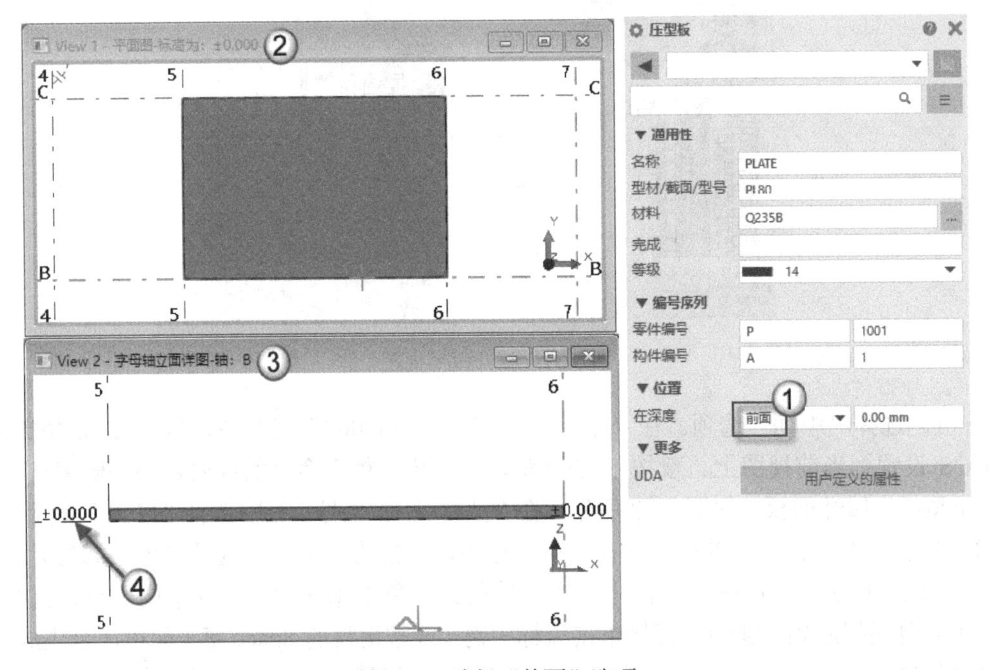

图 5.39 选择“前面”选项

（3）选择“后部”选项。双按 B 快捷键，在发出“板”命令的同时，将在侧窗格处启动“压型板”属性面板，在“位置”设置栏的“在深度”栏中，切换为“后部”选项（图中①处），在“平面图-标高为：±0.000”视图中（图中②处）再绘制一块板，在“字母轴立面详图-轴：B”视图中（图中③处），可以看到板位于标高线的下面（图中④处），如图 5.40 所示。

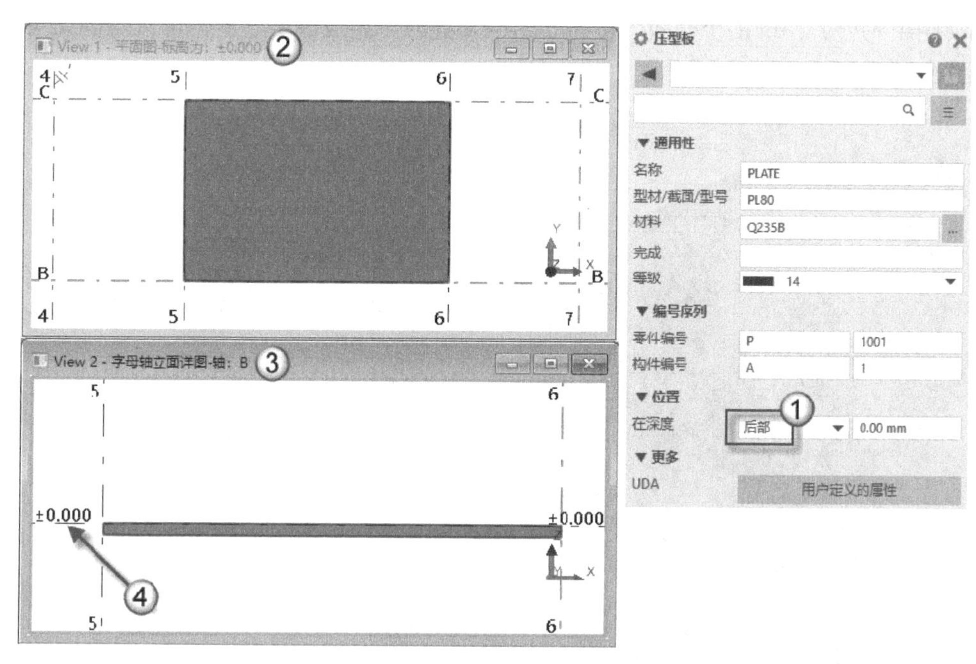

图 5.40　选择“后部”选项

如图 5.41 所示，在“压型板”属性面板中，“名称”栏（图中①处）和“编号序列”设置栏（图中②处）将根据图纸具体设置。

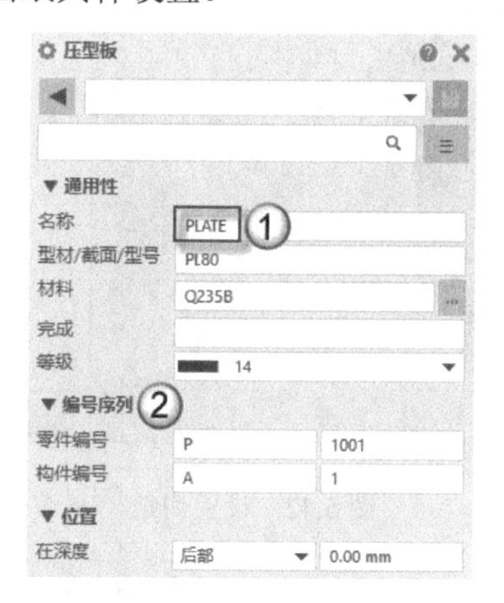

图 5.41　后面再设置的选项

5.3.2　修改板

前一节中介绍了绘制板的方法，本节将介绍修改板的方法。

1. 设置切角

打开“贝士摩”模型，如图 5.42 所示，在 3 号节点处（具体位置参看附录中的图纸）选择加劲板（图中①处），再选择这块加劲板的点控柄（图中②处）。在“拐角处斜角”面板中，切换“类型”栏为“线”选项（图中③处），将“距离 X”与“距离 Y”皆设置为 15（图中④处），单击“修改”按钮（图中⑤处）。完成设置之后，可以看到切角的效果如图 5.43 所示。

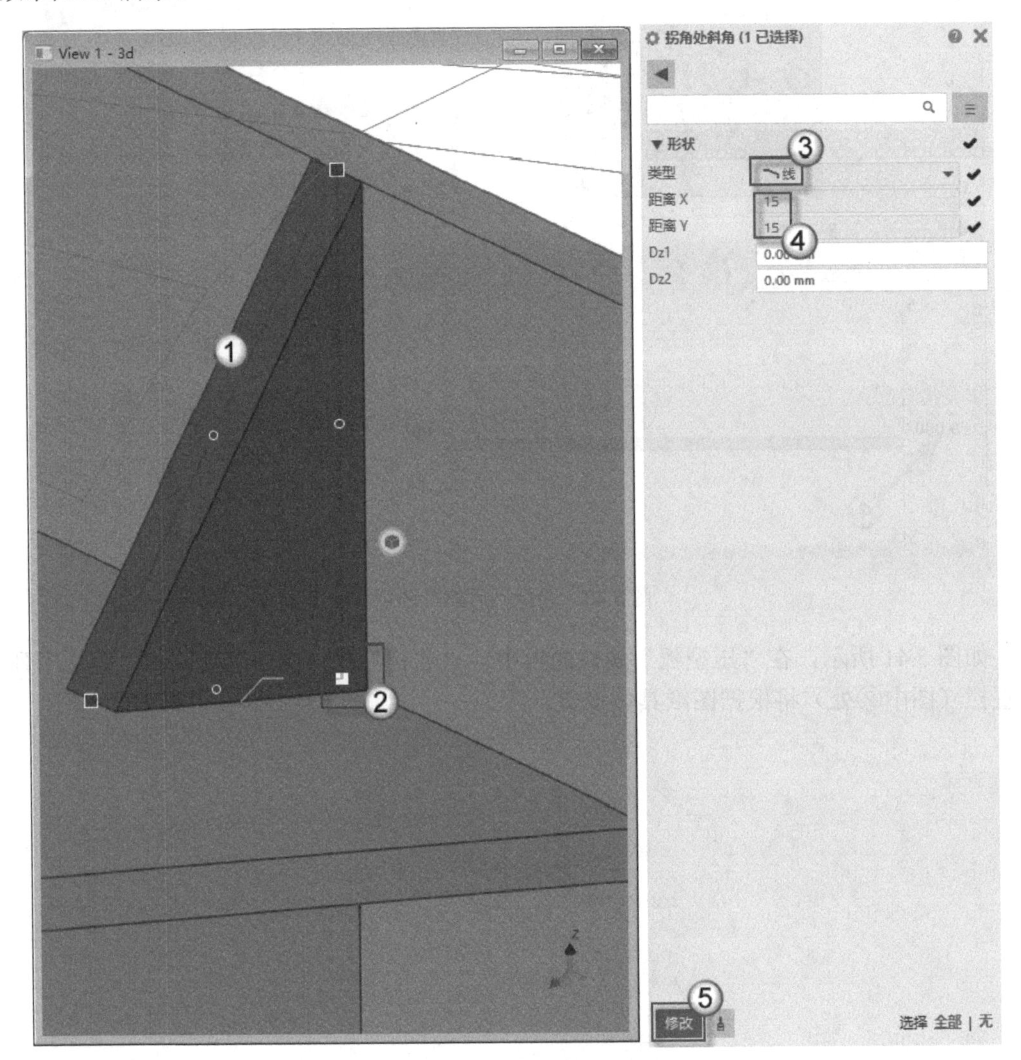

图 5.42　设置切角

图 5.43 所示的切角位置一定要进行切角，因为焊缝要穿过这个切角，否则这块加劲板与其他零件就无法焊接了。切角的具体尺寸要参照设计图纸。

2. 绘制圆形板

（1）打开视图。按 Ctrl+I 快捷键发出“视图列表”命令，将“平面图-标高为：9.000”视图选为可见视图，单击“确认”按钮，如图 5.44 所示。

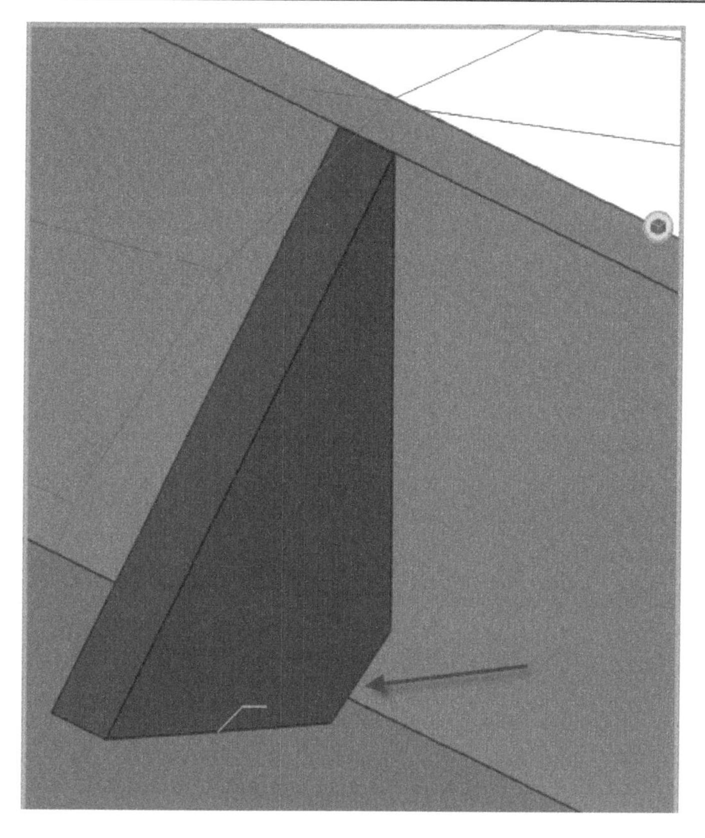

图 5.43　切角的效果

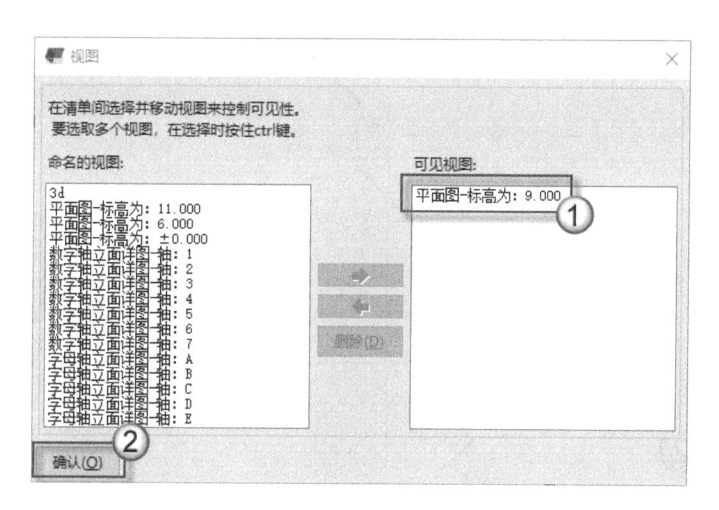

图 5.44　打开一个视图

（2）绘制辅助线。按 E 快捷键发出“辅助线”命令，在图 5.45 所示的视图中，依次单击①、②两个点，绘制一条辅助线（图中③处），再依次单击④、⑤两个点，绘制一条辅助线（图中⑥处），其中①、②、④、⑤点皆为中点。

（3）绘制板。按 B 快捷键发出“板”命令，按照①→②→③→④的顺序绘制板，如图 5.46 所示。按鼠标的中键（或按键盘上的 Space 键）可闭合生成板，如图 5.47 所示。

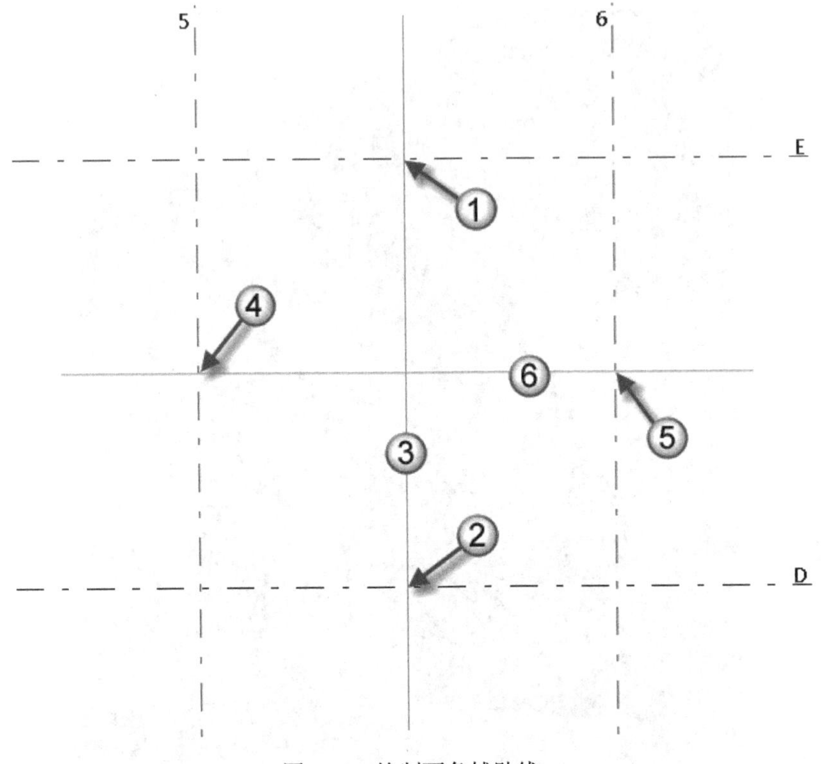

图 5.45　绘制两条辅助线

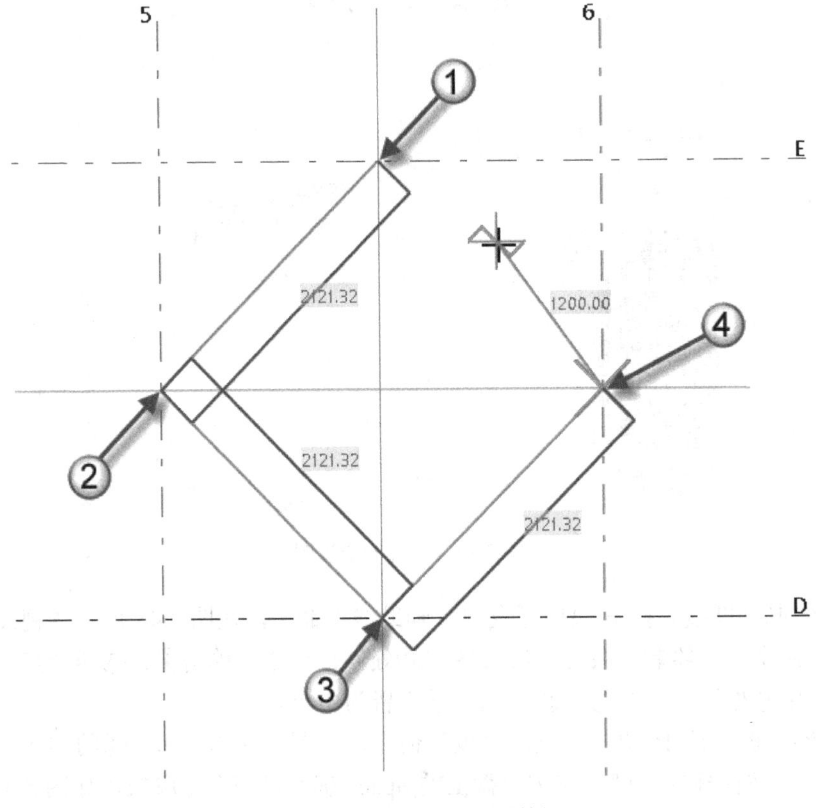

图 5.46　通过 4 个点绘制板

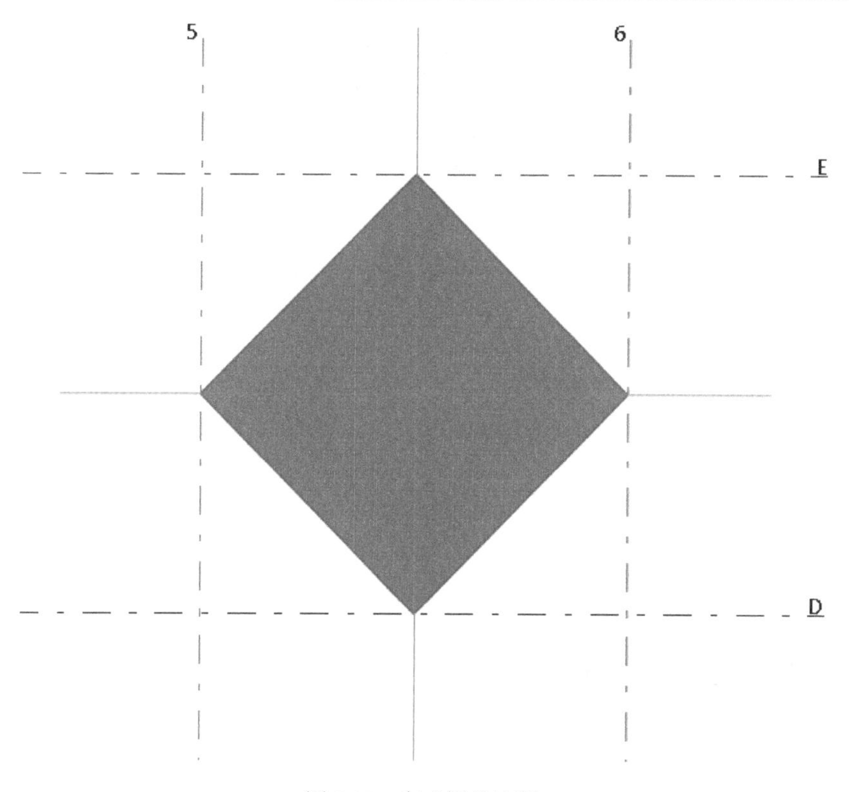

图 5.47　完成板的绘制

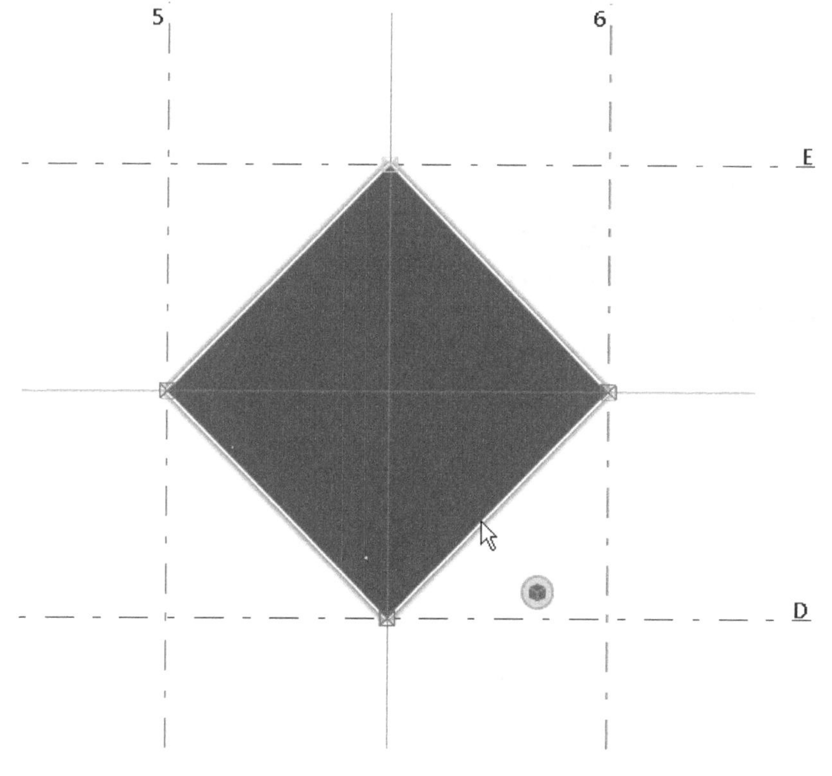

图 5.48　选择板

（4）转换为圆形板。选择刚绘制好的板，可以激活控柄，如图 5.48 所示。控柄的内容将在下一章详细介绍。按住 Alt 键不放，从左向右拉框，框选这块板，可以一次性选择这块板的所有点控柄（共 4 个），在“拐角处斜角”面板中切换“类型”栏为“弧点”选项，单击“修改”按钮完成操作，如图 5.49 所示。此时可以看到板变成了圆形，如图 5.50 所示。

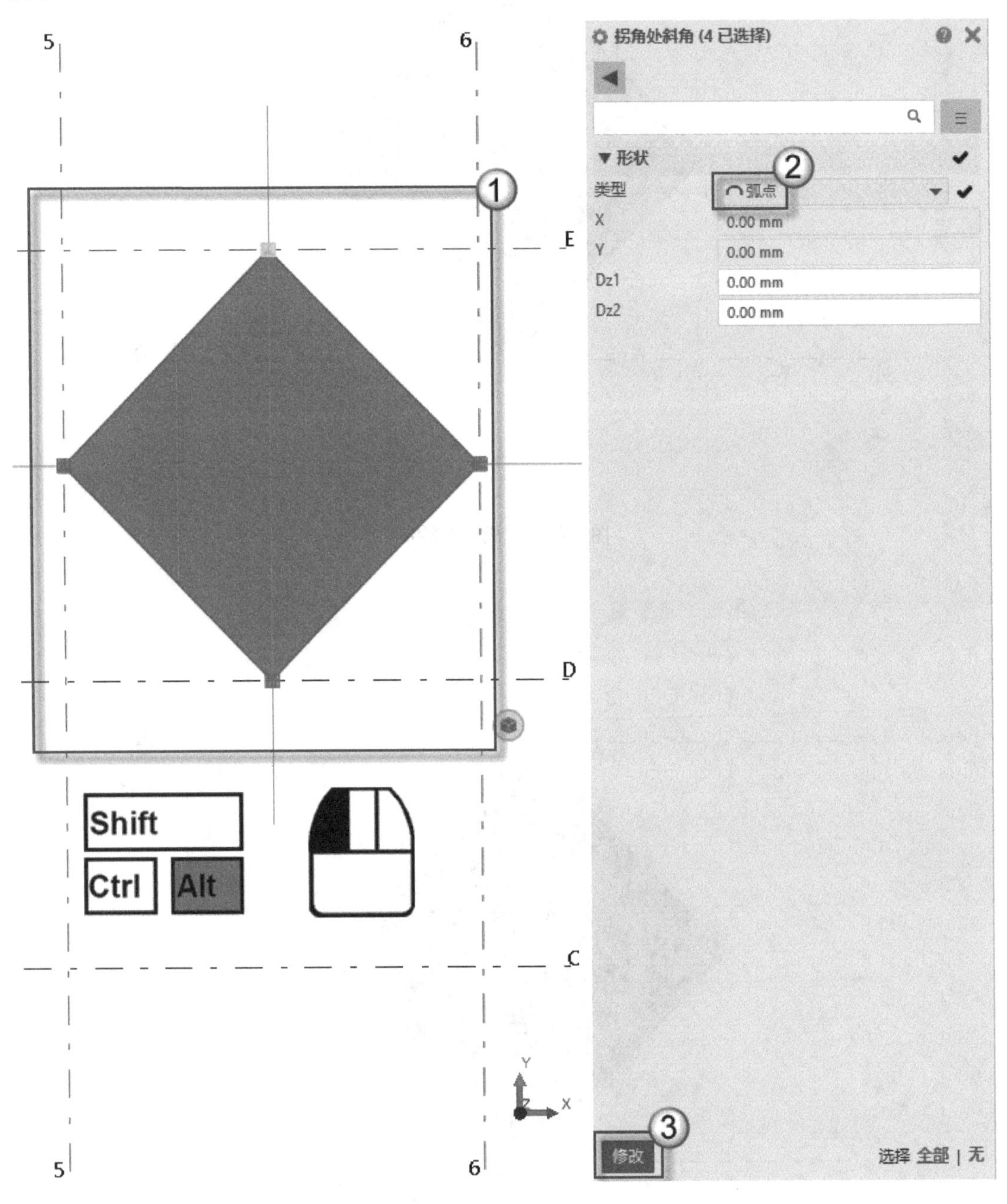

图 5.49　改为弧点

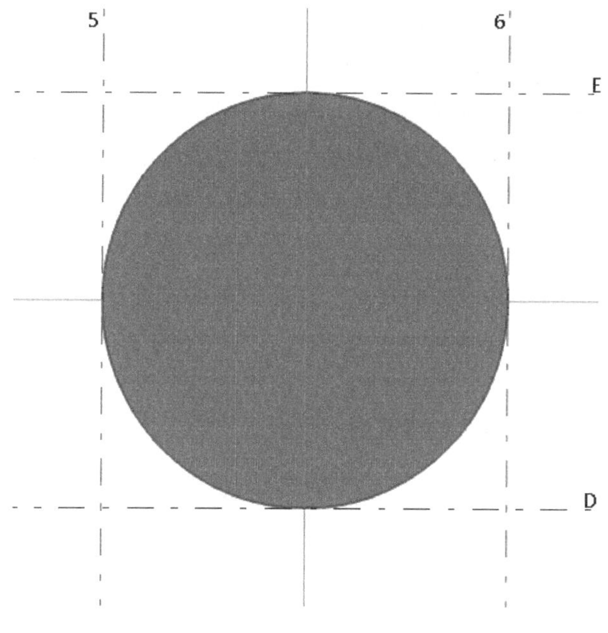

图 5.50　转换为圆形板

5.4　其他构件命令

本节介绍两个使用频率略低的 Tekla 建模命令："柱"命令与"项"命令。Tekla 中还有一些建模命令，由于操作方法大同小异，这里就不再赘述。

5.4.1 "柱"命令

绘制柱的时候可以使用两个命令，即"梁"命令与"柱"命令。用"梁"命令绘制柱一般在立面图中进行，用"柱"命令绘制柱一般在平面图中进行。

（1）打开视图。打开"贝士摩"模型，按 Ctrl+I 快捷键发出"视图列表"命令，在"视图"对话框中将"平面图-标高为：±0.000"与"字母轴立面详图-轴：A"两个视图选为可见视图，单击"确认"按钮，如图 5.51 所示。

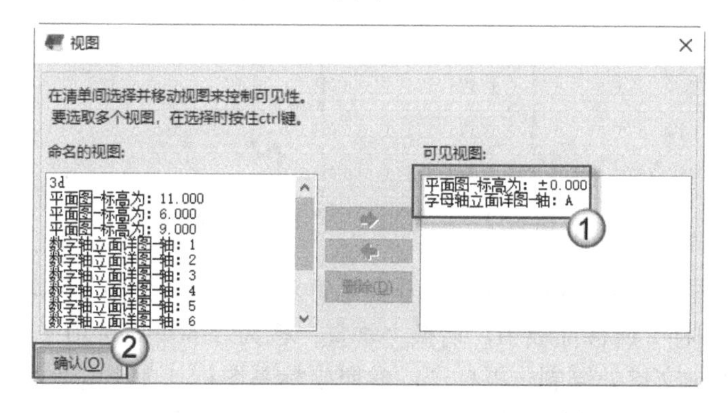

图 5.51　打开两个视图

（2）设置上下栏参数。配合 Shift 键，单击“柱”按钮，在发出“柱”命令的同时弹出“钢柱”属性面板，如图 5.52 所示。在“上”栏中输入 9000 个单位（图中①处），在“下”栏中输入-300 个单位（图中②处），在“平面图-标高为：±0.000”视图中（图中③处），单击 A 轴与 7 轴的交点（图中④处），在“字母轴立面详图-轴：A”视图中（图中⑤处）可以看到，新绘制的柱底部在±0.000 标高下 300 处（图中⑥处），顶部在 9.000 标高处（图中⑦处）。

注意： 在平面中用“柱”命令绘制柱时，柱的顶部与底部位置要通过“钢柱”属性面板的“上”与“下”两栏中的数值来确定。以±0.000 为基准，在±0.000 上面用“上”栏中的数值（正值），在±0.000 下面用“下”栏中的数值（负值）。在“下”栏中也可以使用正值，读者可自行尝试。

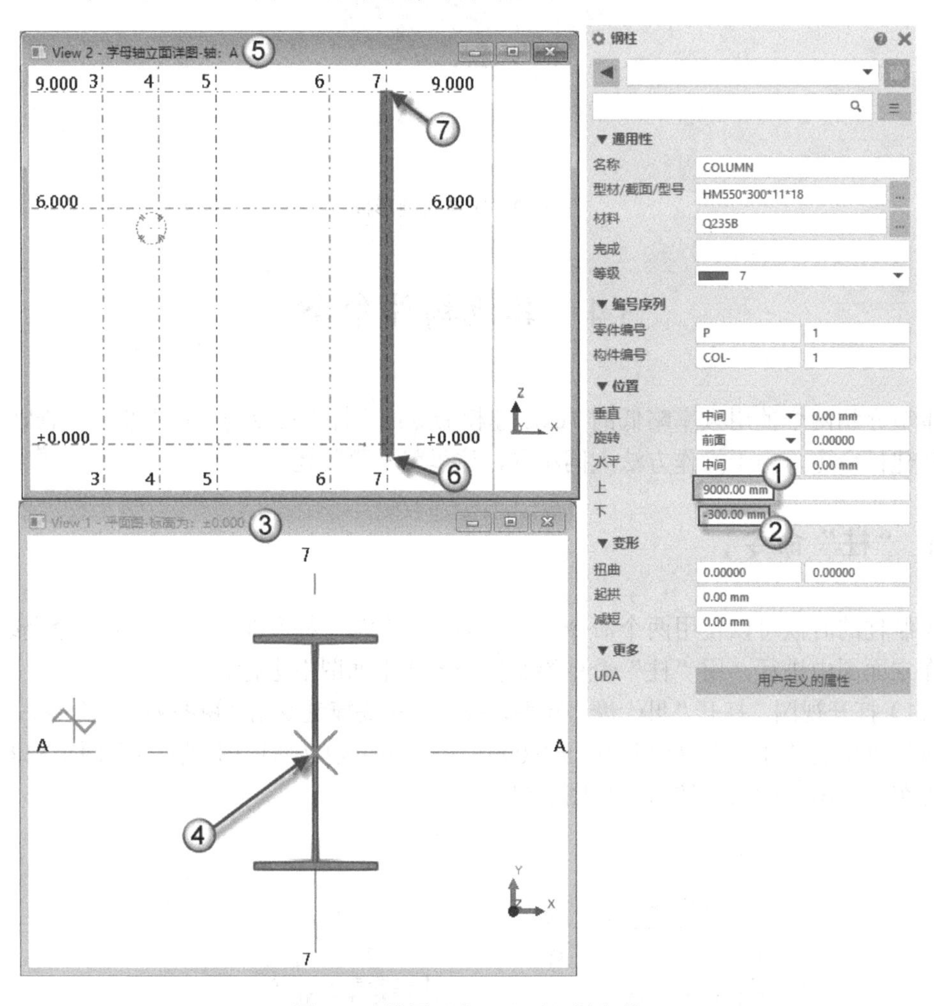

图 5.52　设置“上”“下”栏参数

（3）设置“垂直”栏参数。这里的垂直是针对 UCS 坐标系的 X 轴向而言的。在如图 5.53 所示的“钢柱”属性面板中，切换“垂直”栏为“向下”选项（图中①处），在平面图中 A 轴与 7 轴交点处绘制一根柱子，参照坐标系图标（图中②处），假想绘制 UCS 的 X 轴向（图中③处），可以看到柱子全部位于 X 轴向的下部（这就是“向下”选项的含意）。如图 5.54 所示，在“钢柱”属性面板中，切换“垂直”栏为“向上”选项（图中①处），在平面图中 A 轴与 7 轴交点处绘制一根柱子，参照坐标系图标（图中②处），假想绘制 UCS 的 X 轴向（图中③处），可以看到柱子全部位于 X 轴向的上部（这就是“向上”选项的含意）。

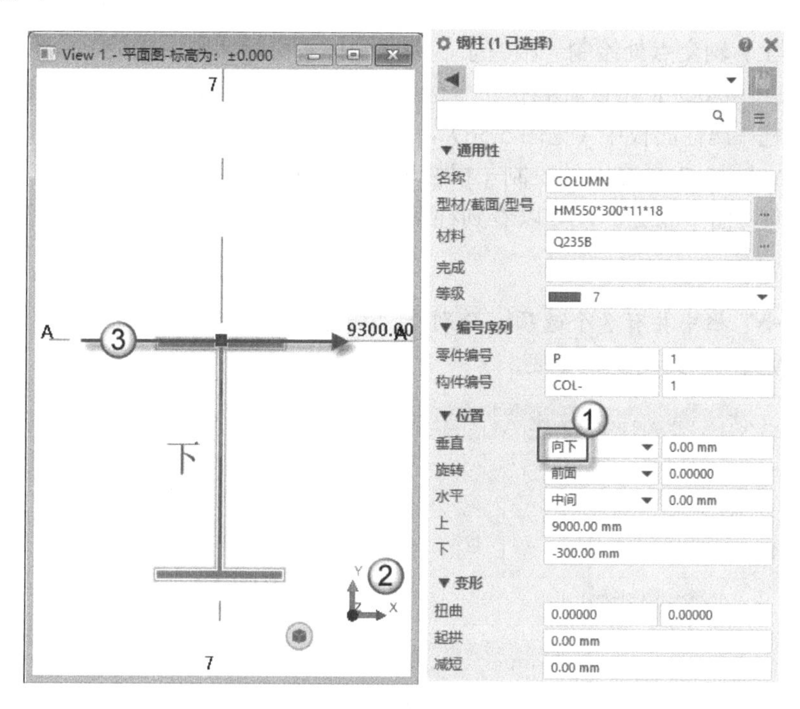

图 5.53　向下选项

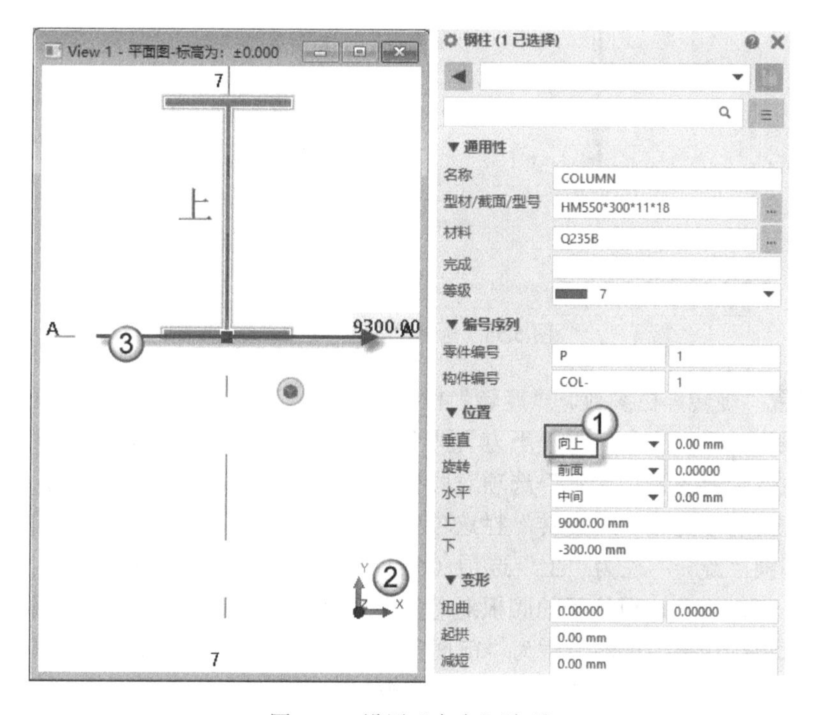

图 5.54　设置“向上”选项

🔔注意：“垂直”栏中共有 3 个选项，分别是“向上”“向下”“中间”。“向上”“向下”两个选项已经介绍过了，“中间”选项的意思也很容易理解，此处不再赘述。

（4）设置“水平”栏参数。这里的水平是针对 UCS 坐标系的 Y 轴向而言的。在如图 5.55 所示的“钢柱”属性面板中，切换“水平”栏为“左边”选项（图中①处），在平面图中 A 轴与 7 轴交点处绘制一根柱子，参照坐标系图标（图中②处），假想绘制 UCS 的 Y 轴向（图中③处），可以看到柱子全部位于 Y 轴向的左侧（这就是“左边”选项的含意）。在“钢柱”属性面板中（见图 5.56），切换“水平”栏为“右边”选项（图中①处），在平面图中 A 轴与 7 轴交点处绘制一根柱子，参照坐标系图标（图中②处），假想绘制 UCS 的 Y 轴向（图中③处），可以看到柱子全部位于 Y 轴向的右侧（这就是“右边”选项的含意）。

🔔注意：“水平”栏中共有 3 个选项，分别是“左边”“右边”“中间”，含义与“垂直”栏选项相同，此处就不赘述。

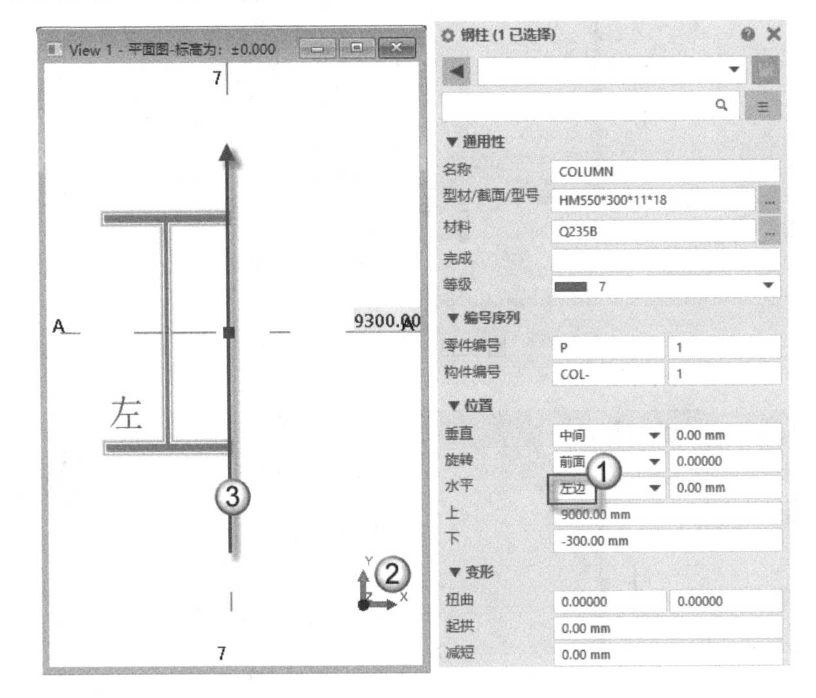

图 5.55　选择“左边”选项

（5）设置“旋转”栏参数。“旋转”栏中有 4 个选项，分为两个组。“前面”与“后退”两个选项为一组，“上”与“下方”两个选项为一组。在初学时，有一个助记口诀是“上→腹→数”。意思是：“上”选项对腹板，对着数字轴。由此可推理出——“前面”选项对腹板，对着字母轴。“旋转”栏选项的说明见表 5.7。在图 5.57 所示的“钢柱”属性面板中，切换“旋转”栏为“上”选项（图中①处），在平面图中 A 轴与 7 轴交点处绘制一根柱子，可以看到这根柱子的腹板对着数字轴（图中②处），这就是口诀“上→腹→数”代表的意思；切换“旋转”栏为“前面”选项（图中③处），在平面图中 A 轴与 7 轴交点处绘制一根柱子，可以看到这根柱子的腹板对着字母轴（图中④处），如图 5.57 所示。

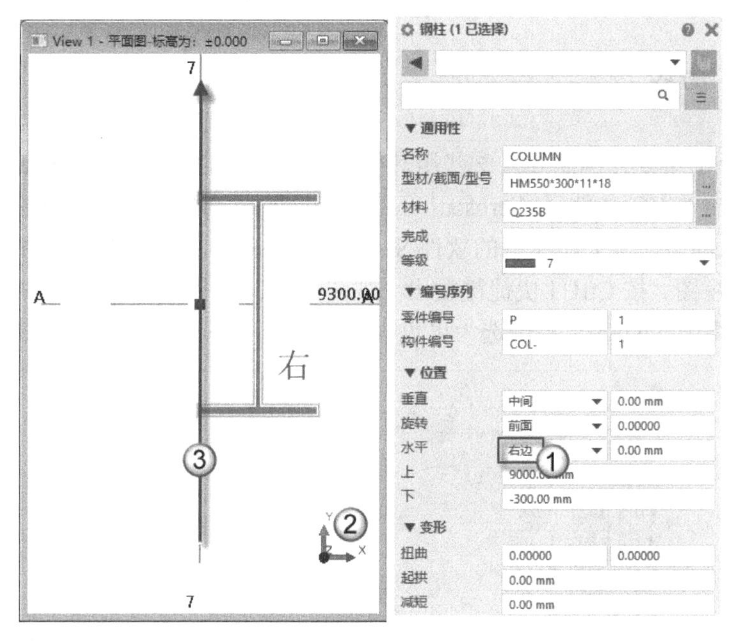

图 5.56　选择“右边”选项

表 5.7　旋转栏选项

选　　项	腹板所对的轴
前面	字母轴
上	数字轴
后退	字母轴
下方	数字轴

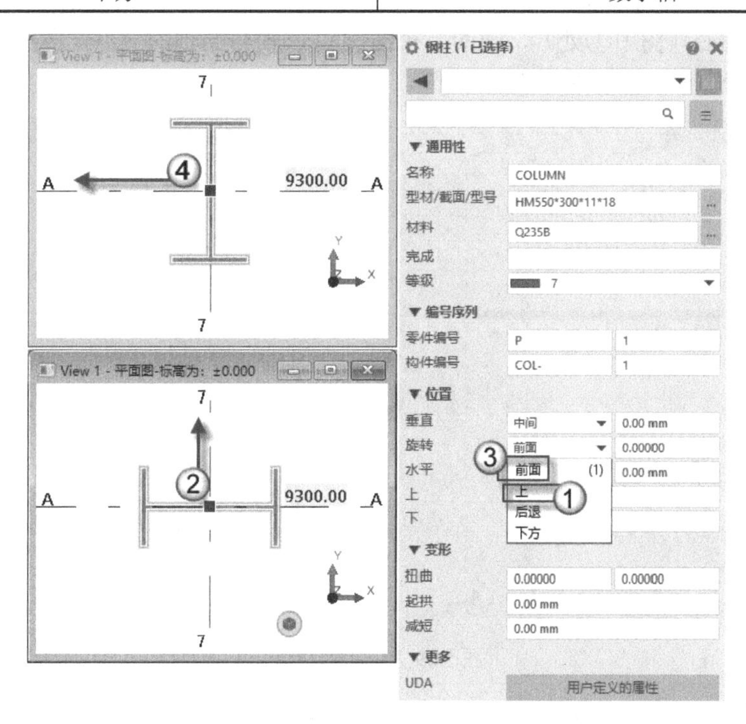

图 5.57　设置“旋转”栏参数

5.4.2 “项”命令

“项”命令的主要作用是导入一些用其他软件制作好的对象，如 SketchUp 的 SKP 文件，AutoCAD 的 DWG 文件，Microstation 的 DNG 文件，还有 BIM 数据格式的 IFC 文件等。本节以导入同为天宝公司旗下的软件 SketchUp 的 SKP 文件为例，说明创建项的方法。

（1）打开视图。按 Ctrl+I 快捷键发出“视图列表”命令，在弹出的“视图”对话框中将“平面图-标高为：6.000”视图选为可见视图，单击“确认”按钮，如图 5.58 所示。

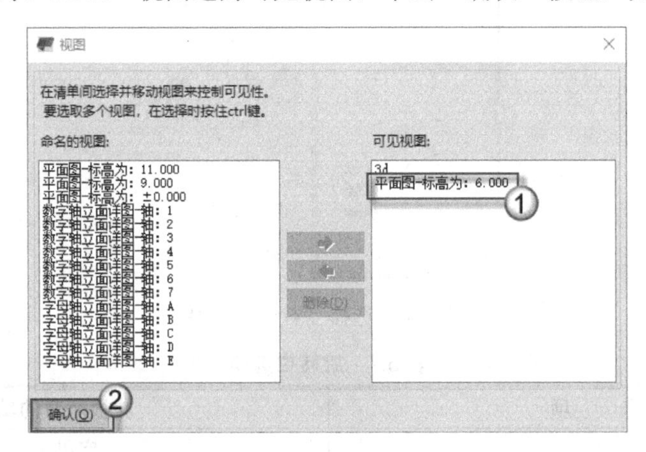

图 5.58　打开视图

（2）添加辅助圆。在“平面图-标高为：6.000”视图中（见图 5.59），按 Shift+Z 快捷键将 UCS 设置到当前视图上。在快速访问工具栏上单击“添加辅助圆”按钮，以 C 轴与 7 轴交点为圆心（图中①处），圆的半径捕捉到 C 轴与 5 轴的交点（图中②处），可以看到生成了一个辅助圆（图中③处）。

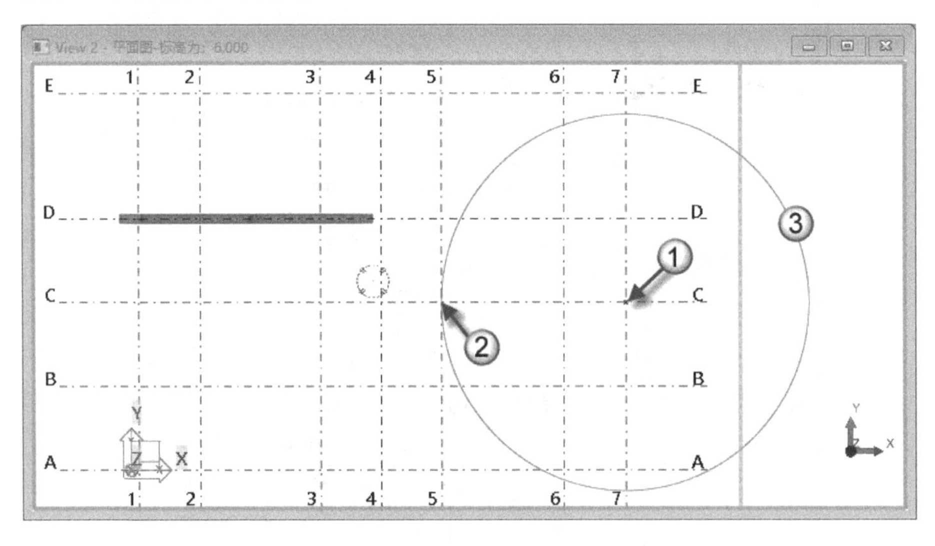

图 5.59　添加辅助圆

（3）导入 SKP 文件。双按 K 快捷键，在发出“项”命令的同时，在侧窗格区弹出“项”

属性面板，如图 5.60 所示。在“形状”栏处单击…按钮（图中①处），在弹出的“形状目录”对话框中单击“输入”按钮（图中②处），弹出“输入形状”对话框，选择 SKP 目录（图中③处），再选择“预制砼构件.skp”文件（图中④处），单击“确认”按钮（图中⑤处）。在“形状目录”对话框中选择刚导入的“预制砼构件”选项（图中①处），单击“确认”按钮（图中②处）完成操作，如图 5.61 所示。

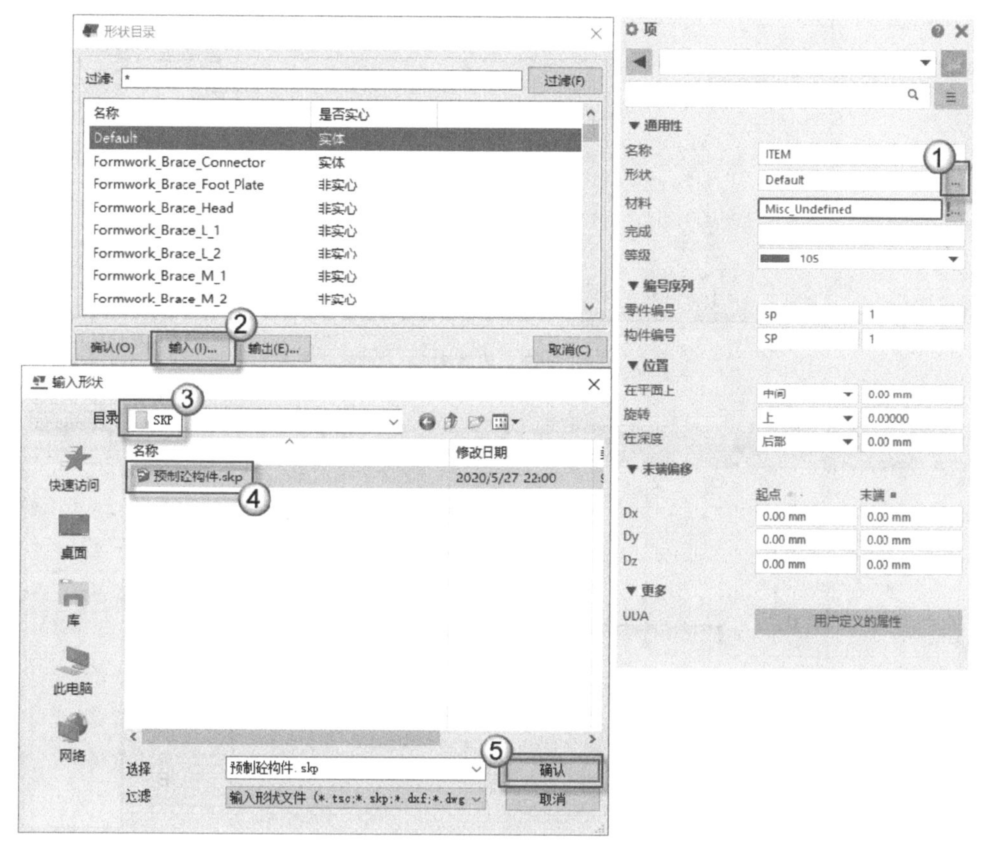

图 5.60　选择 SKP 文件

（4）放置形状。在如图 5.62 所示的“平面图-标高为：6.000”视图中可以看到刚导入的形状（图中①处），双击在 C 轴与 7 轴的交点（图中②处），确定放置形状的中心点。放置好之后的对象，如图 5.63①所示。

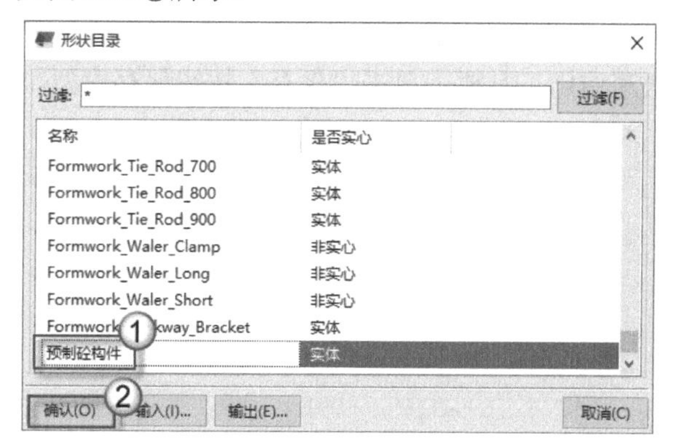

图 5.61　形状目录

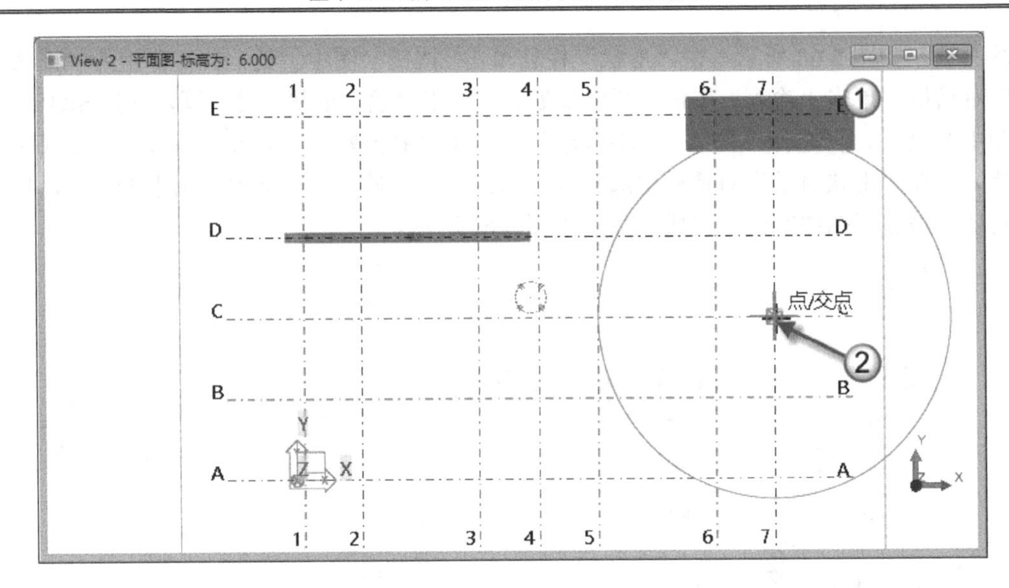

图 5.62　放置对象

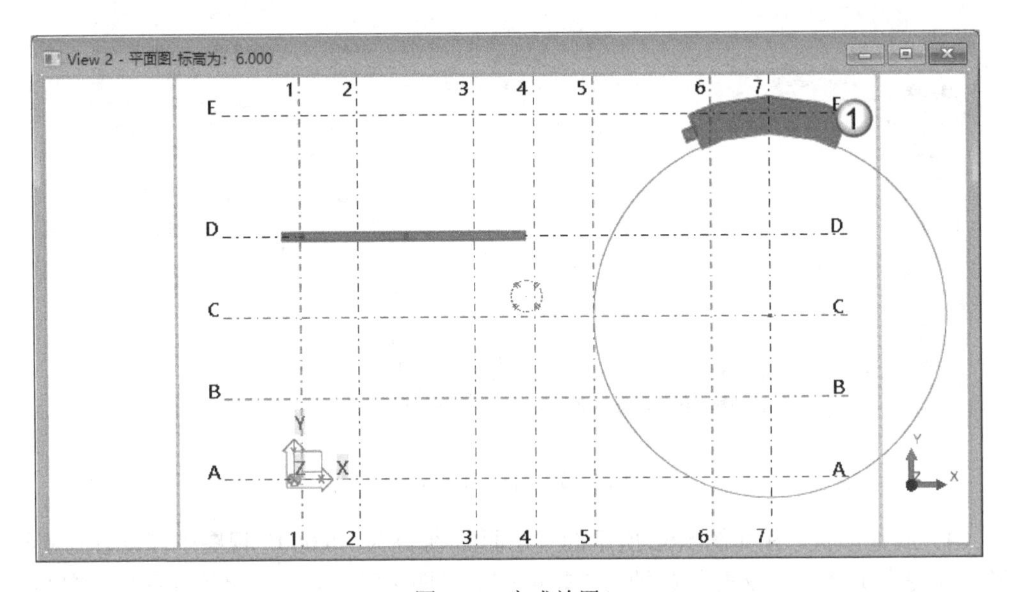

图 5.63　完成放置

（5）保存模型。因为本节创建的这个形状模型在后面会用到，所以需要保存模型。按 Ctrl+S 快捷键，或在快速访问工具栏上单击“保存”按钮保存模型。

第 6 章　编　　辑

上一章介绍了在 Tekla 中的基本建模方法，本章介绍的操作方法皆是在模型已经建好的基础上，对模型进行的编辑。

6.1　移 动 对 象

在 Tekla 中，移动对象时要注意两点：一是要找到具体的移动命令；二是在移动时要精确对位。

6.1.1 “移动”命令

本节介绍的“移动”命令是最基本的命令，它的作用是将对象从一个点移动到另一个点。具体操作步骤如下：

（1）打开视图。打开“贝士摩”模型，按 Ctrl+I 快捷键发出“视图列表”命令，在弹出的“视图”对话框中，将“平面图-标高为：±0.000”视图选为可见视图，单击“确认”按钮，如图 6.1 所示。

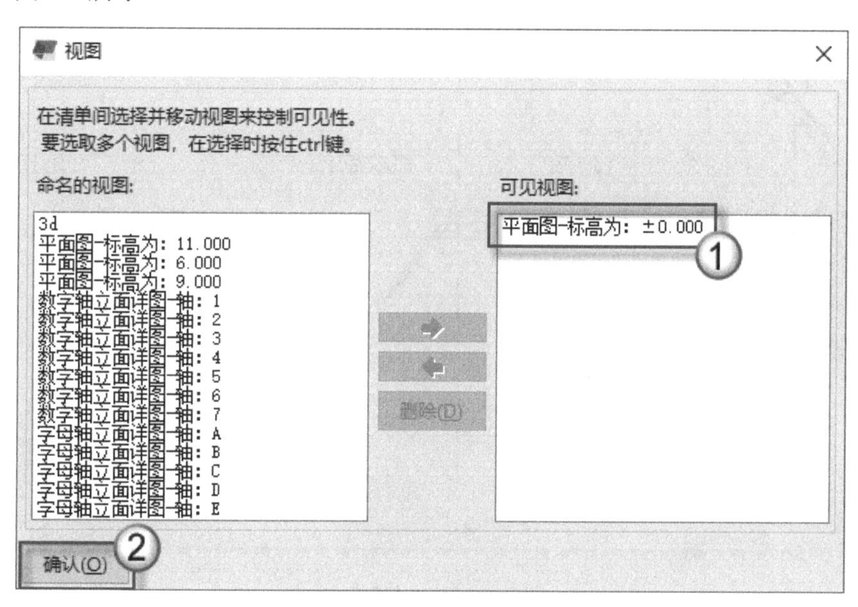

图 6.1　打开视图

（2）绘制板。在图 6.2 所示的视图中，单按 B 快捷键发出“板”命令，以 B 轴与

3 轴交点处为起点（图中①处），绘制一块 500×500 的板（图中②处），使用默认板厚就可以。

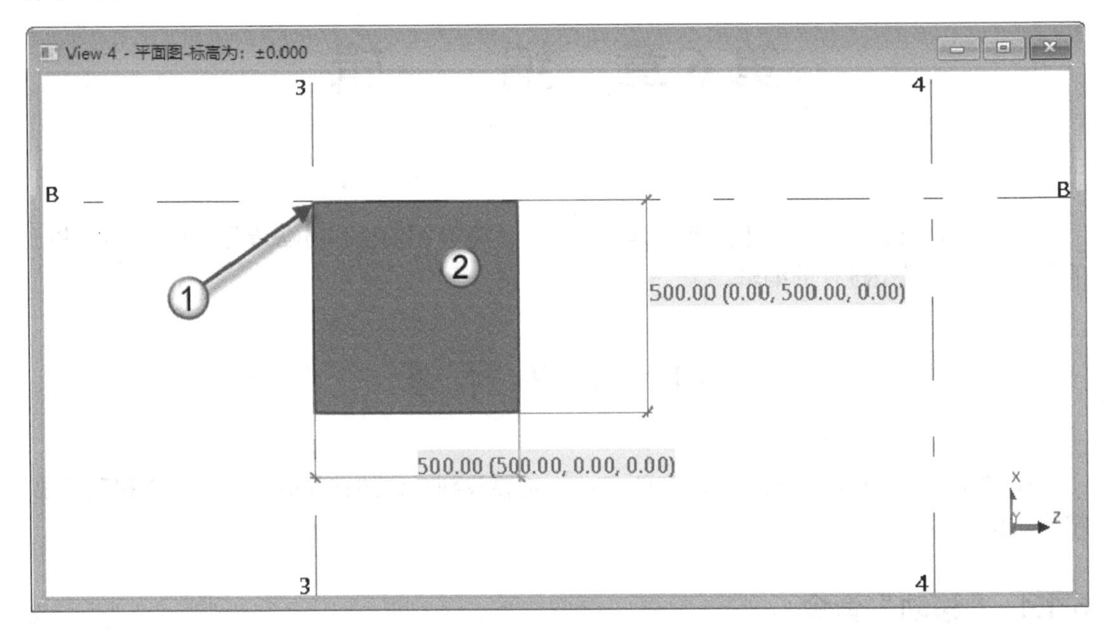

图 6.2　绘制板

（3）移动板。选择刚刚绘制好的板（图中①处），按 Ctrl+M 快捷键发出“移动”命令，在图 6.3 所示的视图中捕捉 B 轴与 3 轴的交点（图中②处）为起点，捕捉 B 轴与 4 轴的交点（图中③处）为终点。移动后的板，如图 6.4 所示（图中①处）。

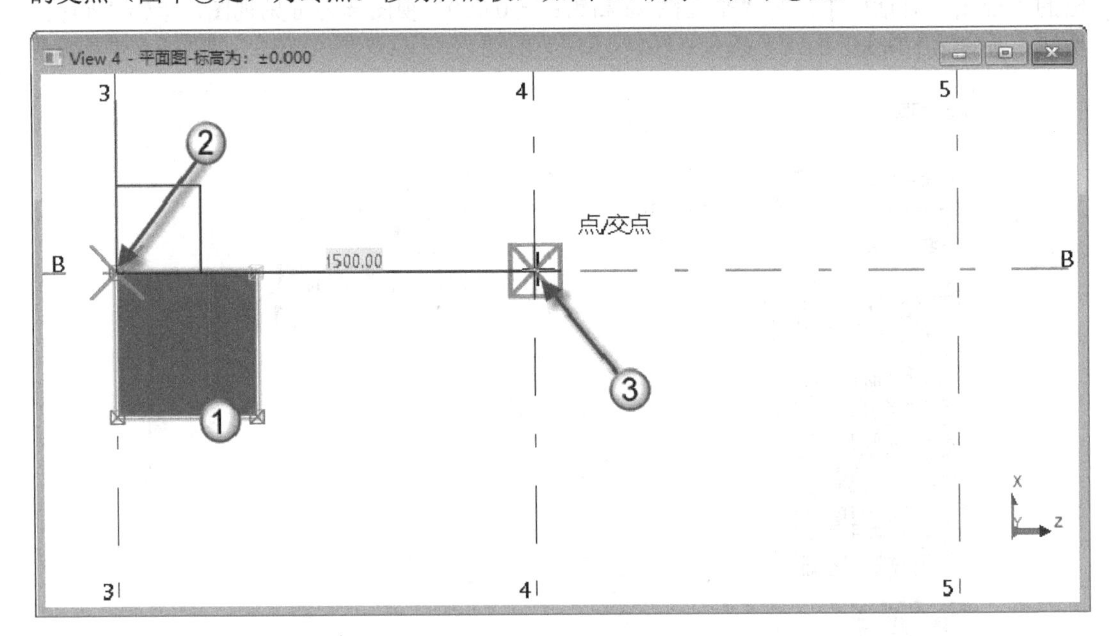

图 6.3　移动时捕捉点

（4）再次移动板。选择板（图中①处），准备再次移动，按 Ctrl+M 快捷键发出“移动”命令，在图 6.5 所示的视图中捕捉 B 轴与 4 轴的交点（图中③处）为起点，捕捉 B 轴与 5 轴的交点（图中④处）为终点。移动后的板，如图 6.6 所示（图中①处）。

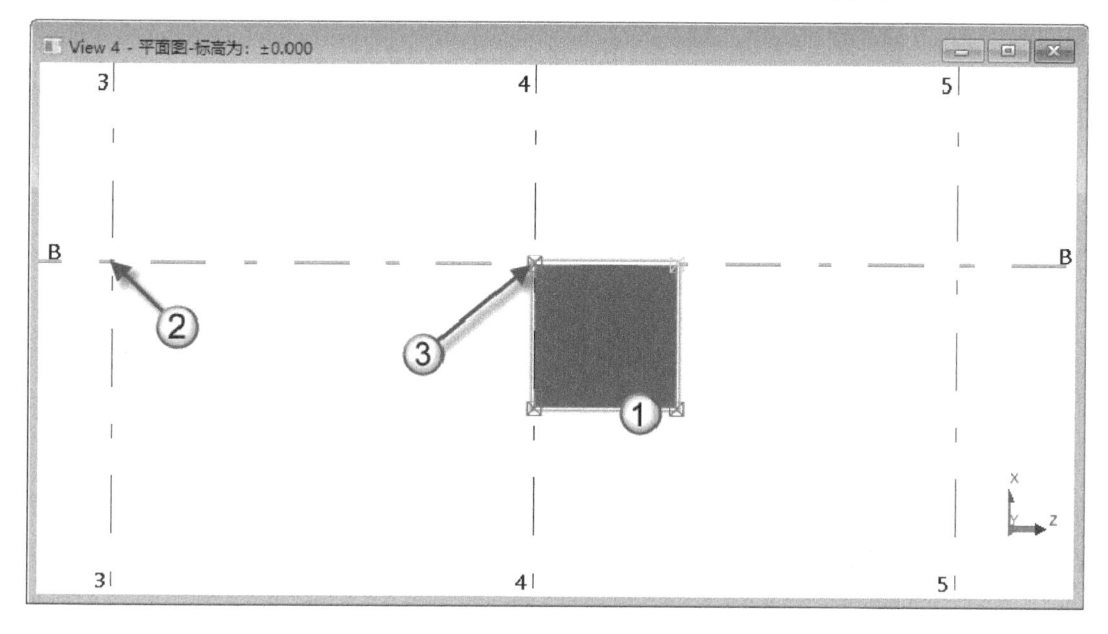

图 6.4　移动后的板

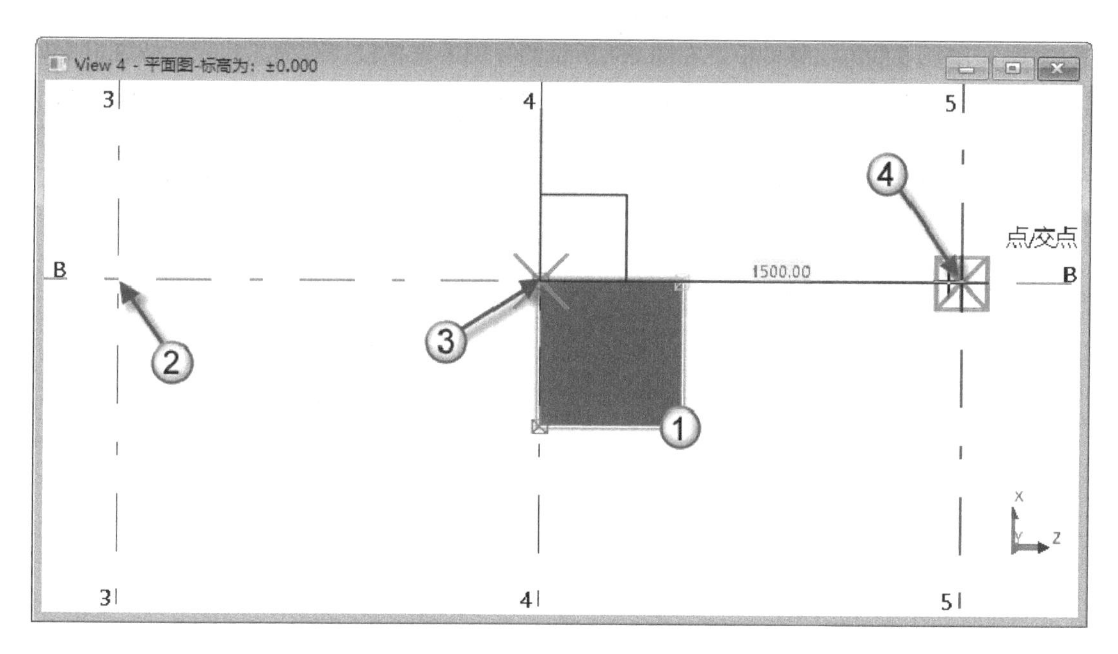

图 6.5　移动时捕捉点

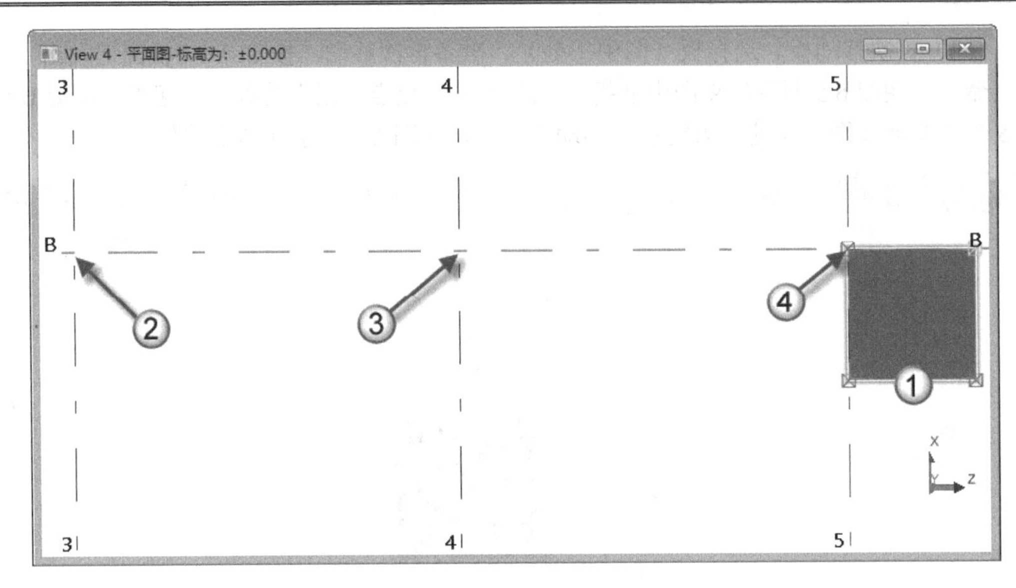

图 6.6　移动后的板

6.1.2 “线性的移动”命令

“线性的移动”命令比“移动”命令要“高级”一些，通过该命令可以在“移动-线性”对话框中输入具体数值，设置对象移动的距离。

（1）用点取的方法移动板。在图 6.7 所示的视图中选择板（图中①处），按 Shift+W 快捷键发出“线性的移动”命令，在弹出的“移动-线性”对话框中，单击“点取”按钮（图中②处），捕捉 B 轴与 5 轴的交点（图中③处）为起点，捕捉 C 轴与 5 轴的交点（图中④处）为终点，然后单击“移动”按钮（图中⑤处）。操作完成后，可以看到板移动到了 C 轴与 5 轴交点处，如图 6.8 所示。

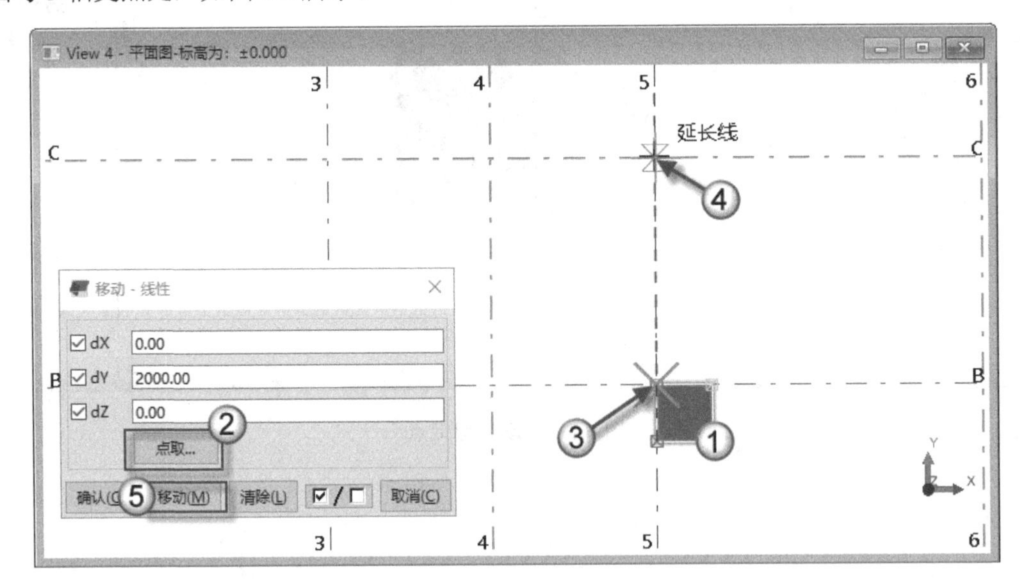

图 6.7　移动时定位

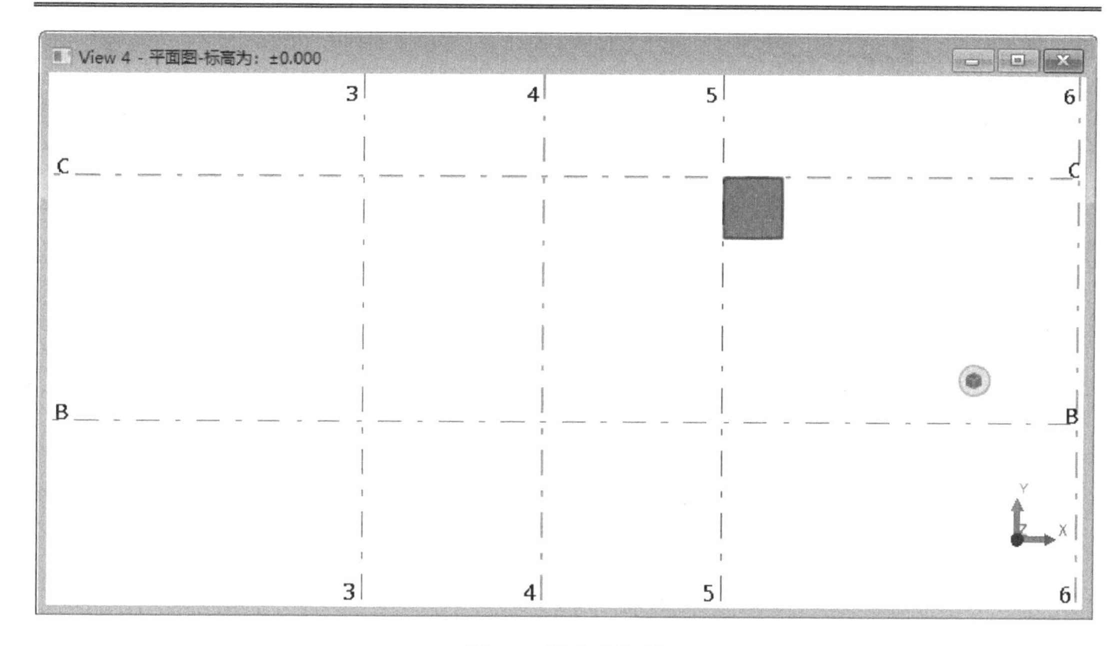

图 6.8　移动后的板

（2）用输入数值的方法移动板。在图 6.9 所示的视图中选择板（图中①处），准备将其从 C 轴与 5 轴的交点（图中②处）移动到 B 轴与 4 轴的交点（图中④处）。由图可知，②→③的距离为 1500，③→④的距离为 2000，按 Shift+W 快捷键发出“线性的移动”命令，在弹出的“移动-线性”对话框中，单击“清除”按钮（图中⑤处），清除前面的数据，在 dX 栏中输入-1500（图中⑥处），在 dY 栏中输入-2000（图中⑦处），单击“移动”按钮（图中⑧处）。操作完成后，可以看到板已经被移动到 B 轴与 4 轴交点处，如图 6.10 所示。

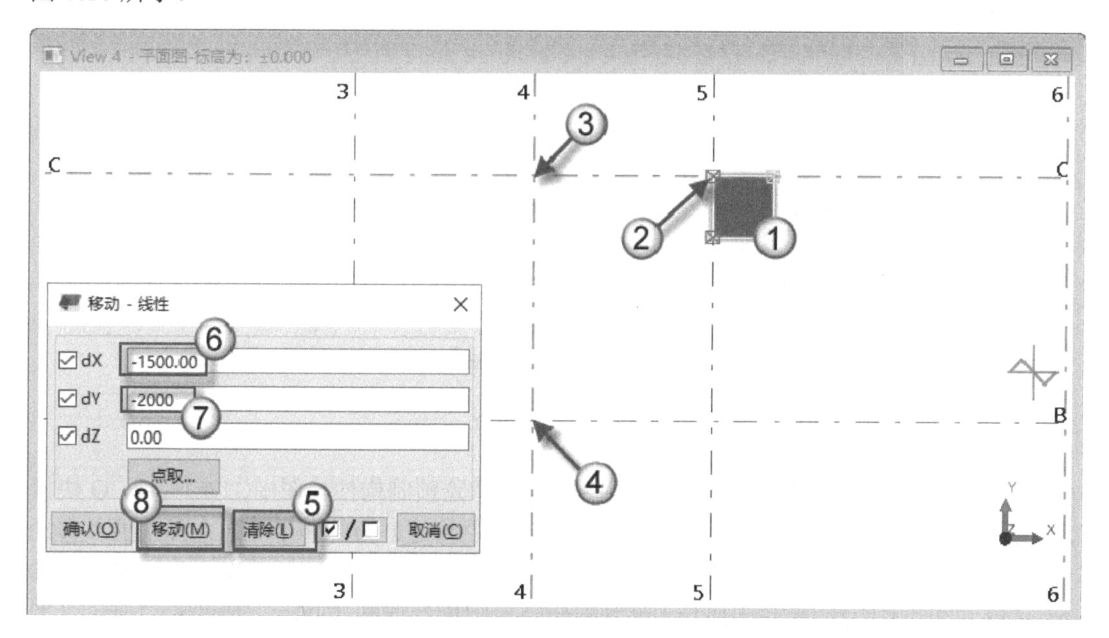

图 6.9　输入移动参数

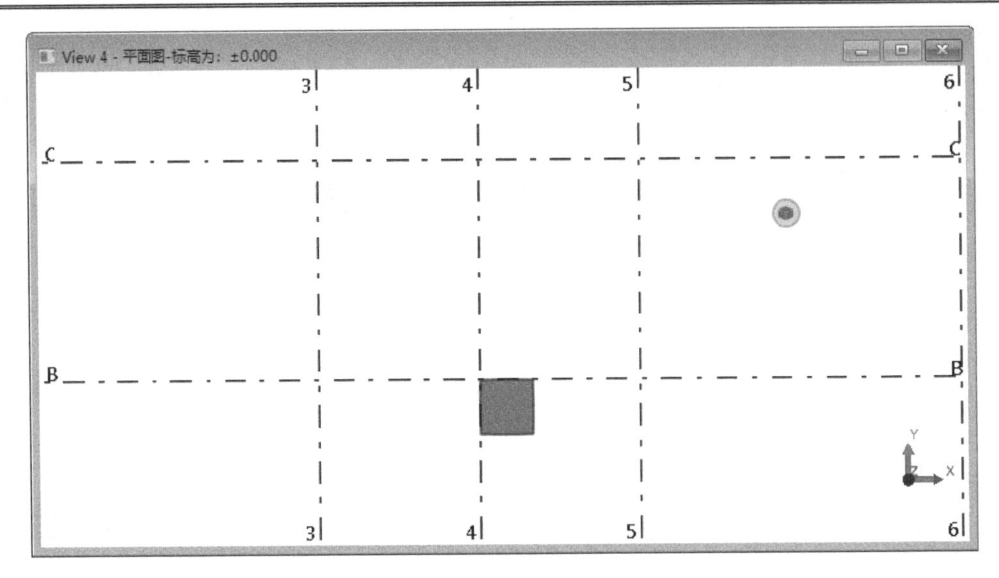

图 6.10　移动后的板

6.1.3 “旋转”命令

在使用“旋转”命令之前，要使用 Shift+Z 快捷键将 UCS 设置到当前视图上，否则在旋转时会出错。具体操作方法如下：

（1）打开视图。按 Ctrl+I 快捷键发出“视图列表”命令，在弹出的“视图”对话框中，将“平面图-标高为：6.000”视图设为可见视图，单击“确认”按钮，如图 6.11 所示。

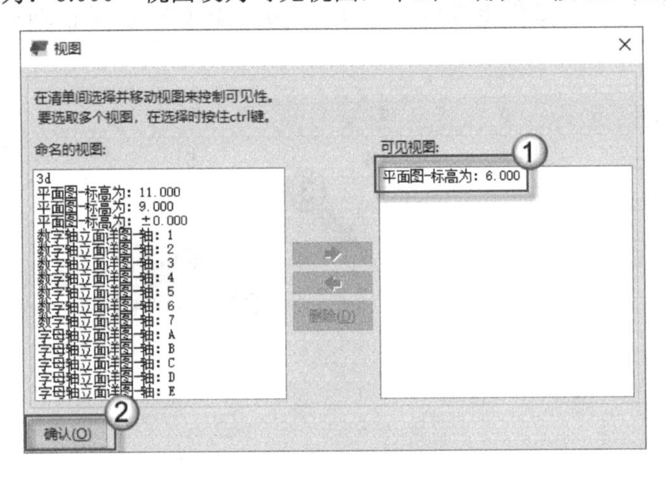

图 6.11　打开视图

（2）旋转模型。在图 6.12 所示的视图中，选择砼预制构件（图中①处），按 Q 快捷键发出“旋转”命令，单击 C 轴与 7 轴的交点（图中②处）为旋转中心，在弹出的“移动-旋转”对话框中，在“角度”栏输入 90（图中③处），即表示旋转角度为 90°，单击“移动”按钮（图中④处）。操作完成后，可以看到砼预制构件旋转了 90°，如图 6.13 所示（图中⑤处）。

（3）保存模型。因为本节调整的这个砼预制构件在后面会用到，所以需要保存模型。

按 Ctrl+S 快捷键，或在快速访问工具栏上单击“保存”按钮保存模型。

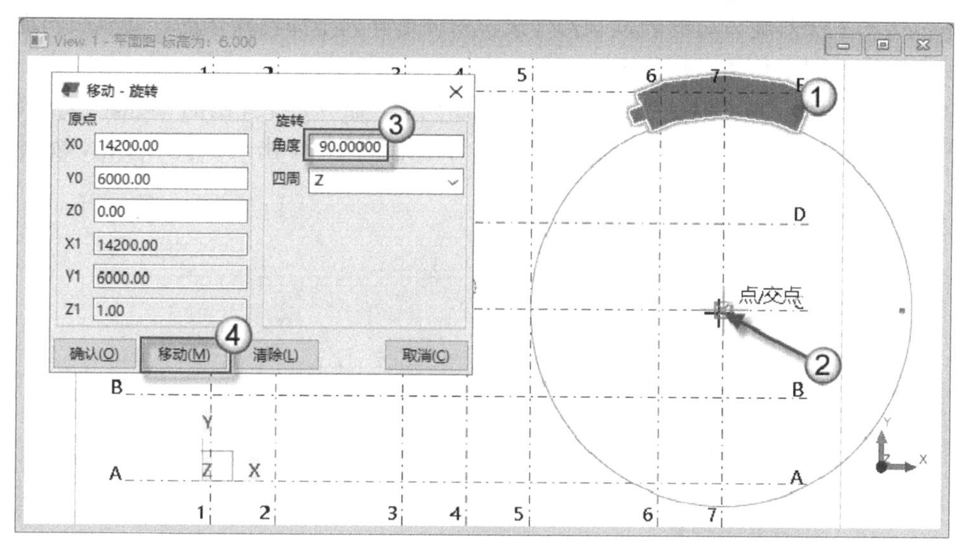

图 6.12　输入旋转参数

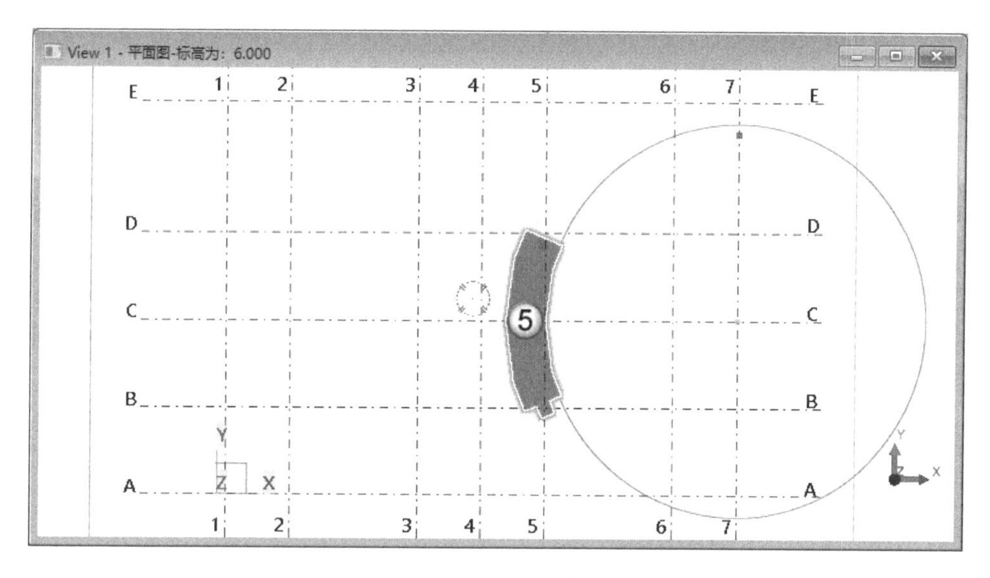

图 6.13　旋转后的砼预制构件

6.2　复制对象

在钢结构设计过程中，重复性的零件比较多。可以先创建好一个零件，后面用到时进行复制即可。需要注意的是，对复制生成的零件要准确地对位。

6.2.1　环形阵列

环形阵列又叫旋转复制，是在选择对象之后，通过指定环形的中心（就是圆心）和半径（从圆心到被选择对象的间距），绕此中心进行圆周上的复制，来控制复制对象的数量。

本节接着上一节旋转后的砼预制构件来说明环形阵列是如何操作的，并且引出地铁隧道施工方案设计图。具体操作如下：

（1）打开视图。按 Ctrl+I 快捷键发出“视图列表”命令，在弹出的“视图”对话框中，将“平面图-标高为：6.000”视图与 3d 视图设为可见视图，单击“确认”按钮，如图 6.14 所示。

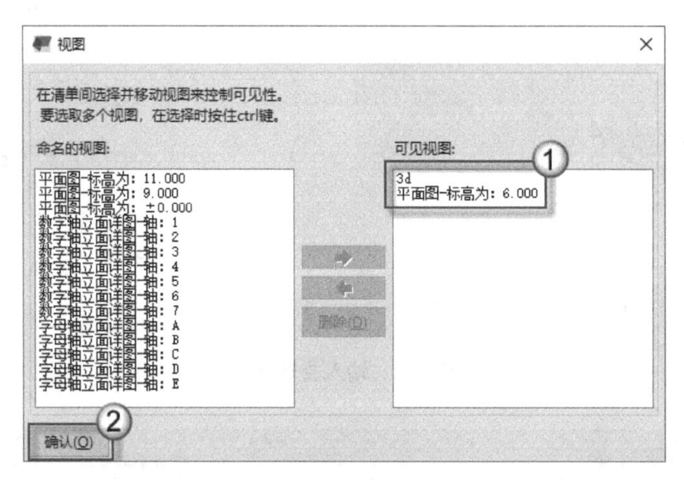

图 6.14　显示两个视图

（2）旋转、复制对象。在图 6.15 所示的视图中，选择砼预制构件（图中①处），按 Shift+Q 快捷键发出“旋转复制”命令，在弹出的“复制-旋转”对话框中单击“清除”按钮（图中②处），清除前面设置的参数，单击 C 轴与 7 轴的交点为旋转中心（图中③处），在“复制的份数”栏中输入 7（图中④处），在“角度”栏中输入 45，即旋转角度为 45°（图中⑤处），单击“复制”按钮（图中⑥处）。操作完成后，可以看到砼预制构件旋转并复制了 7 个（加源对象共 8 个），如图 6.16 所示。

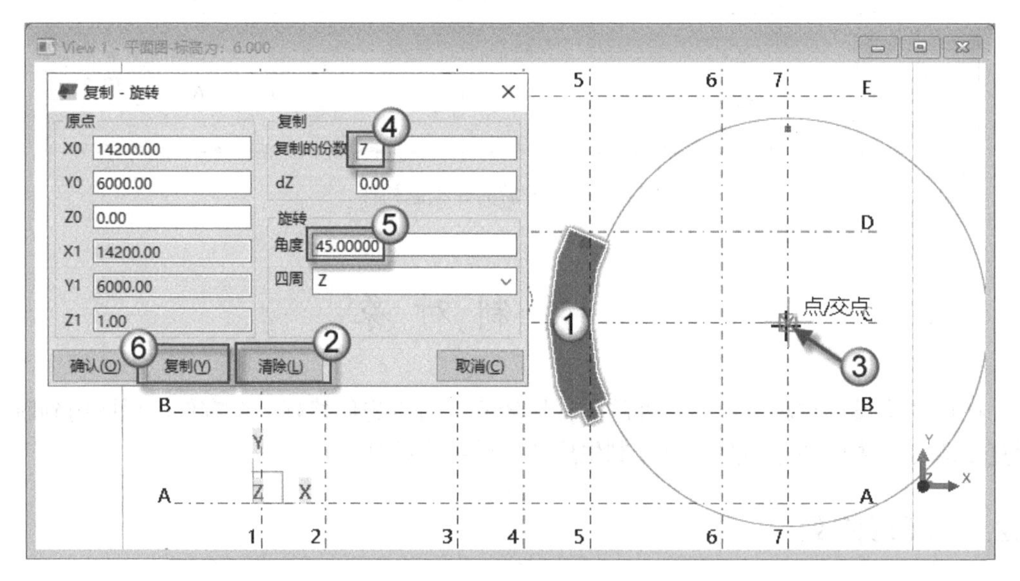

图 6.15　输入参数

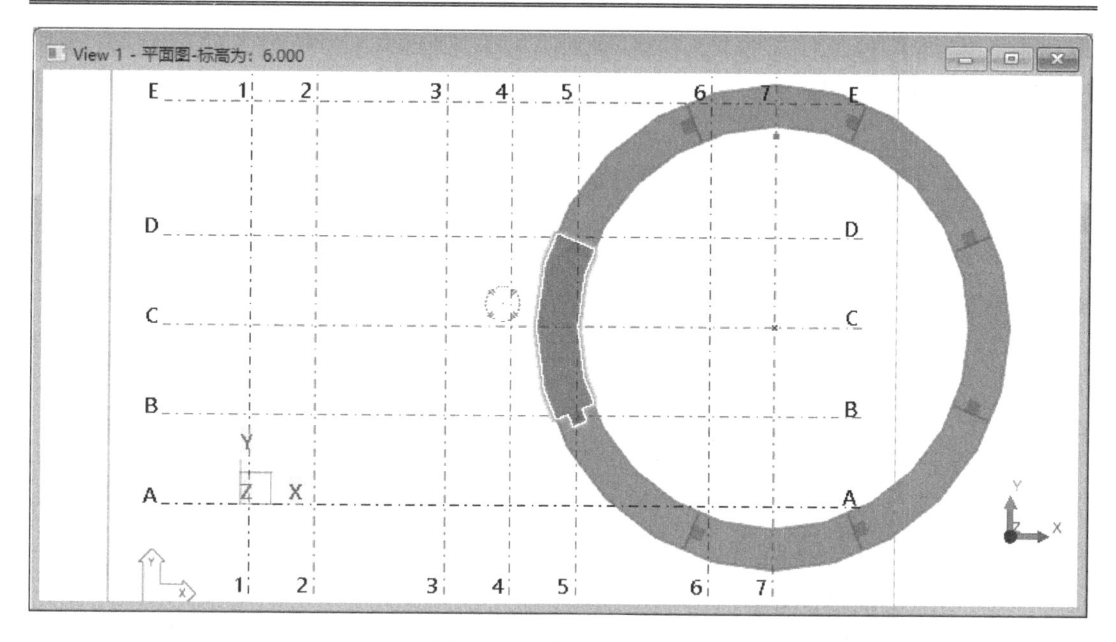

图 6.16　8 个砼预制构件

（3）在三维视图中检查模型。进入三维视图检查模型，如图 6.17 所示。这 8 块拼合在一起的砼预制构件就是地铁隧道中的“一环”。地铁隧道施工中常用的是盾构法，就是用盾构机在隧道中掘进，掘进一环个单位，就铺设这 8 片预制构件。再掘进一环个单位，就再铺设这 8 片预制构件。一环个单位，根据盾构机不同，具体尺寸不一样。

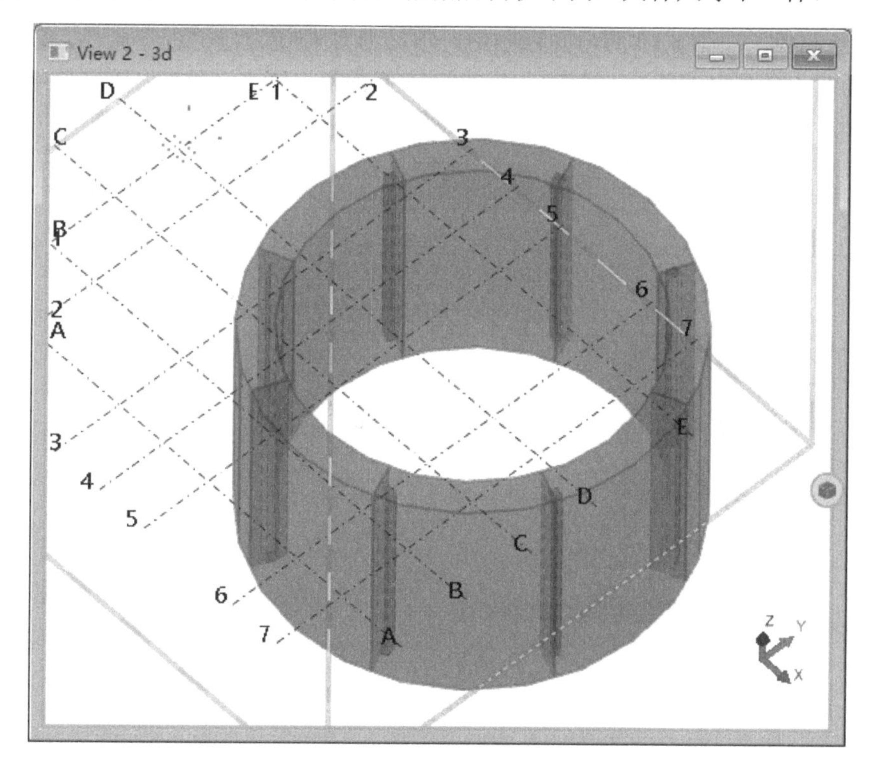

图 6.17　在三维视图中检查模型

6.2.2 “复制”命令

在 Tekla 中使用“复制”命令时要注意对位的操作，要先捕捉两个点，然后从一个点复制到另一个点。具体操作如下：

（1）打开视图。按 Ctrl+I 快捷键发出“视图列表”命令，在弹出的“视图”对话框中，将“平面图-标高为：±0.000”视图设为可见视图，单击“确认”按钮，如图 6.18 所示。

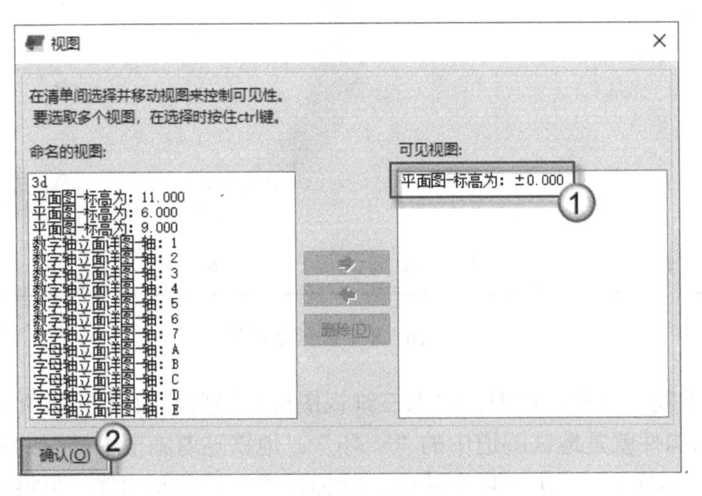

图 6.18　打开视图

（2）绘制板。在图 6.19 所示的视图中，单按 B 快捷键发出“板”命令，以 B 轴与 2 轴交点处为起点（图中①处），绘制一块 500×500 的板（图中②处），厚度使用默认的板厚就可以。

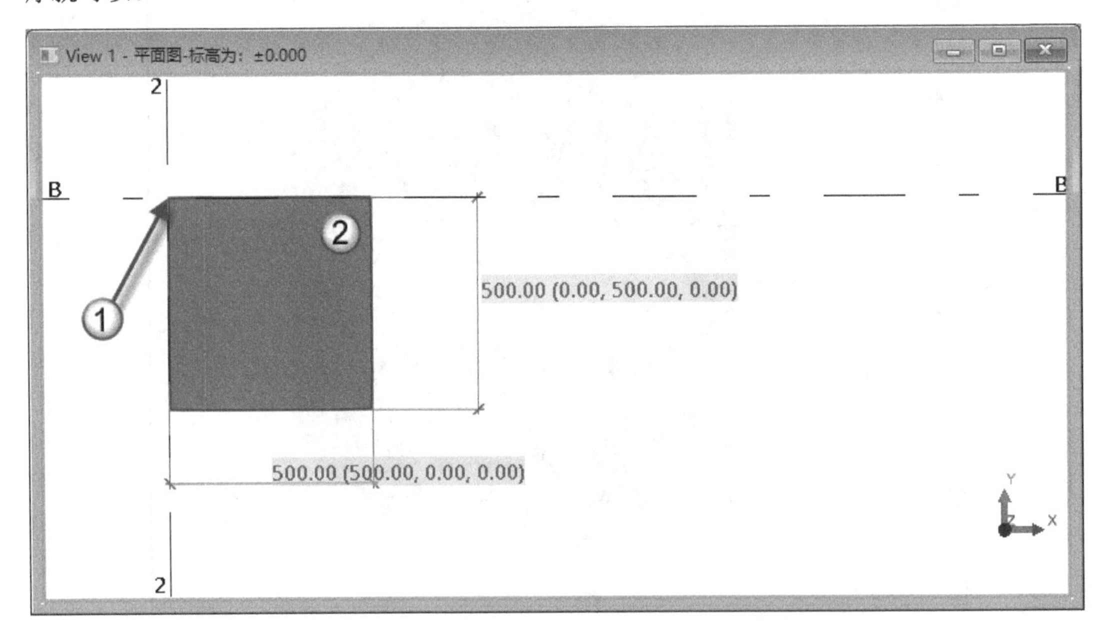

图 6.19　绘制板

（3）复制板。如图 6.20 所示，选择刚刚绘制好的板（图中①处），按 Ctrl+C 快捷键发出“复制”命令，捕捉 B 轴与 2 轴的交点（图中②处）为起点，捕捉 B 轴与 3 轴的交点（图中③处）为终点。复制的板（图中④处）如图 6.21 所示。

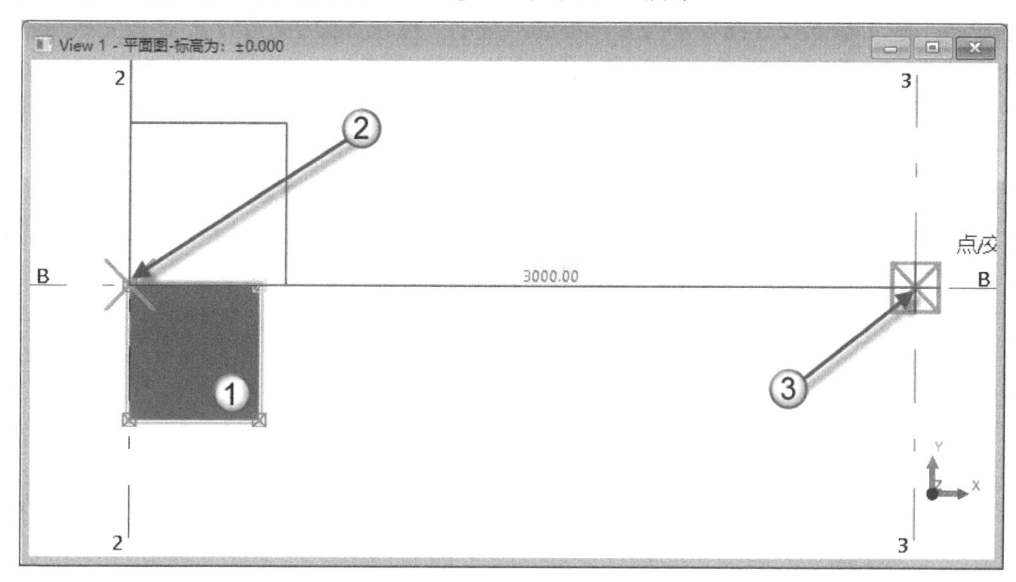

图 6.20　复制时捕捉点

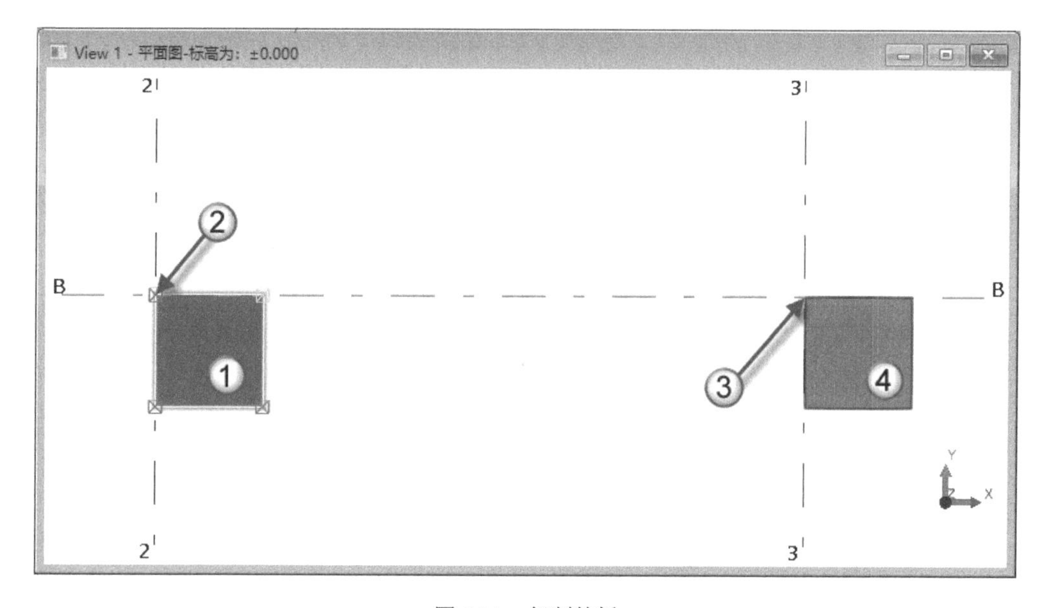

图 6.21　复制的板

6.2.3 “线性的复制”命令

“线性的复制”命令相比“复制”命令稍复杂一些，它可以在“复制-线性”对话框中输入复制后的对象的间距，还可以输入复制的份数。

（1）用点取的方法复制板。在图 6.22 所示的视图中选择板（图中①处），单按 C 快捷键发出“线性的复制”命令。在弹出的“复制-线性”对话框中单击“点取”按钮（图中②处），依次单击 B 轴与 3 轴的交点（图中③处）、B 轴与 4 轴的交点（图中④处），此时 dX 栏会自己出现 1500 的尺寸（图中⑤处），这是因为③到④的间距为 1500mm。在“复制的份数”栏中输入 2（图中⑥处），单击“复制”按钮（图中⑦处）。操作完成后，会复制两块板，如图 6.23 所示（图中②、③处）。

（2）用输入数值的方法复制板。在图 6.24 所示的视图中拉框框选这一列三块板（图中①处），单按 C 快捷键发出“线性的复制”命令。在弹出的“复制-线性”对话框中单击“清除”按钮（图中②处），清除原有的数据，在 dY 栏中输入 2000 个单位（图中③处），在“复制的份数”栏中输入 2（图中④处），单击“复制”按钮（图中⑤处）。操作完成后，会复制两列板，如图 6.25 所示（图中②、③处）。

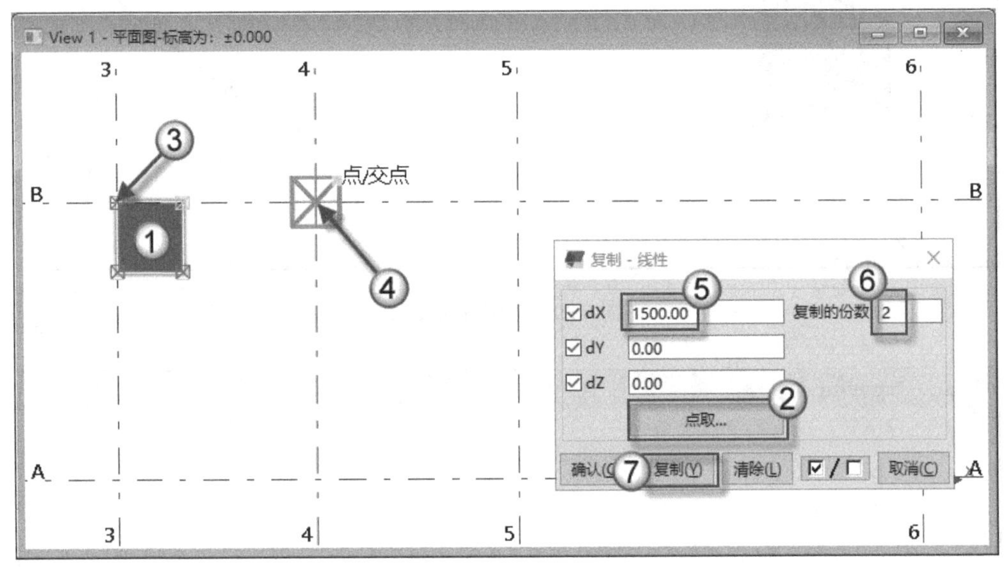

图 6.22　设置复制参数

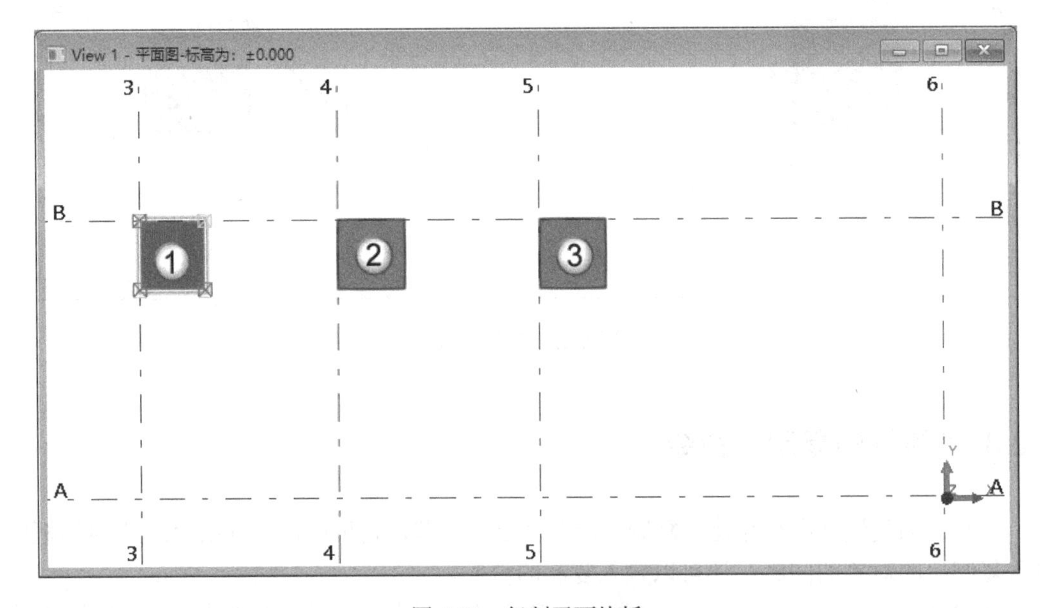

图 6.23　复制了两块板

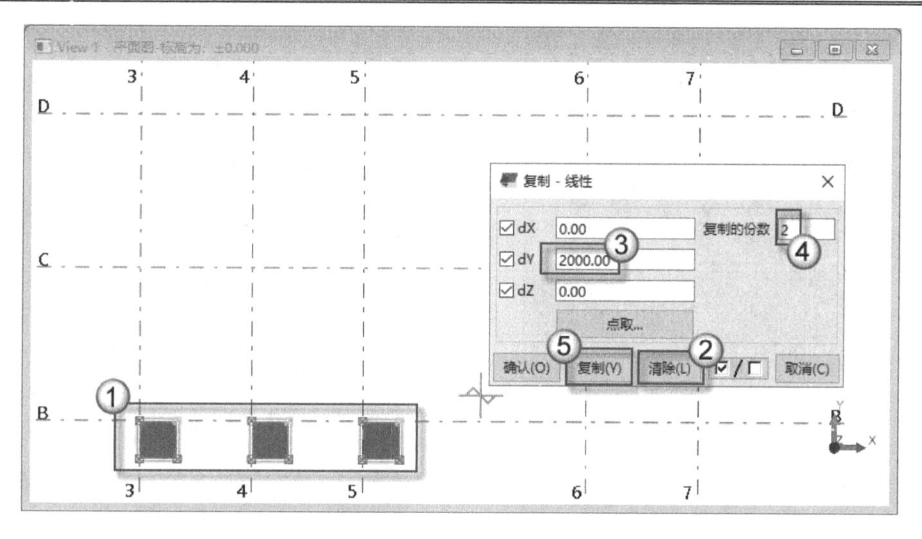

图 6.24　设置复制参数

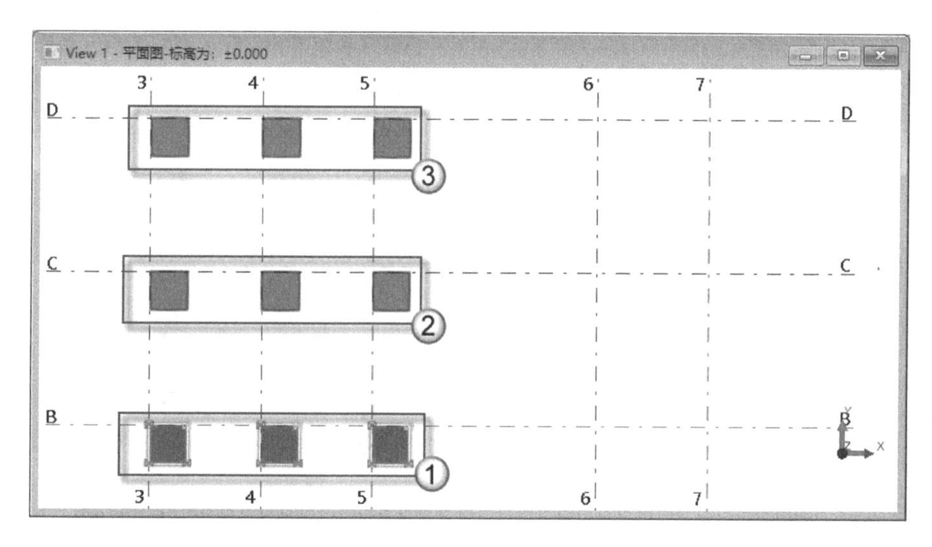

图 6.25　复制了两列板

6.2.4 “复制到另一个平面”命令

打开“贝士摩”模型，在 3d 视图（见图 6.26）中转动视图中心到柱脚处，在钢柱的翼缘板处缺少一块加劲板（图中①处），可以将另一侧的一块加劲板（图中②处）复制过来。此处就要使用到“复制到另一个平面”命令。

（1）选择源平面。按 Shift+C 快捷键发出“复制到另一个平面”命令，选择源对象——加劲板（图中①处），依次单击②、③、④三个点选择源平面，如图 6.27 所示。“复制到另一个平面”命令是利用三个点来确定平面。

（2）选择目标平面。转动视图到钢柱翼缘板，依次单击①、②、③ 3 个点选择目标平面，如图 6.28 所示。操作完成之后，可以看到在图 6.29 所示的钢柱冀缘板一侧生成了一块新板（图中④处），图中①处为源对象，图中②处为源平面，图中③处为目标平面。

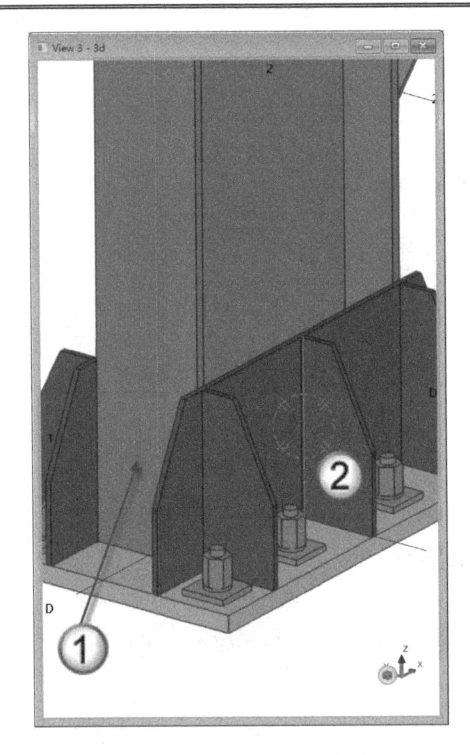

图 6.26　缺少一块加劲板

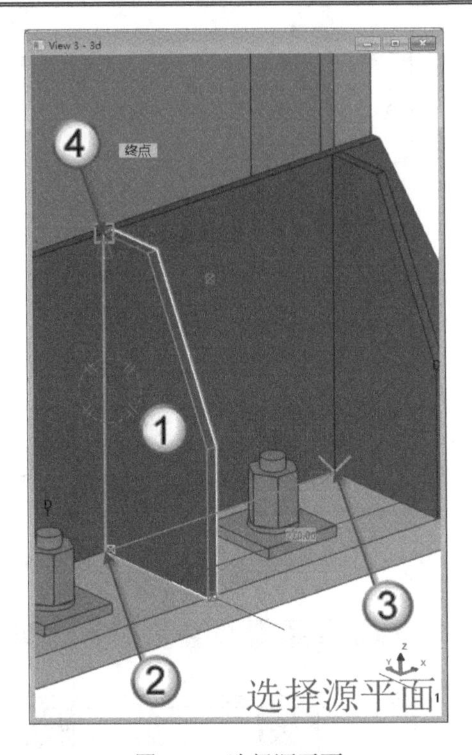

图 6.27　选择源平面

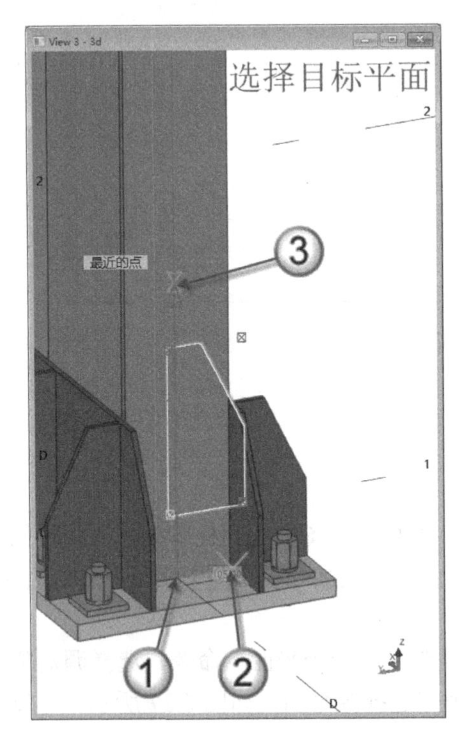

图 6.28　选择目标平面

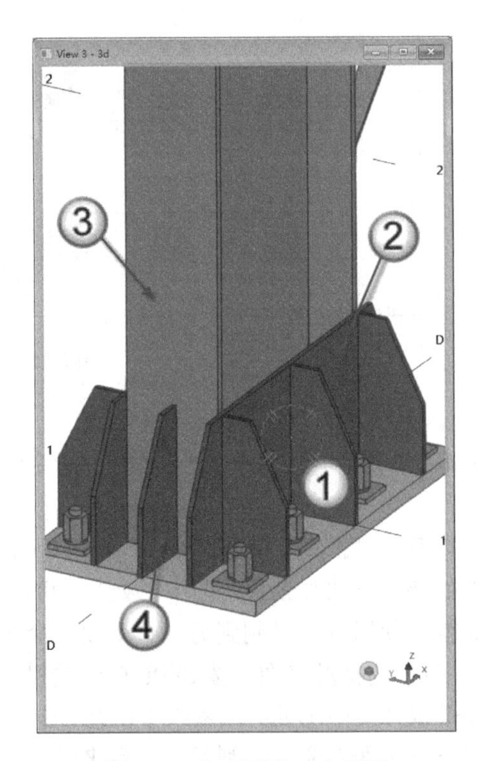

图 6.29　复制到另一个平面

（3）保存模型。因为本节创建的这个加劲板模型在后面会使用，所以需要保存模型。按 Ctrl+S 快捷键，或在快速访问工具栏上单击“保存”按钮保存模型。

△说明：“移动到另一个平面”命令的快捷键是 Shift+E，其操作步骤与“复制到另一个平面”一样，只不过结果不同，一个是复制对象，另一个是移动对象。此处就不再赘述了，读者可自行尝试。

6.2.5 “镜像”命令

使用“镜像”命令时要注意两点：一是要把 UCS 设置到当前视图上（快捷键：Shift+Z）；二是要在平行投影视图（平面图或立面图）中操作。

（1）分解组件。打开“贝士摩”模型，进入 3d 视图，如图 6.30 所示。右击节点 1（图中①处），在右键菜单中选择“分解组件”命令（图中②处）。

△注意：节点、组件在镜像操作之前，必须要进行“分解组件”操作，镜像完成之后，再重新制作成节点或组件，否则在镜像操作之后，生成的对象会出现方向性问题。

（2）确定 UCS。打开“字母轴立面详图-轴：D”视图，按 Shift+Z 键，将 UCS 设置到当前视图上，注意检查视图中要出现 UCS 图标，如图 6.31 所示（图中①处）。

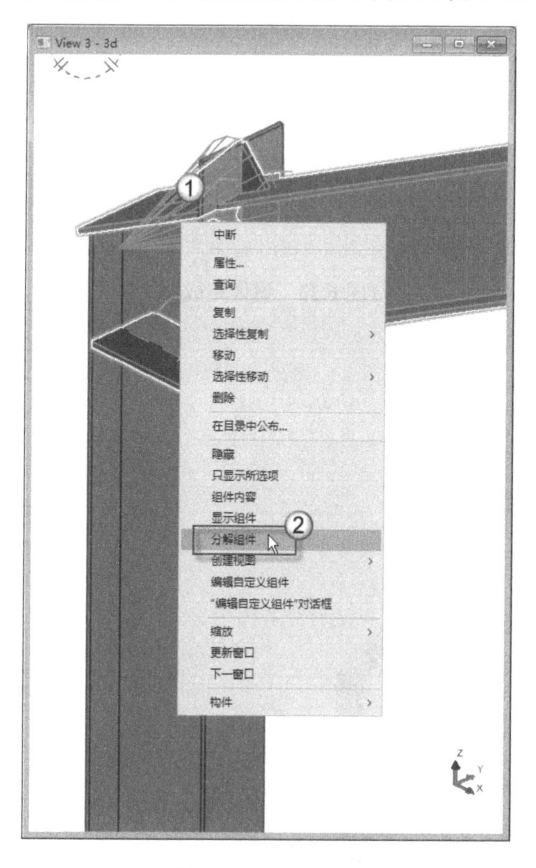

图 6.30　分解组件

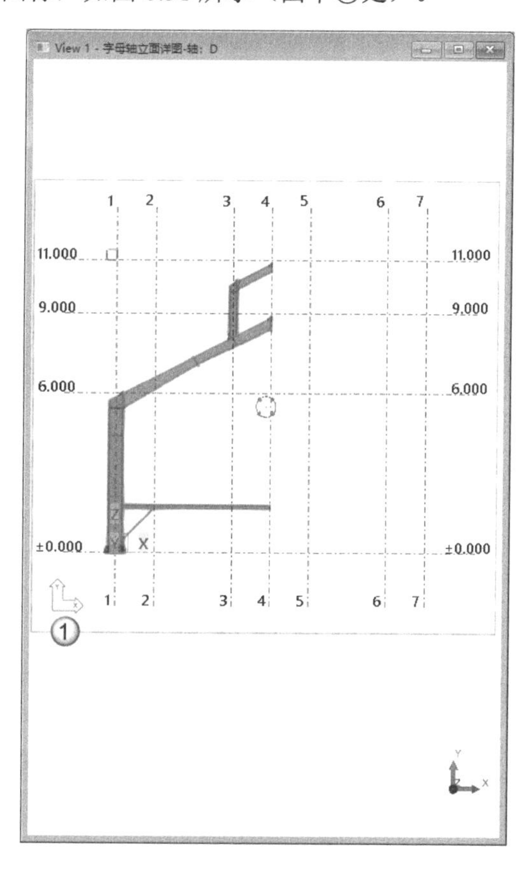

图 6.31　确定 UCS

（3）镜像对象。在图 6.32 所示的视图中，从右向左拉框叉选对象（图中①处），单按 W 键，发出“镜像”命令，依次单击图中②、③两点选择镜像轴（镜像轴实际就是 4 轴），在弹出的“复制-镜像”对话框中单击“复制”命令。操作完成后可以看到完整的一跨钢架模型，如图 6.33 所示。然后进入 3d 视图中检查模型，如图 6.34 所示。

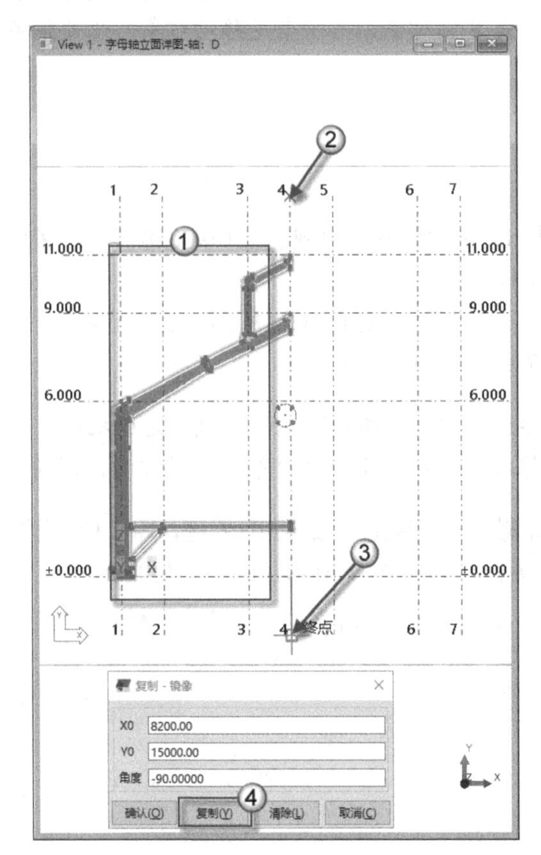

图 6.32　选择镜像轴

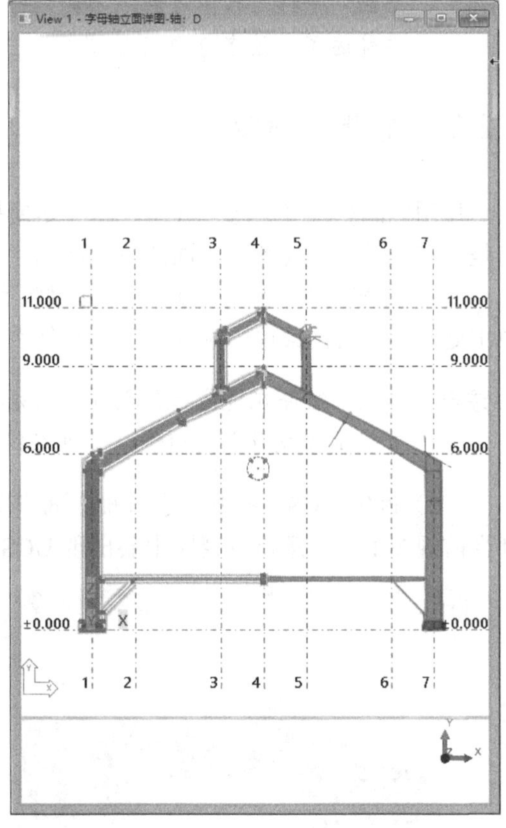

图 6.33　镜像完成

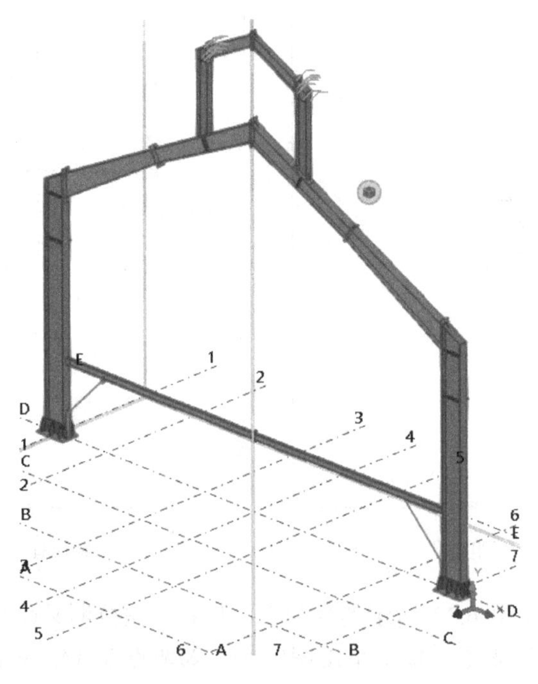

图 6.34　在三维视图中检查对象

（4）保存模型。因为本节创建的这一跨钢架模型，在后面会使用到，所以需要保存模型。按 Ctrl+S 快捷键，或在快速访问工具栏上单击“保存”按钮来保存模型。

6.3　查　　询

Tekla 采用了 BIM 技术，构件带有信息量，因此可以查询相应的构件信息。Tekla 推出了多种查询方式，可以供设计师选择。

6.3.1　查询目标

如图 6.35 所示，单击选项卡中的▼按钮（图中箭头所指处），会弹出一个下拉菜单。本节将详细介绍这个下拉菜单中的 10 个命令。这些命令皆属于查询命令范畴，因此这个下拉菜单称为“查询下拉菜单”。其中一些命令的示例如图 6.36 至图 6.40 所示，每个命令的详细说明如表 6.1 所示。

图 6.35　查询下拉菜单

表 6.1　查询下拉菜单中的命令

序　　号	命 令 名 称	操 作 步 骤	示　例　图
①	对象（快捷键：Shift+I）	发出命令后选择对象，将在弹出的对话框中显示对象属性	见图6.36
②	点坐标	发出命令后，在弹出的对话框中单击“点取”按钮，在对话框中观察其坐标值	见图6.37
③	重心	发出命令后，选择一个或多个零件，软件会在每个所选零件的重心处创建一个点，并在弹出的对话框中显示有关重心的信息	/

续表

序　　号	命 令 名 称	操 作 步 骤	示　例　图
④	自定义查询	发出命令后，选择对象，会在侧窗格弹出“自定义查询”面板，并显示相关的信息。如果面板中的信息栏不能满足要求，可以单击 按钮，在弹出的“管理内容”对话框中选择所需要的其他信息栏	见图6.38
⑤	被焊接的零件	发出命令后，选择零件，软件会高亮显示所选零件及与这个零件焊接的所有零件	/
⑥	焊接主零件	发出命令，选择零件，再选择次零件时，软件会高亮显示主零件	/
⑦	构件对象	发出命令，选择构件，软件会高亮显示所选构件的所有对象	/
⑧	组件对象	发出命令，选择组件，软件会高亮显示所选组件的所有对象	/
⑨	状态	发出命令，软件会在弹出的对话框中显示有关的状态信息	见图6.39
⑩	模型尺寸	发出命令，选择对象，软件会在弹出的对话框中显示所选模型的各类尺寸	见图6.40

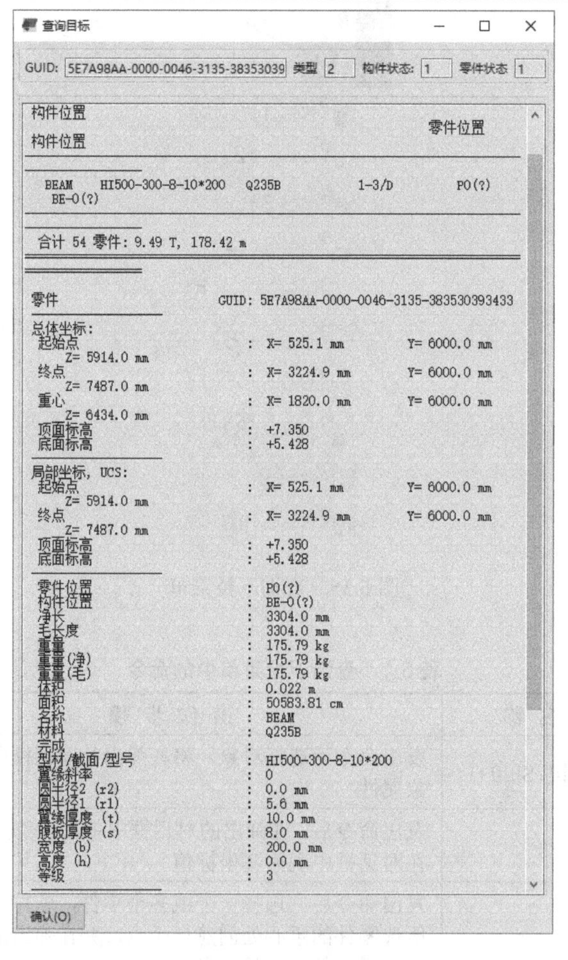

图 6.36　查询对象

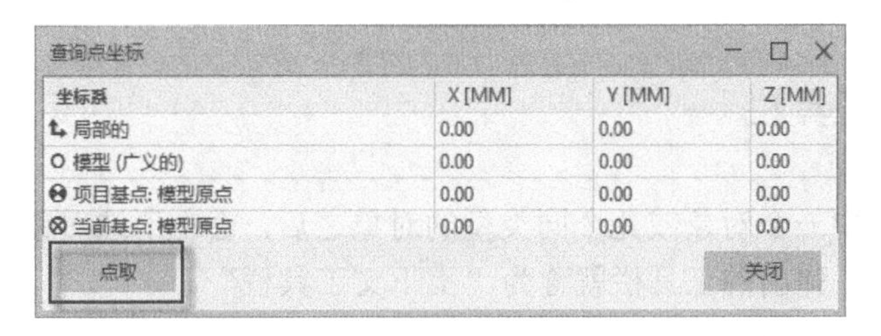

图 6.37　查询点坐标

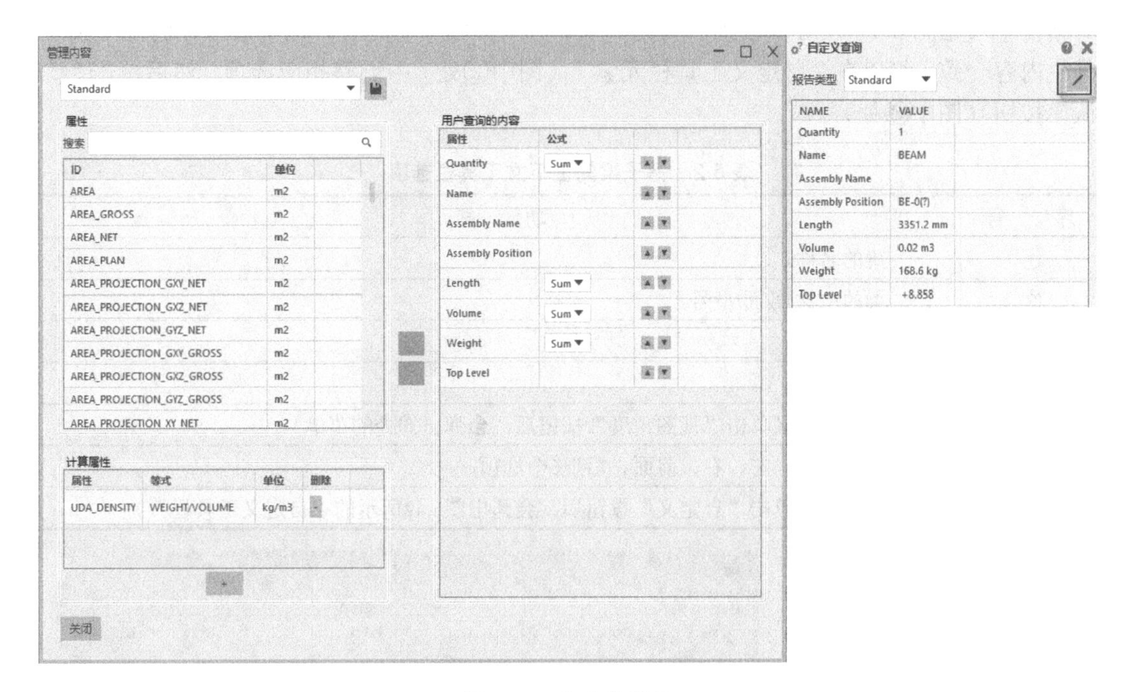

图 6.38　自定义查询

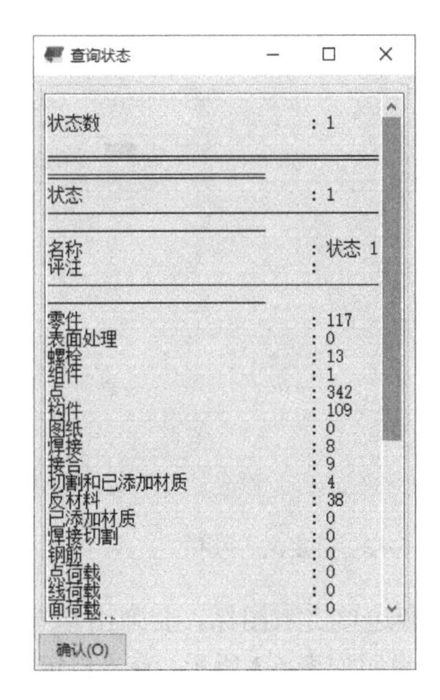

图 6.39　查询状态

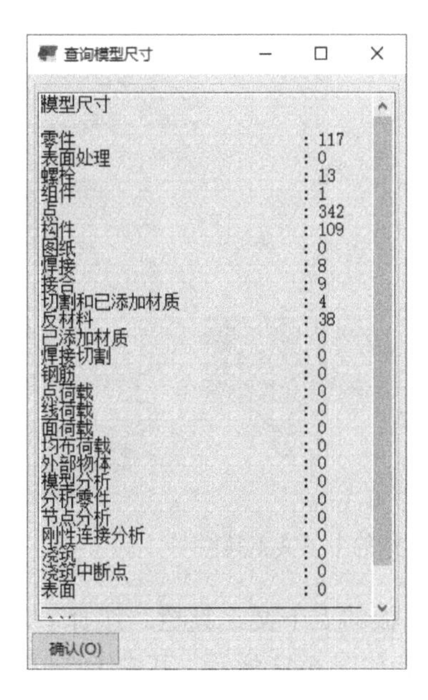

图 6.40　查询模型尺寸

6.3.2　上下文工具栏

在 Tekla 中选中一个对象或几个同类型的对象之后，会在所选对象旁边出现一个图标，单击这个图标，弹出的工具栏就称为“上下文工具栏”。

（1）梁的上下文工具栏。选择一道梁，在梁旁边单击图标，会弹出基于梁的上下文工具栏，如图 6.41 所示。其中①～⑦选项的功能说明如表 6.2 所示。在“自定义工具栏”对话框中（见图 6.4），可以看到名称为“梁、柱”（图中①处），说明梁与柱的上下文工具栏内容一致，可以在“自定义工具栏元素”（图中②处）中调整相应选项，然后单击“确认”按钮（图中③处）。

表 6.2　基于梁的上下文工具栏选项

序　　号	功　　能
①	梁的名称
②	梁的型材/截面/型号
③	梁的等级
④	梁的材料
⑤	视图角度（单击“视图角度”按钮后，会弹出⑥处的菜单）
⑥	有上、下、左、右、前面、后退6个选项
⑦	自定义（单击“自定义”按钮后，会弹出图6.42所示的“自定义工具栏”）

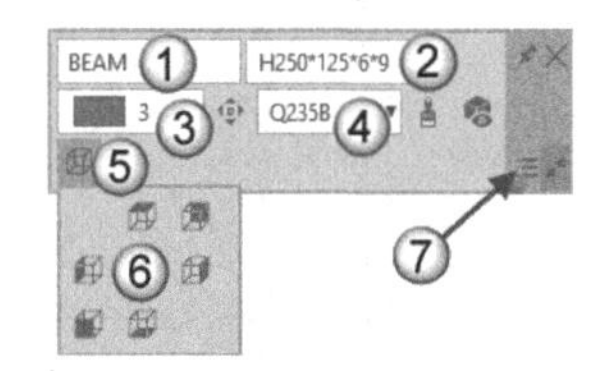

图 6.41　梁的上下文工具栏

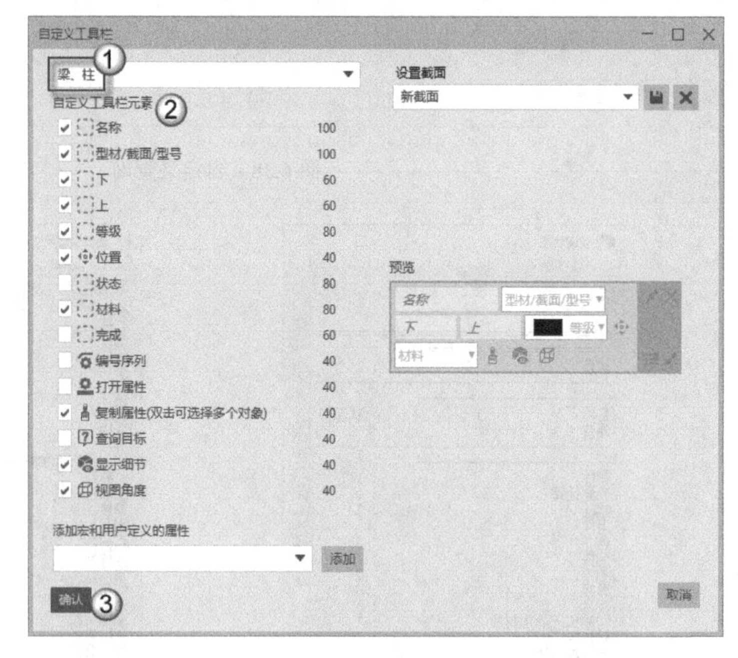

图 6.42　自定义工具栏

（2）板的上下文工具栏。选择一块板，在板旁边单击图标，会弹出基于板的上下文工具栏，如图 6.43 所示。其中①～⑥选项的功能说明如表 6.3 所示。在“自定义工具栏”对话框中（见图 6.44），可以看到名称为“板”（图中①处），可以在“自定义工具栏元素”（图中②处）中调整相应选项，然后单击“确认”按钮（图中③处）。

表 6.3　基于板的上下文工具栏选项

序　　号	功　　能
①	板的名称
②	板厚
③	板的等级
④	位置（单击“位置”按钮后，会弹出⑤处的菜单）
⑤	有前面、中间、后部3个选项
⑥	自定义（单击“自定义”按钮后，会弹出如图6.44所示的“自定义工具栏”）

图 6.43　板的上下文工具栏　　　　图 6.44　自定义工具栏

注意： 如果在选择对象之后没有出现●图标，则需要按 Ctrl+K 快捷键启动上下文工具栏。

6.3.3　测量

测量是工程软件中必备的功能之一。Tekla 中同样提供了诸多的测量命令，本节将介绍常用的几个命令。未提及的测量类命令，因为操作方式大同小异，不再赘述。

1．测量距离

测量距离有三个具体的命令，分别是“测量距离”“水平距离”“垂直距离”，具体功能说明如表 6.4 所示。

表 6.4　测量命令一览表

序　　号	命令名称	功　　能	快 捷 键
1	测量距离	测量模型中任意两个点的距离	F
2	水平距离	在视图平面X方向测量两个点的距离	/
3	垂直距离	在视图平面Y方向测量两个点的距离	/

通过表 6.4 可以得出结论，利用“水平距离”与“垂直距离”命令可以测量的距离，利用“测量距离”命令也可以测量；但利用“测量距离”命令可以测量的倾斜距离，利用“水平距离”与“垂直距离”命令却无法测量。因此笔者平时使用“测量距离”命令（快捷键为 F）的频率要远远大于另两个命令。测量的距离如图 6.45 所示，测量的水平距离为图中①处，测量的垂直距离为图中②处，测量的倾斜距离为图中③处。

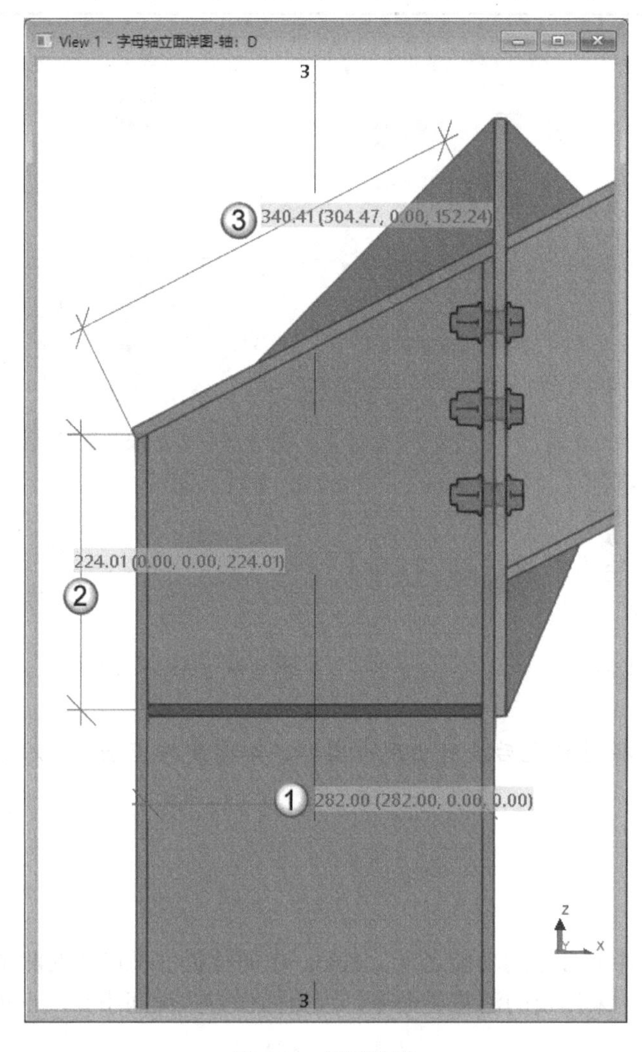

图 6.45　测量距离

2. 角度

在图 6.46 所示的视图中，选择“编辑”|“测量”|“角度”命令，单击图中①处的点

作为中心点，然后单击图中②处的点作为测量角度的第一个点，单击图中③处的点作为测量角度的第二个点。此时可以看到标注出的角度的数值，如图 6.47 所示（图中④处）。

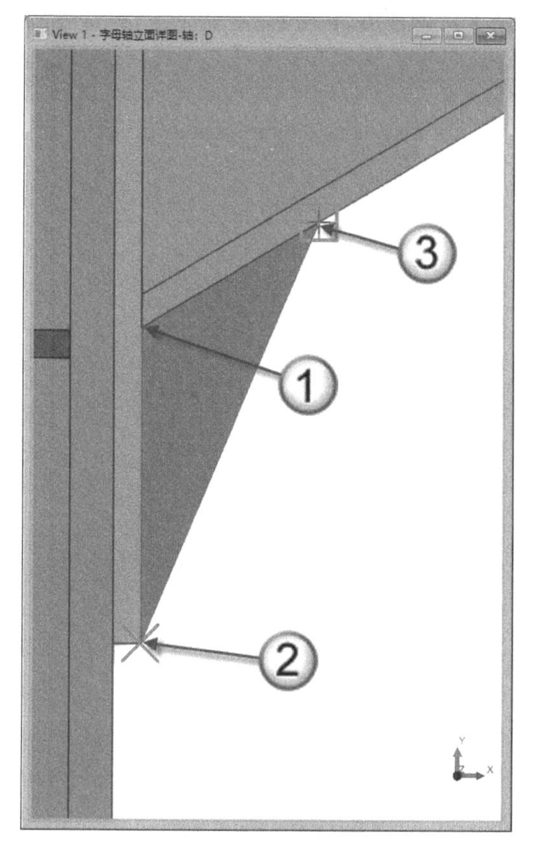

图 6.46　测量角度时捕捉点

图 6.47　标注的角度

3．螺栓间距

按 Ctrl+I 快捷键发出“视图列表”命令，在弹出的“视图”对话框中，将“数字轴立面详图-轴：3”视图设为可见视图，单击“确认”按钮，如图 6.48 所示。

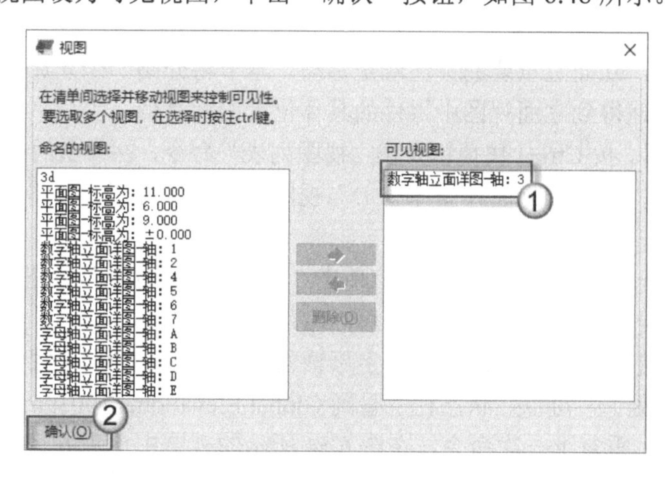

图 6.48　打开视图

在图 6.49 所示的视图中，选择“编辑”|“测量”|“螺栓间距”命令，在节点 1 处（具体位置可参看附录中的图纸）选择一组螺栓（图中①处），然后选择连接板作为零件（图中②处）。此时可以看到螺栓组的间距标注出来了，如图 6.50 所示。

图 6.49　选择螺栓

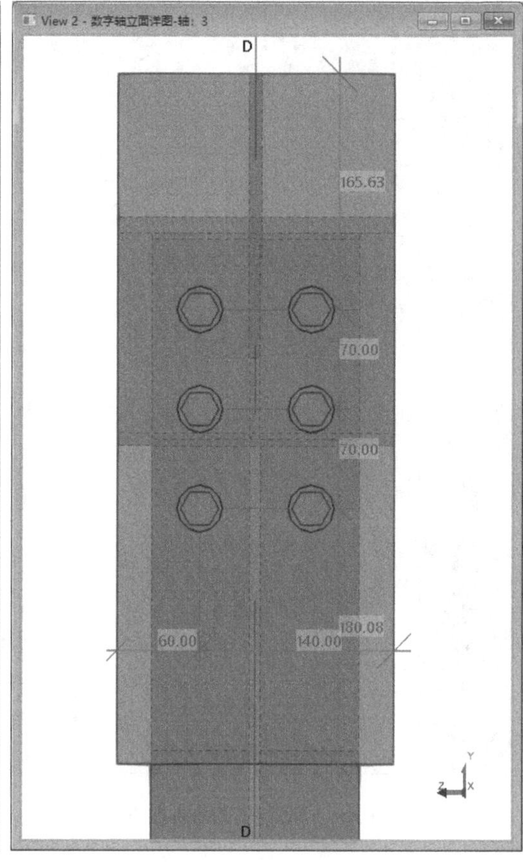

图 6.50　螺栓间距

6.3.4　查看标高

在工程设计中，立面上重要的标注就是标高。本节将介绍一个宏命令——查看标高，利用该命令可以迅速得到立面视图中零件的具体位置的标高值。

（1）打开视图。按 Ctrl+I 快捷键发出“视图列表”命令，在弹出的图 6.51 所示的“视图”对话框中，将“字母轴立面详图-轴：D”视图设为可见视图，单击“确认”按钮，如图 6.51 所示。

（2）发出命令。在快速访问工具栏上单击“Marco.查看标高”按钮，如图 6.52（图中箭头所指处）所示。Marco 是“宏”的意思，这是一个宏命令。

（3）查看标高。在图 6.53 所示的“字母轴立面详图-轴：D”视图中，单击 1 号节点处的角点（图中①处），可以在状态栏上看到 Global Elevation：10039mm 的提示（图中②处）。按 Enter 键，重复上一次命令，在图 6.54 所示的视图中单击 6 号节点处的角点（图中③处），可以在状态栏上看到 Global Elevation：5716mm 的提示（图中④处）。

注意：在 Tekla 中绘图是以 mm 为单位。但是在我国的制图标准中，标高是以 m 为单位，图中不标注单位且精确到小数点后三位。因此，10039mm 的标高就是 10.039，而 5716mm 的标高就是 5.716。读者一定要将得到的数值进行相应的转化。

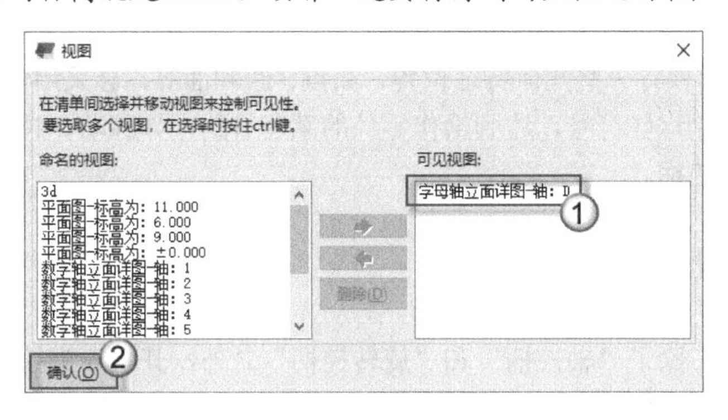

图 6.51　打开视图

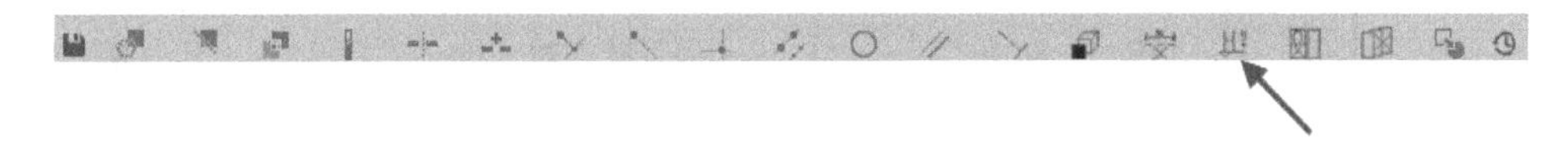

图 6.52　发出命令

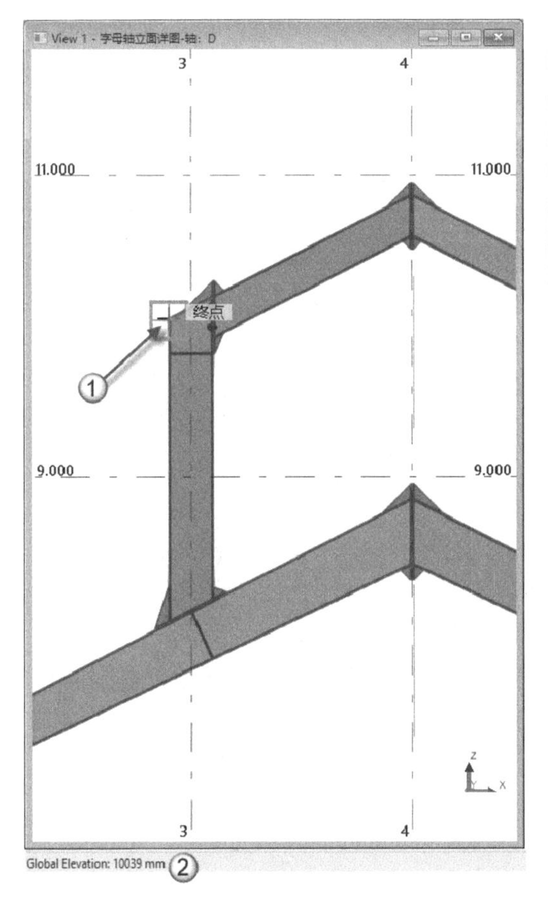

图 6.53　查看标高 1

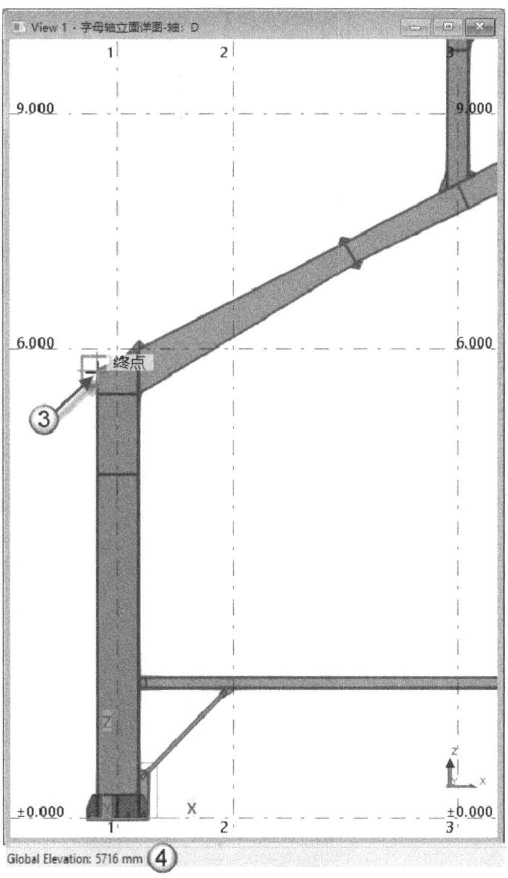

图 6.54　查看标高 2

6.4 控　　柄

在 Tekla 中，零件有一些几何特征位置，如点、线和面等，会采用特别的符号来显示。设计师可以直接控制这些符号，达到操作零件的某些目的，如移动、拉伸和旋转等。这些特别的符号就叫作控柄。

6.4.1 控柄的分类

控柄分为 6 类。除了“轴控柄”和“旋转控柄”之外，其余 4 类控柄是所有零件皆有的。控柄的示例如图 6.55 至图 6.59 所示，具体分类详见表 6.5。

表 6.5　控柄的分类

序　　号	控　　柄	针　对　性	示　例　图
①	参考点控柄	所有零件	见图6.55
②	中点控柄	所有零件	
③	平面控柄	所有零件	见图6.56
④	线控柄	所有零件	见图6.57
⑤	轴控柄	自定义组件或项	见图6.58
⑥	旋转控柄	自定义组件或项	见图6.59

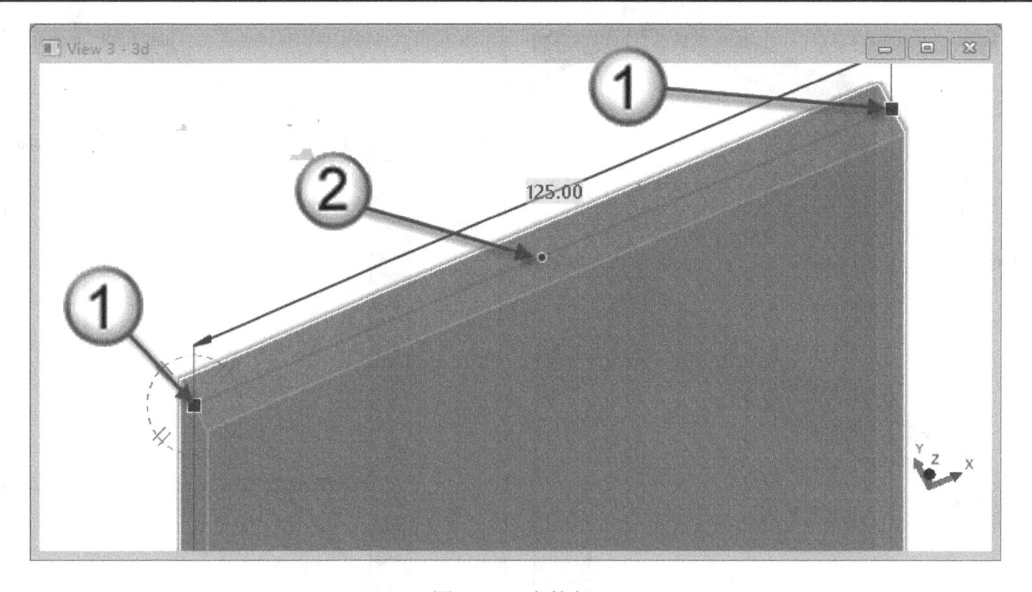

图 6.55　点控柄

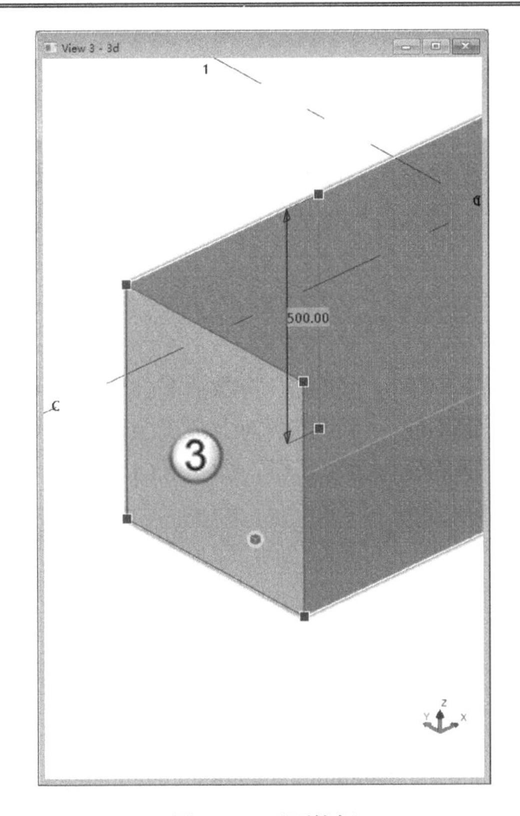

图 6.56　平面控柄

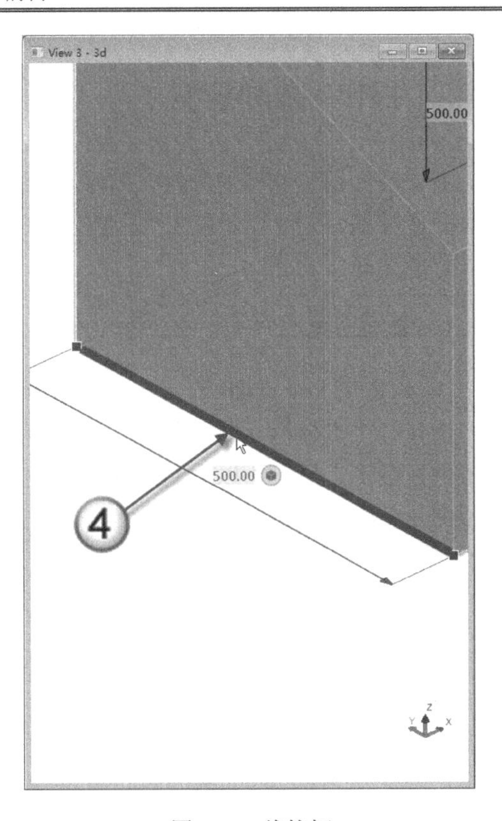

图 6.57　线控柄

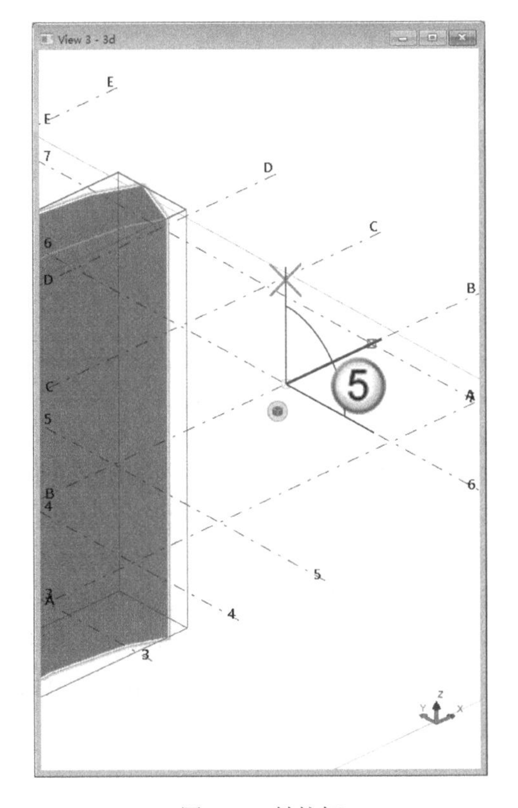

图 6.58　轴控柄

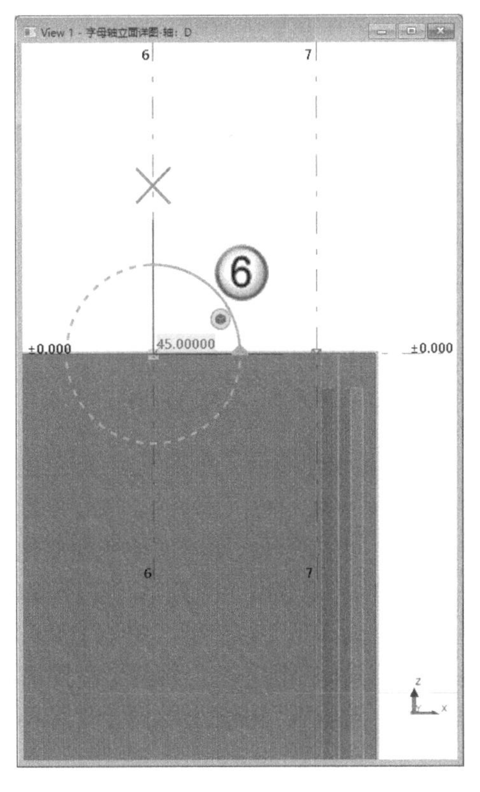

图 6.59　旋转控柄

6.4.2 操作对象的控柄

上一节介绍了控柄的分类，本节将介绍如何操作控柄，以达到编辑零件的目的。如果无法操作控柄，则可以单按 D 快捷键，切换为“直接修改”功能；或单按 S 快捷键，切换为“智能选择”功能。

1. 直接拖曳

（1）拖曳一个点控柄。在图 6.60 所示的视图中单击一块板，将激活零件中的所有控柄。选择一个点控柄（图中①处），按着鼠标左键不放，将点控柄向上拖曳至图中②处。释放鼠标左键之后，可以看到板的一个角随着控柄的变化而变形了，如图 6.61 所示。

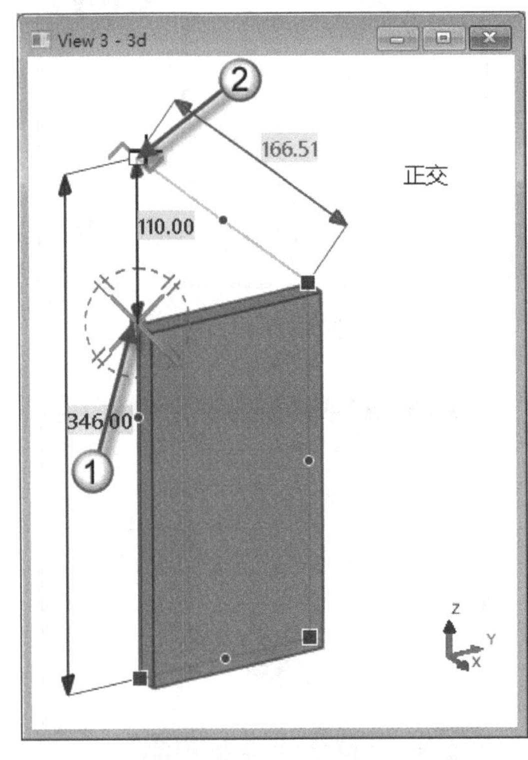

图 6.60 拖曳点控柄

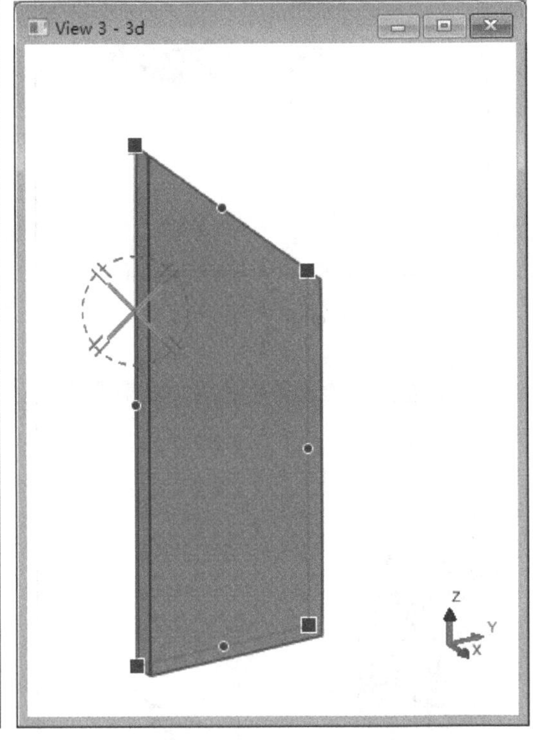

图 6.61 板变形

（2）拖曳面控柄。在图 6.62 所示的视图中单击一块板，将激活零件中的所有控柄。选择一个面控柄（图中①处），按着鼠标左键不放，将其向上拖曳至图中②处。释放鼠标左键之后，可以看到板随着面控柄的变化而变长了，如图 6.63 所示。

（3）同时拖曳两个点控柄。在图 6.64 中所示的视图中单击一块板，将激活零件中的所有控柄。选择一个点控柄（图中①处），按住 Ctrl 键不放，选择另一个点控柄（图中②处），按着鼠标左键不放，将两个点控柄向上拖曳至图中③处，如图 6.64 所示。释放鼠标左键之后，可以看到板随着这两个点控柄的变化而变长了，如图 6.65 所示。

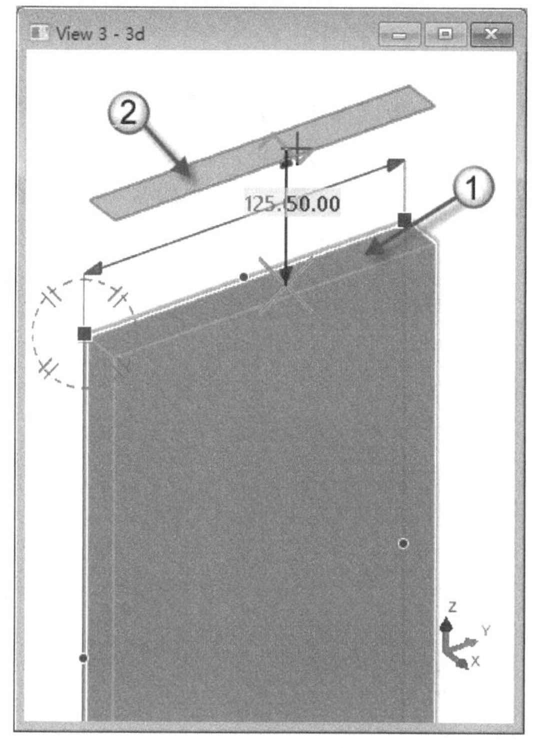

图 6.62　拖曳面控柄

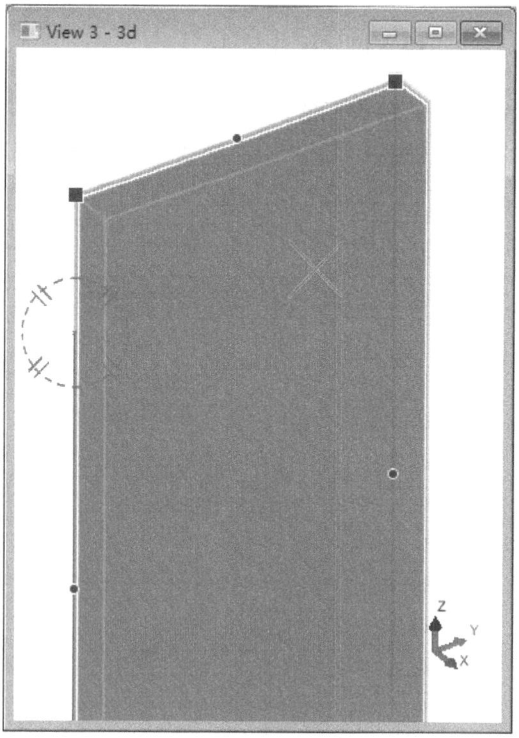

图 6.63　板变长

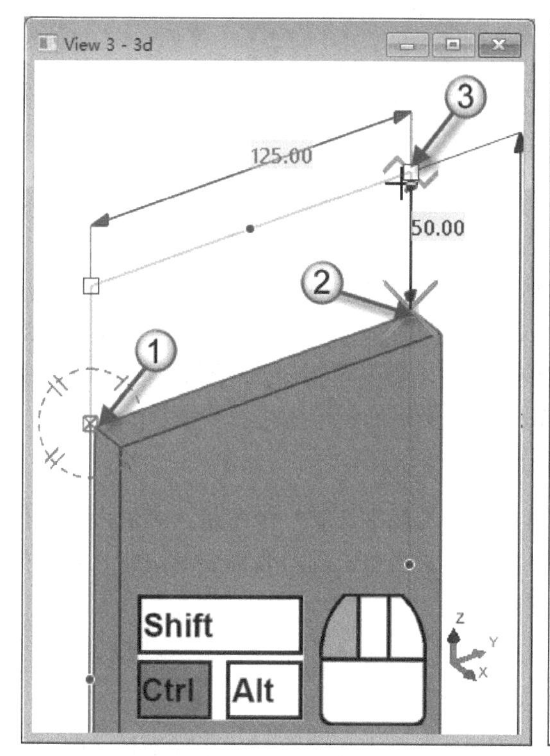

图 6.64　选择并拖曳点控柄

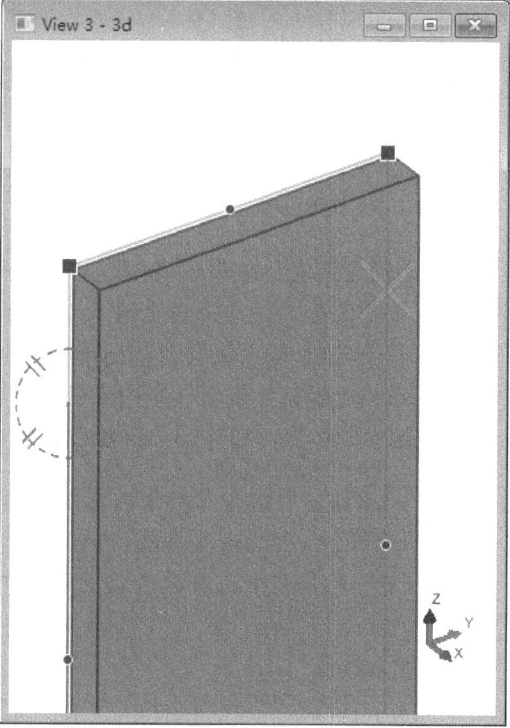

图 6.65　板变长

2．单击尺寸标注箭头

（1）输入正值。在图 6.66 所示的视图中选择一块板（图中①处），单击其尺寸标注的箭头（图中②处），在键盘上输入 50，输入 50 的同时会自动弹出“输入数字位置”对话框，并且 50 这个输入值会自动出现在“定位”栏（图中③处）中，单击“确认”按钮（图中④处）。在图 6.67 所示的视图中可以看到板长尺寸增长到 286（图中⑤处），236+50=286。

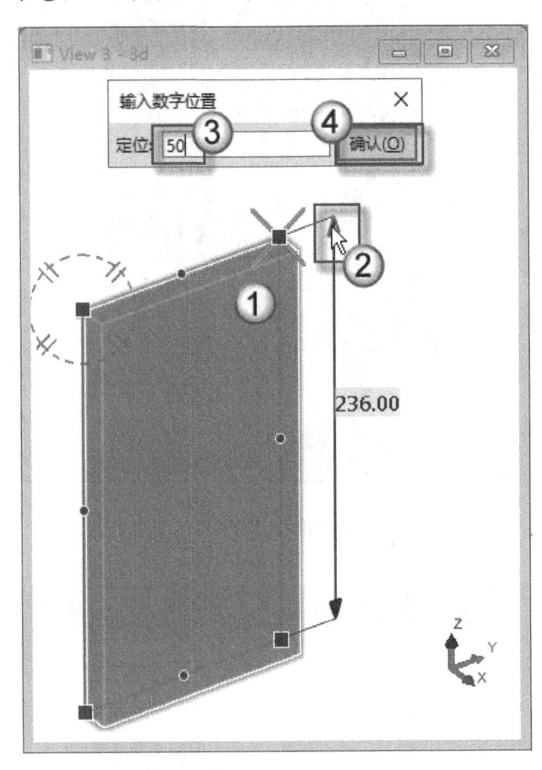

图 6.66　输入数值

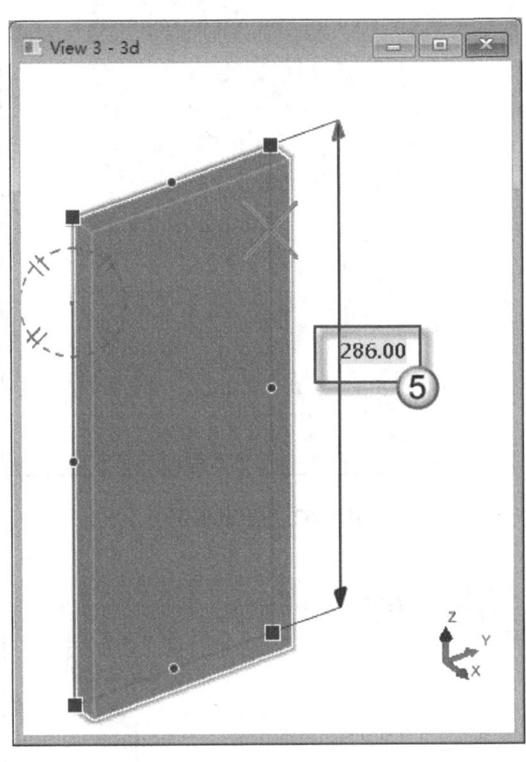

图 6.67　尺寸变化

（2）输入负值。在图 6.68 所示的视图中选择一块板（图中①处），单击其尺寸标注的箭头（图中②处），在键盘上输入 25，输入 25 的同时会自动弹出“输入数字位置”对话框，并且 25 这个输入值会自动出现在“定位”栏中，然后在 25 前面输入负号即-（图中③处），单击“确认”按钮（图中④处）。在图 6.69 所示的视图中可以看到板长尺寸减少至 100（图中⑤处），125-25=100，如图 6.69 所示。

注意：在 Tekla 中输入正数值后可以自动弹出“输入数字位置”对话框，而输入负数值则不会。因此输入负数值的方法是：先输入正数值，然后在弹出的“输入数字位置”对话框中正数值前加上负号即可。

3．输入数值

（1）垂直方向的变化。选择一块板（图中①处），单击板垂直标注上的数值（图中②处），如图 6.70 所示。此时，数值会变为数值输入框，在框内输入 200（图中③处），单击↑按钮（图中④处），如图 6.71 所示。可以观测到板长由 286 变至 200（图中⑤处），如图 6.72 所示。

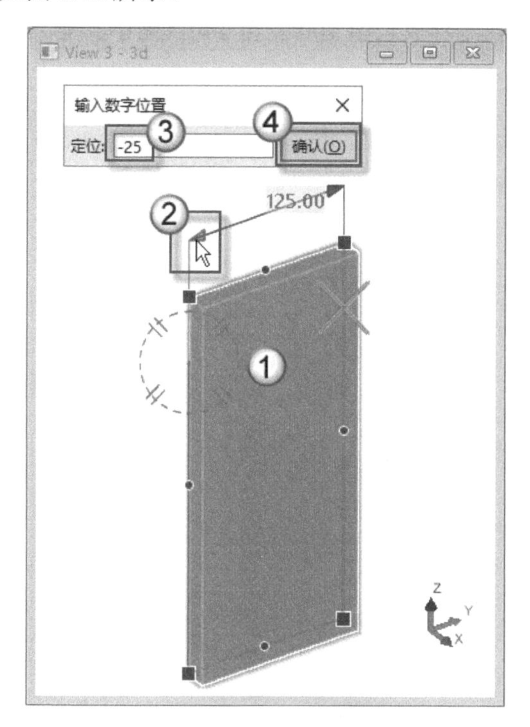

图 6.68　输入数值

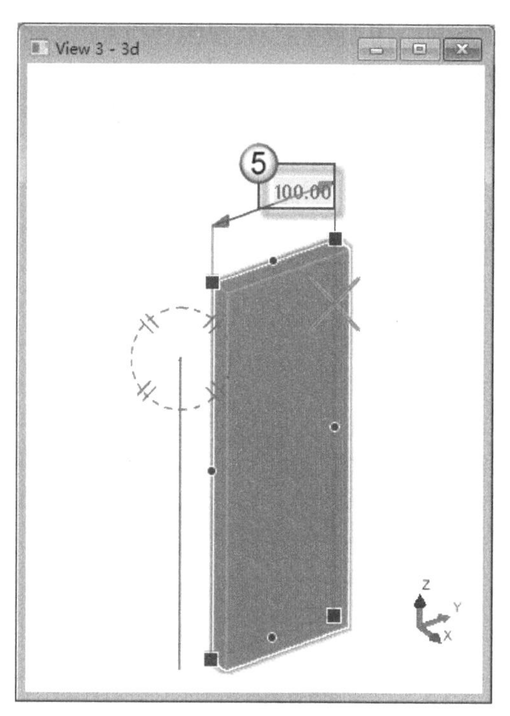

图 6.69　尺寸变化

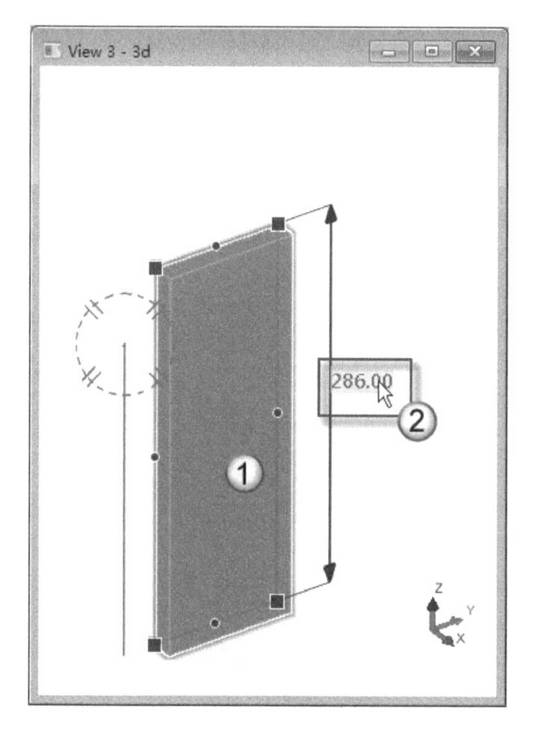

图 6.70　单击板标注的数值

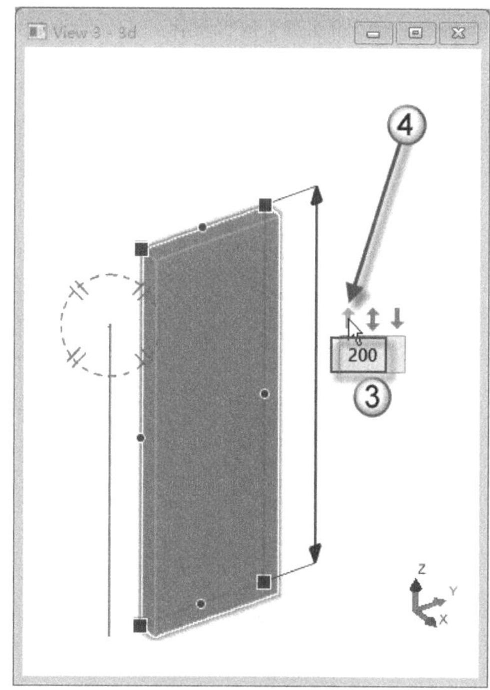

图 6.71　输入数值

（2）水平方向的变化。选择一块板（图中①处），单击板水平标注上的数值（图中②

处），如图 6.73 所示。此时，数值会变为数值输入框，在框内输入 240（图中③处），单击→按钮（图中④处），如图 6.74 所示。可以观测到板长由 100 变至 240（图中⑤处），如图 6.75 所示。

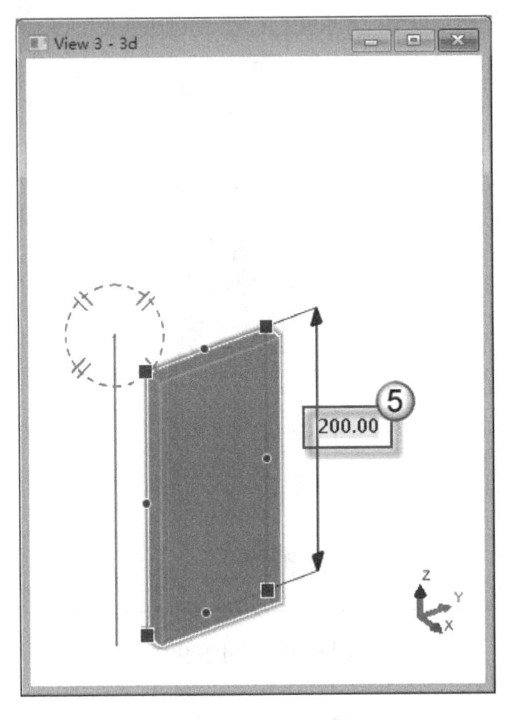

图 6.72　板长变化

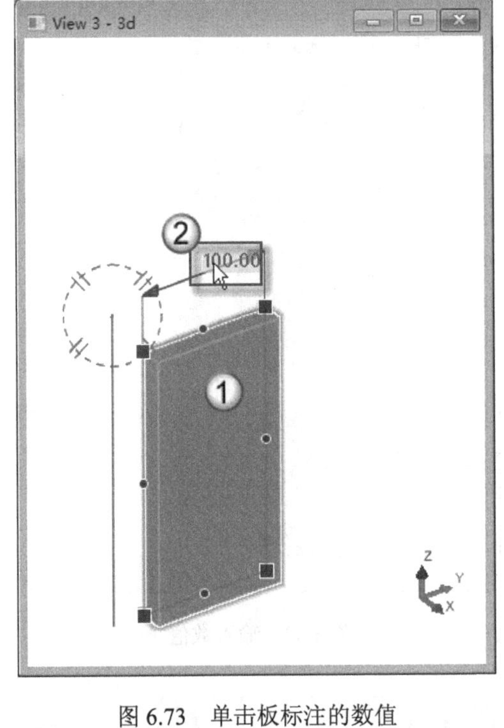

图 6.73　单击板标注的数值

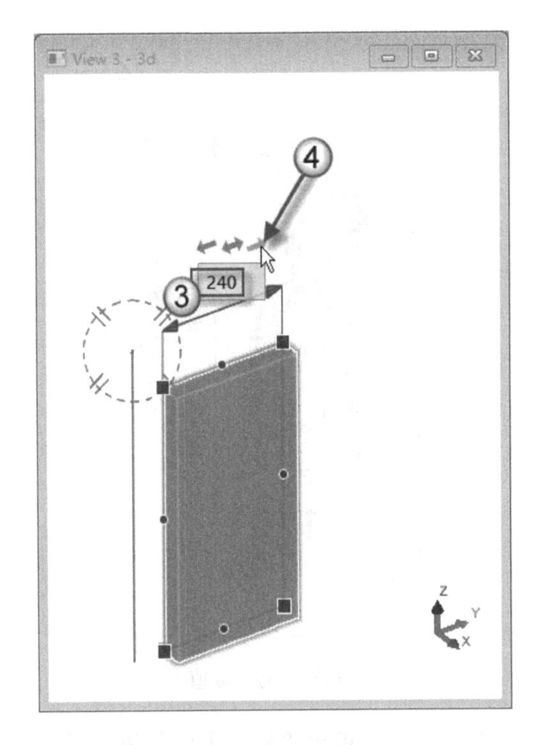

图 6.74　输入数值

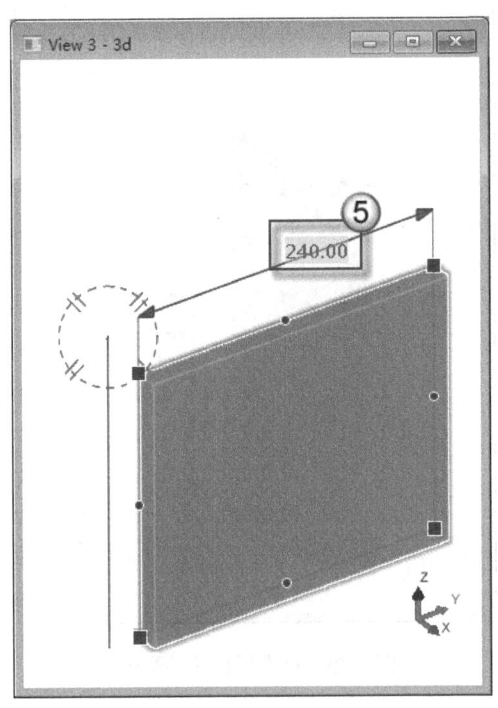

图 6.75　板宽变化

4. 总结

上面介绍了两种对标注进行操作的方式：单击尺寸标注箭头与输入数值，这两种方式的区别如表 6.6 所示。

表 6.6　单击尺寸标注箭头与输入数值操作的区别

操 作 方 式	区　　别	输入负值的方法
单击尺寸标注箭头	输入的数值为增加或减少的值	先输入正值，然后在正值前加负号
输入数值	输入的数值为总长（或总宽）	不能输入负值，因为总尺寸没有负数

以上两种方式在 Tekla 建模时都很重要。就零件的尺寸而言，设计师不可能一次性把零件绘制好，需要不断地调整。而以上两种操作方式则直接一些，调整或修改时需要多少尺寸，就设置多少尺寸。

6.5　调整构件形状

本节主要介绍如何对零件进行拆分和切割等操作。通过这样的操作，可以让零件的几何形状符合现场装配的要求。

6.5.1　拆分和合并杆件

在快速访问工具栏中，“拆分杆件”按钮如图 6.76①所示，“合并杆件”按钮如图 6.76②所示。

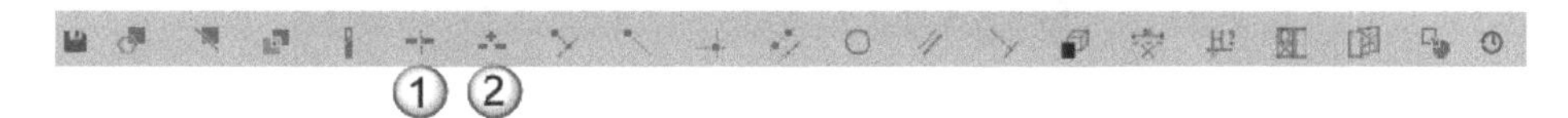

图 6.76　两个命令按钮

（1）打开视图。按 Ctrl+I 快捷键发出“视图列表”命令，在弹出的“视图”对话框中，将“数字轴立面详图-轴：1”视图设为可见视图，单击“确认”按钮，如图 6.77 所示。

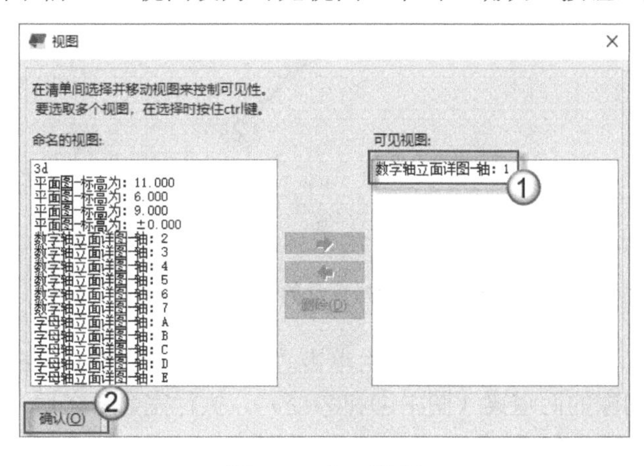

图 6.77　打开视图

（2）拆分杆件。单按L快捷键发出“梁”命令，在图6.78所示的视图中单击A轴与9.000标高交点（图中①处）作为梁起点，再单击C轴与9.000标高交点（图中②处）作为梁终点，绘制一道梁（图中③处）。在快速访问工具栏上单击“拆分杆件”按钮，选择刚绘制好的梁，如图6.79所示（图中①处），单击中点（图中②处）为拆分的位置。再次选择梁，发现梁变成了两段，如图6.80所示（图中①、②处），选择②处的梁，激活梁上的控柄，选择一个点控柄（图中③处）并按着鼠标左键不放向右拖曳，如图6.80所示。释放鼠标左键之后可以看到这道梁随着控柄的变化而变短了，并且两道梁之间留出了明显的空隙，如图6.81所示。

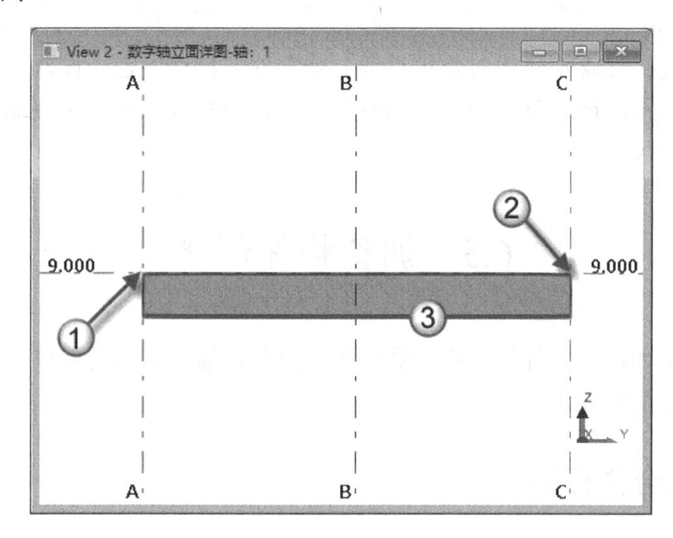

图6.78 绘制梁

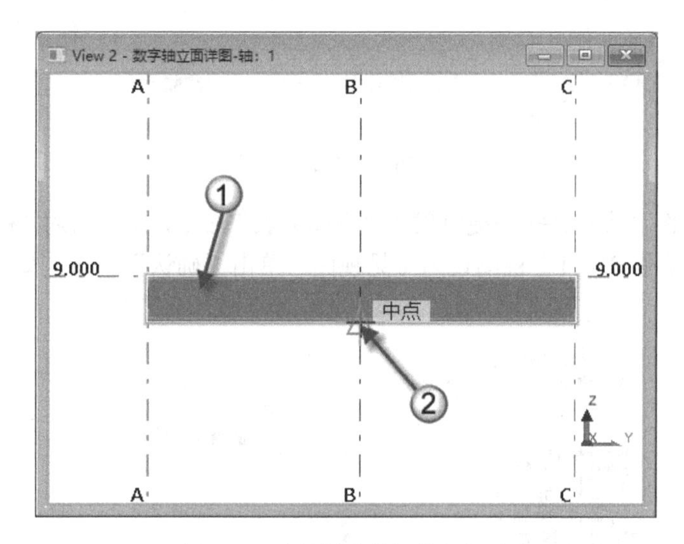

图6.79 选择拆分的杆件与位置

（3）合并杆件。在快速访问工具栏上单击“合并杆件”按钮，在图6.82所示的视图中依次选择有一定间隙的两道梁（图中①和②处）。执行完命令之后，可以看到两道梁又合并成一道梁了，如图6.83所示。

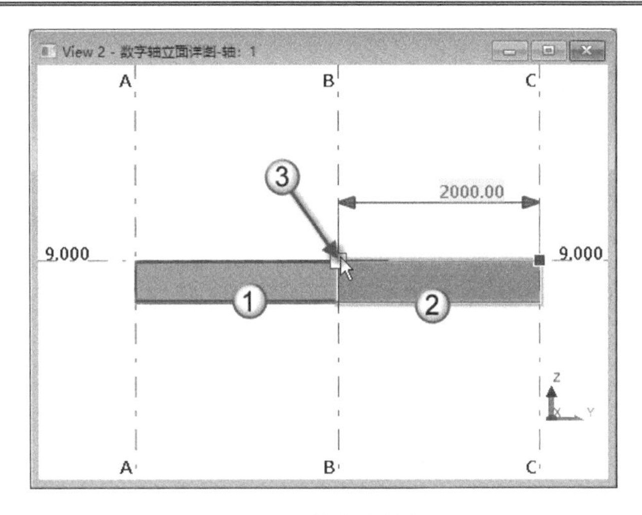

图 6.80　拖曳点控柄

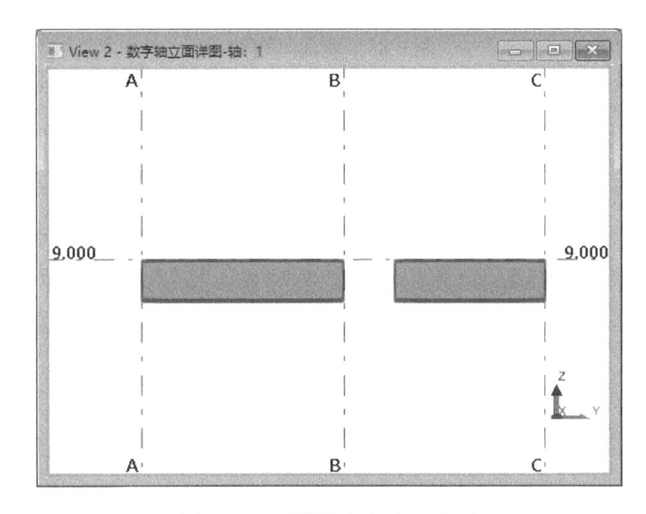

图 6.81　两道梁之间留了空隙

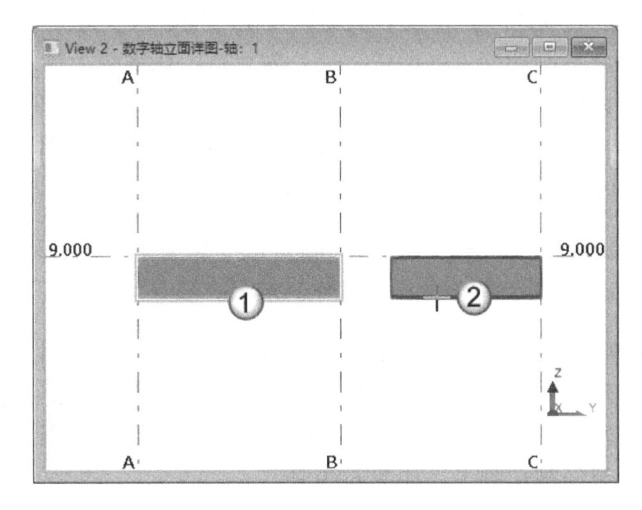

图 6.82　合并杆件

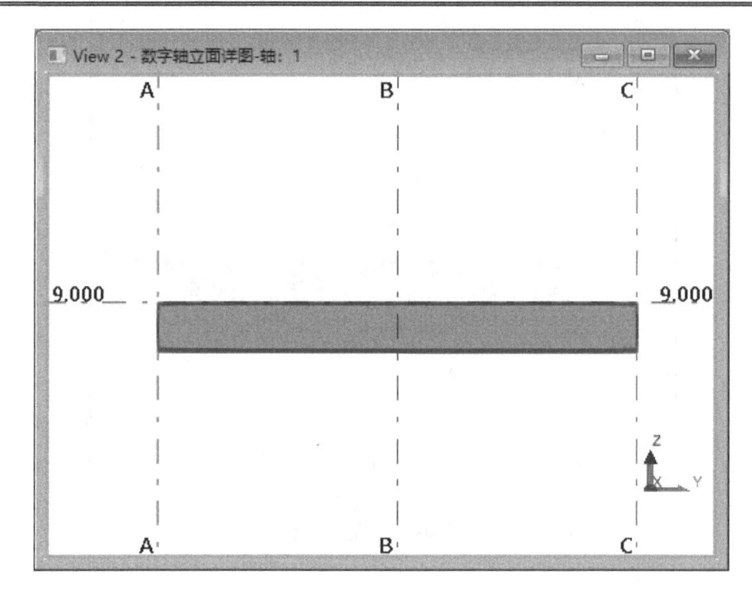

图 6.83　变成一道梁

6.5.2　切割对象

在快速访问工具栏中，“使用多边形切割对象”按钮如图 6.84①所示，“使用线切割对象”按钮如图 6.84②处所示，“使用零件切割对象”按钮如图 6.84③所示。

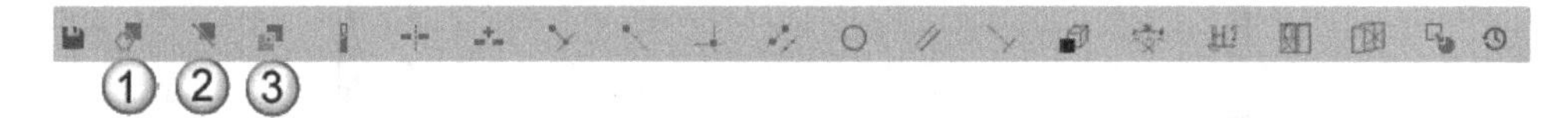

图 6.84　三个命令按钮

1. 使用线切割对象

（1）绘制-45° 角的辅助线。单按 E 快捷键发出“辅助线”命令，在图 6.85 所示的视图中单击 A 轴与 9.000 标高的交点（图中①处）为起点，在键盘上输入 R1000<-45，弹出“输入数字位置”对话框，输入的 R1000<-45 会自动转化为@1000<-45 并显在“定位”栏（图中②处）中，单击“确认”按钮（图中③处）。此时可以看到，视图中出现了一条-45° 角的辅助线，如图 6.86 所示（图中①处）。

注意：在键盘上输入 R1000<-45，而后“输入数字位置”对话框的“定位”栏变为了@1000<-45，这属于混合坐标的操作，前面已经详细介绍了，此处不再赘述。

（2）使用线切割对象。单击快速访问工具栏上的“使用线切割对象”按钮，选择需要切割的零件——钢梁如图 6.87 所示（图中①处）。依次单击上一次绘制的辅助线与钢梁的两个交点（图中②、③处）。然后单击零件去掉的部分，如图 6.88 所示（图中④处）。可以看到场景中这道梁已经被切割了，如图 6.89 所示。

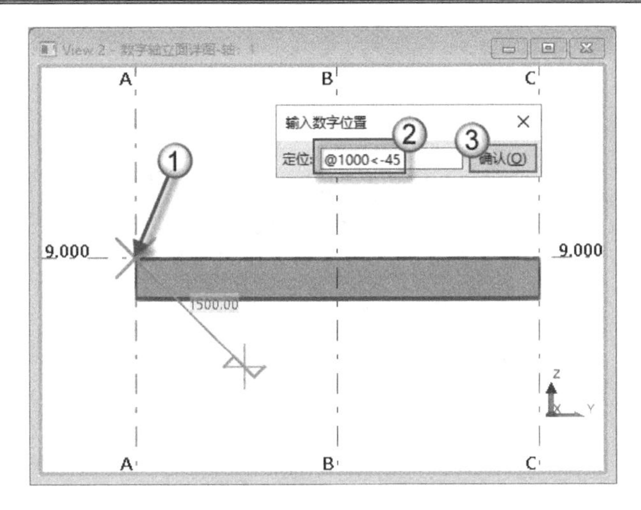

图 6.85　输入辅助线参数

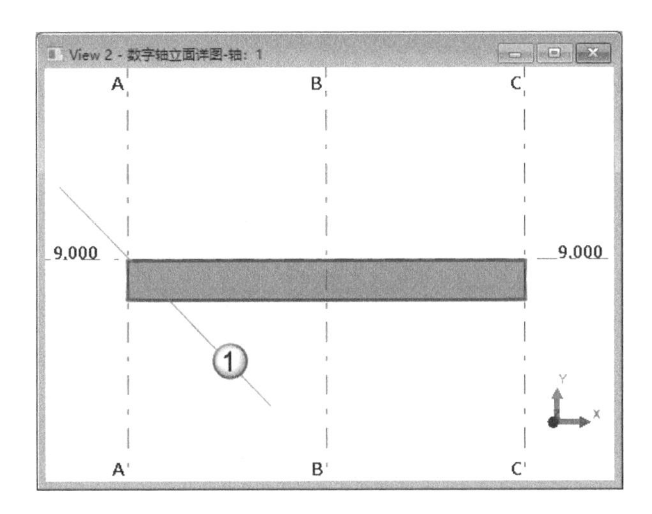

图 6.86　生成辅助线

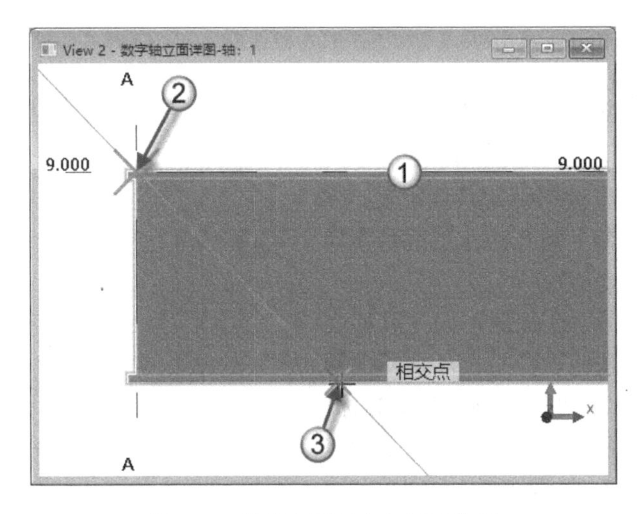

图 6.87　选择切割对象与切割位置

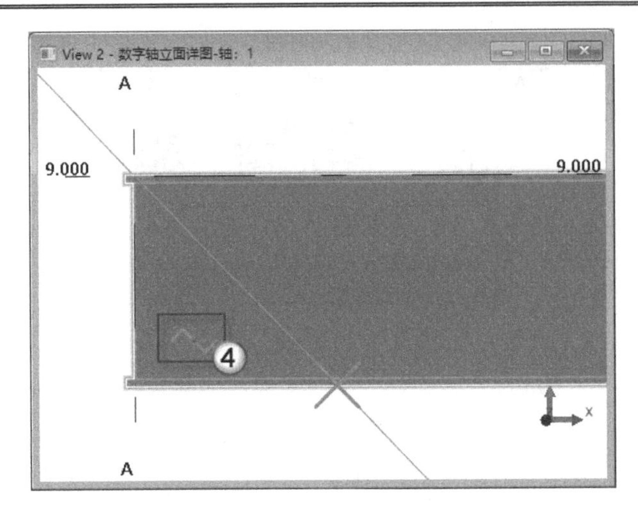

图 6.88 选择去掉的部分

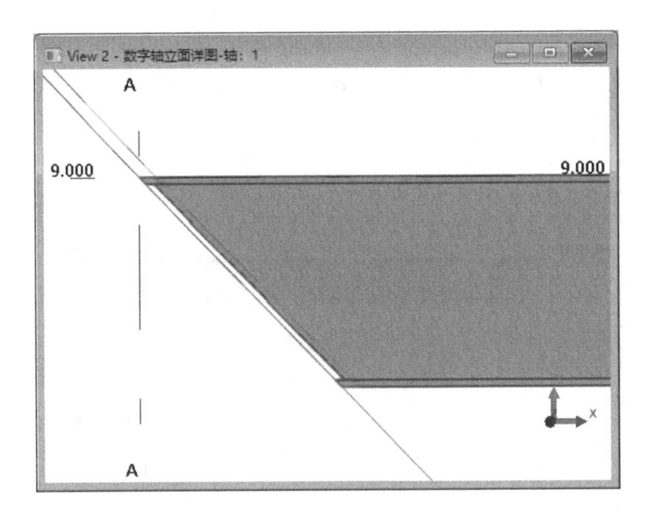

图 6.89 切割对象

2. 使用多边形切割对象

在“贝士摩”模型的 1 号细部处需要对连接板、钢梁进行切割，生成一个 R10 的半圆孔，如图 6.90 所示。1 号细部的具体位置，详见附录中的图纸。这个半圆孔的作用就是在焊接时可以形成连接的焊缝。

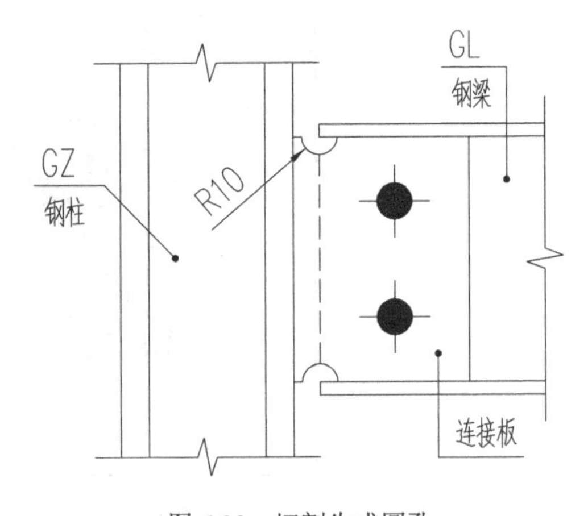

图 6.90 切割生成圆孔

（1）绘制辅助圆。在快速访问工具栏上单击“添加辅助圆”按钮，在图 6.91 所示的视图中，以图中①处的点为圆心，向左移动光标，弹出 10 个单位的半径的提示时，单击此处确定半径的位置，如图 6.91 所示（图中②处）。

（2）使用“多边形切割对象”切割连接

板。在快速访问工具栏上单击“使用多边形切割对象”按钮，在图 6.92 所示的视图中选择连接板（图中①处），然后依次单击②、③、④ 3 个点（这 3 个点皆是上一步绘制辅助圆与连接板的交点）。按鼠标中键，或按键盘上的 Space 键完成操作。可以看到连接板上切割出了一个三角形的孔，如图 6.93 所示。

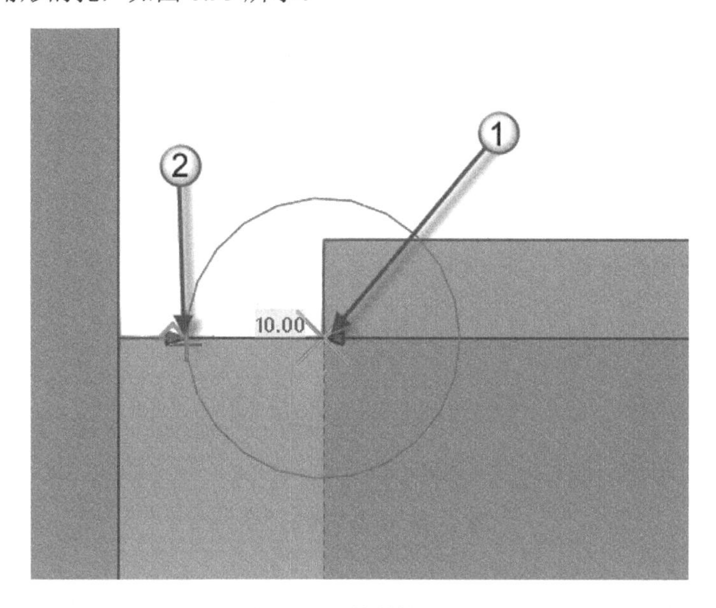

图 6.91　绘制辅助圆

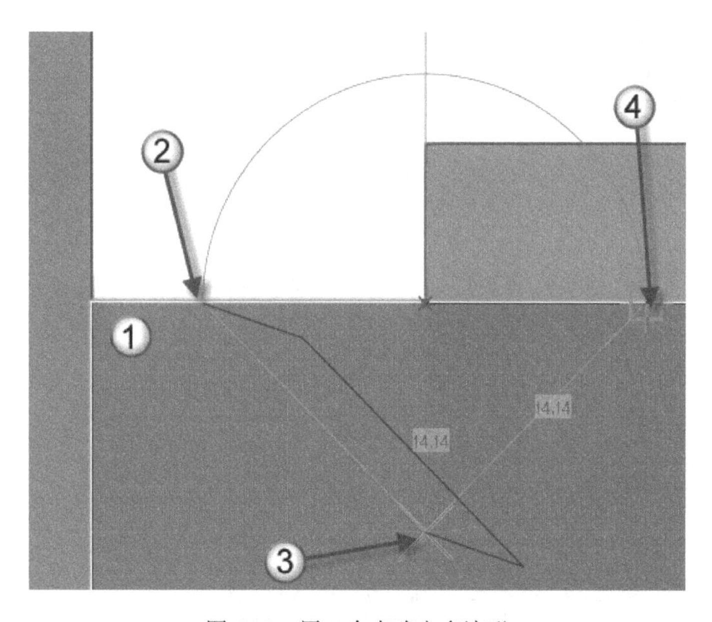

图 6.92　用 3 个点确定多边形

（3）将三角形孔转换成半圆形。选择连接板，以激活所有控柄。按住 Alt 键不放，从左向右拉框框选这 3 个点控柄，在“拐角处斜角”面板中将“类型”切换至“弧点”选项，单击“修改”按钮，如图 6.94 所示。在图 6.95 所示的视图中可以看到，原来三角形的孔变为半圆形的孔（图中①处）。然后按同样的方法在连接板底部也开一个半圆形的孔，见图中②处。

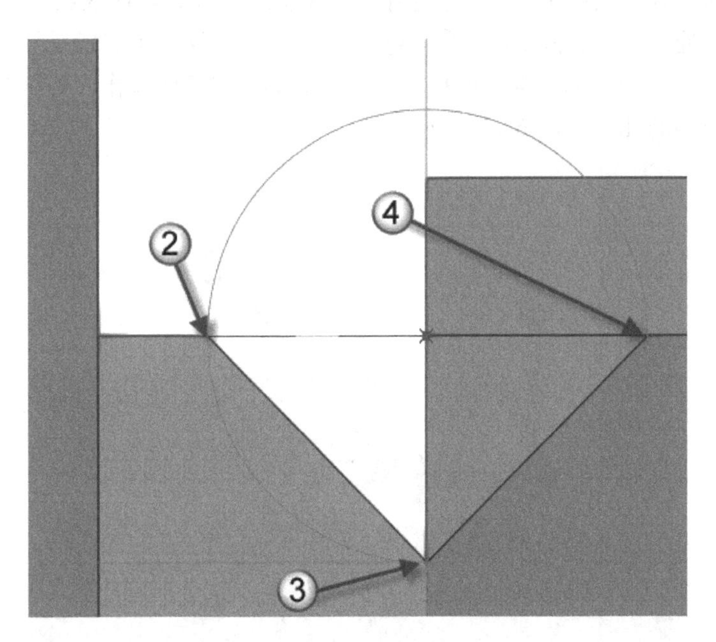

图 6.93　切出三角形的孔

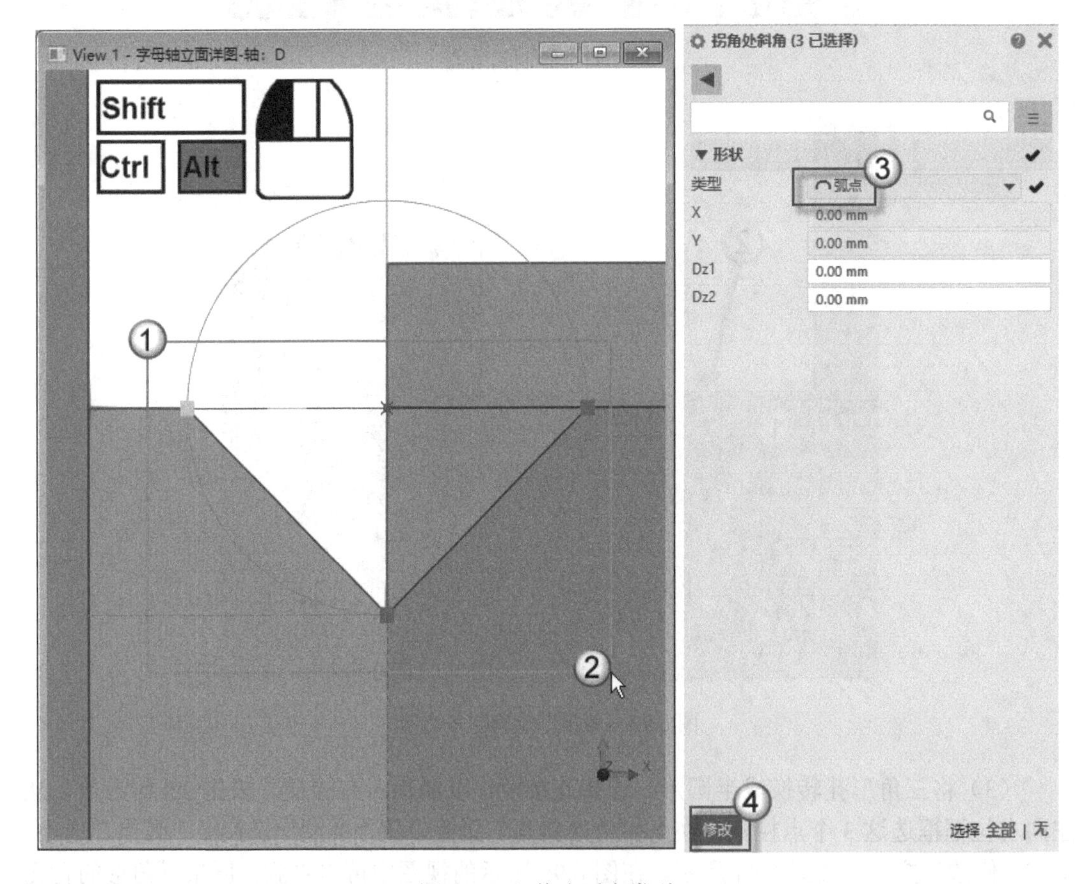

图 6.94　切换为弧点类型

（4）去掉切割材质。零件被切割的部分不是完全去掉，而是用一圈轮廓线表示，这圈轮廓线就叫作“切割材质”。在图 6.96 所示的“视图属性”对话框中单击“显示”按钮（图中①处），在弹出的“显示”对话框中去掉“切割和已添加材质”处复选框的勾选（图中②处），单击“修改”按钮（图中③处）和“确认”按钮（图中④处），再单击“确认”按钮（图中⑤处），此时可以看到连接板的半圆孔已经没有切割材质了（图中⑥处）。使用同样的方法可以切割钢梁，让钢梁也出现半圆孔，如图 6.97 所示。

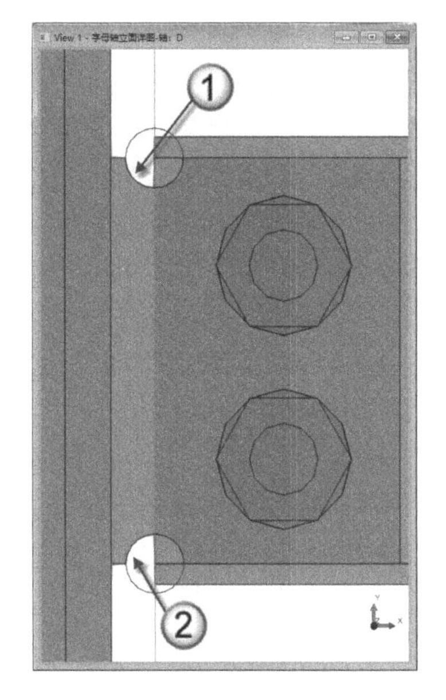

图 6.95　半圆形的孔

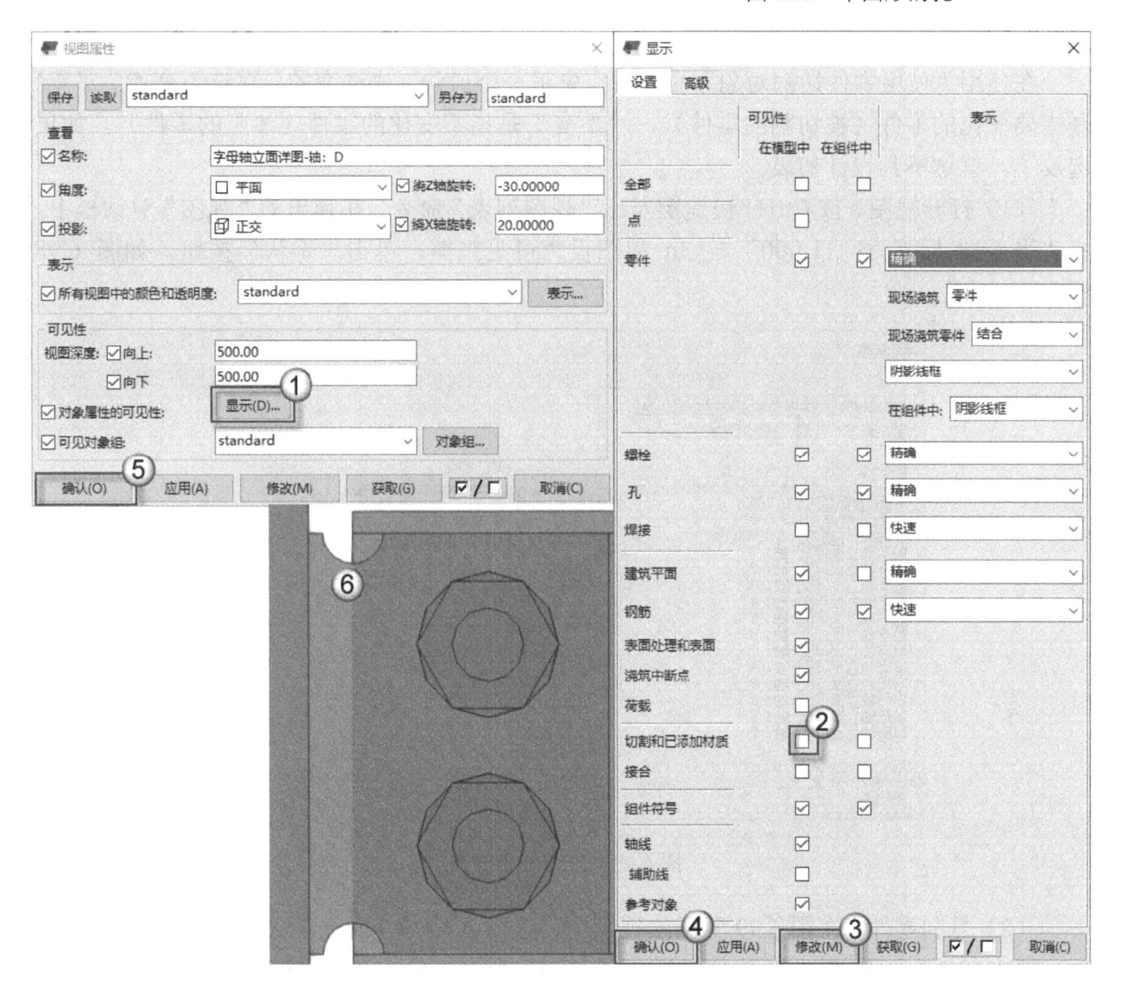

图 6.96　去掉切割材质

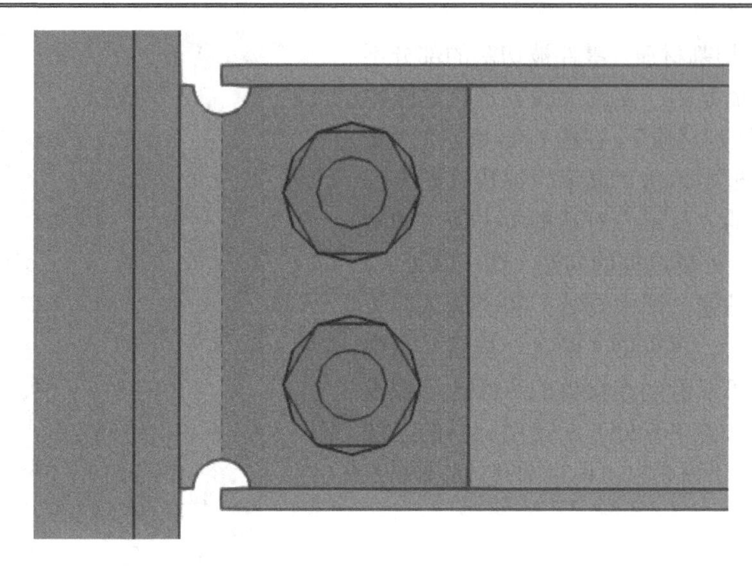

图 6.97　钢梁的半圆孔

3．使用零件切割对象

在使用“使用零件切割对象”命令时，先记一个口诀：先选变的，再选不变的。“变”是指要变化的零件（被切割的零件），“不变”是指不变化的零件（参照的零件）。如果选反了，就达不到设计初衷。

（1）打开视图。按 Ctrl+I 快捷键发出“视图列表”命令，在弹出的“视图”对话框中，将“平面图-标高为：11.000”与 3d 视图设为可见视图，单击“确认”按钮，如图 6.98 所示。

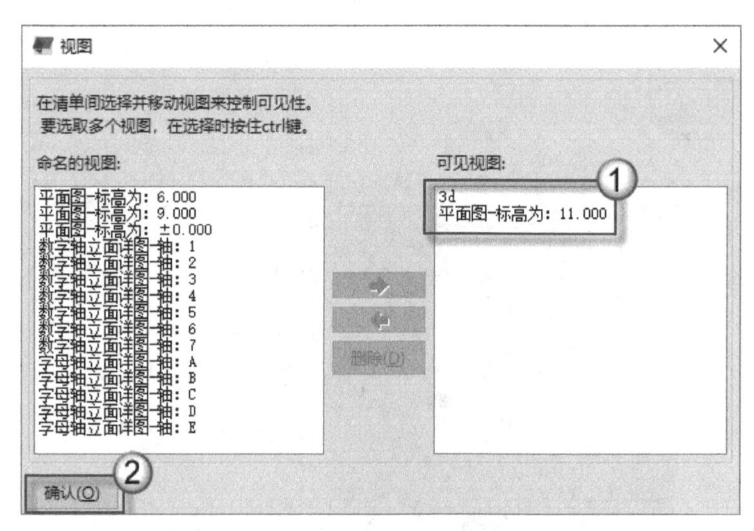

图 6.98　打开两个视图

（2）复制零件。在图 6.99 所示的视图中，选择 A 轴与 7 轴交汇处的板（图中①处）、柱（图中②处），按 Ctrl+C 快捷键发出“复制”命令，单击 A 轴与 7 轴的交点（图中⑤处）作为起点，再单击 A 轴与 6 轴的交点（图中⑥处）作为终点。复制完成后的视图如图

6.100 所示，其中①和③为板零件，②和④为钢柱零件。

（3）使用零件切割对象。在快速访问工具栏上单击“使用零件切割对象”，在图 6.101 所示的视图中先选①处的板，再选择②处的钢柱，然后按 Enter 键。重复上一次的命令，先选择④处的钢柱，再选择③处的板，然后移除②与③处作为参照的对象，可以看到场景中的①与④两个零件皆被切割了，如图 6.102 所示。

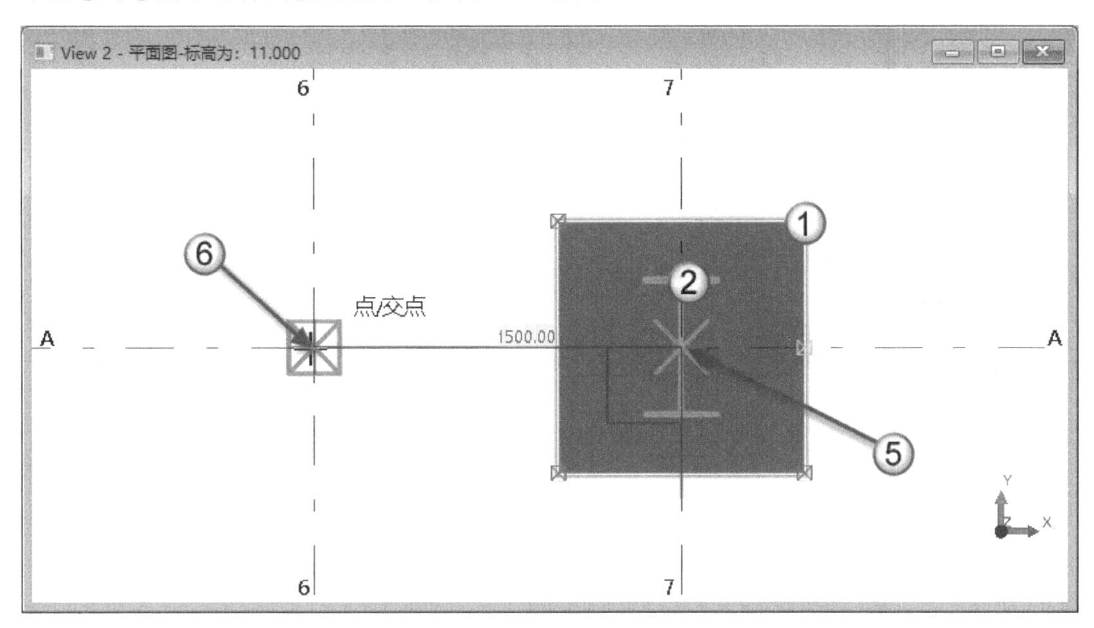

图 6.99　选择起点与终点

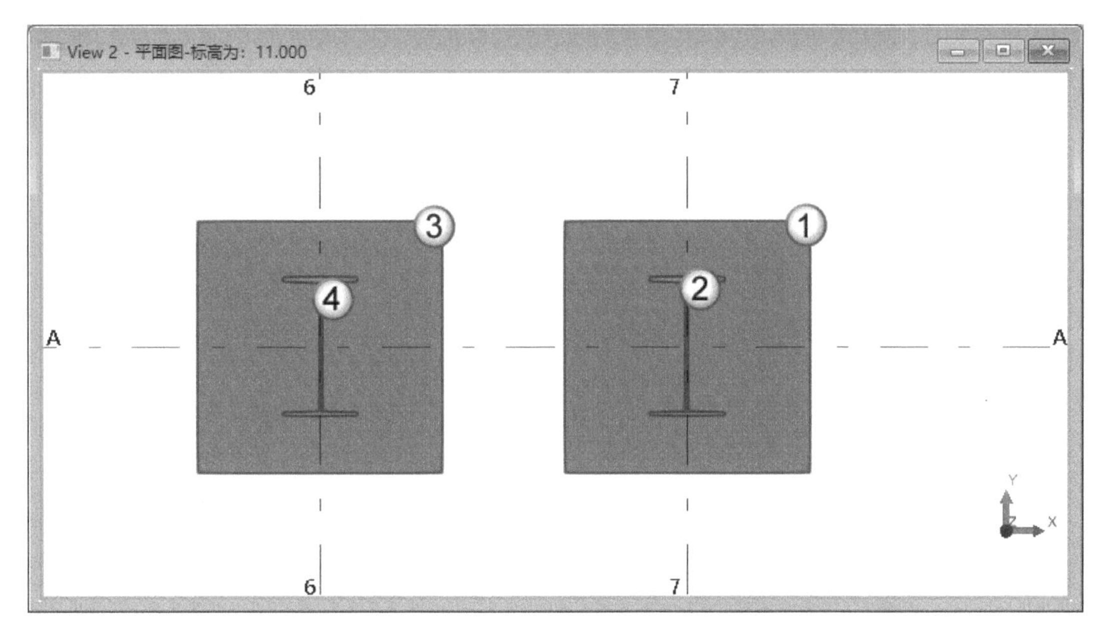

图 6.100　复制零件

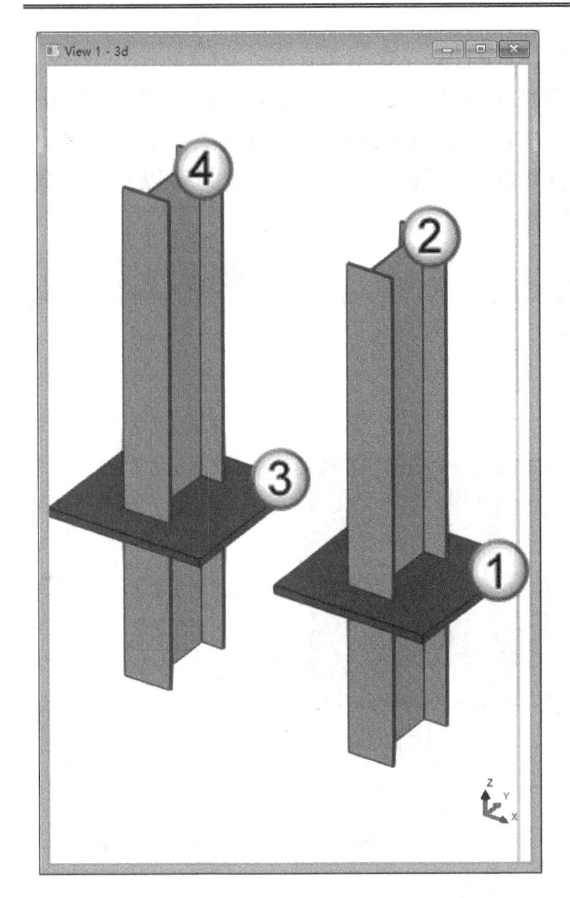

图 6.101　选择对象

图 6.102　切割后的对象

第7章 连　　接

在钢结构设计中，有两种连接方法：螺栓连接与焊接。在 Tekla 中，也提供了这两种连接命令。下面具体介绍。

7.1 螺　　栓

螺栓是由头部和螺杆（带有外螺纹的圆柱体）两部分组成的一类紧固件。螺栓需与螺母配合使用，可以用于紧固连接两个或多个带有通孔的零件。使用螺栓与螺母连接的形式称为螺栓连接。如果把螺母从螺栓上旋下，则可以使这两个零件分开，因此螺栓连接是属于可拆卸连接。

7.1.1 设置螺栓参数

双按 I 快捷键，在发出“螺栓”命令的同时，侧窗格弹出“螺栓”属性面板。本节介绍的螺栓参数皆在“螺栓”属性面板中完成。

1．螺栓

如图 7.1 所示，在“螺栓”设置栏中主要有 4 栏参数需要设置，分别是“尺寸”（图中①处）、标准（图中②处）、螺栓类型（图中③处）和切割长度（图中④处）。“尺寸”中的数值是随着“标准”选项而变化的，“标准”不一样，“尺寸”就不一样。“标准”选项如表 7.1 所示。Tekla 在“构件”设置栏中用了一个形象的动画图示（随着勾选内容的增减，图示也会相应变化）来说明 6 个选项的含义，如图 7.2 所示，其中，①～⑥选项前皆有复选项可供选择，每个选项的图例如图 7.3 至图 7.8 所示。

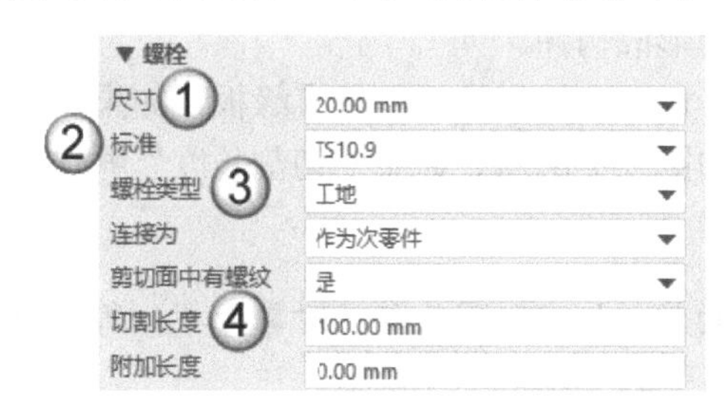

图 7.1　螺栓设置栏

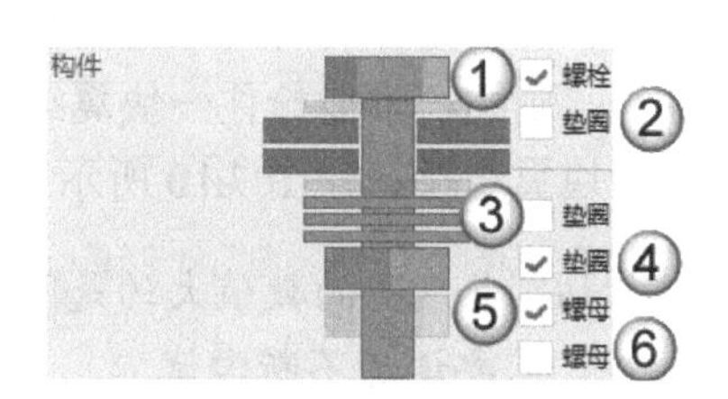

图 7.2　构件设置栏

表7.1 螺栓的“标准”选项

选 项	螺 栓 标 准	备 注
A	普通螺栓	A、B、C为等级
B		
C		
HS4.6	HS代表大六角高强螺栓	4.6、8.8、10.9为等级
HS8.8		
HS10.9		
STUD	栓钉	/
TS8.8	TS代表扭剪型高强螺栓	8.8、10.9为等级
TS10.9		

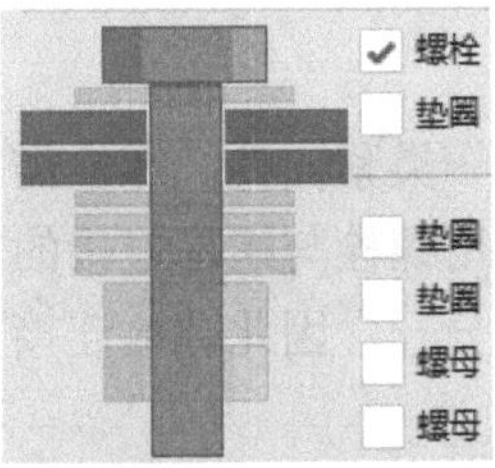

图7.3 螺栓

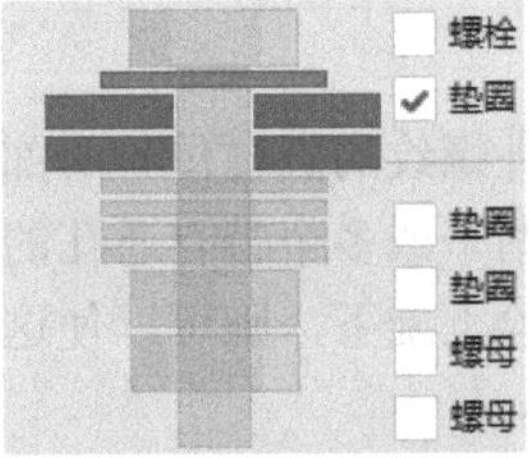

图7.4 垫圈1

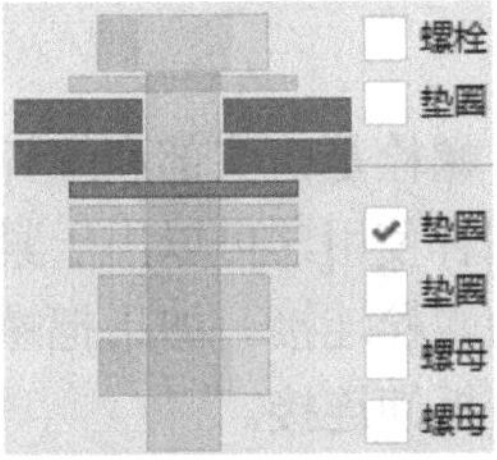

图7.5 垫圈2

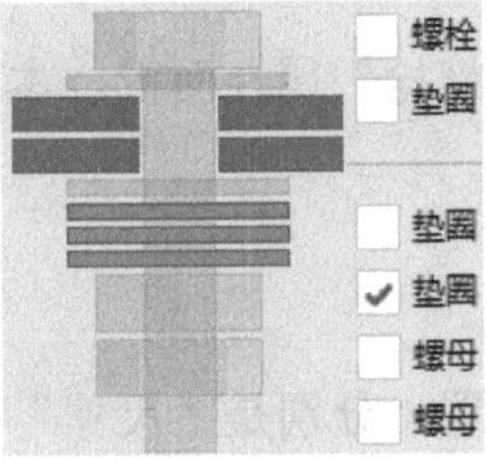

图7.6 垫圈3

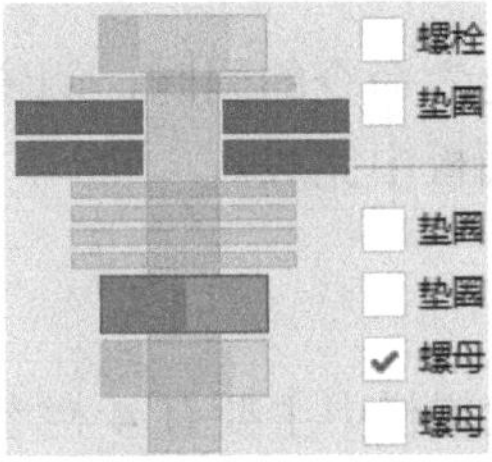

图7.7 螺母1

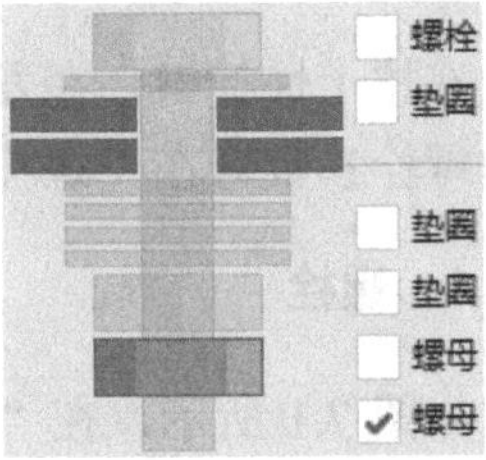

图7.8 螺母2

注意：选择螺母时，选择一个表示单螺母，两个都选表示双螺母。

在“螺栓类型”栏中有两个选项：工地与车间。其中，车间又叫工厂。在Tekla中，只有用类型为“车间”的螺栓连接的零件才会形成构件。

“切割长度”是针对有间隙的两个对象。比如一根钢柱的两块翼缘板，如果“切割长度”不够长，则螺栓只能拴住一块翼缘板，如图7.9所示。如果“切割长度”够长，则螺栓能拴住两块翼缘板，如图7.10所示。

注意：“切割长度”的数值大约是间隙的两倍，但有时因为其他对象干扰，所以会不准确，需要读者不断尝试。

2. 螺栓组

在“螺栓组”设置栏中主要是对“螺栓X向间距”“螺栓Y向间距”两个选项进行设

置，如图 7.11 所示。这两个选项的值要根据图纸具体设置。如果这两个数值皆是 0，则只生成一个螺栓。

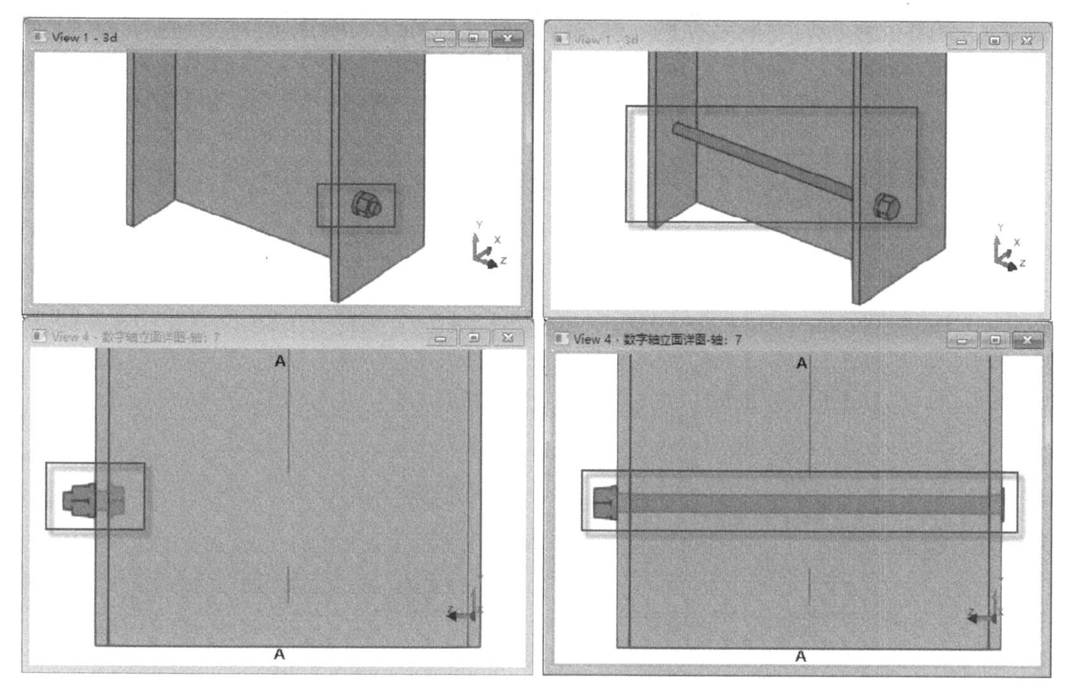

图 7.9　拴住一块翼缘板

图 7.10　拴住两块翼缘板

3. 孔

“孔”设置栏如图 7.12 所示。该选项栏中重要的两个选项是“容许误差”“带长孔的零件”。下面具体介绍。

（1）“带长孔的零件”栏实际上就是设置螺栓之间要拴住几个对象。共有 5 个复选框（图中①～⑤）可供选择，需要用螺栓拴住几个对象，就选几个复选框。

（2）“容许误差”栏（见图 7.13）中的数值不是单独存在的，其与“尺寸”栏中的数值共同组成螺栓开孔的直径。螺栓开孔直径=尺寸（图中①处）+容许误差（图中②处）。

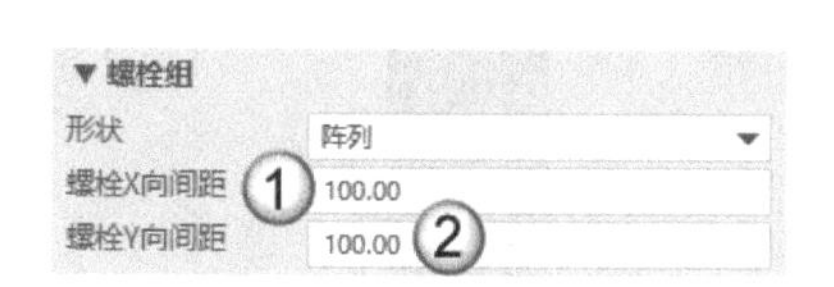

图 7.11　“螺栓组”设置栏

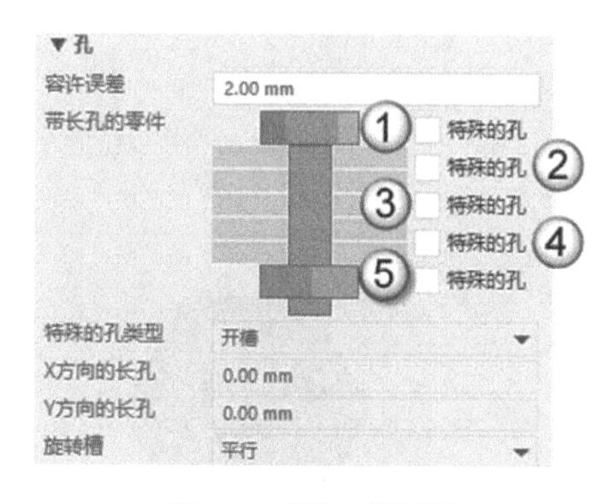

图 7.12　“孔”设置栏

4．位置

在“位置”设置栏中重点是对“旋转”栏进行设置。“旋转”栏中有 4 个选项，如图 7.14 所示，分别是“前面”（图中①处）、“上”（图中②处）、“后退”（图中③处）和“下方”（图中④处），其对应的功能如表 7.2 所示，图例如图 7.15 和图 7.16 所示。

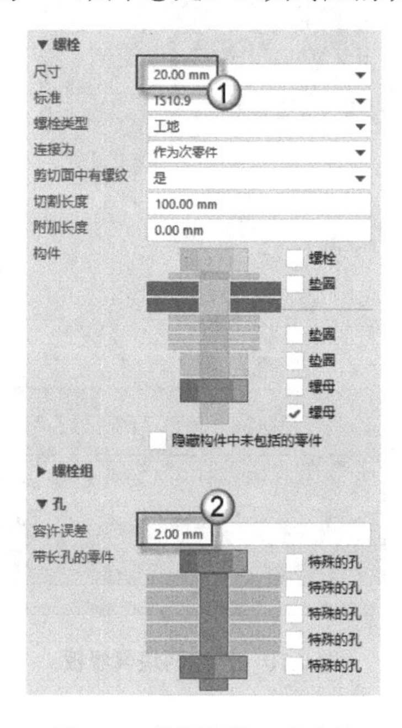

图 7.13　设置螺栓开孔直径

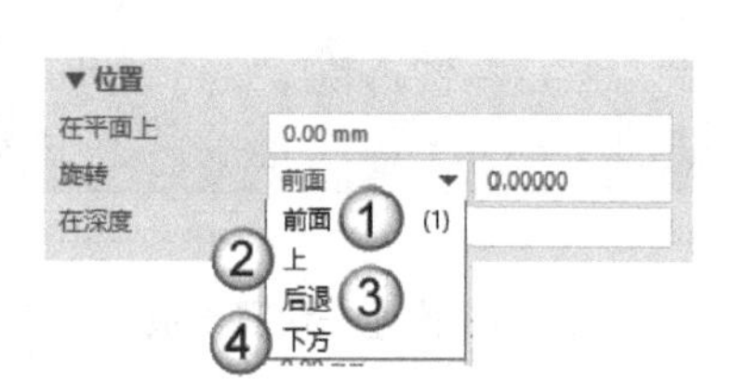

图 7.14　“旋转”选项

表 7.2　“旋转”选项

序　　号	选　　项	示例图（选择了选项之后，观测者看到的螺栓的样子）	备　　注
①	前面	图7.15	看到螺栓头部
②	上	图7.16	看到螺栓身体
③	后退	图7.15	看到螺栓头部
④	下方	图7.16	看到螺栓身体

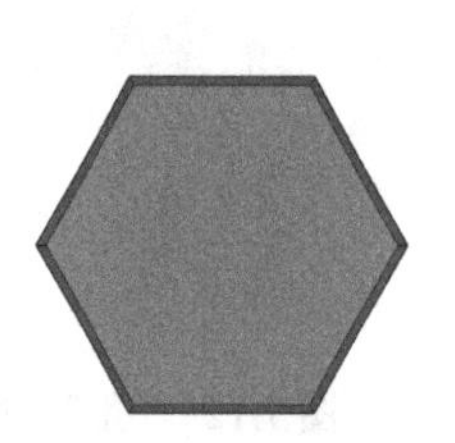

图 7.15　看到螺栓头部

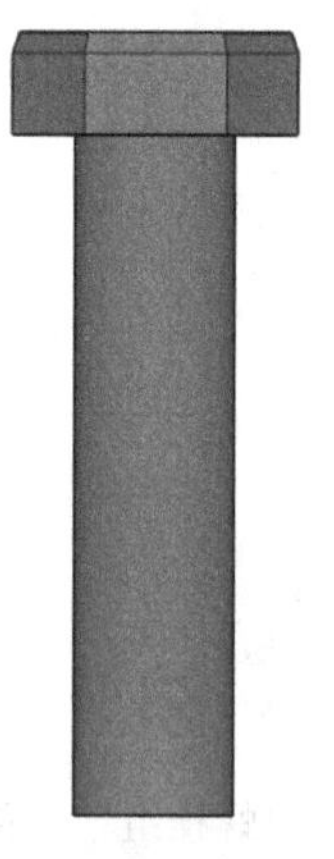

图 7.16　看到螺栓身体

5. 从…偏移

在“从…偏移”设置栏中，如图 7.17 所示，重点是设置 Dx 栏中的“起点”数值（图中①处）、Dy 栏中的“起点”数值（图中②处）与“末端”数值（图中③处）。

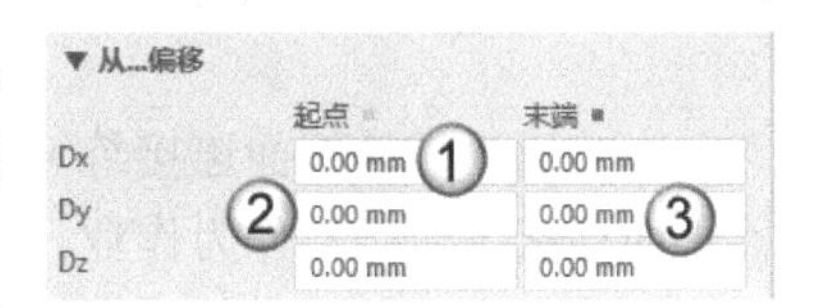

图 7.17

为了让读者理解 Dx 与 Dy 两栏中的数值的意义，此处提供了“螺栓平面连接练习一”“螺栓平面连接练习二”两幅图，如图 7.18 和图 7.19 所示。这两幅图皆是从 A 点画到 B 点，A→B 方向就是 X 轴方向，并且已经将 Dx 与 Dy 标注出来了。

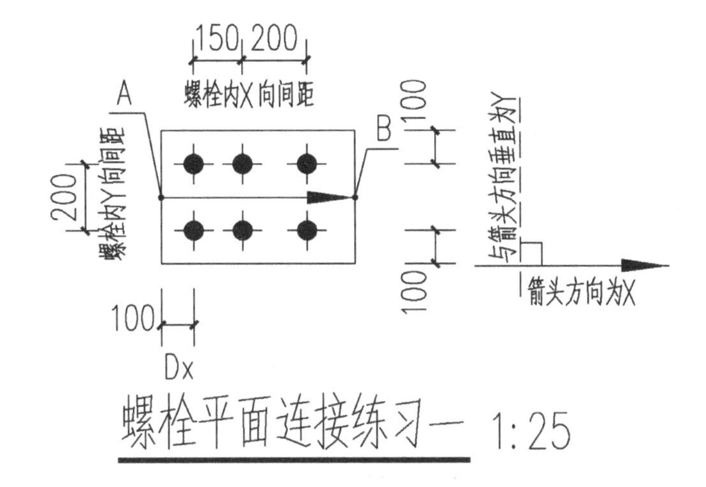

图 7.18　螺栓平面连接练习一

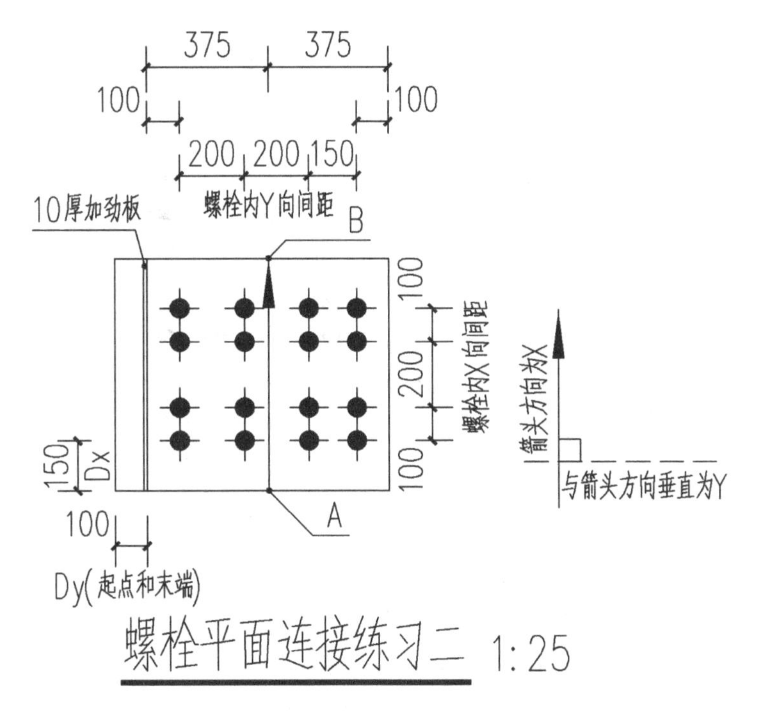

图 7.19　螺栓平面连接练习二

7.1.2 使用平面法绘制螺栓

本节以“螺栓平面连接练习一”设计图为例，介绍使用平面法绘制螺栓的过程。“螺栓平面连接练习二”作为作业，请读者自行完成。

本节与上一节提供的“螺栓平面连接练习一”“螺栓平面连接练习二”两幅图略有不同。本节提供的两幅图如图 7.20 和图 7.21 所示。这两幅图侧重于螺栓的绘制，而上一节的两幅图侧重于介绍参数。绘制螺栓应参考本节提供的图。

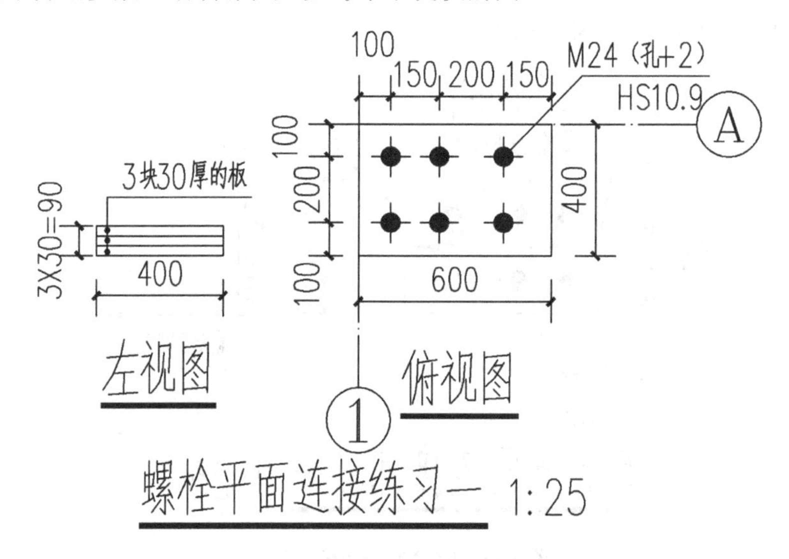

图 7.20 螺栓平面连接练习一

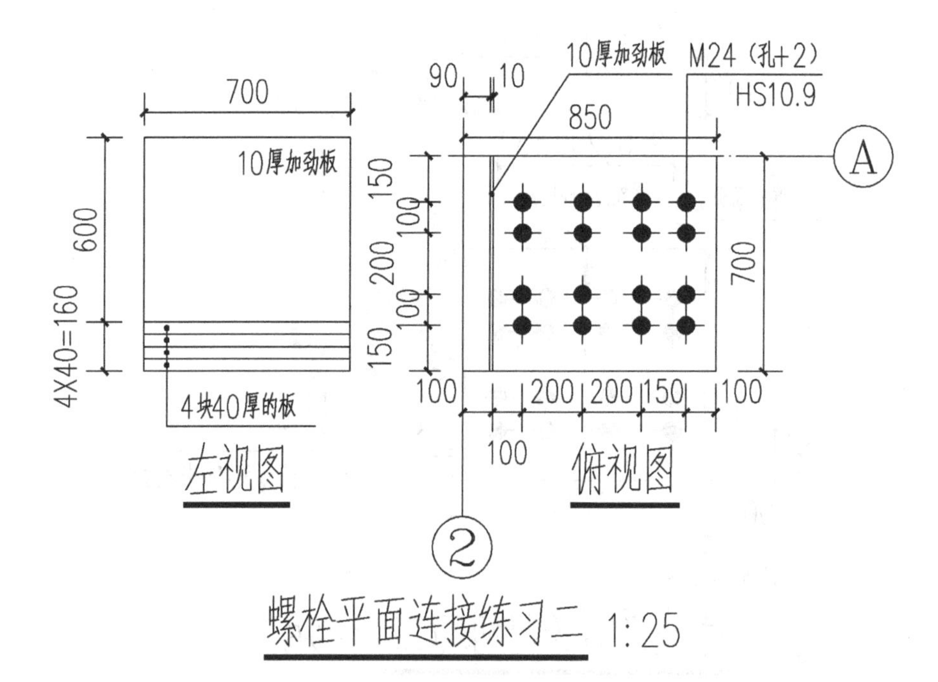

图 7.21 螺栓平面连接练习二

（1）打开视图。按 Ctrl+I 快捷键发出“视图列表”对话框，将 3d 视图、“平面图-标高为：±0.000”视图和“字母轴立面详图-轴：A”3 个视图设为可见视图，单击“确认”按钮，如图 7.22 所示。

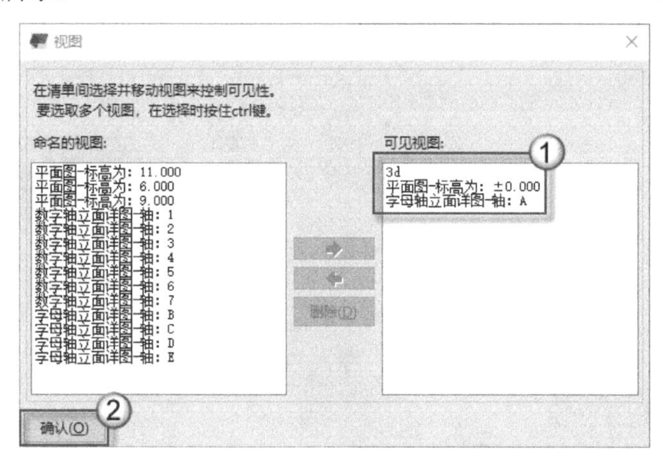

图 7.22　打开 3 个视图

（2）绘制 3 块板，在 A 轴与 1 轴交汇处，绘制 3 块尺寸为 600mm×400mm×30mm 的板，其中，30mm 是板厚尺寸，如图 7.23 所示。

△注意：这一步中，可以直接画 3 块板，或者先画一块板，然后再复制两块板也可以。

（3）设置参数。双按 I 快捷键，在发出“螺栓”命令的同时弹出“螺栓”属性面板，如图 7.24 所示。在“尺寸”栏中选择 24.00mm（图中①处），在“标准”栏中选择 HS10.9（图中②处），在“切割长度”栏中输入 180.00mm（图中③处），在“构件”栏中依次勾选“螺栓”（图中④处）、垫圈（图中⑤处）、垫圈（图中⑥处）、螺母（图中⑦处）4 个复选框，在“螺栓 X 向间距”栏中输入“150.00 200.00”（图中⑧处），在“螺栓 Y 向间距”栏中输入 200.00（图中⑨处）。在“带长孔的零件”栏中勾选 3 个“特殊的孔”复选框（图中⑩处），在“旋转”栏中切换为“前面”选项，在 Dx 的“起点”栏中输入 100 个单位。

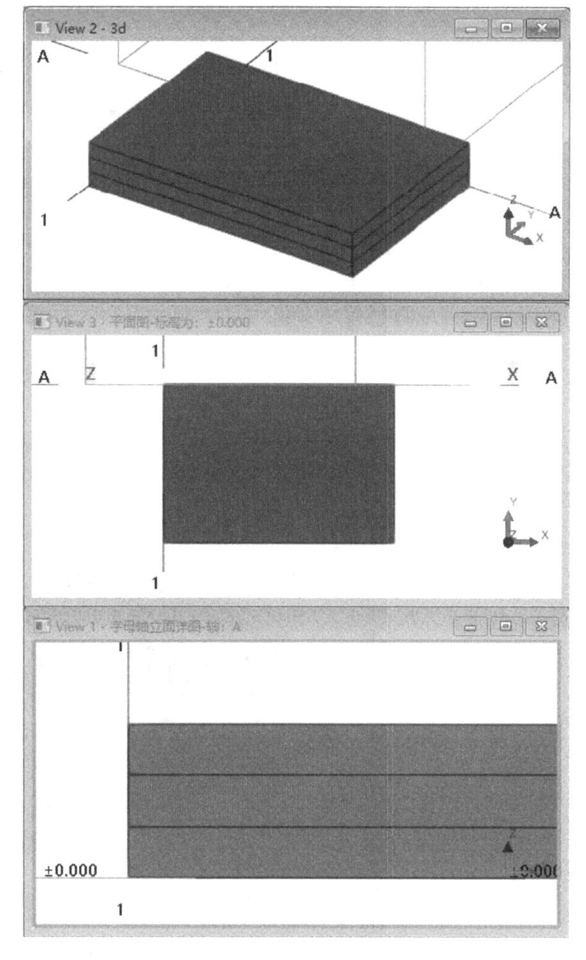

图 7.23　绘制 3 块板

（4）绘制螺栓。在图 7.25 所示的视图中依次选择 3 块板（图中①、②、③处），单击鼠标中键或按键盘上的 Space 键完成对象的选择，然后依次单击①点（中点）、②点（中点）绘制螺栓方向线，如图 7.26 所示。操作完成后，可以看到 2 排 3 列的螺栓组已经绘制完成了，如图 7.27 所示。进入 3d 视图检查螺栓绘制情况，如图 7.28 所示。

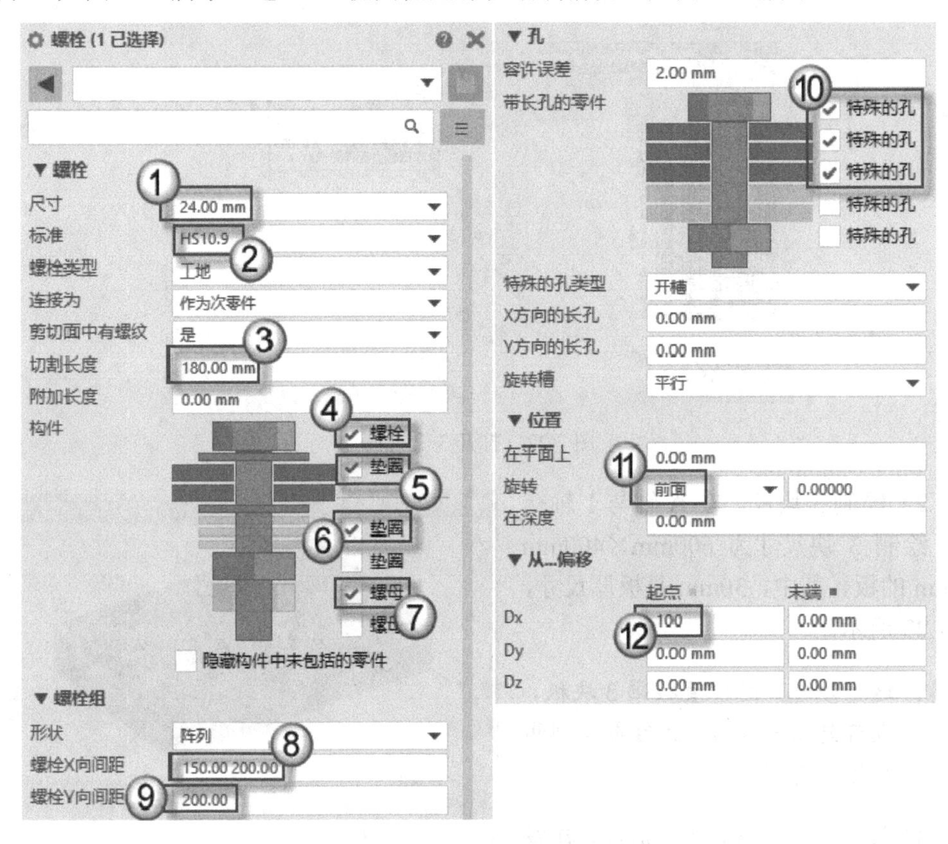

图 7.24　设置参数

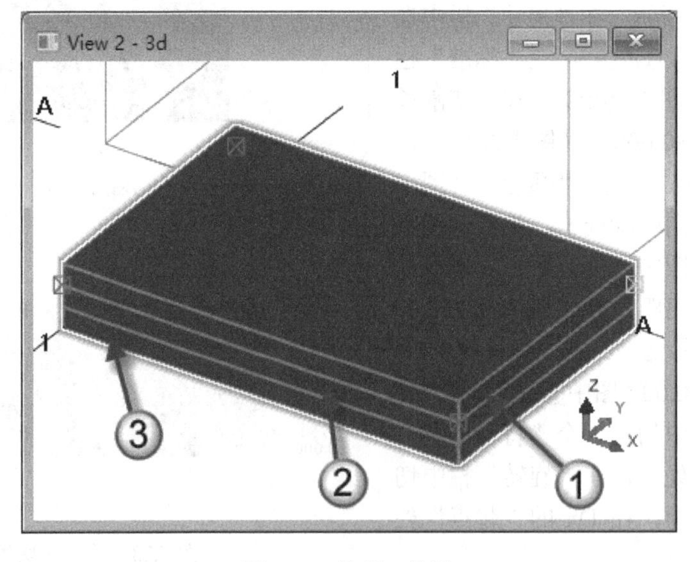

图 7.25　选择 3 块板

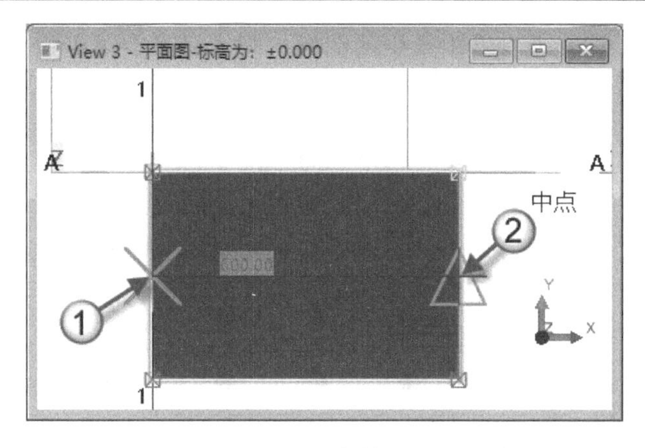

图 7.26　绘制螺栓方向线

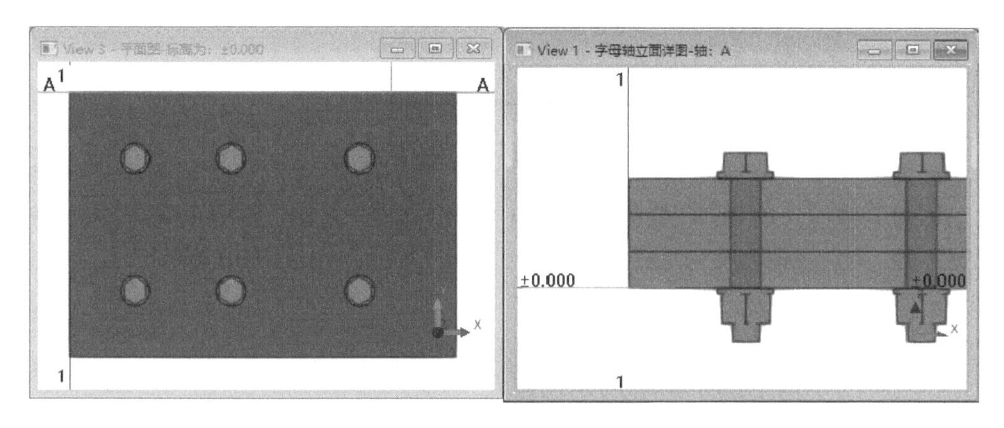

图 7.27　完成螺栓组的绘制

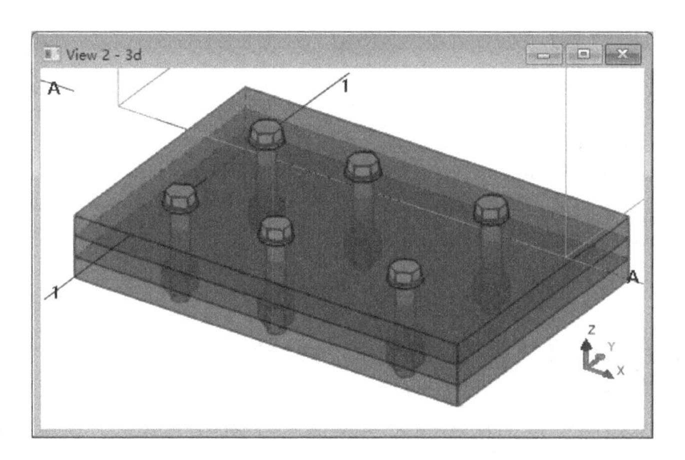

图 7.28　检查螺栓绘制情况

7.1.3　使用立面法绘制螺栓

与平面法相比，使用立面法绘制螺栓时，只能看到一侧的螺栓，操作起来比较复杂，有些尺寸需要综合判断。打开“贝士摩”模型，以 6 号节点为例，使用立面法绘制螺栓。6

号节点的具体位置，请读者参看附录中的图纸，与 6 号节点对应的“6-6 剖”设计图如图 7.29 所示。

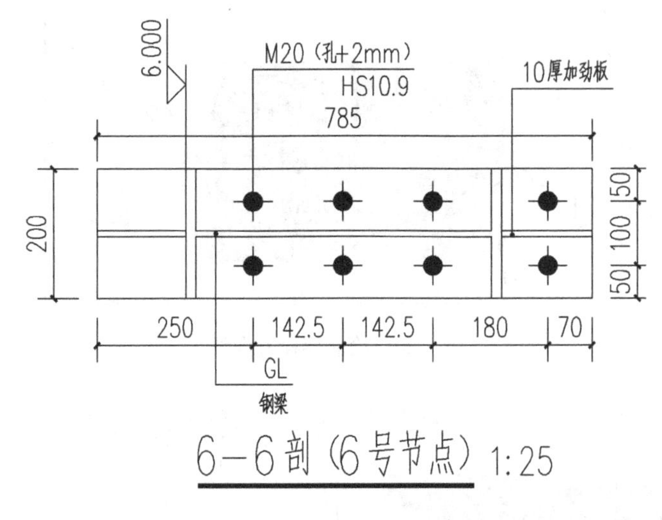

图 7.29　6-6 剖（6 号节点）

（1）打开视图。按 Ctrl+I 快捷键，弹出“视图列表”对话框，将 3d 视图和“字母轴立面详图-轴：D”视图设为可见视图，单击“确认”按钮，如图 7.30 所示。

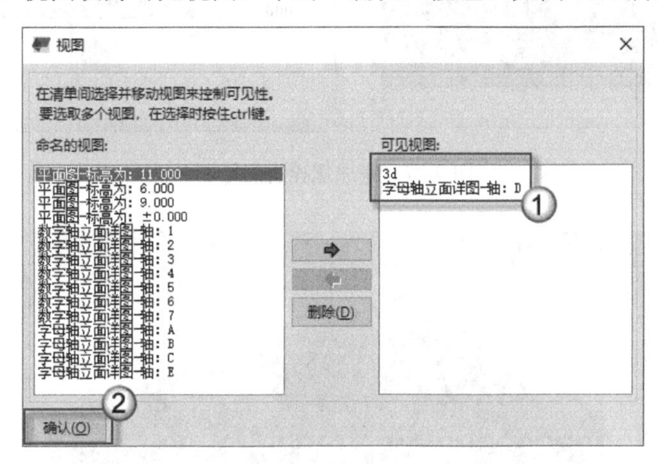

图 7.30　打开视图

（2）设置参数。双按 I 快捷键，在发出“螺栓”命令的同时弹出“螺栓”属性面板，如图 7.31 所示。在“尺寸”栏中选择 20.00mm（图中①处），在“标准”栏中选择 HS10.9（图中②处），在“构件”栏中依次勾选“螺栓”（图中③处）、垫圈（图中④处）、垫圈（图中⑤处）、螺母（图中⑥处）4 个复选框，在“螺栓 X 向间距”栏中输入“180.00 2*142.50”（图中⑦处），在“螺栓 Y 向间距”栏中输入 100.00（图中⑧处）。在“带长孔的零件”栏中勾选两个“特殊的孔”复选框（图中⑨处），在“旋转”栏中切换为“上”选项（图中⑩处），在 Dx 的“起点”栏中输入 70 个单位。

（3）绘制螺栓。在图 7.32 所示的 3d 视图中，依次选择连接板（图中①处）和钢柱（图中②处），单击鼠标中键或按键盘上的 Space 键完成对象的选择。然后依次单击①点（端点）和②点（终点）绘制螺栓方向线，如图 7.33 所示。操作完成之后，可以看到 2 列 4 排的螺栓组已经完成了，如图 7.34 所示。进入 3d 视图检查螺栓绘制情况，如图 7.35 所示。

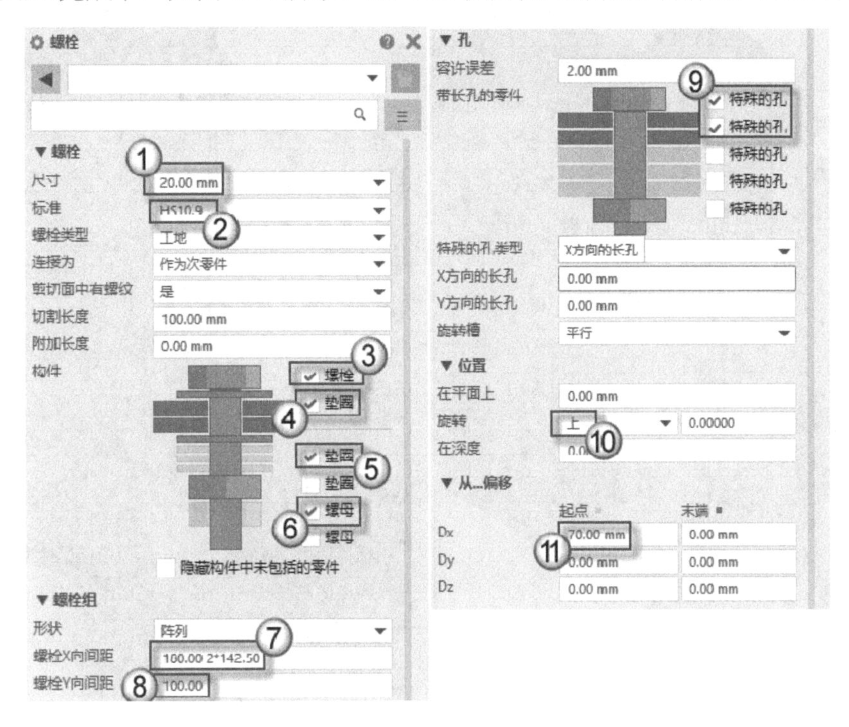

图 7.31　设置参数

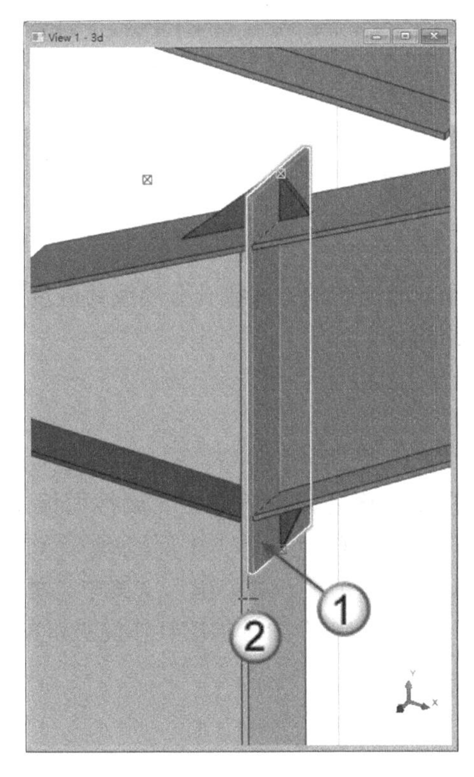

图 7.32　选择对象

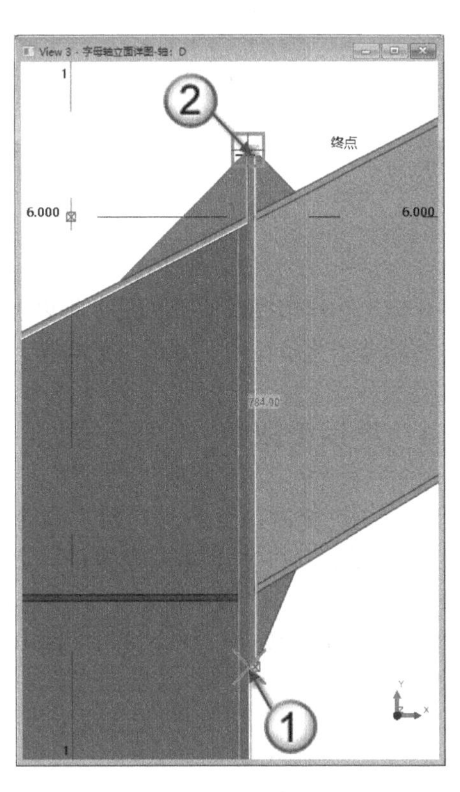

图 7.33　绘制螺栓方向线

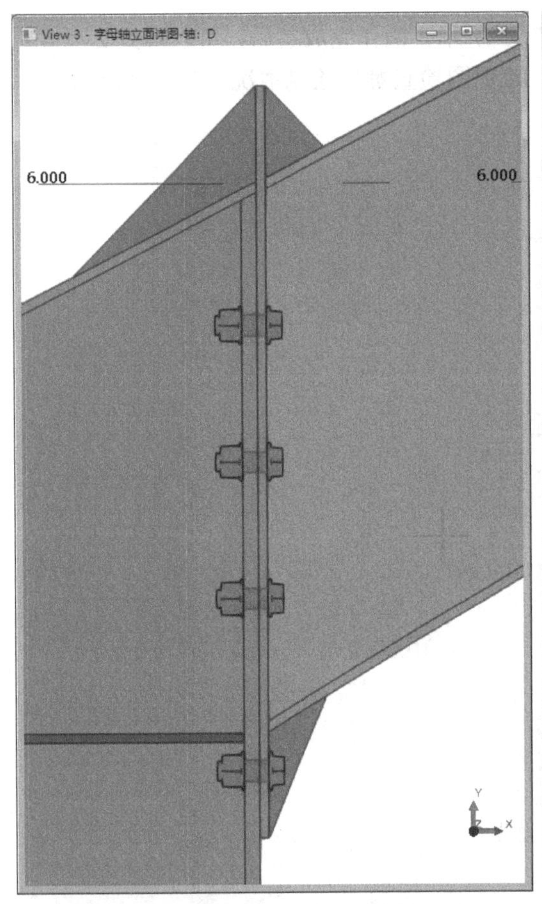

图 7.34　绘制好的模型立面图

图 7.35　在 3d 视图中检查螺栓绘制情况

7.2　焊　　接

焊接也称作熔接或镕接，是一种以加热、高温或者高压的方式接合金属或其他热塑性材料的制造工艺及技术。本节中的焊接只针对钢结构。

7.2.1　焊接参数

双按 J 快捷键，发出“焊接”命令，同时在侧窗格处弹出“焊接”属性面板，如图 7.36 所示。其中重点要设置的是“边缘/四周”（图中①处）、“工厂/工地”（图中②处）、“位置”（图中③处）、“连接为”（图中④处）、“类型”（图中⑤处）、“尺寸”（图中⑥处）、“角度”（图中⑦处）7 个选项。这 7 个选项的具体说明如表 7.3 所示。

图 7.36　焊接属性

表 7.3　焊接的主要参数一览表

序　　号	选 项 名 称	包含的选项	说　　明
①	边缘/四周	边缘	只焊接面的一边
		四周	焊接对象的整个周长
②	工厂/工地	车间	车间又叫工厂，只有选择车间选项，焊接后才会形成构件
		工地	工地符号比车间符号多了一面三角旗，表明是现场装配
③	位置	x、y、z、-x、-y、-z 共6项	根据具体情况选择这6个位置中的一个
④	连接为	作为次零件	见表7.4
		作为子构件	
⑤	类型	焊缝的各种类型	根据施工图纸进行选择
⑥	尺寸	/	焊缝的尺寸，单位为mm
⑦	角度	/	焊缝在剖面上的角度

表 7.4　“连接为”选项一览表

连　接　为	工厂/工地	创建构件的类型	结　　果
作为子构件	车间或工地	嵌套构件	要焊接的构件作为子构件。选择的第一个零件决定要焊接的构件
作为次零件	车间	基本构件	要焊接的构件作为次零件。选择的第一个零件作为构件中的主零件
作为次零件	工地	不创建构件	/

7.2.2 焊接对象

零件焊接之后，默认有一个二维的焊缝符号⁄‾‾。这个符号只能表示零件已经被焊接了，而无法体现零件的具体参数信息。如果要对焊接进行精细化操作，就需要显示三维焊缝。

（1）显示三维焊缝。在“视图属性”对话框中（如图 7.37 所示）单击“显示”按钮（图中①处），在弹出的“显示”对话框中，将“焊接”栏设置为“精确”选项（图中②处），依次单击“修改”按钮（图中③处）和“确认”按钮（图中④处），再单击“确认”按钮（图中⑤处）。

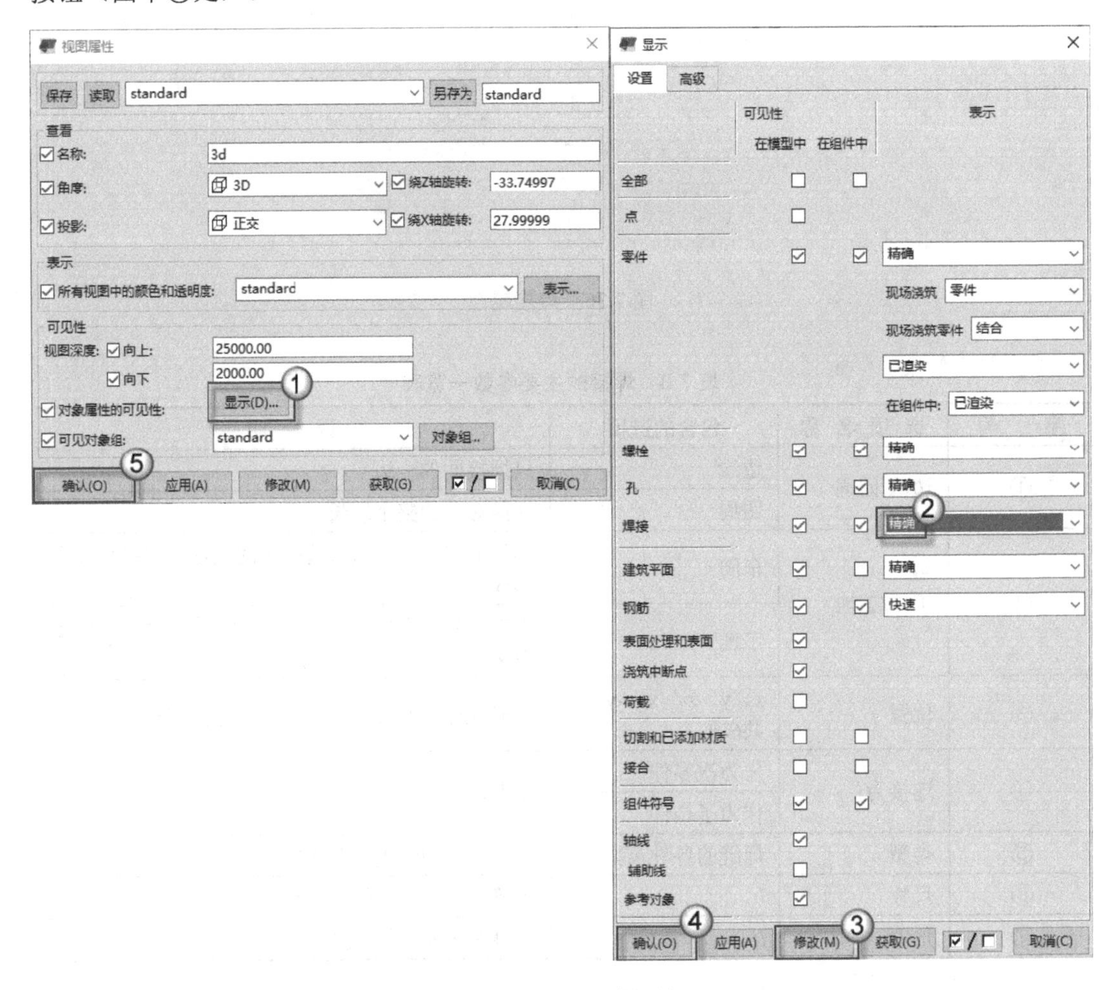

图 7.37　显示三维焊缝

（2）设置参数。双按 J 快捷键，发出“焊接”命令，同时在侧窗格弹出“焊接”属性面板，如图 7.38 所示。在“边缘/四周”栏中切换至“边缘”选项（图中①处），在“工厂/工地”栏中切换至“车间”选项（图中②处），在“类型”栏中切换至“倒角”选项（图中③处），在“尺寸”栏中输入 10 个单位（图中④处），在“角度”栏中输入 45（图中⑤处）。

图 7.38　设置参数

（3）生成焊缝。在图 7.39 所示的视图中依次选择加劲板（图中①处）和柱脚板（图中②处）。之后可以看到二者的结合部位出现了一道焊缝，如图 7.40 所示（图中箭头所指处）。

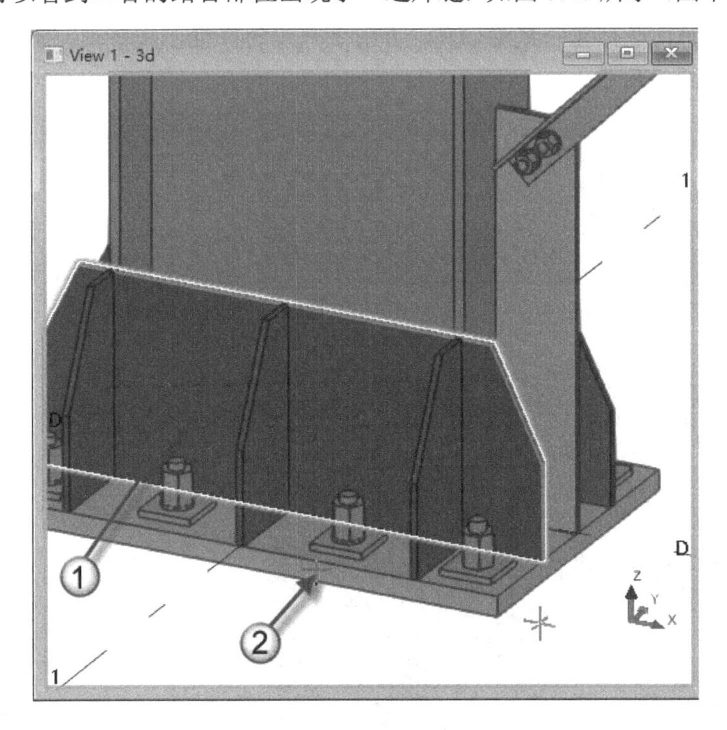

图 7.39　选择对象

（4）将加劲板切角。在图 7.41 所示的视图中，选择加劲板（图中①处）会激活控柄，选择一个点控柄（图中②处），在“拐角处斜角”面板中，将“类型”栏切换为“线”选项（图中③处），在“距离 X”与“距离 Y”栏中皆输入 15 个单位（图中④处），单击“修改”按钮（图中⑤处）。完成后可以看到这块加劲板已经被切角了，如图 7.42 所示。

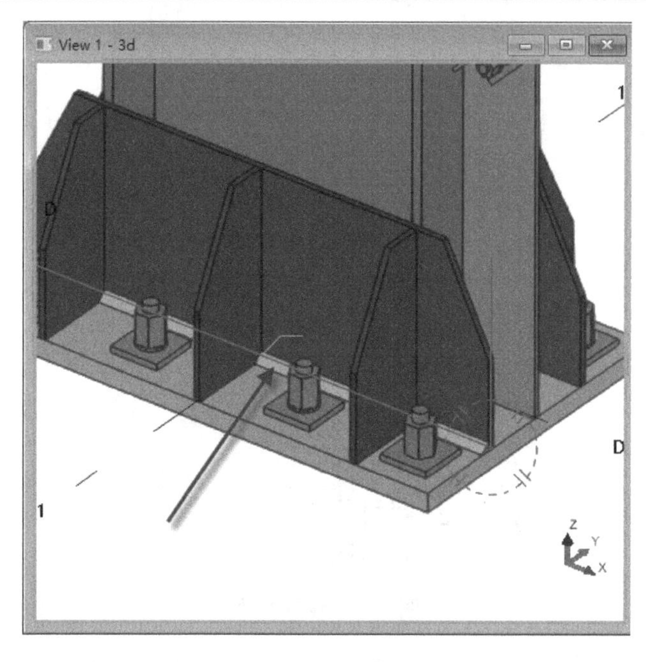

图 7.40　生成焊缝

注意：加劲板的这个位置一定要切角，否则上一步的焊缝无法穿过，而且切角的尺寸要大于焊缝的尺寸。

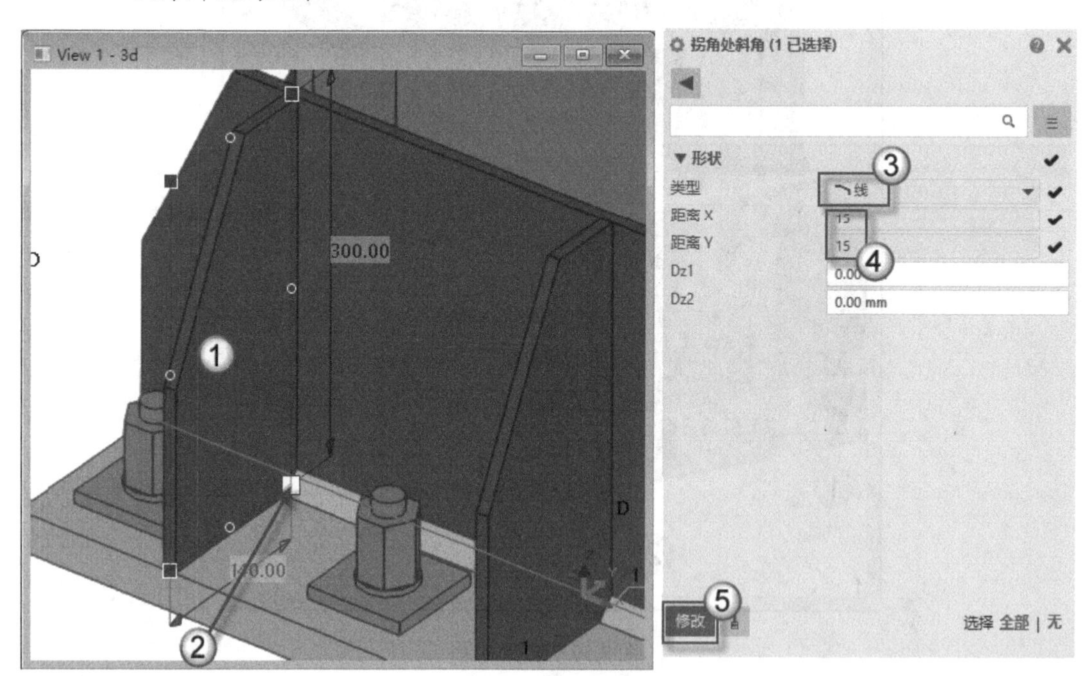

图 7.41　设置切角参数

（5）设置线下部分。如图 7.43 所示，在“焊接”属性面板中有“上部的线”（图中①处）与“线下部分”（图中②处）两栏，一般先设置“上部的线”。如果“线下部分”需要继承“上部的线”栏中的参数，可以单击“从上面的焊缝值同步”▶按钮（图中③处），则“线下部分”相应的选项也会随之变化（图中④处）。完成之后，可以看到加劲板的“上部的线”的一侧（图中①处）出现了焊缝，如图 7.44 所示。转动视图，观察加劲板“线下部分”的一侧（图中②处）也出现了焊缝，如图 7.45 所示。

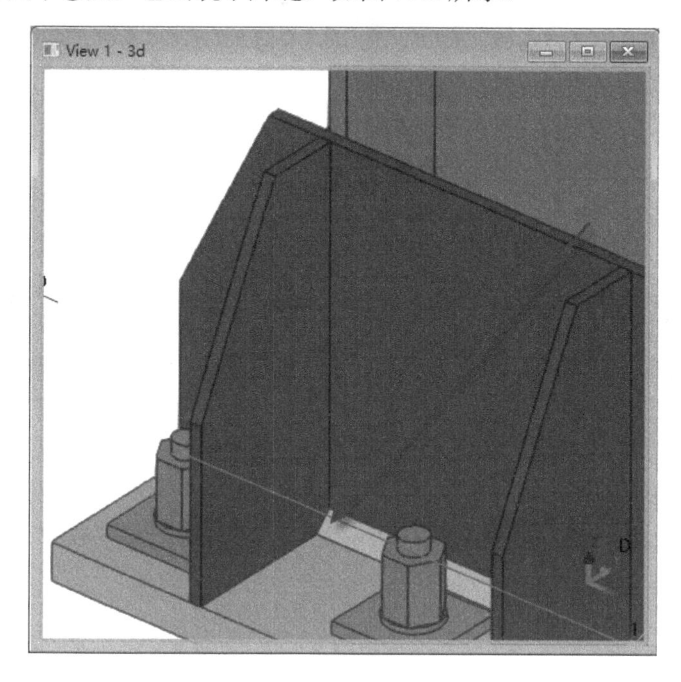

图 7.42　加劲板被切角

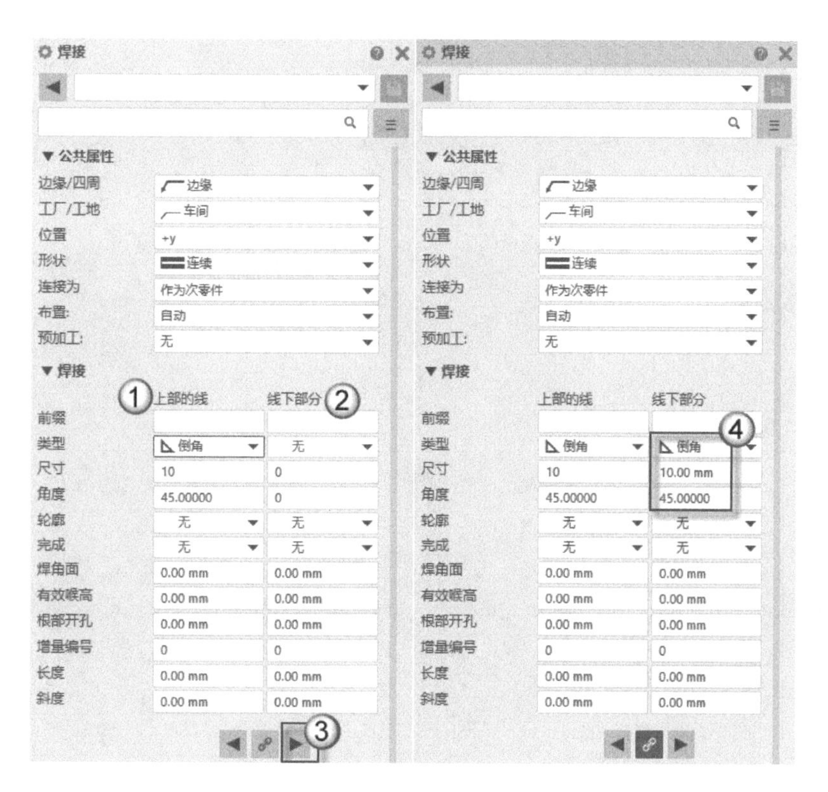

图 7.43　设置线下部分

注意：在钢结构焊接标注时，标注线的上下部分都需要标注。标注线上面的标注，在 Tekla 中叫作“上部的线”；标注线下面的标注，在 Tekla 中叫作“线下部分”。

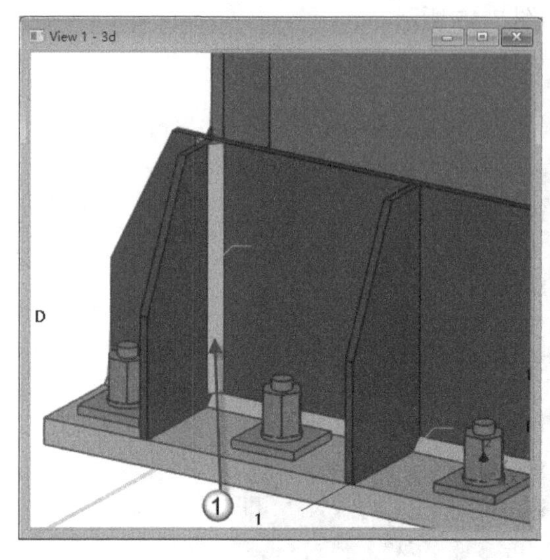

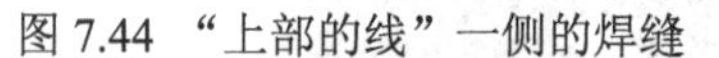

图 7.44 “上部的线”一侧的焊缝

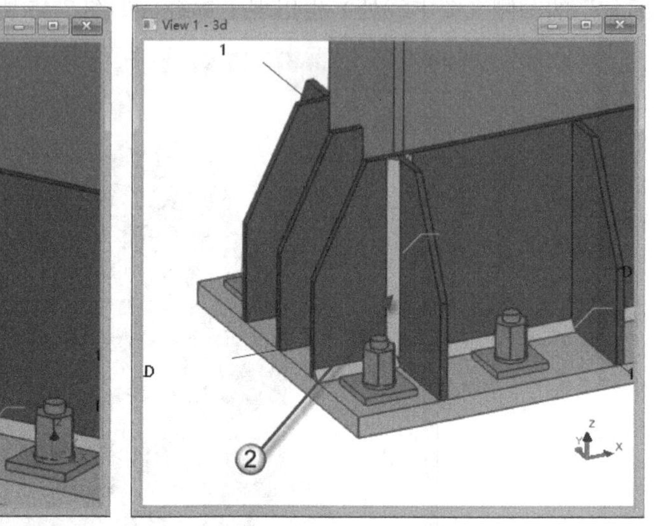

图 7.45 “线下部分”一侧的焊缝

第8章　自定义组件

自定义组件也称为自定义用户单元，是一些有一定关联性的零件集。当复制自定义组件之后，修改其中的一个组件，其余组件会随之修改，这与AutoCAD的“图块”功能类似。

8.1　创建自定义组件

创建自定义用户组件的快捷键是Shift+D，使用该快捷键会弹出一个“自定义组件快捷方式”对话框，提示设计师一步一步完成操作。自定义组件有四大类型：节点、细部、接合和零件。本节将详细介绍这四类组件的创建方式与区别。

8.1.1　节点

本节以“贝士摩”模型中的“1a号节点”为例，介绍自定义组件中“节点”的制作方法。“1a号节点”的具体位置请读者参看附录中的图纸。

（1）选择类型。按Shift+D快捷键发出“自定义组件”命令，弹出“自定义组件快捷方式”对话框。在“类型”栏中选择“节点”选项，在“名称”栏中输入“1a号节点”字样，单击“下一步”按钮，如图8.1所示。这是4步中的第1步操作，即1/4。

（2）选择对象。在图8.2所示的视图中拉框框选节点中的对象（图中①处），单击“下一步”按钮（图中②处）。这是4步中的第2步操作，即2/4。

（3）选择主零件。在图8.3所示的视图中选择钢柱作为主零件（图中①处），单击“下一步”按钮（图中②处）。这是4步中的第3步操作，即3/4。

（4）选择次零件。在图8.4所示的视图中选择连接板作为次零件（图中①处），单击“结束”按钮（图中②处）。这是4步中的第4步操作，即4/4。

可以看到这些零件组成了一个整体，就是节点，如图8.5所示。

图8.1　节点类型

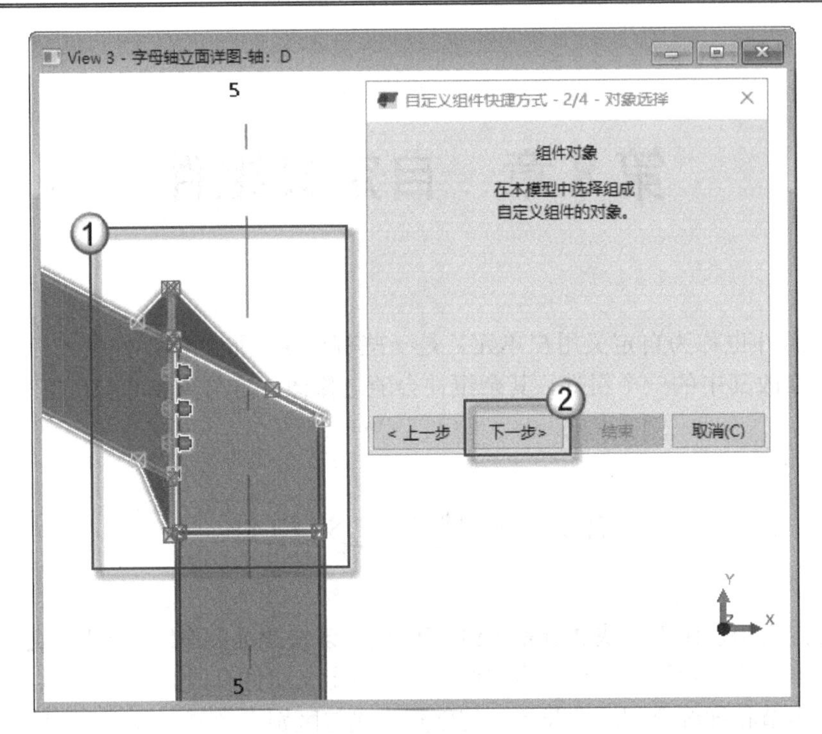

图 8.2　选择对象

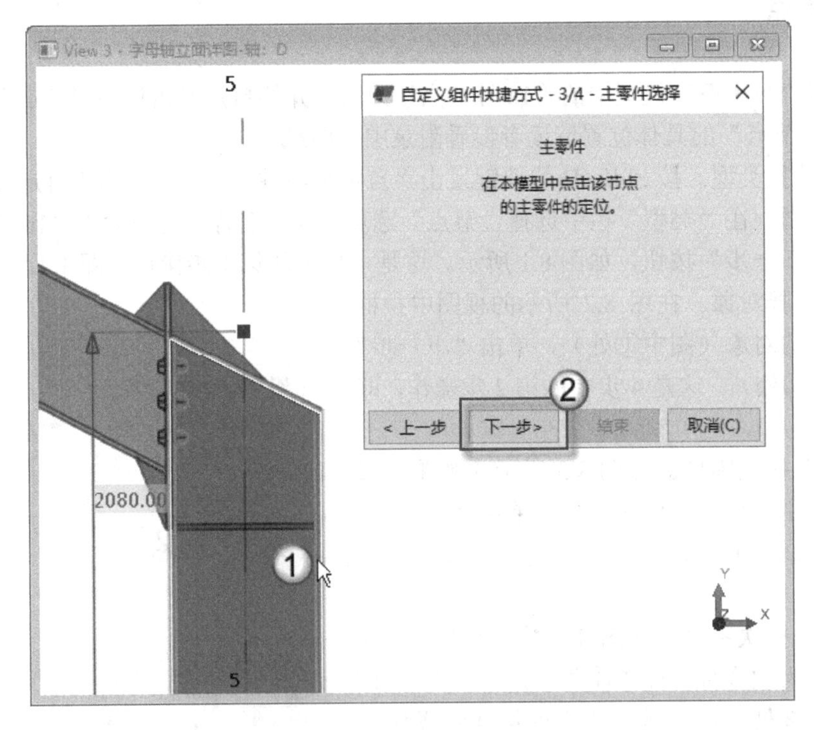

图 8.3　选择主零件

注意：在制作节点时，要选择组件对象（就是零件）、主零件和次零件。主零件、次零件、零件的关系如图 8.6 所示。如果要移动节点或复制节点，只需要选择次零件即可。选择主零件和零件都没有用，有时选择节点也没有用。

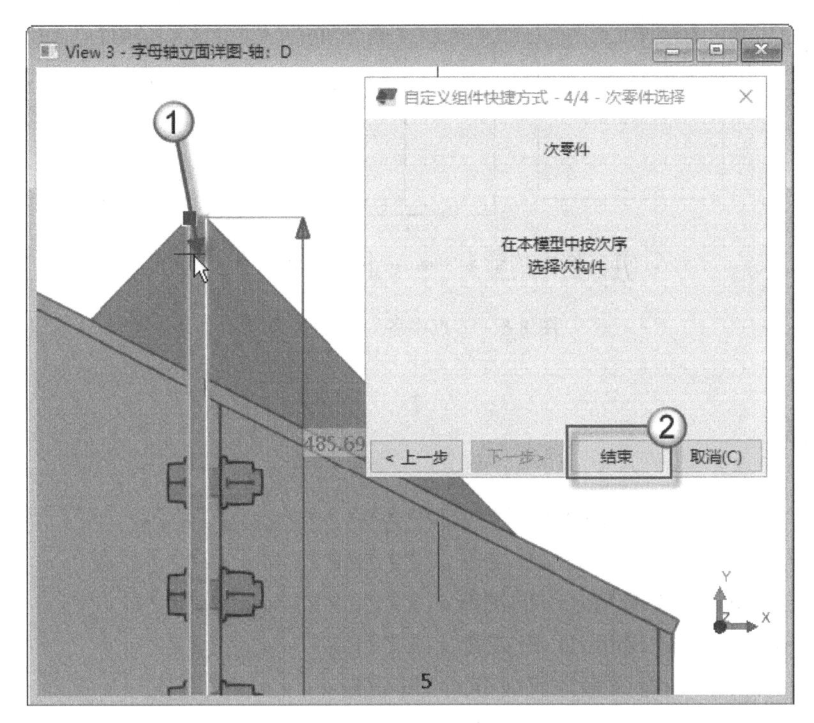

图 8.4　选择次零件

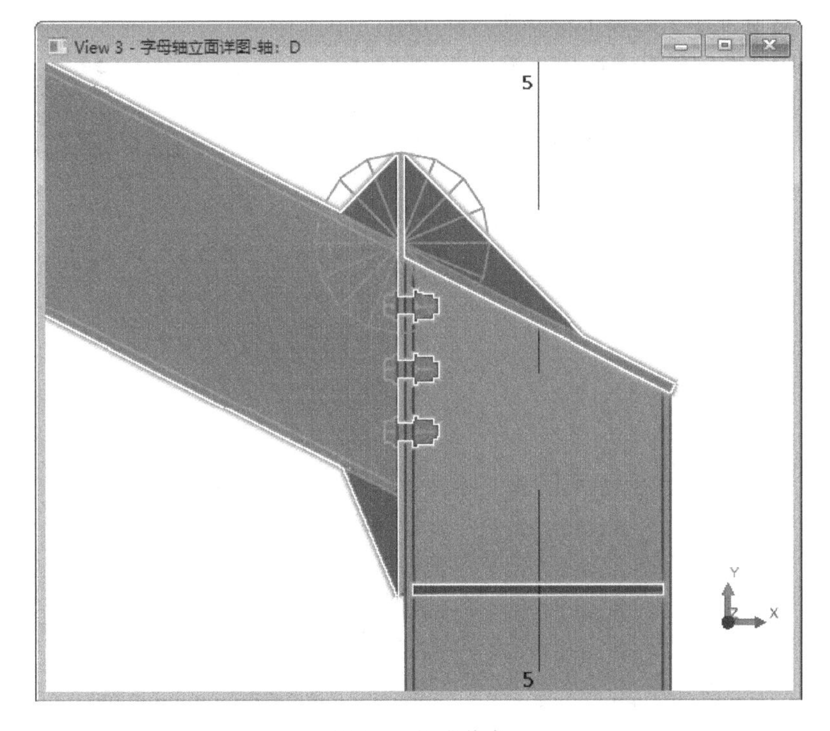

图 8.5　组成节点

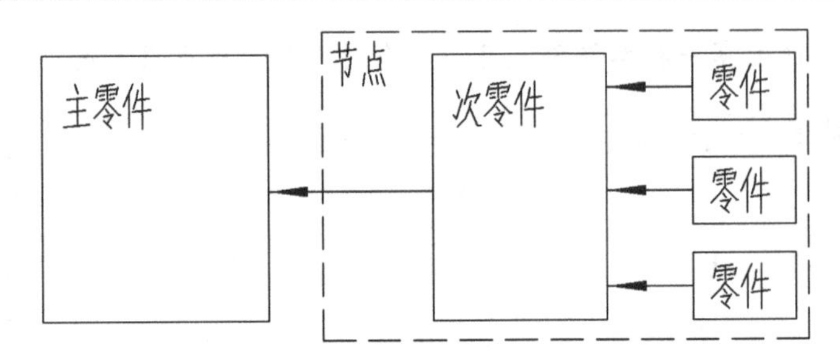

图 8.6　节点中各对象的关系

8.1.2 细部

本节以“贝士摩”模型中的“1号细部”为例，介绍在自定义组件中“细部”的制作方法。“1号细部”的具体位置请读者参看附录中的图纸。

（1）选择类型。按 Shift+D 快捷键发出“自定义组件”命令，弹出“自定义组件快捷方式”对话框。在“类型”栏中选择“细部”选项，在“名称”栏中输入“1号细部”字样，单击“下一步”按钮，如图 8.7 所示。这是4步中的第1步操作，即1/4。

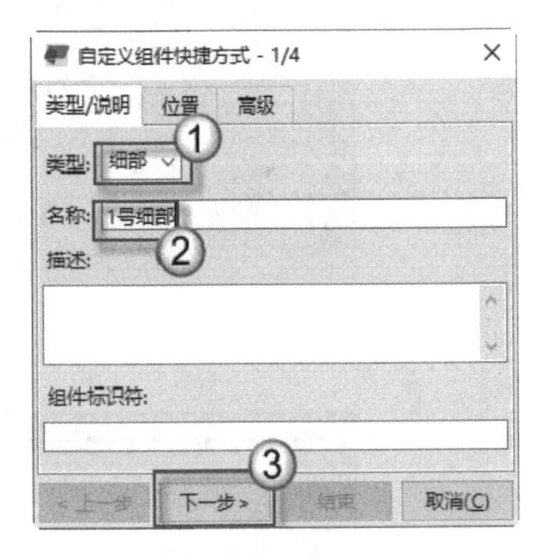

图 8.7　选择类型

（2）选择对象。在图 8.8 所示的视图中拉框框选细部中的对象（图中①处），单击“下一步”按钮（图中②处）。这是4步中的第2步操作，即2/4。

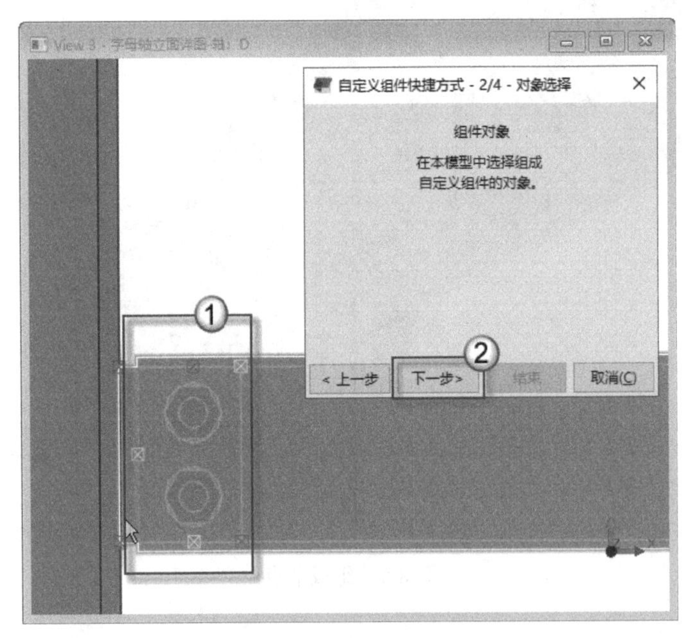

图 8.8　选择对象

（3）选择主零件。在图 8.9 所示的视图中选择连接板作为主零件（图中①处），单击“下一步”按钮（图中②处）。这是 4 步中的第 3 步操作，即 3/4。

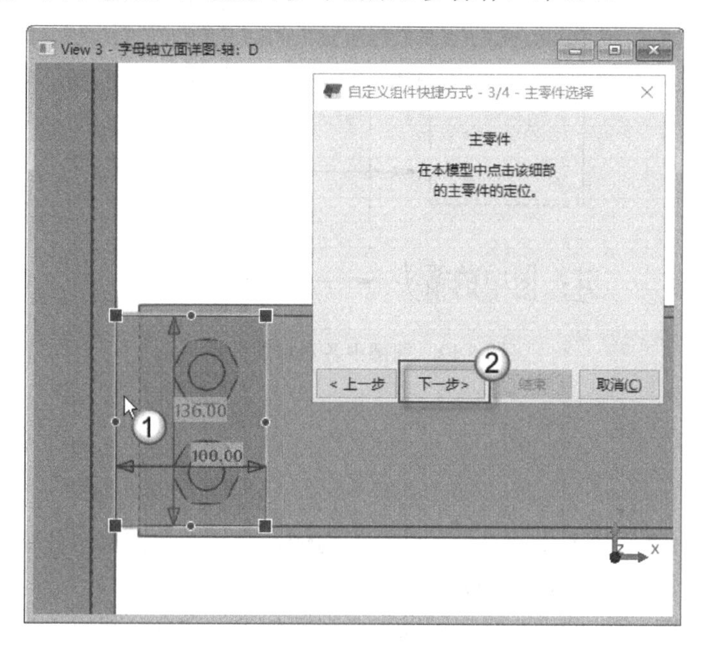

图 8.9　选择主零件

（4）细部定位。在图 8.10 所示的“细部定位由”栏中，单击“主零件”单选按钮（图中①处），再单击“结束”按钮完成操作（图中②处）。这是 4 步中的第 4 步操作，即 4/4。

完成之后，可以看到这些零件组成了一个整体，就是细部，如图 8.11 所示。

注意： 在制作细部时，不仅要选择组件对象（就是零件），还要选择主零件。主零件和零件的关系如图 8.12 所示。如果要移动细部或复制细部，只需要选择主零件即可。选择零件没有用，选择细部有时也没有用。

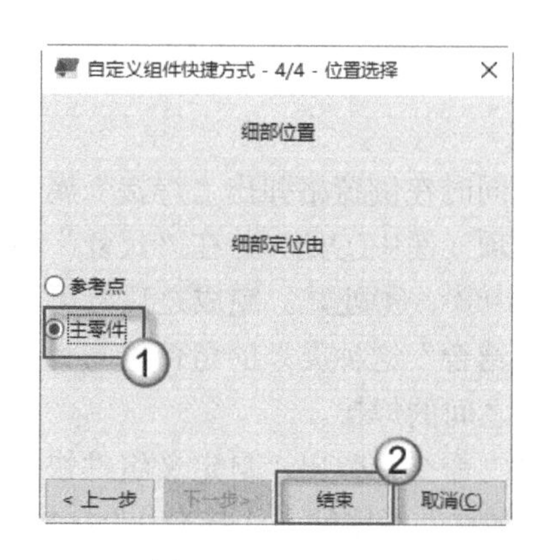

图 8.10　细部定位

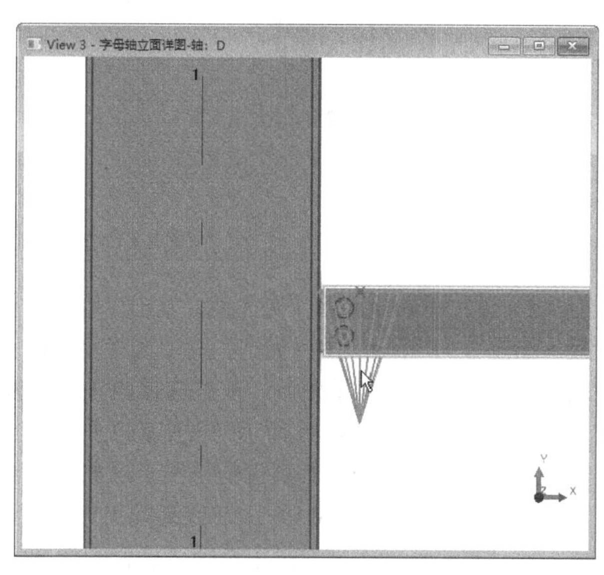

图 8.11　组成细部

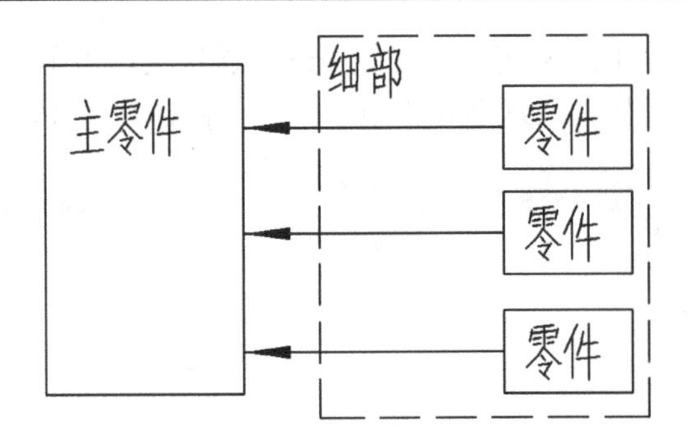

图 8.12 细部中各对象的关系

8.1.3 结合

本节以“贝士摩”模型中的“1 号结合”为例，介绍在自定义组件中“结合”的制作方法。“1 号结合”的具体位置请读者参看附录中的图纸。

（1）打开视图。按 Ctrl+I 快捷键发出“视图列表”命令，弹出“视图”对话框，将 3d 视图与“字母轴立面详图-轴：D”视图设为可见视图，单击“确认”按钮，如图 8.13 所示。

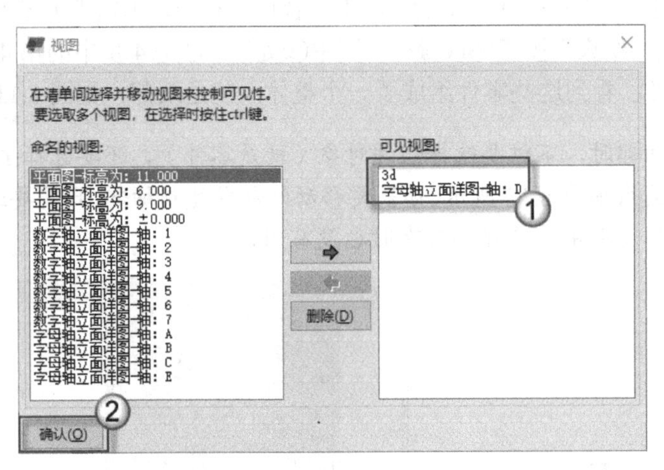

图 8.13 打开视图

（2）焊接对象。双按 J 快捷键，发出“焊接”命令，同时在侧窗格弹出“焊接”属性面板，如图 8.14 所示。在“类型”栏中切换至“O 点”选项（图中①处），在“尺寸”栏中输入 5.00mm（图中②处），依次选择两块连接板（图中③、④处）。完成之后，可以看到三维的焊缝，如图 8.15 所示（图中箭头所指处）。“结合”这种类型的组件，与另外三种类型的组件不一样，其强调的是两个对象或两个杆件之间的焊接。

（3）选择类型。按 Shift+D 快捷键发出“自定义组件”命令，弹出“自定义组件快捷方式”对话框。在“类型”栏中选择“接合”选项，在“名称”栏中输入“接合 1”字样，单击“下一步”按钮，如图 8.16 所示。这是 4 步中的第 1 步操作，即 1/4。

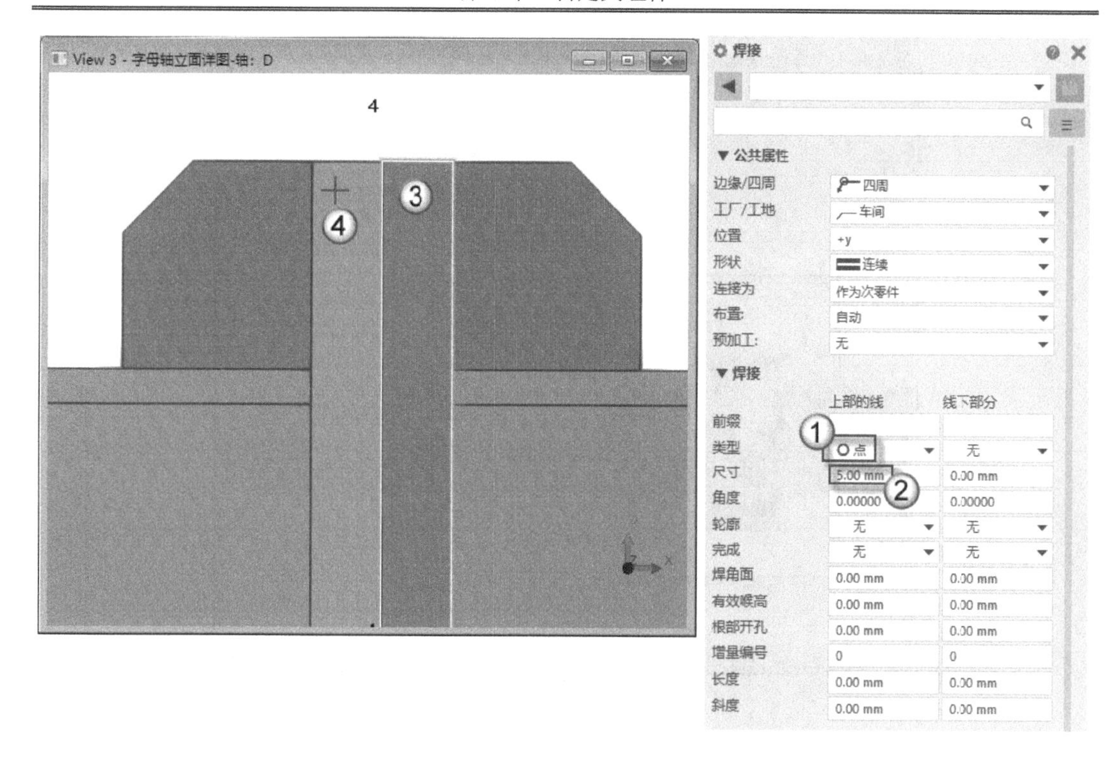

图 8.14　焊接对象

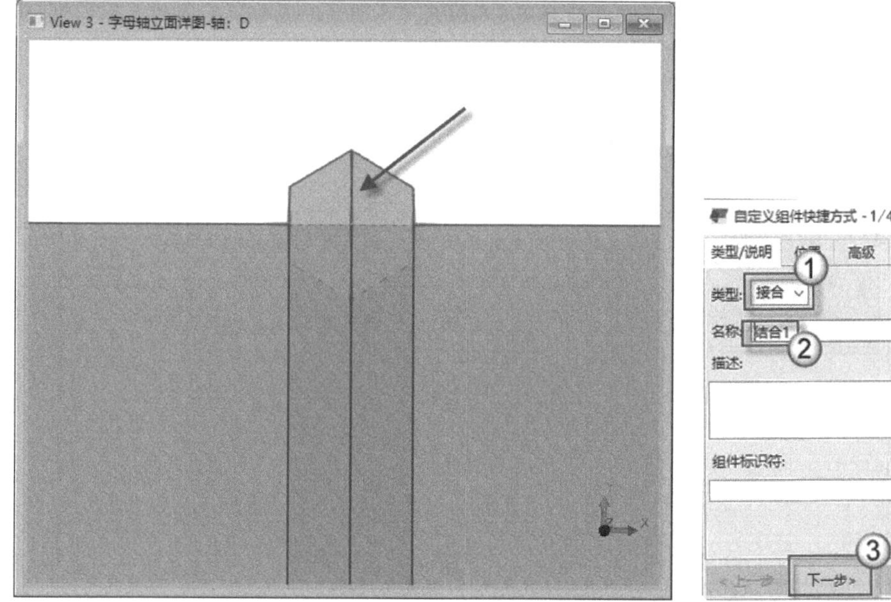

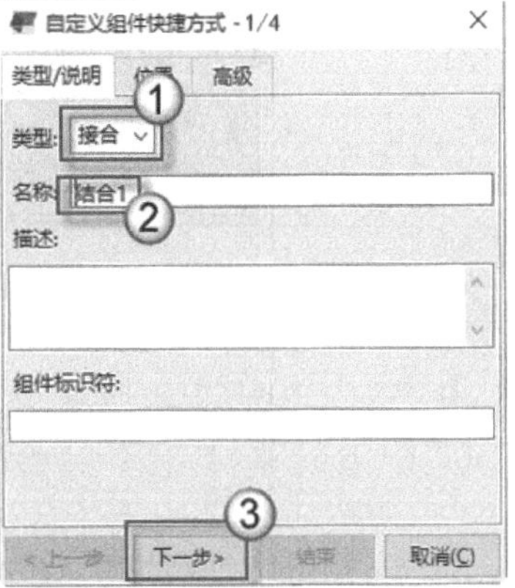

图 8.15　三维焊缝　　　　图 8.16　选择类型

（4）选择对象。在图 8.17 所示的视图中拉框框选结合中的对象（图中①处），单击“下一步”按钮（图中②处）。这是 4 步中的第 2 步操作，即 2/4。

（5）选择主零件。在图 8.18 所示的视图中，选择连接板作为主零件（图中①处），单击“下一步”按钮（图中②处）。这是 4 步中的第 3 步操作，即 3/4。

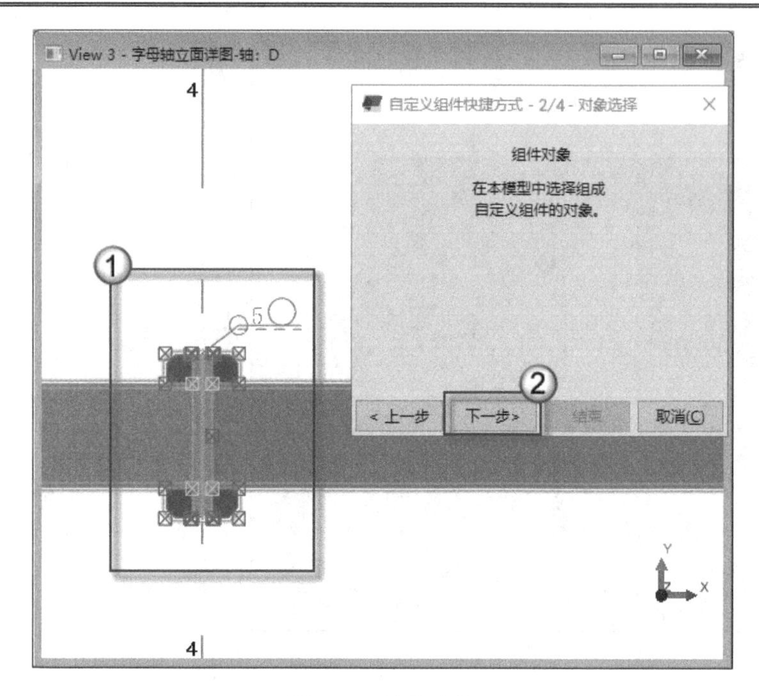

图 8.17　选择对象

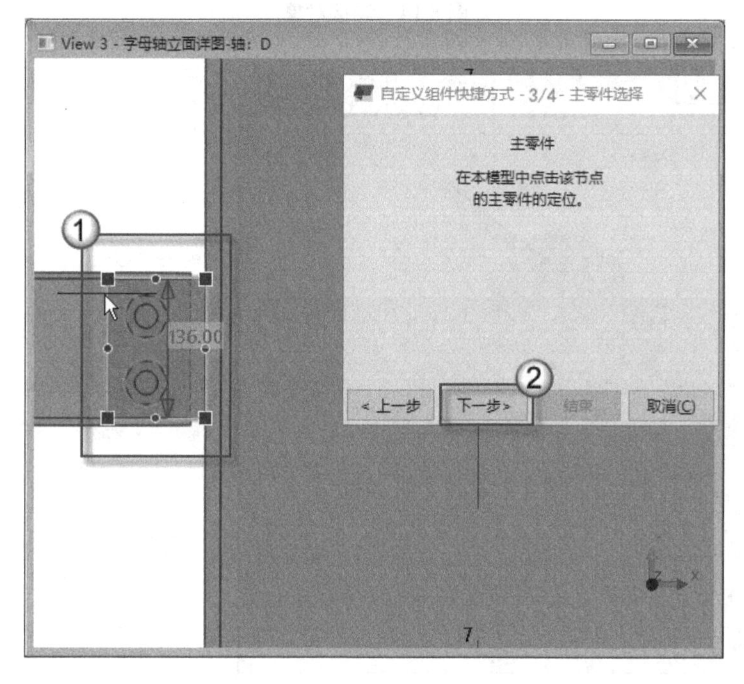

图 8.18　选择主零件

（6）选择结合位置。如图 8.19 所示，依次单击图中①点和②点，通过这两个点确定结合位置，然后单击“结束”按钮（图中③处）。这是 4 步中的第 4 步操作，即 4/4。

完成之后，可以看到这些零件组成了一个整体，就是结合组件，如图 8.20 所示。

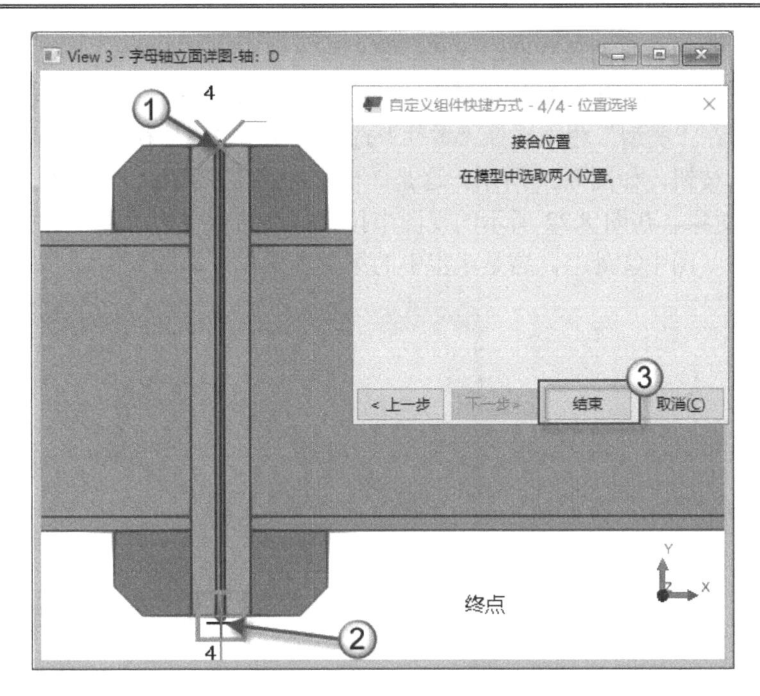

图 8.19　选择结合位置

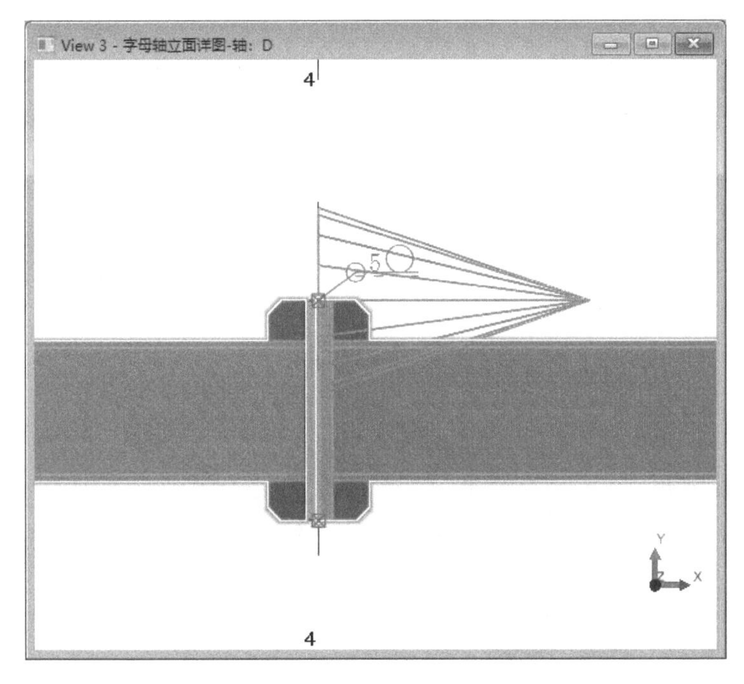

图 8.20　组成结合组件

8.1.4　零件

本节以“贝士摩”模型中的桁架为例，介绍在自定义组件中“零件”的制作方法。零件这种组件类型与前三种组件类型的最大区别是，这个组件类型不需要与其他对象有连接依附关系，而是强调自身的独立性。

（1）选择类型。按 Shift+D 快捷键发出“自定义组件”命令，弹出“自定义组件快捷方式”对话框。在“类型”栏中选择“零件”选项，在“名称”栏中输入“零件 1”字样，单击“下一步”按钮，如图 8.21 所示。这是 3 步中的第 1 步操作，即 1/3。

（2）选择对象。在图 8.22 所示的视图中拉框框选结合中的对象（图中①处），单击“下一步”按钮（图中②处）。这是 3 步中的第 2 步操作，即 2/3。

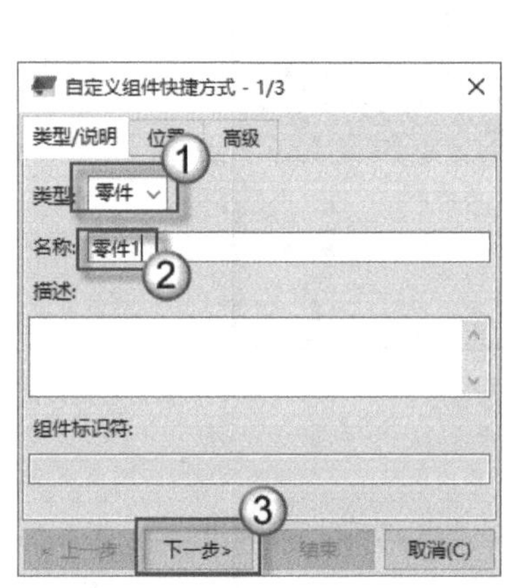

图 8.21　选择类型

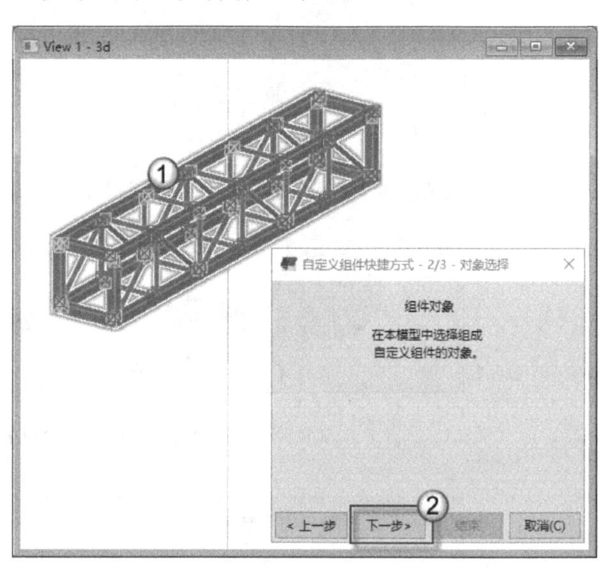

图 8.22　选择对象

（3）选择零件位置。在图 8.23 所示的视图中单击图中①处的点作为零件位置，单击“结束”按钮（图中②处）。这是 3 步中的第 3 步操作，即 3/3。完成之后，可以看到这些对象组成了一个整体，这就是零件，如图 8.24 所示。选择这个零件，会出现旋转控柄（图中①处）和轴控柄（图中②处）。

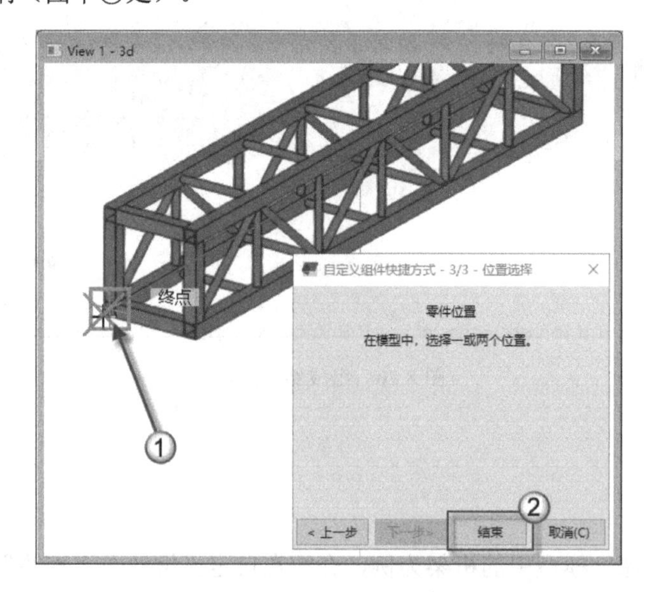

图 8.23　选择零件位置

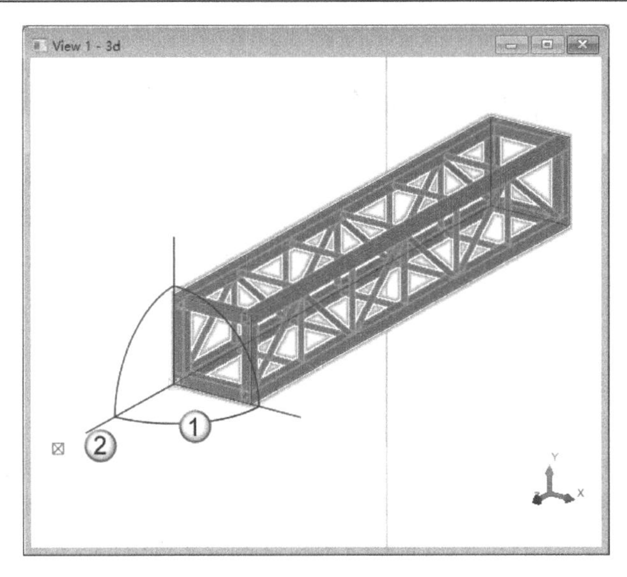

图 8.24　组成零件

（4）移动零件 1。打开“数字轴立面详图-轴：1”视图，如图 8.25 所示，选择刚制作好的“零件 1”自定义组件（图中①处），按 Ctrl+M 快捷键发出“移动”命令，将其由标高 11.000 处移动到图中②处。操作完成后，可以看到“零件 1”自定义组件搁置在连接板上，如图 8.26 所示（图中箭头所指处）。

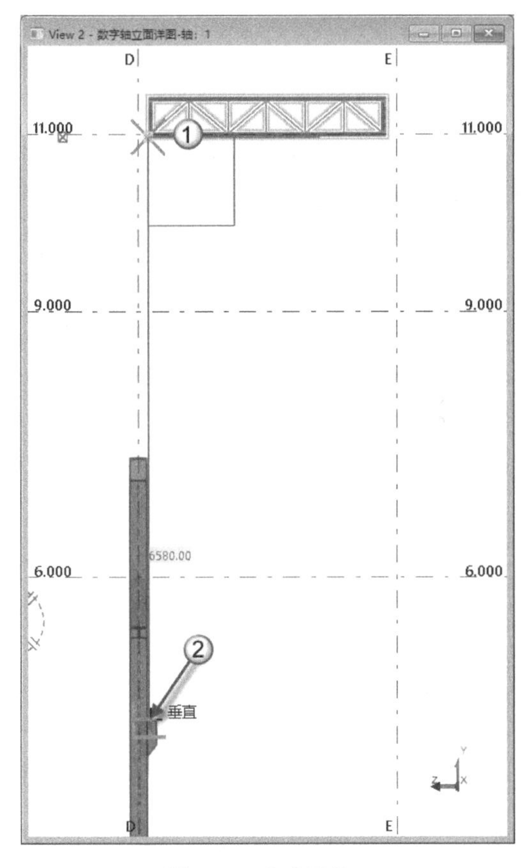

图 8.25　移动零件 1

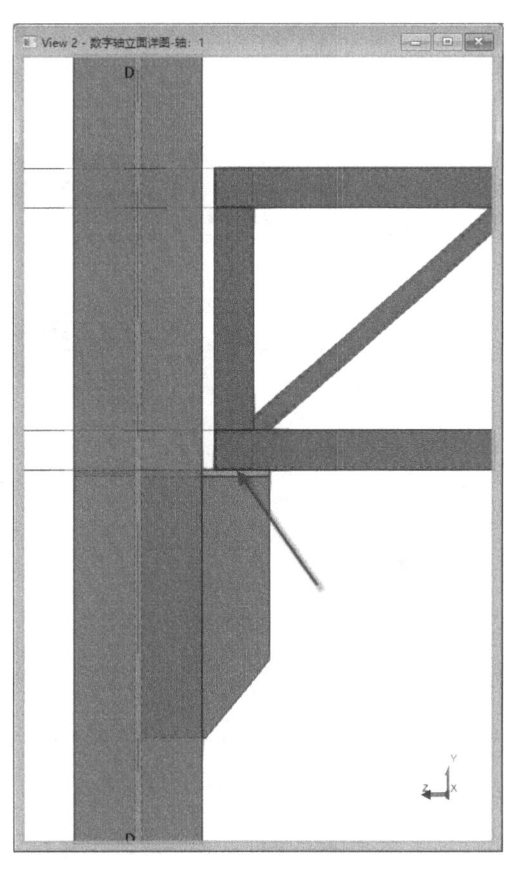

图 8.26　搁置在连接板上

8.2 编辑自定义组件命令

上一节介绍了创建自定义组件的方法，本节将讲解编辑自定义组件的方法。本节读者需要关注的是，复制自定义组件之后，修改其中一个自定义组件，其余的自定义组件，是否会随之变化。

8.2.1 选择自定义组件

将多个零件制作成一个自定义组件之后其就变成了一个整体，当选择对象时就出现了问题：有时需要选择整个自定义组件，有时需要选择单个零件。下面具体介绍这两种情况。

（1）选择整个自定义组件。可以直接选择组件符号，如图 8.27 所示（图中的圆锥形）。也可以在“选择工具栏”中激活“选择构件”按钮，然后选择自定义组件中的任意一个零件，如图 8.28 所示。使用这两种方法都可以选择整个组件，如图 8.29 所示。

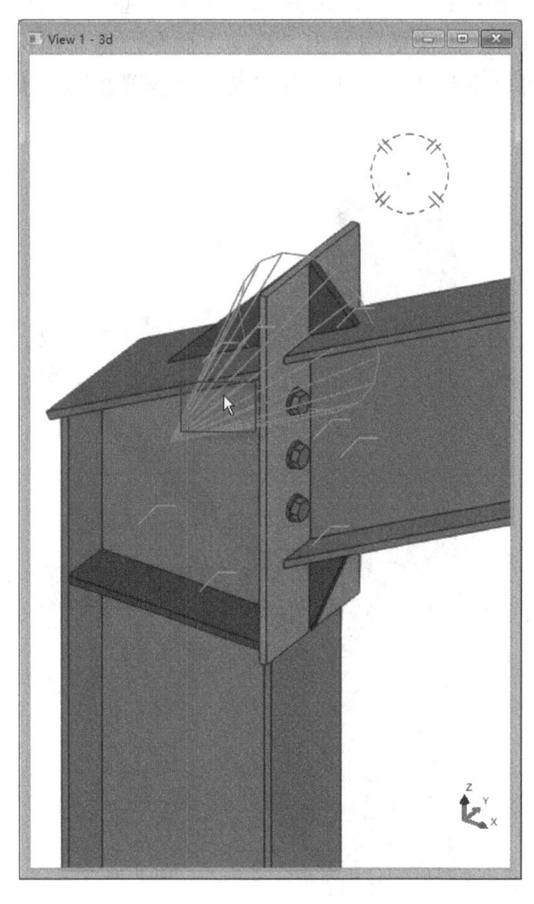

图 8.27　选择组件符号

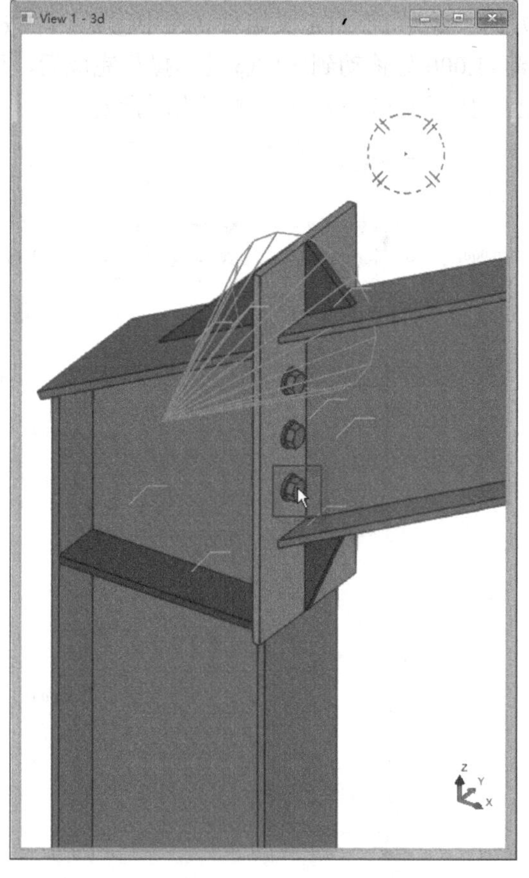

图 8.28　在“选择构件”情况下选择任意一个零件

（2）选择单个零件。在“选择工具栏”中激活“只选择组件中的对象”按钮，然后选择单一的零件，如图 8.30 所示。

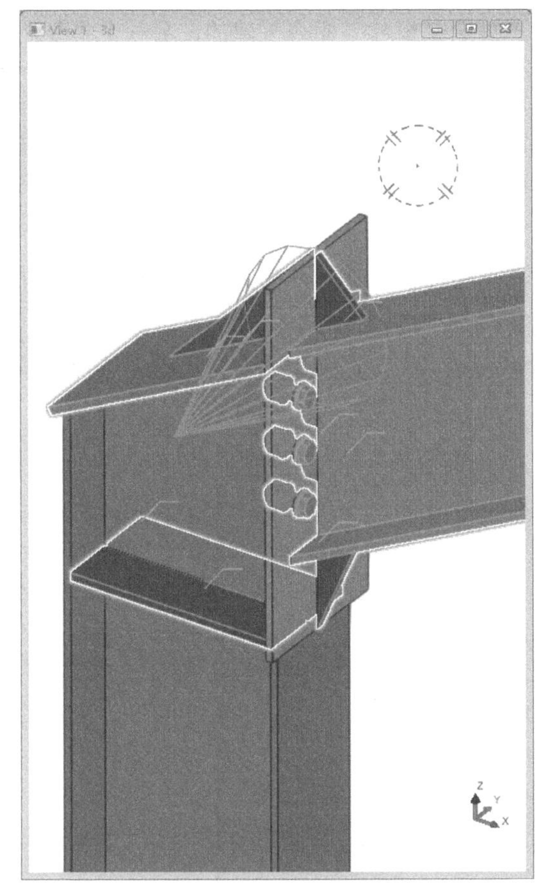

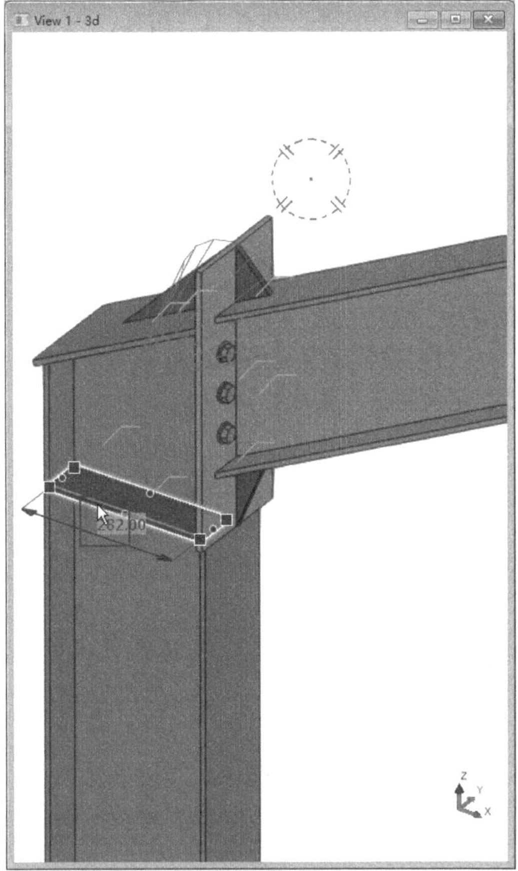

图 8.29　整个组件被选择

图 8.30　只选择组件中的单一零件

（3）复制“零件 1”。前面将桁架制作成了“零件 1”，这里将“零件 1”复制到另一侧。打开“字母轴立面详图-轴：D”视图，如图 8.31 所示。将位置 1 轴上的“零件 1”（图中①处）复制到 7 轴上（图中②处）。进入 3d 视图中，可以看到场景中就有两个“零件 1”了，如图 8.32 所示。

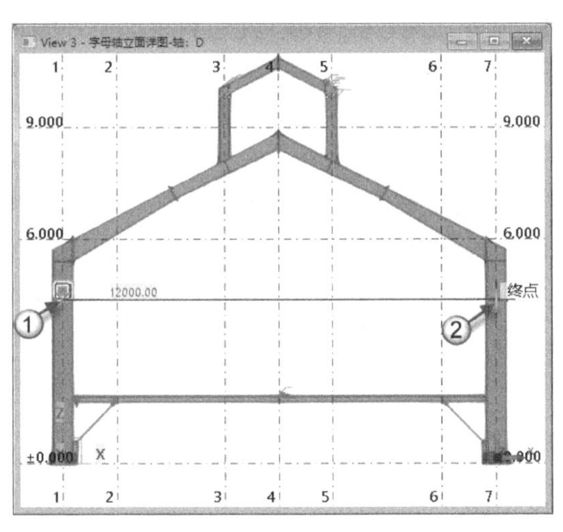

图 8.31　复制“零件 1”组件

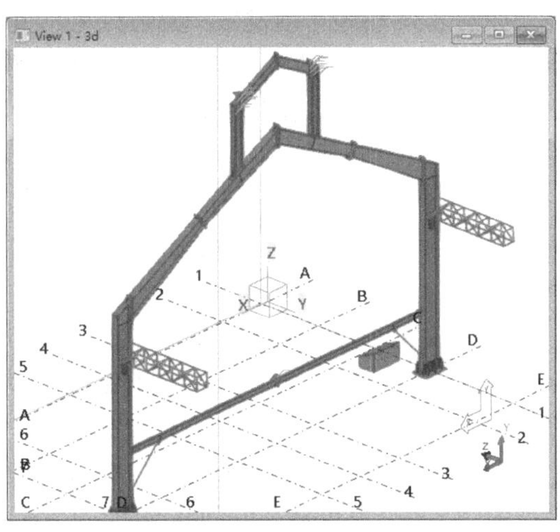

图 8.32　两个“零件 1”组件

场景中的两个“零件 1”组件，一个是用“自定义组件”命令创建的，另一个是复制的，两个组件完全一样。下一节将修改其中一个组件，请读者注意另一个组件是否也随之联动修改。

8.2.2 编辑自定义组件

本节将使用上一节中复制的“零件 1”组件来印证自定义组件联动修改的功能。联动修改——即复制或阵列自定义组件之后，修改其中一个组件，其余组件随之修改。

（1）编辑自定义组件。右击场景中的一个“零件 1”，在弹出的右键菜单中选择“编辑自定义组件”命令，如图 8.33 所示。

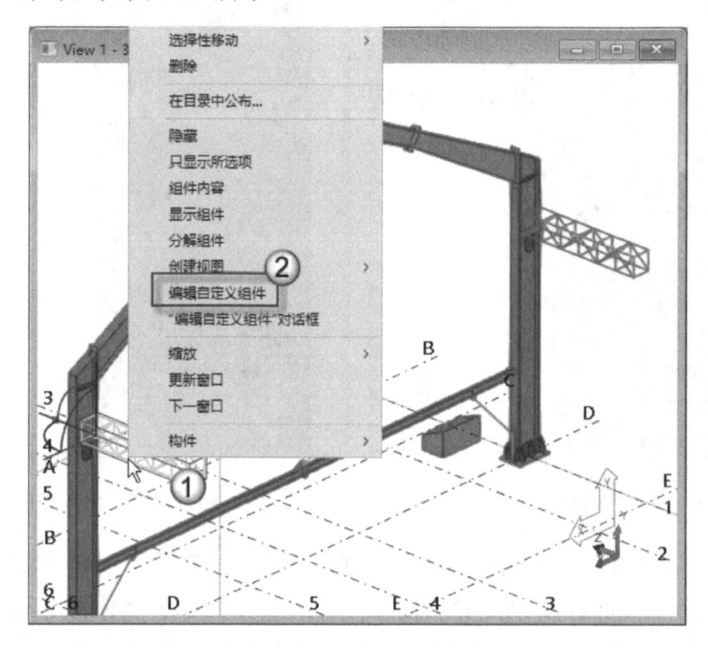

图 8.33 编辑自定义组件

如图 8.34 所示，当发出“编辑自定义组件”命令之后，会弹出 1 个“自定义组件编辑器”工具栏（图中①处）、4 个“自定义组件编辑器”视图（图中②、③、④、⑤处）和 1 个“自定义组件浏览器”对话框（图中⑥处）。注意，“自定义组件编辑器”工具栏最容易被忽视。

（2）删除斜支撑杆。在图 8.35 所示的“自定义组件编辑器-透视图”视图中，选择两根斜支撑杆（图中①、②处）。按键盘上的 Delete 键将其删除，删除后的效果如图 8.36 所示。

（3）保存自定义组件。在图 8.37 所示的“自定义组件编辑器”工具栏中单击×按钮（图中①处），在弹出的“关闭自定义组件编辑器”对话框中单击“是”按钮，保存“零件 1”自定义组件。

操作完成之后，进入 3d 视图中检查模型。这里修改的是①处的“零件 1”，可以看到，②处的“零件 1”也随之联动修改了，如图 8.38 所示。

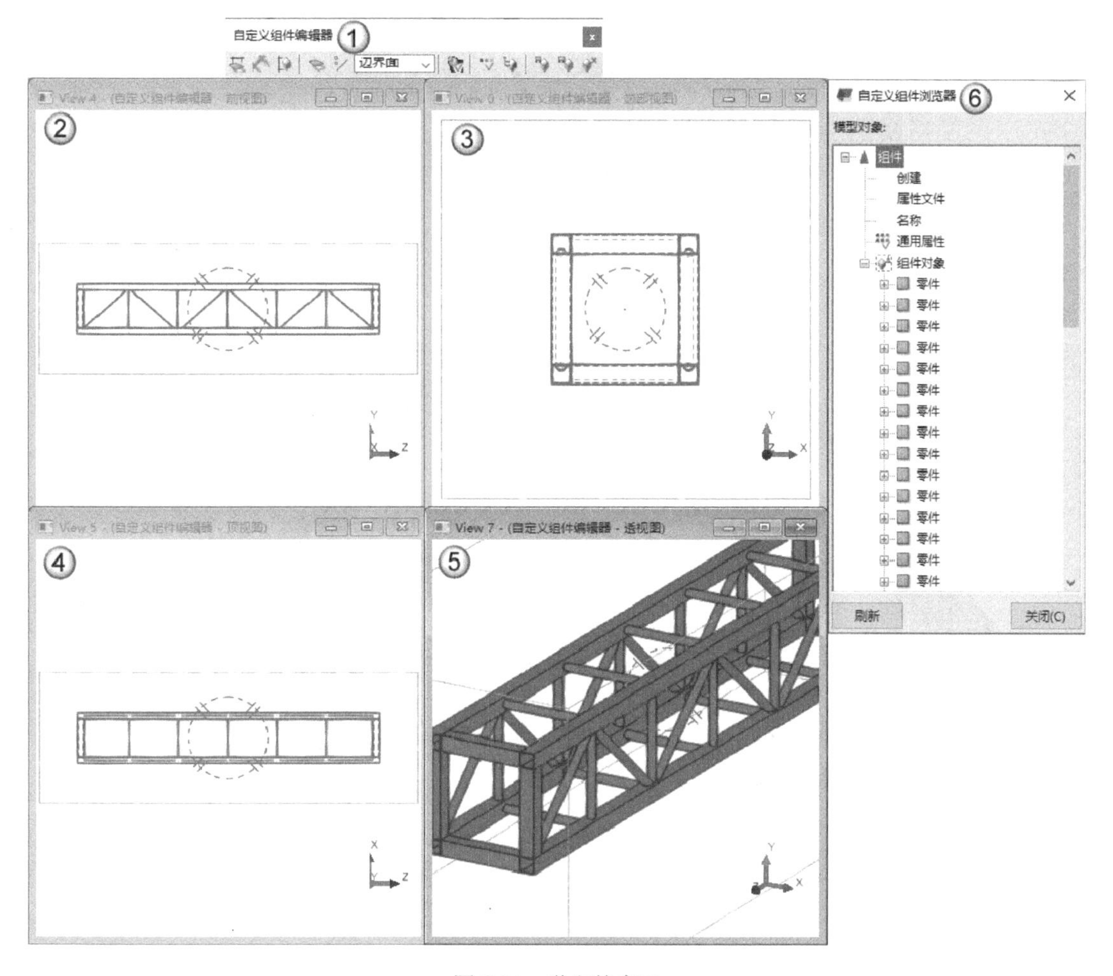

图 8.34　弹出的窗口

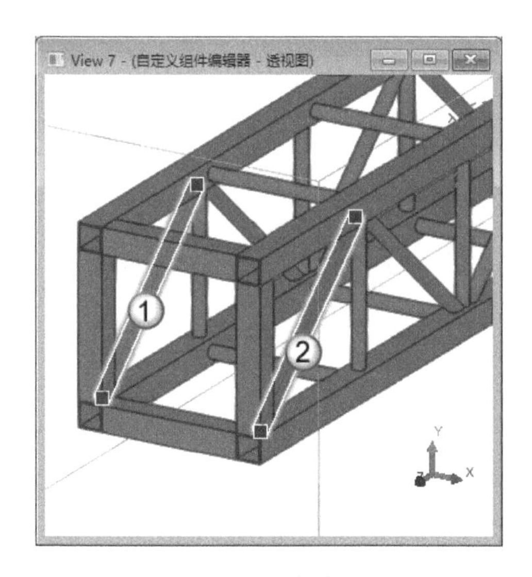

图 8.35　选择斜支撑杆

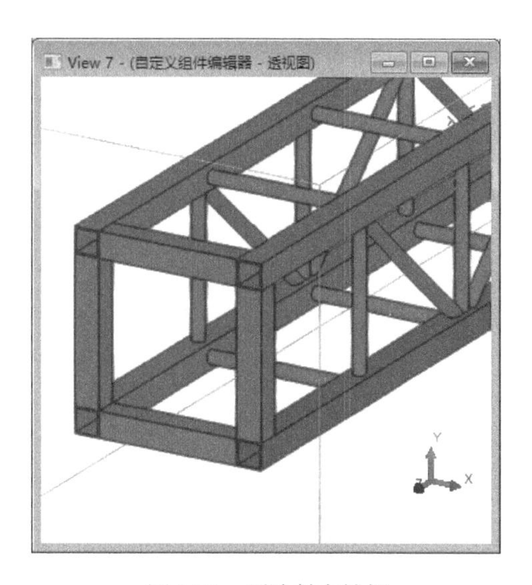

图 8.36　删除斜支撑杆

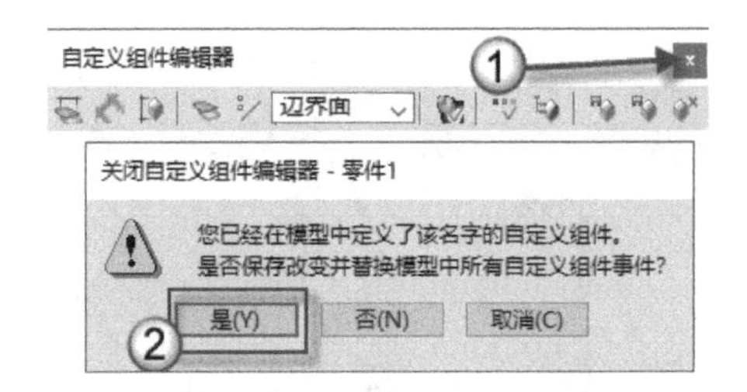

图 8.37　保存自定义组件

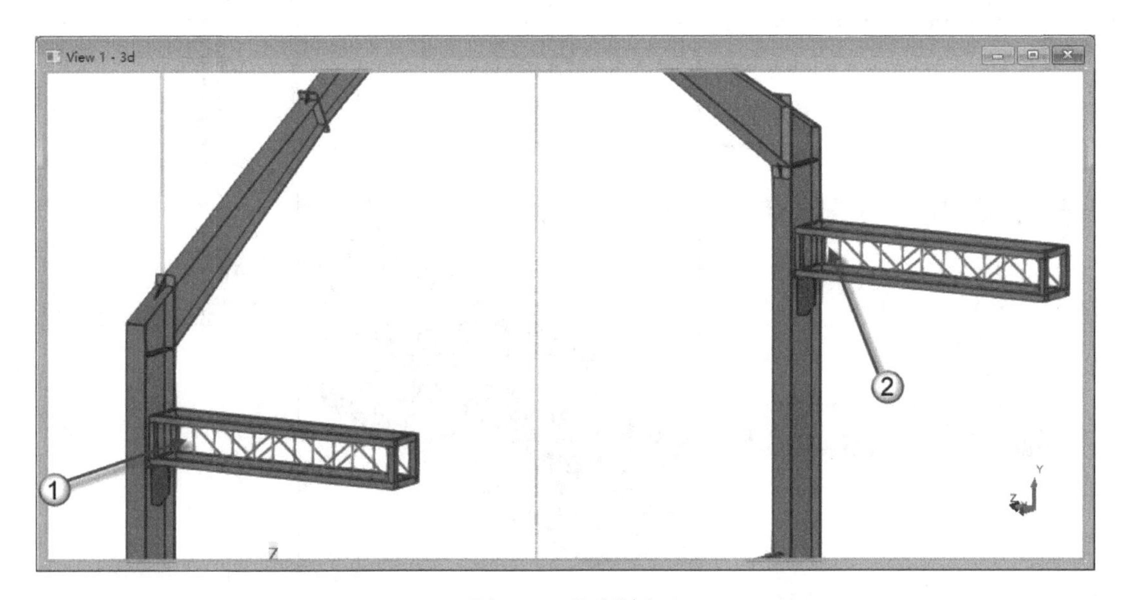

图 8.38　联动修改

第 9 章 “六步半”多视口建模法及其应用

设计与绘图工作是一个从有“法”到无“法”的过程（这里的法是指方法）。为了让读者能够快速掌握软件的操作方法，笔者根据自己的使用经验，总结并提炼出了“六步半”建模法。本节将通过一个简单的实例来介绍这个方法。

9.1 “六步半”多视口建模法

“六步半”建模法是在常规建模中，初学者较宜使用的一种方法。这种方法虽然有些机械，但可以减少出错概率。多视口是指使用多个视口来建模，这样可以避免来回切换视口的烦琐操作。多视口既指在一个屏幕中有多个视口，又指使用多屏幕时的多视口（如使用两个显示器，每个屏幕设置 2 个视口，这样可以同时使用 4 个视口）。

9.1.1 “六步半”的操作方法

“六步半”其实是 6+1 个步骤。因为最后一步可有可无，所以将其算为半步，这就是六步半。具体操作步骤如下：

（1）确定工作平面。要精确绘图，就要在场景中选择正确且便于操作的工作平面。有的时候甚至要创建工作平面。如何确定工作平面，没有具体的方法。在初学阶段，尤其是对三维软件不熟练的情况下，可能会出现选择不当的情形。经过对软件的摸索，操作一些案例之后，这一步的成功率会随之提升。

（2）将工作平面设置为平行于视图平面。选择“视图”|“工作平面”|“平行于工作平面”命令，或者直接按 Shift+Z 快捷键，发出将工作平面设置为平行视图的平面命令，之后单击屏幕空白处，会出现 UCS 的图标，如图 9.1 所示（图中①处）。注意，只有当前视图中出现 UCS 图标后，才能正确绘图。

（3）发出命令。这里指的发出命令可以是快捷键、快速访问工具栏、选项卡和快速启动这 4 种方式中的任意一种方式。

（4）设置参数。当发出命令之后，在窗侧格区域会自动弹出相应的参数面板，如图 9.2 和图 9.3 所示。此时需要根据具体情况在属性面板中设置相应的参数。

（5）绘制图形。绘图其实是一个复杂的过程，包括辅助线、辅助面、捕捉和坐标等操作。根据绘制图形的不同，需要具体问题具体分析，此处就不展开介绍了，后面的实例中会详细说明。

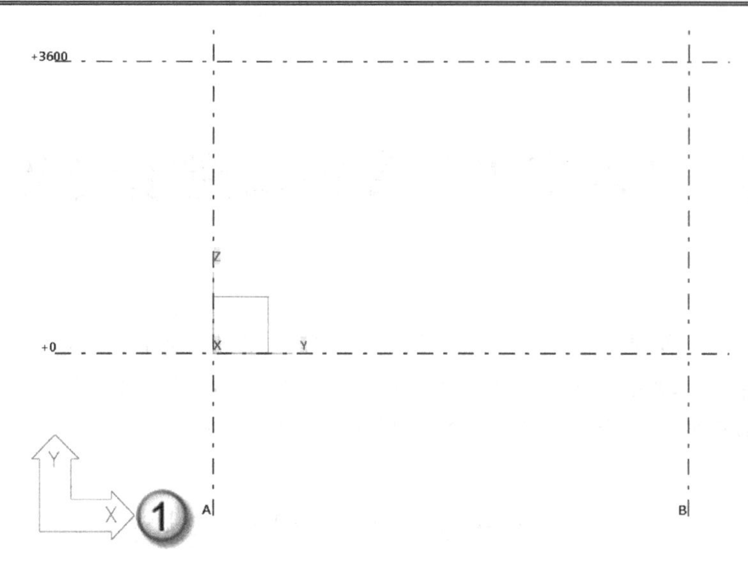

图 9.1　出现 UCS 图标

图 9.2　压型板属性面板

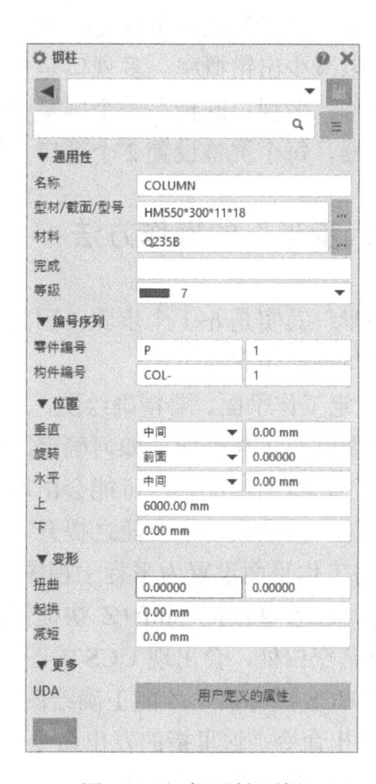

图 9.3　钢柱属性面板

（6）在三维视图中检查并调整图形。如果当前没有 3d 视图，则需要按 Ctrl+I 快捷键，在弹出的“视图”对话框中的“命名的视图”栏中选择 3d 视图，单击➡按钮，再单击“确认”按钮，如图 9.4 所示。这样就会出现 3d 视图了。

（7）连接。在 Tekla 中有两种构件的连接方式：螺栓与焊接。选择“钢”|“螺栓”命令，或单按 I 快捷键，在窗侧格区域弹出的“螺栓”属性面板中设置相应参数，然后对构件进行螺栓的连接，如图 9.5 所示。选择“钢”|“焊缝”|“在零件间创建焊接”命令，或

单按 J 快捷键，在窗侧格区域弹出的“焊接”属性面板中设置相应参数，然后对构件进行焊接，如图 9.6 所示。

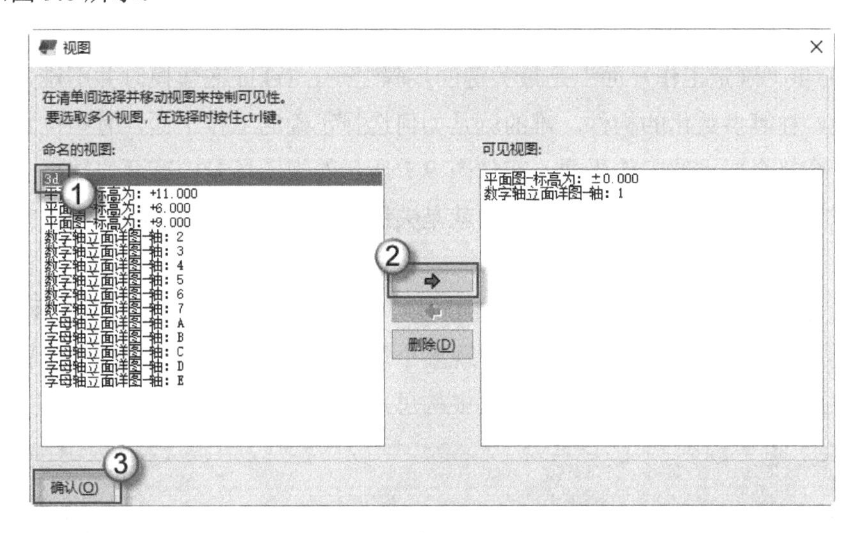

图 9.4 启动 3d 视图

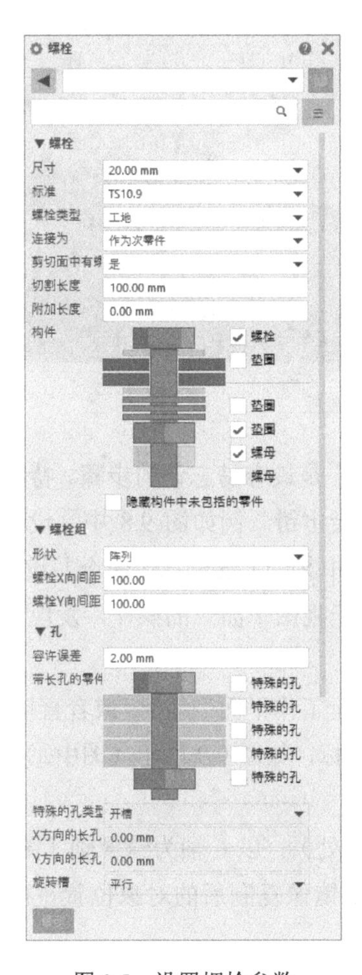

图 9.5 设置螺栓参数

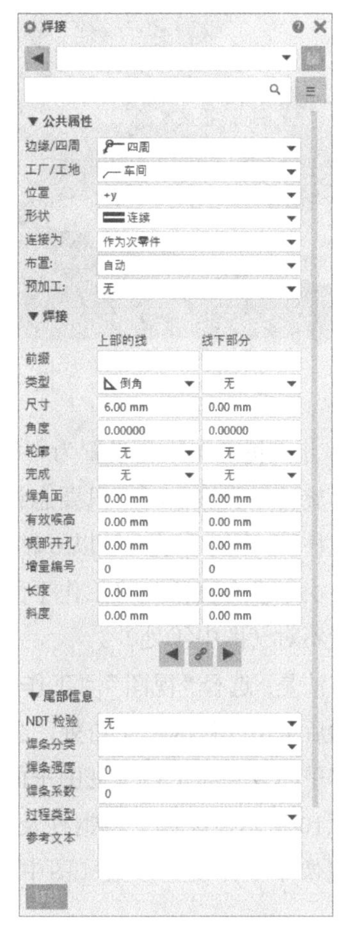

图 9.6 设置焊接参数

9.1.2 建模注意事项

第（1）步“确定工作平面”是最关键的步骤之一。Tekla 在建模时并不难，因为皆是一些梁、板、柱等参数化的构件。难的就是如何选择正确的工作平面，有些位置甚至要设计师新建一个符合要求的工作平面。在如图 9.7 所示的视图场景中有两块端板（图中①②处），要想将其正确建好，确定工作平面就是关键。此处需要在斜支撑的垂直方向上建立工作平面，比较麻烦。

在场景比较复杂、构件位于倾斜面上的时候，确定工作平面的操作可能会反复地选择、反复地切换、反复地创建。有时甚至会出现整个场景快建完了，某个构件的位置放错了的情况。因此这一步操作不仅要细心，还要多构思，避免出错。

图 9.7　斜支撑上的端板

第（2）步“将工作平面设置为平行于视图平面”是最容易忘记的步骤。特别是在使用“镜像”“旋转”类操作时，只要忘记这个步骤就会出错。例如图 9.8 中，设计师选择了一根钢柱及柱脚（图中①处），以 6 轴为镜像轴（图中②处）发出镜像命令并设置参数（图中③处），由于没有执行“将工作平面设置为平行于视图平面”的操作，发现镜像复制后的对象位置不对（图中④处）。

修改方法是：选择“视图”|“工作平面”|“平行于工作平面”命令，或者直接按 Shift+Z 快捷键，然后单击操作区域空白处，会出现 UCS 图标，如图 9.9 所示（图中①处）。此时说明将工作平面设置为平行于视图平面成功了。

如图 9.10 所示，选择一根钢柱及柱脚（图中①处），以 6 轴为镜像轴（图中②处），再次发出镜像命令并设置参数（图中③处），发现镜像复制后的对象位置正确了（图中④处）。

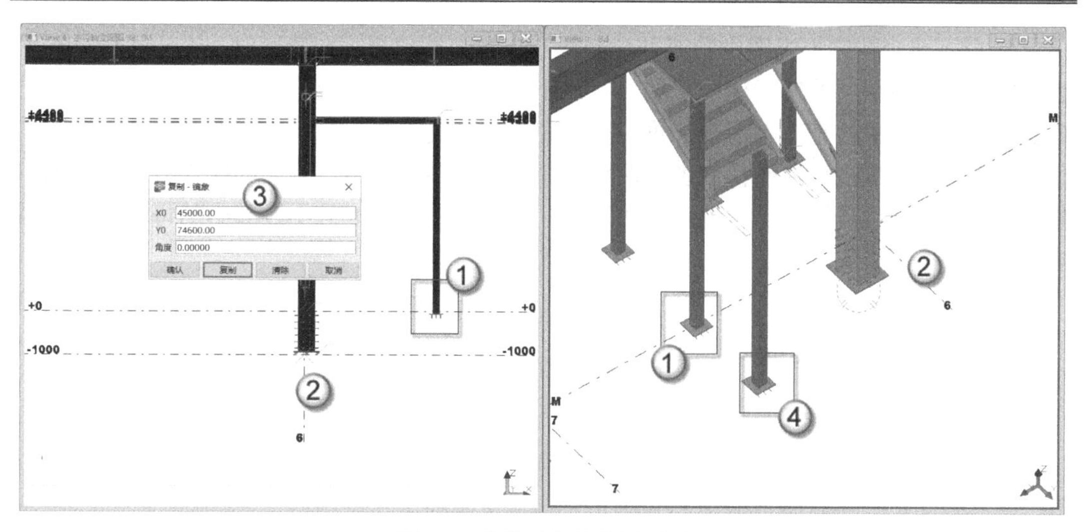

图 9.8 镜像对象的位置不对

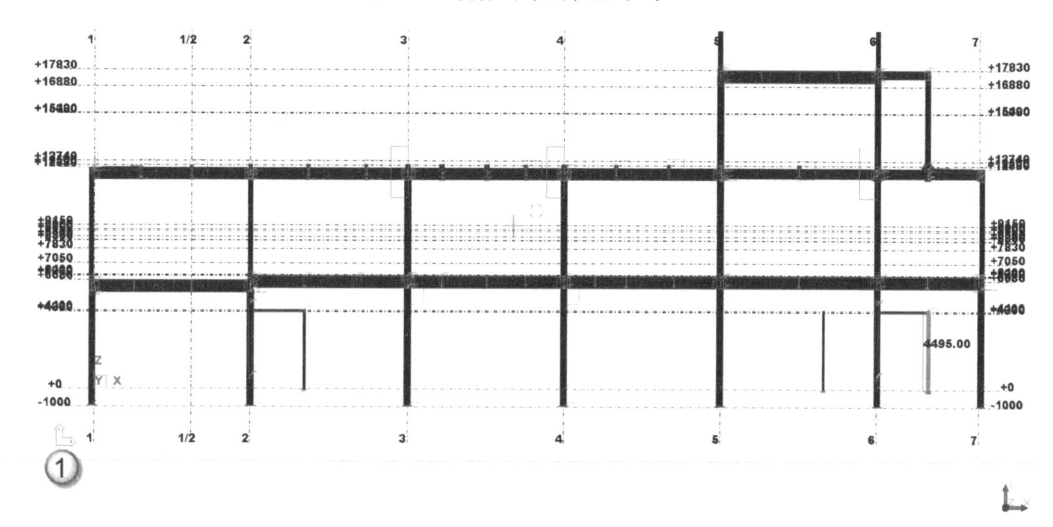

图 9.9 UCS 图标

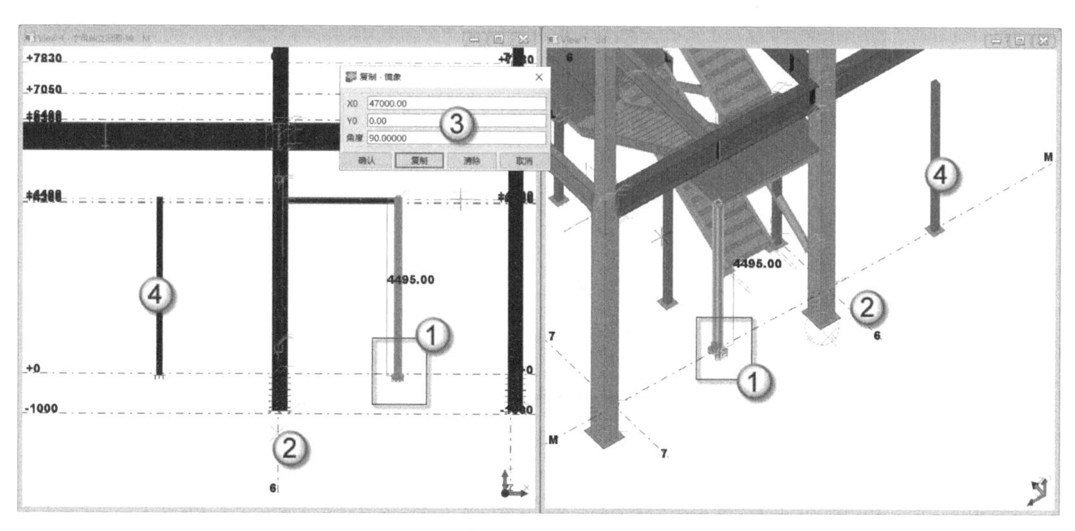

图 9.10 镜像对象的位置正确

第（6）步“在三维视图中检查并调整图形”容易被忽视。在建模时，设计师往往在平面、立面二维视图中看着新建构件的形状差不多就进入下一步操作了。这样是不对的，一定要在三维视图中检查，因为在三维视图中观察构件更直观一些，容易发现细小问题。

笔者推荐的多视口的操作设备有两种：带鱼屏与多显示器。具体的操作方法在附录中有介绍。使用一台普通的显示器也可以用多视口操作的方法，只不过其中的每个视口会显得比较小，不利于快速绘图，而且还容易出现误操作。

9.2 小实例——创建位于斜面上的柱脚板

本节以建立一块位于斜面上的柱脚板为例，讲解“六步半”多视口建模方法的具体运用。请读者注意，在斜面上建模的基础是先创建正确的工作平面。

9.2.1 建立 UCS

在建模之前，先要分析本节实例的图纸。此处提供了 3 张图纸：柱脚板详图，如图 9.11 所示，数字轴立面图，如图 9.12 所示，1-1 剖面图，如图 9.13 所示。图中各构件的尺寸和材质说明见表 9.1。

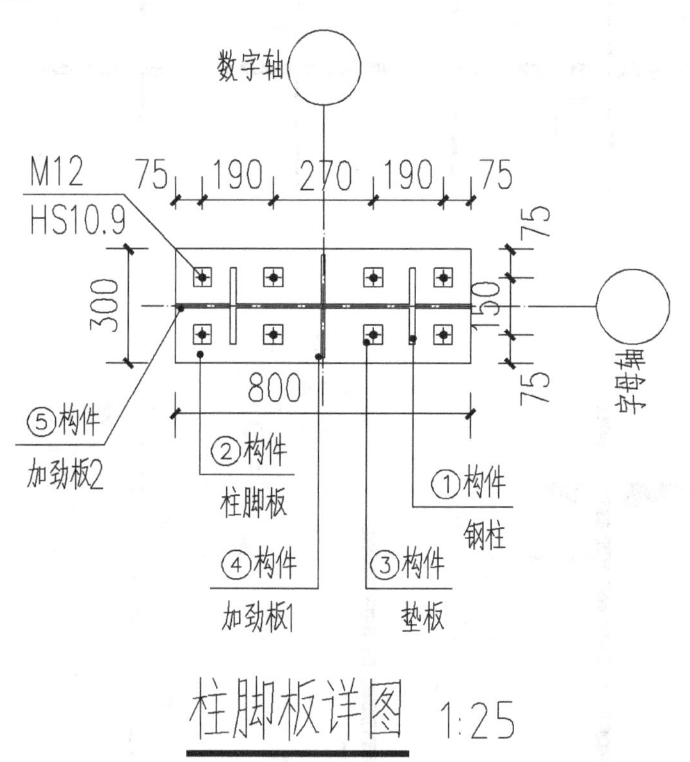

图 9.11 柱脚板详图

本例是在一个斜面上建模，因此要在这个斜面上建立工作平面，也就是用户坐标系 UCS。这是本例建模的关键步骤。具体建模方法如下：

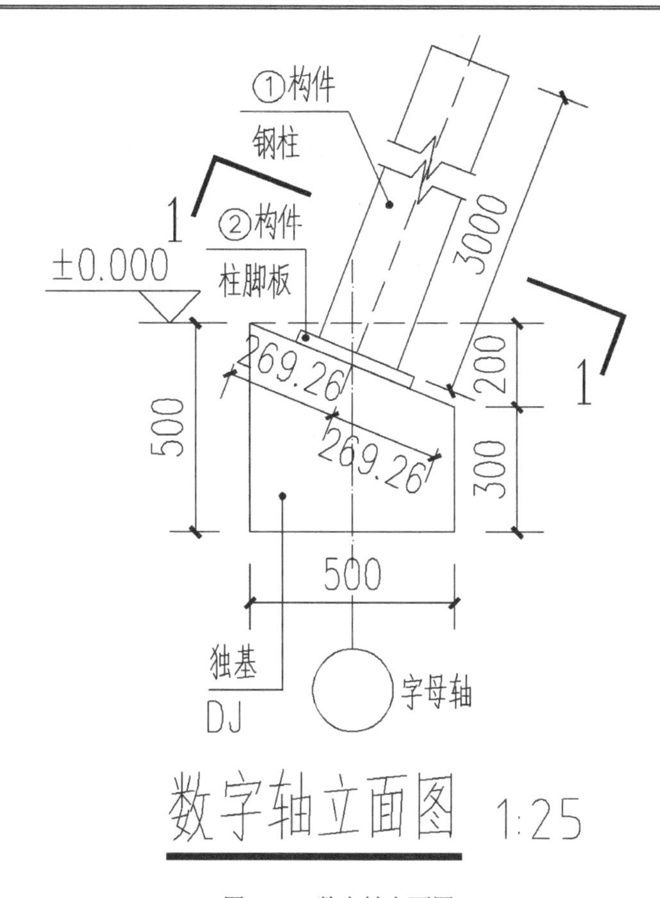

图 9.12 数字轴立面图

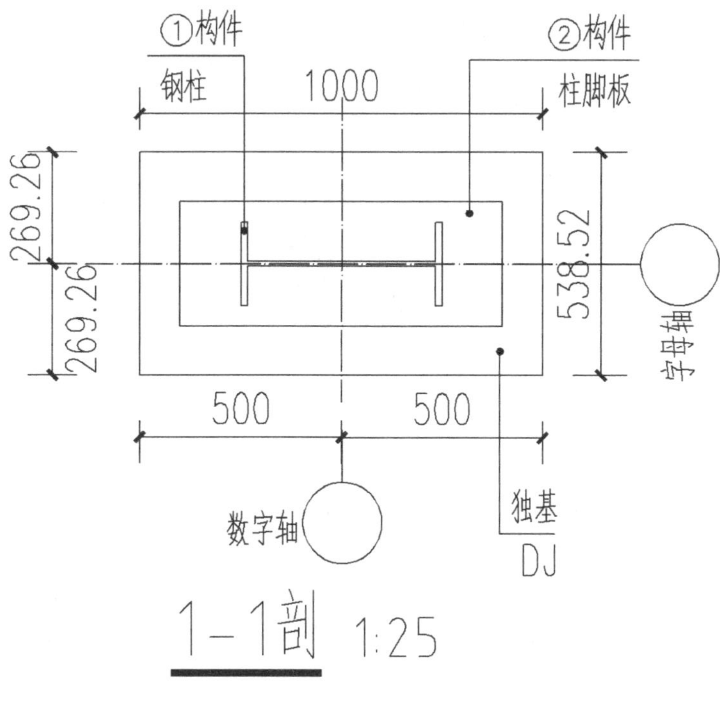

图 9.13 1-1 剖面图

表 9.1　脚柱板各构件一览表

构件编号	名　称	尺　寸	材　质	备　注
①	钢柱	H500×200×10×16	Q235B	/
②	柱脚板	800×300×30	Q235B	/
③	垫板	50×50×10	Q235B	柱脚板两面皆有垫板
④	加劲板1	130×130×10	Q235B	/
⑤	加劲板2	150×150 × 10	Q235B	/

说明：

（1）创建视图。在如图 9.14 所示的 3d 视图中，按 Ctrl+F3 快捷键发出“使用三点创建视图”命令，依次选择图中的①、②、③处将会创建一个新的视图。按 Ctrl+P 快捷键发出“切换 3D/平面”命令，将三维视图切换为平面视图，如图 9.15 所示。刚生成视图的视图名称为（3d），名称带括号是临时视图，下面将通过修改视图名称，把临时视图改为永久性视图。

注意：在图 9.14 中，①处为坐标原点，①→②方向为 X 轴方向，①→③方向为 Y 轴方向。可以用右手定则来确认 Z 轴方向。

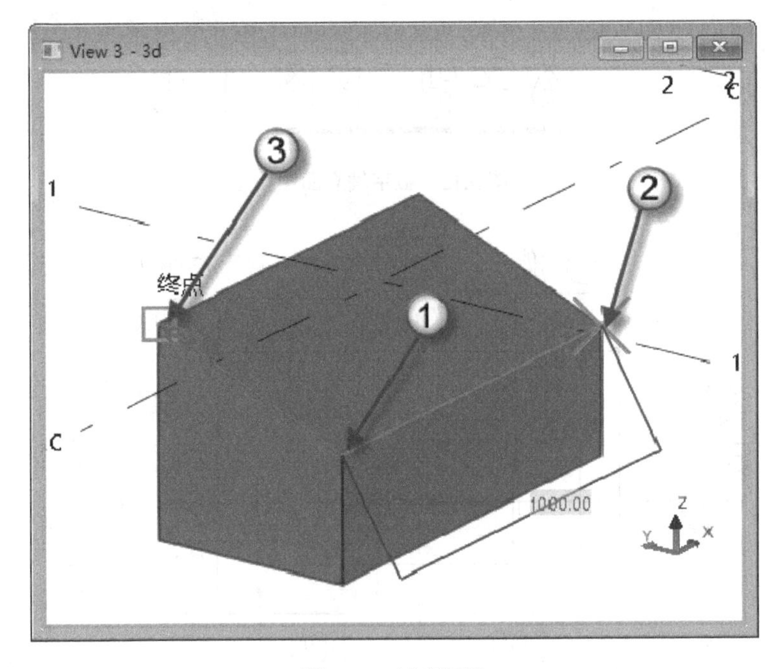

图 9.14　创建视图

（2）修改视图名称。双击创建的视图空白处，弹出“视图属性”对话框，如图 9.16 所示。在“名称”栏中输入“立面详图-斜顶”字样（图中①处），依次单击“修改”按钮（图中②处）和“确认”按钮（图中③处）。

柱脚板的建模并不难。此处学习柱脚板建模的原因有两个：一是让读者把前面学习的知识点串起来；二是学会对 UCS 的运用（就是此处的斜面）。这个斜面在本例中要重复使用，因此要通过改名的方法成为永久视图。

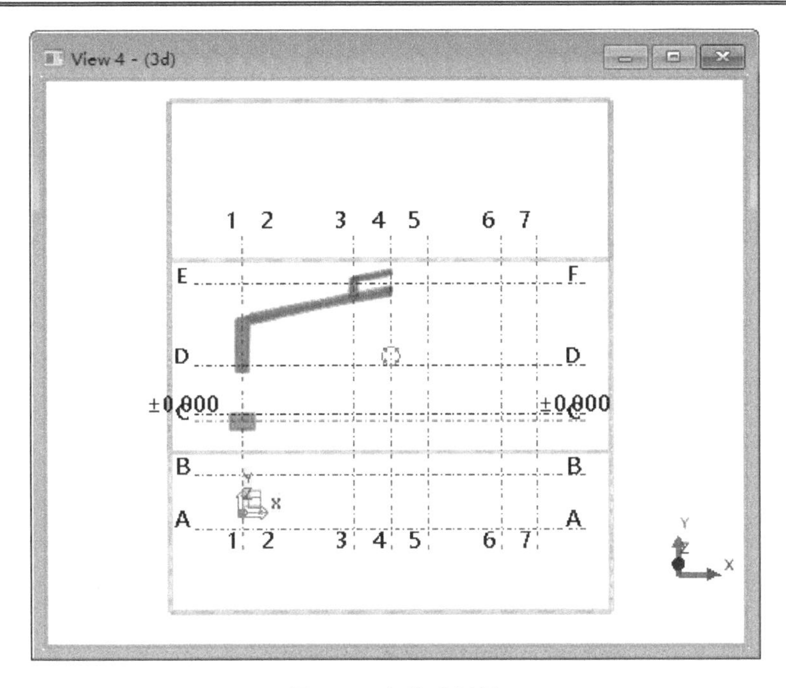

图 9.15　切换为视图

视图属性
保存　读取　standard　另存为　standard
查看
☑名称:　立面详图-斜顶　①
☑角度:　☐ 平面　☑绕Z轴旋转:　-9.75000
☑投影:　正交　☑绕X轴旋转:　19.50000
表示
☑所有视图中的颜色和透明度:　standard　表示...
可见性
视图深度: ☑向上:　25000.00
☑向下　2000.00
☑对象属性的可见性:　显示(D)...
☑可见对象组:　standard　对象组...
确认(O)　③应用(A)　修改(M)　②获取(G)　☑/☐　取消(C)

图 9.16　修改视图名称

9.2.2　绘制柱脚板

本节介绍使用“压型板”命令，在斜面上绘制柱脚板的方法。具体操作如下：

（1）切换工作平面。按 Shift+Z 快捷键发出“在视图面上设置工作平面”命令，将工作平面切换到“立面详图-斜顶”视图上即可看到 UCS 图标（图中①处），如图 9.17 所示。

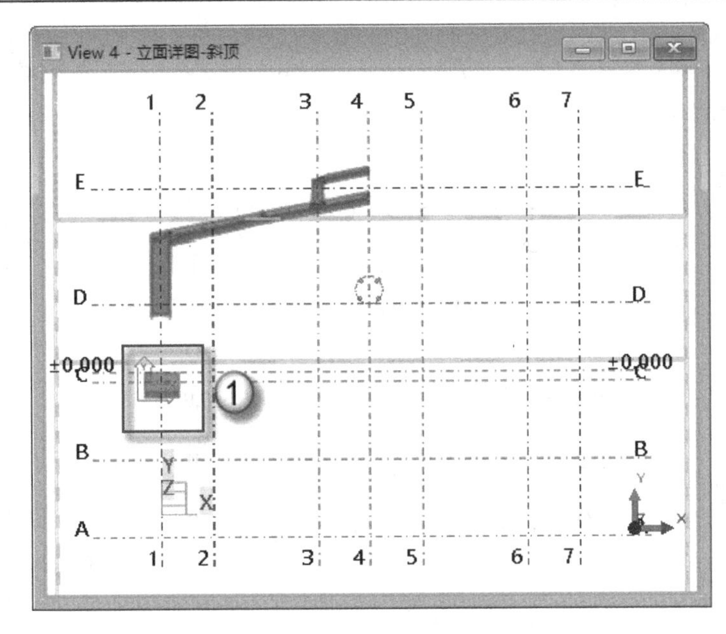

图 9.17　切换工作平面

（2）创建柱脚板。双按 B 快捷键发出“压型板”命令，在侧窗格弹出“压型板”面板，如图 9.18 所示。在“通用性”设置栏的“名称”栏中输入“柱脚板”字样（图中①处），在“型材/截面/型号”栏中输入 PL30 字样（图中②处），在“材料”栏单击 按钮（图中③处），弹出“选择材质”对话框。在“钢”材质下选择 Q235B 选项（图中⑤处），单击“确认”按钮（图中⑥处），在“等级”栏中选择 14（图中⑦处），在“位置”设置栏的“在深度”栏中选择“前面”选项（图中⑧处）。

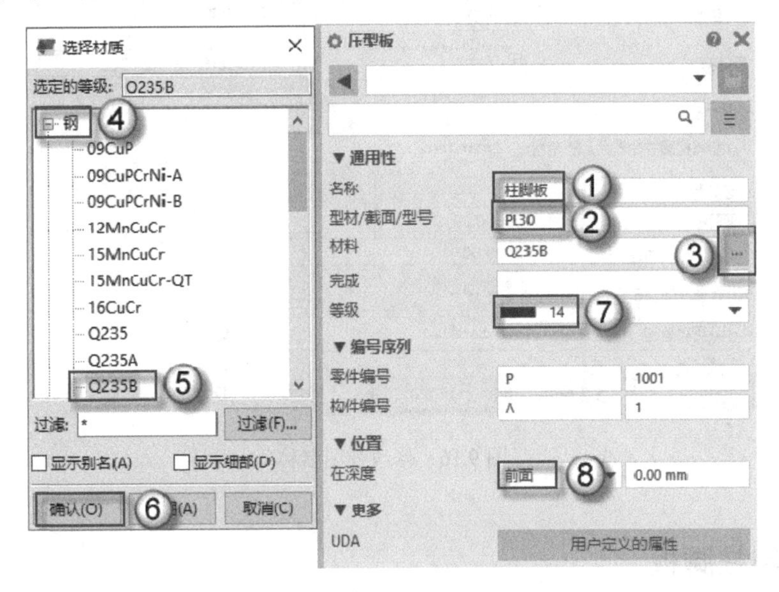

图 9.18　设置参数

（3）绘制柱脚板。双按 B 快捷键发出“压型板”命令，在图 9.19 所示的“立面详图-斜顶”视图中，使用临时参考点法，按住 Ctrl 键不放，单击 1 轴和 C 轴交点（图中①处），这个点就是临时参考点。单按 O 快捷键发出“正交”命令，在弹出的“输入数字位置”对话框中，输入 400 个单位（图中②处），单击“确认”按钮（图中③处），沿着 X 轴正向绘制柱脚板。在弹出的“输入数字位置”对话框中继续输入 150 个单位（图 9.20 中①处），单击“确认”按钮（图 9.20 中②处），沿着 Y 轴正向绘制柱脚板。在弹出的“输入数字位置”对话框中，继续输入 800 个单位（图 9.21 中①处），单击“确认”按钮（图 9.21 中②处），沿着 X 轴负向绘制柱脚板。在弹出的“输入数字位置”对话框中，继续输入 300 个单位（图 9.22 中①处），单击“确认”按钮（图 9.22 中②处），沿着 Y 轴负向绘制柱脚板。在弹出的“输入数字位置”对话框中，继续输入 800 个单位（图 9.23 中①处），单击“确认”按钮（图 9.23 中②处），沿着 X 轴正向绘制柱脚板。然后单击鼠标中键完成操作，绘制完成的柱脚板如图 9.24 所示。

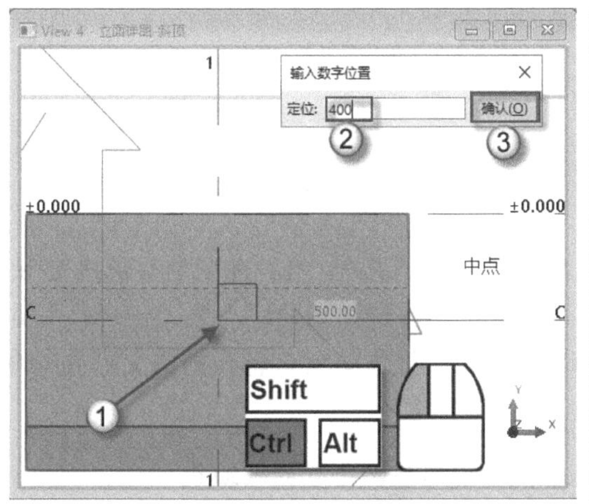

图 9.19 绘制柱脚板

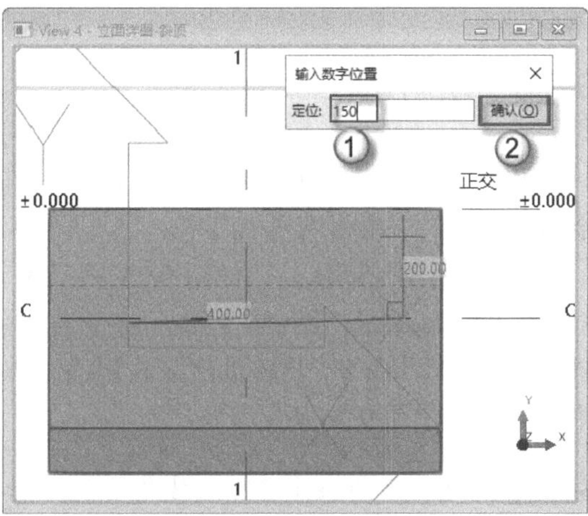

图 9.20 绘制柱脚板

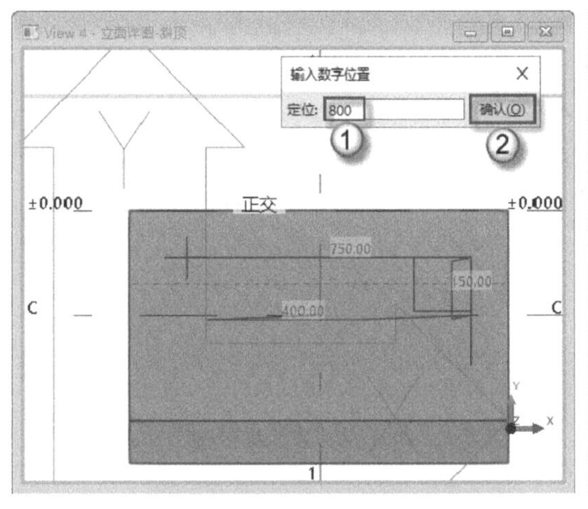

图 9.21 绘制柱脚板 1

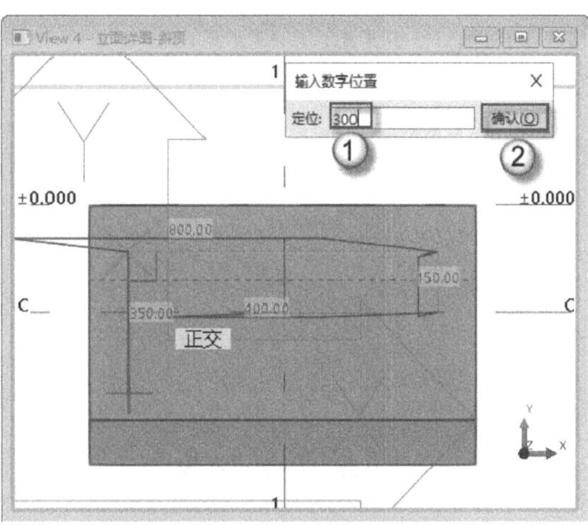

图 9.22 绘制柱脚板 2

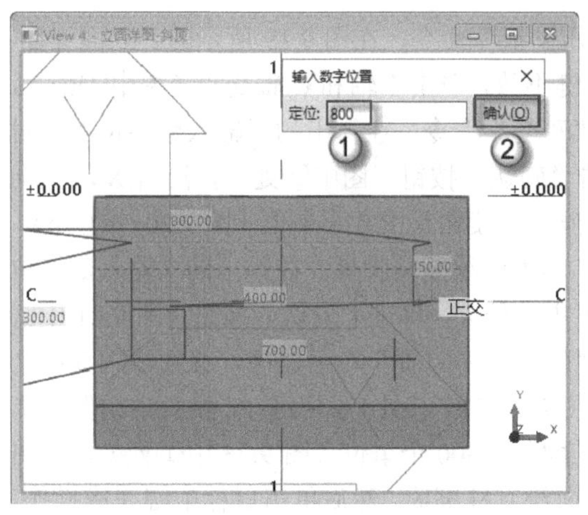

图 9.23　绘制柱脚板 3

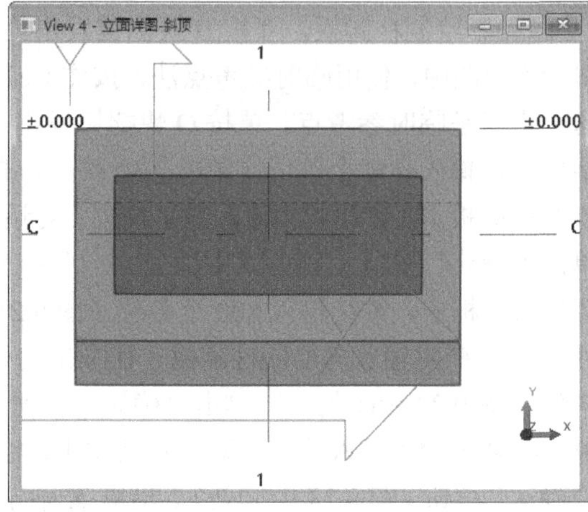

图 9.24　柱脚板绘制完成

9.2.3　绘制钢柱

此处不能使用“柱”命令来绘制钢柱，因为是一个斜面，只能在立面图上使用“梁”命令绘制钢柱。具体操作如下：

（1）绘制辅助线。在如图 9.25 所示的“数字轴立面详图-轴：1”视图中，单按 E 快捷键发出“辅助线”命令，绘制一条垂直于斜面的辅助线。选择辅助线，按 Ctrl+M 快捷键发出“移动”命令，将辅助线从与斜面交点（图中①处）处移动至 C 轴与斜面交点处（图中②处），如图 9.26 所示。

△注意：这一步的操作实际上就是绘制一条从②点出发与斜面垂直的辅助线。

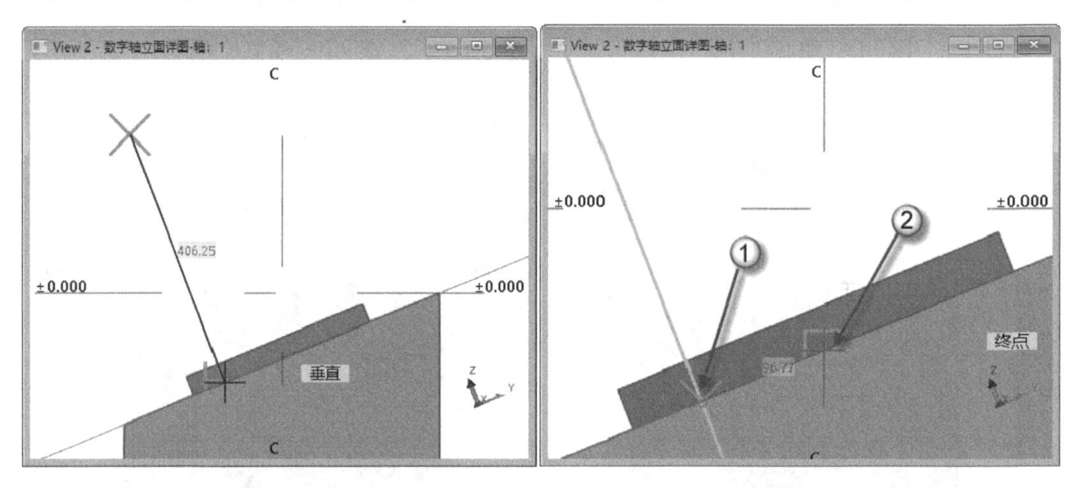

图 9.25　绘制辅助线　　　　图 9.26　移动辅助线

（2）创建并绘制钢柱。按 Shift+Z 快捷键发出“在视图面上设置工作平面”命令，将工作平面切换到“数字轴立面详图-轴：1”视图上。双按 L 快捷键发出“钢梁”命令，同时在侧窗格弹出“钢梁”面板，如图 9.27 所示。在“通用性”设置栏的“名称”栏中输入“钢柱”字样（图中①处），在“型材/截面/型号”栏单击…按钮（图中②处），在弹出的“选择截面”对话框中，选择“I 截面”→H→500-1000 下的 H500*200*10*16 选项（图中③处），单击“确认”按钮（图中④处）。在图 9.28 所示的视图中，单击“通用性”设置栏下“材料”栏的…按钮（图中①处），弹出“选择材质”对话框。在“钢”材质下选择 Q235B 选项（图中③），单击“确认”按钮（图中④处）。在“位置”设置栏的“在平面上”栏中选择“中间”选项（图中⑤处），在“旋转”栏中选择“上”选项（图中⑥处），在“在深度”栏中选择“中间”（图中⑦处）。在图 9.29 所示的视图中单击辅助线与斜面交点（图中①处），沿辅助线移动光标，以确定方向，在弹出的“输入数字位置”对话框中输入 3000 个单位（图中②处），单击“确认”按钮（图中③处），绘制一个高 3000mm 的钢柱。

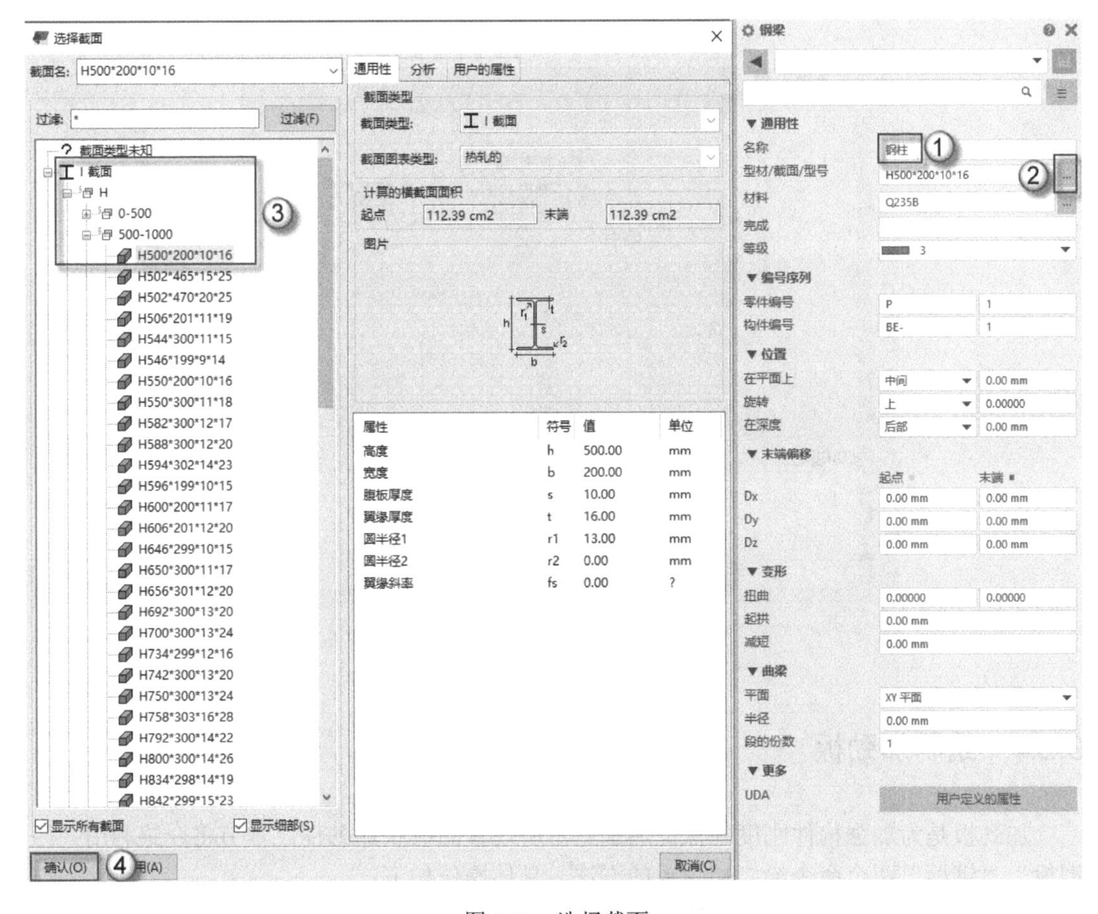

图 9.27 选择截面

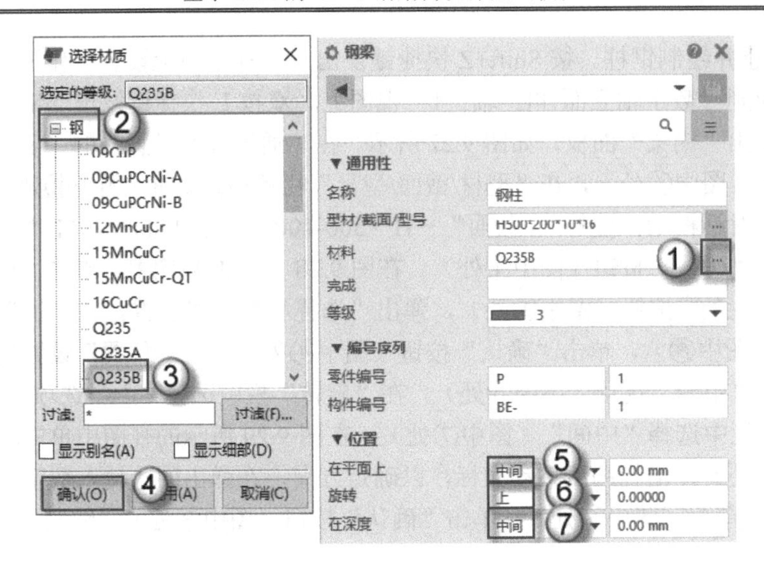

图 9.28　设置参数

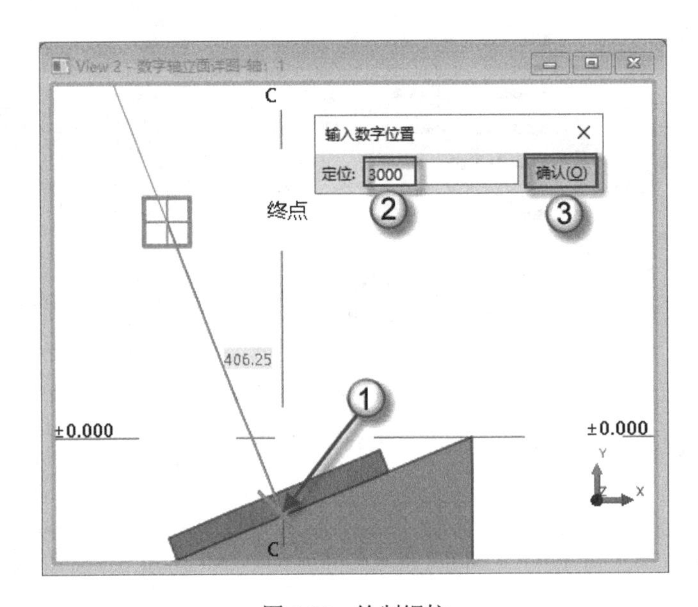

图 9.29　绘制钢柱

9.2.4　绘制加劲板

加劲板是为加强构件刚度并保证局部稳定所设置的板状加劲件。本节将介绍利用“压型板”“钢梁”两个命令绘制加劲板的方法。具体操作如下：

（1）创建并绘制加劲板 1。双按 B 快捷键发出“压型板”命令，同时在侧窗格弹出“压型板”面板，如图 9.30 所示。在“通用性”设置栏的“名称”栏中输入“加劲板 1”字样（图中①处），在“型材/截面/型号”栏中输入 PL10 字样（图中②处），在“材料”栏中单击 ... 按钮，弹出“选择材质”对话框。在“钢”材质栏中选择 Q235B 选项（图中⑤处），单击“确认”按钮（图中⑥处）。在“等级”栏中选择 14（图中⑦处），在“位置”设置栏的“在深度”栏中选择“中间”选项（图中⑧处）。在“数字轴立面详图-轴：1”视图中绘制一块尺寸为 130×130 的加劲板，如图 9.31 所示。

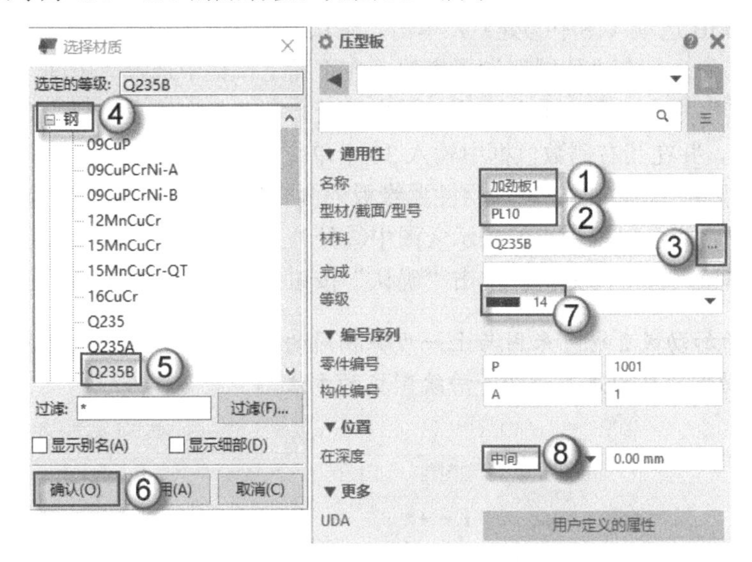

图 9.30　设置参数

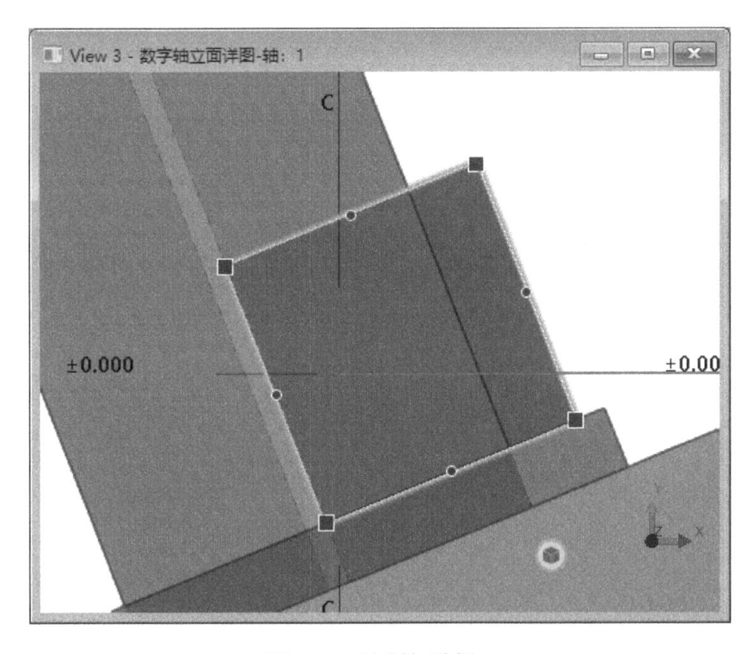

图 9.31　绘制加劲板 1

（2）创建并绘制加劲板 2。按 Shift+Z 快捷键发出“在视图面上设置工作平面”命令，将工作平面切换到“立面详图-斜顶”视图上。双按 L 快捷键发出“钢梁”命令，同时在侧窗格弹出“钢梁”面板，如图 9.32 所示。在“通用性”设置栏的“名称”栏中输入“加劲板 2”字样（图中①处），在“型材/截面/型号”栏中单击 按钮（图中②处），弹出“选择截面”对话框。选择“板的截面”下的 PL 选项（图中④处），在“通用性”选项卡的“属性”栏中，“高度”对应的“值”输入 150 个单位（图中⑥处），“宽度”对应的“值”

输入 10 个单位（图中⑦处），单击“确认”按钮（图中⑧处）。在图 9.33 所示的“钢梁”面板中，单击“材料”栏中的…按钮（图中①处），弹出“选择材质”对话框。在“钢”材质中选择 Q235B 选项（图中③处），单击“确认”按钮（图中④处）。在“等级”栏中选择 3（图中⑤处），在“位置”设置栏的“在平面上”栏中选择“中间”选项（图中⑥处），在“旋转”栏中选择“上”选项（图中⑦处），在“在深度”栏中选择“前面”选项（图中⑧处），并在其右侧数值框中输入 30 个单位（图中⑨处）。在图 9.34 所示的“立面详图-斜顶”视图中，单击 C 轴与钢柱翼缘板外侧交点（图中①处）作为起点，向 X 轴负方向移动光标，直至出现中点的提示（图中②处），在弹出的“输入数字位置”对话框中输入 150 个单位（图中③处），单击“确认”按钮（图中④处）。

注意： 此处的加劲板 2 也可采用与上一步骤相同的绘制方法，笔者此处用“梁”命令绘制加劲板的目的是多介绍一种绘制板的方法。

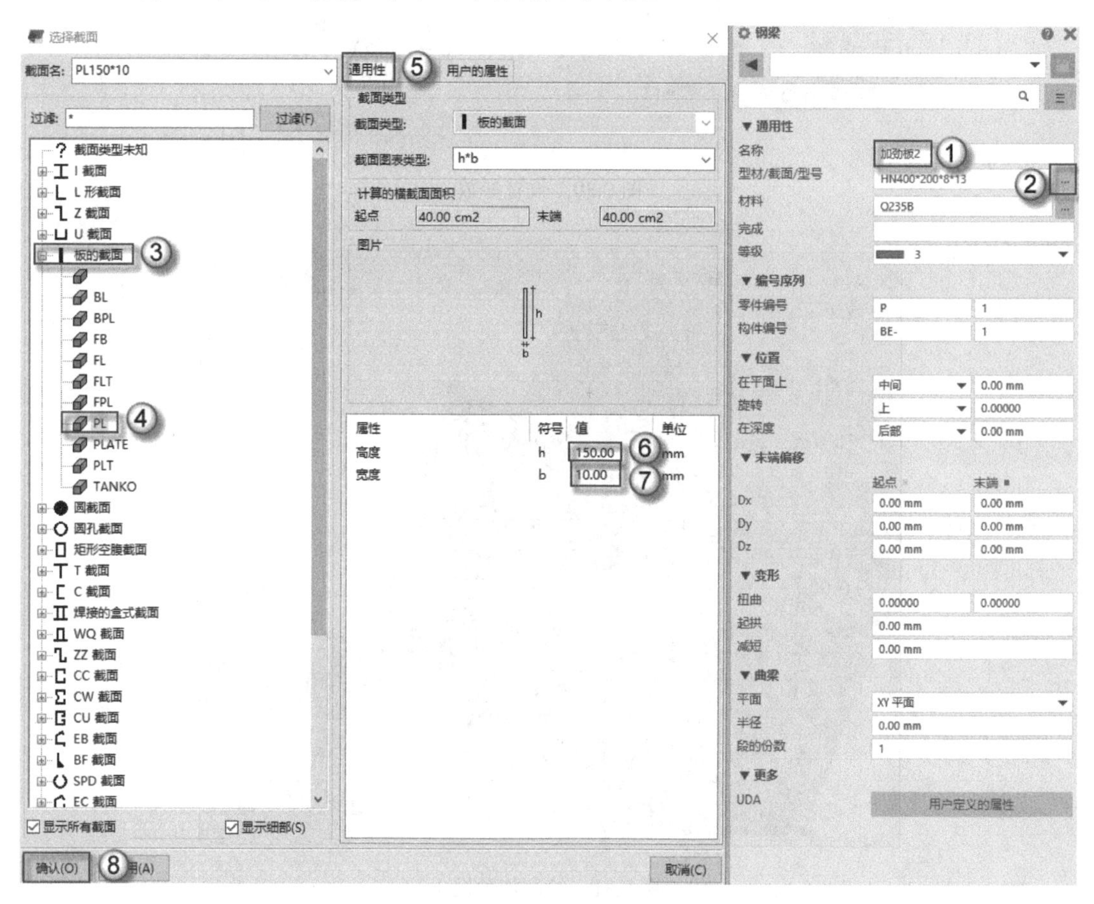

图 9.32　选择截面

（3）镜像加劲板。在图 9.35 所示的视图中选择加劲板 1（图中①处），单按 W 快捷键发出“镜像”命令，以 C 轴为对称轴（图中②处），在弹出的“复制-镜像”对话框中，单击“复制”按钮（图中③处），会镜像复制另一块加劲板 1（图中④处），单击“确认”按钮（图中⑤处）完成操作。在图 9.36 所示的视图中，按照同样的方法，以 1 轴为对称轴（图中①处），镜像加劲板 2（图中③处），会镜像复制另一块加劲板 2（图中③处）。

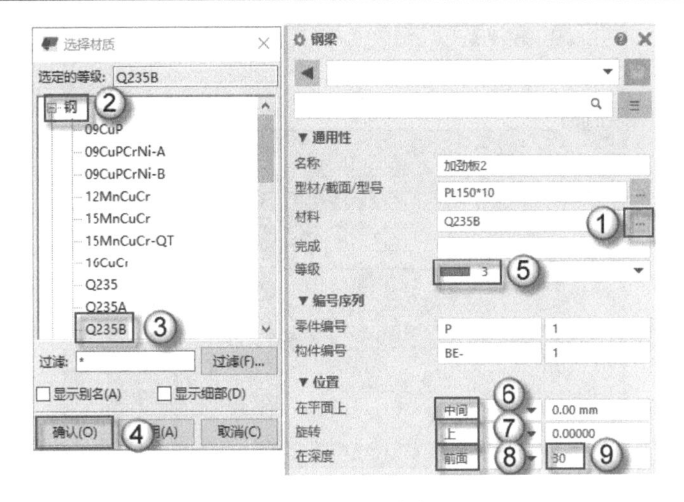

图 9.33 设置参数

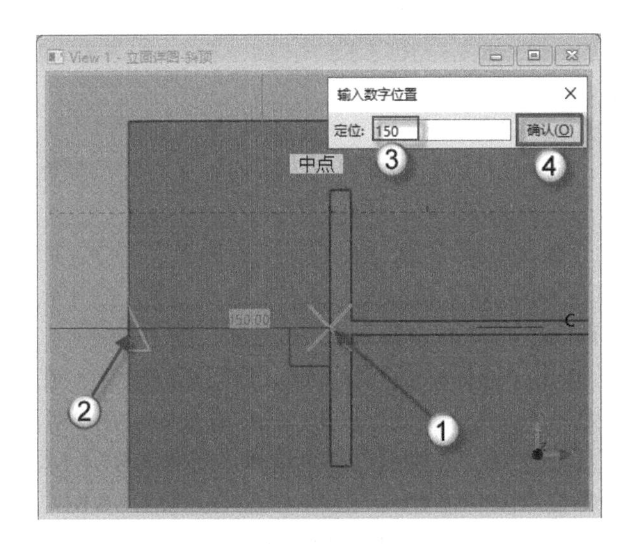

图 9.34 绘制加劲板 2

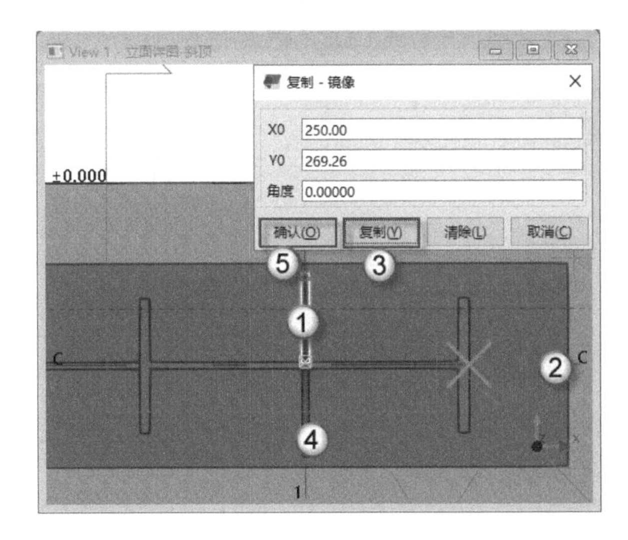

图 9.35 镜像加劲板 1

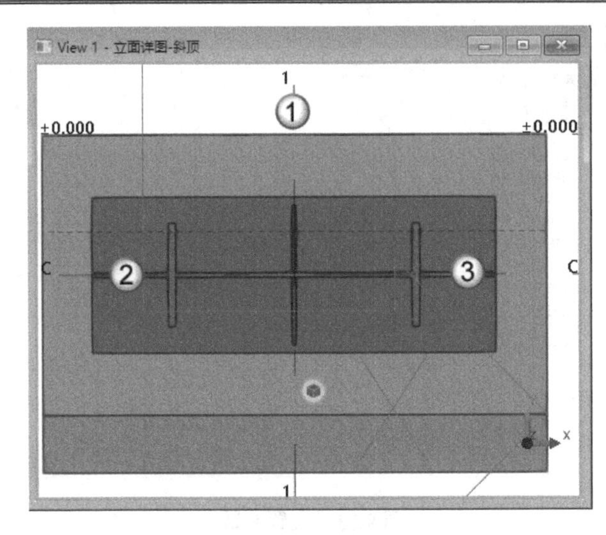

图 9.36　镜像之后的加劲板

9.2.5　绘制垫板

为了分散螺栓的压力，使柱脚板的受力更为均匀，设计师在螺栓与柱脚板之间设置了垫板。具体操作如下：

（1）创建并绘制垫板。双按 B 快捷键发出“压型板”命令，同时在侧窗格弹出“压型板”面板，如图 9.37 所示。在“通用性”设置栏的“名称”栏中输入“垫板”字样（图中①处），在“型材/截面/型号”栏中输入 PL10 字样（图中②处），在“材料”栏中单击 按钮（图中③处），弹出“选择材质”对话框，如图 9.38 所示。在“钢”材质栏中选择 Q235B 选项（图中⑤处），单击“确认”按钮（图中⑥处），在“等级”栏中选择 14（图中⑦处），在“位置”设置栏的“在深度”栏中选择“前面”选项（图中⑧处），并在其右侧数值框中输入 30 个单位（图中⑨处）。在“立面详图-斜顶”视图中绘制一块尺寸为 50×50 的加劲板，如图 9.38 所示。最后，选择垫板，按 Ctrl+M 快捷键发出“移动”命令，分别将垫板向 X 轴正向移动 50 个单位，向 Y 轴负向移动 50 单位，移动之后如图 9.39 所示。

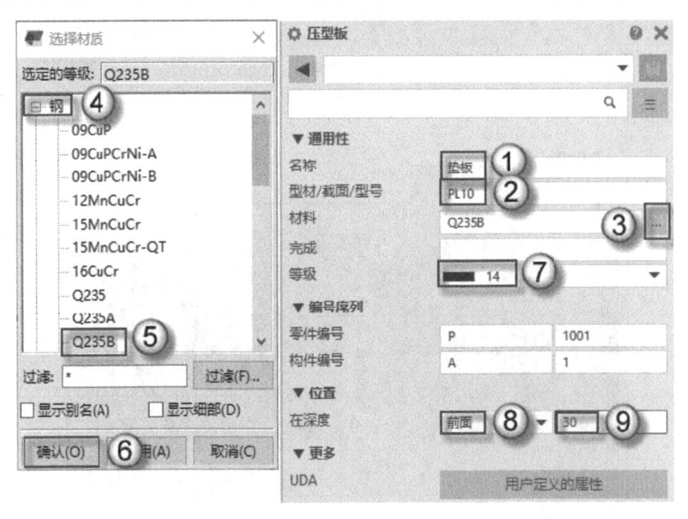

图 9.37　设置参数

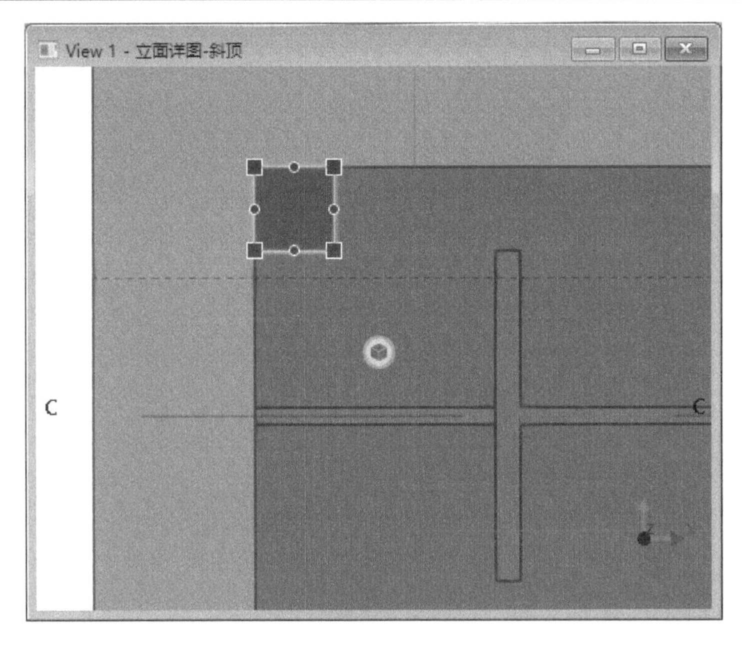

图 9.38 绘制垫板

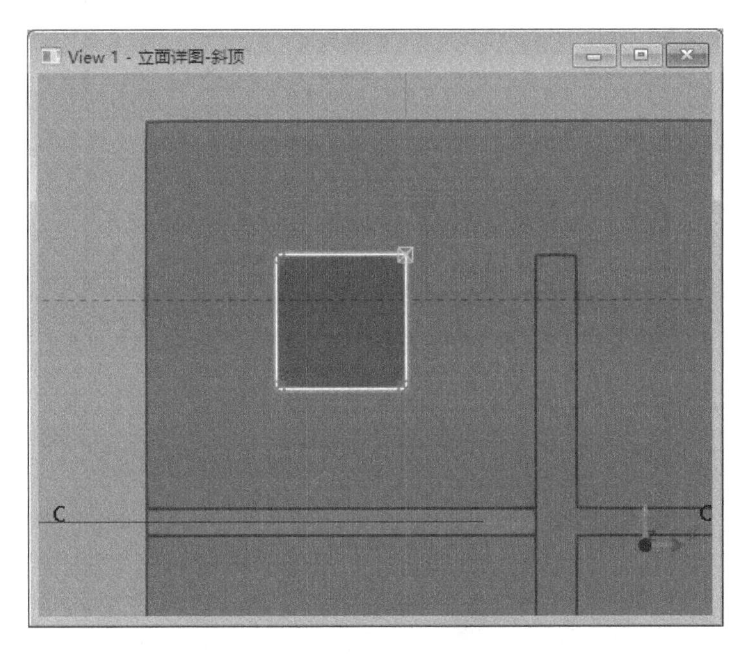

图 9.39 移动之后的垫板

（2）镜像垫板。在图 9.40 所示的视图中右击独立基础（图中①处），按住 Shift 键不放，选择右键菜单中的“隐藏”命令（图中②处），即将其隐藏。按 Shift+Z 快捷键发出“在视图面上设置工作平面”命令，将工作平面切换到“数字轴立面详图-轴：1”视图上，如图 9.41 所示。选择垫板（图中①处），单按 W 快捷键发出“镜像”命令，分别单击②→③两个点，以两点的形式确定对称轴，在弹出的“复制-镜像”对话框中单击“复制”按钮（图中④处），将垫板镜像到对面，再单击“确认”按钮（图中⑤处）。

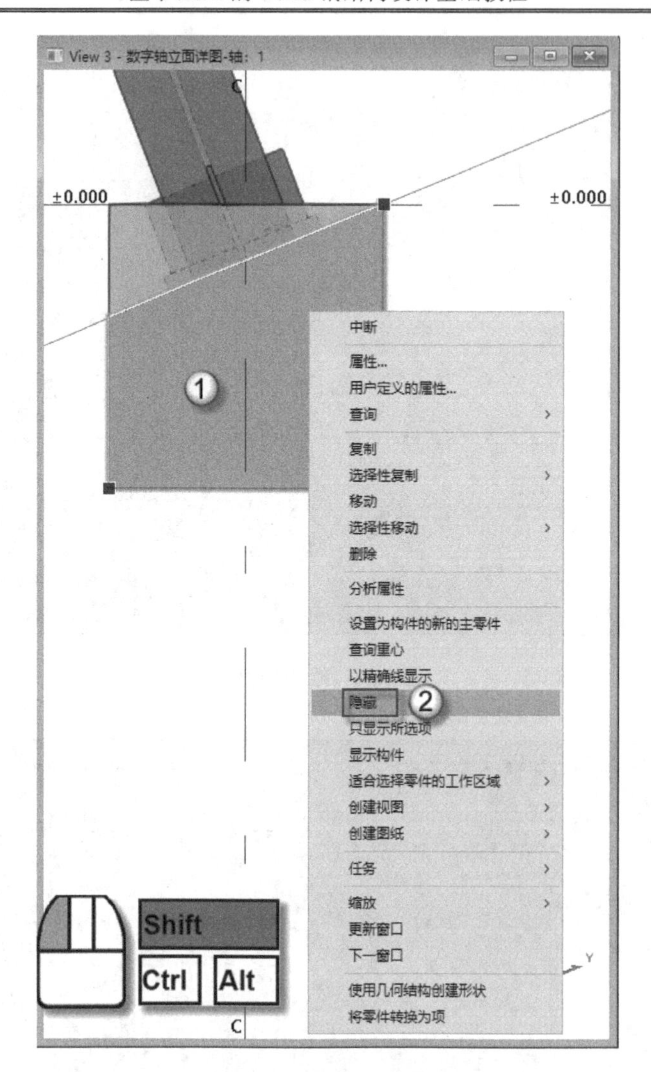

图 9.40　隐藏独立基础

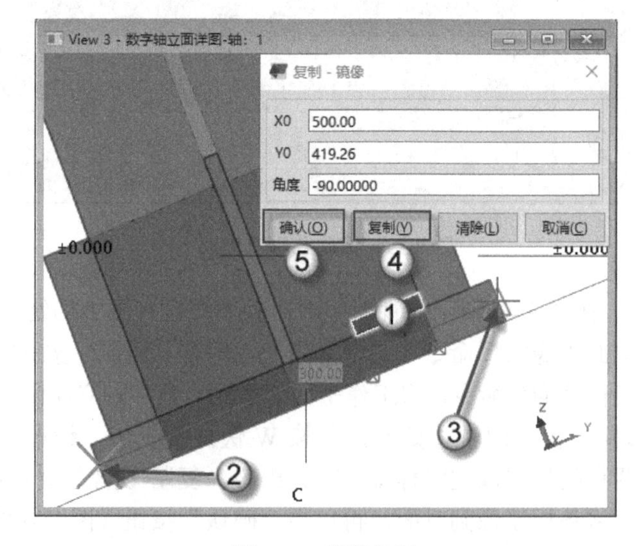

图 9.41　镜像垫板

9.2.6 螺栓连接

本节中采用立面法建立螺栓。建好之后，将螺栓和上下两块垫板共三个零件作为一组，复制镜像到相应位置。具体操作如下：

（1）创建螺栓。按 Shift+Z 快捷键发出“在视图面上设置工作平面”命令，将工作平面切换到“立面详图-斜顶”视图上来。双按 I 快捷键发出“螺栓”命令，在侧窗格弹出“螺栓”面板，如图 9.42 所示。在“螺栓”设置栏的“标准”栏中选择 HS10.9 选项（图中①处），在“尺寸”栏中选择 12.00mm 选项（图中②处），在“构件”栏中依次勾选“螺栓”“垫圈”“垫圈”“螺母”复选框（图中③处），在“螺栓组”设置栏的“形状”栏中选择“阵列”选项，在“螺栓 X 向间距”栏中输入 0 个单位，在“螺栓 Y 向间距”栏中输入 0 个单位（图中④处），在“带长孔的零件”选项中勾选 3 个“特殊的孔”复选框（图中⑤处），在“位置”设置栏的“旋转”栏中选择“前面”选项（图中⑥处），在“从…偏移”设置栏的 Dx 的起点栏中输入 25 个单位（图中⑦处）。

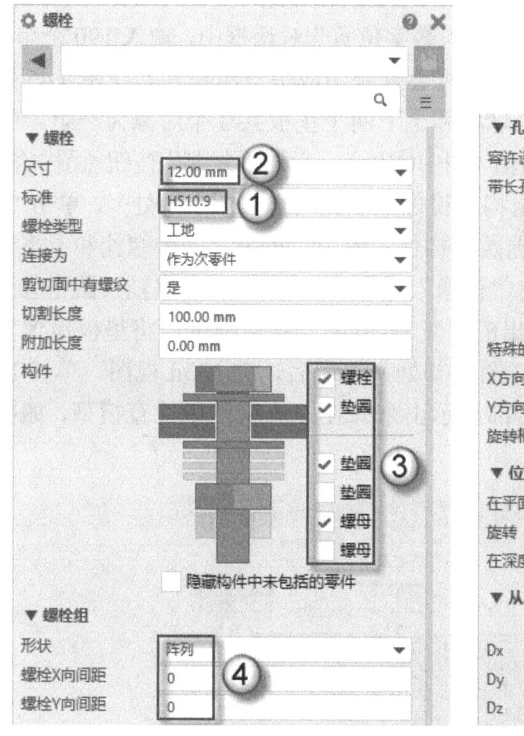

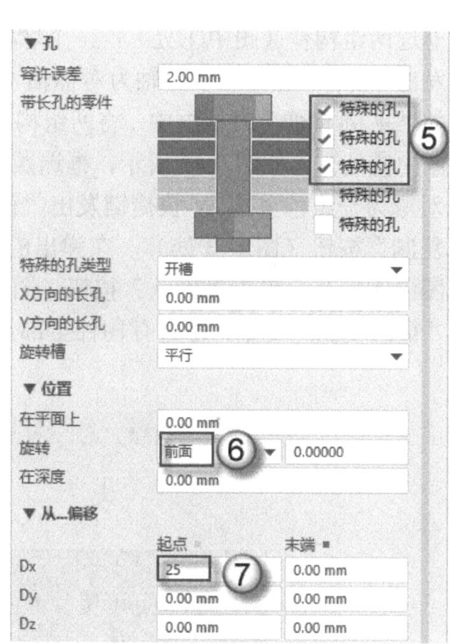

图 9.42　设置参数

（2）放置螺栓。单按 I 快捷键（上一步已经双按了，所以此处为单按）发出“螺栓”命令，在图 9.43 所示的 3d 视图中，依次选择两个垫板（图中①、③处）和柱脚板（图中②处），单击鼠标中键确定螺栓连接的对象。在“立面详图-斜顶”视图中，依次单击两点（图中④→⑤处）确定螺栓方向线，如图 9.43 所示。

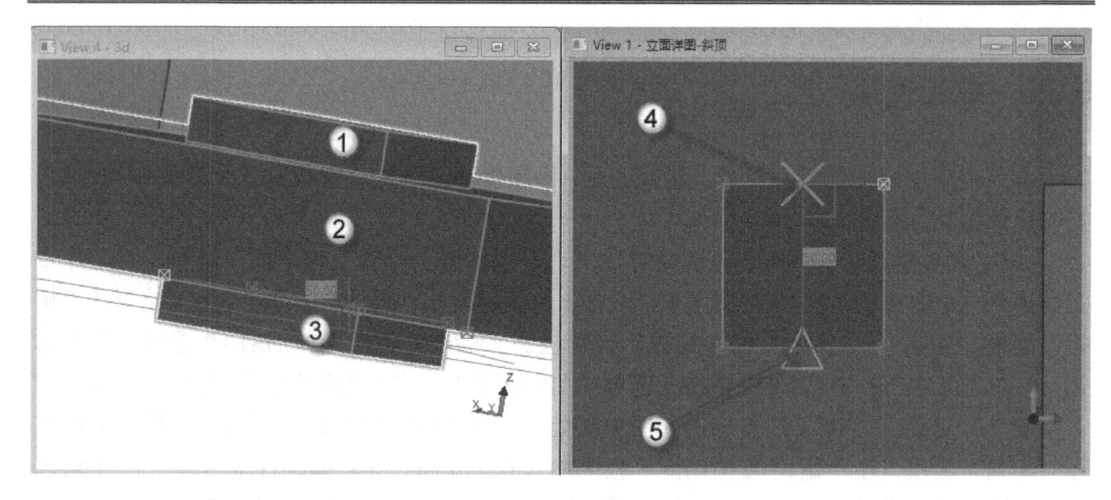

图 9.43　放置螺栓

（3）复制构件。在“立面详图-斜顶”视图中，如图 9.44 所示，框选螺栓和上下两个垫板共 3 个零件（图中①处）为一组，按 Ctrl+C 快捷键发出“复制”命令，将光标向 X 轴正向移动以确定复制的方向，在弹出的“输入数字位置”对话框中，输入 190 个单位（图中②处），单击“确认”按钮（图中③），这样会复制生成另一组构件。在图 9.45 所示的视图中框选两组构件（图中①处），一个螺栓和上下两个垫板共 3 个对象为一组，单按 W 快捷键发出“镜像”命令，以 1 轴为对称轴（图中②处），单击“复制”按钮（图中③处），在弹出的“复制-镜像”对话框中，将两组构件镜像复制到对面（图中④处），单击“确认”按钮（图中⑤处）。如图 9.46 所示，框选四组构件（图中①处），一个螺栓和上下两个垫板 3 个对象为一组，单按 W 快捷键发出“镜像”命令，以 C 轴为对称轴（图中②处），单击“复制”按钮（图中③处），在弹出的“复制-镜像”对话框中，将垫板镜像复制到对面（图中④处），单击“确认”按钮（图中⑤处）。最后，进入 3d 视图，单按 N 快捷键发出“重画视图”命令，将所有构件全部显示出来并在三维视图中检查模型，如图 9.47 所示。

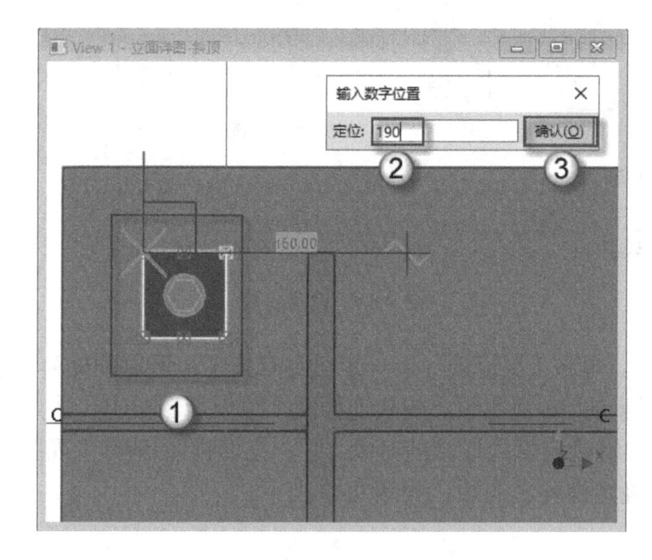

图 9.44　复制构件

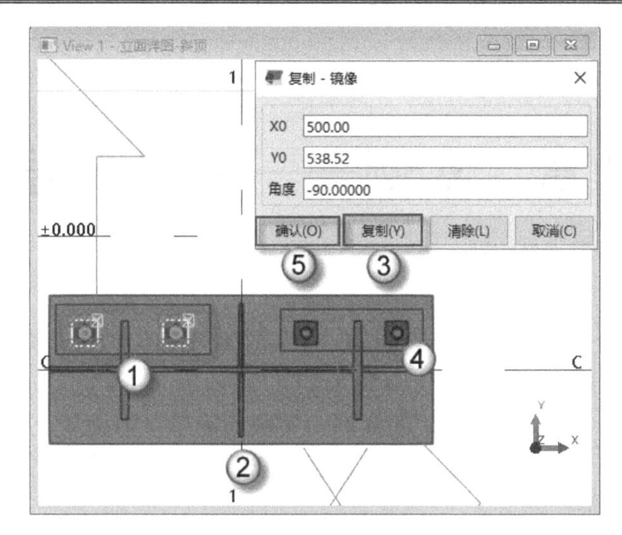

图 9.45 镜像构件

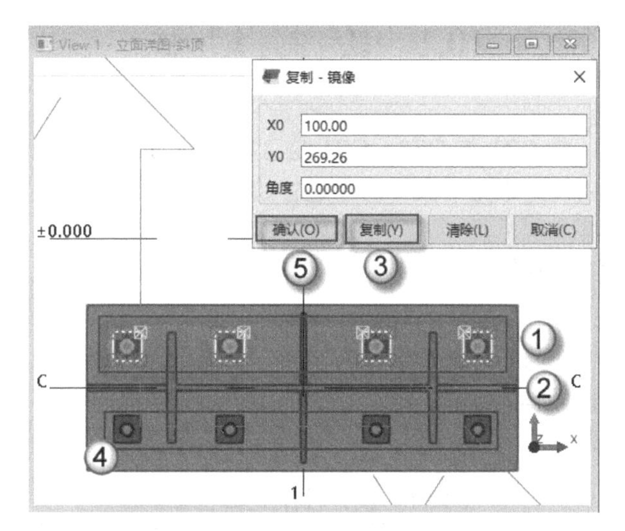

图 9.46 镜像构件

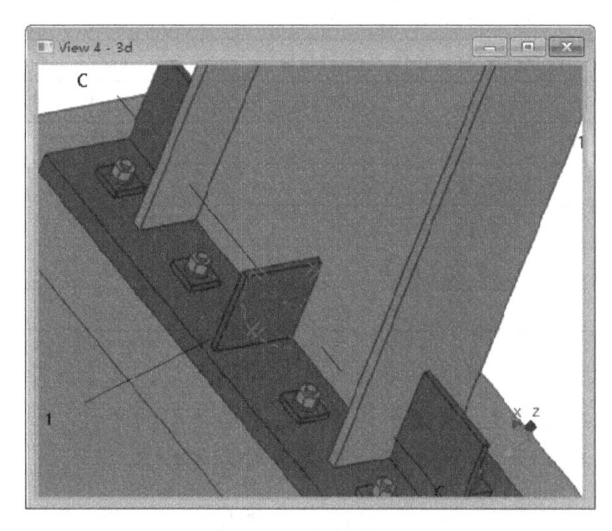

图 9.47 三维效果图

第 10 章 实例——绘制双层廊架

本章以绘制 2019 年武汉军运会期间的一个双层景观廊架为例，将 1～9 章的内容串联起来，作为学习 Tekla 的总结。

本章的例子是一个真实且已完工的实例。实例虽简单，但是涉及的知识点却很多。由于篇幅所限，笔者将一些细节部分的内容放到配套下载资源的教学视频之中了。读者可以将书与视频对照起来进行学习。

10.1 绘制钢柱

本例有两种钢柱，即 GZ1 与 GZ2。GZ1 是直柱，截面为圆管形；GZ2 是 L 型柱，截面为方管形。这两种钢柱皆采用“梁”命令进行绘制。

10.1.1 绘制 GZ1 钢柱

在 Tekla 中，对构件与零件的命名非常重要。命名的总体思路是：构件的命名按图纸为主；零件的命名按截面形状为主。具体见表 10.1 所示。零件的颜色（等级）不需要修改，使用软件默认的设置即可。

表 10.1 零件与构件的命名规则

名称	零件	释义	构件	颜色（等级）
钢柱	ZH	Z代表柱，H代表截面是H型钢	GZ1-	7
	ZO	Z代表柱，O代表截面是圆孔	GZ2-	
钢梁	B□	B代表梁，□代表截面是矩形空腹	GL1-、GL2-	3
预埋件			MJ1-	2
板	P□	P代表板，□代表矩形	PL-	14
	PO	P代表板，O代表圆形		
砼	C15、C35	以具体砼等级命名	DJ、DZ、CD	1
螺母			M30	12

注意： 在零件命名规则中，第一个符号代表零件的类别，第二个符号代表截面。第一个符号用英文字母表示，并且不同零件类别用不同的字母。一些小构件，如预埋件和螺母等，只需要对构件命名，不需要对零件命名。

本例的建模使用以上命名方法。读者在学习完本书后，绘制其他钢结构项目之前，应参照表 10.1，设计出符合具体案例的命名方法。

（1）创建 GZ1 钢柱。按 Shift+Z 快捷键发出“在视图面上设置工作平面”命令，将工作平面切换到“立面图-轴：X”视图上。双按 L 快捷键发出“钢梁”命令，同时在侧窗格将弹出“钢梁”面板，如图 10.1 所示。在“通用性”设置栏的“名称”栏中输入“钢柱”字样（图中①处），在“型材/截面/型号”栏中单击 按钮（图中②处），弹出“选择截面”对话框。选择“圆孔截面”下的 O 选项（图中④处），在“通用性”选项卡的“属性”栏中，在“直径”对应的“值”栏中输入 200 个单位（图中⑥处），在“板的厚度”对应的“值”栏中输入 5 个单位（图中⑦处），单击“确认”按钮（图中⑧处）。在“通用性”设置栏下的“材料”栏中单击 按钮（图中①处），弹出“选择材质”对话框，如图 10.2 所示。在“钢”材质中选择 Q235B 选项（图中③处），单击“确认”按钮（图中④处），在“等级”栏中选择 7（图中⑤处），在“编号序列”设置栏的“零件编号”栏中输入 ZO 字样，在“构件编号”栏中输入 GZ1-字样（图中⑥处），在“位置”设置栏的“在平面上”栏中选择“中间”选项（图中⑦处），在“旋转”栏中选择“上”选项（图中⑧处），在“在深度”栏中选择“中间”选项（图中⑨处）。

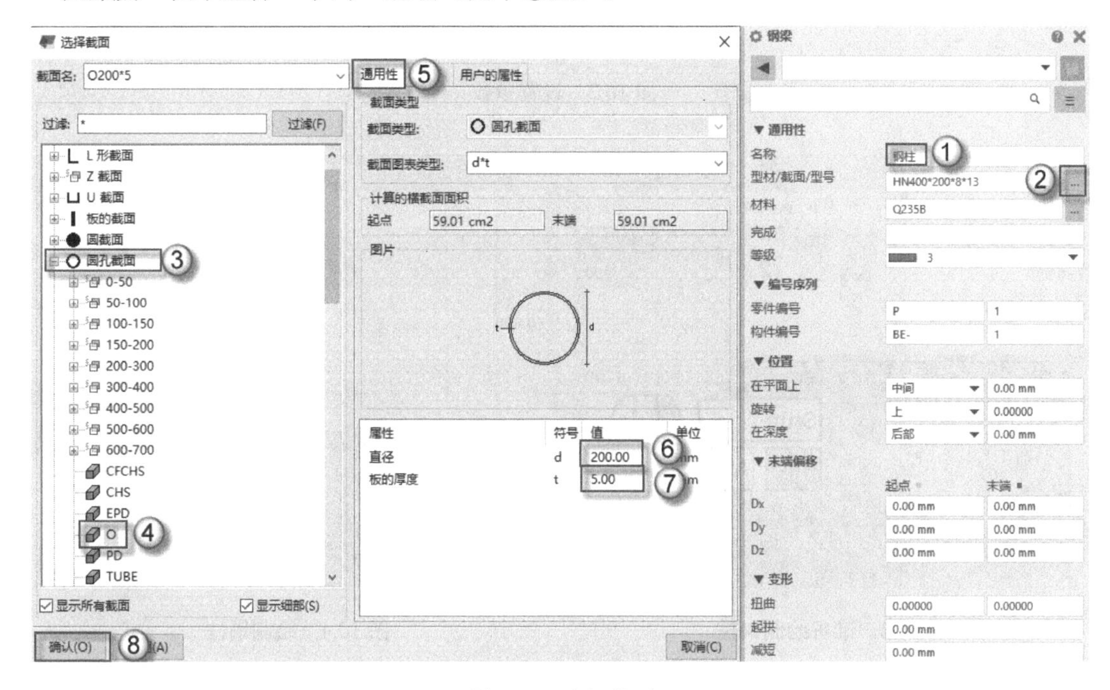

图 10.1　选择截面

（2）绘制钢柱。在图 10.3 所示的“立面图-轴：X”视图中，双按 L 快捷键发出“钢梁”命令，按住 Ctrl 键不放，单击 B 轴与基础顶交点（图中①处），这个就是临时参考点，单按 O 快捷键发出“正交”命令，向下移动光标以确定方向，输入 100 个单位（图中②处），在弹出的“输入数字位置”对话框中，单击“确认”按钮（图中③处），这样就确定了钢柱的起始点。然后向上移动光标直至出现“点/交点”的文字与图示提示，如图 10.4 所示（图中①处），在弹出的“输入数字位置”对话框中，输入 3950 个单位（图中②处），单击“确认”按钮（图中③处），这样就确定了钢柱的终止点。

🔔注意：钢柱的底标高是在系统标高-0.250m 以下的 100mm 处，钢柱的顶标高是系统标高 3.600m 处。3600+250+100=3950，因此应该输入 3950 个单位。

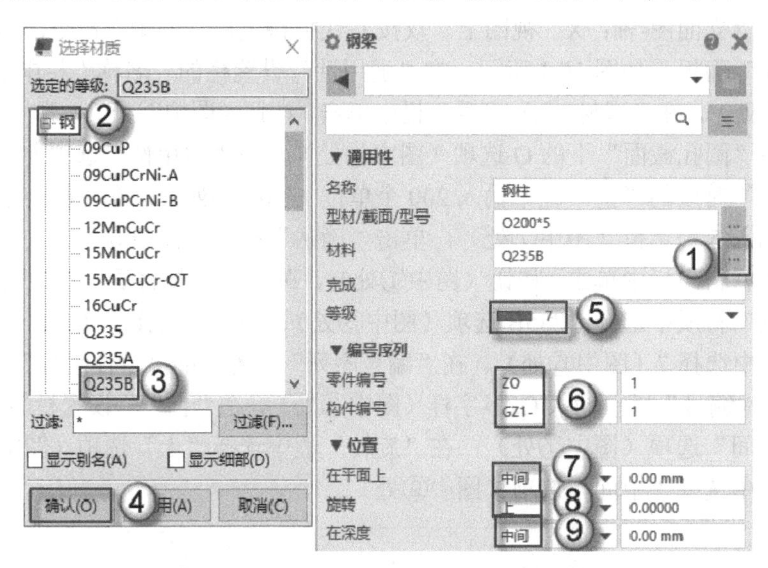

图 10.2　设置参数

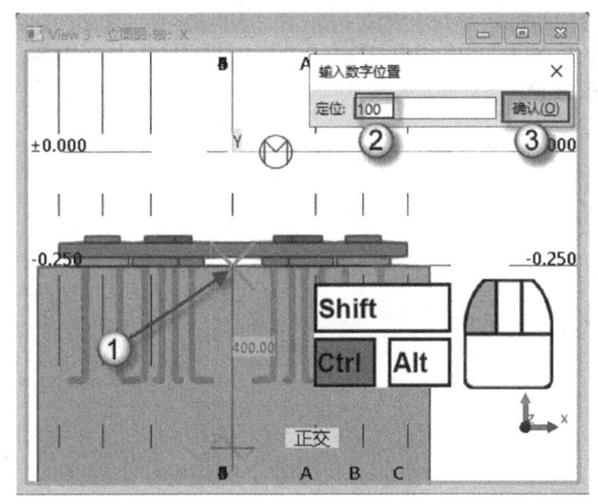

图 10.3　准备绘制钢柱

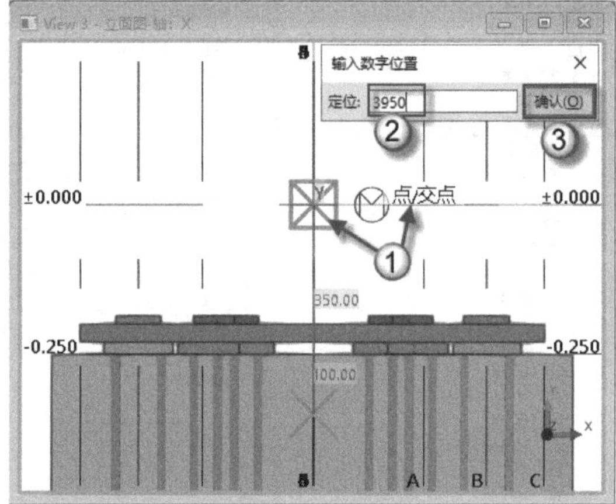

图 10.4　绘制钢柱

10.1.2　绘制 GZ2 钢柱

GZ2 为 L 型柱。L 型柱实际上是一种复合型构件，一段为柱构件，另一段为梁构件，两段之间的连接处为弧形连接。此处采用“折梁”命令绘制，具体绘制方法如下：

（1）创建钢柱 GZ2。选择“钢”|“折梁”命令，侧窗格弹出“钢梁”面板，如图 10.5 所示。在“通用性”设置栏的“名称”栏中输入“钢柱”字样（图中①处），在“型材/截面/型号”栏中单击按钮（图中②处），在弹出的“选择截面”对话框中，选择“矩形空腹截面”下的 P 选项（图中④处），在“通用性”选项卡的“截面图表类型”栏中选择 h*b*t 选项（图中⑤处），在“属性”栏中，“高度”对应的“值”输入 120 个单位（图

中⑥处），“宽度”对应的“值”输入 60 个单位（图中⑦处），“板的厚度”对应的“值”输入 8 个单位（图中⑧处），单击“确认”按钮（图中⑨处）。如图 10.6 所示，在“通用性”设置栏中，单击“材料”栏右边的...按钮（图中①处），弹出“选择材质”对话框，在“钢”材质中选择 Q235B 选项（图中③处），单击“确认”按钮（图中④处）。在“等级”栏中选择 7（图中⑤处），在“编号序列”设置栏的“零件编号”栏中输入“Z□”字样，在“构件编号”栏中输入 GZ2-字样（图中⑥处），在“位置”设置栏的“在平面上”栏中选择“中间”选项（图中⑦处），在“旋转”栏中选择“前面”选项（图中⑧处），在“在深度”栏中选择“中间”选项（图中⑨处）。

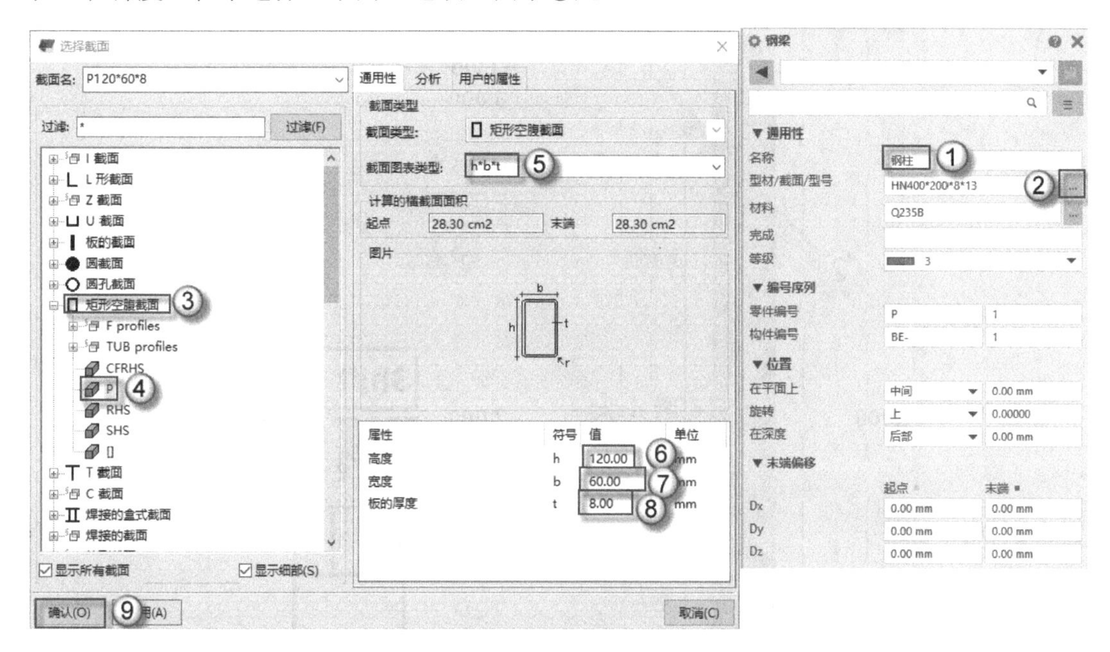

图 10.5 选择截面

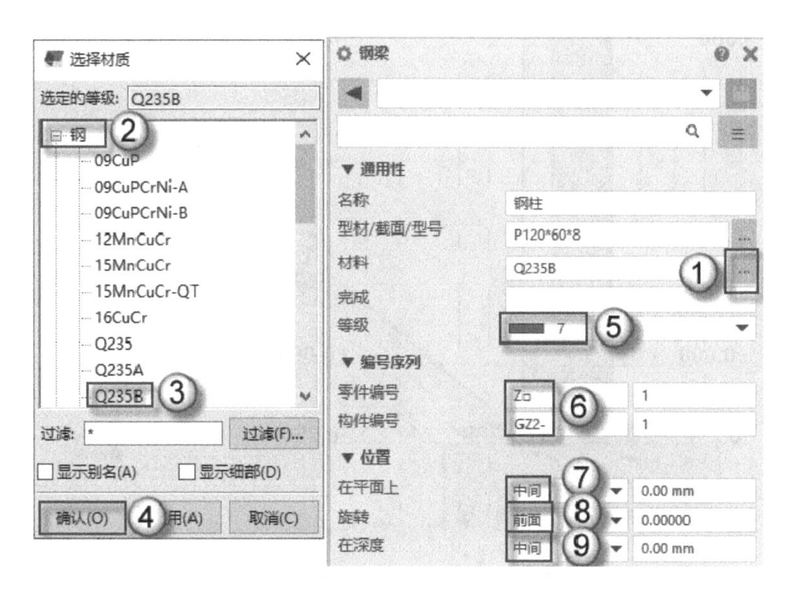

图 10.6 设置参数

（2）绘制钢柱 GZ2。在“立面图-轴：X”视图中，如图 10.7 所示，选择“钢”|“折梁”命令，单击柱脚板与 A 轴交点（图中①处），按住 Ctrl 键不放，单击 A 轴与标高 3.000m 处交点（图中②处），这个点是临时捕捉点，垂直向下移动光标以确定方向，在弹出的“输入数字位置”对话框中输入 20 个单位（图中③处），单击“确认”按钮（图中④处）。然后水平向右移动光标以确定方向，在“输入数字位置”对话框中输入 1910 个单位，如图 10.8 所示（图中①处），单击“确认”按钮（图中②处），单击鼠标中键完成钢柱 GZ2 的绘制。

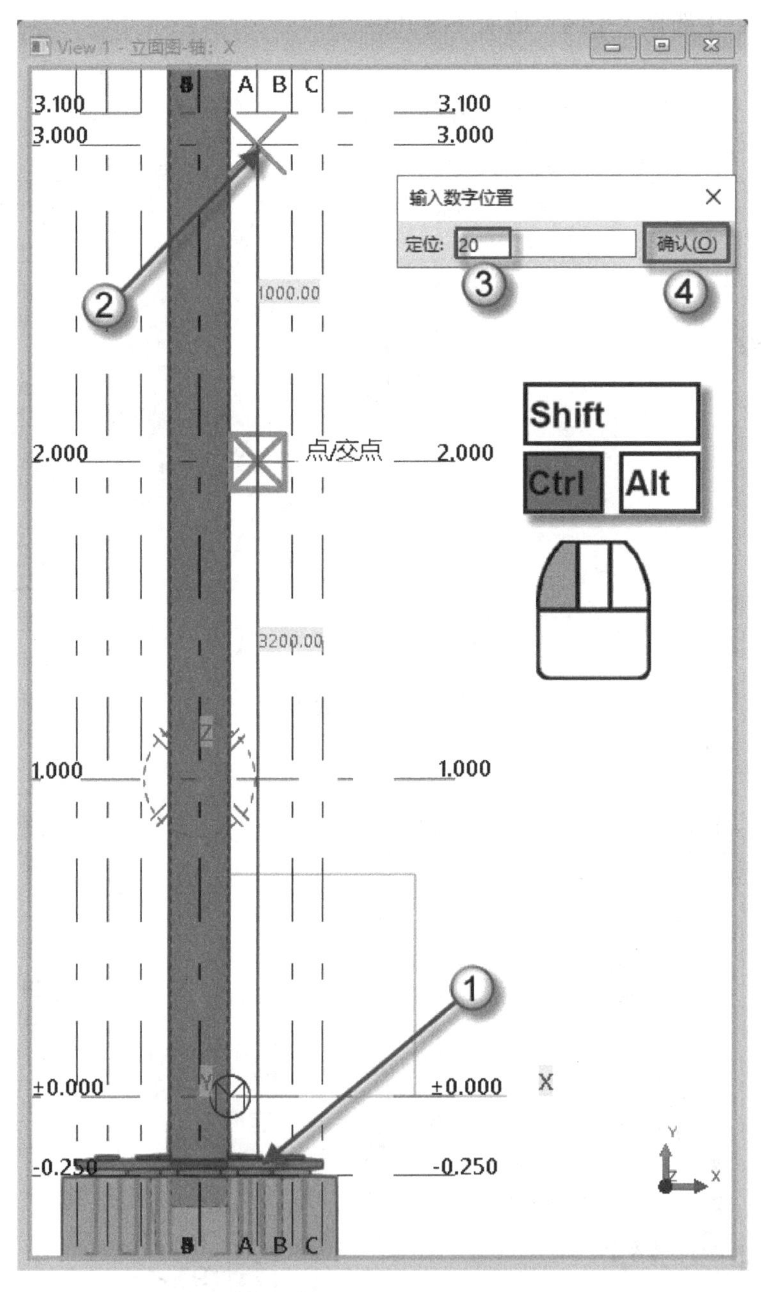

图 10.7　绘制钢柱 GZ2 第①步

（3）圆弧处理。在图 10.9 所示的视图中，选择已绘制的钢柱 GZ2，激活点控柄，选择钢柱 GZ2 转角处的点控柄（图中①处），侧窗格将弹出“拐角处斜角”面板，在“类型”栏中选择“圆弧”选项（图中②处），在“半径”栏中输入 500 个单位（图中③处），单击“修改”按钮（图中④处）。

进入 3d 视图中，转动视角以检查模型，如图 10.10 所示。

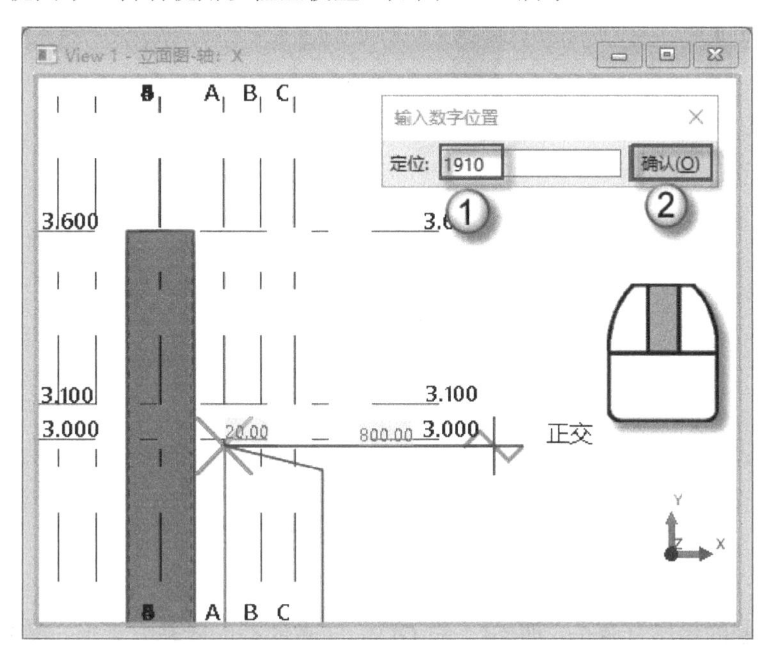

图 10.8　绘制钢柱 GZ2 第②步

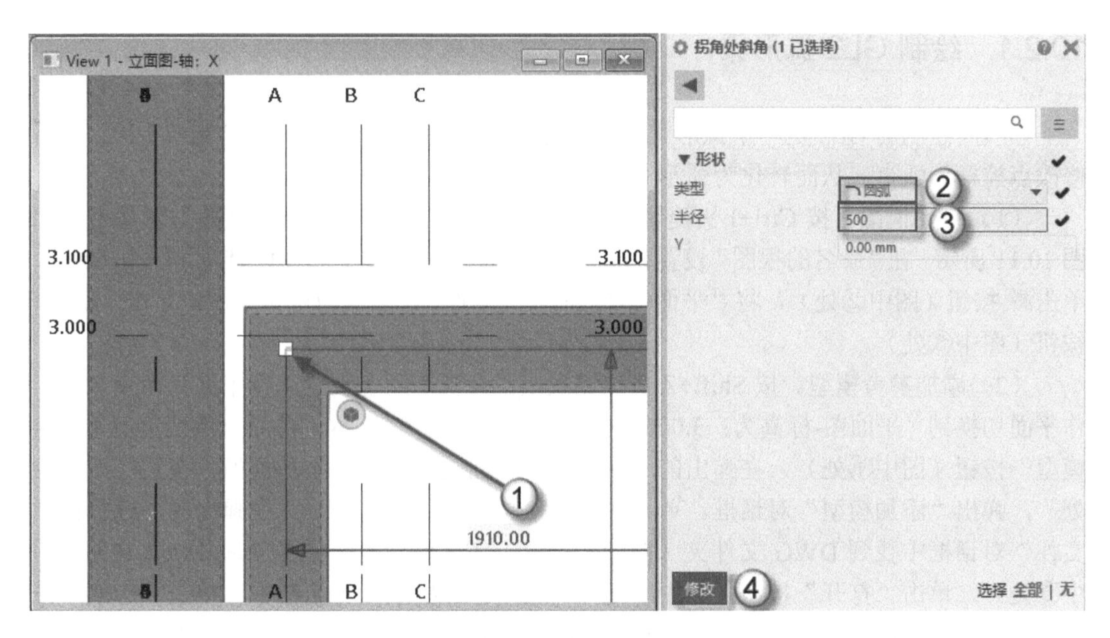

图 10.9　修改拐角

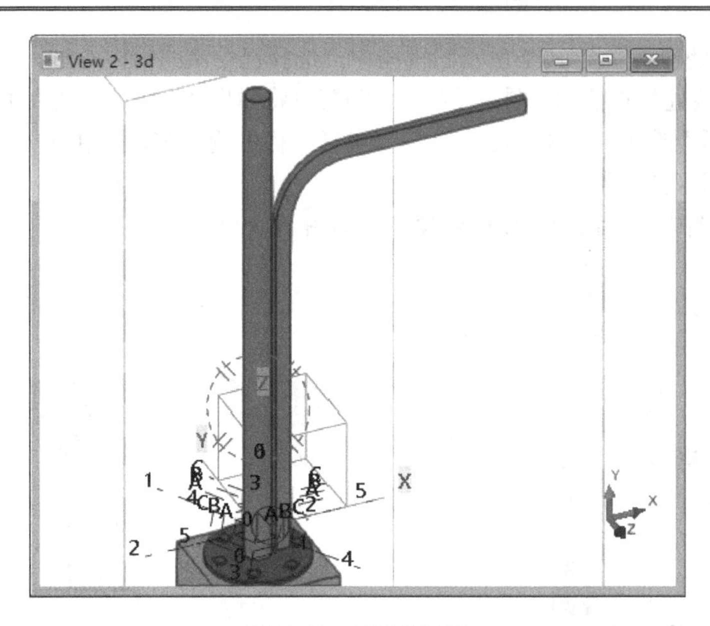

图 10.10　三维效果图

10.2　绘 制 钢 梁

本例要绘制的钢梁有两个，即 GL1 与 GL2，二者的截面皆是方管形。梁的绘制比较复杂，笔者使用由 AutoCAD 绘制的 DWG 文件，将其导入 Tekla 中作为绘图参考。

10.2.1　绘制 GL2 弧形梁

本节所绘制的 GL2 是一个弧形梁，绘制的方法是先用“折梁”命令绘制成折梁，然后修改点控柄为弧点，从而转化为弧形梁。具体绘制方法如下：

（1）打开视图。按 Ctrl+I 快捷键发出“视图列表”命令，弹出“视图”对话框，如图 10.11 所示。在“命名的视图”设置栏中选择“平面图-标高为：3.000”选项（图中①处），单击➡按钮（图中②处），将“平面图-标高为：3.000”视图设为可见视图，单击“确认”按钮（图中③处）。

（2）添加参考模型。按 Shift+Z 快捷键发出“在视图面上设置工作平面”命令，将工作平面切换到“平面图-标高为：3.000”视图上，如图 10.12 所示。在侧窗格处单击“参考模型”按钮（图中①处），在弹出的“参考模型”面板中单击“添加模型”按钮（图中②处），弹出“添加模型”对话框，单击“浏览”按钮（图中③处）。在弹出的“选择模型文件”对话框中找到 DWG 文件夹（图中④处），在文件夹中选择“单片.dwg”文件（图中⑤处），单击“打开”按钮（图中⑥处），在“添加模型”对话框中，单击“选取”按钮（图中⑦处），单击轴网中心点为插入点（图中⑧处），在“旋转”栏中输入−90 个单位（图中⑨处），单击“添加模型”按钮（图中⑩处），将参考模型导入模型中。

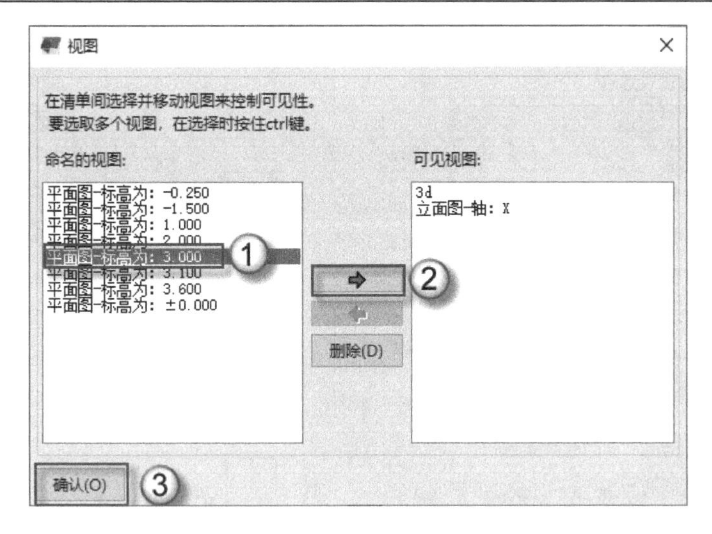

图 10.11　打开视图

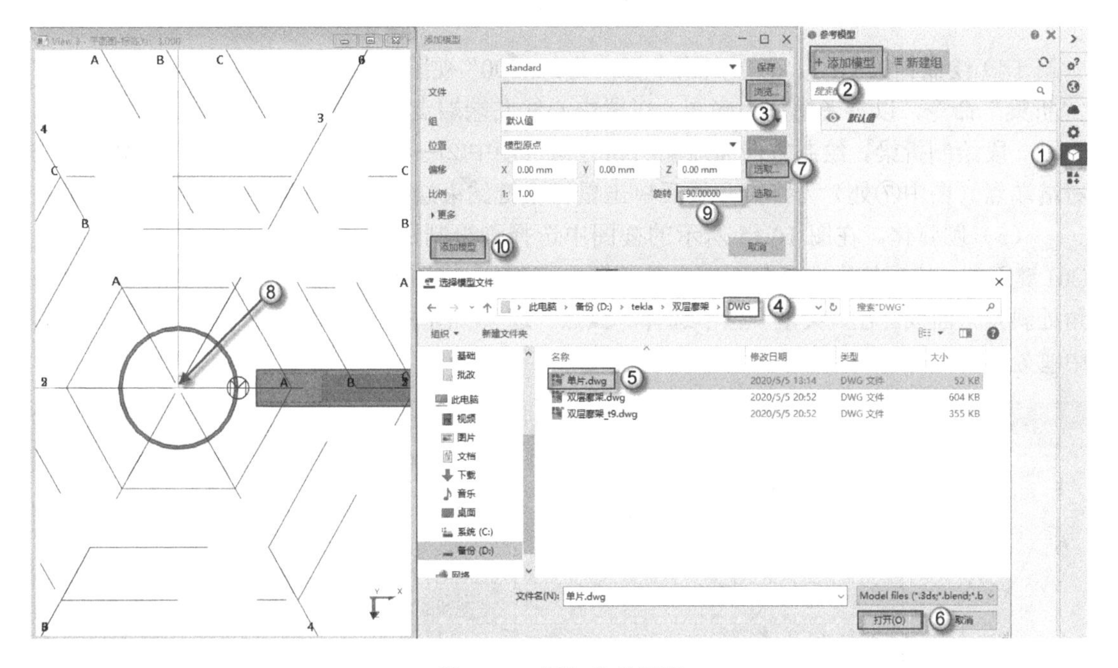

图 10.12　添加参考模型

（3）创建钢梁 GL2。在侧窗格处单击“属性”按钮（图中①处），选择“钢”|“折梁”命令，弹出“钢梁”面板如图 10.13 所示。在“通用性”设置栏的“名称”栏中输入“钢柱”字样（图中②处），在“型材/截面/型号”栏中输入 P80*50*4 字样，单击“材料”栏右边的…按钮（图中④处），弹出“选择材质”对话框，在“钢”材质中选择 Q235B 选项（图中⑥处），单击“确认”按钮（图中⑦处）。在“等级”栏中选择 3（图中⑧处），在“编号序列”设置栏的“零件编号”栏中输入“B□”字样，在“构件编号”栏中输入 GL2-字样（图中⑨处），在“位置”设置栏的“在平面上”栏中选择“中间”选项，在“旋转”栏中选择“上”选项，在“在深度”栏中选择“后部”选项（图中⑩处）。

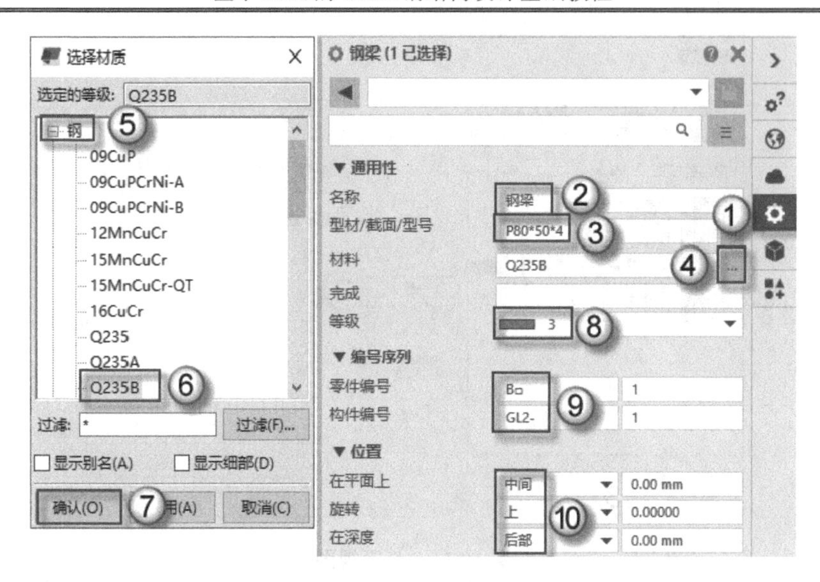

图 10.13　设置参数

（4）绘制钢梁 GL2。在“平面图-标高为：3.000”视图中，如图 10.14 所示，选择“钢”|“折梁”命令，以参考模型为底图，以梁中心线左端端点（图中①处）为起点，沿着底图一段一段绘制折梁。绘制方向为箭头所指方向（图中②→③→④→⑤→⑥），以梁中心线右端端点（图中⑦处）为终点，最后单击鼠标中键结束绘制。

（5）圆弧化。在图 10.15 所示的视图中选择刚绘制好的钢梁 GL2，激活控柄，按住 Ctrl 键不放，然后依次选择除两端之外的所有点控柄（图中①～⑧），在侧窗格将弹出“拐角处斜角”面板。在“类型”栏中选择“弧点”选项（图中⑨处），单击“修改”按钮（图中⑩处）。这样就可以将折梁改为弧形梁了。

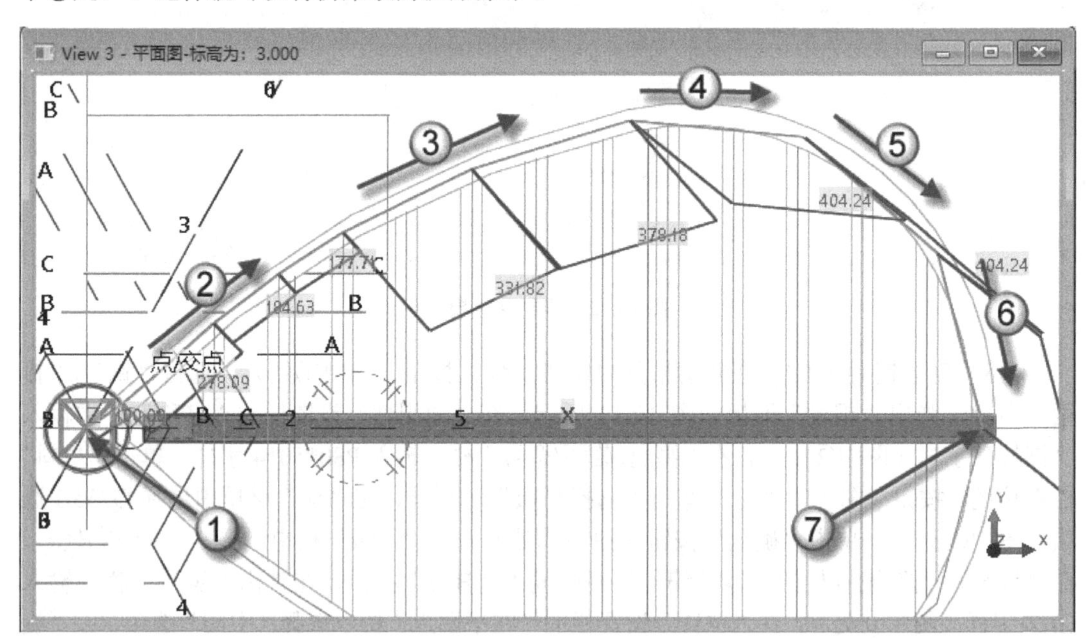

图 10.14　绘制钢梁 GL2

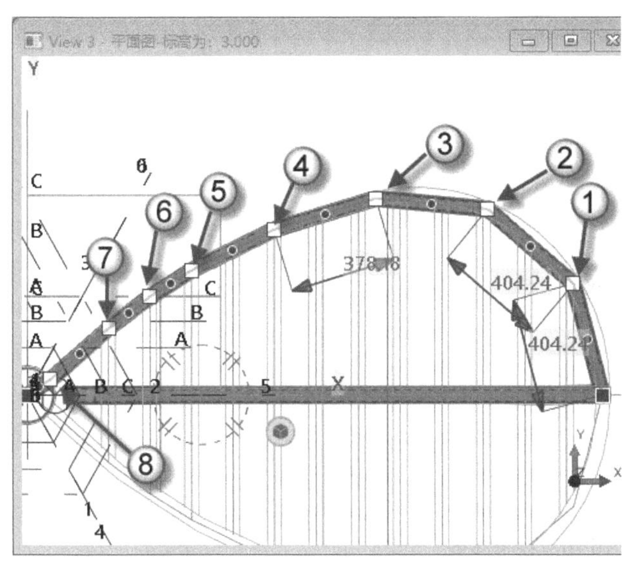

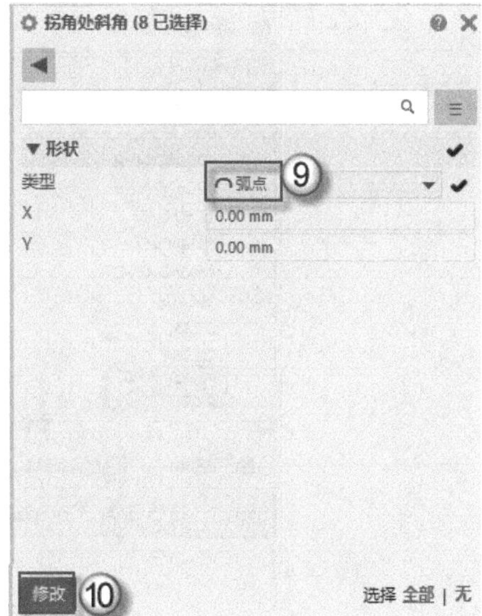

图 10.15　修改拐角

10.2.2　绘制 GL1 直梁

GL1 是一个直梁，使用“钢梁”命令绘制。注意绘制时要伸入 GL2 梁内一段距离，方便后面对 GL2 梁进行切割操作。

（1）创建钢梁 GL1。双按 L 快捷键发出“钢梁”命令，同时在侧窗格弹出“钢梁”面板，如图 10.16 所示。在“通用性”设置栏的“名称”栏中输入“钢梁”字样（图中①处），在“型材/截面/型号”栏中输入 P50*50*4（图中②处），单击“材料”栏右边的按钮（图中③处），弹出“选择材质”对话框，在“钢”材质中选择 Q235B 选项（图中⑤处），单击“确认”按钮（图中⑥处）。在“等级”栏中选择 3（图中⑤处），在“编号序列”设置栏的“零件编号”栏中输入“B□”字样，在“构件编号”栏中输入 GL1-字样（图中⑧处），在“位置”设置栏的“在平面上”栏中选择“中间”选项，在“旋转”栏中选择“上”选项，在“在深度”栏中选择“后部”选项（图中⑨处）。

（2）绘制钢梁 GL1。在图 10.17 所示的“平面图-标高为：3.000”视图中，双按 L 快捷键发出“钢梁”命令，单击参考模型中 GL1 中心线与 GZ2 边界的交点（图中①处）开始绘制钢梁 GL1。按住 Ctrl 键不放，单击 GL1 中心线与 GL2 边界的交点（图中②处），这个点是临时捕捉点，继续沿垂直向上方向移动光标以确定方向。在弹出的“输入数字位置”对话框中输入 40 个单位（图中③处），单击“确认”按钮（图中④处），使 GL1 完全伸入 GL2 中，这样就绘制了一根钢梁 GL1。以同样的方法，将其他 GL1 绘制完成，如图 10.18 所示。

注意： 绘制 GL1 时使用临时捕捉点法使 GL1 伸入 GL2 中 40 个单位，以便后面进行切割操作。

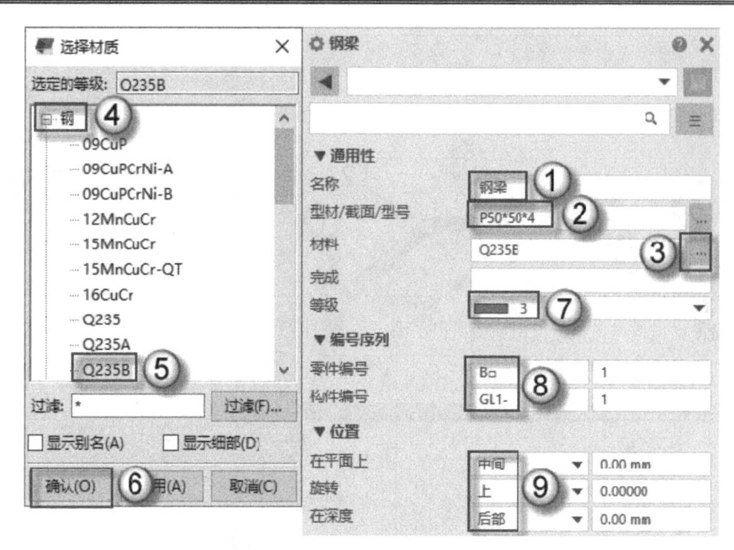

图 10.16　设置参数

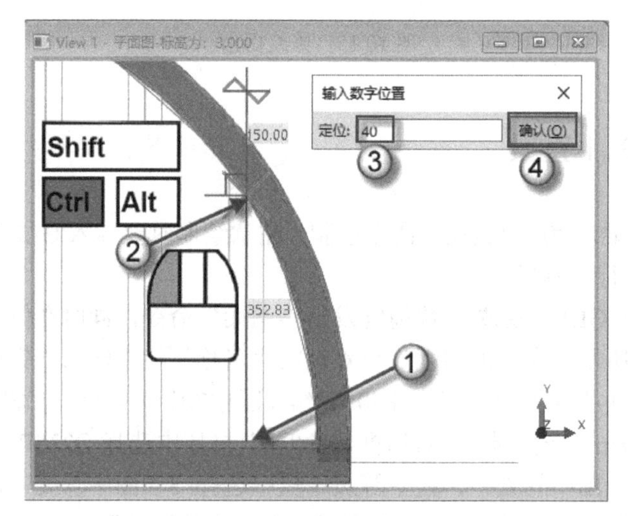

图 10.17　绘制第一段钢梁 GL1

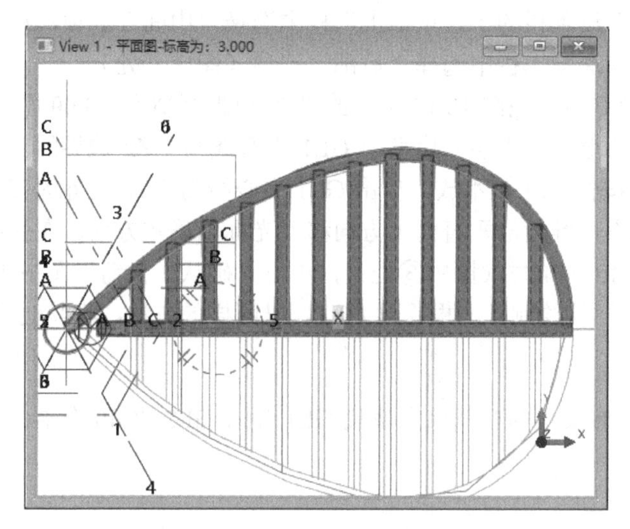

图 10.18　绘制钢梁 GL1

（3）镜像钢梁。在图 10.19 所示的视图中选择所有的钢梁，GL1 与 GL2 共 13 个零件（图中①处），单按 W 快捷键发出“镜像”命令，以 2 轴为对称轴（图中②处），在弹出的“复制-镜像”对话框中，单击“复制”按钮（图中③处），将所选构件全部镜像到对面（图中④处），单击“确定”按钮（图中⑤处）。

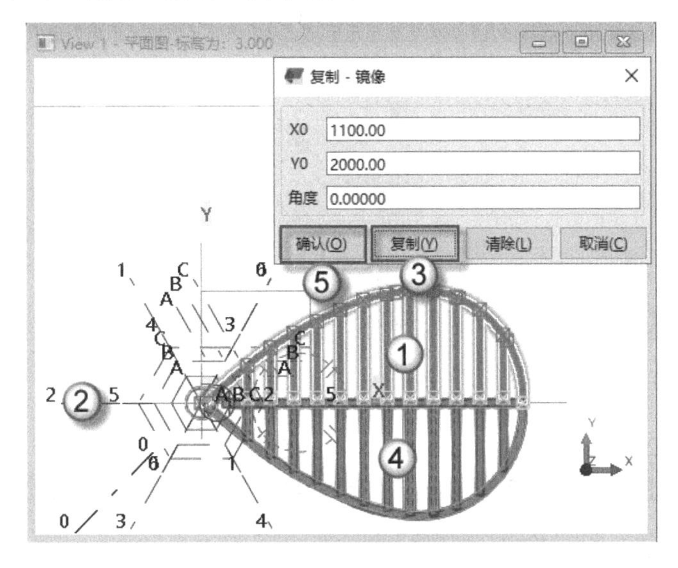

图 10.19　镜像钢梁

（4）删除参考模型。如图 10.20 所示，在侧窗格外单击“参考模型”按钮（图中①处），在弹出的“参考模型”面板中单击“单片”处的“删除”按钮（图中②处），将参考模型删除。

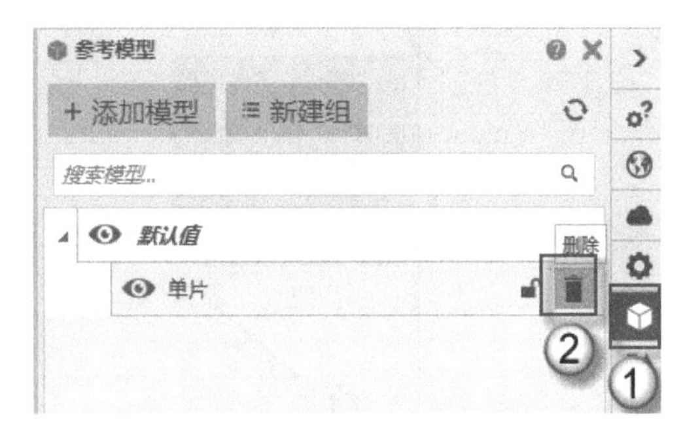

图 10.20　删除参考模型

注意：参照参考模型绘制完图形之后要删除参考模型。如果保留参考模型，会影响后续的建模工作。

10.2.3　自定义用户组件

GL1 与 GL2 绘制完成后，要将这些零件制作成一个组件，组件的类型为零件，这样方便管理模型。具体绘制方法如下：

（1）按 Shift+D 快捷键发出“自定义组件”命令，弹出“自定义组件快捷方式-1/3”对话框，如图 10.21 所示。选择“类型/说明”选项卡（图中①处），在“类型”栏中选择“零件”选项（图中②处），在“名称”栏中输入“单片”字样（图中③处），单击“下一步”按钮（图中④处）。

（2）在图 10.22 所示的 3d 视图中从左向右拉框，框选所有钢梁共 24 个零件为自定义组件对象（图中①处），在弹出的“自定义组件快捷方式-2/3-对象选择”对话框中，单击“下一步”按钮（图中②处）。

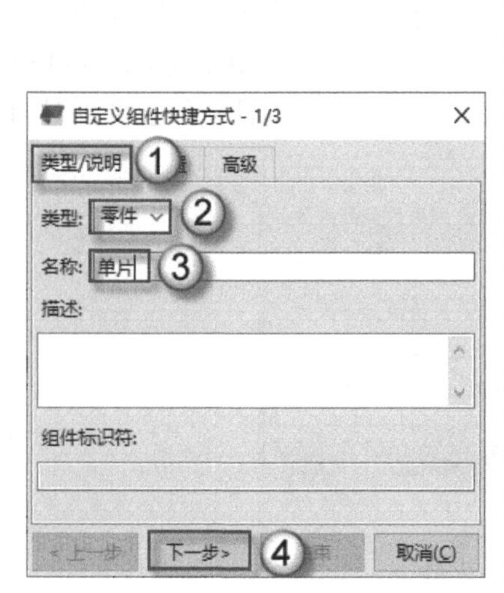

图 10.21　自定义组件 1

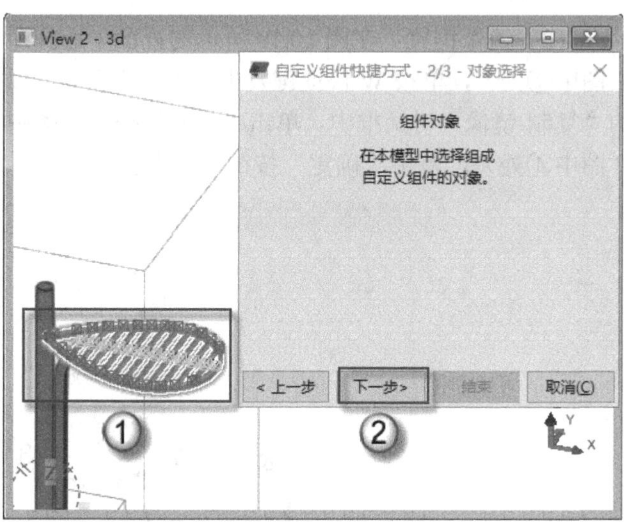

图 10.22　自定义组件 2

（3）在图 10.23 所示的“立面图-轴：X”视图中，选择图中①处作为插入位置，在弹出的“自定义组件快捷方式-3/3-位置选择”对话框中单击“结束”按钮（图中②处）。

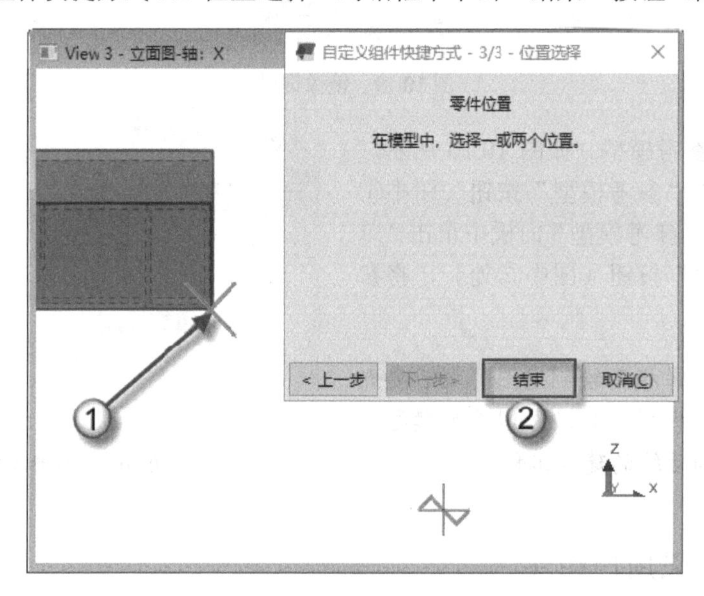

图 10.23　自定义组件 3

10.2.4　旋转阵列

单片组件制作完成之后，可以使用旋转阵列的方式完成上、下两组每组各三块单片模型的制作，这样就形成双层廊架的主体了。

（1）复制构件。按 Shift+Z 快捷键发出“在视图面上设置工作平面”命令，将工作平面切换到“立面图-轴：X”视图上，如图 10.24 所示。依次选择单片组件（图中①处）和钢柱 GZ2（图中②处），按 Ctrl+C 快捷键发出“复制”命令，单击 A 轴与标高 3.000 的交点（图中③处）为基准点，单击 A 轴与标高 3.600 的交点（图中④处）为目标点，将所选对象复制过去。在图 10.25 所示的视图中，选择复制生成的钢柱 GZ2，激活控柄，选择底部的点控柄（图中①处），拖动至柱脚板上表面（图中②处）。

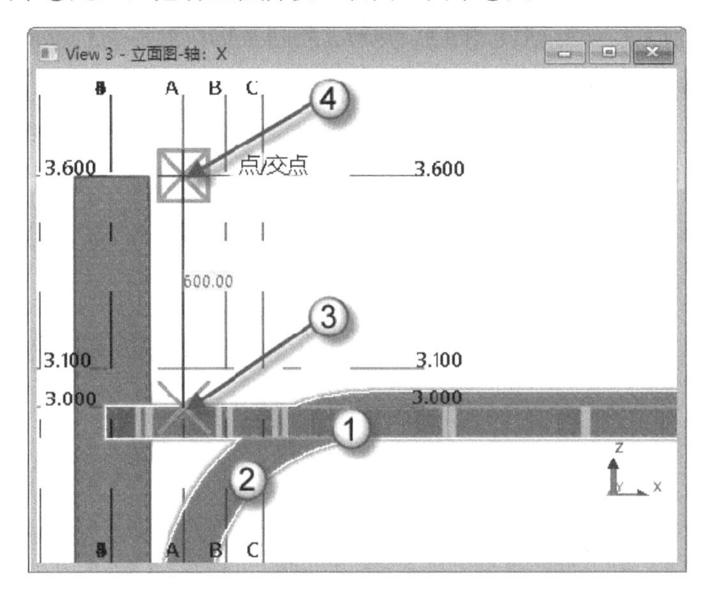

图 10.24　复制构件

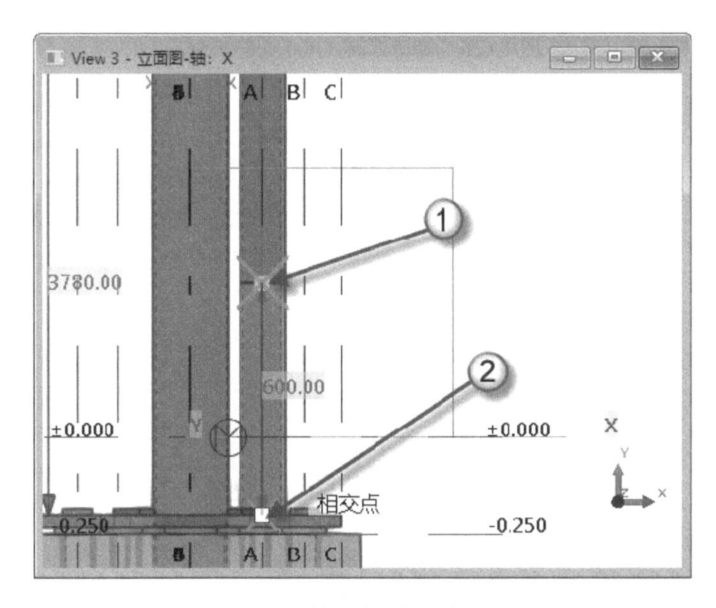

图 10.25　修改复制的钢柱 GZ2

（2）旋转构件。在“立面图-轴：X”视图中，如图 10.26 所示，选择标高 3.000 处的单片组件（图中①处）与钢柱 GZ2（图中②处），在“平面图-标高为：3.000”视图中，单按 Q 键发出“旋转”命令，单击轴网中心点（图中③处），即以此为旋转中心，在弹出的“移动-旋转”对话框中，在“角度”栏中输入-30 字样（图中④处），单击“移动”按钮（图中⑤处），构件将发生旋转，单击“确认”按钮（图中⑥处）。在图 10.27 所示的

“平面图-标高为：3.600”视图中，选择单片组件（图中①处）与钢柱 GZ2（图中②处），单按 Q 键发出“旋转”命令，单击轴网中心点（图中③处），即以此为旋转中心，在弹出的“移动-旋转”对话框中，在“角度”栏中输入 30 字样（图中④处），单击“移动”按钮（图中⑤处），构件发生旋转，单击“确认”按钮（图中⑥处）。

🔔注意：这个项目的名称是“双层廊架”，就是在标高 3.000 处与标高 3.600 处各设置一组廊架。在这一步中，将标高 3.000 处的零件旋转-30°（顺时针方向旋转），将标高 3.600 处的零件旋转 30°（逆时针方向旋转），这样就错开布置了。

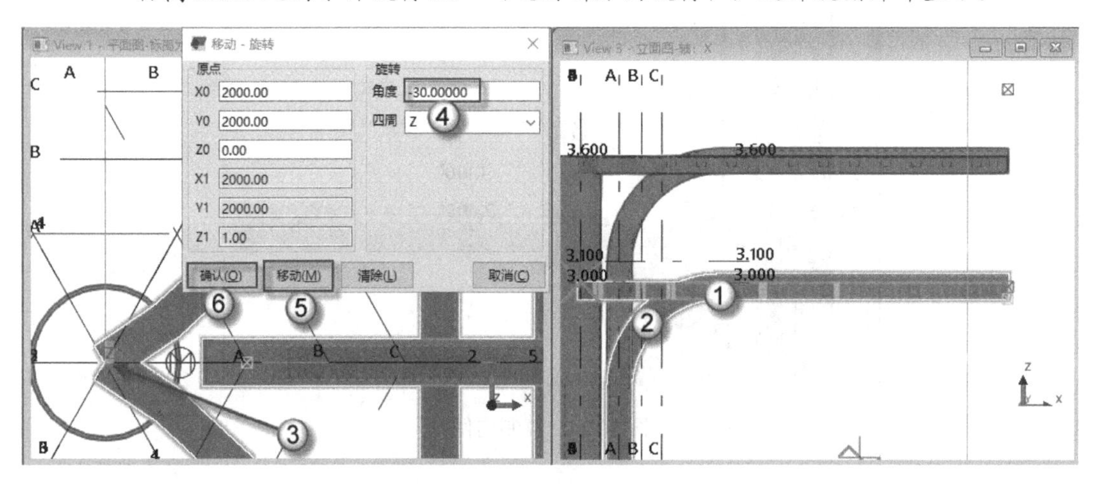

图 10.26　旋转标高 3.000 处的构件

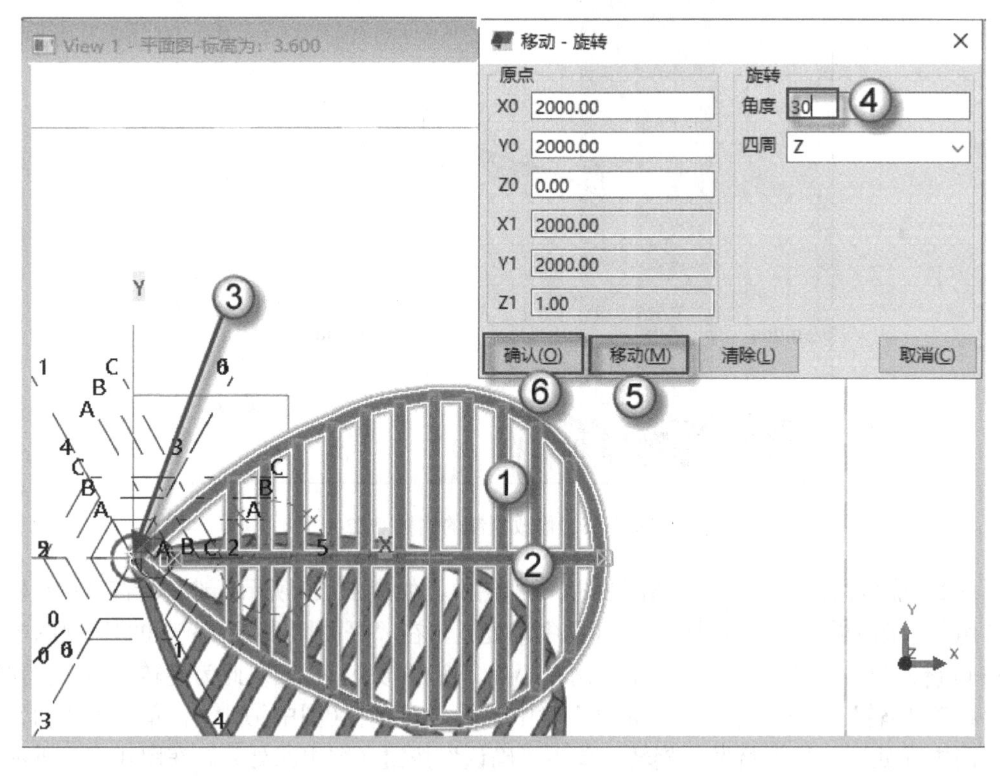

图 10.27　旋转标高 3.600 处的构件

（3）旋转复制构件。从右向左拉框，叉选所有单片和钢柱 GZ2，如图 10.28 所示。按 Shift+Q 快捷键发出“复制-旋转”命令，单击轴网中心点（图中①处），即以此为旋转中心，在弹出的“复制-旋转”对话框中，在“复制的份数”栏中输入 2 字样（图中②处），在“角度”栏中输入 120 字样（图中③处），单击“复制”按钮（图中④处），构件发生旋转复制，单击“确认”按钮（图中⑤处）。

进入 3d 视图中，转动视角以检查模型，如图 10.29 所示。

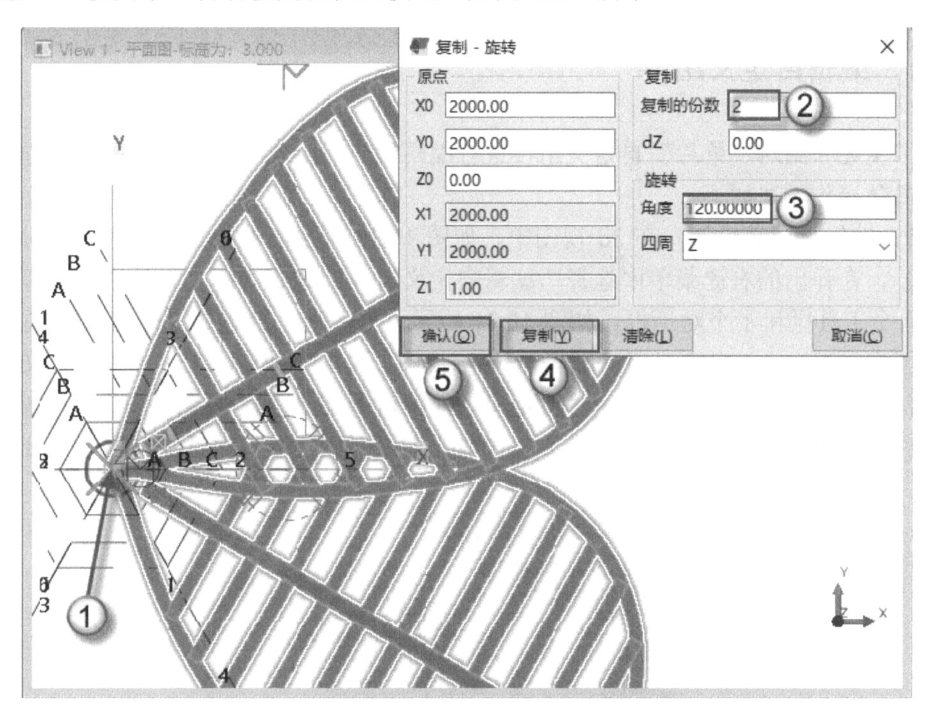

图 10.28　旋转复制构件

图 10.29　三维效果图

10.3 修饰模型

前面完成了双层廊架主体的建模工作。本节将介绍一些细部的修饰，如编辑自定义组件、增加加劲板等操作。

10.3.1 编辑自定义组件

本节主要介绍对“单片”自定义组件进行编辑操作，主要是针对组件的中梁进行切割修饰。具体操作方法如下：

（1）编辑自定义组件。在 3d 视图中，如图 10.30 所示，右击任意一个单片对象（图中①处），在弹出的右键菜单中选择“编辑自定义组件”命令（图中②处），将弹出 4 个视图、1 个工具栏和 1 个对话框，如图 10.31 所示，分别是“自定义组件编辑器-前视图”视图（图中①处）、“自定义组件编辑器-端部视图”视图（图中②处）、“自定义组件编辑器-顶视图”视图（图中③处）、“自定义组件编辑器-透视图”视图（图中④处）、“自定义组件编辑器”工具栏（图中⑤处）和“自定义组件浏览器”对话框（图中⑥处）。

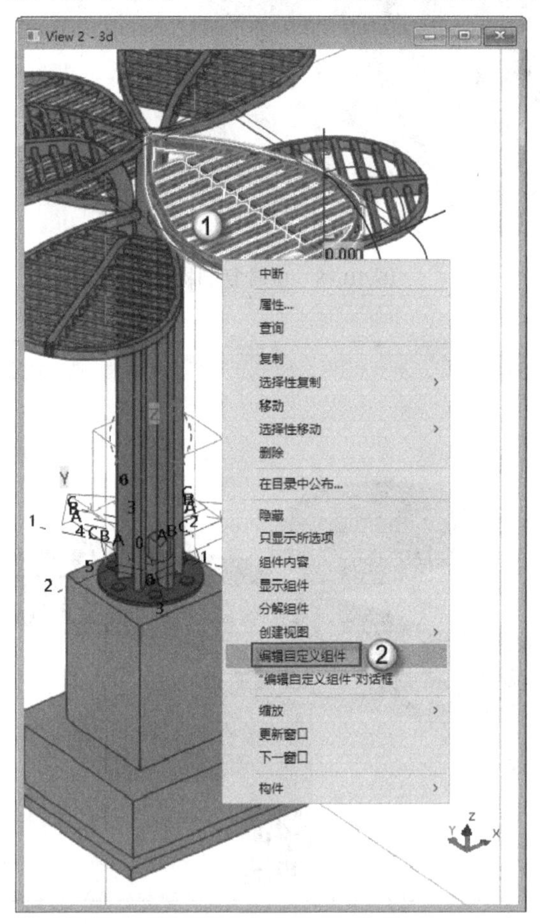

图 10.30 编辑自定义组件

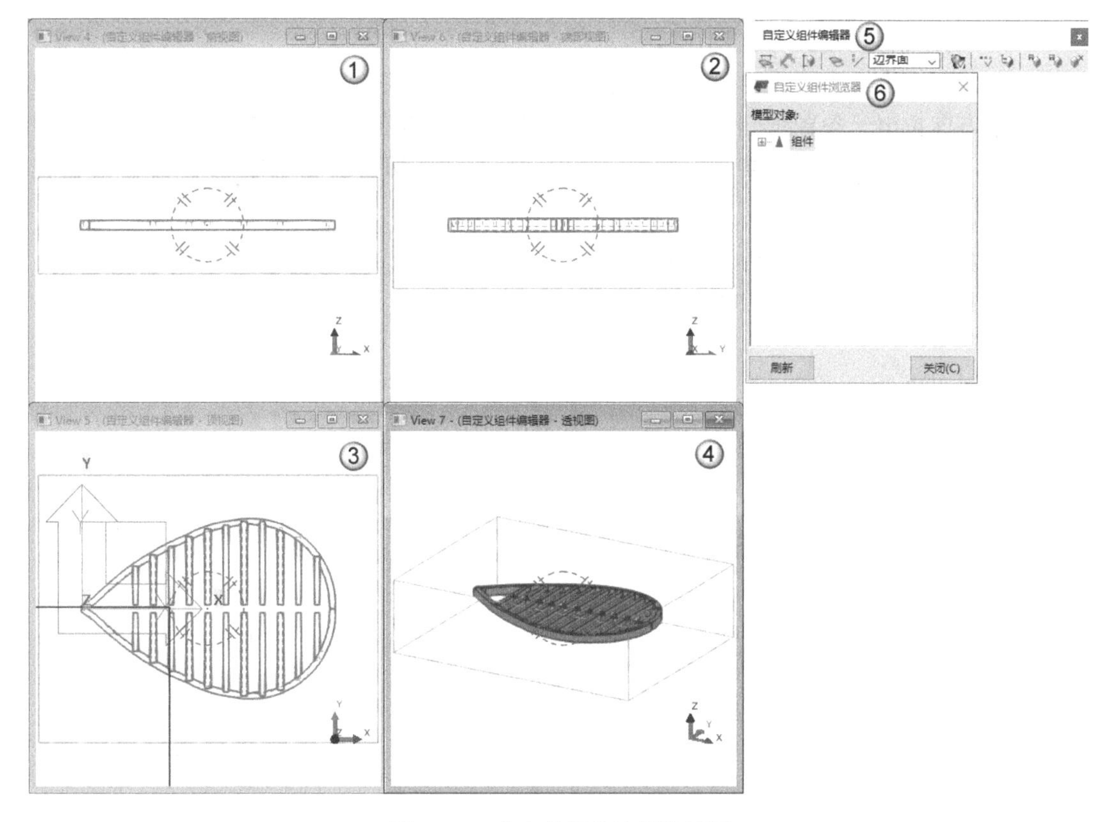

图 10.31　自定义组件编辑器界面

（2）切割钢梁 GL1。在快速访问工具栏中单击“使用零件切割对象”按钮，在“自定义组件编辑器-顶视图”中，如图 10.32 所示，从右向左拉框，叉选上半片所有的钢梁 GL1（图中①处），再选择钢梁 GL2（图中②处），这样就将上半片的钢梁 GL1 切割完成了。使用同样的方法切割下半片的钢梁，切割完后的图形如图 10.33 所示。

注意：使用“使用零件切割对象”命令时的口诀是，“先选择变的，再选择不变的”。

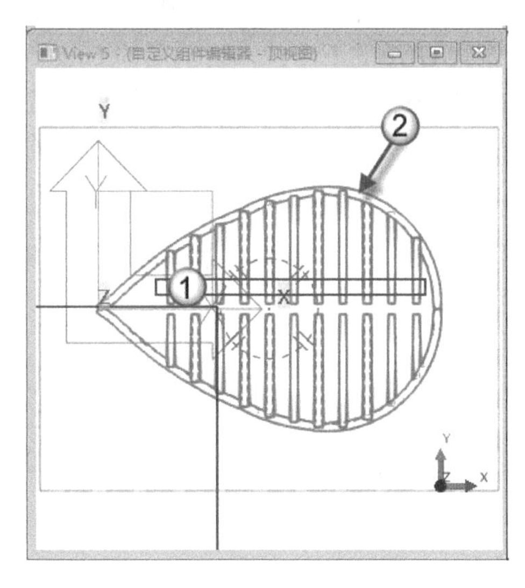

图 10.32　切割上半片钢梁

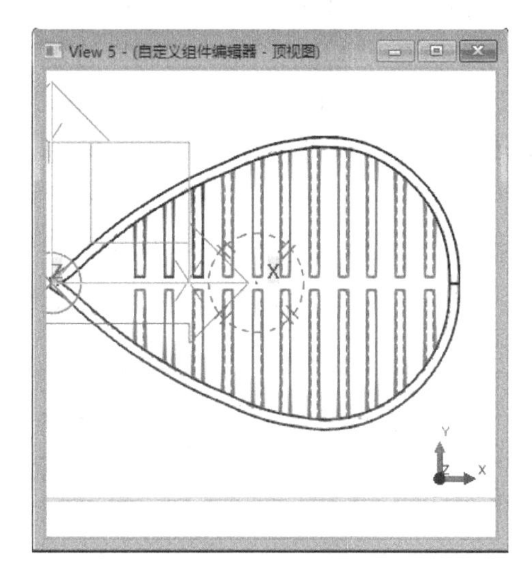

图 10.33　切割完的钢梁

（3）切割钢梁GL2。如图10.34所示，在快速访问工具栏中单击“使用线切割对象”按钮，选择上半片的钢梁GL2（图中①处），以钢梁GL1底部端点为起点（图中②处）向右沿水平方向拉出一条直线（图中③处），这条直线就是切割线，最后选择多余的部分（图中④处），完成钢梁GL2上半片的切割。按照同样的方法切割下半片的钢梁GL2，切割完的图形如图10.35所示。

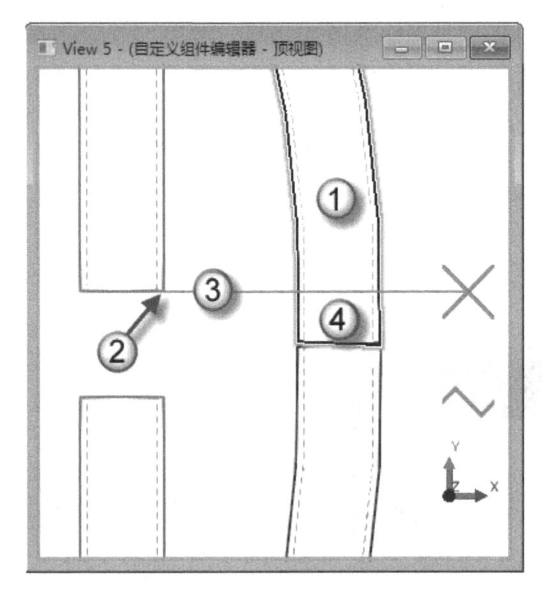

图10.34　切割钢梁GL2

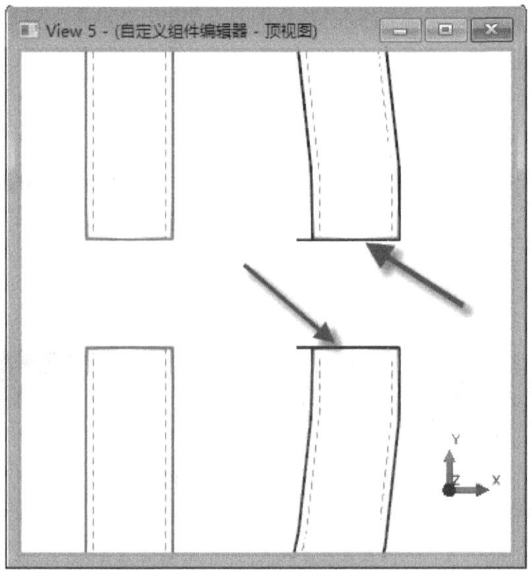

图10.35　切割完的钢梁GL2

（4）切割钢柱处的钢梁GL2。在图10.36所示的视图中，单按E快捷键发出“辅助线”命令，连接钢梁GL2的上半片和下半片的端点从而形成一条辅助线（图中①处），在快速访问工具栏中单击“辅助圆”按钮，绘制一个半径为105个单位的辅助圆（图中②处）。在如图10.37所示的视图中，在快速访问工具栏中单击“使用线切割对象”按钮，先选择上半片的钢梁GL2（图中①处），再依次单击辅助圆与上半片钢梁GL2相交的两点（图中②→③处），以两点的方法确定切割线，最后选择多余的钢梁GL2部分（图中④处），完成钢梁GL2上半片的切割。用同样的方法，切割钢梁GL2的下半片，切割后的GL2如图10.38所示。在“自定义组件编辑器”对话框中，如图10.39所示，单击×按钮（图中①处），在弹出的“关闭自定义组件编辑器-单片”对话框中，单击“是”按钮（图中②处），即可退出自定义组件编辑器。

说明： 本节虽然只修饰了一个“单片”自定义组件，但是由于自定义组件的特点，其他“单片”自定义组件也会随之进行联动变化。

（5）移动单片组件。在图10.40所示的“平面图-标高：3.000”视图中，选择单片组件（图中①处），按Ctrl+M快捷键发出“移动”命令。依次单击两点（图中②→③处），将单片与钢梁对齐，如图10.40所示。用同样的方法移动所有单片，移动后的图形如图10.41所示。

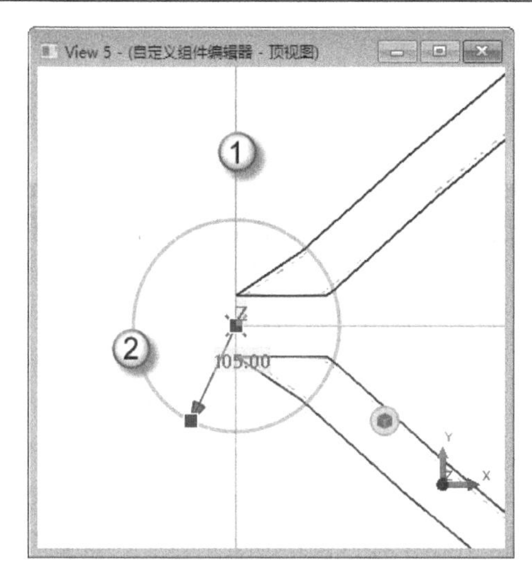

图 10.36　绘制辅助线和辅助圆

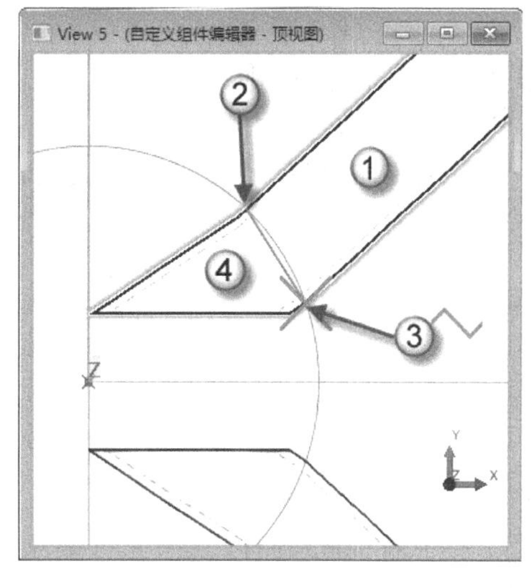

图 10.37　切割 GL2

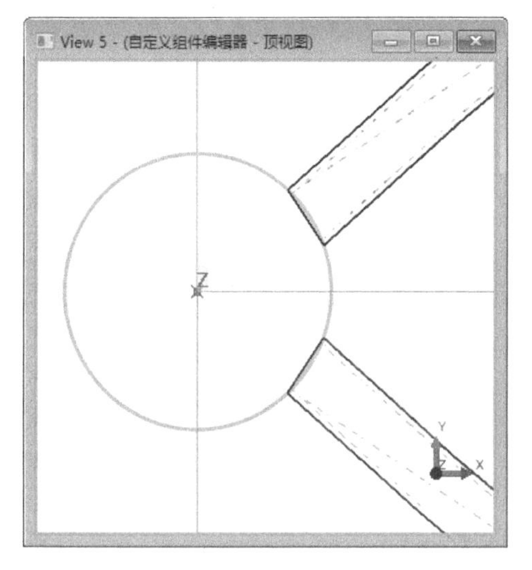

图 10.38　切割后的钢梁 GL2

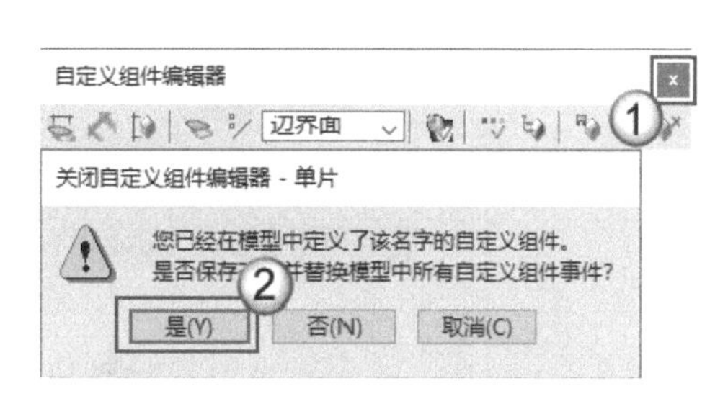

图 10.39　退出自定义组件编辑器

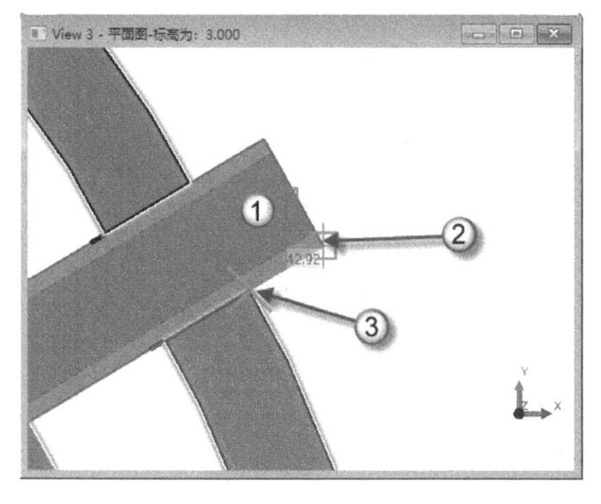

图 10.40　移动单片

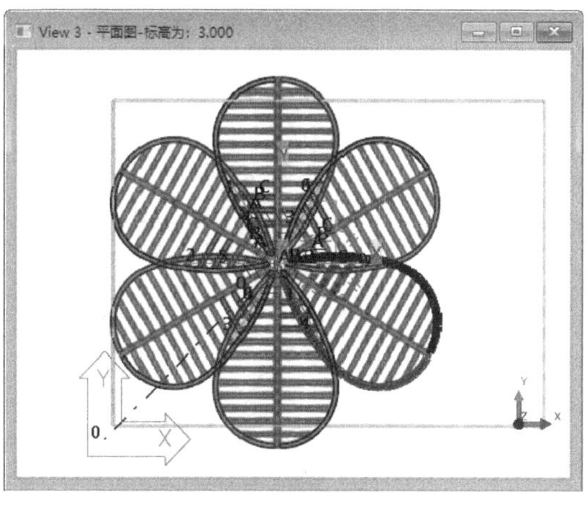

图 10.41　移动之后的单片

10.3.2　绘制加劲板

在钢柱 GZ1 里有一块圆形的加劲板。本节将介绍绘制加劲板的方法。先用“压型板”命令绘制一块六角形块，然后再将这六个点控柄切换至弧点，从而将整块板转化为圆形。

（1）创建并绘制加劲板。按 Shift+Z 快捷键将工作平面切换到“平面图-标高为：3.000”视图上。双按 B 快捷键发出“压型板”命令，在侧窗格弹出“压型板”面板，如图 10.42 所示。在“通用性”设置栏的“名称”栏中输入“加劲板”字样（图中①处），在“型材/截面/型号”栏中输入 PL8 字样（图中②处），单击“材料”栏的 按钮（图中③处），弹出“选择材质”对话框。在“钢”材质栏中选择 Q235B 选项（图中⑤处），单击“确认”按钮（图中⑥处）。在“等级”栏中选择 14（图中⑦处），在“编号序列”设置栏的“零件编号”栏中输入 PO 字样，在“构件编号”栏中输入 PL-字样（图中⑧处），在“位置”设置栏的“在深度”栏中选择“后部”选项。在图 10.43 所示的“平面图-标高为：3.000”视图中依次单击轴线与钢柱 GZ1 的交点（图中①→②→③→④→⑤→⑥→①处）绘制加劲板。

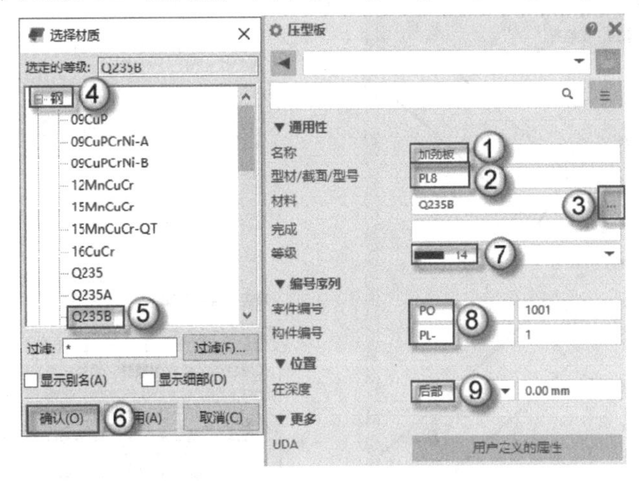

图 10.42　设置参数

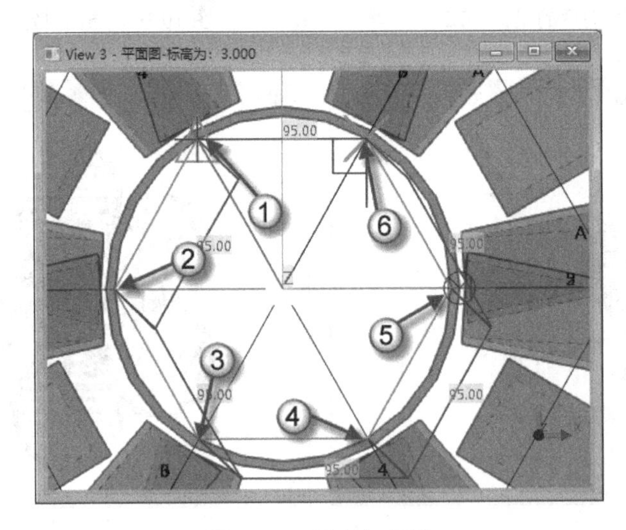

图 10.43　绘制加劲板

（2）修改拐角。在图 10.44 所示的视图中选择刚绘制好的加劲板，激活控柄，按住 Ctrl 键不放，选择所有点控柄（图中①～⑥处），在侧窗格弹出“拐角处斜角”面板，在“类型”栏中选择“弧点”选项（图中⑦处），单击“修改”按钮（图中⑧处）。这样就可以将这个六角形板转化为圆形板了。

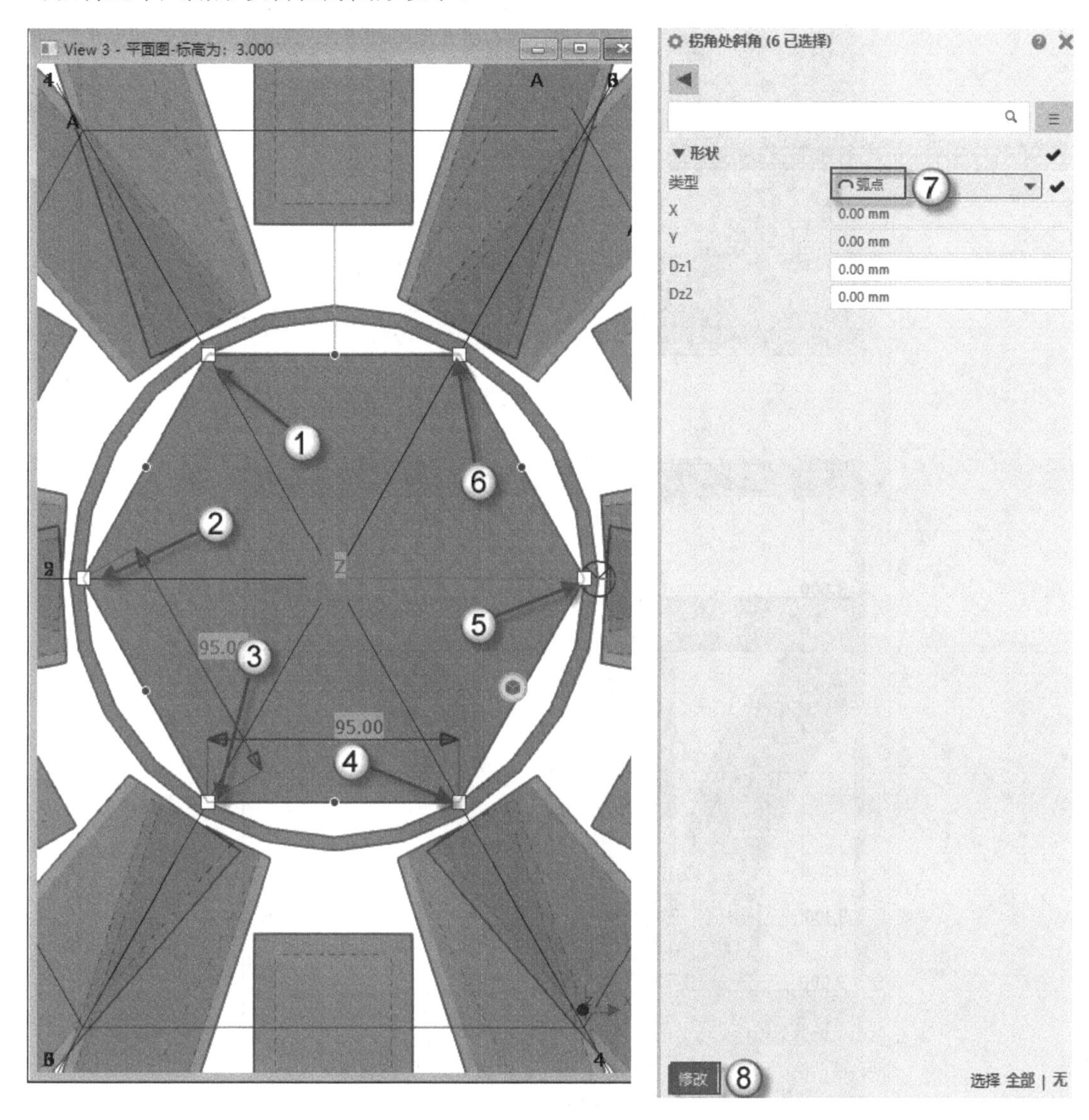

图 10.44　修改拐角

（3）复制加劲板。在图 10.45 所示的“立面图-轴：X”视图中选择加劲板，按 Ctrl+C 快捷键发出“复制”命令，单击加劲板端点（图中①处），保证垂直向下方向，在弹出的“输入数字位置”对话框中，输入 72 个单位（图中②处），单击“确认”按钮（图中③处），即可将加劲板向下复制 72 个单位。在图 10.46 所示的视图中，按 Ctrl 键不放，依次选择两个加劲板（图中①、②处），按 Ctrl+C 快捷键发出“复制”命令，依次单击加劲板上部的任意点（图中③处）为起点，垂直向上移动光标直至在 3.600 标高处出现“垂直”提示（图中④处），捕捉这个垂点为终点，将所选构件复制过去完成加劲板复制操作。

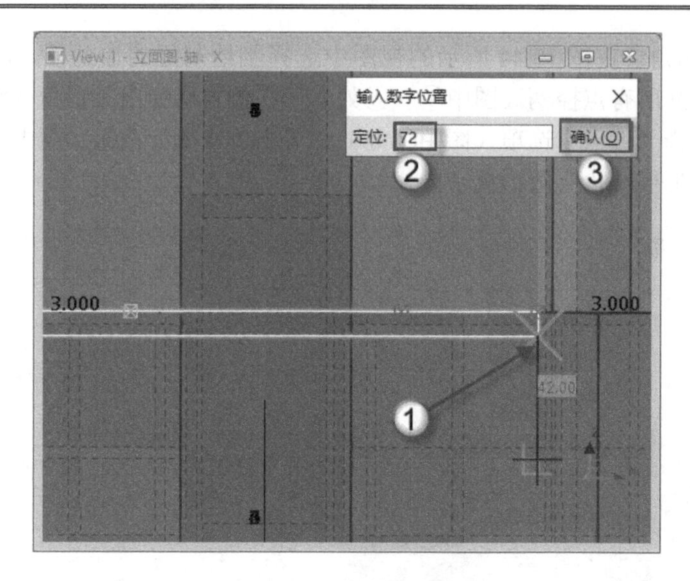

图 10.45　复制加劲板

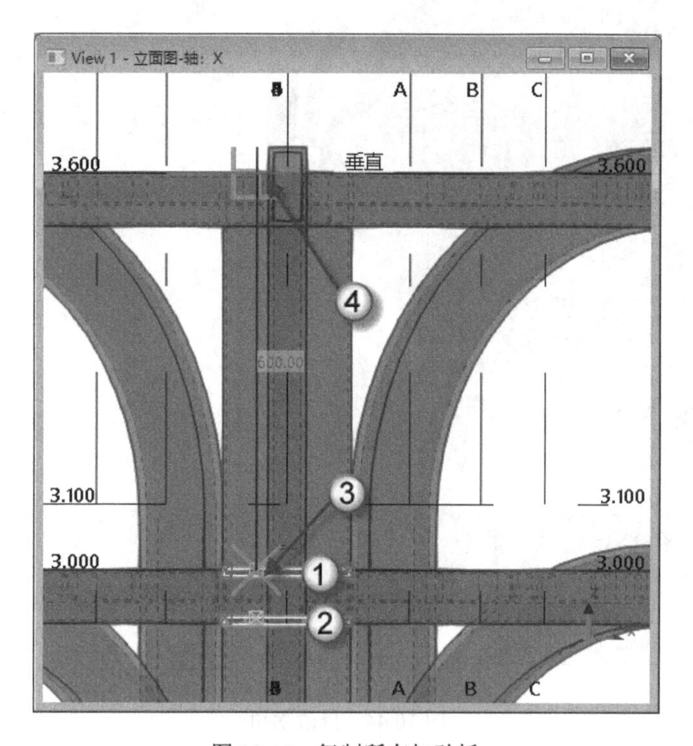

图 10.46　复制所有加劲板

10.4　连　　接

在 Tekla 中的连接有两种方式：螺栓连接与焊接。这两种连接方式本节都会介绍。除此之外，本节还将介绍把 GZ1 与 GZ2 连接起来的环形 GL2 的建模方法。

10.4.1　绘制加劲肋

柱脚板上的加劲肋使用“压型板”命令进行绘制。这里的加劲肋有的与 GZ1 连接，也有的与 GZ2 连接。注意，加劲助要进行内外两处的切角，具体操作方法如下：

（1）隐藏其他构件。在图 10.47 所示的视图中，按住 Ctrl 键不放，依次选择钢柱（图中①处）和柱脚板（图中②处）两个零件，右击这两个零件，按住 Shift 键不放，在弹出的右键菜单中选择“只显示所选项”命令（图中③处），即可以将其他构件隐藏。

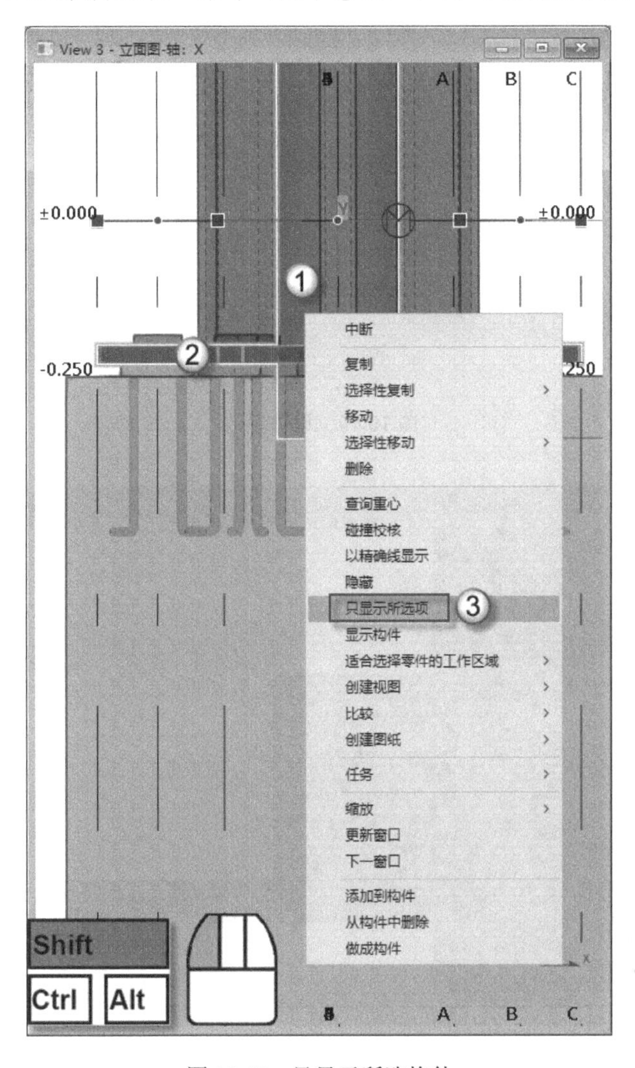

图 10.47　只显示所选构件

（2）创建并绘制加劲肋。按 Shift+Z 快捷键，将工作平面切换到“立面图-轴：1”视图上。双按 B 快捷键发出“压型板”命令，在侧窗格弹出“压型板”面板，如图 10.48 所示。在“通用性”设置栏的“名称”栏中输入“加劲肋”字样（图中①处），在“型材/截面/型号”栏中输入 PL10 字样（图中②处），单击“材料”栏的 按钮（图中③处），弹出“选择材质”对话框。在“钢”材质栏中选择 Q235B 选项（图中⑤处），单击“确认”

按钮（图中⑥处）。在“等级”栏中选择 14（图中⑦处），在“编号序列”设置栏的“零件编号”栏中输入 P□字样，在“构件编号”栏中输入 PL-字样（图中⑧处），在“位置”设置栏的“在深度”栏中选择“中间”选项（图中⑨处），完成参数设置。在“立面图-轴：X”视图中绘制一块尺寸为 120×150 的加劲肋，如图 10.49 所示。

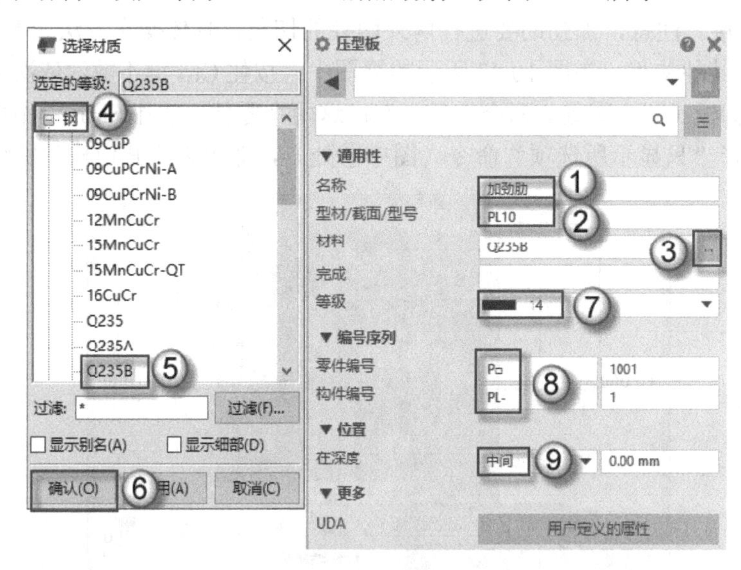

图 10.48　设置参数

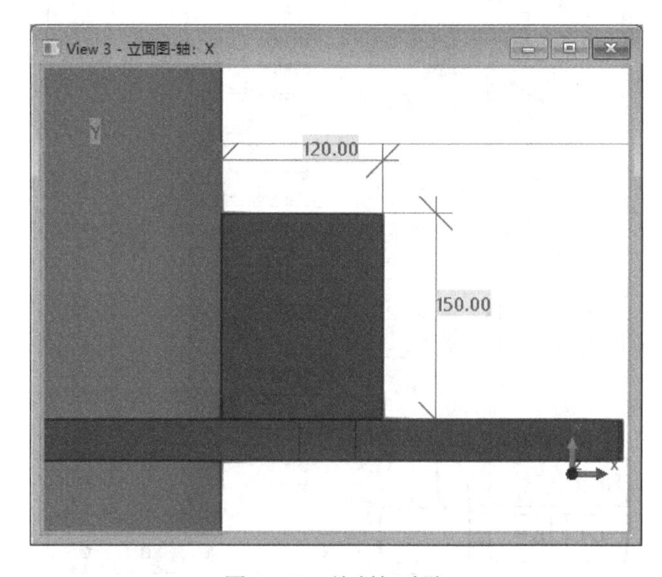

图 10.49　绘制加劲肋

（3）修改倒角。在图 10.50 所示的“立面图-轴：1”视图中，选择已绘制的加劲肋，激活控柄，选择加劲板内侧点控柄（图中①处），在侧窗格弹出“拐角处斜角”面板。在“类型”栏中选择“线”选项（图中②处），在“距离 X”栏中输入 20 个单位（图中③处），在“距离 Y”栏中输入 20 个单位（图中④处），单击“修改”按钮（图中⑤处）。在图 10.51 所示的视图中继续修改另一个倒角，选择加劲板外侧点控柄（图中①处），在侧窗格弹出“拐角处斜角”面板，在“类型”栏中选择“线”选项（图中②处），在“距离

X”栏中输入 70 个单位（图中③处），在“距离 Y”栏中输入 100 个单位（图中④处），单击“修改”按钮（图中⑤处）完成倒角修改。

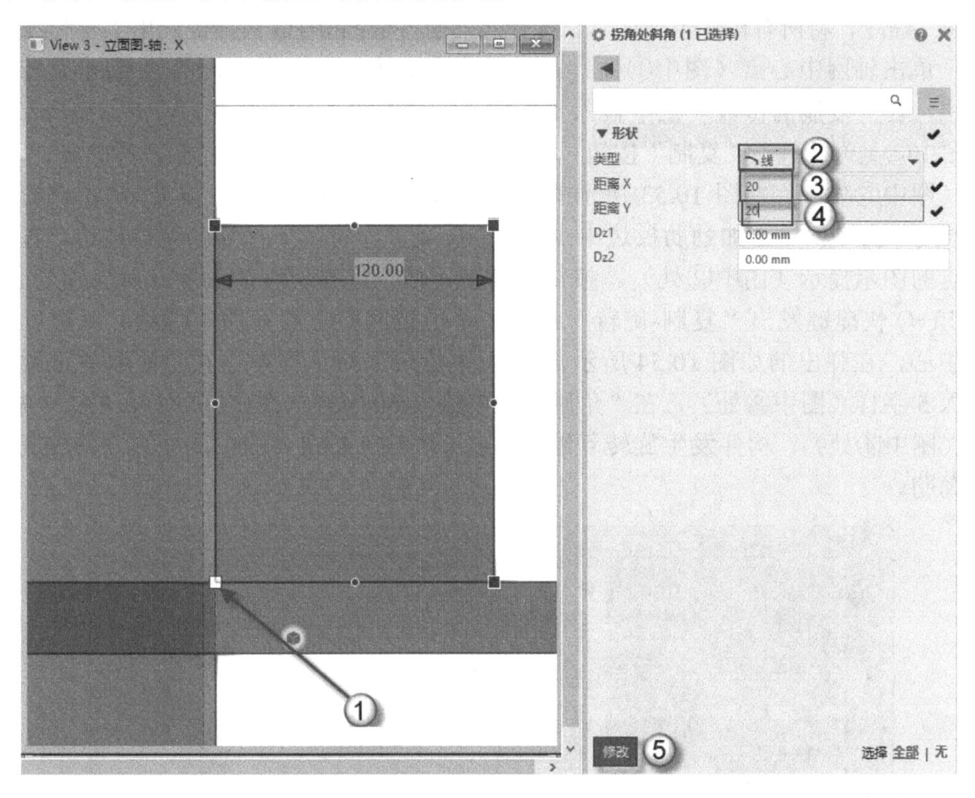

图 10.50　修改内倒角

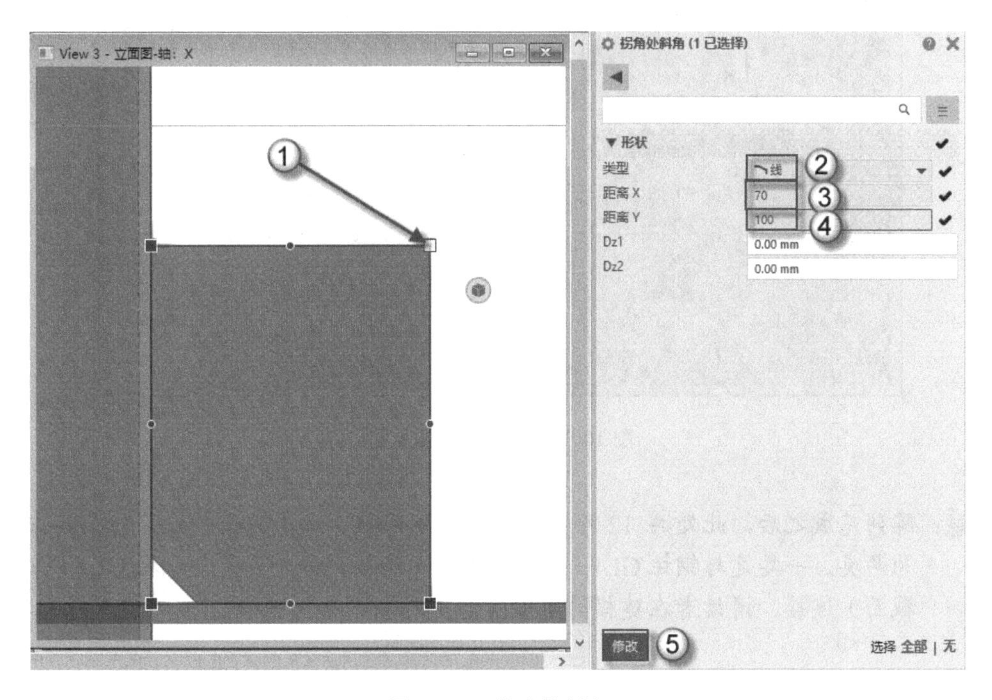

图 10.51　修改外倒角

（4）旋转复制加劲肋。在“视图列表”中打开“平面图-标高为：-0.250”视图，如图 10.52 所示。按 Shift+Z 快捷键将工作平面切换到该视图上。单按 N 快捷键发出“重画视图”命令，将所有构件全部显示。选择加劲肋，按 Shift+Q 快捷键发出“复制-旋转”命令，单击轴网中心点（图中①处），即以此为旋转中心，在弹出的“复制-旋转”对话框中，在“复制的份数”栏中输入 1 字样（图中②处），在“角度”栏中输入 30 字样（图中③处），单击“复制”按钮（图中④处），构件发生旋转复制，再单击“确认”按钮（图中⑤处）。在图 10.53 所示的视图中选择复制的加劲肋，按 Ctrl+M 快捷键发出“移动”命令，单击加劲肋板边中点（图中①处），将其平行移动到钢柱边，直至出现中点的图示提示（图中②处）。按住 Ctrl 键不放，选择所有加劲肋（两块加劲肋），按 Shift+Q 快捷键发出“复制-旋转”命令，单击轴网中心点（图中①处），即以此为旋转中心，在弹出的如图 10.54 所示的“复制-旋转”对话框中，在“复制的份数”栏中输入 5 字样（图中②处），在“角度”栏中输入 60 字样（图中③处），单击“复制”按钮（图中④处），构件发生旋转复制，单击“确认”按钮（图中⑤处），完成旋转复制加劲肋。

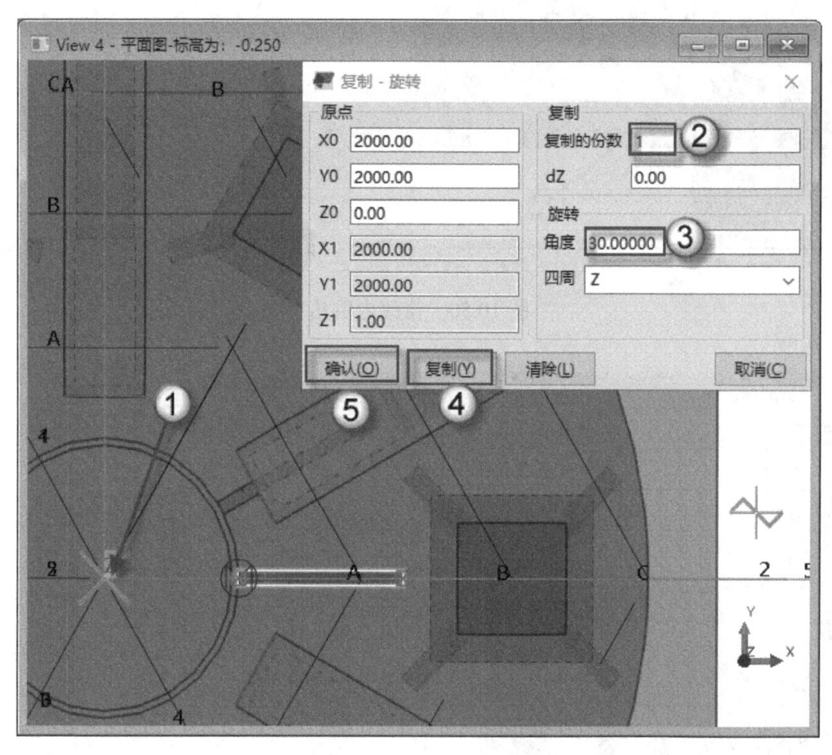

图 10.52　旋转复制加劲肋

注意：阵列完成之后，此处共 12 个加劲肋，虽然形状、大小完全一致，但是其作用分为两类。一类是与钢柱 GL1（圆管形截面）连接，另一类是与钢柱 GL2（方管形截面）连接。请读者在建模时留心注意。

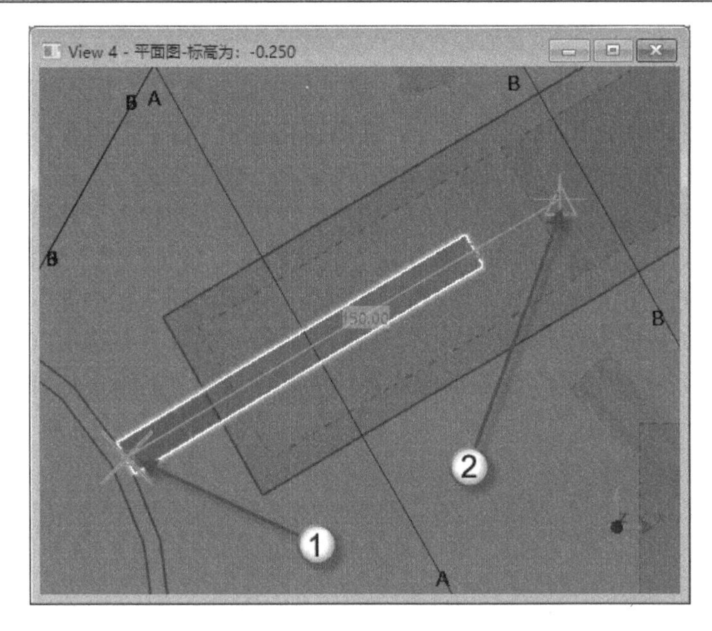

图 10.53　移动加劲肋

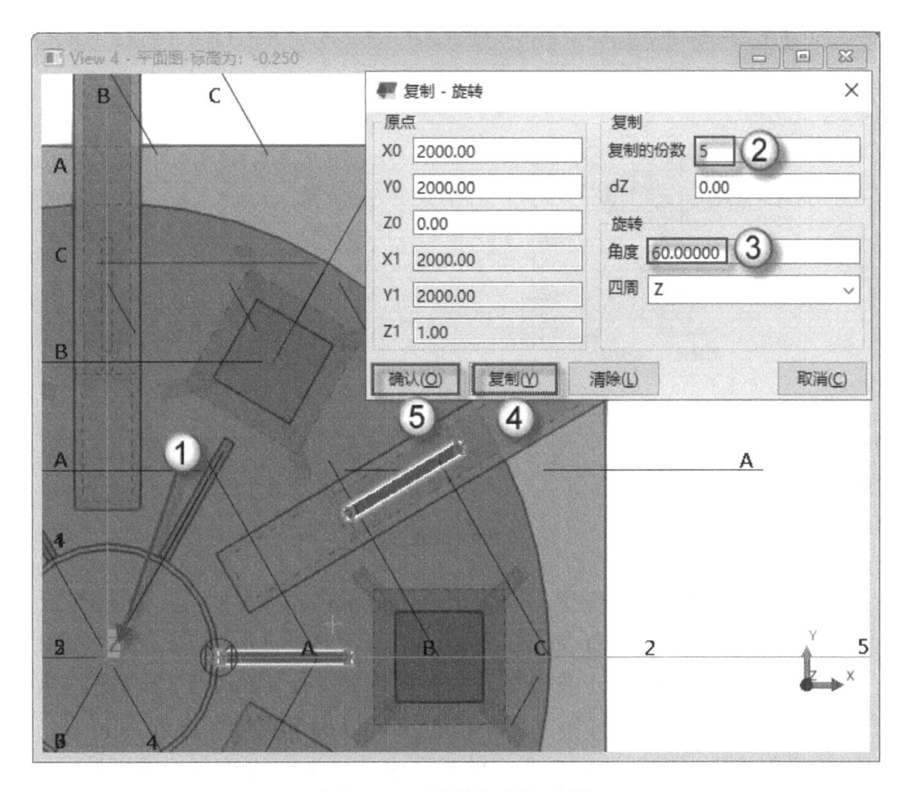

图 10.54　旋转复制加劲肋

10.4.2　绘制螺栓连接

本例的螺栓连接采用平面法，比较简单。一次只绘制一个螺栓，然后用环形阵列的方法复制生成其余 5 个螺栓。

（1）创建螺栓 1。按 Shift+Z 快捷键，将工作平面切换到“平面图-标高为：-0.250”视图上。双按 I 快捷键发出“螺栓”命令，在侧窗格弹出“螺栓”面板，如图 10.55 所示。在“螺栓”设置栏的“标准”栏中选择 HS10.9 选项（图中①处），在“尺寸”栏中选择 30.00mm 选项（图中②处），在“构件”栏中依次勾选“螺栓”“垫圈”“垫圈”“螺母”4 个复选框（图中③处），在“螺栓组”设置栏的“形状”栏中选择“阵列”选项，在“螺栓 X 向间距”栏中输入 0 个单位，在“螺栓 Y 向间距”栏中输入 0 个单位（图中④处）。在“带长孔的零件”选项栏中勾选 3 个“特殊的孔”复选框（图中⑤处），即可拴住 3 个零件，在“位置”设置下的“旋转”栏中选择“后退”选项（图中⑥处），完成参数设置。

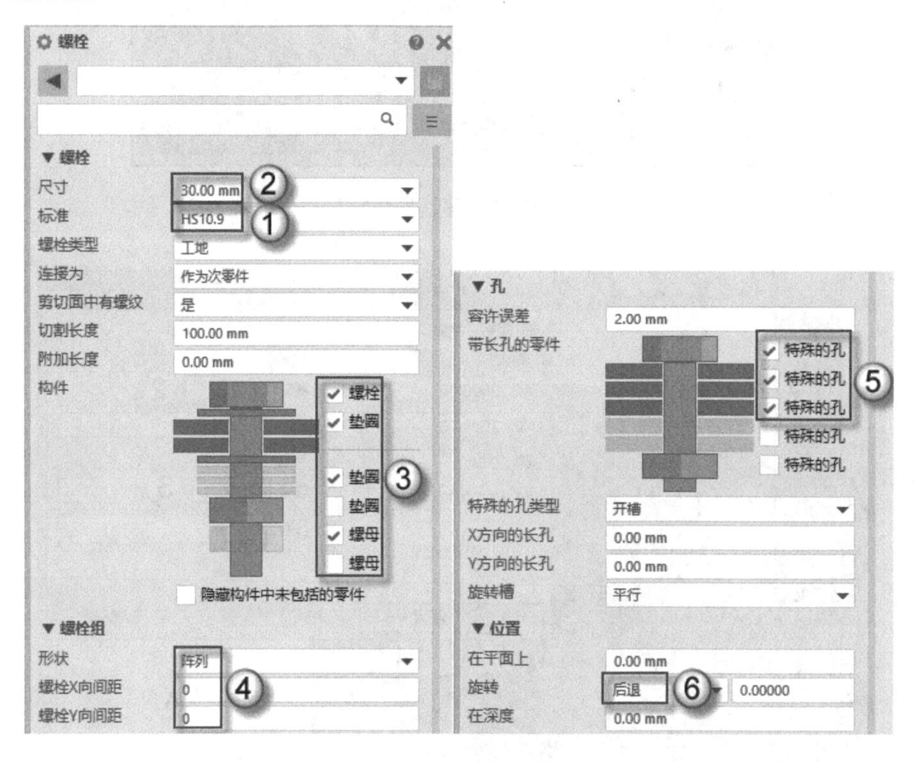

图 10.55 设置参数

（2）放置螺栓 1。单按 I 快捷键（因为上一步已经弹出了“螺栓”属性面板，所以此处只需要单按），发出“螺栓”命令，在图 10.56 所示的“立面图-轴：X”视图中，依次选择垫板（图中①处）、柱脚板（图中②处）及预埋件（图中③处），单击鼠标中键确定螺栓连接的对象，依次单击两点（图中④→⑤处），以确定螺栓方向线。

（3）旋转复制螺栓。在图 10.57 所示的视图中选择上一步绘制好的螺栓，按 Shift+Q 快捷键发出“复制-旋转”命令，单击轴网中心点（图中①处），即以此点为旋转中心，在弹出的“复制-旋转”对话框中，在“复制的份数”栏中输入 5 字样（图中②处），在“角度”栏中输入 60 字样（图中③处），单击“复制”按钮（图中④处），构件发生旋转复制，再单击“确认”按钮（图中⑤处）。

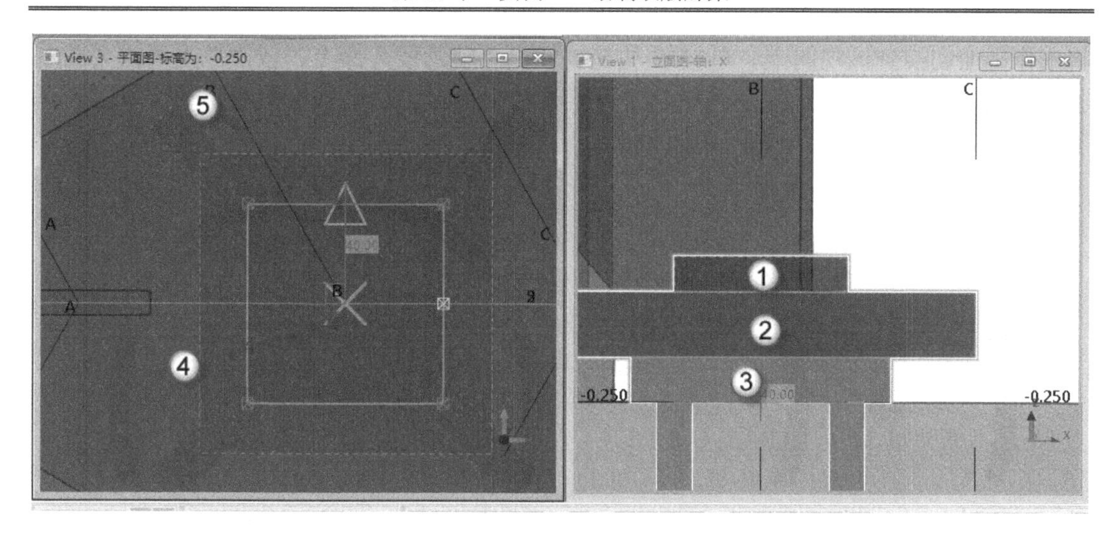

图 10.56　放置螺栓

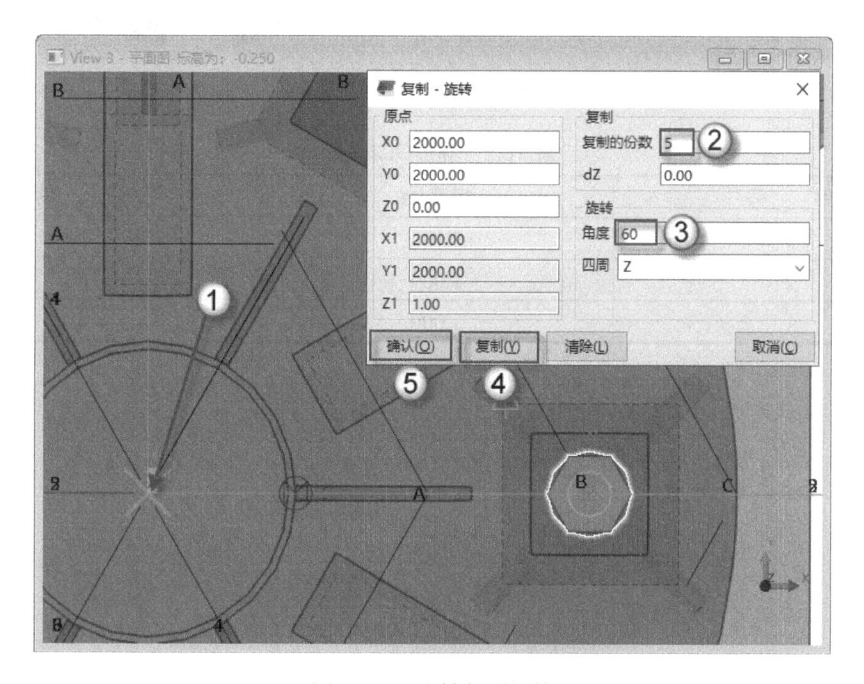

图 10.57　旋转复制螺栓

10.4.3　绘制环形 GL2

环形 GL2 的绘制图如图 10.58 所示，绘制思路是：先用“折梁”命令绘制一根折梁（图中①处），然后将折梁的点控柄改为弧点，从而形成一根弧梁（图中②处），最后使用“复制-旋转”命令，形成环形 GL2（图中③处），如图 10.58 所示。本例中有三段环形 GL2，具体说明详见表 10.2 所示，具体位置可以参见附录中的图纸。

（1）绘制辅助线。按 Ctrl+I 快捷键发出“视图列表”命令，打开“平面图-标高为：1.000”视图，如图 10.59 所示。按 Shift+Z 快捷键发出“在视图面上设置工作平面”命令，将工作平面切换到该视图上。单按 E 快捷键发出“辅助线”命令，依次单击两点（图中①→②处）绘制一条辅助线。在快速访问工具栏中单击“辅助圆”按钮，依次单击两点（图 10.60 中①→②处）绘制一条辅助圆。

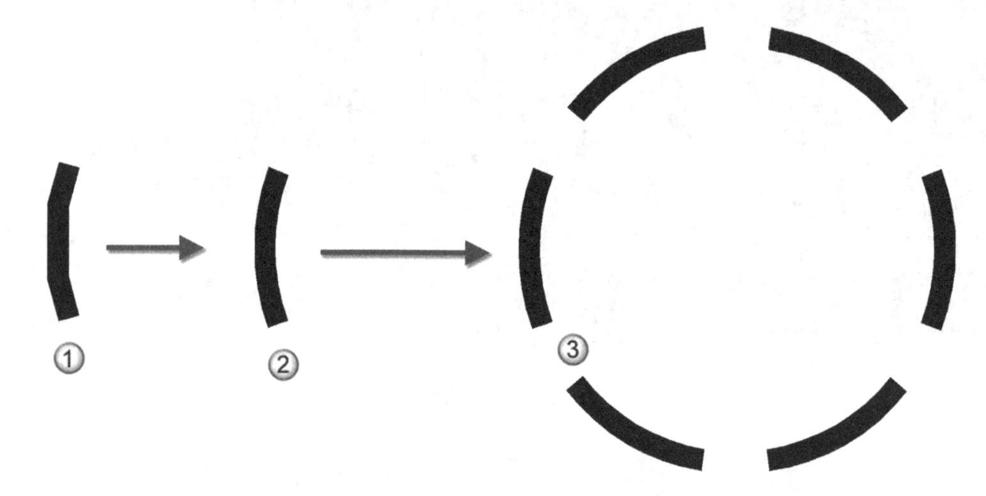

图 10.58　环形 GL2 的绘制思路

表 10.2　环形GL2 说明

序　　号	标高/m	分　　段
3	3.100	3
2	2.000	6
1	1.000	6

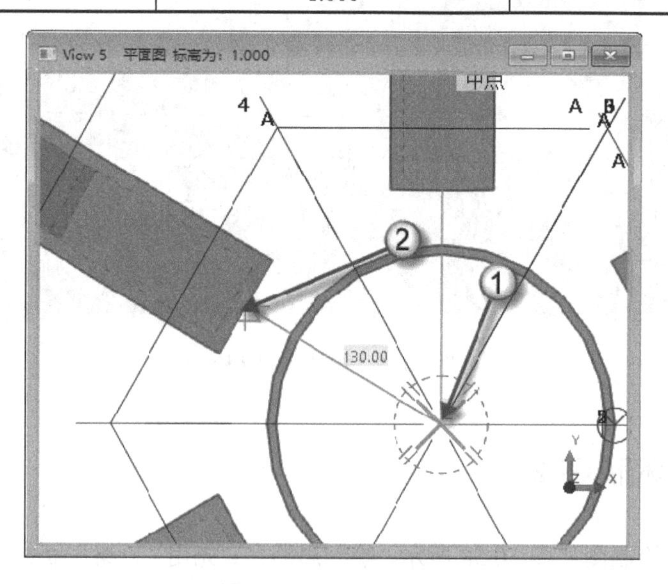

图 10.59　绘制辅助线

（2）设置参数。选择菜单栏中的“钢”|“折梁”命令，在侧窗格弹出“钢梁”面板，如图 10.61 所示。在“通用性”设置栏的“名称”栏中输入“钢梁”字样（图中①处），单击“型材/截面/型号”栏的 按钮（图中②处），在弹出的“选择截面”对话框中选择“矩形空腹截面”下的 P 选项（图中④处）。选择“通用性”选项卡（图中⑤处），在“截面

图表类型”栏中选择 h*b*t 选项（图中⑥处），在“属性”栏中，“高度”对应的“值”输入 80 个单位（图中⑦处），“宽度”对应的“值”输入 50 个单位（图中⑧处），“板的厚度”对应的“值”输入 4 个单位（图中⑨处），单击“确认”按钮（图中⑩处）。在“通用性”设置栏的“材料”栏中单击 按钮（图中①处），弹出“选择材质”对话框，如图 10.62 所示。在“钢”材质（图中②处）中选择 Q235B 选项（图中③处），单击“确认”按钮（图中④处），在“等级”栏中选择 3（图中⑤处），在“编号序列”设置栏的“零件编号”栏中输入 B□字样，在“构件编号”栏中输入 GL2-字样（图中⑥处），在“位置”设置栏的“在平面上”栏中选择“中间”选项（图中⑦处），在“旋转”栏中选择“前面”选项（图中⑧处），在“在深度”栏中选择“后部”选项（图中⑨处），完成参数设置。

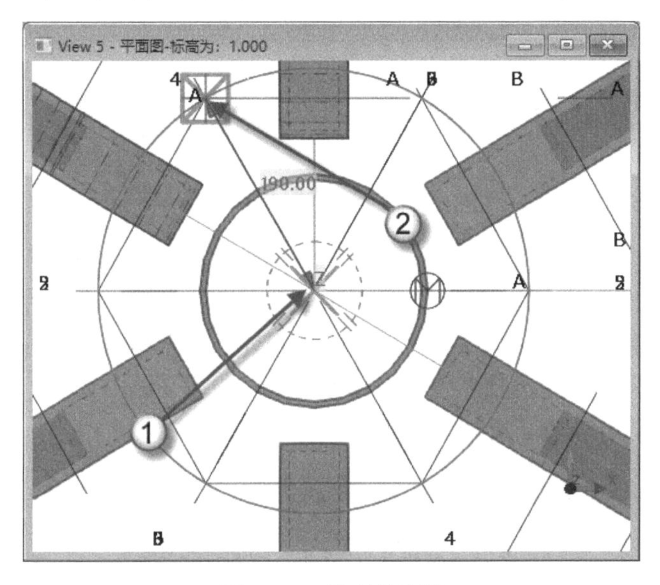

图 10.60　绘制辅助圆

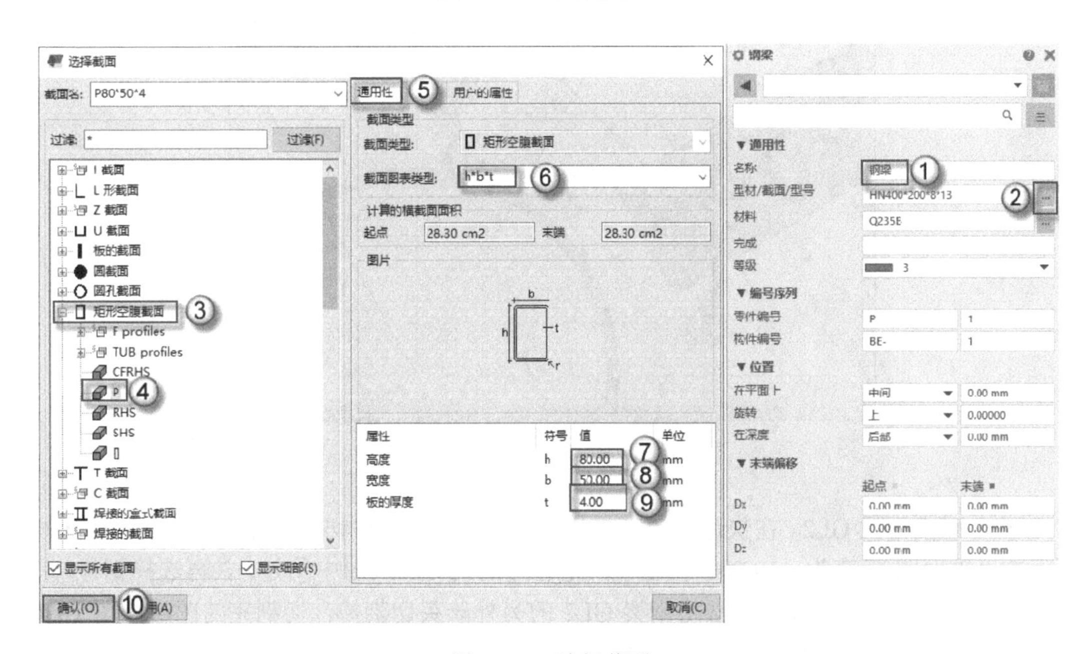

图 10.61　选择截面

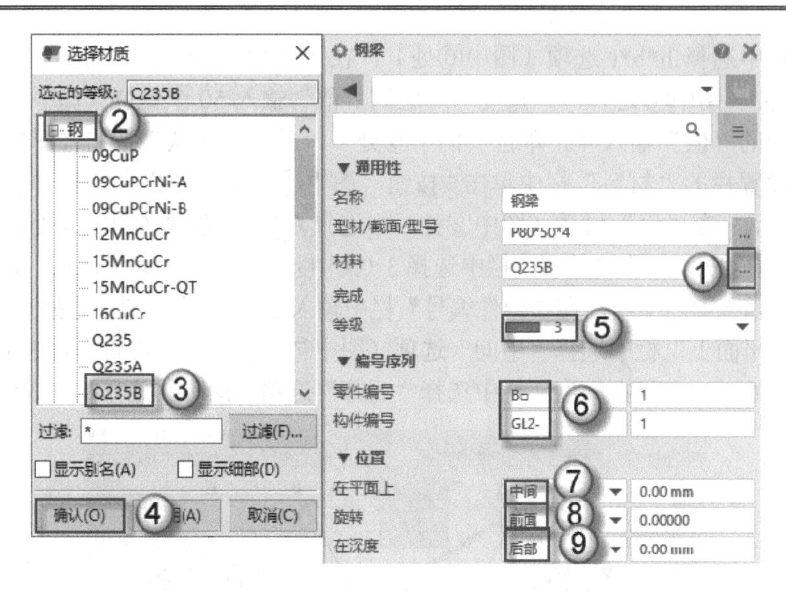

图 10.62　设置参数

（3）绘制钢梁 GL2。在图 10.63 所示的“平面图-标高为：1.000”视图中，选择菜单栏中“钢”|“折梁”命令，依次单击三点（图中①→②→③处），单击鼠标中键完成折梁绘制。选择折梁，激活控柄，选择点控柄（图中①处），在侧窗格弹出“拐角处斜角”面板，如图 10.64 所示。在“类型”栏中选择“弧点”选项（图中②处），单击“修改”按钮（图中③处），这样就将折梁转化为弧梁了。

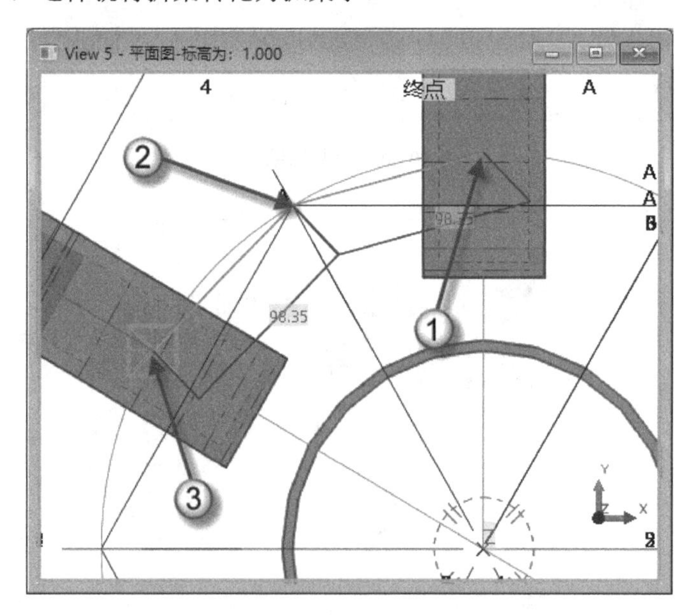

图 10.63　绘制钢梁 GL2

（4）切割钢梁 GL2。在快速访问工具栏中单击“使用零件切割对象”按钮，在图 10.65 所示的“平面图-标高为：1.000”视图中，先选择钢梁 GL2（图中①处），再选择钢柱（图中②处），再用前面同样的方法将钢梁 GL2 的另外一头切割掉，切割完的图形如图 10.66 所示。使用“使用零件切割对象”命令，先选择变的对象，再选择不变的对象。

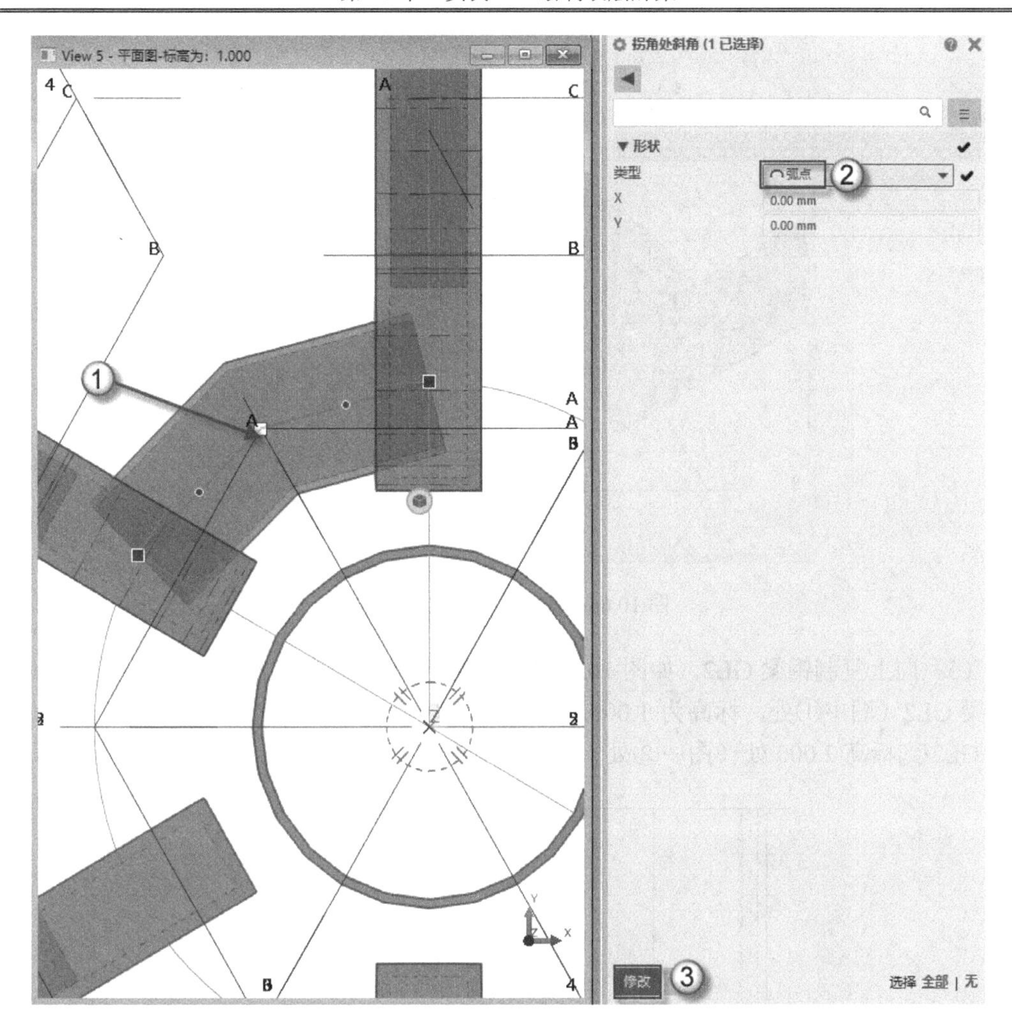

图 10.64　修改拐角

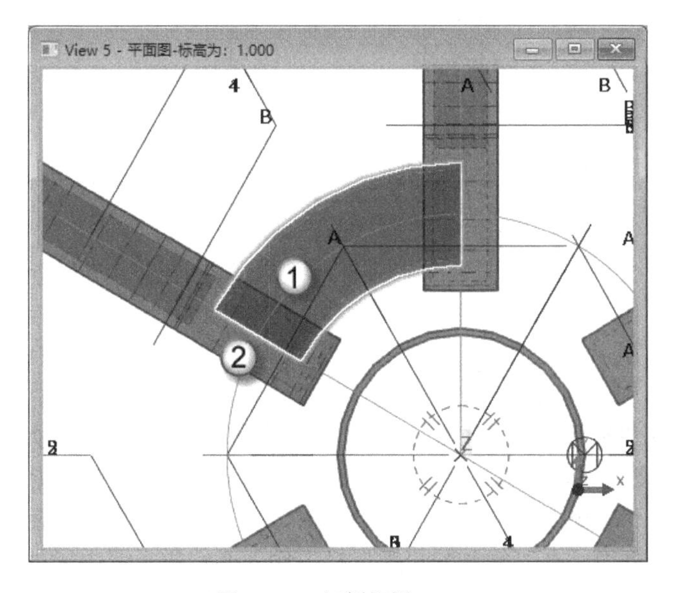

图 10.65　切割钢梁 GL2

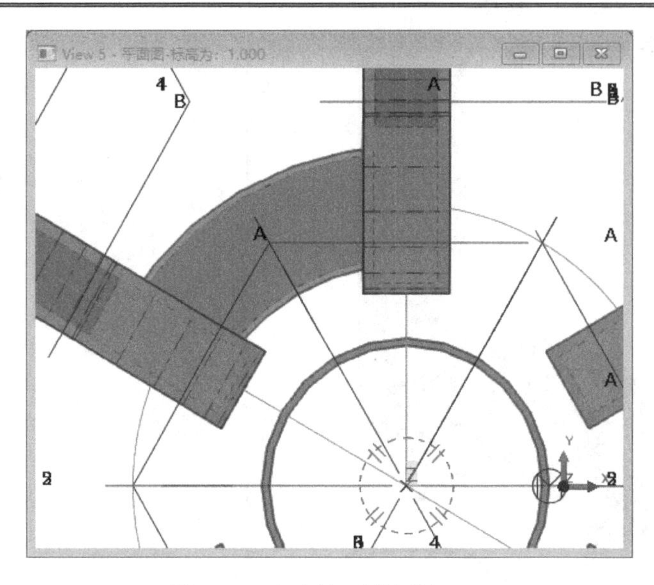

图 10.66　切割之后的钢梁 GL2

（5）向上复制钢梁 GL2。如图 10.67 所示，在“立面图-轴：X”视图中，选择绘制好的钢梁 GL2（图中①处，标高为 1.000），按 Ctrl+C 快捷键发出“复制”命令，向上复制钢梁 GL2 到标高 2.000 处（图中②处）完成复制操作。

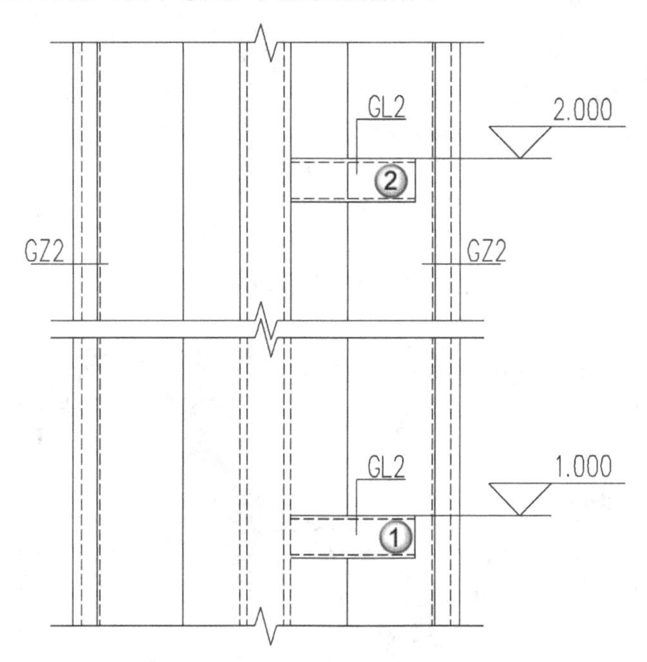

图 10.67　复制钢梁 GL2 到标高 2.000 处

（6）旋转复制生成环形钢梁 GL2。在“立面图-轴：X”视图中，如图 10.68 所示，选择两个钢梁 GL2（图中①、②处），在“平面图-标高为：1.000”视图中，按 Shift+Q 快捷键发出“复制-旋转”命令，单击轴网中心点（图中③处），即以此为旋转中心，在弹出的“复制-旋转”对话框中，在“复制的份数”栏中输入 5 字样（图中④处），在“角度”栏中输入 60 字样（图中⑤处），单击“复制”按钮（图中⑥处），构件发生旋转复制，单击

“确认”按钮（图中⑦处），这样就形成了标高为 1.000、标高为 2.000 的两处环形 GL2。

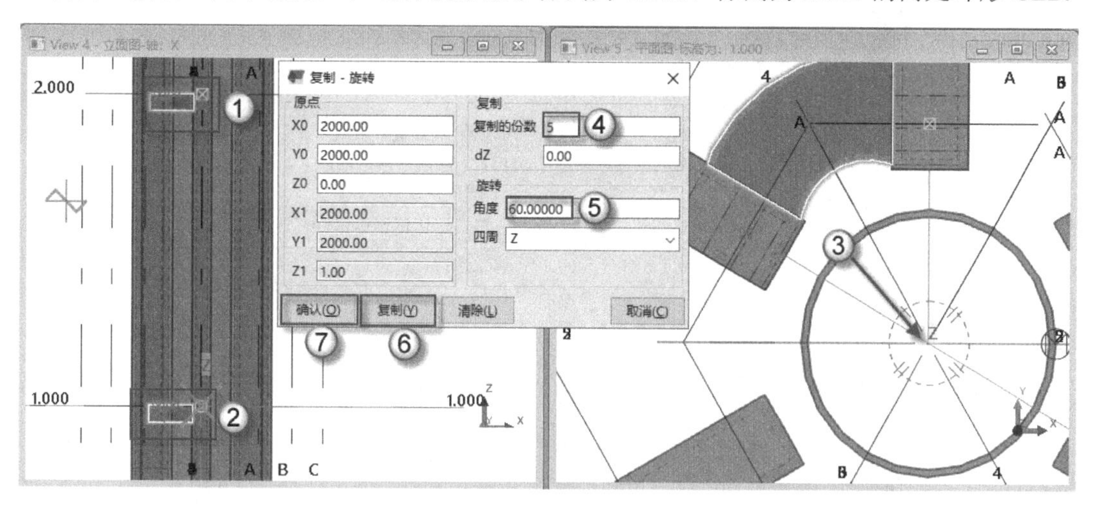

图 10.68　旋转复制构件

（7）过滤选择。按 Ctrl+I 快捷键发出“视图列表”命令，打开“平面图-标高为：3.100”视图。按 Shift+Z 快捷键发出“在视图面上设置工作平面”命令，将工作平面切换到该视图上。在“对象组-选择过滤”对话框中（见图 10.69），将下方工具栏中的“选择过滤”栏切换至 column_filter 选项（图中①处），激活“选择组件中的对象”按钮（图中②处），按 Ctrl+D 快捷键发出“选择过滤”命令，在“值”设置栏中输入“钢柱”字样（图中③处），单击“应用”按钮（图中④处），将操作应用到软件中，单击“确认”按钮（图中⑤处）。在 3d 视图中（见图 10.70），按住 Ctrl 键不放，依次选择三根 L 型钢柱 GZ2（图中①～③）和一根直型钢柱 GZ1（图中④处）共 4 个零件，由于设置了选择过滤，只会选择钢柱而不会选择其他对象，然后右击这 4 个零件，按住 Shift 键不放，在弹出的右键菜单中选择“只显示所选项”命令（图中⑤处），这样在视图中就只显示这 4 个零件，方便绘图。最后，将下方工具栏中的“选择过滤”栏还原至 standard 选项。

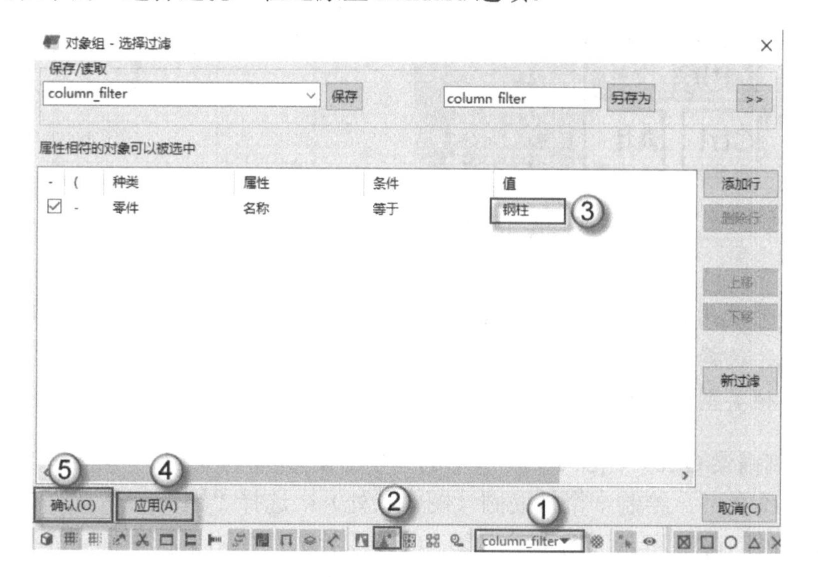

图 10.69　选择过滤

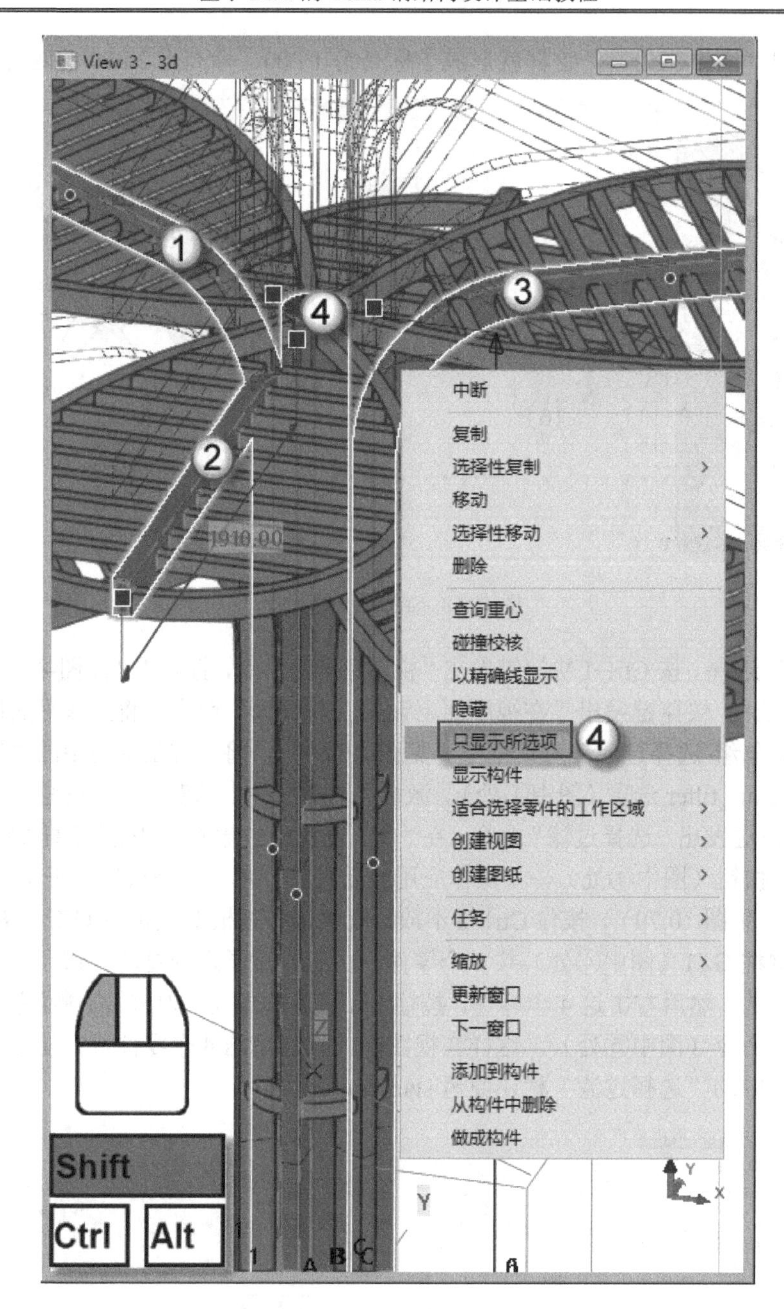

图 10.70　只显示所选构件

注意：这一步选用的 column_filter 过滤器是柱过滤器，可保证在选择对象时只会选择柱对象。选择完成之后，还要将“选择过滤”栏还原至 standard 选项，否则无法选择其他类型的对象。

（8）绘制钢梁 GL2。在图 10.71 所示的“平面图-标高为 3.100”视图中绘制两条辅助线（图中①、②处），绘制一个辅助圆（图中③处）。选择“钢”|“折梁”命令，依次单击 4 个点，如图 10.72 所示（图中①→②→③→④处），单击鼠标中键完成折梁的绘制，这是一根折梁 GL2。选择这根折梁 GL2，如图 10.73 所示，激活控柄，按住 Ctrl 键不放，

选择两个点控柄（图中①、②处），在侧窗格弹出“拐角处斜角”面板，在“类型”栏中选择“弧点”选项（图中③处），单击“修改”按钮（图中④处），这样就可以将折梁变为弧梁。

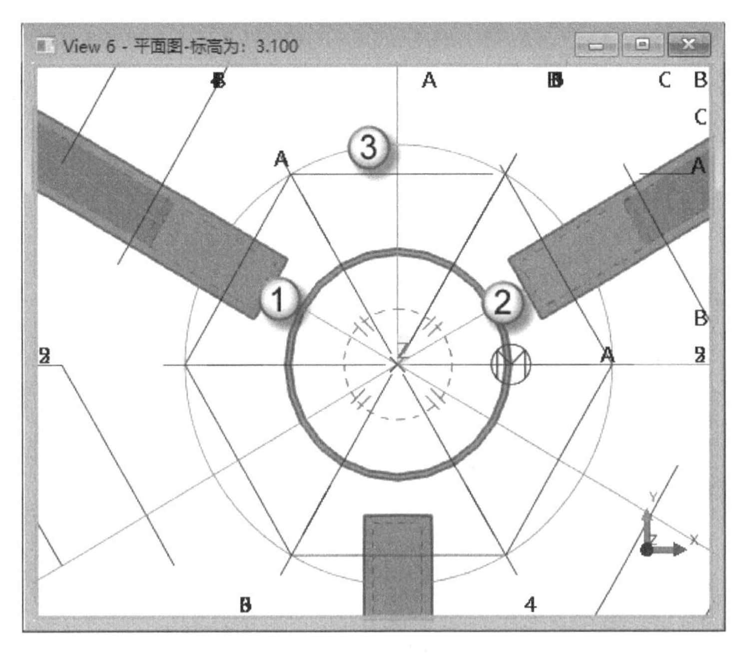

图 10.71　绘制辅助线

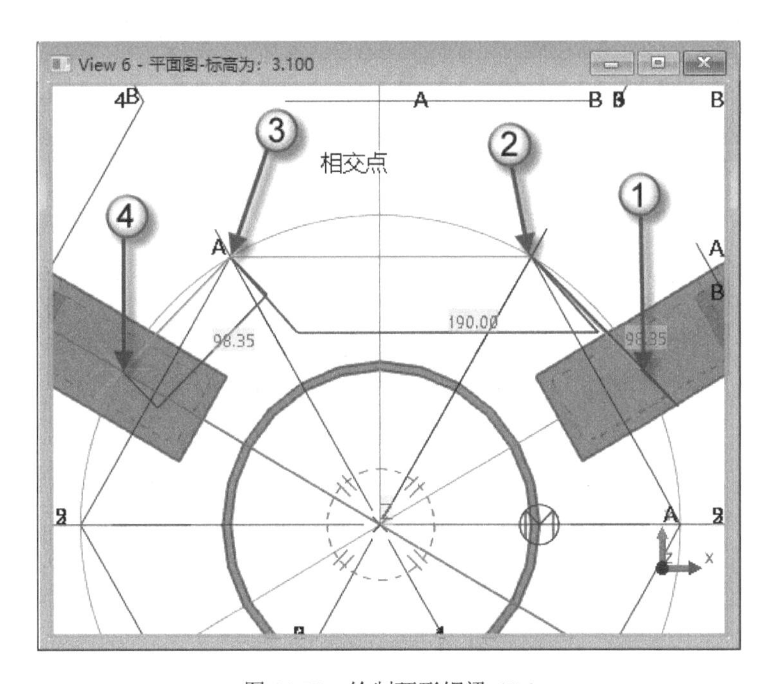

图 10.72　绘制环形钢梁 GL2

（9）切割弧梁。在快速访问工具栏中选择“使用零件切割对象”命令，在图 10.74 所示的“平面图-标高为：3.100”视图中，先选择 GL2（图中①处），再选择钢柱（图中②处），切割 GL2 钢梁的一头。用同样的方法，将 GL2 钢梁的另外一头切割掉，切割完的图形如图 10.75 所示。

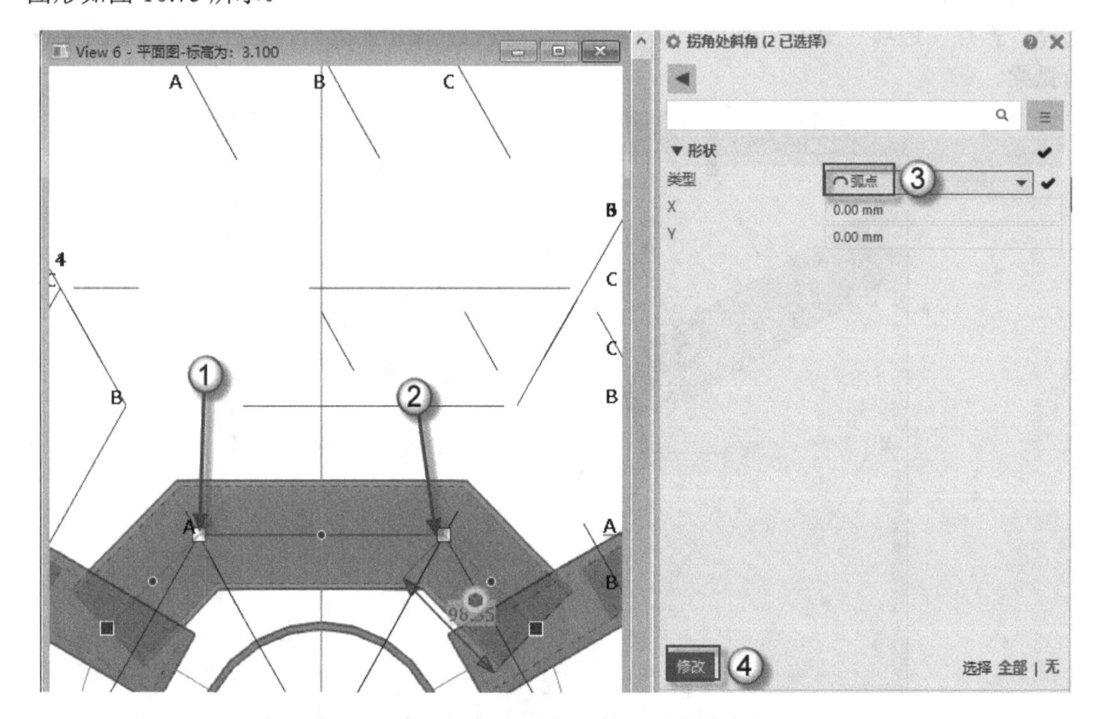

图 10.73　修改拐角

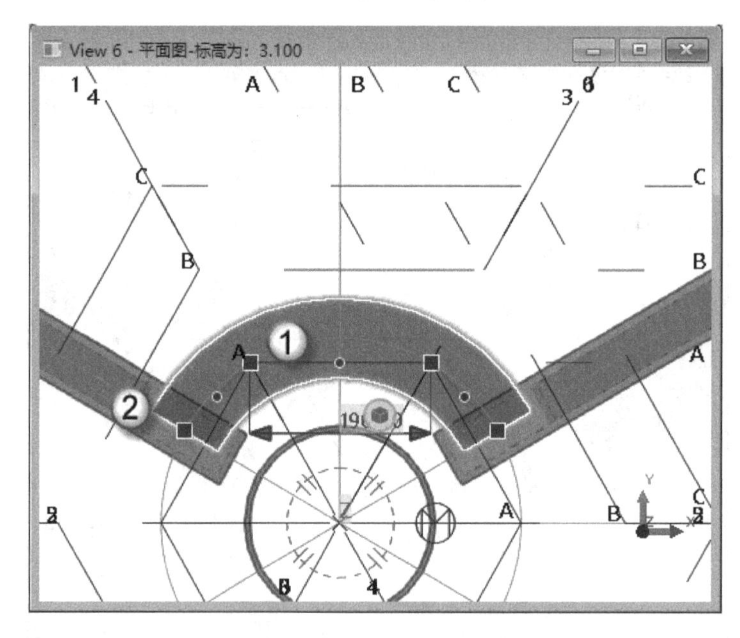

图 10.74　切割弧梁

（10）复制旋转环形 GL2。在“平面图-标高为：3.100”视图中，如图 10.76 所示，选择上一步切割的 GL2，按 Shift+Q 快捷键发出“复制-旋转”命令，单击轴网中心点（图中①处），以此为旋转中心，在弹出的“复制-旋转”对话框中，在“复制的份数”栏中输入 2 字样（图中②处），在“角度”栏中输入 120 字样（图中③处），单击“复制”按钮（图中④处），构件发生旋转复制，单击“确认”按钮（图中⑤处），如图 10.76 所示。于是就生成了标高为 3.100 处的环形 GL2。

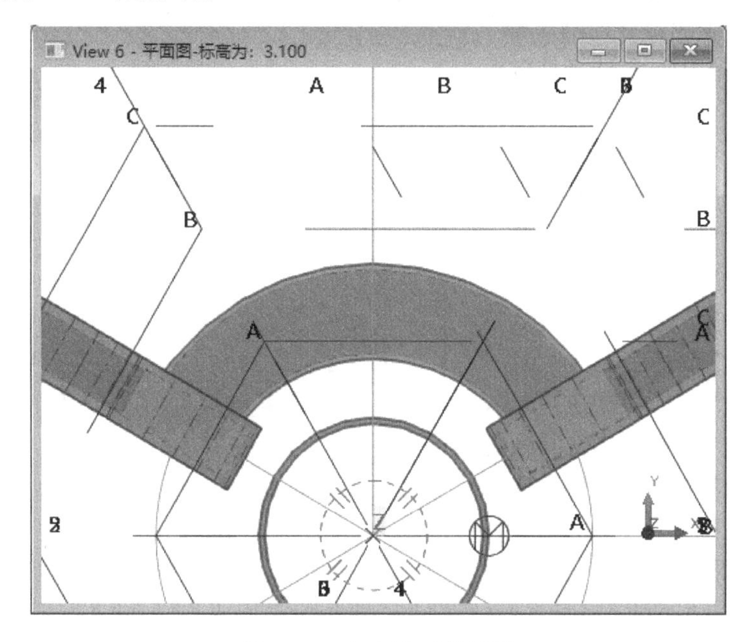

图 10.75　切割之后的弧梁

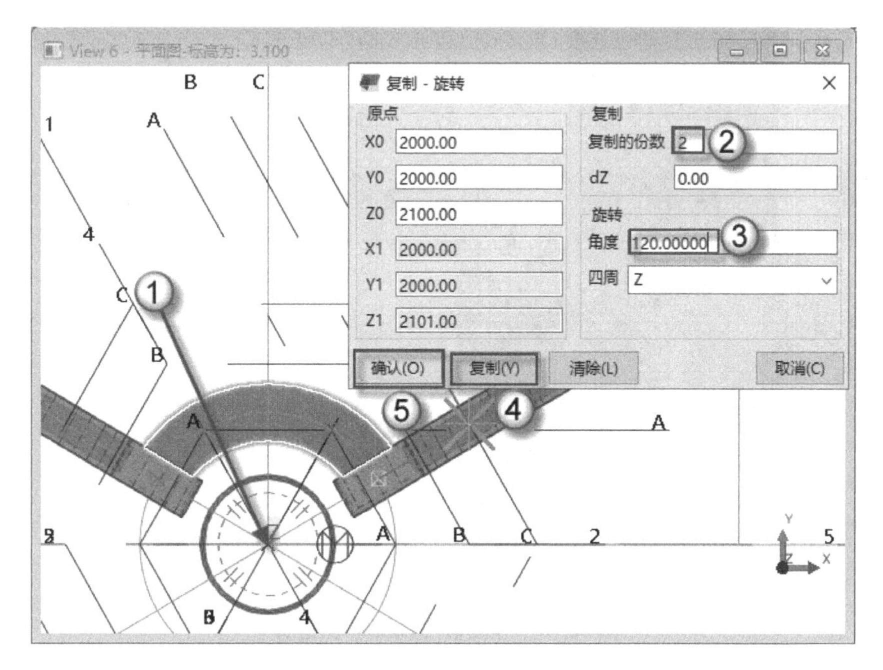

图 10.76　旋转复制环形 GL2

10.4.4　焊接

本例中的焊接有两种，注意根据图纸在“焊接”面板中选择相应的焊接类型。具体操作方法如下：

（1）切割柱脚板。在快速访问工具栏中单击“使用零件切割对象”按钮，在 3d 视图中，先选择柱脚板再选择钢柱，切割完的图形如图 10.77 所示。最后，单按 N 快捷键发出“重画视图”命令，将全部视图显示出来。

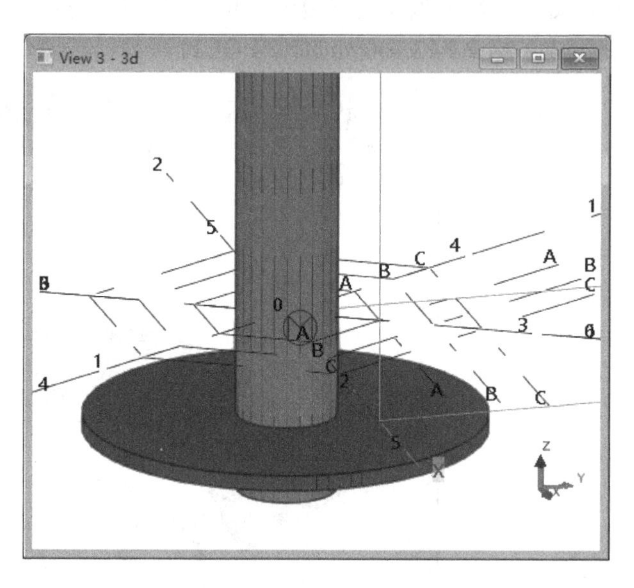

图 10.77　切割柱脚板

（2）焊接钢柱 GZ2 和加劲肋。双按 J 快捷键发出“焊接”命令，在侧窗格弹出“焊接”面板，如图 10.78 所示。在“焊接”设置栏下的“类型”栏中选择“倒角”选项（图中①处），在 3d 视图中，一根钢柱 GZ2 与依附这根钢柱的加劲肋为一组，依次选择这 6 组对象（图中②处）进行焊接，效果如图 10.78 所示。

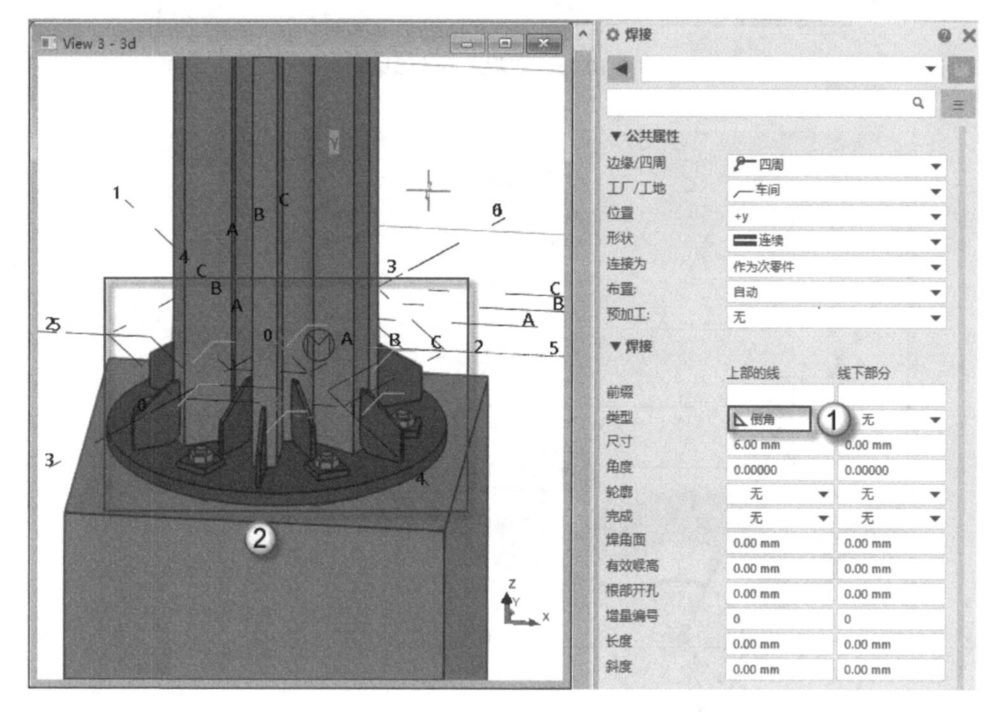

图 10.78　焊接钢柱 GL2 和加劲肋

注意：按住 Alt 键不放，选择对象，如果对象是一个整体，表示焊接在一起了。在 Tekla 中经常采用这个简单的方法判断零件是否焊接在一起了，也可以在下方工具栏中，选择“选择焊缝”命令，单击焊缝进行查看。

（3）焊接钢柱 GZ1 与加劲肋。双按 J 快捷键发出“焊接”命令，在侧窗格弹出“焊接”面板，如图 10.79 所示。在“焊接”选项卡下的“类型”栏中选择“具有宽焊脚面的单斜角对接”选项（图中①处），在 3d 视图中，选择钢柱 GZ1，再选择与这根钢柱连接的 6 块加劲肋，一共是 7 个对象（图中②处）进行焊接，如图 10.79 所示。

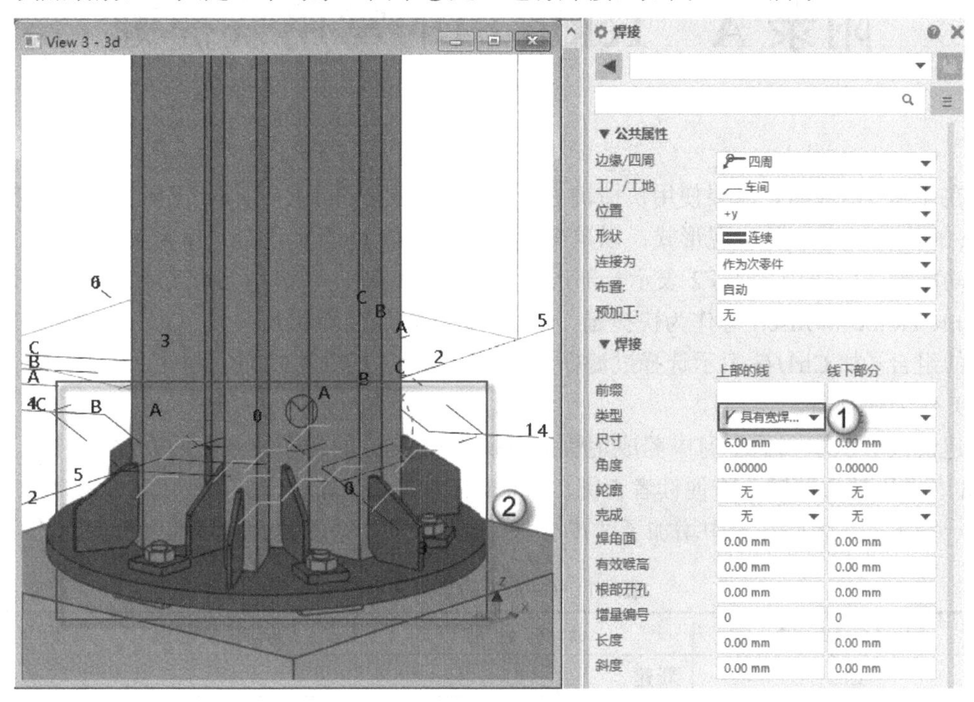

图 10.79　焊接钢柱 GZ1 与加劲肋

进入 3d 视图中，转动视角以检查模型，如图 10.80 所示。

图 10.80　三维效果图

附录 A　Tekla 中的常用快捷键

在使用 Tekla 时，需要使用快捷键进行操作，以提高设计、建模、出图和修图的效率。Tekla 的快捷键有 4 种表现形式：以单个英文字母（如 O 表示正交）作为快捷键，以键盘上的功能键 F1～F12（如 F2 表示全部选择）作为快捷键，以键盘上的功能键 Pagedown、Pageup、Home 和 Insert 等作为快捷键（如 Home 表示恢复原始尺寸），以 Ctrl、Alt、Shift+按键的组合（如 Ctrl+G 表示选择过滤器，Ctrl+1 表示以线框形式显示零件，Alt+Enter 表示属性）作为快捷键。

建议读者从本书的学习中养成用快捷键操作 Tekla 的习惯。下面的表 A.1 中给出了 Tekla 中常用的快捷键，方便读者查阅。Tekla 的中文命令翻译一直在变，各个版本的翻译会有一些出入，因此在表中增加了“其他中文翻译”栏，帮助读者更好地掌握相应的命令。

表A.1　Tekla中的常用快捷键

类　别	快　捷　键	命　令　名　称	其他中文翻译	备　注
常规	Ctrl+N	新建		
	Ctrl+O	打开（模型界面）		
	Ctrl+Q	快速启动		■
	Ctrl+S	保存		■
	Ctrl+Z	撤销		■
	Ctrl+Y	重复		■
	Delete	删除		■
	Esc	中断		■
	Enter	重复最后一次的命令		■
	F1	在线帮助		
捕捉	F4	捕捉到参考线/点		
	F5	捕捉到几何线/点		
	F6	捕捉到最近点（线上点）		
	F7	捕捉到任何位置	捕捉到任意位置	
	F9	捕捉到延长线		★
	F12	捕捉到线	捕捉到线和边缘	★
	Tab	向前循环捕捉点		
	Shift+Tab	向后循环捕捉点		
	X	锁定X（沿Y方向移动）		■
	Y	锁定Y（沿X方向移动）		■
	Z	锁定Z（沿XY平面移动）		

续表

类　别	快　捷　键	命 令 名 称	其他中文翻译	备　注
捕捉	O	正交		■
	Ctrl+F7	捕捉交点-覆盖	捕捉交点-优先	★
	Ctrl+F8	捕捉中点-覆盖	捕捉中点-优先	★
	Ctrl+F9	捕捉端点-覆盖	捕捉端点-优先	★
	Ctrl+F10	捕捉垂足点-覆盖	捕捉垂足点-优先	★
	Ctrl+F11	捕捉中心点-覆盖	捕捉圆心点-优先	★
选择	S	智能选择	灵巧选择	■
	Ctrl+G	选择过滤器		■
	Shift+选择对象	添加到选择区域		
	Ctrl+选择对象	添加或剔除选择区域		
	F2	选择全部	全选	
	F3	选择零件		
	Alt+对象	选择构件		
	H	翻转高亮显示	悬停高亮显示	
	Ctrl+A	选择所有对象		
	Shift+H	隐藏对象		
查询	Shift+I	查询目标		■
	F	测量距离	标注自由尺寸	■
	Ctrl+K	上下文工具栏	迷你工具栏	
打开面板	Alt+Enter	属性		■
	Ctrl+E	高级选项		■
	Ctrl+F	应用程序和组件		
	Ctrl+B	创建报告	创建报表	
	Ctrl+H	状态管理器		
	Ctrl+L	文档管理器	图纸列表	
	Shift+D	定义自定义组件	用户单元快捷方式	★
建模	L	创建梁	钢梁	★
	B	创建板	压型板	★
	K	创建项		★
	E	添加辅助线	增加辅助线	★
	I	创建螺栓		★
	J	在零件间创建焊接		★
	Ctrl+X	创建辅助面	增加辅助平面	★
编辑	Ctrl+D	拖拉	拖和拉	★
	D	直接修改		
	Ctrl+C	复制		■
	Ctrl+M	移动		■

续表

类　　别	快　捷　键	命　令　名　称	其他中文翻译	备　　注
编辑	Ctrl+J	创建自动连接		
	C	线性的选择性复制	复制-线性的	★
	W	旋转的选择性镜像	镜像-复制	★
	Q	选择性移动旋转	移动-旋转	★
	Shift+C	选择性复制到另一个平面	复制到另一个平面	★
	Shift+E	移动到另一个平面		★
	Shift+Q	复制-旋转		★
	Shift+S	复制到另一个对象		★
	Shift+W	线性的选择性移动	移动-线性的	★
	Backspace	撤销最后一次多边形切割	撤销上次多边形的边	
	Space	结束多边形输入		
零件表示法	Ctrl+1	线框表示		
	Ctrl+2	阴影线框表示		
	Ctrl+3	隐藏线		
	Ctrl+4	渲染		
	Ctrl+5	只显示被选择的		
节点表示法	Shift+1	线框表示		
	Shift+2	阴影线框表示		
	Shift+3	隐藏线		
	Shift+4	渲染		
	Shift+5	只显示被选择的		
输入数字	R/@	相对		■
	A/$	绝对		■
	G/!	广义	全局坐标	
视图	P	平移		■
	Shift+M	中间按钮平移	切换中键平移	■
	→/←/↑/↓	视图向右/向左/向上/向下移动		■
	Insert	用鼠标确定中心	以鼠标指针为视图中心	■
	Home	恢复原始尺寸	视图最大化显示对象	■
	End	恢复原始视图	恢复上一个视图	■
	Pageup	放大		■
	Pagedown	缩小		■
	Ctrl+R	使用鼠标旋转		■
	Ctrl+↑/↓	绕Z轴旋转±15°		■
	Ctrl+→/←	绕X轴旋转±15°		■
	Shift+↑/↓	绕Z轴旋转±5°		■
	Shift+→/←	绕X轴旋转±5°		■
	Ctrl+Tab	视图切换	窗口切换	

续表

类　　别	快　捷　键	命 令 名 称	其他中文翻译	备　　注
视图	Ctrl+I	视图列表	模型视图列表	■
	Shift+X	创建切割面	创建夹板平面	
	Ctrl+P	切换3D/平面	三维与平面视图切换	
	V	设置视图点	设置视图旋转点	■
	Ctrl+中键	旋转视图		
	Ctrl+Shift+中键	自动旋转中心（旋转视图）		
	F8	禁用视图旋转		■
	Shift+F	漫游（在透视视图中）	巡视	■
	Shift+R	一个圆形物（旋转）	旋转一圈	
	Shift+T	继续（旋转）	连续	
	T	垂直平铺		★▲
	Shift+Z	在视图面上设置工作平面		★
	Ctrl+F2	由两点创建视图	使用两点创建模型视图	★
	Ctrl+F3	由三点创建视图	使用三点创建模型视图	★
	Ctrl+F4	关闭当前视图		◆■
	M	重画视图	重画当前视图	★
	Shift+F2	使用工作平面工具	设置工作平面	★
	Shift+F3	生成工作平面视图	在工作平面上创建视图	★
	Shift+F4	缩放选中的对象		★
	N	全部重画	重画所有视图	★
图纸常规	Ctrl+O	文档管理器	图纸列表	
	Shift+A	切换关联符号		
	Ctrl+U	更新（视口）		
	Ctrl+W	自动生成图纸		
	Shift+G	虚外框线		
	G	增加直角尺寸	标注正交尺寸	
	B	周期颜色模型	切换图纸中图形的颜色	
	Ctrl+Pageup	打开之前的图纸	打开前一张图纸	
	Ctrl+PageDown	打开下一个图纸		
	Shift+P	打印图纸		
图纸UCS	U	设置UCS原点		
	Shift+U	两点设置		
	Ctrl+T	切换UCS方向		
	Ctrl+1	重置当前UCS		
	Ctrl+0	重置所有UCS		
图纸列表	Alt+U	打开用户定义的属性		
	Ctrl+M	添加到主图纸目录		
	Ctrl+R	修订		

🔔注意：

- ❑ Tekla 的操作界面分为模型界面与图纸界面，表 A.1 中带■的命令表示模型界面与图纸界面皆可以使用快捷键；
- ❑ 表 A.1 中带★的命令表示该命令需要读者自定义快捷键；
- ❑ 表 A.1 中带▲的命令表示该命令只能在单屏幕下运行；
- ❑ 表 A.1 中带◆的命令表示该命令是 Windows 命令。

笔者自定义快捷键的原则是：

- ❑ 自定义的快捷键与软件默认的快捷键不冲突；
- ❑ 利用软件没有指定的字母作为快捷键；
- ❑ 使用 Shift+F2～F4、Ctrl+F2～F3 和 Ctrl+F7～F11 组合键作为快捷键；
- ❑ 使用 Shift+左手英文字母的组合键作为快捷键；
- ❑ 使用 Ctrl+英文字母的组合键作为快捷键；
- ❑ 不使用 Alt+类型的快捷键（因为与 Windows 10 系统有冲突）。

自定义快捷键的方法是，选择“菜单”|“设置”|“快捷键”命令，或直接按 Ctrl+Shift+C 快捷键，将弹出“快捷键”对话框，如图 A.1 所示。选择需要设置快捷键的命令（图中①处），单击“请输入快捷方式弦”按钮（图中②处），在键盘上按下相应的快捷键，单击“分配”按钮（图中③处），此时可以看到，在这个命令的右侧已经设置好了快捷键（图中④处）。

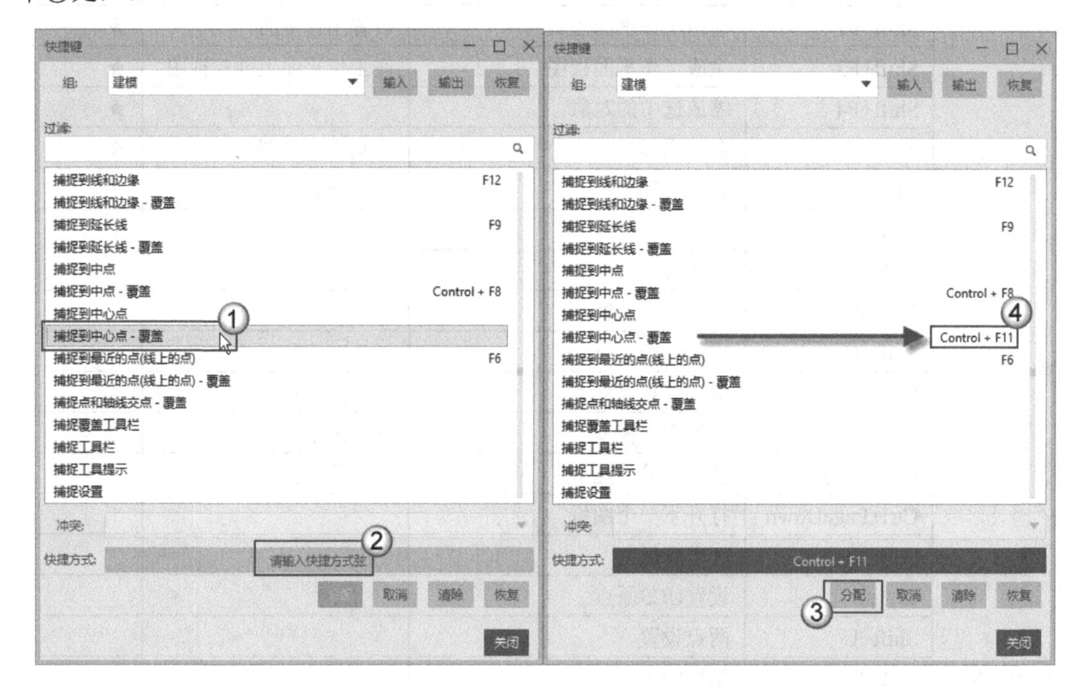

图 A.1　自定义快捷键

导出设置好的快捷键的方法是，在“快捷键”对话框中，如图 A.2 所示，单击“输出”按钮（图中①处），在弹出的“另存为”对话框中找到保存文件的位置，单击“保存”按钮（图中②处）。默认保存的快捷键文件的名称为“快捷径”，文件类型为 XML 文件。

图 A.2　导出快捷键

如果不想一个一个地自定义快捷键，也可以导入笔者提供的快捷键。在“快捷键”对话框中，如图 A.3 所示，单击“输入”按钮（图中①处），在弹出的“打开”对话框中找到配套下载资源中的“快捷键”文件夹（图中②处），选择“快捷径”文件（图中③处），单击“打开”按钮（图中④处）即可。如果想恢复软件默认的快捷键，单击“恢复”按钮（图中⑤处）即可。

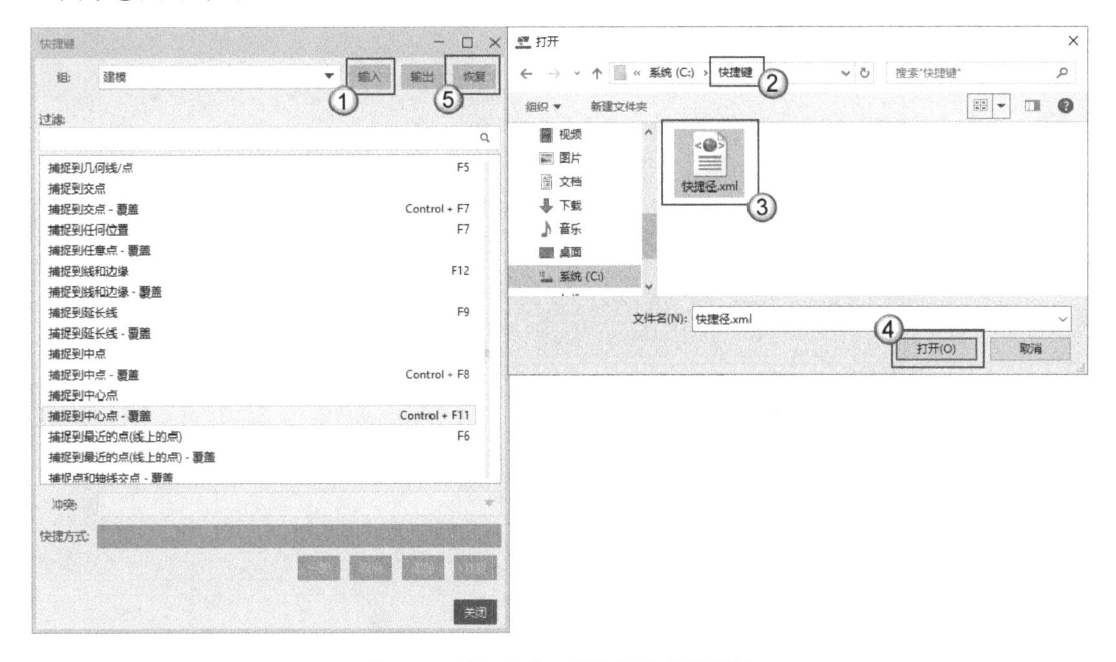

图 A.3　导入配套下载资源中的快捷键

在配套下载资源的“快捷键”目录下，还提供了“Tekla 快捷键”的 JPG 图片格式的文件，如图 A.4 所示。读者可以将这个文件复制到手机中，利用空余的时间记忆快捷键。

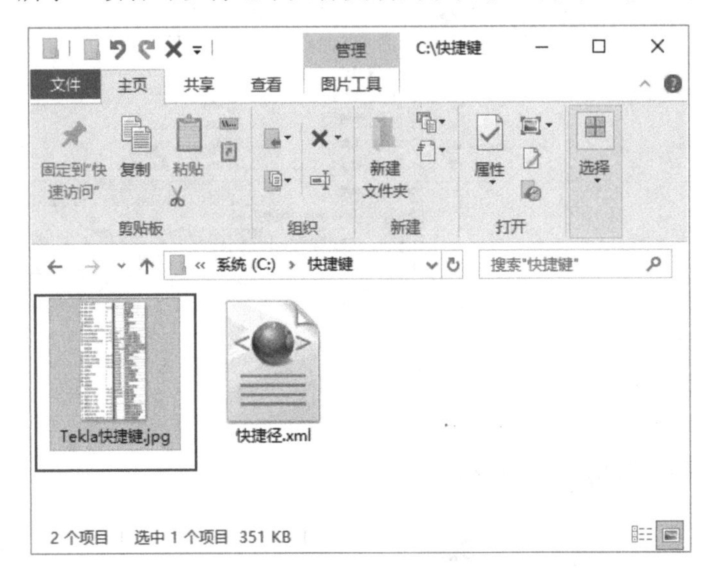

图 A.4　Tekla 快捷键的 JPG 图片格式文件

附录 B　贝士摩图纸

本书将第 1 至 9 章的教学内容整合到了一个模型中——贝士摩。其“±0.000 平面图”如图 B.1 所示。贝士摩的标高系统如表 B.1 所示。

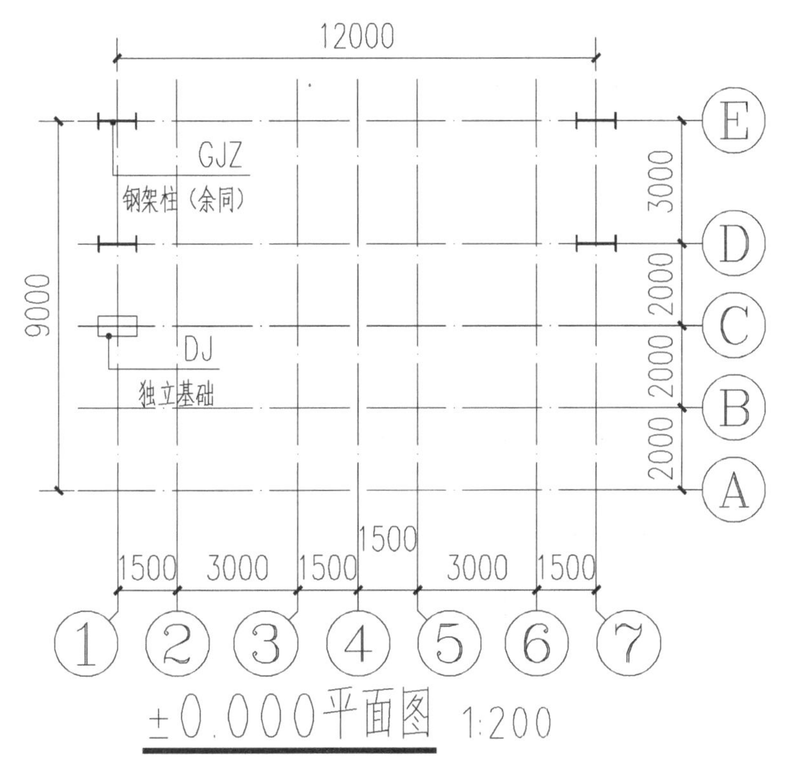

图 B.1　±0.000 平面图

表B.1　标高

序　　号	标高/m
4	10.000
3	9.000
2	6.000
1	±0.000

在 D 轴与 E 轴上布置两个一样的钢架。钢架柱皆布置在 1 轴与 7 轴上。钢架的布置详见“DE 轴立面图”，如图 B.2 所示。图中的 1～6 号节点，如表 B.2 所示。

表B.2　节点说明

节　　点	图　　名	螺　　栓
1	1-1剖（1号节点），详见图B.3所示	HS10.9/M16
2	2-2剖（2号节点），详见图B.4所示	HS10.9/M12
3	3-3剖（3号节点），详见图B.5所示	HS10.9/M16
4	4-4剖（4号节点），详见图B.6所示	HS10.9/M16
5	5-5剖（5号节点），详见图B.7所示	HS10.9/M16
6	6-6剖（6号节点），详见第7章图7.29所示	HS10.9/M20

“6-6 剖（6 号节点）”视图已经在第 7 章中制作完成了。读者可以根据自己的情况，选择 1 号～5 号节点中的视图进行练习。因为篇幅有限，有些内容没有介绍。在本书配套的教学视频中，笔者针对这些内容录制了视频,读者根据前言提到的下载方法下载配套资源，然后找到其中的“11.完成贝士摩”这个 MP4 格式的视频即可观看。

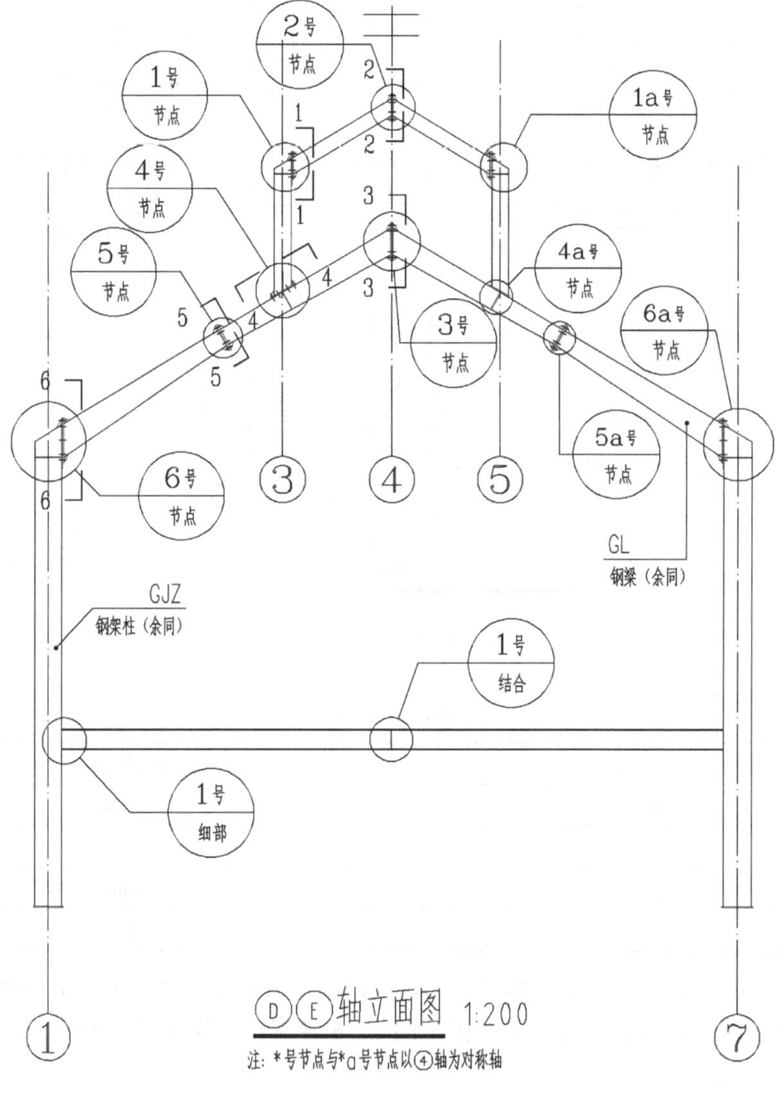

图 B.2　DE 轴立面图

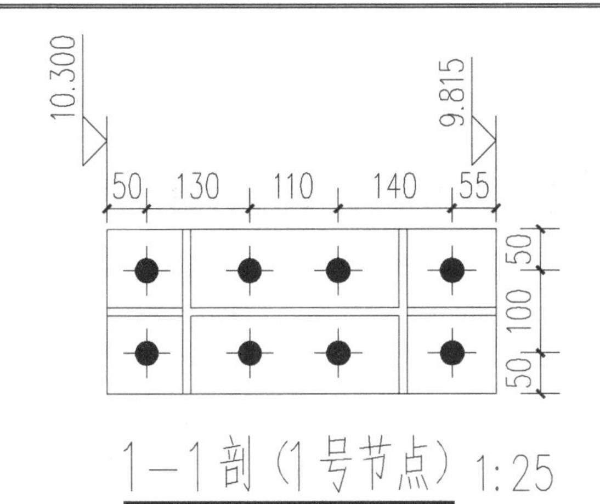

1—1剖(1号节点) 1:25

注：螺栓采用HS10.9的M16（孔+2mm）

图 B.3　1-1 剖（1 号节点）

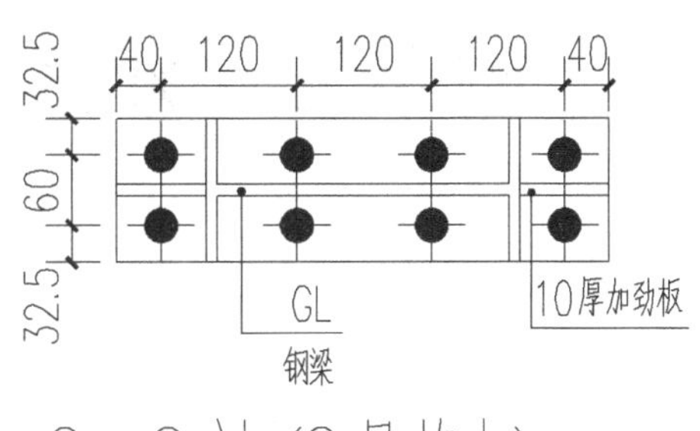

2—2剖(2号节点) 1:25

注：螺栓采用HS10.9的M12（孔+2mm）

图 B.4　2-2 剖（2 号节点）

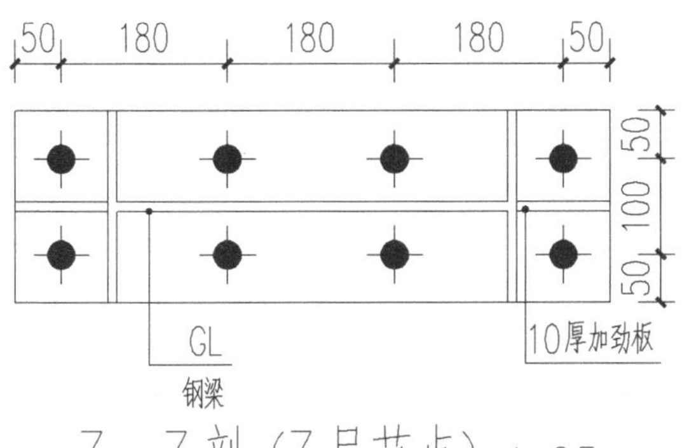

3—3剖(3号节点) 1:25

注：螺栓采用HS10.9的M16（孔+2mm）

图 B.5　3-3 剖（3 号节点）

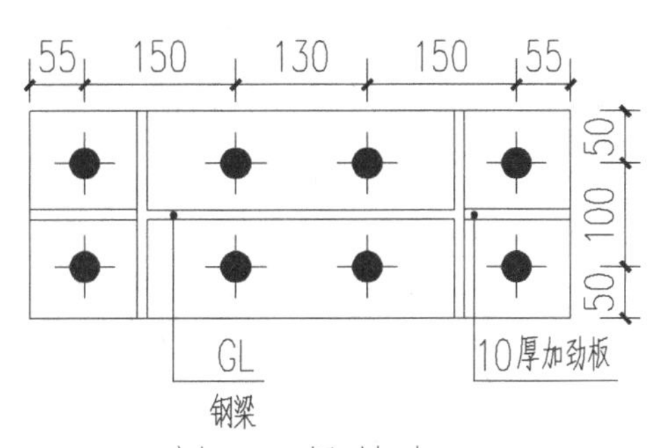

4—4剖(4号节点) 1:25

注：螺栓采用HS10.9的M16（孔+2mm）

图 B.6　4-4 剖（4 号节点）

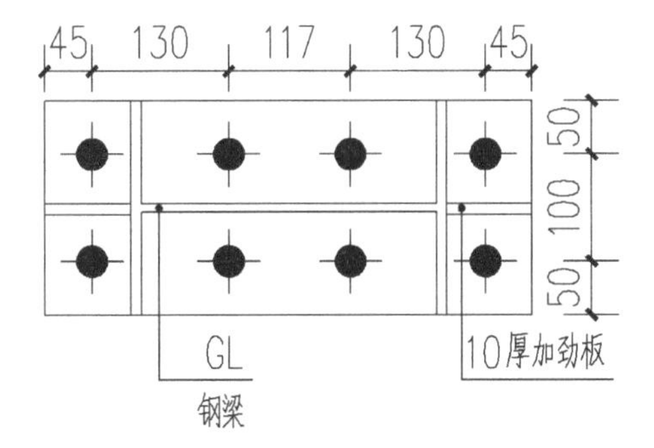

5—5剖(5号节点) 1:25

注：螺栓采用HS10.9的M16（孔+2mm）

图 B.7　5-5 剖（5 号节点）

附录 C　双层廊架结构设计图纸

图纸目录

序　号	图　名	比　例	备　注	页　码
1	弧形轴网定位	/		305
2	双层廊架基础、柱定位	1:20		306
3	钢柱柱脚 ZJ 平面布置图	1:20	YMJ（预埋件）、加劲肋	307
4	1-1	1:20	1-1断面图	308
5	独立基础	1:20	DZ（地柱）、2-2断面图	309
6	双层廊架3.000m、3.600m结构平面	1:100		310
7	双层廊架单片屋面平面图	1:20		311
8	双层廊架3.040m、3.640m处钢柱立面	1:100	标高一览表、材料表	312
9	GZ1与GL2刚接详图	1:10	3-3断面图	313
10	GZ2与GL1、GL1与GL2铰接详图	1:10	4-4、5-5断面图	314
11	钢柱GZ2与连系梁GL2连接平面布置图(一)	1:10	6-6断面图	315
12	钢柱GZ2与连系梁GL2连接平面布置图(二)	1:10	7-7断面图	316
13	GZ2与GL2刚接详图	1:10	8-8断面图	317

弧形轴网定位

砼构件一览表

名称	编号	尺寸（长X宽X高）/mm	砼等级	顶面标高/m
独立基础	DJ	1500X1500X500	C35	−1.500
地柱	DZ	900X900X1250	C35	−0.250
垫层	DC	1700X1700X100	C15	−2.000

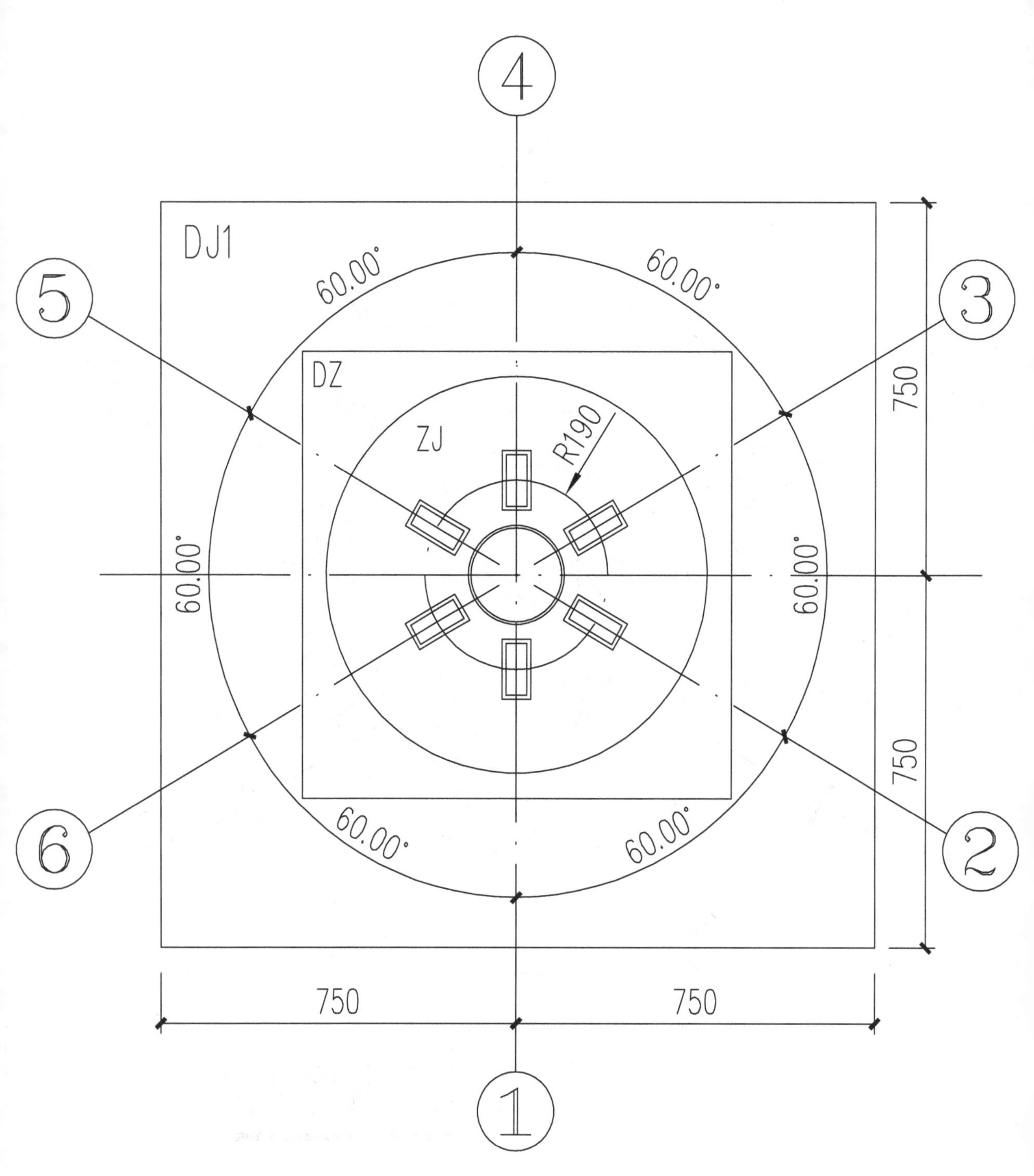

双层廊架基础、柱定位 1:20

注：1.±0.000相当于绝对标高21.140。

2.图中未注明的圆形截面钢柱为 GZ1。

图中未注明的矩形截面钢柱均为 GZ2。

3.图中未注明的独基均为 DJ1。未注明定位的独基 DJ1 均为轴线缝中。

4.基底标高均为-2.000m，基底坐落于（2-1）黏土，fak=105KPa，满足设计要求。

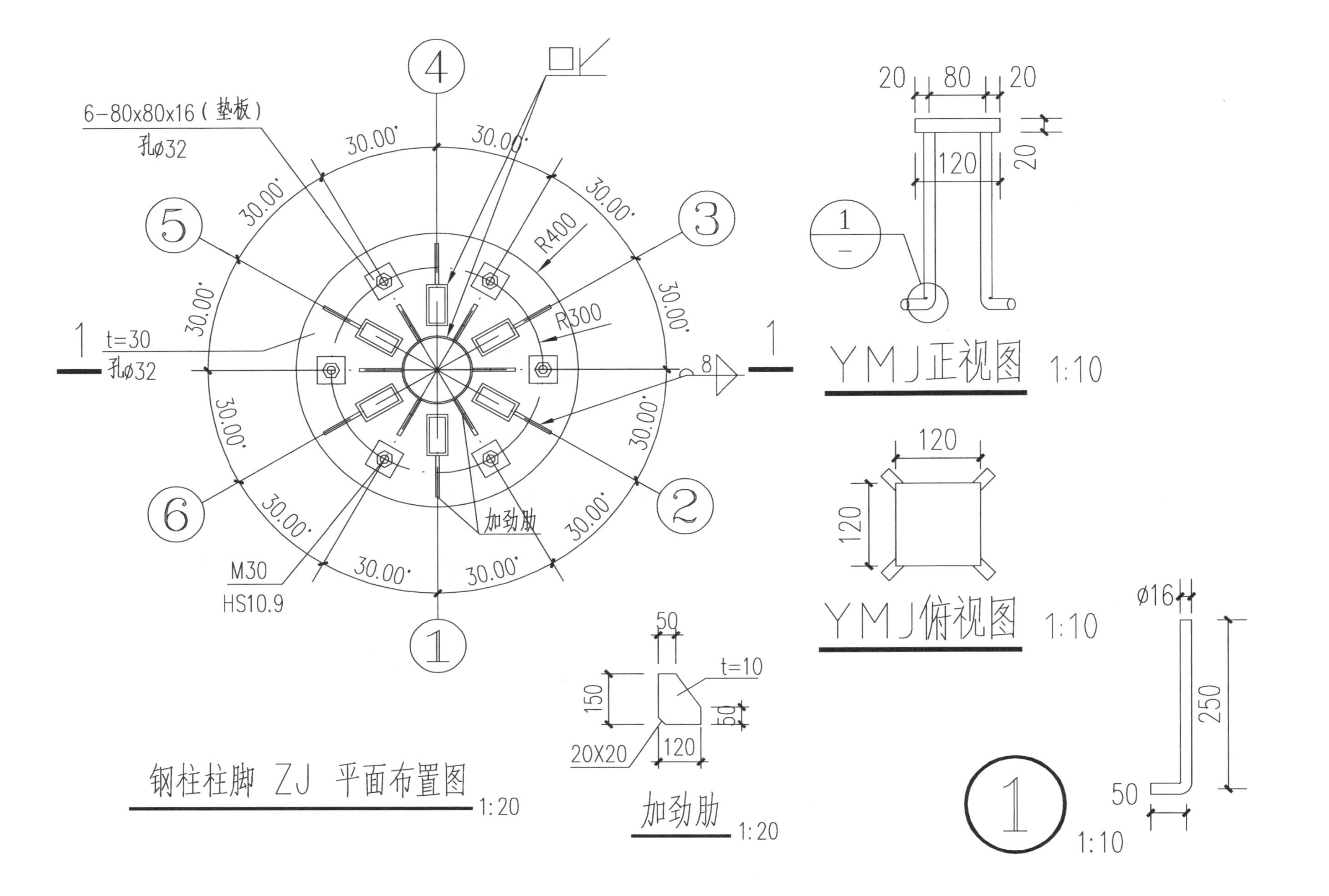
6-80x80x16（垫板）
孔ø32
30.00°
R400
R300
t=30
孔ø32
8
1
4
5
3
6
2
加劲肋
M30
HS10.9
钢柱柱脚 ZJ 平面布置图 1:20
50
t=10
150
50
120
20X20
加劲肋 1:20
20
80
120
YMJ正视图 1:10
YMJ俯视图 1:10
ø16
250
1:10

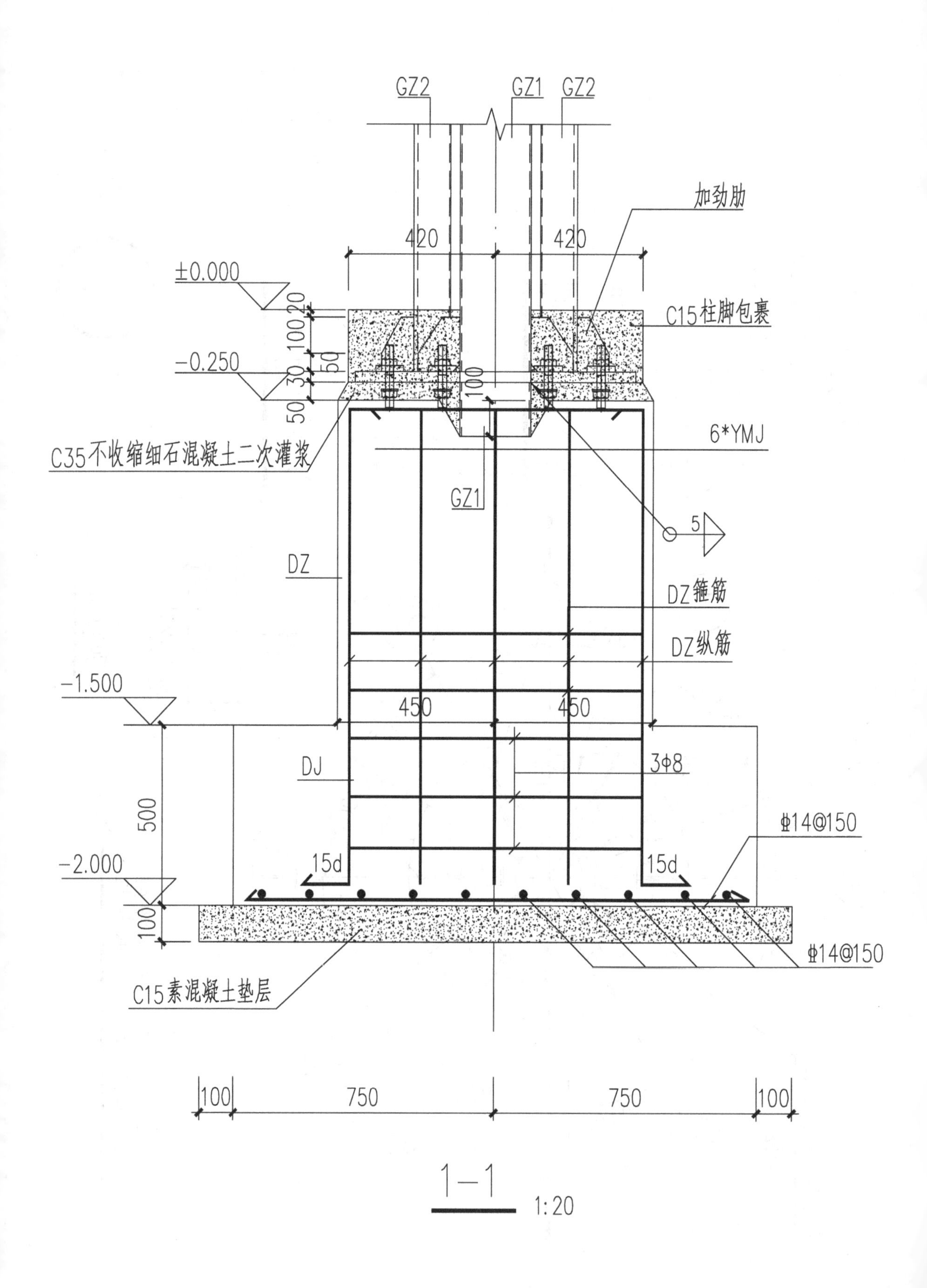
GZ2
GZ1
GZ2
加劲肋
420
420
±0.000
20
100
C15柱脚包裹
50
−0.250
30
100
50
C35不收缩细石混凝土二次灌浆
6*YMJ
GZ1
5
DZ
DZ箍筋
DZ纵筋
−1.500
450
450
3Φ8
DJ
500
Φ14@150
−2.000
15d
15d
100
Φ14@150
C15素混凝土垫层
100
750
750
100

1—1 1:20

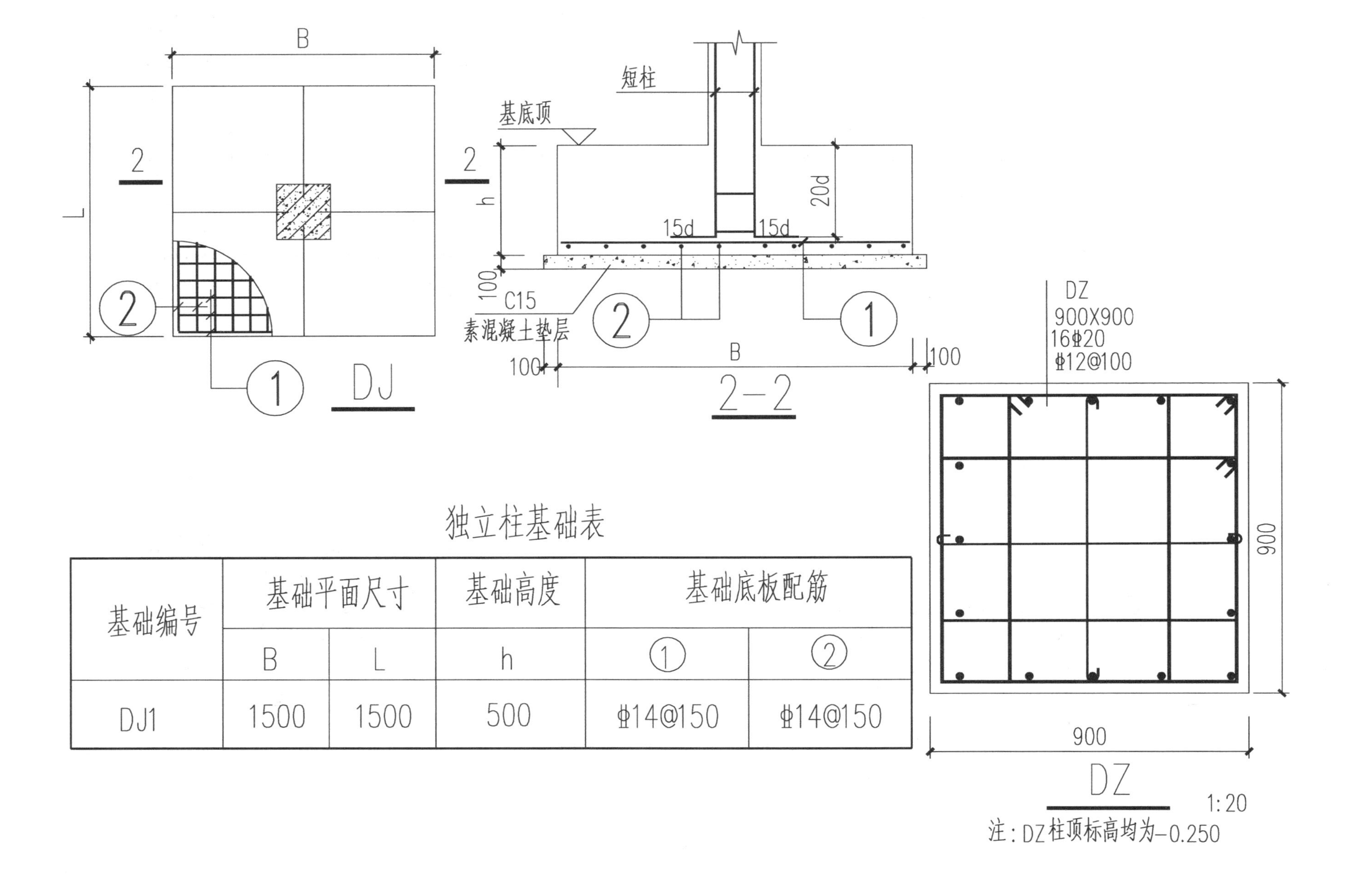

独立柱基础表

基础编号	基础平面尺寸		基础高度	基础底板配筋	
	B	L	h	①	②
DJ1	1500	1500	500	⌀14@150	⌀14@150

注：DZ柱顶标高均为-0.250

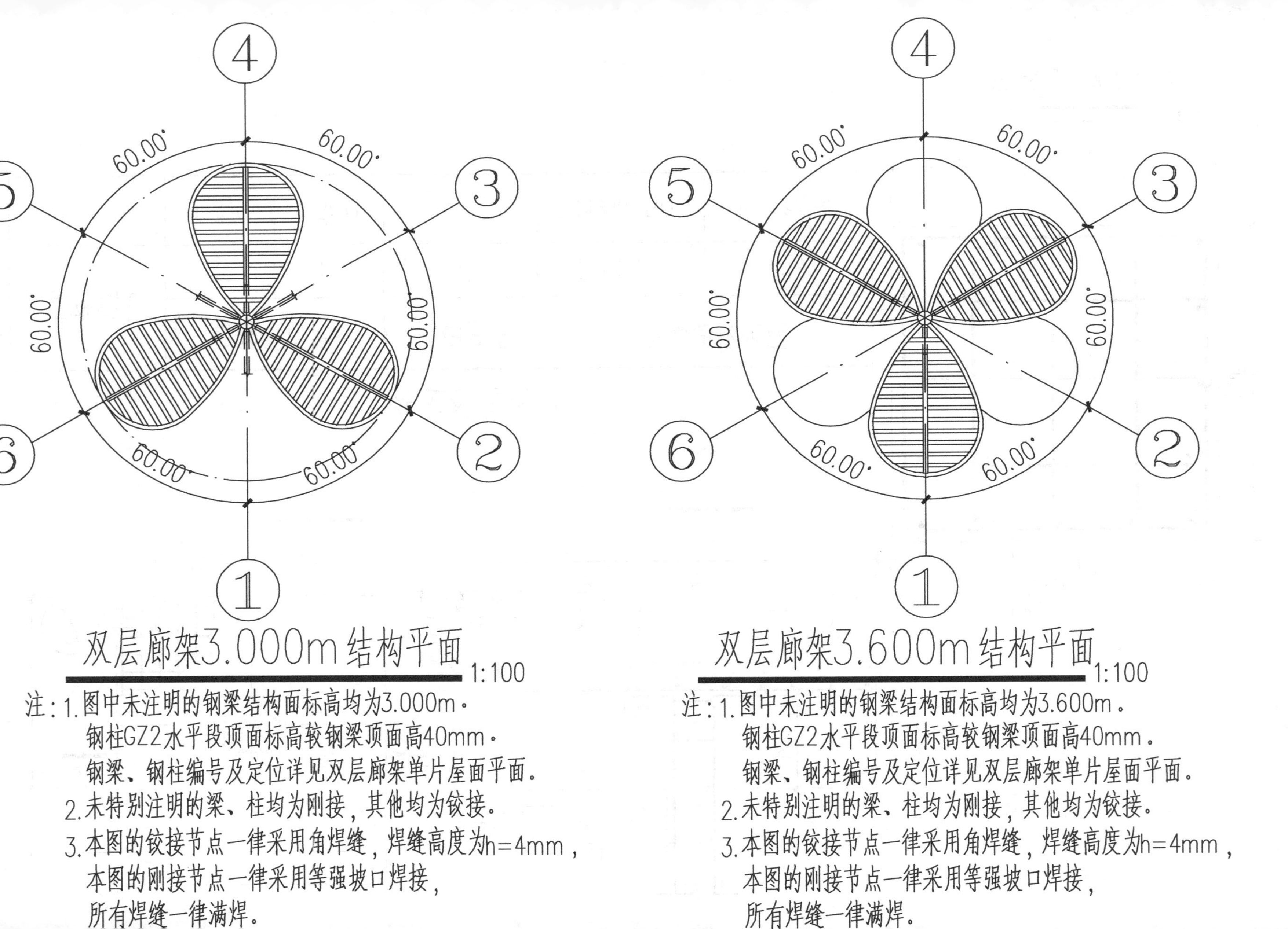

双层廊架3.000m结构平面 1:100

注：1.图中未注明的钢梁结构面标高均为3.000m。
钢柱GZ2水平段顶面标高较钢梁顶面高40mm。
钢梁、钢柱编号及定位详见双层廊架单片屋面平面。
2.未特别注明的梁、柱均为刚接，其他均为铰接。
3.本图的铰接节点一律采用角焊缝，焊缝高度为h=4mm，
本图的刚接节点一律采用等强坡口焊接，
所有焊缝一律满焊。

双层廊架3.600m结构平面 1:100

注：1.图中未注明的钢梁结构面标高均为3.600m。
钢柱GZ2水平段顶面标高较钢梁顶面高40mm。
钢梁、钢柱编号及定位详见双层廊架单片屋面平面。
2.未特别注明的梁、柱均为刚接，其他均为铰接。
3.本图的铰接节点一律采用角焊缝，焊缝高度为h=4mm，
本图的刚接节点一律采用等强坡口焊接，
所有焊缝一律满焊。

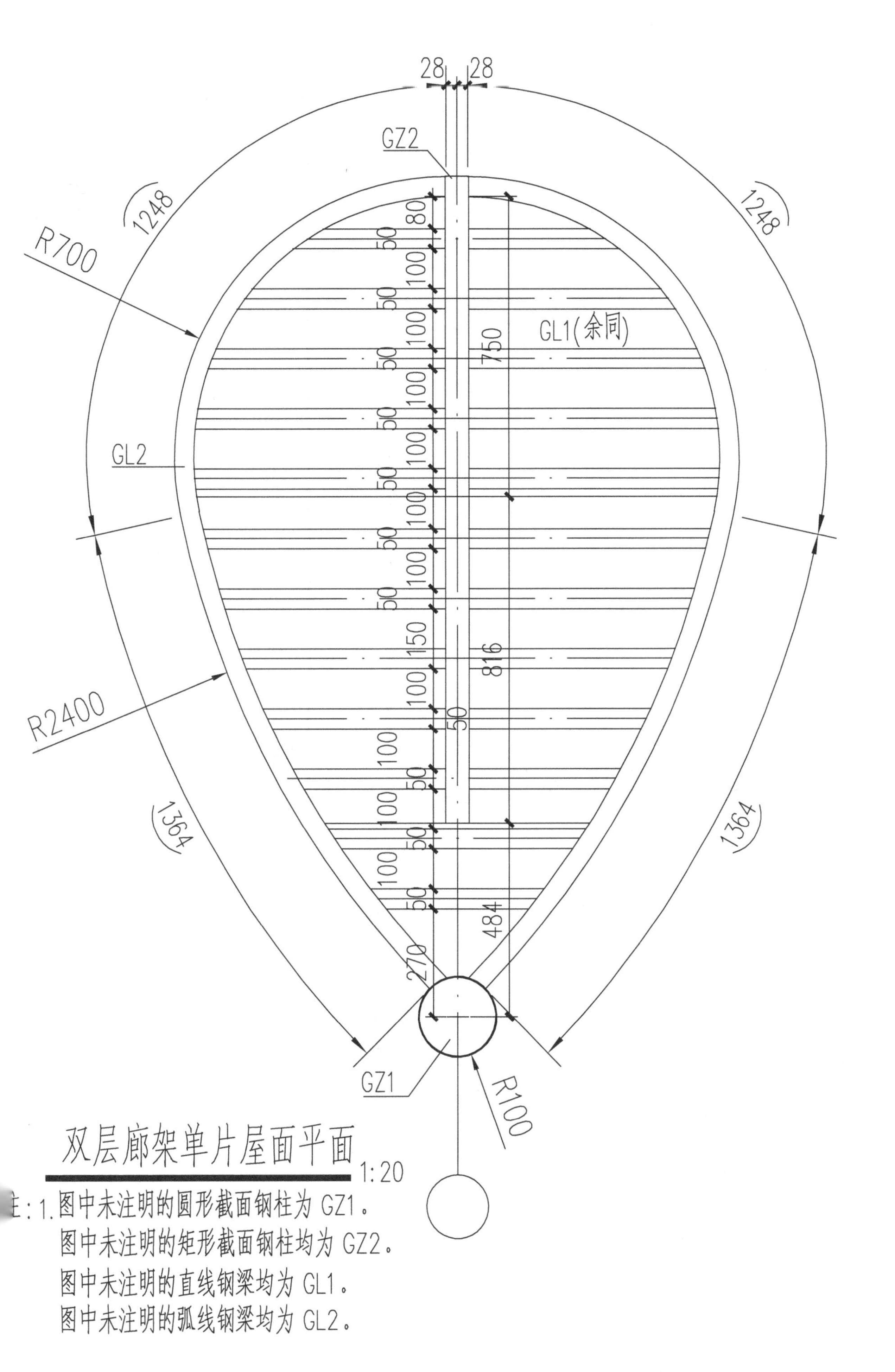

双层廊架单片屋面平面 1:20

注：1.图中未注明的圆形截面钢柱为 GZ1。

图中未注明的矩形截面钢柱均为 GZ2。

图中未注明的直线钢梁均为 GL1。

图中未注明的弧线钢梁均为 GL2。

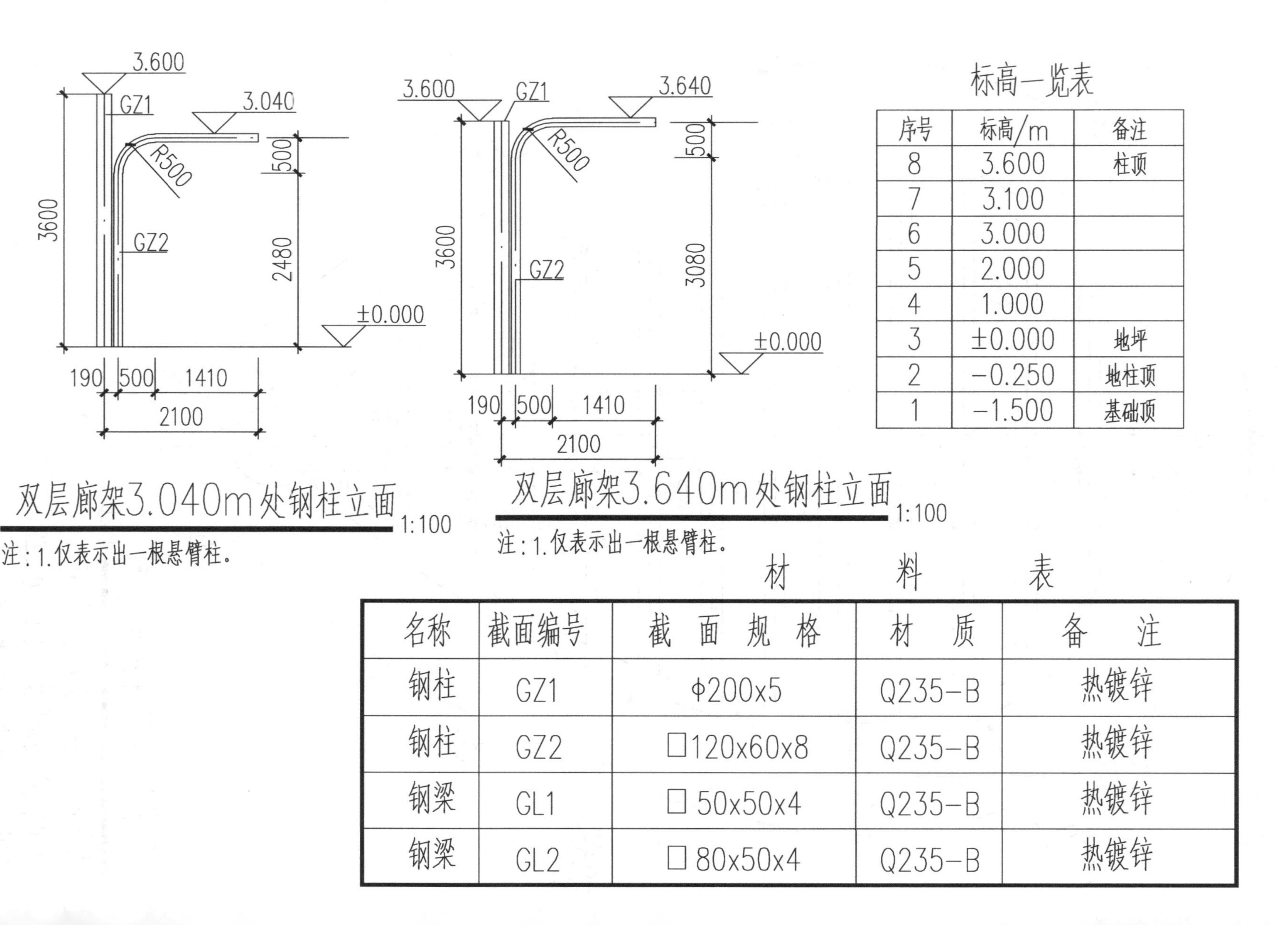

双层廊架3.040m处钢柱立面 1:100

注：1.仅表示出一根悬臂柱。

双层廊架3.640m处钢柱立面 1:100

注：1.仅表示出一根悬臂柱。

标高一览表

序号	标高/m	备注
8	3.600	柱顶
7	3.100	
6	3.000	
5	2.000	
4	1.000	
3	±0.000	地坪
2	−0.250	地柱顶
1	−1.500	基础顶

材料表

名称	截面编号	截面规格	材质	备注
钢柱	GZ1	Φ200x5	Q235−B	热镀锌
钢柱	GZ2	□120x60x8	Q235−B	热镀锌
钢梁	GL1	□50x50x4	Q235−B	热镀锌
钢梁	GL2	□80x50x4	Q235−B	热镀锌

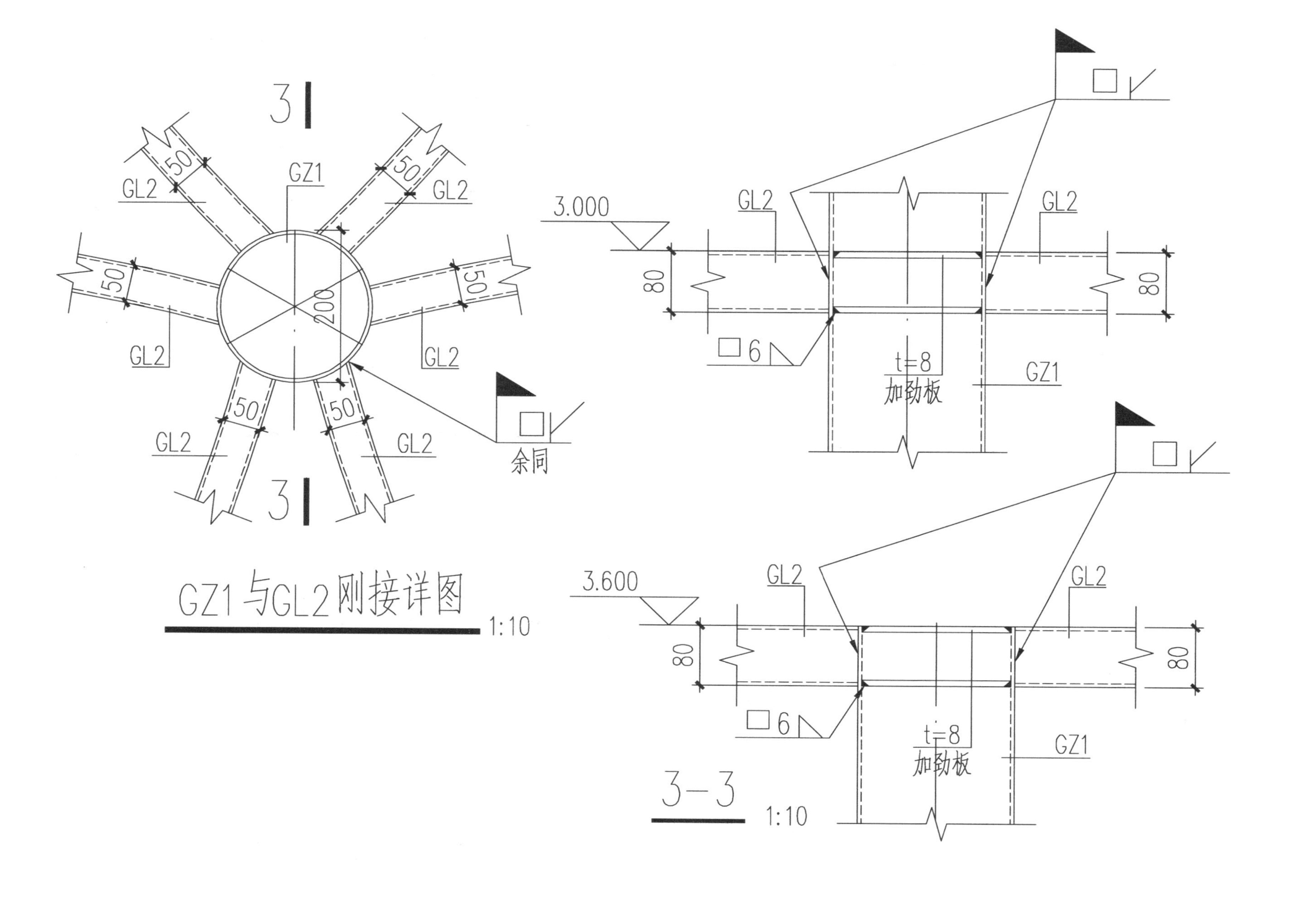
3
GZ1
GL2
50
200
余同
3
GZ1与GL2刚接详图 1:10
3.000
3.600
80
□6
t=8
加劲板
3—3 1:10

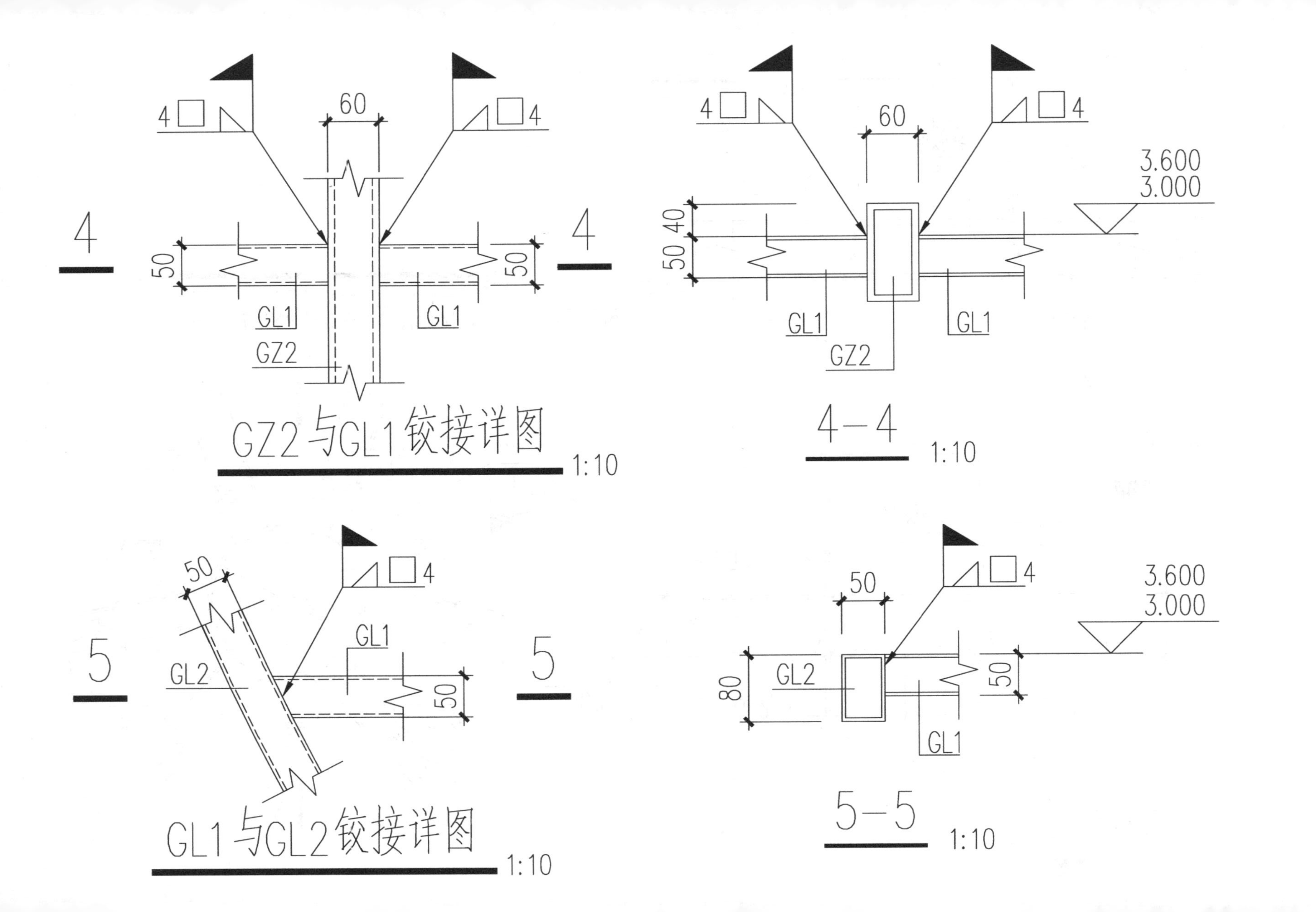
4
4
60
50
50
GL1
GL1
GZ2
GZ2与GL1铰接详图
1:10
60
50 40
3.600
3.000
GL1
GL1
GZ2
4—4
1:10
5
5
50
50
GL1
GL2
GL1与GL2铰接详图
1:10
50
80
50
3.600
3.000
GL2
GL1
5—5
1:10

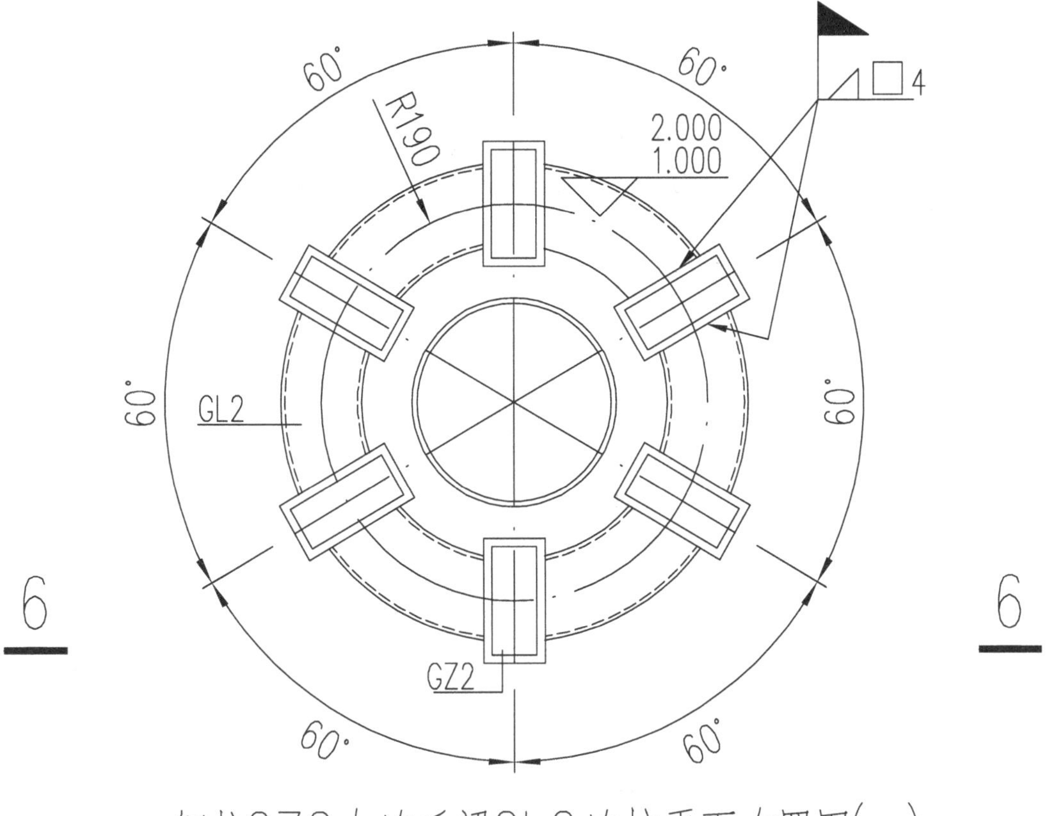

钢柱GZ2与连系梁GL2连接平面布置图(一) 1:10

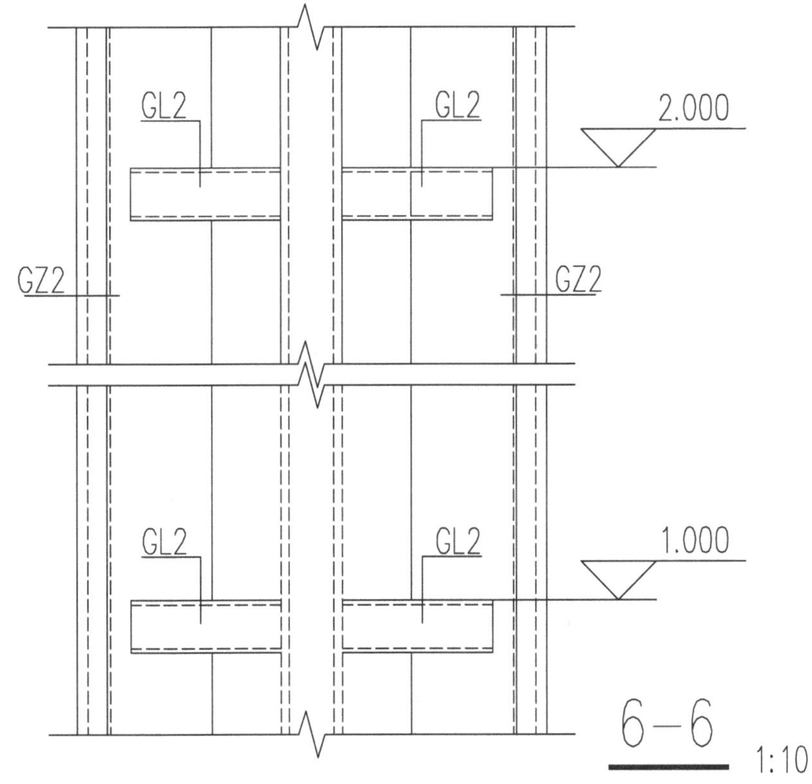

6-6 1:10

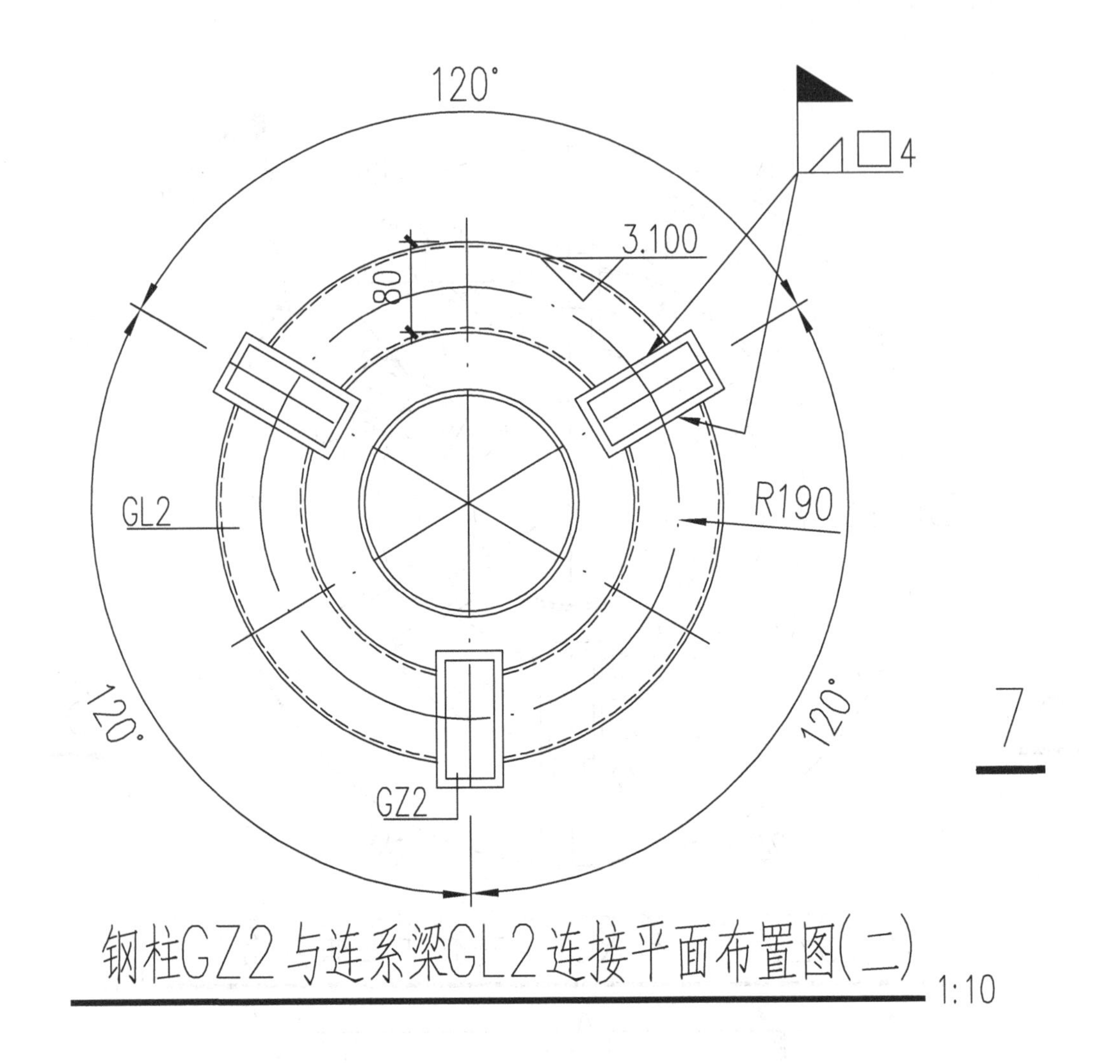

钢柱GZ2与连系梁GL2连接平面布置图(二) 1:10

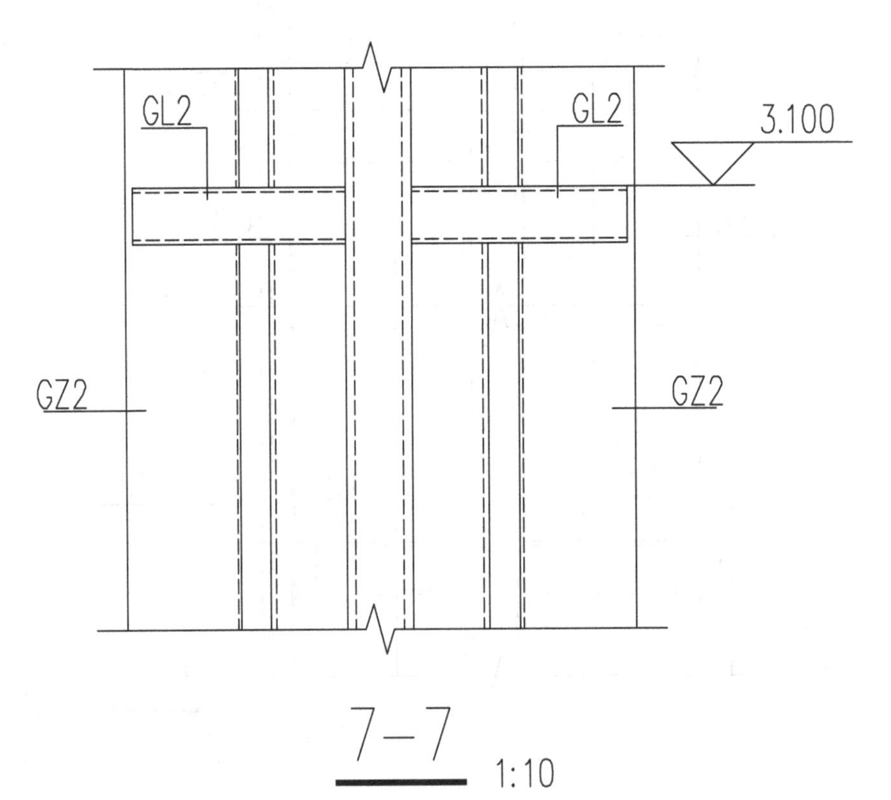

7—7 1:10

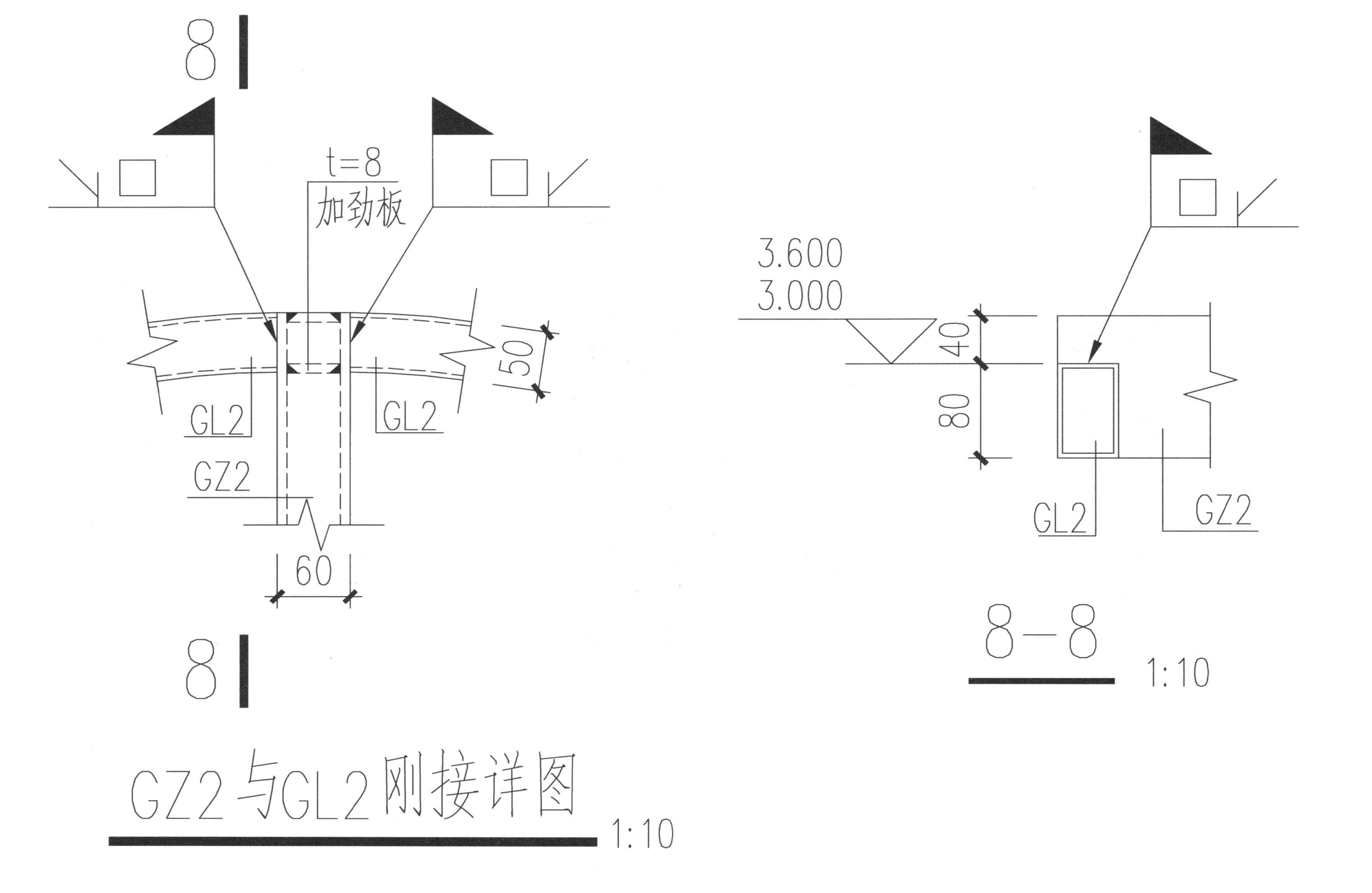
8
t=8
加劲板
50
GL2
GL2
GZ2
60
8
GZ2与GL2刚接详图 1:10
3.600
3.000
40
80
GL2
GZ2
8—8 1:10

附录 D 使用多屏显示器与带鱼屏显示器操作 Tekla

显示器不属于计算机的核心部分，属于计算机的外设部分。可能有的读者认为外设部分并不是重要部分，其实就设计作图工作而言，显示器非常重要。显示器选择恰当、利用得当，可以极大地提高绘图效率。

显示器的屏幕按照长宽比来分，大致可以分为三大类：方屏（也叫正屏，长宽比为 4∶3）、宽屏（长宽比为 16∶9 或 16∶10），带鱼屏（长宽比为 21∶9）。带鱼屏显示器因其屏幕又细又长，酷似带鱼，所以被称为“带鱼屏”，如图 D.1 所示。

图 D.1　带鱼屏显示器

带鱼屏显示器具有以下优点：

（1）对于宽银幕或超宽银幕的电影或视频，可以占满带鱼屏，观看效果佳。

（2）支持大部分游戏，可以得到宽视角的体验效果。

（3）由于屏幕够长，可以做到一屏二用（或者一屏多用）。比如，可以把带鱼屏一分为二，一边运行游戏程序，一边运行股票软件，观察其走势，做到“一心二用”两不误。

在带鱼屏没有出现的时期，设计师在使用三维设计软件时喜欢使用双显示，即用一个显示器显示二维视图，另一个显示器显示三维视图。在二维建模视图中每操作一步，不需要切换视图，直接在显示三维视图的显示器中检查模型即可。这样极大提高了工作效率。

默认情况下 Tekla 不能将视口拖出软件范围之外，是不能使用多屏显示器的。如果要使用，需要调整相应的参数。方法是，在 Tekla 中按 Ctrl+E 快捷键发出“高级选项”命令，在弹出的“高级选项”对话框（见图 D.2）中选择“模型视图”选项（图中①处），选择

XS_MDIVIEWPARENT 栏（图中②处），切换“值”为 FALSE 选项（图中③处），单击“确认”按钮（图中④处），再在弹出的“高级选项”对话框中单击“确定”按钮（图中⑤处）。然后重启计算机，再打开 Tekla 时就可以将视口拖出软件范围之外了。当然也可以将视口拖入另一个显示器中。本书配套的教学视频就是使用两个显示器录制的。

笔者一般是选用双显示器（3 个及以上显示器比较占位置），在主显示器上显示平面图与立面图，在次显示器上显示自定义视图与 3d 视图，如图 D.3 所示。当然，设计师也可以根据自身的需要随时调整视图的显示方式。

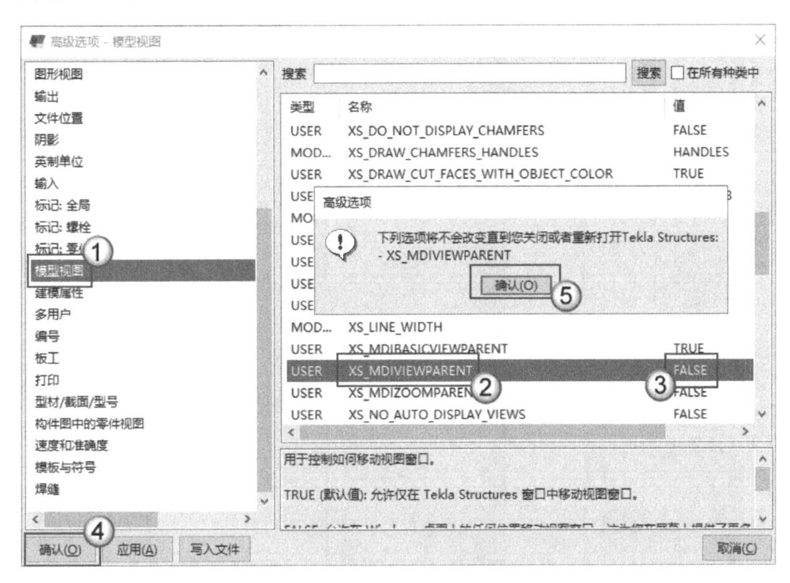

图 D.2　设置参数

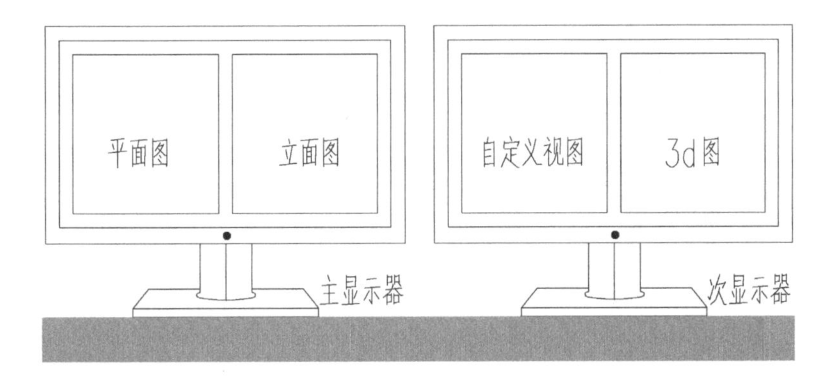

图 D.3　双显示器排列视口示意图

或许有读者会问，在操作 Tekla 时是使用一台带鱼屏显示器，还是使用双显示器更有优势呢？笔者推荐使用一台带鱼屏显示器。使用双显示器有一个缺点，而使用带鱼屏显示器却有一个优点。

双显示器的缺点是：双显示器中的视口容易挡住弹出的对话框，设计师在绘图时经常会在界面中找不到对话框，实际上，对话框在视口的背后。这种情况极大影响了绘图效率。

使用带鱼屏显示器的优点是：带鱼屏显示器比较长，在带鱼屏中的 Tekla 界面的快速访问栏相对也比较长。这样就可以在快速访问栏中设置更多的命令，操作效率会极大地提高。

通过比较，使用带鱼屏显示器操作 Tekla 的优势就显现出来了。设计师可以打开一个 3d 视图和一个平面视图（共两个视图），然后选择“窗口”|“垂直平铺”命令（或者单按 T 快捷键），这两个视图将变成同样大小且并列排在屏幕上，如图 D.4 所示。同样可以打开一个 3d 视图、一个平面视图和一个立面视图（共三个视图），然后选择“窗口”|“垂直平铺”命令（或者单按 T 快捷键），这三个视图将变成同样大小且并列排在屏幕上，如图 D.5 所示。这样在一个视图中完成操作后，可以不用切换视图，而是在另一个视图（或另两个视图）中检查绘制是否正确，极大提高了工作效率。

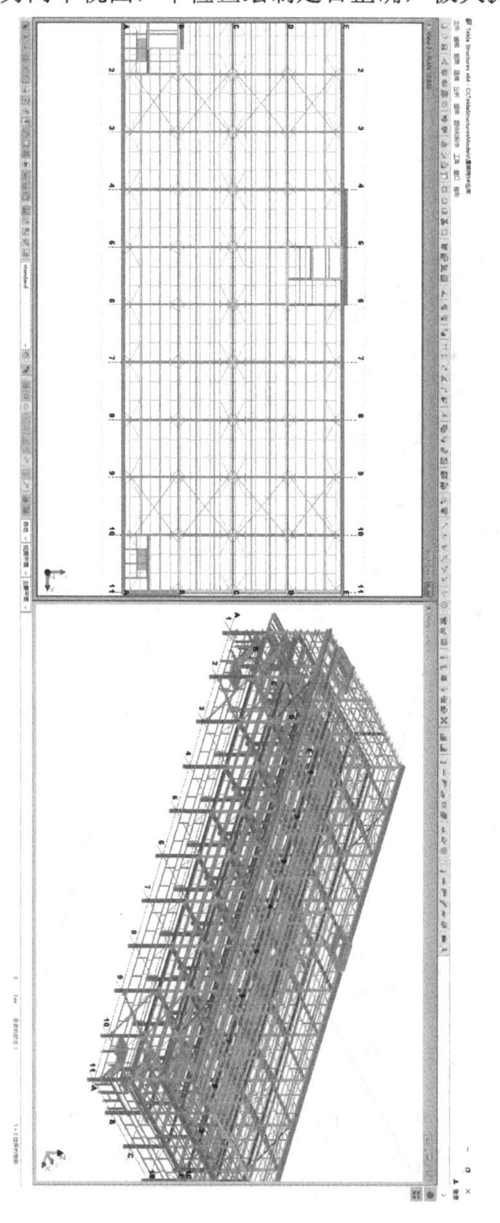

图 D.4　两个并列的视图

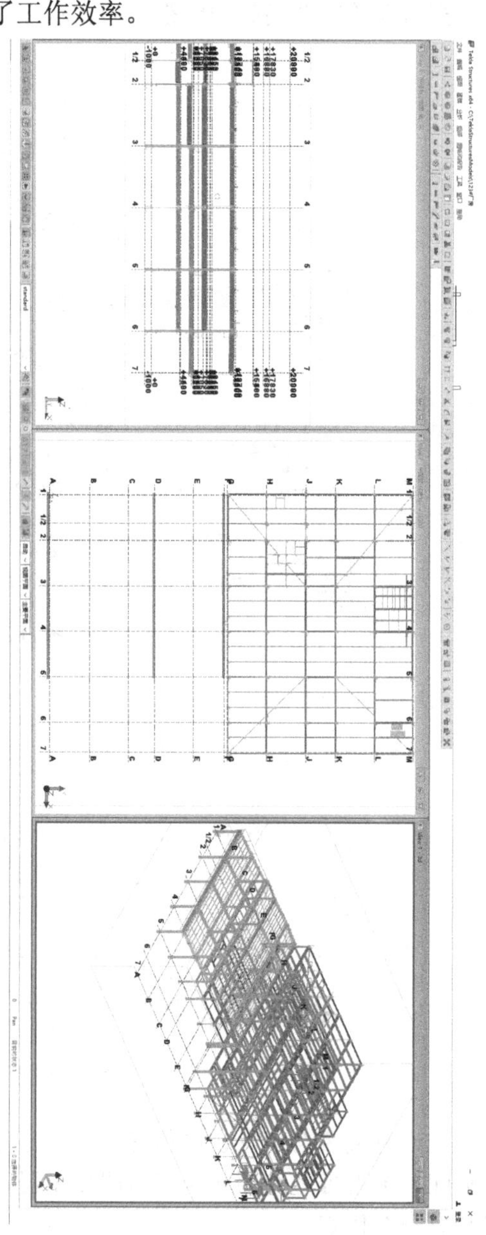

图 D.5　三个并列的视图

本书配套的教学视频没有使用带鱼屏显示器，是因为使用带鱼屏显示器录制的视频文件会很长，不利于读者观看视频进行学习。

附录 E　学习 AutoCAD 的 UCS 设置

UCS（用户坐标系）是 AutoCAD 中使用的。AutoCAD 就是利用 WCS（世界坐标系）与 UCS 坐标系来解决从二维到三维的复杂问题。

Tekla 里也运用到了 UCS 的相关知识。主要是运用 UCS 建立新的视图平面，特别是倾斜面必须要在 UCS 下进行操作。在 Tekla 中对于 UCS 的操作相比在 AutoCAD 中更“智能”一些，有些步骤软件自动设置了，因此容易让读者陷入误区。为了让读者知其然更要知其所以然，笔者以一个凉亭为例，使用 AutoCAD 建立三维模型，让读者通过学习 AutoCAD 复杂的 UCS 操作，来理解 UCS 的相关知识。

首先切换到二维图标。在 AutoCAD 的命令行中输入 UCSICON 命令，在弹出的“UCS 图标”对话框中选择“二维”单选按钮，单击“确定”按钮，如图 E.1 所示。设计师可以根据 UCS 图标的变化，了解当前处于哪个坐标系中。

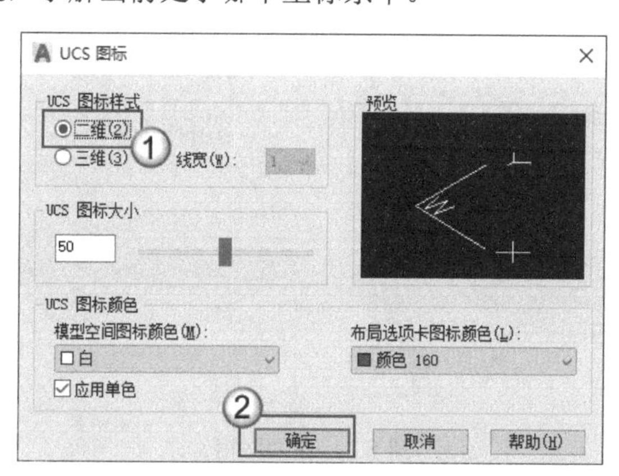

图 E.1　UCS 图标

在绘制凉亭时涉及几个 AutoCAD 的命令与系统变量，详细说明见表 E.1 所示，具体图例见图 E.2 至图 E.5。

表E.1　AutoCAD的命令与系统变量

命令名或系统变量名	中 文 名 称	详 细 步 骤	图　例	备　注
ISOLINES	线框密度	用线表示曲面的线框数量	图E.2	☆
SURFTAB1	曲面网格	X方向的曲面网格数	图E.3	☆
SURFTAB2		Y方向的曲面网格数		☆
EXT	拉伸实体	/	图E.4	◇
REV	旋转实体	/	图E.5	◇
EDGESURF	三维曲面	选择4条闭合的边界，会生成一个三维曲面	/	◇

续表

命令名或系统变量名	中 文 名 称	详 细 步 骤	图 例	备 注
MIRROR3D	三维镜像	/	/	◇
3A	三维阵列	/	/	◇
ROTATE3D	三维旋转	/	/	◇

注意： 表 E.1 的备注中带☆的是系统变量，带◇的是命令。

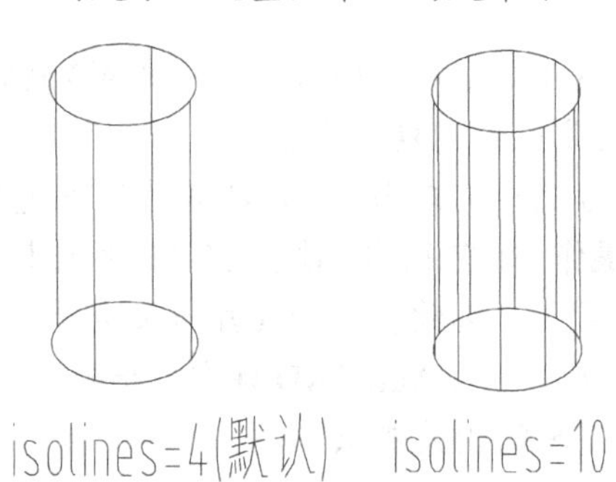

图 E.2　线框密度

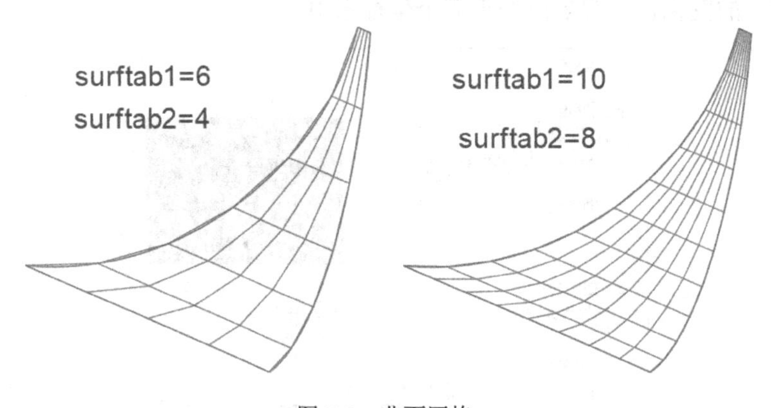

图 E.3　曲面网格

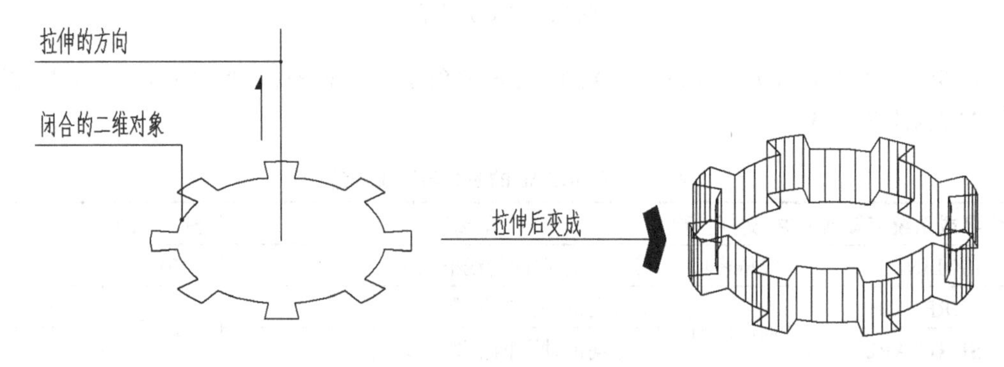

图 E.4　拉伸实体

绘制完成的凉亭模型如图 E.6 所示。绘制凉亭的具体操作过程可以观看配套下载资源中“12.学习 AutoCAD 的 UCS 设置”的 MP4 格式的教学视频。

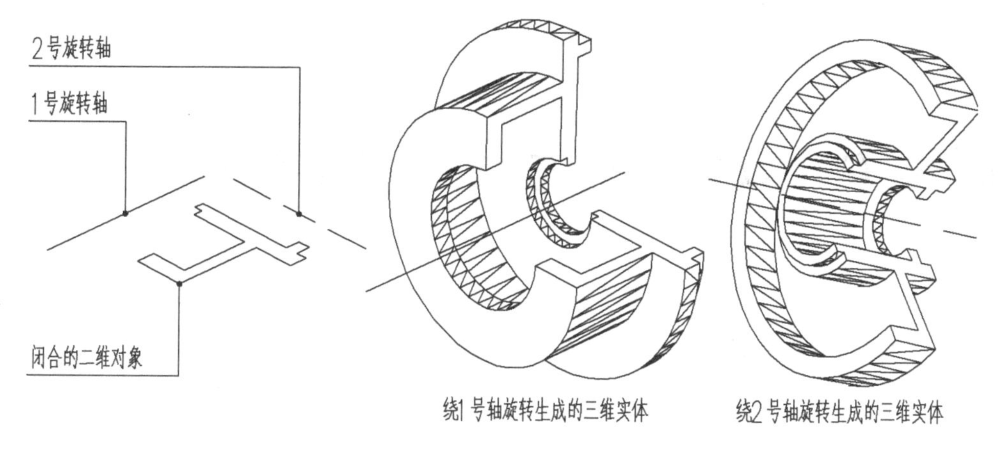

图 E.5　旋转实体

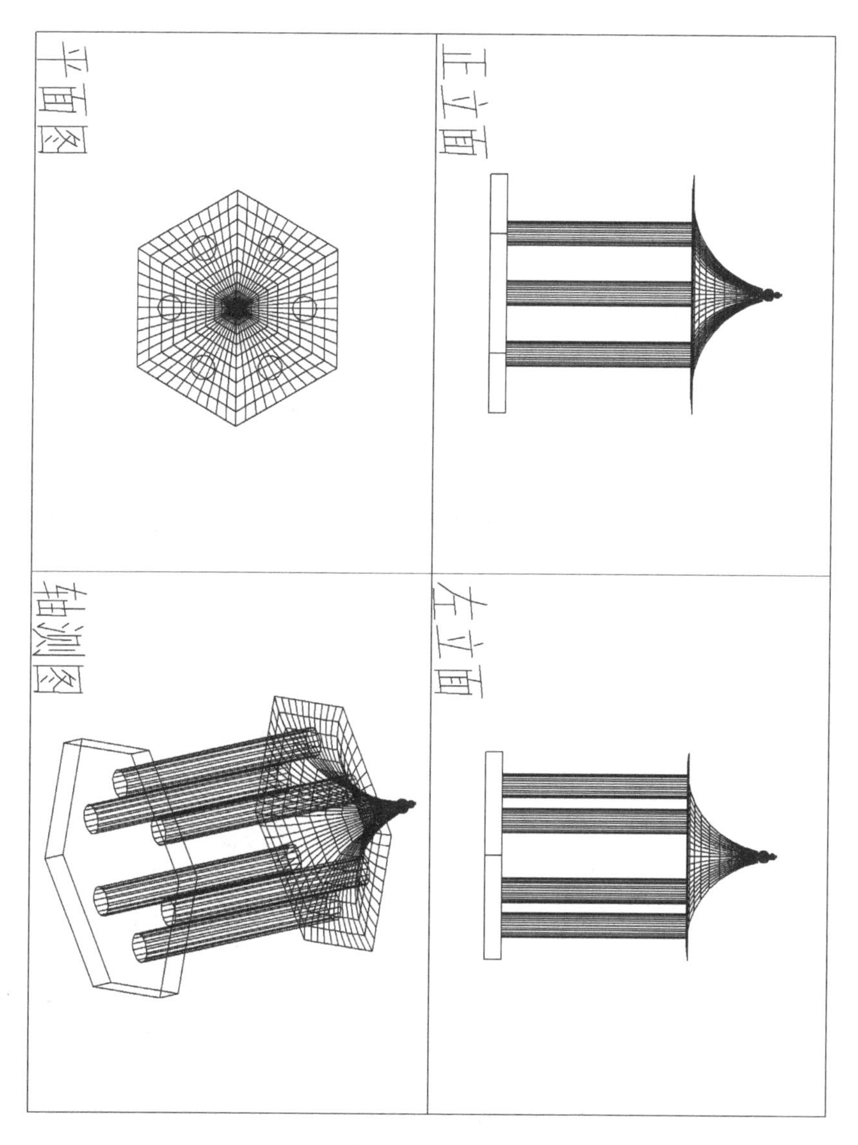

图 E.6　凉亭视图

附录 F　Tekla 无法输入汉字的解决方法

有些计算机操作系统在使用 Tekla 时会出现无法输入中文的情况。具体表现是在文本框中输入一个中文字符就出现一个问号（？），如图 F.1 和图 F.2 所示。

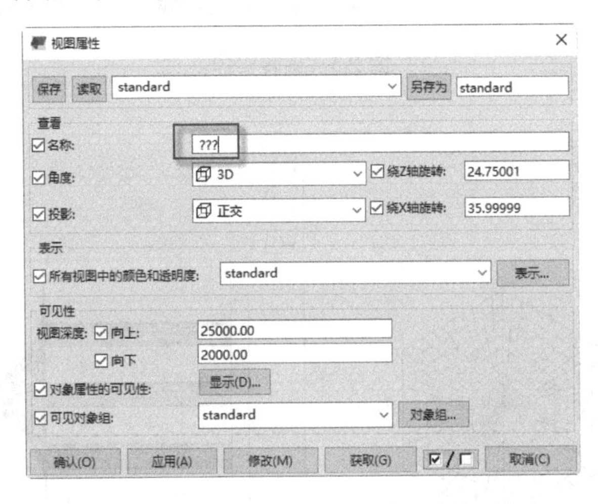

图 F.1　在“视图属性”对话框中无法输入中文

解决方法如下：

（1）在 Windows 操作系统中，选择“开始”|“设置”命令，如图 F.3 所示。在弹出的“设置”面板中选择“时间和语言”选项，如图 F.4 所示。接着选择“语言”选项，如图 F.5 所示。

图 F.2　在“自定义组件快捷方式”对话框中无法输入中文

图 F.3　设置

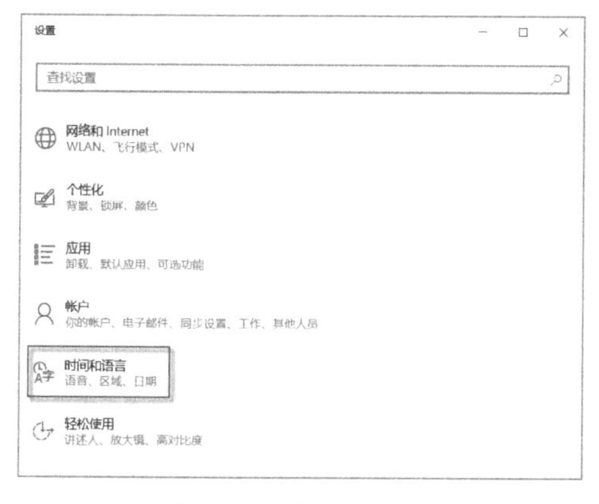

图F.4　时间和语言

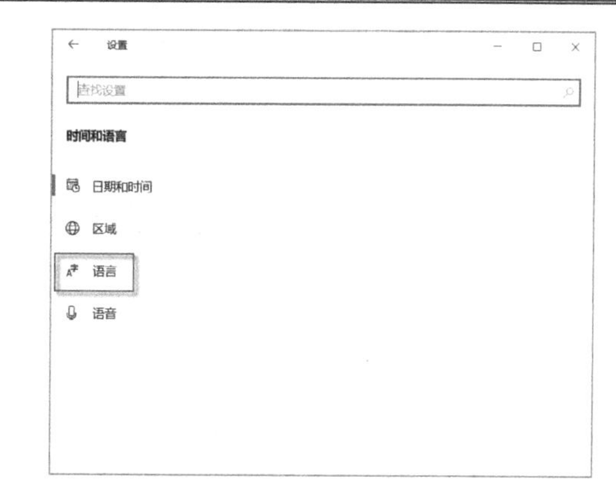

图F.5　语言

（2）在弹出的“设置”面板中，单击“选项”按钮，如图F.6所示，然后选择“美式键盘”，单击“删除”按钮，删除美式键盘，如图F.7所示。

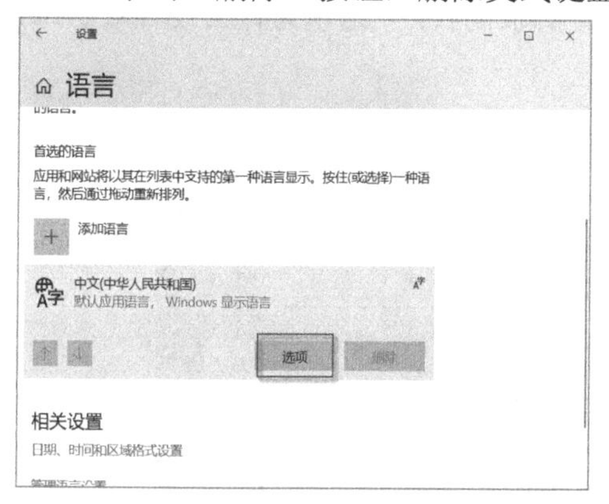

图F.6　单击“选项”按钮

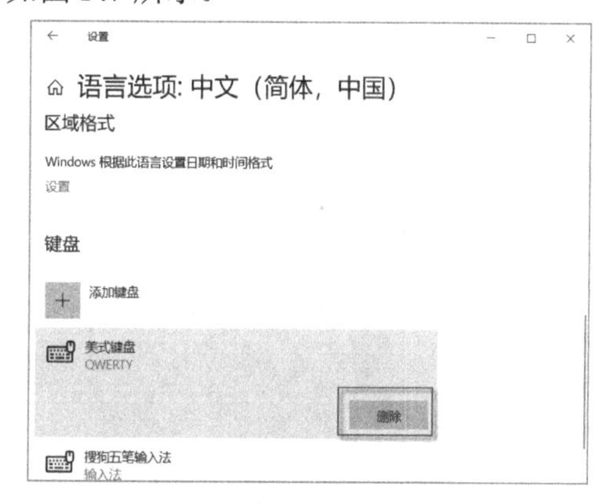

图F.7　删除美式键盘

（3）重启计算机，打开Tekla软件，再次在“视图属性”和“自定义组件快捷方式”对话框中输入中文，此时可以看到文本框中可以正确显示中文了，如图F.8和图F.9所示。

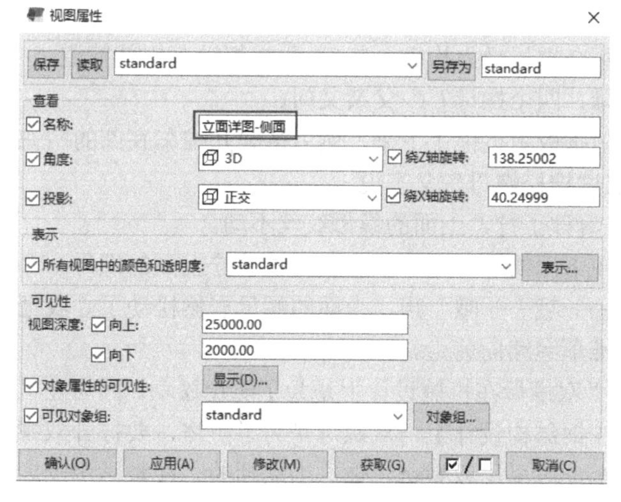

图F.8　在“视图属性”对话框中输入中文

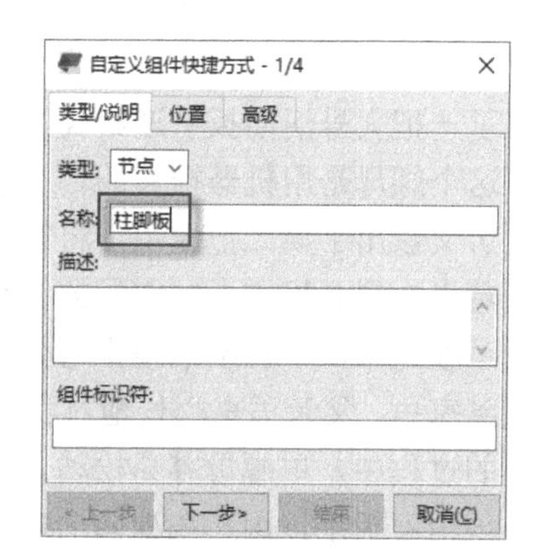

图F.9　在“自定义组件快捷方式”对话框中输入中文

后　　记

两个孩子对一个家庭而言是快乐，是幸福，是机遇，同时也是压力，是困难，是挑战。

武汉的七八月很热，很热。吃过晚饭之后，市民会选择出门散步、纳凉。

一天，我与父亲一起，推着婴儿推车，带着刚过周岁的二宝出门散步。走到一处新建的电线杆底下，父亲停下了脚步，指着电线杆的地脚板问我："这里为什么设置双螺母？"（见图1）

图1　地脚板上的双螺母

"受力呀，抗压……好像也抗拉，两个螺母受力均衡一些。"我想都没有想就答道。

"照你这个说法，怎么不用三个螺母、四个螺母？"父亲又问。

第二天，父亲将婴儿推车直接推到地脚板附近停了下来，然后从婴儿推车底部的网兜中拿出了一把大号活动扳手递给我，"试试拧松螺母"父亲说。

"这个螺母是用机器拧紧的。"我试着拧了拧，上面的螺母纹丝不动。

父亲又拿出了第二把扳手，将它卡在下面的螺母上，示意我再试着拧上面的螺母。

随着坐在婴儿推车上二宝发的"哦——哦——哦"声，上面的螺母居然松动了。我把两把扳手收起来，一脸木讷地推着婴儿推车继续向前走。

回到家里，父亲语重心长地对我说："双螺母在机械设计上是为了防止松动，因为在机组旋转的过程中，单螺母容易松动。而在钢结构设计上，双螺母是为了防盗，要拧开双螺母，必须用双扳手，因此在裸露的螺栓上一般采用双螺母。你这当老师的，在教学中一定要贴近生活，不能想当然，拍脑袋。"

我指了指二宝，说："有了他，我哪有时间折腾钢结构！"

我其实说的是实话，教研工作、设计工作，以及两个孩子的照顾，真的是没有时间。

2020年初，武汉出现了新冠肺炎疫情，随之而来的是几个月的居家生活。不能出门，原来的一些正常工作也被迫停止了，正好可以趁此机会在家里潜心研究钢结构的原理及Tekla的绘图技巧。

我一直从事的是砼结构的教研工作。钢结构与砼结构完全不同，不光是绘图方式，就连设计思路也不一样。

半年下来，总算完成了"熟悉——设计——画图——写作——录视频——校对"的过程。

这次能够顺利完成写书工作，是科技与毅力双重作用的结果。科技方面，我采用了罗技G903游戏鼠标、罗技G913机械键盘、"一横一竖"两个显示器；毅力方面，基本上每天我都会工作到凌晨两三点。基于这两个方面，才使我完成了这个"艰巨"的任务。

在写作本书期间，我还看了一些优秀的视频。它们之所以能打动广大观众的心，关键在于它们从人们的生活出发，贴近公众，透着真、善、美的感染力。再加上之前父亲的教诲，更加促使我对教学方式的改变——贴近生活。

在教学的过程中，要想办法贴近生活，只有贴近生活，学生才能听得懂。

其实，在设计过程中也要贴近生活，只有贴近生活，设计才会合理。

读者在阅读完本书之后，如果对我这种"贴近生活"的教学理念表示认可，如果还想学习更多的知识，如碰撞检查、将Tekla导入Revit中、创建报告、输出图纸等，可以阅读本书姊妹篇《基于BIM的Tekla钢结构设计案例教程》。

卫涛